細胞死制御工学
～美肌・皮膚防護バイオ素材の開発～

Cell-Death Control BioTechnology:
Development of BioMaterials for Rejuvenation and Skin Protection

編著：三羽信比古

シーエムシー出版

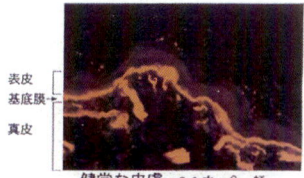

第4章図1A　ヒト皮膚におけるIV型コラーゲンの分布
蛍光抗体法による皮膚断面の染色

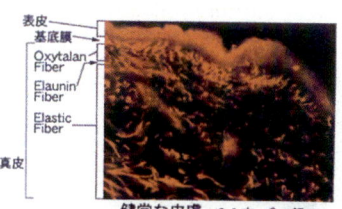

第4章図1B　ヒト皮膚におけるエラスチンの分布
蛍光抗体法による皮膚断面の染色

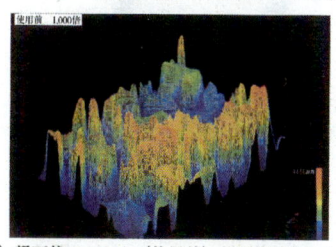

(b) 軽石状アルミナ（使用前）凸凹が顕著である
…超深度形状測定顕微鏡による観測

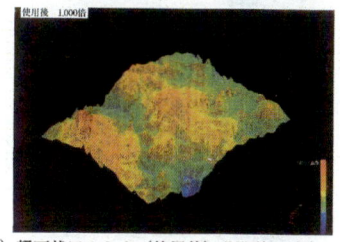

(c) 軽石状アルミナ（使用後）凸凹差が減少した

第15章図5　ピーリング＆オシロフォレシス装置の軽石状アルミナ（商品名"コスメパッド"）の使用前(b)と8分間皮膚接触した使用後(c)の3D表示

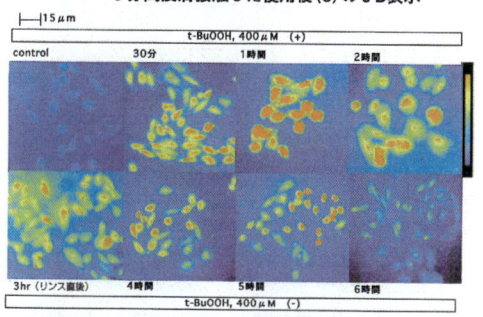

第25章図8A　ビタミンC再生遺伝子を導入したCHO／DHAR細胞における過酸化脂質モデル剤t-BuOOH処理によるDNA 2本鎖切断と経時変化

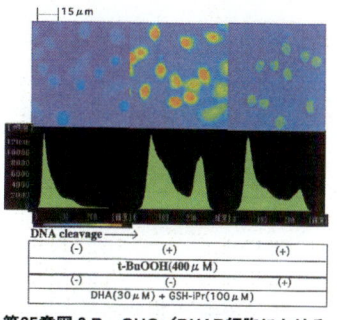

第25章図8B　CHO／DHAR細胞におけるt-BuOOH処理によるDNA 2本鎖切断に対するDHA, GSH-iPr併用投与の防御効果

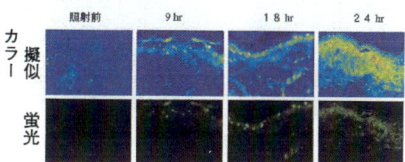

第30章図1A　ヒト摘出皮膚片へのUV-A照射によるDNA 2本鎖切断のTUNEL染色

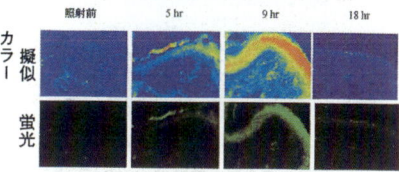

第30章図1B　ヒト摘出皮膚片へのUV-B照射によるDNA 2本鎖切断のTUNEL染色

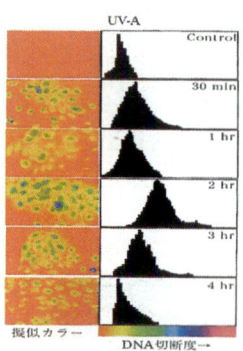

第30章図2A UVAの50％致死線量（45J/cm²）での照射によるヒト皮膚角化細胞HaCaTでのDNA2本鎖切断の時間依存性

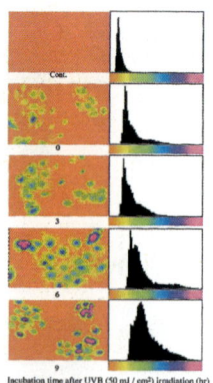

第30章図2C UVBの50％致死線量（50mJ/cm²）での照射を受けたヒト皮膚角化細胞HaCaTのDNA2本鎖切断の時間依存性

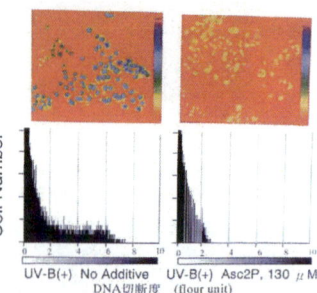

第30章図2E UVBによる皮膚細胞DNA鎖切断とプロビタミンCのAsc2Pによる防御効果

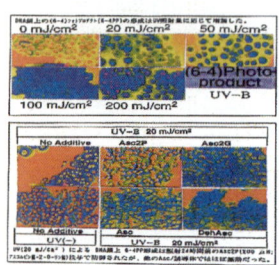

第30章図3D DNA損傷チミン2量体と各種ビタミンC誘導体による防御

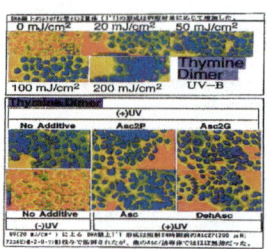

第30章図3E(6-4)DNA損傷フォトプロダクトと各種ビタミンC誘導体による防御

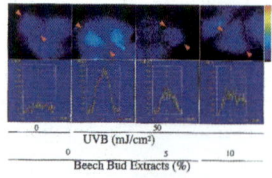

第30章図5A UVB照射によるヒト皮膚角化細胞の内部でのパーオキシド・過酸化水素の生成の局在性

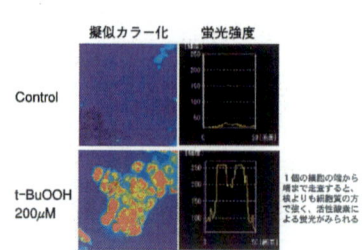

第30章図5B 過酸化脂質モデル剤t-BuOOHによるヒト皮膚角化細胞HaCaTの内部の活性酸素（パーオキシド・過酸化水素）生成の分布

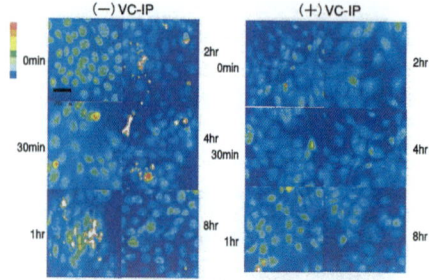

第37章図3 UVAによるヒト皮膚角化細胞HaCaTのDNA鎖切断，および，油性プロビタミンCのVC-IPによる防御

本書の刊行にあたって

　美肌・皮膚防護プロダクトとは，もはや化粧品だけではなく，健康食品も美容ハイテク機器もナノテク技術も含めた総合的視点が必要な時代に入った．さらに，これら製品カテゴリーや技術メニューの間でボーダーレス化が起こり，相互に融合させなければマーケットで生き残れなくなりつつある．

　今後のマーケット予測において考慮すべき視点として，従来の美白・保湿効果などへの偏重から脱却し，新規カテゴリーの効果を示す商品を開発することである．それには，消費者が希望するニーズを鋭敏にキャッチすることはもちろんのこと，消費者も未だ気付かない「あったら良い効果」の掘り起こしとの両面が必要である．

　一方，技術面からの視点としては，前記のような新規カテゴリー効能商品が先発品として突破口を開いた後に，その売上げ推移を見てから後発品を手掛けるという「二匹目のどじょう」戦略は，今後予測される「消費者ニーズの多様化」や「多種カテゴリー商品による限定パイの争奪」を考慮すると，医薬業界と同様に一層不利になると考えられる．よって確固たるマーケット予測に立脚して，必要な技術革新の種を先手必勝として蒔いておく必要性が一段と大きいであろう．

　本書では「今後のバイオ化粧品・美肌健康食品・先端コスメ機器の売上げ予測とそれに必要な技術革新に関して下記6点から各分野の権威者に執筆を依頼した．

1. 次世代のバイオ化粧品・美肌化健康食品（インナー化粧品）に求められる新規カテゴリーの効能を示す製品を開発すべきである．
   (a) 皮膚の脂質の合成・分泌・分解に対して適切にコントロールする効能
   (b) セルライト（皮膚表面凸凹脂肪塊）抑制効果の評価技術
   (c) 毛穴の引締め効果に関する皮膚断面評価と表面評価
   (d) 皮膚ハリ改善/タルミ抑制効果に関する皮膚内繊維エラスチン配向性・コラーゲン密度を指標とした評価技術
   (e) 掛け声だけの老化予防化粧品では無く，DNAレベルからの真の肌年齢，すなわち，染色体安定化装置テロメアDNAの年齢に伴う短縮化とその防御効果の評価技術
   (f) テロメア伸長酵素の活性維持を図って皮膚UV防御・不老効果を具現させる技術

2. 体内/体外両面からの美肌バイオプロダクトが求められるであろう．化粧品の外用塗布一辺倒ではその効果に限界が見え始め，今後，美肌健康食品とのボーダーレス化が起こると予測される．

(a) 可食植物成分をバイオ化粧品と美肌健康食品として開発し，皮膚を身体の内外挟み撃ちして美肌と防護を図ろうとする手法
(b) バイオ抗酸化剤を結合して活性安定化するバイオ素材キトサンによる化粧品と健康食品への応用
(c) かんきつ類の紫外線耐性を担うビタミンPとビタミンCによる皮膚UV防御健康食品
(d) 皮膚塗布と経口摂取に次ぐ第3の投与ルートとして，天然香料アロマセラピーによる鼻・気管を介した皮膚・粘膜防護製品
(e) ビタミンC高含有果実アセロラの化粧品・美肌健康食品への実用化
(f) 生薬中に見い出された新規プロビタミンCの美肌健康食品としての実用化
(g) 活性持続型と組織浸透型のプロビタミンCを速効型であるビタミンCと混合して，皮膚防護・抗がん・虚血疾患予防の総合的な健康食品を指向する研究開発指針

3．ハイテク美肌機器が各種，台頭して来たが，機器の単独使用と言うよりバイオ化粧品との同時使用が主流であり，よって両者の相性の良悪が評価されるであろう。バイオ化粧品の効能を倍増する化粧革命に乗り遅れないことが死活問題となる。
(a) イオン導入によって皮膚深部へ浸透するイオン性バイオ化粧品
(b) オシロフォレシス装置によって皮膚内分布を促進される非イオン性バイオ化粧品の特性
(c) IPL（瞬時ストロボ光線）とバイオ化粧品の関係
(d) ソノフォレシス（超音波による薬剤浸透）と抗酸化剤の酸化分解を受けない設計
(e) イオン導出と導入の組み合せなどのマルチ機能
(f) セルライト（皮膚表面凸凹脂肪塊）縮小効果を発揮するエンダモロジー

4．ナノテクノロジー（超微細加工技術）と遺伝子治療を活用し，バイオ化粧品の近未来は様変わりすると予測される。ナノテク素材やアンチオキシダント遺伝子導入によってバイオ化粧品の効能・分布の向上が図られるであろう。
(a) ナノテク素材フラーレン誘導体による活性酸素消去効果，およびバイオ化粧品への実用化
(b) ナノテク水の活性水素によるバイオ抗酸化剤の活性酸素消去能力の増大と美肌効果
(c) マイナス電荷を永久放出する電気石トルマリンによるバイオ化粧品の効能増強の可能性
(d) 静脈注射のような気軽さによる皮膚への遺伝子治療，質過酸化を抑制する遺伝子MitPH-GPxの発展性が見込まれる
(e) 年齢と共に体内で減少するビタミンCを効率的に皮膚細胞内へ取込ませるビタミンC輸送遺伝子SVCTを皮膚患部（標的部）へ導入する遺伝子治療（美容）の可能性
(f) バイオ抗酸化成分を再利用しリサイクル効果をもたらす例として，ビタミンC再生遺伝

子Dharと皮膚への遺伝子導入を検討する
　(g) 細胞死を防ぐ遺伝子Bcl-2の皮膚防護のための遺伝子治療（美容）への発展性
　(h) サンスクリーン剤による皮膚表面ナノ単位被覆，およびUVによる活性酸素2次発生への防御効果

5．バイオ化粧品の効能を評価する各種の技術メニューとして，旧来の臨床・動物試験の偏重から先端バイオテク導入による細胞・分子レベルでの解明へ軸足を移す段階が到来してきた。
　(a) 迅速評価・多検体比較試験の可能なヒト皮膚摘出片を用いたブロノフ拡散チェンバー法
　(b) シワ防御剤開発を迅速化する高速シワ形成システムの分子レベル基礎
　(c) 紫外線A波とB波への対策として皮膚UV防御剤の検索技術
　(d) 過酸化脂質による皮膚細胞死を防御する活性の評価技術
　(e) 皮膚の血流停滞の後に起こる酸化傷害を防御する効果を示すバイオ抗酸化剤
　(f) 化粧品による微小皮膚がん浸潤促進などの副作用の有無に対する簡易な検証方法
　(g) 可食植物ジュベナイル体（幼若体）に着眼した高濃度アンチオキシダントとその選別技術

6．薬効を増強させる新規バイオ抗酸化剤の分子設計として，有力なバイオ抗酸化剤に人体成分を結合させて安全でより強力な薬効をもたらすドラッグデザインの視点が取り入れられる。
　(a) ビタミンCとEとを合体させたハイブリッド薬による生体内油性部域・水性部域での活性酸素の消去効果
　(b) ビタミンEの水溶化による細胞内油性部域での活性酸素消去効果と細胞延命効果
　(c) プロビタミンCの油性化による皮膚深部浸透力の増強効果と皮膚防護特性
　(d) 2種類の保護基で修飾したプロビタミンCの抗酸化特性と皮膚繊維構築効果

　本書は，上記の視点から美肌・皮膚防護プロダクトの新規開発に必要な研究概念と技術メニューについて記述された。化粧品・健康食品・美容機器・ナノテク素材などの研究開発者各位には直接に有用な情報が随所に見受けられることと思う。
　末筆ながら，シーエムシー出版で本書企画と方針に携わった編集部の吉倉広志部長と宇都宮健二氏，行き届いた原稿管理と細部までの校正に携わった編集部の西出寿士氏と新井美千子氏に厚く御礼申し上げる。

2003年7月

編著者　三羽 信比古

普及版の刊行にあたって

本書は2003年に『美肌・皮膚防護とバイオ技術―バイオ化粧品・美肌健康食品・ハイテク美肌機器の最新動向―』として刊行されました。普及版の刊行にあたり，内容は当時のままであり加筆・訂正などの手は加えておりませんので，ご了承ください。

2009年7月

シーエムシー出版　編集部

執筆者一覧(執筆順)

三羽 信比古	(現) 県立広島大学　生命環境学部　生命科学科 細胞死制御工学研究室　教授　薬学博士 同大学院　生命システム科学専攻　教授
澄田 道博	(現) 愛媛大学大学院　医学系研究科　医学専攻　統合医科学 准教授
永井 彩子	(現) 愛媛大学大学院　医学系研究科　医学専攻 加齢制御内科学　医員
鈴木 清香	広島県立大学　生物資源学部　生物資源開発学科　生物工学分野
三村 晴子	広島県立大学　生物資源学部　三羽研究室　専任技術員
矢間 太	広島県立大学　生物資源学部　生物資源開発学科　助教授
池野 宏	池野皮膚科形成外科クリニック　院長
新出 昭吾	広島県立畜産技術センター　飼養技術部　副主任研究員
河野 幸雄	広島県立畜産技術センター　飼養技術部　研究員
古本 佳代	静岡実験材料㈱　研究員
杉本 美穂	広島県立大学大学院　生物生産システム研究科 (現) ㈱ソニーCPラボラトリーズ　静岡研究所
檜山 英三	広島大学　医学部　総合診療部　助教授
井上 英二	広島県立大学　生物資源学部　生物資源開発学科　生物工学分野 (現) エーザイ㈱
横尾 誠一	東京大学　医学部　角膜組織再生医療寄付講座　助手 (元) 広島県立大学大学院　生物生産システム研究科
長谷川 久美子	広島県立大学大学院　生物生産システム研究科
片渕 義紀	広島県立大学　生物資源学部　生物資源開発学科　生物工学分野 (現) 三菱ウェルファーマ㈱
難波 正義	岡山大学　医学部　医学振興財団　名誉教授 (現) 新見公立短期大学　学長
辻 智子	㈱ファンケル　総合研究所長 (現) 日本水産㈱　食品機能科学研究所長

寺井　直毅	広島県立大学　生物資源学部　生物資源開発学科　生物工学分野
橋本　邦彦	西川ゴム工業㈱　産業資材開発部　次長
小川　宏蔵	大阪府立大学　先端科学研究所　教授
吉光　紀久子	広島県立大学　生物資源学部　三羽研究室　副主任研究員
澤井　亜香理	広島県立大学　生物資源学部　生物資源開発学科　生物工学分野
吉岡　晃一	浜理薬品工業㈱　事業企画本部　調査部　部長
古谷　博	広島県立農業技術センター　生物工学研究部　部長
猪谷　富雄	広島県立大学　生物資源学部　生物資源開発学科　助教授
阪中　専二	広島県立大学　生物資源学部　生物資源開発学科　助教授
鈴木　恭子	広島女学院大学　生活科学部　生活科学科　環境化学研究室
蔭山　勝弘	大阪市立大学　医学部　教授
	(現)大阪物療専門学校　放射線学科　参与
楠本　久美子	四天王寺国際仏教大学　短期大学部　保健科　助教授
伊藤　信彦	曽田香料㈱　開発研究部長
辻　弘之	曽田香料㈱　研究企画管理部長
中島　紀子	広島県立大学大学院　生物生産システム研究科
赤木　訓香	広島県立大学　生物資源学部　三羽研究室　副主任研究員
森田　明理	(現)名古屋市立大学　加齢・環境皮膚科学　教授
辻　卓夫	名古屋市立大学　医学部　皮膚科　教授
安藤　奈緒子	広島県立大学　生物資源学部　三羽研究室　専任技術員
河村　卓也	広島県立大学　生物資源学部　生物資源開発学科　生物工学分野
前田　健太郎	広島県立大学大学院　生物生産システム研究科
前田　満	サントリー㈱　健康科学研究所　主任研究員
深見　治一	サントリー㈱　健康科学研究所　主席研究員
木曽　良信	サントリー㈱　健康科学研究所　所長
鈴木　晶子	日本メディカル総研㈱　学術部
飯田　樹男	日本メディカル総研㈱　取締役社長

長尾 則男	広島県立大学　生物資源学部　生物資源開発学科　助手； オレゴン州立大学　ライナス・ポーリング研究所
山口 祐司	㈱インディバ・ジャパン　代表取締役社長
鈴木 晴恵	鈴木形成外科　院長
久藤 由子	広島県立大学　生物資源学部　生物資源開発学科　生物工学分野
山崎 岩男	ヤーマン㈱　米国ハミルトン研究所　所長
藤川 桂子	ヤーマン㈱　健機事業部　リサーチャー
斉藤 誠司	㈱日本ルミナス　コスメティック事業部　コンシュマーマーケティング部　部長
太田 浩史	㈱日本ルミナス　コスメティック事業部　プロダクトマーケティング部　マネージャー
堀内 洋之	㈱日本ルミナス　コスメティック事業部　マーケティング部長
藤沢 昭	ヤーマン㈱　チケン研究所　生産管理部　研究員
浅田 加奈	広島県立大学　生物資源学部　生物資源開発学科　生物工学分野
李 昌根	㈱亜萬商事　代表取締役
黄 勝英	韓国ビューリ社（BEAULY CO.,LTD.）
全 泰烈	韓国ビューリ社（BEAULY CO.,LTD.）
真壁 綾	広島県立大学　生物資源学部　生物資源開発学科　生物工学分野
野村 智史	(現) 青山外苑前クリニック　院長
大森 喜太郎	東京警察病院　形成外科　部長
吉田 眞希	㈱リツビ　ヘルスケア事業部　事業部長
松林 賢司	三菱商事㈱　事業開発部　ナノテク事業推進担当マネージャー
宍戸 潔	三菱商事㈱　事業開発部　ナノテク事業推進担当シニアマネージャー
栢菅 敦史	広島県立大学　生物資源学部　三羽研究室　主席科学技術研究員
原本 真里	広島県立大学大学院　生物生産システム研究科
三宅 篁	日本電子工業㈱　社長

三宅　　　治	ニモ㈱　代表取締役
玉置　雅彦	広島県立大学　生物資源学部　緑農地管理センター　助教授
中野　正章	(現)㈱ショウカンパニー　代表取締役　社長
今井　浩孝	(現)北里大学　薬学部　衛生化学　准教授
中川　靖一	北里大学　薬学部　衛生化学　教授
堀江　　亮	広島県立大学　生物資源学部　生物資源開発学科　生物工学分野
山根　　隆	広島県立大学大学院　生物生産システム研究科
	(現)第一ラジオアイソトープ研究所
小野　良介	広島県立大学大学院　生物生産システム研究科
奥　　　尚	広島県立大学　生物資源学部　生物資源開発学科　助教授
福岡由利子	広島大学　歯学部　歯学科
大石　佳広	広島県立大学大学院　生物生産システム研究科
錦見　盛光	和歌山県立医科大学　生化学　教授
石川　孝博	島根大学　生物資源科学部　生命工学科　助教授
中谷　雅年	広島県立大学大学院　生物生産システム研究科
斉藤　靖和	広島県立大学大学院　生物生産システム研究科
	(現)県立広島大学　生命環境学部　生命科学科　助教
柳田　　忍	広島県立大学大学院　生物生産システム研究科
大内田理佳	東京大学　医科学研究所　免疫病態分野
竹下　久子	理化学研究所　発生再生化学総合研究所
佐々木陽子	広島県立大学　生物資源学部　生物資源開発学科　生物工学分野
山谷　　修	綺羅化粧品㈱　研究室長
林　　沙織	広島県立大学大学院　生物生産システム研究科
	(現)森下仁丹㈱
黄　　　哲	広島県立大学大学院　生物生産システム研究科　三羽研究室　客員研究員；
	中国上海市　同済大学　医学部　研究員

妹尾雄一郎	広島県立大学大学院　生物生産システム研究科	
	(現) ゼリア新薬㈱	
桜井哲人	(現) ㈱ファンケル　総合研究所　グループマネージャー	
江口正浩	北里大学　北里生命科学研究所　助手;	
	(元) 広島県立大学大学院　生物生産システム研究科	
門田一昭	広島県立大学大学院　生物生産システム研究科	
	(現) グラクソ・スミスクライン㈱	
藤原真弓	広島県立大学大学院　生物生産システム研究科	
	(現) 小野薬品工業㈱	
新多幸恵	東和大学　工学部　工業化学科　バイオ工学分野	
劉　建文	中国上海市　華東理工大学　生命工学院　教授	
加藤詠子	昭和電工㈱　研究開発センター　副主席研究員	
続木　敏	昭和電工㈱　研究開発センター　主席研究員	
近藤　悟	広島県立大学大学院　生物生産システム研究科　教授	
	(現) 千葉大学大学院　園芸学研究科　教授	
阪上享宏	千寿製薬㈱　創薬研究所　所長	
荻野真也	千寿製薬㈱　創薬研究所	
家村雅仁	千寿製薬㈱　創薬研究所	
岩﨑尚子	千寿製薬㈱　創薬研究所	
田中靖史	神戸大学　医学部　医学系研究科　医科学専攻　神経発生学	
森藤雄亮	広島県立大学大学院　生物生産システム研究科	
	(現) 武田薬品工業㈱	
寺島洋一	東京警察病院　形成外科	
兼安健太郎	京都大学大学院　医学系研究科	
金子久美	広島県立大学大学院　生物生産システム研究科	
	(現) 杏林製薬㈱	
江藤哲也	富士製薬工業㈱　研究開発課　研究員	

執筆者の所属表記は，注記以外は2003年当時のものを使用しております．

目　次

【第1編　次世代バイオ化粧品・美肌健康食品に求められる新規機能】

第1章　皮脂改善機能—脂腺細胞の培養系と脂質代謝，および，皮脂改善薬の開発指針—
　　　　　　　　　　　　　　　　　　　　　　　　　澄田道博，永井彩子

1　はじめに……………………………… 3
2　脂腺細胞の調製と培養液…………… 3
3　細胞接着と分裂……………………… 5
4　脂腺細胞の増殖と増殖因子………… 5
5　培養細胞の空胞と脂肪滴の形成…… 6
6　脂腺細胞の脂肪滴形成……………… 6
7　脂腺細胞の増殖と分化関連遺伝子… 7
8　脂腺細胞の幹細胞と分化…………… 8
9　脂腺細胞の脂質代謝と皮脂改善策… 9
10　今後の課題と皮脂関連話題………… 9
11　おわりに…………………………… 10

第2章　セルライト抑制機能—セルライト（皮膚表面凸凹脂肪塊）に対する脂質代謝改善薬の抑制効果，および，その薬効評価技術—
　　　　　　　　　　　　鈴木清香，三村晴子，澄田道博，永井彩子，三羽信比古

1　セルライトとは？………………… 12
2　セルライトの生じやすい体内部位と
　　条件……………………………… 13
3　セルライト抑制薬の現状………… 14
4　脂肪細胞とセルライト形成……… 15
5　各種の細胞における細胞内脂肪滴の
　　形成……………………………… 16
6　細胞内脂肪滴の形成と脂質代謝疾患… 18
7　細胞由来の各種脂質の合成と細胞外
　　放出……………………………… 18
8　細胞内脂肪滴の形成とADRPの役割…19
9　セルライト形成の原因としての過剰の
　　脂肪酸による細胞死……………… 20

第3章　毛穴引き締め効果—毛穴に対する画像スコア評価，および，皮脂酸化の防御との相関性—
　　　　　　　　　　　　　　　　　三村晴子，矢間　太，三羽信比古

1　毛穴の大きさに対する皮膚表面と断面
　　からのスコア評価………………… 23
2　毛穴引き締め効果をもたらす要因…24
3　毛孔を取り囲む細胞外マトリックス

	成分の繊維構造……………………25	5	毛穴での皮脂の過酸化に対する防御……27
4	プロビタミンCによる毛穴引締め効果の有無……………………………26	6	毛穴引締め化粧品の今後の展開…………28

第4章　皮膚ハリ・タルミ改善効果の評価法—皮膚炎症治療に関わるコラーゲンの合成・分解と弾性繊維エラスチンの配向性—

池野　宏，矢間　太，新出昭吾，河野幸雄，三羽信比古

1	ニキビにおける細胞外マトリックス繊維の破綻……………………………30	7	電子顕微鏡から見たプロビタミンCによる乳頭内部と開口部の皮膚構造強化効果………………………………41
2	プロビタミンCによるニキビ治療………32		
3	皮膚中コラーゲンの合成と分解…………33	8	皮膚2層を張り合わせて強化する基底膜のIV型コラーゲンの連続的構造………42
4	皮膚構造における基底膜の重要性………36		
5	乳牛の乳頭における皮膚・粘膜の強化………………………………………39	9	皮膚弾力性を担う繊維タンパクであるエラスチンの分布……………………43
6	乳牛の乳頭における基底膜の重要性とプロビタミンC………………………39	10	プロビタミンCによるニキビ・乳房炎の防御メカニズム……………………43

第5章　肌年齢の指標としてのテロメア—DNAレベルでの肌老化度の診断，および，皮膚と血管での年齢依存性テロメア短縮化の防御効果—

古本佳代，杉本美穂，檜山英三，井上英二，横尾誠一，三羽信比古

1	細胞老化の指標としてのテロメアDNAの長さ……………………………46		指標としてのテロメア…………………54
		6	皮膚を若く長寿にする先進的なテロメア維持化粧品……………………………55
2	DNAレベルでの肌年齢の診断とテロメア計測の高感度化………………………48		
		7	テロメアを維持し延長させる人為的バイオ技術…………………………………56
3	皮膚擦過屑の採取方法とテロメアDNA長の測定工程……………………50		
		8	生涯に供給できる細胞の総数と供給速度………………………………………57
4	ヒト皮膚表皮におけるテロメアの年齢依存性短縮化，および，テロメア伸長酵素テロメラーゼの活性計測……………51		
		9	テロメア短縮化の抑制，および，テロメア損傷の修復……………………………58
5	近い将来の皮膚老化度を予測する先行	10	血管内皮細胞でのテロメラーゼ活性，

	および，細胞内ビタミンCの高濃度化 ……………………………………… 59	11	細胞内の酸化ストレスを抑える ……… 61

第6章 テロメア伸長酵素と皮膚老化防御—UV傷害の抑制と細胞寿命の延長効果—

横尾誠一，長谷川久美子，片渕義紀，難波正義，三羽信比古

1	DNAの末端複製問題とテロメア，テロメラーゼの役割 ……………… 65	4	活性酸素源から見たUV ……………… 67
2	老化とテロメア・テロメラーゼ ……… 66	5	テロメラーゼによる不老効果 ………… 68
3	活性酸素と老化 ………………………… 66	6	hTERTとUV，細胞死 ………………… 69

【第2編　体内／体外両面からの美肌バイオプロダクト】

第7章 可食植物成分配合美肌製品—体内・体外両面美容としての可食植物成分を配合したバイオ化粧品と美肌健康食品—

辻　智子

1	はじめに ………………………………… 77	3	化粧品とサプリメントの併用効果 …… 78
2	美肌と活性酸素 ………………………… 77		

第8章 キトサン応用抗酸化製品—ビタミンCを活性増強するバイオ素材，および，脂質代謝改善・抗がん健康食品—

寺井直毅，橋本邦彦，小川宏蔵，河野幸雄，吉光紀久子，三羽信比古

1	キトサンとビタミンCとのイオン結合 ……………………………………… 83		結合体の摂取試験 ……………………… 91
2	粉体状態と溶液状態での安定性 ……… 84	6	ウシにおけるビタミンC・キトサン結合体の免疫亢進効果 …………………… 93
3	ビタミンC・キトサンイオン結合体のヒト摂取試験 ………………………… 86	7	ヒト皮膚がん転移へのビタミンC・キトサン結合体の抑制効果 ……………… 95
4	ビタミンCによる脂質代謝の改善効果 ……………………………………… 89	8	ビタミンC・キトサン結合体の将来性 ……………………………………… 96
5	ウシ新生仔でのビタミンC・キトサン		

第9章　カンキツ類応用のUV防御プロダクト—ビタミンPとビタミンCとの同時摂取によるシミ抑制効果と抗酸化力の向上—

澤井亜香理，吉岡晃一，古谷　博，吉光紀久子，猪谷富雄，阪中専二，三羽信比古

1　ビタミンP&C併用のシミ抑制効果 ……98
2　天然抗酸化剤ヘスペリジンとビタミンP ………………………………102
3　ヘスペリジンと柑橘類 ……………103
4　ヘスペリジンの薬効と市販治療薬 ……104
5　ヘスペリジンの安全性と吸収排泄 ……104
6　ヘスペリジンの各種の薬理作用 ………105
7　血中ビタミンC減少へのビタミンPの抑制効果 ………………………………106
8　ビタミンP+Cの同時摂取試験 …………108
9　ビタミンCを援助するビタミンPの美肌効果 ………………………………110

第10章　天然香料の粘膜・皮膚防護効果—鼻腔・気管を介したガン殺傷／転移抑制の多面的薬効—

鈴木恭子，蔭山勝弘，楠本久美子，伊藤信彦，辻　弘之，三村晴子，三羽信比古

1　はじめに ……………………………113
2　天然型の直鎖脂肪酸によるガン殺傷効果 ……………………………………115
3　ヒドロキシ脂肪酸とその誘導体 ………116
4　癌研方式によるヒト培養ガン細胞パネルテスト ………………………………120
5　ガン殺傷活性とガン転移抑制活性を併有する次世代抗ガン剤 ……………121
6　ハイパーサーミアとの併用で活性増強される抗ガン剤 …………………123
7　ガン移植マウスへの治療実験 …………124

第11章　アセロラと美肌プロダクト—ビタミンC高含有果実，および，シミ・シワのスコア化評価法—

中島紀子，赤木訓香，森田明理，辻　卓夫，安藤奈緒子，三羽信比古

1　シミを抑制する美肌化健康食品 ………126
2　メラニン濃度のスコア化 ……………129
3　美肌化健康食品によるシワ抑制効果の評価技術 ………………………………131
4　天然ビタミンCの経口摂取によるシワ抑制効果の分子メカニズム …………131

第12章　新規プロビタミンC美肌プロダクト─生薬から抽出されたアスコルビン酸-2-β型グルコシド…薬理特性および既存α型プロビタミンCとの相違点─

　　　　　　　河村卓也，前田健太郎，前田　満，深見治一，木曽良信，赤木訓香，三羽信比古

1　各種プロビタミンCと比較した特性 …136
2　ヒト皮膚角化細胞のUV誘発DNA傷害への防御効果 …………………138
3　細胞内酸化ストレスの軽減効果 ………140
4　プロビタミンCからのアスコルビン酸への変換と細胞内蓄積 ……………141
5　ヒト皮膚繊維芽細胞でのコラーゲン合成への影響 ………………………143
6　ヒト皮膚繊維芽細胞の細胞寿命延長効果とテロメア・テロメラーゼ維持効果 ……………………………145
7　新規プロビタミンCのAsc2βGlcの高濃度かつ長時間の投与，および，細胞毒性の低さ ……………………147
8　ヒト摘出皮膚片とヒト糞便抽出液によるAsc2βGlcからのビタミンC変換 ……………………148
9　アスコルビン酸-2-O-β-グルコシドの実用化の形態 ………………149

第13章　プロビタミンC混合体美肌プロダクト─3種類のプロビタミンC（速効性・組織浸透性・持続性）による抗がん・美肌化ホリスティック健康食品─

　　　　　　　蔭山勝弘，楠本久美子，鈴木晶子，飯田樹男，長尾則男，三羽信比古

1　人体の臓器を守るビタミンC …………152
2　ビタミンC健康5か条 …………………154
3　血管壁へのビタミンC取込み …………156
4　健康食品としての活性持続型プロビタミンCの重要性 ………158
5　臓器の虚血─再灌流傷害への予防効果 ……………………160
6　抗がん健康食品としてのプロビタミンC ……………………161
7　プロビタミンC3種混合体のホリスティック（全身）効能 ………162
8　がん転移抑制のプロビタミンC健康食品 ……………………164
9　おわりに ……………………166

【第3編　バイオ化粧品とハイテク美容機器との相性】

第14章　イオン導入によるビタミンC浸透促進—皮膚深部へのバイオ化粧品の分布向上—山口祐司，赤木訓香，安藤奈緒子，鈴木晴恵，三羽信比古

1　プロビタミンCと他の抗酸化剤との違い …………………………………173
2　イオン導入による薬剤浸透性の促進 …174
3　イオン導入最適条件の検索に用いるヒト皮膚片分割法 ……………………174
4　イオン導入の臨床モデル試験 …………176
5　イオン導入器における各種モードからの最適条件の検索 …………………177
6　プロビタミンCのイオン導入効果の特性 …………………………………177
7　イオン導入と個人差 ……………………179
8　プロビタミンC高率イオン導入によって発現する美肌効果 …………………181

第15章　オシロフォレシスによる薬剤分布促進—劣化角質層の剥離作用を介したオシロフォレシス装置による非イオン性バイオ化粧品の皮膚内浸透促進効果—久藤由子，安藤奈緒子，山崎岩男，藤川桂子，赤木訓香，三羽信比古

1　皮膚深部へ浸透させる薬剤のイオン性と油性 ……………………………184
2　ピーリング&オシロフォレシス装置による皮膚深部への薬剤の浸透促進 …186
3　ピーリング&オシロフォレシスの臨床試験 …………………………………187
4　油性プロビタミンCの皮膚深部への浸透性 …………………………………188
5　ビタミンEの皮膚深部への浸透性 ……189
6　非イオン性薬剤の皮膚深部への浸透促進 …………………………………190
7　ピーリング&オシロフォレシスと油性有効成分との相性の良悪 …………192

第16章　瞬時ストロボ光による美肌効果—IPL（瞬時ストロボ光）フォトフェイシャル，および，プロビタミンC—久藤由子，吉光紀久子，斉藤誠司，太田浩史，堀内洋之，三村晴子，三羽信比古

1　IPLの定義と原理 ………………………193
2　IPLフォトフェイシャルの臨床概要 …194

3	ヒト皮膚分割小片を用いたIPL条件の最適化検索 …………195	5	プロビタミンC皮膚浸透促進に必要なIPLの施行回数 …………198
4	プロビタミンCの皮膚深部浸透性の必要性 …………197	6	IPLとイオントフォレーシスとの併用効果のメカニズム …………198

第17章　超音波酸化分解の防止―ソノフォレシス（超音波による薬剤の体内搬送）による抗酸化剤の酸化分解とその防護設計―

藤沢　昭，藤川桂子，浅田加奈，三羽信比古

1	超音波とは？ …………201	4	超音波によるビタミンC分解 …………203
2	超音波によるキャビテーション ………201	5	皮膚組織へのプロビタミンCのソノフォレシス（超音波による薬剤搬送）…204
3	キャビテーションによる皮膚圧壊からの防護 …………202	6	ソノフォレシスの今後の展望 …………204

第18章　多機能イオン導入器―イオン導出による皮膚老廃物の除去，および，リフティングによるプロビタミンC変換促進―

李　昌根，黄　勝英，全　泰烈，鈴木晴恵，真壁　綾，赤木訓香，三羽信比古

1	イオン導入とプロビタミンCの有用性 …………206		臨床モデル試験 …………210
2	ビタミンCの皮膚深部浸透性の必要性 …………206	5	プロビタミンCの皮膚浸透効果に関する各社イオン導入器の比較 …………213
3	イオン導入器を性能評価する臨床試験 …………207	6	リフティング機能によるプロビタミンC浸透促進効果 …………215
4	ヒト摘出皮膚片の器官培養系を用いた	7	イオン導出に因る皮膚老廃物の除去効果 …………216

第19章　エンダモロジーによるセルライト縮小効果―セルライト（皮膚表面凸凹脂肪塊）縮小効果を発揮するエンダモロジー―

野村智史，大森喜太郎，吉田眞希

1	セルライトとオレンジピールスキン …218	3	Endermologie®とその生理学的効果 …220
2	セルライトの予防と治療 …………219	4	Endermologie®の臨床効果 …………222

【第4編　ナノ・バイオテクと遺伝子治療を活用したバイオ化粧品の近未来】

第20章　フラーレン誘導体による活性酸素の消去―ナノテク新素材の美肌化粧品への応用―

前田健太郎，松林賢司，宍戸　潔，栢菅敦史，三羽信比古

1 フラーレンの性状と特許権 ……… 229
2 医療分野での応用 ……… 230
3 フラーレン誘導体の優れた皮膚防護活性 ……… 230
4 遷移金属イオンによって発生するヒドロキシルラジカルに対するフラーレン誘導体の消去活性 ……… 231
5 物質レベルでのフラーレン誘導体によるスーパーオキシドアニオンラジカル消去効果 ……… 232
6 紫外線B波によって皮膚細胞に生じる活性酸素へのフラーレン誘導体の消去効果 ……… 234
7 過酸化脂質による細胞内活性酸素に対するフラーレン誘導体の消去効果 ……… 235
8 引き金としての活性酸素に対する消去効果 ……… 237
9 フラーレン誘導体の色 ……… 237

第21章　電解還元水による活性酸素消去効果―細胞内パーオキシド消去効果と細胞死抑制効果―

原本真里，栢菅敦史，三宅　篁，三宅　治，玉置雅彦，三羽信比古

1 老年病とフリーラジカル ……… 239
2 ペルオキシドによる酸化反応 ……… 240
3 電解還元水とは ……… 241
4 還元水の細胞死抑制効果 ……… 241
5 まとめ ……… 243

第22章　超微細化トルマリンによるマイナス電荷効果―マイナス電荷を永久放出する電気石トルマリンのナノテク超微細化によるバイオ化粧品の効能増強―

中野正章

1 はじめに ……… 245
2 電気石の歴史 ……… 245
3 電気石の種類 ……… 246
4 電気石の化粧品原料としての可能性 … 246
5 皮膚表面電位の安定に有効 ……… 247
6 皮膚常在菌の調整の可能性 ……… 247

7	ナノ領域での電気石 ……………248		るバイオ化粧品の効能増強 ………248
8	マイナス電荷のナノテク超微細化によ		

第23章 過酸化脂質消去遺伝子による細胞障害防御—過酸化脂質を消去する遺伝子PHGPxによる細胞傷害の防御システム—

今井浩孝，中川靖一，堀江　亮，三羽信比古

1	はじめに ………………………249	4	抗アポトーシス因子としてのミトコンドリア型PHGPx…………………252
2	リン脂質ヒドロペルオキシドグルタチオンペルオキシダーゼ（Phospholipid hydroperoxide glutathione peroxidase：PHGPx）の構造と機能 ……………250	5	抗炎症性蛋白質としての非ミトコンドリア型PHGPx…………………254
3	過酸化脂質消去酵素としてのPHGPx…251	6	おわりに—バイオ化粧品や皮膚疾患薬への応用— …………………255

第24章 ビタミンC輸送遺伝子と皮膚患部遺伝子治療—バイオ抗酸化成分の細胞内取込み促進方法，および，ビタミンC輸送体遺伝子SVCTと皮膚への遺伝子治療の可能性—

栢菅敦史，山根　隆，小野良介，奥　尚，三羽信比古

1	はじめに ………………………257		齢 ……………………………260
2	アスコルビン酸濃度の保持機構 ……257	4	アスコルビン酸による還元効果向上のための新アプローチ ……………261
3	組織におけるアスコルビン酸濃度と加	5	おわりに ………………………261

第25章 皮膚へのビタミンC再生遺伝子導入—バイオ抗酸化剤のリサイクル効果をもたらすビタミンC再生遺伝子DHAR，および，皮膚導入DHAR遺伝子の遺伝子薬・化粧品としての可能性—

福岡由利子，大石佳広，錦見盛光，石川孝博，中谷雅年，三羽信比古

1	ビタミンCを還元再生するDHAR遺伝子 …………………………264		産物 ……………………………266
2	細胞質全体に局在するDHAR遺伝子	3	DHAR遺伝子導入細胞における細胞内グルタチオン（GSH）量の状態 ………267

4	DHAR遺伝子導入による細胞死の防御 …………………………268		の抑制 …………………………271
5	DHAR遺伝子の発現度と細胞死抑制活性との相関性 ……………269	8	DHAR遺伝子のビタミンC再生利用による活性酸素・フリーラジカル消去 …………………………271
6	DHAR遺伝子導入による細胞内酸化ストレスの抑制 ……………270	9	皮膚局所へのDHAR遺伝子の細胞内導入による皮膚疾患治療と美肌遺伝子化粧品への発展性 …………272
7	DHAR遺伝子導入細胞におけるDHAとGSH-iPr併用投与によるDNA切断		

第26章　アポトーシス遺伝子による細胞死抑制―抗アポトーシス遺伝子bcl-2の細胞死抑制メカニズムと皮膚保護のための遺伝子治療への発展性―

斉藤靖和, 柳田　忍, 大内田理佳, 三羽信比古

1	はじめに …………………………274	7	bcl-2遺伝子の発現度は細胞死抑制活性と相関するか？ ……………280
2	bcl-2遺伝子とは？ ………………274		
3	Bcl-2のアポトーシス抑制メカニズム…275	8	生来の遺伝子を変異させない安全な組織への遺伝子導入 ……………281
4	bcl-2遺伝子導入による各種細胞死の抑制 …………………………275	9	HVJ-リポソーム法による遺伝子導入の特徴 …………………………282
5	Bcl-2による細胞死防御メカニズムの新たな展開 ……………………278	10	まとめ（bcl-2遺伝子導入により期待される効果） …………………284
6	bcl-2の遺伝子導入はビタミンCの細胞内取り込みを増強する ………279		

第27章　サンスクリーン剤による皮膚ナノ単位被覆―紫外線による活性酸素2次発生への防御効果の可能性―

竹下久子, 佐々木陽子, 山谷　修, 林　沙織, 三羽信比古

1	各種UV防御製品によるUVAとUVBに対する遮蔽効果 ………………287	4	UVB照射による皮膚角化細胞の細胞傷害と酸化亜鉛微粒子サンスクリーンによる防御効果 ………………290
2	酸化亜鉛の微粒子による皮膚表面の被覆 …………………………288	5	酸化亜鉛微粒子サンスクリーン剤によるDNA塩基損傷の抑制効果 ………292
3	花びら状サンスクリーン剤 ………289		

6 UVB照射による皮膚角化細胞の細胞膜破綻，および，酸化亜鉛微粒子サンスクリーン塗布とアスコルビン酸（Asc）投与による防御効果 …………292	7 UVBによるパーオキシド・過酸化水素の細胞内生成に対する抑制効果 ……293 8 おわりに …………………………………294

【第5編　バイオ化粧品の効能を評価する技術メニュー】

第28章　ヒト摘出皮膚片を用いた薬剤浸透の評価法—薬剤分布に対する迅速評価可能な改変ブロノフ拡散チャンバー法—

赤木訓香，吉光紀久子，三村晴子，三羽信比古

1　3次元皮膚モデルにはない臨床近似性 …………………………………301 2　改変ブロノフ拡散チャンバー法の手順 …………………………………301	3　皮膚片を用いる他の方法との比較 ……302 4　プロビタミンCのヒト摘出皮膚片への浸透効果 ………………………………303

第29章　高速シワ人為的形成システム—シワのスコア化評価法と細胞外マトリックス構築およびシワ防御剤の開発—

中島紀子，三村晴子，栢菅敦史，矢間　太，三羽信比古

1　はじめに …………………………………305 2　高速シワ形成系の皮膚組織の電子顕微鏡像 ……………………………………305 3　ヒト皮膚組織小片を用いた高速シワ形	成系 ………………………………………307 4　高速シワ形成による皮膚中タンパク繊維構造の変化 …………………………310 5　おわりに …………………………………313

第30章　皮膚UV防御剤の検索技術—紫外線A波・B波による各種細胞傷害イベントの時系列に沿った防御効果の評価法—

林　沙織，黄　哲，妹尾雄一郎，三羽信比古

1　はじめに …………………………………314 2　紫外線による核DNA鎖切断 …………314 3　DNA塩基損傷 …………………………319	4　細胞膜の部分破綻 ………………………320 5　細胞内の酸化ストレス …………………320 6　核の凝集と断片化，および，ミトコン

	ドリア機能喪失 …………………322		UV防御剤の開発 …………………322
7	細胞傷害イベント時系列を踏まえた	8	おわりに …………………………323

第31章 過酸化脂質活性の評価技術―過酸化脂質による皮膚細胞死を防御する活性の評価技術―

桜井哲人

1	皮膚障害と過酸化脂質 ……………325		御活性効果 ………………………327
2	皮膚細胞の防御活性効果 …………326	4	ヒトによる過酸化脂質の抑制効果 ……328
3	三次元皮膚モデルによる皮膚細胞の防	5	まとめ ……………………………328

第32章 バイオ抗酸化剤による虚血傷害防御―虚血・再灌流傷害の防御剤，および，皮膚血流の重要性―

江口正浩，門田一昭，藤原真弓，三羽信比古

1	概要 ………………………………330	6	低酸素／再酸素化による血管内皮細胞
2	虚血―再灌流傷害の原因 …………331		の障害 ……………………………336
3	肝臓での虚血／再灌流傷害 ………332	7	抗酸化剤が活性酸素を消去する機構 …337
4	心臓での虚血／再灌流傷害 ………333	8	まとめ ……………………………337
5	皮膚虚血 …………………………336		

第33章 新世代プロビタミンCによるがん浸潤抑制―化粧品の安全性検証としての皮膚がん浸潤促進作用の欠如要件―

新多幸恵，劉　建文，長尾則男，加藤詠子，続木　敏，三羽信比古

1	はじめに …………………………341		6 Plmの阻害効果 …………………346
2	細胞移動能におけるAsc 2 P 6 Plmの	6	細胞内部での酸化ストレスの抑制効果 …348
	阻害効果 …………………………343	7	細胞外マトリックス（ECM：extracel-
3	Asc 2 P 6 PlmによるROS消去 …………344		lular matrix）の分解におけるAsc 2 P
4	細胞内F-アクチンの構成・維持にお		6 Plmの阻害効果 …………………348
	けるAsc 2 P 6 Plmの阻害効果 ………344	8	Asc 2 P 6 Plmによるヒト繊維肉腫細
5	RhoAの発現と分布におけるAsc 2 P		胞HT-1080での*nm23*発現の促進 ……350

9 おわりに ……………………………352

第34章 高濃度アンチオキシダントの選別技術―可食植物ジュベナイル体（幼若体）に着眼した高濃度アンチオキシダントとその選別技術―

近藤　悟，吉光紀久子，三羽信比古

1 はじめに ……………………………353
2 リンゴ果実の抗酸化活性と抗酸化成分 ……………………………353
3 カンキツ果実の抗酸化活性と抗酸化成分 ……………………………356
4 抗酸化活性に影響する環境要因 ………358

【第6編　薬効を増強させる新規バイオ抗酸化剤の分子設計】

第35章 ビタミンハイブリッド薬―ビタミンEとビタミンCを合体させたハイブリッド薬の化粧品原料としての応用―

阪上享宏，荻野真也，家村雅仁，岩﨑尚子

…………………………………………363

第36章 水溶性ビタミンE誘導体―活性酸素の消去効果と毛細血管細胞の延命・テロメア維持効果―

田中靖史，続木　敏，加藤詠子，森藤雄亮，三羽信比古

1 細胞膜界面におけるVitamin E誘導体の抗酸化効果と寿命延長 …………368
2 テロメア長短縮化に依存したVitamin E誘導体の効果 ………………378
3 おわりに ……………………………382

第37章 油性化プロビタミンC―皮膚深部への浸透力の増強効果と皮膚防護特性―

寺島洋一，大森喜太郎，兼安健太郎，前田健太郎，金子久美，三羽信比古

1 はじめに ……………………………386
2 UVAによるDNA障害と細胞死へのビタミンC誘導体防御効果 …………387
3 WST-1法による細胞生存率の測定 ……388

4	TUNEL法によるDNA鎖切断の検出 …388	7	UV照射に伴うスクワレン/スクワレンハイドロパーオキシド生成とVC-IP投与による抑制効果 …………………390
5	免疫細胞染色による8-OHdGの検出 …389		
6	FlowCytometryを用いたUVによる細胞死，アポトーシスに伴う細胞表面の変化の解析 ……………………………389	8	VC-IPの臨床応用 ……………………391

第38章　第二世代プロビタミンC—第二世代プロビタミンC；アスコルビン酸-2-リン酸-6-パルミチン酸ナトリウムの皮膚防護効果と真皮線維組織構築効果—　　加藤詠子，続木　敏，劉　建文，江藤哲也，三羽信比古

1	はじめに ……………………………396		ウム ……………………………………396
2	第二世代プロビタミンC，アスコルビン酸-2-リン酸-6-パルミチン酸ナトリ	3	おわりに ………………………………402

第1編　次世代バイオ化粧品・美肌健康食品に求められる新規機能

第1章　皮脂改善機能
―― 脂腺細胞の培養系と脂質代謝，および，皮脂改善薬の開発指針 ――

澄田道博[*1]，永井彩子[*2]

1　はじめに

　皮脂腺（sebaceous glands）は毛根部または表皮や粘膜に直接開口し，皮膚表面に脂質を分泌する組織である。体内の脂肪細胞では，中性脂肪がリパーゼにより分解されて血中に脂肪酸が遊離されるが，皮脂腺では，組織に特異的なワックスエステルを含む脂質を蓄積した細胞が，ホロクラインと呼ばれる細胞破壊により分泌される。男性ホルモンは皮脂の合成を促進し，その過剰は脂質肌やニキビの原因となる。逆に，皮脂の合成が低下すると，バリア機能不全となりでは感染やアトピー性皮膚炎に罹患し易くなる。また，眼瞼には，皮脂腺ファミリーのマイボーム腺と呼ばれる組織が発達しており，脂質を分泌して涙液の表面に脂質膜を作り，涙液の乾燥を防いだり潤滑剤として働く。その分泌不全はドライアイや炎症などの原因となる。これらの病態の予防や改善には，皮脂腺を活性化するために脂質組成や代謝および脂腺細胞の増殖・分化機構を明らかにする必要があるが，ワックスエステル合成酵素の同定など未解決の課題が多い。これは脂腺細胞の培養が困難で，樹立された株細胞が極少ないためと考えられる。最近，同組織の脂質代謝関連酵素やそれらの遺伝子の同定，幹細胞からの分化誘導が報告され，次第にその性質が明らかになってきた。ここでは，皮脂改善薬の開発指針の基礎として，皮脂腺およびマイボーム腺の培養とその形態の特徴や脂質代謝，遺伝子発現について紹介する。

2　脂腺細胞の調製と培養液

　脂腺細胞はラットやハムスターなどの毛根に局在する皮脂腺から調製できる。ゴールデンハムスターの耳介を材料として，伊藤らは脂腺細胞の培養方法を確立し，その詳細を報告した[1,2]。同組織は脂腺細胞が多く，ヒトの皮脂腺に類似した男性ホルモン感受性や細胞のターンオーバーを

---

*1　Michihiro Sumida　愛媛大学　医学部　医化学第二　助教授
*2　Ayako Nagai　愛媛大学　医学部　医化学第二医学科大学院　博士課程

細胞死制御工学～美肌・皮膚防護バイオ素材の開発～

持つ良い材料と報告されている。筆者らは主にラット眼瞼を用いて組織片のアウトグロース細胞の調製を試みた。耳介や眼瞼の他，体毛の少ない包皮（preputial）などが培養に使われている。

皮膚を削ぎ取り，皮下部をハサミでトリミングして皮膚表面を残す。12穴ディッシュなどへの培養では，成獣ラット1～2頭分を使用して表皮の0.5平方センチ分位を用いる。組織片は一度70％エタノールに10秒程度つけて滅菌した後，培養液の入った1.5mlチューブに移してハサミで細片とする。より丁寧には，コラーゲン処理を行う。マイボーム腺は皮脂腺に比べてより大きく発達しており，識別しやすい（図1）。細片は1ミリ角位の大きさが適当である。これらの組織片を直接ディッシュに蒔いて培養液を加えると，浮遊してディッシュへの接着が難しい。そこで最初は，組織片が乾かない程度の微量の培養液を加えて接着を促し，翌日から順次培養液を増して敷石状のアウトグロース細胞を広がらせる。通常2～3日後には組織片の周辺に多数のアウトグロース細胞が広がって来る（図2）。組織片からは，円錐状の線維芽細胞や筋芽細胞が分散して遊走してくる。増殖速度が速いので，増殖しないうちに軽いトリプシン処理で剥がして除いておく。皮脂腺組織からの細胞の単離には，ディスパーゼなどの酵素処理による方法が報告されている[1]。この方法では，混在して増殖してくる線維芽細胞などを区別して除去するのが難しいが，マイトマイシンC処理をして増殖を抑制したswiss 3T3線維芽細胞を支持細胞として蒔いておき，脂腺細胞を播種して脂腺細胞のコロニーを得ることもできる（図3）。ケラチノ

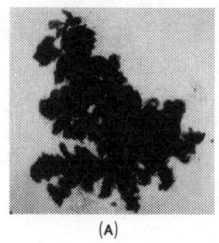 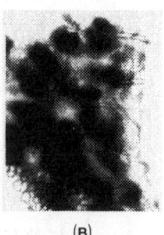

図1(A) ラット眼瞼マイボーム腺の皮脂腺
ラット眼瞼をコラゲナーゼ処理して単離した，多量の脂肪滴を持つマイボーム腺
(B) ラット耳介の毛胞の皮脂腺
ラット耳介の毛胞に局在する皮脂腺はドーナツ状に黒く見える

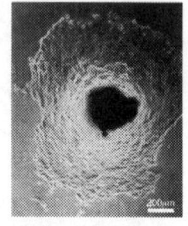

図2 マイボーム腺組織片からのアウトグロース細胞
培養皿に図1Aの組織片を静置し，接着後伸展してきたアウトグロース細胞（5日目）

図3 線維芽細胞上に植え継いだ脂腺細胞
トリプシン処理した図2のアウトグロース細胞を，マイトマイシンCで前処理したswiss 3T3線維芽細胞上に植え継ぎ，敷石状に増殖中の脂腺細胞，植え継ぎ後（7日目）増殖し，線維芽細胞を周辺に押し出している。

第1章　皮脂改善機能

サイトの混在も問題であるが，この細胞はカルシウム濃度が低くないと増殖しないといわれ，カルシウムイオン濃度が高い通常の培地では，その増殖は抑制されている。培養液は，DMEM/F12に10%FCSを添加した基本培地に，下垂体抽出液を添加する方法が多く見られる。また，増殖因子EGFやハイドロコルチゾン，細胞内のcAMP濃度を高く保つ目的でコレラトキシンの添加が有効とされる。ヒト不死化脂腺細胞のSZ95細胞ではジヒドロテストステロン（DHT）の添加が増殖に必要と記述されている[3]。筆者らのアウトグロース培養では，初期の1週間では，これらの添加の影響は少ないようである。また，ヒトの皮脂腺組織培養では，フェノールレッドはエストロゲン様の作用を持ち，脂肪滴の形成を抑制すると報告されている[4]。FCSはメーカーやロットにより培養に影響があるといわれ，ロットチェックが必要である。また，ヒト血清を2%加える報告もある。その有効成分は明確にされていないが，FCS添加だけでは不足する脂肪酸などの脂質栄養か，あるいはヘパラン硫酸（第8節参照）を補充するためと予想される。

3　細胞接着と分裂

ラットの尾の白い線維から調製したコラーゲン（タイプⅠ）を酸で可溶化して保存し，使用時にアルカリで中和してゲル化すると，培養ディッシュをコラーゲンコーティング出来る。ゲル化と共にあるいは後に培養細胞を播種すると，ゲルの中あるいはゲル上で培養できる。この方法では，線維芽細胞由来の脂肪細胞もゲルになじみ，その中で脂肪滴を持ちながら細胞突起の多い線維芽細胞様の形態となった[5]。一方，脂肪滴を持つ脂腺細胞では，ゲルへの接着は良いとは言えず，コラーゲン上で次第に丸く萎縮する多数の細胞が見られた（図4）。組織のアウトグロース細胞と混在して増殖した線維芽細胞との境界では，互いに押し合うようにぶつかり相互に乗り入れることがない。第8節でふれるように，コラーゲンによる脂腺細胞の増殖の抑制も予想される。

図4　コラーゲンゲル上の脂腺細胞
トリプシン処理した図2のアウトグロース細胞をコラーゲンゲル上に植え継いだが，接着が悪く増殖しなかった。

4　脂腺細胞の増殖と増殖因子

初代培養脂腺細胞を増殖させるために，基本的なDMEM/F12＋10%FCS培地にコレラトキシン，EGFの他，DHT，下垂体抽出液などが添加されている。筆者らはコレラトキシンおよびEGFを添加した培地で，ラット眼瞼マイボーム腺細胞が，植え継ぎ後約16時間ごとに分裂することを

認めた（図5）。しかし、インスリンやT3などによる影響はなく、分化誘導ホルモンといわれるDHTを添加すると、細胞分裂頻度は低下した。

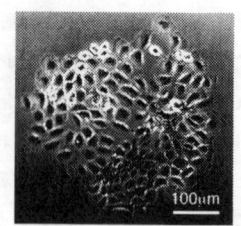

図5　マイボーム腺の2次培養細胞
図2のアウトグロース細胞をトリプシン処理して植え継ぎ、増殖中の脂腺細胞。

5　培養細胞の空胞と脂肪滴の形成

コンフルエンス後、敷石状の初代培養脂腺細胞の中には、大きな空胞を持つ膨潤した細胞が出現する。この細胞の下にも敷石状の細胞が見られるので、ディッシュ面から次第にせり上がり、その後巨大な空胞を作ると思われる（図6）。未分化の細胞は、一旦トリプシンなどで遊離させると再びディッシュに接着し難くなるが、その後接着しなかった細胞も同様に泡沫状に膨潤したので、固相からの遊離により空胞を形成して膨潤すると考えられる。この時、細胞内の脂肪滴が無い未分化の細胞にも泡沫化は生じていた。

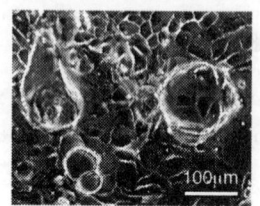

図6　ラット包皮培養脂腺細胞の形態
コンフルエンスとなったアウトグロース細胞中には、空胞を形成して膨潤した細胞が多数見られた。泡沫状の細胞の下には敷石状の細胞が見られる。

6　脂腺細胞の脂肪滴形成

ラット包皮の初代培養脂腺細胞では、DHT添加培地で多数の顆粒状の脂肪滴が形成され、次第に空胞を形成した細長く巨大化した細胞が生じてくる（図7B）。多数の脂肪滴を持つ分化した細胞は上層にせりだして浮遊し始め、個別にあるいは集団でディッシュから遊離して剥がれてくる。このような形態変化や浮遊する性質は、眼瞼から得られるマイボーム腺細胞でも同様に見られるが、他の組織培養細胞には認められない特徴である。これらの細胞の脂肪滴中の脂質は中性脂肪、スクワレン、コレステロールエステルが主で、この細胞の特徴で

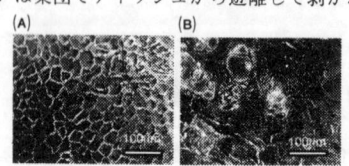

図7　オイルレッドオー染色した包皮培養脂腺細胞
脂肪滴の無い増殖期(A)、および脂肪滴を形成して膨潤しはじめたコンフルエンス後(B)の各細胞

あるワックスエステルの含量は，組織と比べると少ない。これは培養系では基質となる脂質の不足，あるいは同合成酵素の発現や活性化が充分でないためと考えられる。今後，有効なホルモンなどの検索やその作用機構の検討が必要であろう。

培養細胞の脂肪滴は，オレイン酸などの長鎖脂肪酸の添加によっても形成され，中性脂肪が合成され蓄積された。長鎖脂肪酸の蛍光アナログ（D-3823，Molecular Probe 社）の添加でも，中性脂肪を含む多数の脂肪滴が形成された（図8）。これらの長鎖脂肪酸による脂肪滴形成は比較的特異性が低く，線維芽細胞などでも同様の一過性の形成が観察される。しかし，分化した脂腺細胞では脂肪細胞と同様に常時脂肪滴が存在する。

SV40large T antigen の transform によるヒト不死化脂腺細胞，SZ95細胞による実験では，同細胞に MSH（melanocyte stimulating hormone）受容体や CRH（corticotropim releasing hormone）受容体および CRH の発現が認められている。増殖・分化や脂肪合成などが同ホルモンにより調節され，またホロクラインにより調節される可能性が示された[6]。また，ハムスター耳介から樹立された脂腺細胞では，増殖期には脂肪滴形成が見られない（図9A）が，コンフルエンス後に EGF を無添加とすると，数日後には分化して脂肪滴を蓄積する細胞が認められる（図9B）。また同細胞では，EGF などの成長因子や 1α, 25-dihydroxyvitamin D 3 が脂肪合成を抑制すると報告されている[7]。

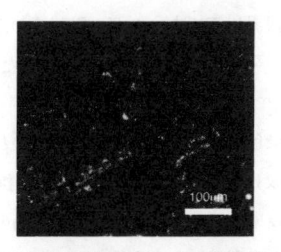

図8 蛍光脂肪酸の添加による脂肪滴形成
脂肪酸の蛍光アナログ（Bodipy D-3823）を添加した培養脂腺細胞の核周辺には，多数の蛍光色素を取り込んだ脂肪滴顆粒が形成された。

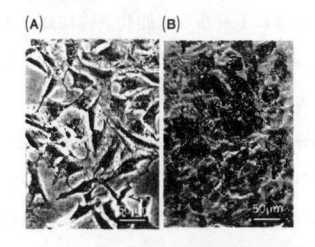

図9 ハムスター脂腺細胞樹立株の増殖期(A)および分化後の脂肪滴形成(B)
増殖期には脂肪滴は見られないが，コンフルエンス後，オイルレッドオー染色性の脂肪滴を形成する細胞が認められた。

7 脂腺細胞の増殖と分化関連遺伝子

増殖期の脂腺細胞では脂質代謝関連遺伝子の発現量は低いが，脂肪滴の形成にともない発現の促進が見られた。たとえば，脂肪滴周辺膜に特異的な局在を示す ADRP（adipose differentination related protein）は脂肪酸キャリア蛋白質といわれ，脂肪滴を多数形成している皮脂腺やマイボーム腺組織には強く発現していた。培養系では，脂肪滴のわずかな増殖期には，ADRP の発現量

も検出限界以下であったが,脂肪滴の出現と共に強く発現し,同脂肪滴膜に局在した[8]（図10）。

組織染色時に固定段階で脂肪が失われる場合,同膜に局在するADRP蛋白質は抗体により免疫染色可能であるから,脂肪滴のマーカーとして利用できよう。また,ADRPに比べて,脂肪組織やステロイド合成組織にのみ発現するペリリピン蛋白質が皮脂腺やマイボーム腺組織にも発現し,脂肪滴膜に局在することを筆者らは認めた。これは脂腺細胞の分化により発現誘導されるが,脂肪酸の添加のみで形成される脂肪滴には検出されないので,分化した脂腺細胞を同定のより良いプローブになると期待される。

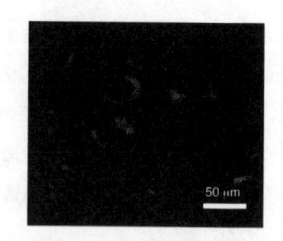

図10 脂肪滴へのADRP蛋白質の局在（免疫染色）
脂肪滴を蓄積したラット包皮脂腺細胞を固定後,ADRP抗体と反応させた。蛍光色素（Alexa）結合-2次抗体反応後,蛍光顕微鏡で局在を調べた。

皮脂腺組織には,はじめ脂肪組織で見つけられた脂肪分化決定転写因子のPPAR-γの発現が報告されている[9]。同転写因子は脂肪酸やプロスタグランディンJ2などをリガンドとして脂肪代謝系の多くの酵素を発現誘導する。線維芽細胞などの他の細胞も,PPAR-γを強制発現させると脂肪細胞化するので脂肪細胞決定因子と考えられている。また,インスリン非依存型糖尿病改善薬のピオグリタゾンなどはPPAR-γのリガンドとして,脂腺細胞に対しても分化を促進し,脂質代謝を活性化する効果が期待される。また,筆者らの観察では,ラット眼瞼マイボーム腺では,脂肪組織に発現して脂肪滴に蓄積された中性脂肪を分解する酵素であるホルモン感受性リパーゼのmRNAが検出されなかった。そのため,蓄積脂肪を脂肪酸に分解して遊離するのでは無く,ホロクラインにより細胞の崩壊と共に分泌する可能性が支持された。

8 脂腺細胞の幹細胞と分化

皮脂腺の周辺には毛根や脂腺細胞の幹細胞が存在することや,各細胞への分化機構が報告されている。β-カテニンの活性型を発現するトランスジェニックマウスが,pilomatrixoma（毛質〔性上皮〕）腫に罹患し易くなることや,脂腺細胞の発達が認められている[10]。同機構では表皮形成に関わるWntがβ-cateninへと細胞増殖命令を伝え,β-カテニンが細胞内から核へと移行して,転写因子のLEF1/TCF3を介して伝達される（図11）。また,このWnt蛋白質に結合して受容体Frizzledへとリクルートする HSPG（ヘパラン硫酸：heparinsulfate proteoglycan）が,同皮脂腺の発達や分化の制御に関与する可能性を持つ。現在,ヘパリン類似物質のヒルドイド軟膏は,血行促進・皮膚保湿・抗炎症効果に加え,保湿効果による皮脂欠乏の改善を期待して使われ

ている。ヘパリンの脂腺細胞に対する直接効果は，皮脂腺の発達や活性化にとって興味深い。また，HSPG を持つ XVIII 型のコラーゲン[11]はエンドスタチンをコードしており，エンドスタチンが Wnt シグナルを抑制すること[12]から，皮脂腺組織周辺の結合組織によって幹細胞の増殖・分化活性が制御されていることもあり得よう。

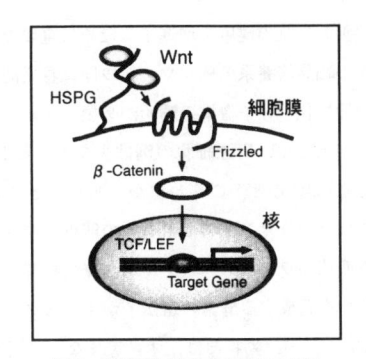

図11　脂腺幹細胞の分化誘導モデル
細胞表面の HSPG に結合した Wnt は，その受容体 Frizzled に結合して，シグナルを β-Catenin に伝える。β-Catenin は核に入り転写因子 TCF/LEF を活性化してターゲット遺伝子の発現を促進する。

9　脂腺細胞の脂質代謝と皮脂改善策

脂腺細胞にはリポ蛋白質リパーゼの発現が認められているので，細胞内の蓄積脂肪の基質として，VLDL の中性脂肪を脂肪酸に分解して利用することが考えられる。ヒトの脂腺細胞に特異的に蓄積されるワックスエステルでは，基質として利用される脂肪酸はパルミチン酸（16：0）が主で，リノレイン酸（18：2）を添加しても β 酸化により分解されることなど，脂肪酸にも選択性があることが示された[13]。パルミチン酸の不飽和化により生成される皮脂成分のサピエニック酸（16：1）への代謝や皮脂の脂肪酸組成は，皮脂腺の閉塞にも関わる皮脂の融点を決定する。一方，パルミチン酸から生成されるセラミドは，リポトキシティの原因となりアポトーシスを誘導する事が他の組織細胞で示されているが，オレイン酸は逆に，肺ガン細胞[14]や膵 β 細胞などでは細胞増殖を促進すると報告されている。また，ビタミン E との組み合わせにより，細胞の酸化傷害に対する抵抗力の増強効果も期待される。このように脂肪酸組成やその量は，皮脂の基質としての役割に加えて，細胞増殖やバイアビリティに対しても影響を与えるので，皮脂量の適正化や制御などの維持，改善のためには，摂取する脂肪栄養の脂肪酸構成やその詳細な代謝機構の検討が必要であろう。また，皮脂分泌を活性化する男性ホルモンや，抑制するエストロゲンへの応答性に対し，脂肪酸組成の影響も検討すべきであろう。

10　今後の課題と皮脂関連話題

皮脂腺の増殖や分化を促進する有効なリガンドや薬物の開発は，同腺の機能不全による種々の

疾患を改善し，肌の健康を増進するために重要な課題である。このようなリガンドの検索には，①皮脂腺の細胞培養系の確立や，②皮脂に特異的なワックスエステルのような脂質の代謝や合成酵素の活性化の分子機構の解明が必要である。①では，脂腺細胞の初代培養の試みはすでに多くの報告があるが，樹立細胞の例は少なく，ヒト顔面の脂腺細胞，SZ95[3,6]や，ハムスター耳介からの樹立細胞[7]など，ごくわずかである。そのため，体の部位による皮脂の相違や，皮脂腺に作用する種々のリガンドの検索やその解析が遅れている。②では，アリゾナ産のホホバ種子から得られる液状のワックスエステルが，皮脂特有の脂質を補うために広く化粧品などに用いられており，これを合成する酵素の遺伝子がすでにクローニングされている（GenBank accession no. AB015479）。一方，動物では，オキアミなどの節足動物や昆虫がワックスエステルを大量に合成するが，その遺伝子のクローニングの報告はない。今後，ヒトの脂腺細胞のクローンの樹立や幹細胞からの分化誘導法の解明が期待される。

最近，カルシウム濃度の低い軟水の皮膚への有効性が話題となっている[16]。皮膚上皮細胞は，低Caイオン濃度では増殖し，高濃度では分化するが，同分化時にトランスグルタミナーゼの発現や活性が促進し，皮膚表皮の蛋白質を重合して強化する。また，Caイオン含量の低い軟水は石けんカスの生成や，その付着を防いで洗浄力を高め，皮膚表面の保湿性も高めるといわれる。脂腺細胞の増殖・分化にはCaイオン濃度の大きな影響は無いようだが，皮膚表面の浄化により皮脂の分泌が促進されることが期待される。イギリスでの調査では，小学生の低学年児童のアトピー罹患率は，軟水地域で有意に低いと報告されている[15]。また，カルシウム代謝に関わるビタミンDが脂腺細胞の分化を抑制する報告[7]もあり興味深い。

11　おわりに

皮膚表面をしなやかにし，微生物や乾燥などから皮膚を保護する皮脂は，欠乏により感染症やアトピー性皮膚炎を誘引するので，その役割は重要であるが，皮脂腺の発達や，その細胞の増殖，分化や脂質成分の代謝機構については不明なところが多い。脂腺幹細胞の存在や発達の分子機構が次第に明らかにされはじめてきた現在，脂腺細胞の研究から，皮膚の健康を増強するための天然物や薬物の開発にとり有用な手がかりが得られることが期待される。

謝辞
本原稿図9に掲載した写真の脂腺細胞は，東京薬科大学生化学教室，佐藤隆先生から供与して頂きました。ここに謹んで感謝の意を表します。

第1章　皮脂改善機能

文　　献

1) 伊藤明ほか，皮膚科紀要，**91**(2)，p.187（1996）
2) A, Ito *et al.*, *Dermatology*, **197**(3), p.238（1998）
3) CC, Zouboulis *et al.*, *J. Invest. Dermatol.*, **113**(6), p.1011（1999）
4) R, Guy *et al.*, *J. Invest. Dermatol.*, **106**(3), p.454（1996）
5) 澄田道博，細胞工学，秀潤社，Vol.19, No.2, p.317（2000）
6) CC, Zouboulis *et al.*, *Proc Natl Acad Sci USA.*, **99**(10), p.7148（2002）
7) T, Sato *et al.*, *J. Invest. Dermatol.*, **117**, p.965（2001）
8) M. Sumida, *et al.*, Lacrimal Gland, Tear Film, and Dry Eye Syndromes3, Kluwer Academic/Plenum Publishers, p.489（2002）
9) RL. Rosenfield *et al.*, *J. Invest. Dermatol.*, **112**(2), p.226（1999）
10) EF. Chan *et al.*, *nature genetics*, **21**, p.410（1999）
11) M. S. O'Reilly *et al.*, *Cell*, **88**, p.277（1997）
12) J. Hanai *et al.*, *J Cell Biol.*, **158**(3), p.529（2002）
13) A. Pappas *et al.*, *J. Invest. Dermatol.*, **118**(1), p.164（2002）
14) S, Hardy *et al.*, *Cancer Res.*, **60**(22), p.6353（2000）
15) NJ, McNally *et al.*, *Lancet*, **352**(9127), p.527（1998）
16) http://www.miuraz.co.jp/home/shiken/index.html（第41回老年社会科学会発表）

第2章　セルライト抑制機能
―― セルライト（皮膚表面凸凹脂肪塊）に対する脂質代謝改善薬の
抑制効果，および，その薬効評価技術 ――

鈴木清香[*1]，三村晴子[*2]，澄田道博[*3]，永井彩子[*4]，三羽信比古[*5]

1　セルライトとは？

　臀部や太股などに起こりやすい皮膚表面凸凹脂肪塊であり，肌が凹凸したオレンジの果皮のようになる原因がセルライト（cellulite）である。セルライトは，主に思春期を過ぎた年齢の女性に加齢に伴って起こりやすく，肥満者だけではなく，意外にもスリムな人も含めてほとんどの女性に見られる現象である。
　セルライトが形成される主な原因と過程は下記のように考えられる。
① 皮下組織中の血行が停滞し，脂肪細胞（adipocytes）の中の脂肪滴が増加するに伴って細胞も肥大化することが初発と考えられる。
② と共に，周辺にも老廃物が代謝されることなく貯留して行き，これがさらなる血行の低下を招く。
③ 脂肪細胞同士が融合したり付着して，より大きなサイズの固まりとして成長し，脂肪層が厚くなっていく。
④ この時，皮膚表面から見ても凸凹形状が明確にわかるような状態になってしまう。これが顕在化されたセルライトとも言える。

---

*1　Sayaka Suzuki　広島県立大学　生物資源学部　生物資源開発学科　生物工学分野
*2　Haruko Mimura　広島県立大学　生物資源学部　三羽研究室　専任技術員
*3　Michihiro Sumida　愛媛大学　医学部　医化学第二　助教授
*4　Ayako Nagai　愛媛大学　医学部　医化学第二医科大学院　博士課程
*5　Nobuhiko Miwa　広島県立大学　生物資源学部　生物資源開発学科　教授

第2章　セルライト抑制機能

　セルライトが女性に起こりやすい主な原因としては，皮下結合組織の形状が男性と違うためである。男性の場合は脂肪細胞を機械的に支えるタンパク繊維であるコラーゲンやエラスチンの結合組織を支える繊維の重なりが交叉した状態であり，このため，このネットワークの網目より大きなサイズである脂肪細胞が皮膚表面に飛び出るのを抑制する形状となっている。
　一方，女性の場合は繊維交叉が不充分であり，このため，このネットワークの下に存在する脂肪細胞が皮膚表面に向かって蓄積しやすい。その上に，皮膚の厚さも男性よりも薄いため，セルライトが目立ちやすくなる。またエストロゲンで代表される女性ホルモンも毛細血管を弱らせる作用をもっていて，セルライト初発過程である血行停滞が生じやすく，このため脂肪や老廃物が溜まりやすい体質といえる。
　セルライトに溜まった脂肪や老廃物は，ダイエットしてもエクササイズしてもほとんど代謝されないが，これは細胞による代謝系の範囲外，すなわち，無細胞の物質として体内隔離の状態に限り無く近似しているからである。このため，セルライトについては，予防は可能であるが，一旦形成されたセルライトそのものを除去することは困難である[3,9,10]。セルライト除去には，上述の形成に至る原因や過程に対して根本的に作用させていく必要がある。

2　セルライトの生じやすい体内部位と条件

　セルライトが生じやすい部位では，慢性的に脂肪や老廃物が溜まりやすく代謝を受け難い状態に陥っていると言える。欧米諸国ではセルライトはその罹患人口と重症度は日本とは比較にならず，女性の美容にとって最大の敵と見なされている。相撲力士の大腿部に見られる凹凸もセルライトであるが，それが女性の体表に生じるのであるから，その予防治療への真剣さは大きいのも心理的に理解できる。
　セルライトは早い人で20歳過ぎから，遅い人でも30歳過ぎから主に大腿部の側面から後ろにかけて生じる。セルライトができやすい多数の症例は，20代後半で基礎代謝レベルが低下し始めて脂肪を分解する代謝能力が衰えてから体重が増えた場合である。妊娠，出産後にセルライトが顕在化したという女性も多い。
　欧米の女性は，金銭と時間を使ってセルライトと涙ぐましく苦闘しており，セルライトを防ぐ美容法や商品は美容業界で最も売上額が高いカテゴリーである。
① 代表的な商品は，クラランスのボディ・リフトなどであるが，初期の軽微なセルライトならまだしも，頑固なセルライトには，外用クリームでは役不足という現状である。
② サロン・トリートメントで人気No.1のブリス・スパでも，もっとも人気があって，予約に数ヶ月要するのがセルライト・トリートメントである。一方，ハリウッドでは，セルラ

イトを柔軟にほぐして平らにするセルライトマッサジャーなる美容技師に1時間120ドルの料金を支払ってマッサージを受けていると言われる。
③　ライポサクションといわれる脂肪吸引。しかし、これは最低でも3000ドルはかかるトリートメント。セルライトの具合によっては、5000～6000ドルの費用がかかるため、とても庶民に手の届くものとは言えない。

著明なセルライトを有する女性について、フランスのロレアル研究所が非侵襲的にMRI（磁気共鳴イメージング）/プロトン分光光学法で解析した結果、内部脂肪層が非常に厚く、皮膚表面に垂直の繊維状中隔網が高率に形成されていることを示した[2]。脂肪小葉における不飽和・飽和脂肪酸の組成や含水量は健常者と有意差はなかった。

3　セルライト抑制薬の現状

世界中で知られている割には日本での知名度が低いセルライト抑制薬として「セラシーン（Celasene）」がある。アメリカで一世紀にわたる歴史を持つ老舗の製薬会社「レクソール」が販売する天然成分を主体に配合されたサプリメントである。セラシーンは1994年、イタリアの医学博士であるジャン・フランコ・メリッツィ博士によって開発された天然ハーブを中心とした独自のブレンドである。精力改善薬のバイアグラと大きく違う点は、セラシーンは薬品ではないので、いまのところ医者の処方が要らない点である。

セラシーンにアメリカの女性達が殺到し、多くのコピー商品も出回った。歴史的事件とまで言えるセラシーンフィーバーは「ヴォーグ」誌を始め、世界中のマスコミに取り上げられてきた。そして遂に満を持したかのように、欧米ほどセルライトが深刻とも思えない日本に上陸したことになる。ロート製薬は、伊メディステア社と提携し栄養補助食品「セラシーン」を日本国内で2002年春発売すると発表した。2社共同で日本市場向けにアレンジして販売されている（表1）。

厳選されたハーブ抽出物を中心に厳選された天然素材のみからなるセラシーン独自のリポバスコレンTMブレンドで特許を取っている。安全性は臨床試験において十分なデータをとった上、既に世界各地で約700万個の販売実績がある。

これに関連する新商品は電光石火のごとく躍進していて売上げ額（予測、目標）は比較的大きい（表2）。

しかし、その薬効は明快な証明や著明な臨床成績があるとは言えない。その理由の一つとして、セラシーンにしてもその薬剤組成を選抜するプロセスそれ自体に多大な労力が掛けられていない。真のセルライト抑制薬ならば、医薬の選抜と同様に、多数の候補検体の中から1次、2次スクリーニングを経て有効検体を絞り込み、取捨選択した結果として選抜されたはずである。

第2章　セルライト抑制機能

フランスのJohnson & Johnson社はレチノール，カフェイン，ruscogenine混合物によるセルライト抑制効果について二重盲検法で試験した[1]。46名の健常な女性被験者について非侵襲的方法で判定した。この結果，皮膚表面のオレンジ果皮のような形状（macrorelief）を軽減し，

表1　セルライト抑制剤セラシーン（ロート製薬 HP より抜粋）

セラシーンの組成	
配合物	イブニングプリムローズ油，ブラダーラック，魚油，ブドウ種子抽出物，スィートクローバー，レシチン，イチョウ葉抽出物
リポバスコレンTM主要有用成分	プロアントシアニジン，ロイコアントシアニジ，ケルセチン，EPA-DHA，ギンコライド，クマリン，ヨウ素，フコイダン，γ-リノレン酸，フォスファチジルコリン，フォスファチジルセリン

表2　皮脂・脂質代謝改善薬の代表商品（売上げは概算額を示す）

ロート製薬	セラシーン	年商280億円（日欧米，含む）	ツボクサ抽出液などハーブ各種（有効混合成分：リポバスコレン）
カネボウ	ヴィタロッソ	年商60億円	ラズベリーの香気成分（有効成分：ラズベリーケトン）
資生堂	イニシオボディークリエイター	年商78億円	グレープフルーツとペッパーの香気成分

皮膚内の微小血液循環（microcirculation）を改善し，プラセボ（偽薬）より有効であったが，皮下組織構造，皮膚機械強度や弾力性については有意な差異はないと見なされた。

日本ではロート製薬が販売してヒット商品に急成長したセラシーンではあるが，その効果に疑問を投げかける研究もあり，イギリスのサウスバンク大学では偽薬と比較した臨床試験でセルライト抑制効果に否定的なデータを出した[6]。セラシーンは2ヶ月間の摂取によっても，セルライトを始め，体重，脂肪含量，太股・臀部などの周囲長は摂取当初と有意差は見られなかったと報告している。

臨床試験では，セルライト抑制効果を判定するまでに長い月数を要するし，効果それ自体にも科学的根拠のあるスコア化が充分に確立されてはいない。1次スクリーニングは迅速評価できて多数の検体を同時に優劣評価でき，科学的根拠のある評価法で取捨選択することが必須である。そこで，当研究室ではヒト摘出皮膚片とヒト脂肪細胞を用いて薬剤によるセルライト抑制活性を計測するシステムの確立を目指した。

4　脂肪細胞とセルライト形成

脂肪細胞（fat cell，adipocyte）は体内のさまざまな組織の中に散在する存在様式があるが，組織と組織とを互いに結合させる疎性結合組織の一つとしても存在する。この結合組織は，毛細血管の走行に沿った多数の細胞の集団として脂肪組織を形成する。皮下組織を網状に張り巡らされている毛細血管についても，その沿線周辺に皮下脂肪が存在し，セルライト形成に関与すると考えられる。

その名称の通り脂肪細胞は多量の脂肪，主に中性脂質（TG：triacylglycerol）を含むが，その蓄積プロセスとして，細胞内の脂肪は初期段階で数個の微小滴として現れ，それらが次第に増大し，一つに融合して最終的に細胞体の大部を占める程度にまでに至る。このため固有の細胞質は，

核とともに細胞の周辺に排圧されて三日月形に残る。この後の脂肪細胞の運命として下記の2通りが考えられる。
① 脂肪細胞が生存している限り，この脂肪滴は細胞代謝を受け，脂肪利用と脂肪蓄積との両方が起こっているが，より過剰の脂肪供給があると細胞死に至り，その残骸として大量の脂肪滴が代謝を受け難い状態に陥る。この脂肪滴が酸化を受けて変質すると過酸化脂質となって一層，分解除去され難くなろう。
② その逆に，血流から供給される脂肪が極端に少なくなると脂肪細胞はその脂肪を減量して行き，やがて脂肪消失に至ったときには，蒼白で粘液のように見える小滴を含む漿液性脂肪細胞（serous fat cell）となる．

脂肪細胞の周囲は格子繊維が高密度に取り囲む。この繊維による細胞のホールディング機能よりも脂肪滴の増大化が超越し，これが細胞集団規模で起こると，脂肪組織の表面に凸凹が生じうる．細胞内の脂肪はオイルレッドオー・スダンⅢ・四酸化オスミウムといった染色剤によって容易に検出されるので，セルライトの規模のスコア化が可能である。

5 各種の細胞における細胞内脂肪滴の形成

脂肪細胞の発生起源としては，毛細血管壁に残る間葉系の細胞が脂肪を蓄積したものと考えられ，このほかにも繊維芽細胞・組織球に由来する場合もある．多量の脂肪を合成する細胞は次の2通りに大別される。
① 脂肪細胞（adipocytes）は，未分化の増殖期には脂肪合成，代謝系の酵素の発現が弱く，分化すると同発現が強くなり活発に脂肪代謝を行い脂肪滴を形成して中性脂肪（TG：triglyceride）を蓄積する。このことはよく知られている。
② しかし，未分化の脂肪芽細胞や脂肪細胞以外の線維芽細胞，筋芽細胞などの多種の細胞でも，（培養液中に）長鎖脂肪酸が与えられると，細胞内部に取り込み，これを基質としてかなりの量の脂肪合成を行い，脂肪滴の形成が認められることはあまり知られていない。
いわば，脂肪合成の専業者と副業者の2タイプに分類されることになる。
この分類も明瞭な区別があるわけでなく，タイプ変換もありうる。たとえば，
① 3T3-L1脂肪細胞では，分化すると脂肪酸無添加培地中でもグルコースからの解糖系を経て脂肪合成を行い，脂肪染色剤オイルレッドオーで染色される多くの脂肪滴を形成する(図1)。
② 一方，未分化の3T3-L1脂肪芽細胞に，あらかじめ魚油を経口投与して血中の脂肪酸の量を増加させておいたラットの血清を調製し，これを1～3％となるように培地に添加して24時間培養すると，分化細胞の場合に近い量の脂肪滴の形成が認められた（図2）。

第 2 章　セルライト抑制機能

③ また，脂肪細胞以外にも同血清を添加した培地で繊維芽細胞 MC3T3-E1 を培養すると，培養皿の全ての細胞に多数の脂肪滴形成が認められた（図 3）。人体でも血中の脂肪酸が増加すると赤色に白濁が混じった血液性状になるが，この場合は脂肪酸が細胞に取り込まれることが容易に理解できる。
④ 血清を添加しない通常の培地（DMEM＋10% FCS）では，オイルレッドオー染色してもほとんど赤い脂肪滴は検出されなかった（図 4）。
⑤ ヒト皮膚表皮の角化細胞 HaCaT でもオレイン酸の添加による同様の脂肪蓄積を認めている（図 5）が，このことは，皮下組織としてのセルライトの成因がその周辺の各種の細胞が脂肪滴を蓄積して移行する割合が多くを占めていることを示唆する。

実際の血清中の脂肪（酸）量と組織中での脂肪蓄積との関係，蓄積された脂肪のその後の代謝

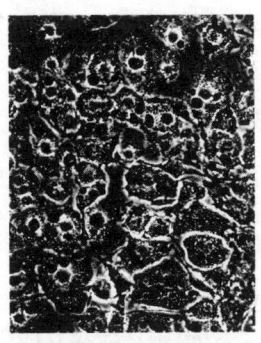

図 1　脂肪細胞 3T3-L1 は，脂肪酸を投与しなくても，細胞内に多くの脂肪滴（染色剤 Oil Red O で赤く染まった球状の大小さまざまな粒）を形成する。赤色部分の面積の割合を画像解析で算出すると，脂肪蓄積率がスコア化できる。

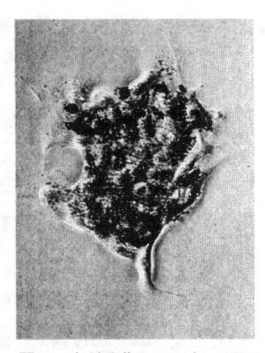

図 2　未だ分化していない 3T3-L1 脂肪芽細胞では，脂肪酸を多量含む血清培地で培養する場合には，脂肪滴が形成された。

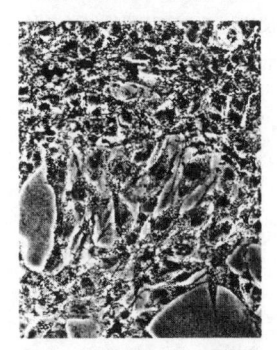

図 3　非脂肪細胞である繊維芽細胞 MC3T3-E1 でも，脂肪酸を多量含む血清培地で培養すると，多数の脂肪滴形成が認められた。脂肪名称のように細長い細胞の端に脂肪滴が見られる。

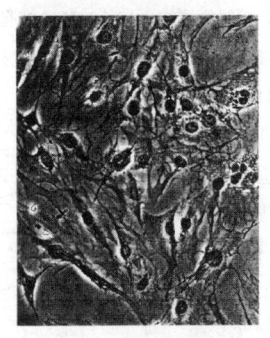

図 4　同じ繊維芽細胞 MC3T3-E1 は，脂肪酸を添加しない通常の培地では，ほとんど脂肪滴は形成されない。脂肪滴を赤く染める性質の染色剤 Oil Red O を添加しても染色されなかった。

図 5　ヒト皮膚表皮の角化細胞 HaCaT でもオレイン酸の添加によって脂肪蓄積が認めている。細胞膜の内側に小さなサイズの脂肪滴が見られ，これら小滴の凝集した融合体には至っていない。

動態や産物,細胞の生存率や細胞傷害との関連など,多くの解決すべき課題がある。

6 細胞内脂肪滴の形成と脂質代謝疾患

血清中に認められる中性脂肪量や脂肪酸を生理的な濃度範囲で培地に添加すると,脂肪滴が検出されるので,生体内でも栄養による脂質の変動に応じて,生理的な環境下で可逆的に脂肪滴が形成されている可能性も高い。

このような脂肪滴は組織中の細胞でも記述されているが,一般的には脂肪滴の量が少なく,他の顆粒と比べ,その役割や代謝などの解析はほとんど行われてこなかった。これは,脂肪細胞以外での脂肪蓄積やその役割・病態が明らかでなかったこと,正常な組織での脂肪顆粒の存在が比較的少なく,オーバールックされていることによると考えられる。しかし高脂血症や高コレステロール血症時での脂肪蓄積と病態との関わりが問題となってきた。たとえば,骨格筋への脂肪蓄積は糖尿病を悪化させ,また血管内膜への脂肪やコレステロールの蓄積は細胞動脈硬化症を誘引するなど,その分子機構が注目されている。細胞内脂肪滴はコレステロールを蓄積する subcellular fraction として,また脂肪過剰の時の上記病態との関連で,重要である[4]。

7 細胞由来の各種脂質の合成と細胞外放出

培地に添加された脂肪酸は細胞内部に取込まれて脂肪滴を形成するが,その脂肪の組成を分析する必要がある。たとえば,[^{14}C]放射能標識オレイン酸は細胞に投与して一定時間後には各種の脂質に組込まれている。この細胞から脂質を抽出したり,あるいは,各種の脂溶性プロビタミンC(6-O-palmitoylascorbate, 6-O-stearoylascorbate, 2, 6-O-dipalmitoylascorbate) を細胞に作用させて細胞外放出された各種脂質を回収する。細胞外放出された各種脂質は高性能薄層クロマトグラフィ(HPTLC)で各成分のRf値に従って分離することができる。次いで[^{14}C]放射能を検出するラジオクロマトスキャナーで分析する(図6)と,中性脂質(トリグリセリド),遊離脂肪酸(NEFA, non-esterified fatty acid),レシチン(PC, phos-

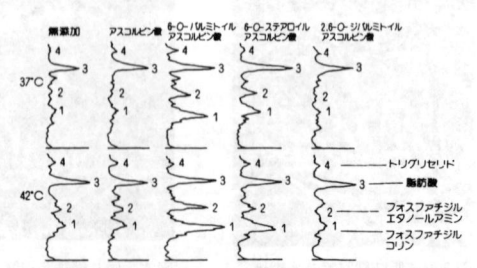

図6 細胞外放出される脂質の種類はあらかじめ[^{14}C]放射能標識オレイン酸を細胞に投与しておくと簡便に分析できる(Kageyama et al.)。

phatidylcholine），フォスファチジルエタノールアミン（PE）などが定量できる[5,8]。

脂肪滴の細胞当たりの存在量は前述のようにオイルレッドオー染色の画像解析が簡便であるが，脂肪滴の脂質組成および細胞膜の脂質組成との相関性を解析する方法としてセルライト抑制剤の薬効検証に有用である。

8 細胞内脂肪滴の形成とADRPの役割

培地に添加された脂肪酸により，細胞の脂肪滴の形成に伴い脂肪代謝に関わる酵素の発現が誘導されることが知られている。たとえば，脂肪酸をリガンドとするPPARという転写因子は，核内で脂肪代謝関連遺伝子を活性化するが，脂肪酸を輸送する機能を持つADRPも強く発現誘導される。この結果，脂肪酸は増加したADRP蛋白質に結合して脂肪滴へと運ばれ，その結果，ポジティブフィードバックがかかり，より脂肪が蓄積されやすくなる。TLCに示すように，[^{14}C]標識―オレイン酸の取り込みの実験では，脂肪酸添加後の筋芽細胞は，添加後6時間から24時間後には，添加直後に比べて有意な取り込み上昇を示した。これは，ADRP蛋白質が発現誘導される時間と一致していた。このような脂肪酸取り込みのポジティブフィードバック機構は，ADRPを発現する線維芽細胞や上皮細胞などの多数の細胞で見られることから，栄養脂肪酸を効率よく細胞が利用する基本的な代謝機構と考えられる（図7）。

細胞外の脂肪酸が細胞内に取り込まれ（矢印），細胞質中の脂肪滴に向いて「脂肪合成」を行う。もう一方では，脂肪酸が核内に向き（矢印）DNAに対して働きかけて（脂肪酸をリガンドとして活性化されるPPARという転写因子と結合して），ADRPという遺伝子の発現を促進する。新たに合成されたADRP蛋白質（脂肪酸輸送蛋白質と考えられている）は細胞質に出て，細胞膜と脂肪滴の間をシャトルのように往復して細胞外から入ってくる脂肪酸を効率よく脂肪滴へと運搬する。その結果，細胞は脂肪滴を蓄積するというストーリーである。実際の結果，脂肪酸添加によりADRPの発現が数倍に増加するので，あらかじめ脂肪酸添加培地で培養した細胞では[^{14}C]オレイン酸の取り込みがより増加する。脂肪酸の事前添加が呼び水になるといえる。

Model

Long Chain Fatty Acids Induced Expression of The ADRP Protein

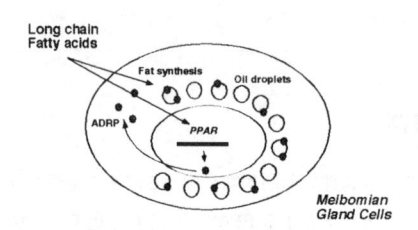

[^{14}C]Oleate uptake in 3T3-L1 preadipocytes

When long chain fatty acids (FFA) are added to the cultured meibomian gland cells, they are converted to neutral lipids and numbers of oil droplets are formed.
The FFA also function as a ligand of fat related transcription factors, PPARs, and the FFA-PPAR complex might induce expression of ADRP proteins.
As ADRP functions as a FFA carrier, positive feedback of the FFA and ADRP results in facilitated oil deposit in the cells.

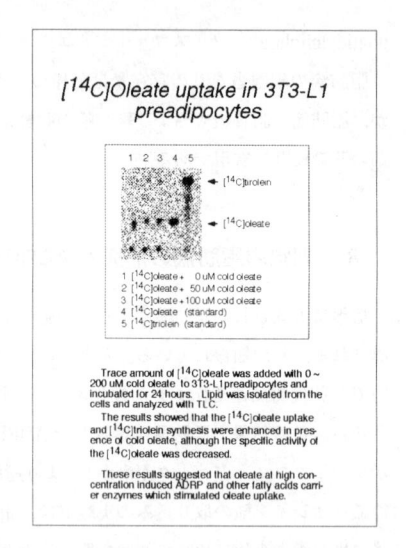

Trace amount of [^{14}C]oleate was added with 0~200 uM cold oleate to 3T3-L1 preadipocytes and incubated for 24 hours. Lipid was isolated from the cells and analyzed with TLC.
The results showed that the [^{14}C]oleate uptake and [^{14}C]triolein synthesis were enhanced in presence of cold oleate, although the specific activity of the [^{14}C]oleate was decreased.

These results suggested that oleate at high concentration induced ADRP and other fatty acids carrier enzymes which stimulated oleate uptake.

1 [^{14}C]oleate + 0 uM cold oleate
2 [^{14}C]oleate + 50 uM cold oleate
3 [^{14}C]oleate + 100 uM cold oleate
4 [^{14}C]oleate (standard)
5 [^{14}C]triolein (standard)

図7 ［左図］「油が油を呼び込む」：脂肪酸を細胞に添加すると，細胞内でPPARという転写因子に結合する。PPARは，脂肪酸を輸送する機能を持つADRPを強く発現誘導し，この結果，脂肪酸は増加したADRP蛋白質に結合して脂肪滴へとより効率的に運ばれる。このように，ポジティブ（正の）フィードバックがかかり，より脂肪が蓄積されやすくなる。
［右図］「(呼び水でなく) 呼び油が油を作らせる」：予備投与なく [^{14}C] 放射能標識オレイン酸を脂肪芽細胞3T3-L1に投与すると，細胞内に余り取込まれない（レーン1）。しかし，この脂肪酸を予備投与しておくと，細胞内に取込まれる（レーン2，3）だけでなく，中性脂肪（トリオレイン）にまで有意に合成されて行く（レーン3）。

9　セルライト形成の原因としての過剰の脂肪酸による細胞死

　添加された脂肪酸は，上記のようなポジティブフィードバック機構が働いて細胞が取り込むため，過剰の脂肪酸が与えられたときには，取り込み過ぎによる細胞傷害が生じる。実際に，培養細胞に添加する脂肪酸の濃度を次第に高くすると，細胞内に蓄積される脂肪滴の大きさや数量が増すが，限界を超えると破壊してしまう細胞が多数出現する。これは，脂肪酸によるリポトキシシティーと説明されているが，添加する脂肪酸や細胞の種類によりその閾値はかなり異なり，また酸化されやすい不飽和度の高い脂肪酸はより傷害を起こしやすく，過酸化脂質を多く含むことによると考えられる。また，脂肪滴形成が，パルミチン酸により誘導されるアポトーシス（細胞死）を抑制する機構が報告された。オレイン酸添加でCHO細胞や胚の線維芽細胞に脂肪滴を形成させておくと，同アポトーシスが抑制された。これはパルミチン酸が脂肪滴に取り込まれてセラミドの形成やミトコンドリアへの代謝が抑制され，その結果，リポトキシシティーが低下したためと考えられている[7]。脂肪を蓄積した細胞の破壊が，セルライトの原因となる可能性が考え

第2章 セルライト抑制機能

られるとき，このようなオレイン酸の保護効果はセルライト蓄積を阻止すると期待される。セルライトが脂肪細胞由来の時，マーカーとなる脂肪組織特有の ppar-gamma やホルモン感受性リパーゼなどの発現が予想され，脂肪分解を促進するためにアゴニストなどの利用が有効であろう。しかし，もし非脂肪細胞の線維芽細胞や表皮細胞などが脂肪蓄積をしたものであれば，それらの細胞の上記のような脂肪蓄積の分子機構を新たに検討する必要がある。

　HaCaT ケラチノサイトのような表皮細胞も，オレイン酸の添加による同様の脂肪蓄積を認めている（図6）ので，脂肪酸蓄積と細胞傷害に関連して，血清脂肪（酸）量と組織中での脂肪蓄積，蓄積された脂肪のその後の代謝動態や産物，細胞の viability や細胞傷害（酸化などによる）などとの関連などがセルライトの問題を解決するために，今後の課題となるであろう。

文　　献

1) Bertin C, Zunino H, Pittet JC, Beau P, Pineau P, Massonneau M, Robert C, Hopkins J.: A double-blind evaluation of the activity of an anti-cellulite product containing retinol, caffeine, and ruscogenine by a combination of several non-invasive methods. *J Cosmet Sci*. 2001 Jul-Aug ; **52**(4) : 199-210.
2) Birnbaum L.: Addition of conjugated linoleic acid to a herbal anticellulite pill. *Adv Ther*. 2001 Sep-Oct ; **18**(5) : 225-229.
3) Collis N, Elliot LA, Sharpe C, Sharpe DT.: Cellulite treatment : a myth or reality : a prospective randomized, controlled trial of two therapies, endermologie and aminophylline cream. *Plast Reconstr Surg*. 1999 Sep ; **104**(4) : 1110-1117.
4) Fujimoto T, Kogo H, Ishiguro K, Tauchi K, Nomura R.: Caveolin-2 is targeted to lipid droplets, a new "membrane domain" in the cell.. J Cell Biol 2001 Mar 5 ; 152(5) : 1079-85 ; *J Cell Biol*. 2001 Mar 5 ; **152**(5) : F29-34.
5) Kageyama K, Onoyama Y, Kimura M, Yamazaki H and Miwa N : Enhanced inhibition of DNA synthesis and release of membrane phospholipids in tumor cells treated with a combination of acylated ascorbate and hyperthermia. *Int J Hyperthermia* 1991 ; **7** : 85-91,
6) Lis-Balchin M.: Parallel placebo-controlled clinical study of a mixture of herbs sold as a remedy for cellulite. *Phytother Res*. 1999 Nov ; **13**(7) : 627-629.
7) Listenberger LL, Han X, Lewis SE, Cases S, Farese RV Jr, Ory DS, Schaffer JE.: Triglyceride accumulation protects against fatty acid-induced lipotoxicity. *Proc Natl Acad Sci USA* 2003 Mar 18 ; **100**(6) : 3077-3082.
8) 三羽信比古：ビタミン C の知られざる働き，pp. 118-133, 丸善, 1992.

9) Querleux B, Cornillon C, Jolivet O, Bittoun J. Anatomy and physiology of subcutaneous adipose tissue by in vivo magnetic resonance imaging and spectroscopy : relationships with sex and presence of cellulite. *Skin Res Technol*. 2002 May ; 8 (2) : 118-124.
10) Pierard-Franchimont C, Pierard GE, Henry F, Vroome V, Cauwenbergh G. : A randomized, placebo-controlled trial of topical retinol in the treatment of cellulite. *Am J Clin Dermatol*. 2000 Nov-Dec ; 1 (6) : 369-374.

第3章　毛穴引き締め効果
——毛穴に対する画像スコア評価，
およびに，皮脂酸化の防御との相関性——

三村晴子[*1]，矢間　太[*2]，三羽信比古[*3]

1　毛穴の大きさに対する皮膚表面と断面からのスコア評価

毛孔（毛穴）が拡大した肌はざらつき感があって忌避されているが，この傾向が近年化粧品消費者で強くなっている。類似した意味でセルライト（皮膚表面凸凹脂肪塊）への認識も強くなっていると考えられる。従来の美肌への理想像は美白とシワ防御だったのが，より繊細な美肌願望が生まれて来たとも言える。

毛穴は走査型電子顕微鏡で拡大すると，皮膚表面では0.1mmの穴が開口している（図1）[1]。この写真は前額の皮膚表面を撮影したものであり頭髪の生え際の毛孔が拡大表示されているが，実際に，消費者が引き締めたいと願望する毛穴とは主に顔面のエックリン汗孔や皮脂腺を含めた皮膚表面の開口部分すべてが対象となる。

皮膚表面での画像評価と並行して，皮膚断面でも画像評価する必要がある。そこで次に，同一の皮膚供与者の皮膚断面がIV型コラーゲンを認識する抗体で免疫染色し下記の結果を得た[2]。

1）IV型コラーゲン染色像は基底膜と推定されるが，筒状になっていて毛孔を裏打ちしていた。これが毛孔の機械強度を保持する一つの要因であると見なされる。

図1　毛孔の電子顕微鏡写真　（32才，男，前額皮膚）

* 1　Haruko Mimura　広島県立大学　生物資源学部　三羽研究室　専任技術員
* 2　Futoshi Yazama　広島県立大学　生物資源学部　生物資源開発学科　助教授
* 3　Nobuhiko Miwa　広島県立大学　生物資源学部　生物資源開発学科　教授

細胞死制御工学～美肌・皮膚防護バイオ素材の開発～

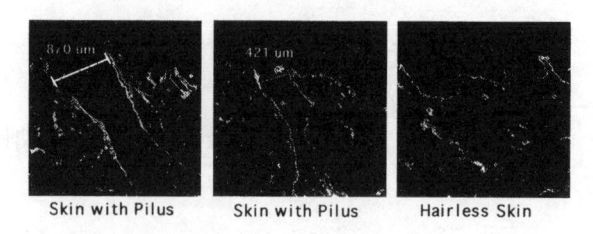

Skin with Pilus   Skin with Pilus   Hairless Skin

Evaluation for tightness of a pore around a pilus by distribution of typeIV collagen in the human skin(32 years, male, forehead) as stained by indirect fluorescence antibody method
図2

2）筒の内径が表面開口部で0.87mmや0.42mmである例が観測された（図2）。この直径は毛孔それ自体の直径よりも大きいと考えられるが，毛孔によって倍以上の違いが，同一人の同一皮膚部位でも，あることが分かった。

3）一つの毛孔の内部においても，基底膜の筒は均一な内径ではなく，表面よりも深部で細くなっていて，くびれた形状である。

4）無毛の皮膚部位では，基底膜の筒がなく，皮膚表面と平行な基底膜が表皮と真皮を区切っている像が見られた。

実際の毛孔の直径を断面で評価する場合は，広く施行されているHaemotoxylin-Eosin染色で行なっている。

2　毛穴引き締め効果をもたらす要因

毛孔・汗孔・皮脂腺の開口部に対する引き締め効果をもたらす直接的な要因は，皮脂の適切な排出，皮脂の過酸化の防御，および，毛穴を裏打ちする細胞外マトリックス成分の秩序構造の3点であると考えられる。そこで，皮膚片摘出しないで毛穴の開口サイズを計測するため，実体顕微鏡とCCDビデオカメラでモデルケースとし毛穴を撮影した（図3）。被験者（女,40才）の頭皮には,3日間の非洗髪の後では皮脂が毛穴から滲み出た形跡があり，この皮脂の直径を計測した。この後,40℃の温水のジェット水流（オムロン社製）で8分間シャンプー無しで毛元を洗浄する場合は余り皮脂が除去されなかった。一方,10日間の間隔を離して同一被験者で同様の試験を,90Hz（5400回/分）の3次元微細オシレーション（震盪）（ヤーマン社製）によって，実施した場合は皮脂が顕著に洗浄された（図4）。このように残存する皮脂の量を毛穴から浸み出て広がる直径として計測する方法が一つ，有意義であると考えられる。

第3章　毛穴引き締め効果

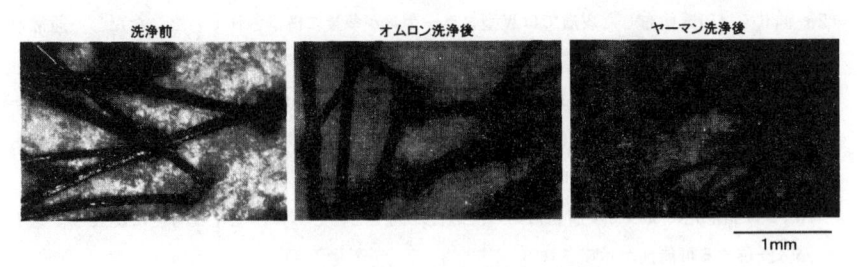

図3　毛穴洗浄機による毛穴皮脂の除去効果

　もう一つジェルレプリカ法が簡便で有意義である[3]。これは例えば，顔の片側をダブルクレンジングした後ジェルを塗布し，1・2段階8分間の皮膚汚物のイオン導出を行った後，顔に付いているジェルを剥離し，100倍の対物レンズを用い顕微鏡で測定すると，毛穴から導出された劣化皮脂・変性蛋白が斑点として観測され，もう片側と比較する方法である（本書，第3編第18章）。

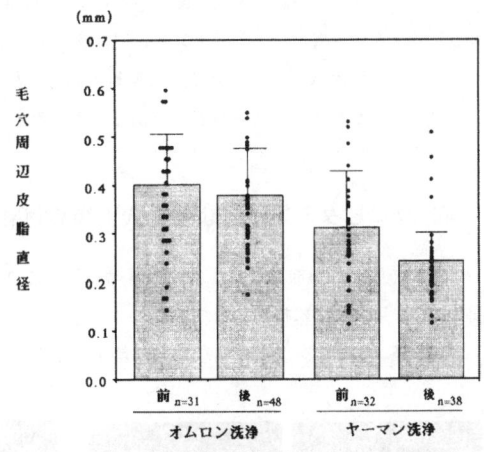

図4　毛穴洗浄器使用前後の毛穴周辺皮脂直径

3　毛孔を取り囲む細胞外マトリックス成分の繊維構造

　毛孔の空洞は伸縮していると見なされるが，その微小運動には，空洞を裏打ちする細胞外マトリックス成分の繊維構造が大きく関与すると考えられる。そこで，ヒトと同じくビタミンC体内合成のできないモルモットの背部の皮膚についてⅣ型コラーゲンとエラスチンとを免疫染色した[2]。皮膚には予め連日アスコルビン酸（Asc），アスコルビン酸-2-O-リン酸エステルナトリウム（APS），アスコルビン酸-2-O-リン酸-6-O-パルミチン酸エステルナトリウム（APPS）を各々外用塗布し，対照として無塗布を設定し，下記の結果を得た（図5, 6）。

1）やや脂溶性のプロビタミンCであるAPPSを塗布した皮膚はエラスチン繊維の密度が高く，特に毛孔の内腔の直下と見なされる面で極めて高密度となっていた。さらにエラスチン繊維の配向性は毛孔の内腔に向ってやや垂直方向に多数の繊維が揃っている像が見られた。

2）同じくAPPS塗布した皮膚ではIV型コラーゲンが多量に構築されていた。ただし，通常の皮膚の表皮と真皮の間の基底膜に見られるリベット（鋲）構造は見られなかった。

3）水溶性プロビタミンCであるAPSを塗布した皮膚は，APPSほどではないが，エラスチン繊維の密度も配向性も良好であり，IV型コラーゲンの連続性と堅牢性も良好だった。APSとAPPSとの差異はアスコルビン酸分子の6位に結合したパルミチン酸の有無であるが，APPSは脂溶化によって皮膚組織への浸透性が向上し，さらに，毛孔の内腔に侵入してバイパス浸透する可能性が示唆される。

4）未修飾のビタミンCそれ自体（Asc）はIV型コラーゲンの構築効果はやや劣る程度だったが，エラスチン繊維は密度も配向性も非塗布の皮膚と大差ないくらい不良だった。

5）非塗布の皮膚は，エラスチンもIV型コラーゲンも量的に乏しく，繊維構造以前の問題だった。この原因は，ビタミンC不含飼料で飼育したビタミンC体内合成不能モルモットではビタミンC枯渇することは必定であるためと考えられる。

4　プロビタミンCによる毛穴引締め効果の有無

プロビタミンC塗布による毛穴の引き締め効果については，上記2種の免疫染色の結果から間接的に以下のように推定された：

1）IV型コラーゲン染色された毛孔の裏打ち面とその対合面との距離から，APPS, APS, Asc

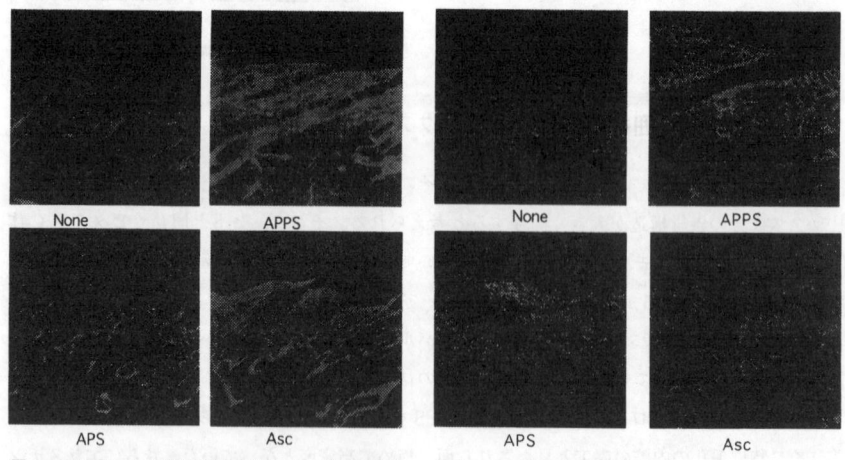

図5　モルモット切創治癒試験における切創面剝離試験（IV型コラーゲン染色）[2]

図6　モルモット切創治癒試験における切創面剝離試験（エラスチン染色）[2]

第3章 毛穴引き締め効果

塗布の皮膚は非塗布の皮膚よりも短く，毛穴引締め効果があったと間接的に推定される。

2）ところがエラスチン染色された毛孔裏打ち面どうしの距離からは，APPS，APS塗布の皮膚が，Asc塗布，非塗布の皮膚よりも短く，やはり毛穴引締め効果があったと同様に推定される。エラスチンの方がIV型コラーゲンよりもビタミンC供給の程度に影響を受けやすい可能性が示されたことになる。エラスチンは巨視的（macroscopic）に配向性ある繊維構造による弾力性もあるが，微視的（microscopic）にエラスチン分子の中のデスモシン構造やイソデスモシン構造におけるジグザグ状メチレン鎖も弾力性を担うと考えられる（図7）[4]。

3）これら2種の免疫染色の結果から，少なくともAPPSやAPSは有効と見なされる。

4）IV型コラーゲン染色された2面間距離がエラスチン染色された2面間距離よりも常にどの処理を受けた皮膚でもそれぞれ短かった。これはIV型コラーゲンの基底膜の直下（毛孔内腔から遠い方向）にエラスチン繊維が分布して基底膜の面をほぼ垂直に支持している証拠であろう。

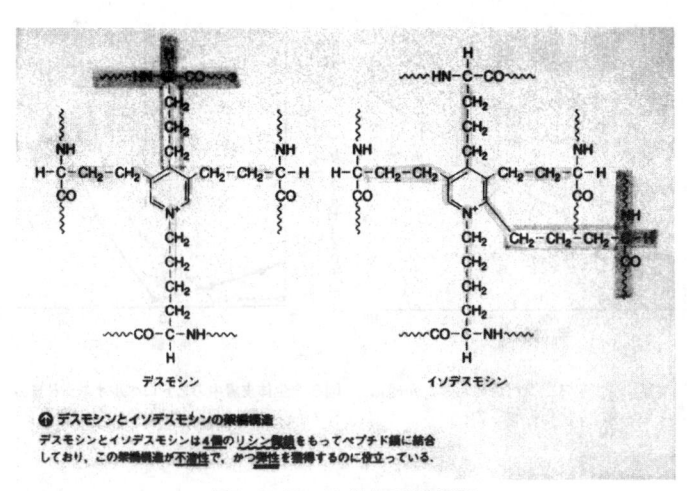

図7 エラスチン独自の部分構造

5 毛穴での皮脂の過酸化に対する防御

ヒトの心臓筋肉は年齢と共に老化色素であるリポフスチンという，酸化脂質と変性タンパクの複合体が増加する（図8）[5]。ヒトの皮膚では脂質ヒドロペルオキシドという過酸化物がお肌の曲り角と言われる25歳から急増しはじめる（図9）[5]。このように人体の脂質は加齢に伴って酸化さ

れて行く宿命にあるようであるが，当然，毛穴の皮脂も次第に酸化され，変質固化して毛孔に目詰まりしやすくなる。したがって，年齢を減るほどに，皮脂対策として積極的に皮脂の酸化防御と劣化皮脂の排除が必要となる。

皮脂としてセラミドと共にスクワレン(図10)が重要であるが，ヒトの皮膚に紫外線を照射し，この後，シリンダーカップ法によって無痛で皮脂を回収する。これを HPLC で分析すると，スクワレン（Sql）がやや減少し，その代わりにスクワレンのモノヒドロペルオキシド（Sql-OOH）やジヒドロペルオキシド（Sql-(OOH)$_2$）といった過酸化脂質が出現した。ところが，紫外線照射の前にプロビタミンCのAsc-iPlm 4 (ascorbic acid-2,3,5,6-O-(2´-hexyldecanoyl) tetraester；日光ケミカルズ製・VC-IP）を皮膚に塗布しておくと，脂質過酸化が防御された（図11)[6,7]。

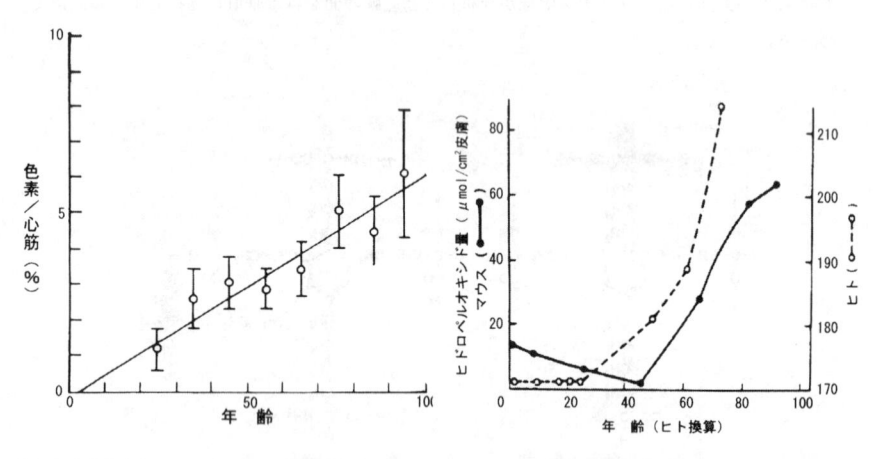

図8　加齢とともにリポフスチン（老化色素）が組織に蓄積してくる（ヒトの心臓の例)[5]

図9　生体皮膚中のヒドロペルオキシド量の加齢変化[5]
マウスの年齢は37倍してヒトと最大寿命をそろえ比較しやすくしてある。

6　毛穴引締め化粧品の今後の展開

毛穴引締め化粧品は，今後まず，毛穴サイズの簡便で厳密な計測手法を確立し，それに基づいて，皮脂過酸化の防御，皮脂合成・排除への制御，毛穴を取り囲む細胞外マトリックス成分の構築強化の点から，明確な作用メカニズムを示す薬剤を検索する方向に向うと推測される。

第3章　毛穴引き締め効果

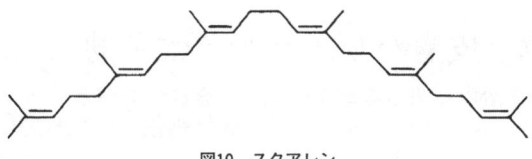

図10　スクアレン

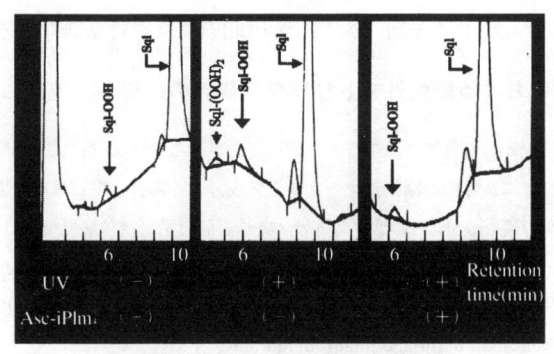

図11　スクワレン酸化状態の変化[6,7]

文　献

1) Mimura H *et al.*：in prepn. 2003
2) Nakashima N, Kato E, Tsuzuki T, Miwa N *et al.*：in prepn. 2003
3) 上田豊甫，李昌根：*persnl. commun*. 2002
4) 大塚吉兵衛，安孫子宜光：ビジュアル生化学・分子生物学．P.142, 日本医事新報社．1997
5) 加藤邦彦：老化探究．P.105, 読売新聞社．1987.
6) Terashima Y. Kowata Y. Miwa N *et al.*：in prepn. 2003
7) 斉藤靖和ら：三羽信比古・編著「バイオ抗酸化剤プロビタミンC～皮膚傷害ガン老化の防御と実用化研究～」, pp.270-276, フレグランスジャーナル社, 1999

第4章　皮膚ハリ・タルミ改善効果の評価法
―― 皮膚炎症治療に関わるコラーゲンの合成・分解と
弾性繊維エラスチンの配向性 ――

池野　宏[*1]，矢間　太[*2]，新出昭吾[*3]，河野幸雄[*4]，三羽信比古[*5]

1　ニキビにおける細胞外マトリックス繊維の破綻

尋常性ざ瘡（ニキビ）の状態で，細胞どうしを接着させるセメント物質（細胞間物質）はどう変化しているか。特に，各種の細胞外マトリックス成分のうち，表皮と真皮の境界に存在する基底膜に注目し，この構成成分のIV型コラーゲン繊維を間接蛍光抗体法で染色した（図1A）(Kondoh et al. 2003)。この結果，表皮と真皮とを貼り合わせる周期的起伏（periodical undulation）は消失し，この起伏から真皮に向って打ち込まれてた鋲構造（rivet-like structure）も消失し，基底膜破綻（disorganization of the basement membrane）を来していた。

もう一つの細胞外マトリックス成分である弾性繊維タンパクのエラスチンによって形成される基底膜直下のオキシタラン構造は健常皮膚では配向性が良好であり（図1B）(Kondoh et al. 2003)，このために，基底膜に掛かる機械的圧力に対して弾性を示すと見なされる。ところがニキビの状態では，この配向性が消失し，エラスチン存在量それ自体も減少していた。

重度のニキビの場合は治療後も瘢痕を残すが，アイスピック型と月面クレーター型などの瘢痕が典型例である（図1C）。この原因の一つは，基底膜のIV型コラーゲンや基底膜直下のオキシタラン構造の回復が遅延する分だけ，それらを足場（foot-fold）として増殖すべき角化細胞の最下層の基底細胞の細胞分裂が不充分と成り，健全な表皮が形成し損ねるためと考えられる。

[*1]　Hiroshi Ikeno　池野皮膚科形成外科クリニック（東京都板橋区）　院長
[*2]　Futoshi Yazama　広島県立大学　生物資源学部　生物資源開発学科　助教授
[*3]　Shogo Shinde　広島県立畜産技術センター　飼養技術部　副主任研究員
[*4]　Yukio Kohno　広島県立畜産技術センター　飼養技術部　研究員
[*5]　Nobuhiko Miwa　広島県立大学　生物資源学部　生物資源開発学科　教授

第4章　皮膚ハリ・タルミ改善効果の評価法

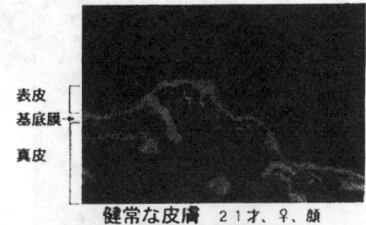

健常な皮膚　21才、♀、顔
太く連続した基底膜
IV型コラーゲンの膜状構造

ニキビ炎症部　21才、♀、首
基底膜の部分的な欠損
少量で分散したIV型コラーゲン

治癒後の瘢痕（陥没部）51才、♀、顔
連続するが細い基底膜
IV型コラーゲンの配向乱れ

図1A　ヒト皮膚におけるIV型コラーゲンの分布
蛍光抗体法による皮膚断面の染色

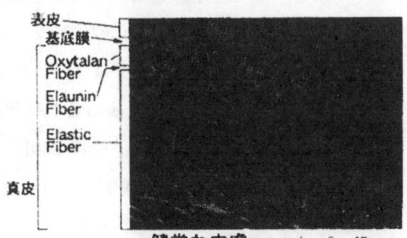

健常な皮膚　21才、♀、顔
太く配向性の良いエラスチン線維
基底膜の直下や真皮での規則的構造

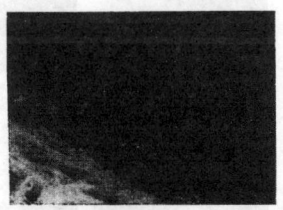

ニキビ炎症部　21才、♀、首
エラスチン規則構造の破壊
分散して減少したエラスチン線維

治癒後の瘢痕（陥没部）51才、♀、顔
増量したが細く散ったエラスチン線維
基底膜直下の規則構造が未回復

図1B　ヒト皮膚におけるエラスチンの分布
蛍光抗体法による皮膚断面の染色

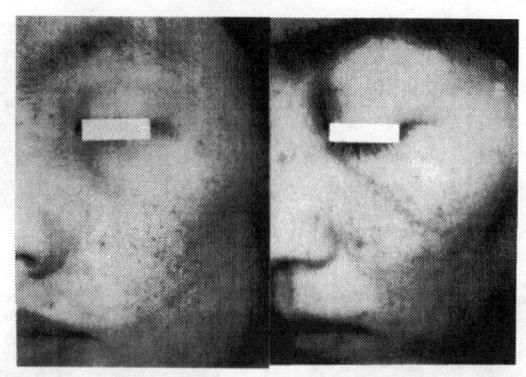

患者A　20〜30個の陥凹　　　患者B　色素沈着と3〜5個の
（1〜3mmサイズ，やや深い）　　陥凹（3〜6mmサイズ，浅い）
図1C　尋常性ざ瘡の治癒後に残る瘢痕

2　プロビタミンCによるニキビ治療

　尋常性ざ瘡（ニキビ）の治療法はクリンダマイシン・ナジフロキサシンといった抗生物質などで病原微生物のアクネ菌（Propionibacterium acnes）の繁殖を抑制したり，ベンゾイルパーオキシド・グリコール酸といった化学療法剤で毛孔の角質皮厚（異常角化）を抑制する処方である。これに対して池野皮膚科形成外科クリニックではプロビタミンCであるアスコルビン酸-2-O-リン酸エステルナトリウム（昭和電工・製造，商品名：APPS）のローションを患部に外用塗布して良好な治療成績を収めている（図2A，B）　　（池野2001）。ニキビ治療の国際的な判定基準（図2C）に基づいて，統計的にも顕著な治療効果がアスコルビン酸リン酸に認められている（図2D）。

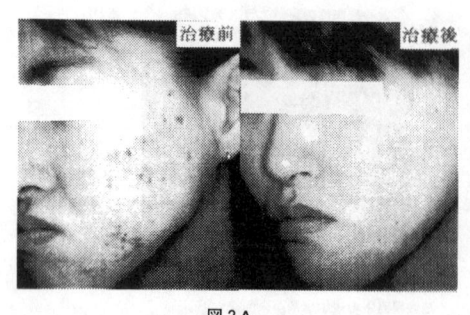

図2A
ざ瘡は Asc 2 P-Na 含有液の塗布で治癒が早まり瘢痕もない（池野ら 1998）。

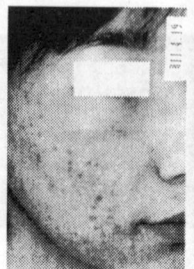

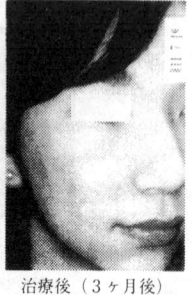

図2B　5％プロビタミンCローション単独療法
（池野皮膚科形成外科クリニック）

治療前　　治療後（3ヶ月後）

第4章 皮膚ハリ・タルミ改善効果の評価法

Improvement rate	I L ～75%	I L 75%～50%	I L 50%～25%	I L 25%～
Non-I L ～75%	Excellent	Good	Good	Fair
Non-I L 75%～50%	Good	Good	Fair	Poor
Non-I L 50%～25%	Good	Fair	Poor	Poor
Non-I L 25%～	Fair	Poor	Poor	Worsening

I L, Inflammatory Lesions;   Non-I L, Non-Inflammatory Lesions

図2C　Physicians'global assessment
（D. Lookingbill Method）

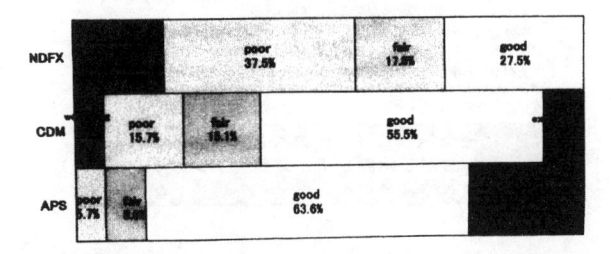

NDFX　poor 37.5%　fair 12.5%　good 27.5%
CDM　poor 15.7%　fair 15.1%　good 55.5%
APS　poor 5.7%　fair 8.6%　good 63.6%

図2D　プロビタミンC，アスコルビン酸-2-リン酸ナトリウム（APS）によるニキビ治療効果
good+excellent を efficacy rate（有効率）とすると，NDFX27.5%，CDM 63.7%，APS86.3%となる
NDFX＝ナジフロキサシンクリーム　CDM＝クリンダマイシンローション
APS＝ローション

3　皮膚中コラーゲンの合成と分解

アスコルビン酸-2-O-リン酸（Asc2P・Na）がニキビに対して治療効果を示した原因の一つとして，皮膚中コラーゲンへの影響が考えられた。そこで，ヒト摘出皮膚片を改変ブロノフ拡散チェンバーで器官培養し（図3A），Asc2P・Na存在下と非存在下で皮下側に添加したアミノ酸の一種プロリンを添加しコラーゲン合成を測定した（図3B）。プロリンはコラーゲンを構成する各種アミノ酸の9分の2を占めるが，他のタンパク質ではかなり低い比率である。よって，プロリンをトリチウム（[^{3}H]）で放射能標識しておけば，かなりの放射活性がコラーゲンに取込まれることになる。この結果，100μM の Asc2P・Na 存在下でコラーゲン合成が大幅に亢進した。非コラーゲンタンパク質（NC-proteins）も同様またはそれ以上に合成促進されたので，Asc2P・Na

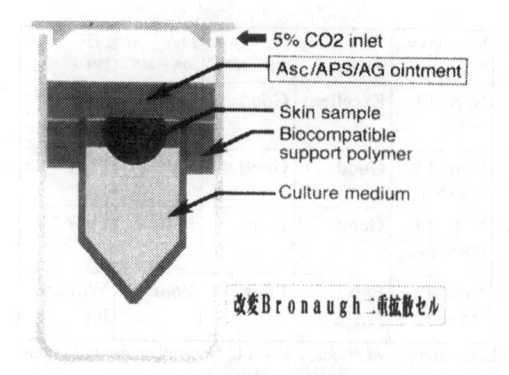

細胞死制御工学〜美肌・皮膚防護バイオ素材の開発〜

```
← 5% CO2 inlet
   Asc/APS/AG ointment
   Skin sample
   Biocompatible
   support polymer
   Culture medium
```

改変Bronaugh二重拡散セル

・水平セルのような皮膚片への強制加圧による薬剤の通過は行なわず、薬剤の自然拡散によって皮膚内へ浸透させる。
・フランツ型セルとは異なり、皮膚片の縁の部分が培養液に接触しないということもなく、皮膚片の全体が培養液に接触する。
・特殊なバイオコンパチブル高分子で皮膚片を固定して初めて、細胞を生きた状態に保ってコラーゲン合成能力を維持させる組織培養の長期化が可能となる。
・薬剤がヒト皮膚摘出片の角質層表面の側から浸透し、CO_2常時通気でph適正化した培地中の栄養素はこの皮膚片の皮下組織側からだけ吸収されるといったベクトリアル系にした。

APSは皮膚組織に取り込まれてコラーゲンの合成を促進し分解を抑制して、コラーゲンの収支を増加させると示唆される。

図3A

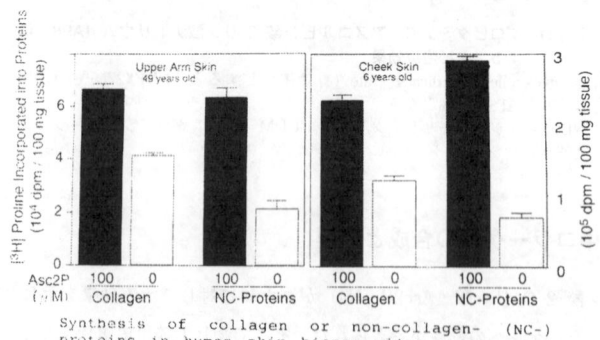

Synthesis of collagen or non-collagen- (NC-) proteins in human skin biopsy slice was assayed using L-[2,3-^{3}H] proline which was incorporated into collagenase-susceptible or resistant fraction, respectively, in the presence or absence of Asc2P.

図3B

による皮膚真皮の繊維芽細胞への代謝活性化作用を介した効果であると見なされる。

　ヒト摘出皮膚片を用いたコラーゲン分解に対するAsc2P・Naの影響をザイモグラフィーで分析した（図3C）。この実験は下記手順で実施した：

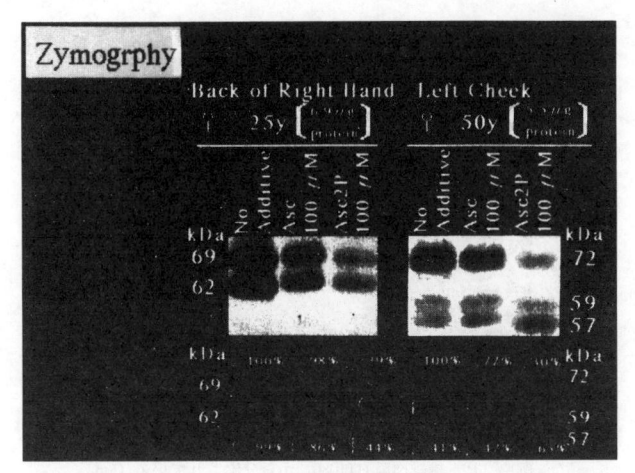

第4章 皮膚ハリ・タルミ改善効果の評価法

図3C

1) 2種類のヒト摘出皮膚片を各々アスコルビン酸 (Asc) または Asc2P・Na いずれも100μM 存在下または非存在下で48時間, 血清なしで器官培養した。
2) 培養後, 通常は培養液だけを回収するところ, 皮膚片との全体から可溶性タンパクを抽出した。器官培養の場合, 器官深部からの分泌タンパクは回収し難いため, この方法で行なった。
3) 電気泳動で混合成分を分離し, 変性コラーゲンであるゼラチンを溶解するコラゲナーゼ活性を検出した。

検出されたコラゲナーゼは分泌タンパクだけで無く, 細胞内タンパクも合わせた抽出液のためか, 典型的な2種の matrix matalloprotease である MMP-2, MMP-9とは異なり, 皮膚片によっても分子種が異なるが, ともに主要な2種類の活性成分が含まれ, いずれも無添加の皮膚片よりも, Asc添加皮膚片がやや活性が抑制され, Asc2P・Na添加皮膚片が顕著に活性抑制されることが共通して示された。

ヒト摘出皮膚片は数種の細胞が混在しているが, 単一なヒト皮膚繊維肉腫 HT1080細胞では, 2種類の典型的なコラゲナーゼ MMP-2, MMP-9がほぼ同量分泌される (図3D)。この場合は, MMP-2がより顕著に抑制され, さらに, Asc でも Asc2P・Na でも同程度に抑制され, むしろそれらの薬剤濃度に依存して抑制された (Nagao *et al*. 2000a,b)。これら組織片や培養細胞の違いがあるが, Asc2P・Na によってコラゲナーゼ活性が抑制されることが共通して示された。その後, 同じヒト繊維肉腫細胞で, 第2世代プロビタミンCであるアスコルビン酸-2-O-リン酸-6-O-パルミチン酸エステル・ナトリウム (昭和電工・製造, 商品名 APPS) でも同様に MMP-2, MMP-

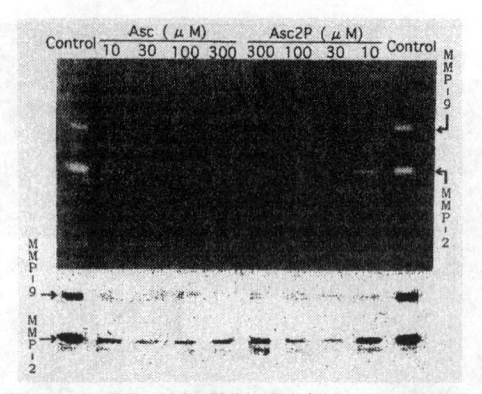

細胞死制御工学～美肌・皮膚防護バイオ素材の開発～

図3D　ガン浸潤に対する酸化抵抗型ビタミンCの抑制効果の機序

ガン浸潤に必要なタンパク分解酵素MMP-2，MMP-9がガン細胞（ヒト繊維肉腫HT1080）から分泌されている（Control）が，30-300μMのAsc2PまたはAscで18hr処理した細胞ではMMP分泌が抑制されていた。Zymographyによる基質ゼラチンのMMP溶解跡（上図の白抜き）がReversal（白黒反転）で定量できる（下図の黒帯）（Nagao et al. 2000a）

9活性の抑制効果とタンパク発現抑制がみられることを見い出した（Liu et al. 2000）。

これらの結果より，プロビタミンCのAsc2P・Naから変換されたアスコルビン酸（Asc）は皮膚組織に対して，コラーゲン合成は促進し，コラーゲン分解は抑制すると言う2面性が見い出され，コラーゲン構築の黒字促進・赤字抑制と言う収支改善をもたらすことが示された（図3E）。このことが，ニキビ治療へのAsc2P・Naの有効性と密接に関連すると考えられる。

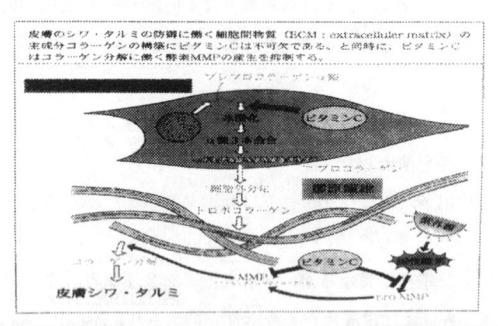

図3E　皮膚のシワ・タルミ，および，ビタミンCの防御メカニズム

ビタミンCはコラーゲンの合成促進（黒字増やし）と分解抑制（赤字減らし）の両方に働く（収支改善）・・・広島県立大学教授・三羽信比古・編著「バイオ抗酸化剤プロビタミンC」フレグランスJ社より

4　皮膚構造における基底膜の重要性

重度のニキビでは膿が蓄積して表皮と真皮との境界にある基底膜が分断されている（図4A）

第4章 皮膚ハリ・タルミ改善効果の評価法

(Plewing & Kligman 1993)。この原因は下記の通り考えられる。
1) アクネ菌を排除するために集結した好中球やマクロファージなどの免疫系細胞が活性酸素を産生するが，このためコラゲナーゼ活性が亢進した結果と考えられる。
2) この活性酸素を消去するためにビタミンCが消費され，毛細血管も分断して血流停滞を招くと，皮膚組織の外部からのビタミンC供給も滞り遂には局所的に枯渇するまでに至る（図4B）。
3) コラーゲンが機械強度を担うためには，プレプロコラーゲンα鎖という直接の遺伝子産物が3本寄せ集まらないとならない（図4C）。1本の鎖のままでは，皮膚の強度は保持できず，血管壁では脆弱化して出血しビタミンC欠乏症の壊血病となる。毛利元就の3本の矢の教えは体内でも成立していることになる。

何故ビタミンCはコラーゲン鎖を3重らせん（triple helix）に集結させられるか。その過程を順に追って行く。
1) 遺伝子発現された当初のポリペプチドとしてのプレプロコラーゲンα鎖にはその構成部分であるプロリン残基は水酸化されていない。この水酸化反応を進行させる酵素がプロリルヒドロキラーゼである（図4D）。
2) この酵素はコラーゲン中のプロリン残基をヒドロキシプロリン残基に変換させる。

この水酸基を介した水素結合で，コラーゲン鎖どうしがside-by-sideに3本集結して束構造を形成する。基底膜を構成するⅣ型コラーゲンでは，end-to-endに結合して多角形（polygonal）

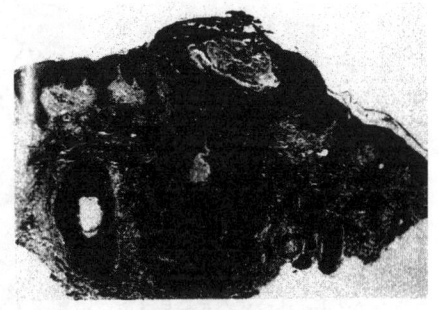

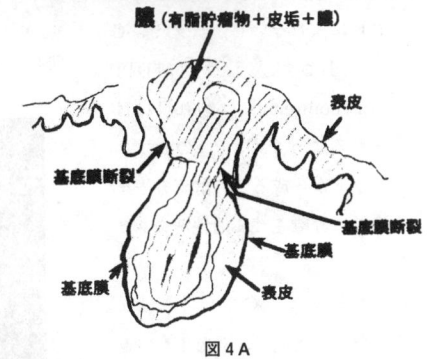

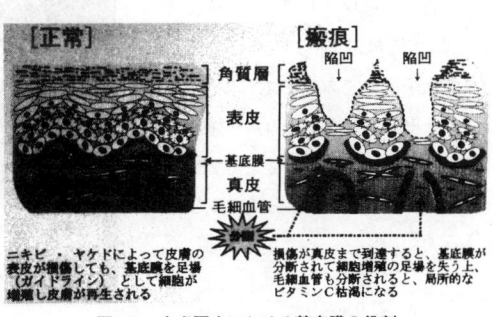

膿（有脂貯溜物＋皮垢＋膿）

図4A

図4B 皮膚再生における基底膜の役割

になる。コラーゲン中のリシン残基も同様に水酸化される。
3) ところが，プロリルヒドロキシラーゼがその触媒作用を発揮するためには，酵素分子の触媒部位（catalytic site）を成す割れ目（cleft）にビタミンCが補助因子（cofactor）として入り込まなければならない。この割れ目に入り込むべき補助因子はビタミンCでなければ適合せず，例えば，同じ還元力のあるチオールペプチドのグルタチオンは分子サイズが大き過ぎて割れ目に入れないし，ビタミンCより小さい人工還元剤DTT（dithiothreitol）は割れ目には入れるようだが，2つのサブユニットから成るこの酵素分子を2つに分離させて活性消失させてしまう。

これらビタミンCでなければならない理由は，偏に，35億年もの遠大な生物進化過程で人類まで継承されて来た抗酸化因子ビタミンCは，遺伝子産物であるプロリルヒドロキラーゼと見事なまでの共同作業に存するものであり，血管壁で皮膚基底膜で生命維持に寄与していると言える。

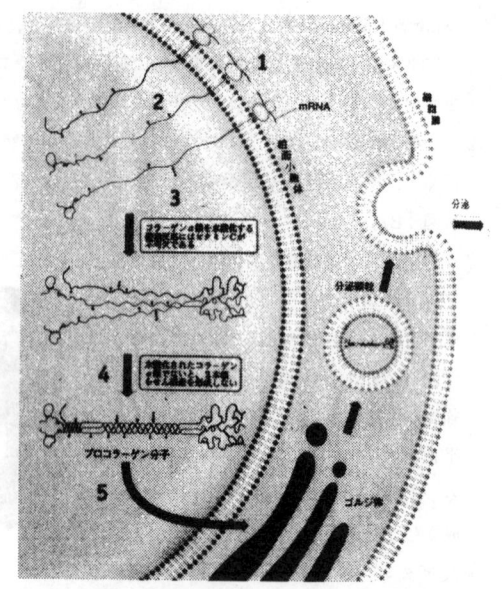

図4C　コラーゲンの3重らせん形成（大塚・安孫子1997改変）

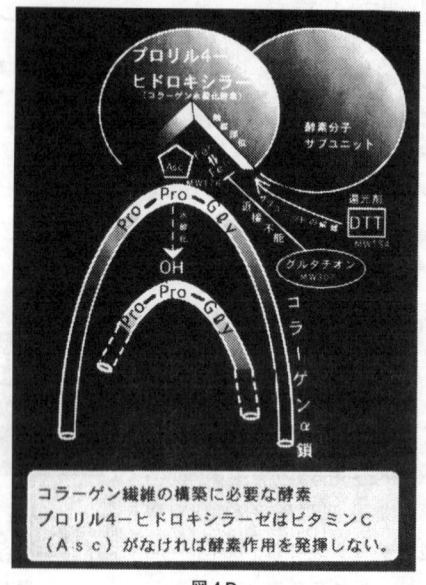

図4D

第4章　皮膚ハリ・タルミ改善効果の評価法

5　乳牛の乳頭における皮膚・粘膜の強化

　乳牛（ホルスタイン種）は乳房炎が発生しやすくその経済損失は広島県で年間2.3億円，日本全国で年間285億円と計算される。当研究グループは，実効性の乏しかった従来の予防治療法で看過された視点として，「乳頭損傷への組織修復をもたらす活性増強型ビタミンC前駆体（プロビタミンC）」を乳頭に塗布して，細胞同士を結着させる細胞間セメント物質を強化させると言う新規な発想で試験した（三羽ら2003）。

　乳牛は機械搾乳での減圧吸引によって乳頭への組織損傷が生じやすく，さらに，搾乳後に疲労した乳牛は汚染した地面に横たわるなどの各種原因のため，乳房炎が発生しやすい。乳房炎による廃棄牛乳と死廃牛の経済損失は広島県を含め日本全国で300億円近い甚大な金額であるにも関わらず従来の予防治療法は牛乳に絡む食品衛生法からの制約があって抗生物質は使用できずお手上げ状態だった。

　新世代プロビタミンCのVC-IP（Asc-iPlm$_4$：ascorbic acid-2, 3, 5, 6-O-(2´-hexyldecanoyl-tetraester)）を乳頭へ一日2回塗布する簡便法で行なった。ホルスタイン乳牛10頭で1期10日間，計3期30日間の反転試験法を採用し，搾乳前後の薬剤はヨード殺菌剤クオーターメイトを用いた。この結果，プロビタミンC塗布によって搾乳中の一般細菌の数は46%減少し，乳腺剥離細胞数も11%抑制できた。乳腺剥離細胞は養牛場での現状は20～30万（平均27万）/mLであり，バルク牛乳として50万細胞/mLは出荷拒否となる。本研究で試験した広島県立畜産技術センターでは一般養牛場よりも管理が良好なため，それ以上に改善するのは困難であるが，それにもかかわらず一段の改善効果がプロビタミンC塗布によって達成されたことになる。

6　乳牛の乳頭における基底膜の重要性とプロビタミンC

　上記データのプロビタミンCによる乳汁中の細菌抑制効果と乳腺剥離細胞の減少効果の原因が，プロビタミンCから変換されたビタミンCの機能であるコラーゲン合成促進効果であると考え，乳腺組織の粘膜移行部の皮膚から組織片を摘出し（図5A），その皮膚構造をE.V.Gieson染色法で断面画像を解析した結果，皮膚の表皮と真皮とを貼り合わせる基底膜(basement membrane)というⅣ型コラーゲンを主体とするタンパク膜がプロビタミンCによって強化されていることが明

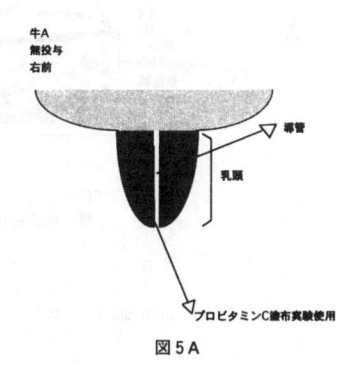

図5A

らかとなった(図5B)。2頭の乳牛の各4個,計8個の乳頭にプロビタミンCであるVC-IP(Asc-iPlm$_d$)投与と無投与とで半数ずつ処理法を分け,各々の基底膜を調べたが,2頭ともプロビタミンCによって,基底膜の形状が周期的な起伏構造(periodic undulation structure)を形成して,上下に存在する2層の皮膚構造を貼り合わせてズレを防ぐ堅牢な構造を支援していた。プロビタミンC無投与の乳頭での基底膜は起伏構造が乱れ規則性も消失し,皮膚構造が劣化していることを示した。

プロビタミンCによる皮膚構造への強化効果,および,乳汁への細菌混入抑制効果や乳腺剥離細胞の減少効果が上述データの通り判明したが,では実際に乳頭内部でビタミンCが増加しているかが問題となる。そこで,乳頭の中で乳腺への入り口に該当する粘膜移行部が細菌侵入部位なので,この皮膚組織片を摘出し,当研究室が独自開発した改変ブロノフ拡散チェンバーに組入れて生存させた。この皮膚組織片の表面から,実際の乳牛に塗布したのと同一条件でプロビタミンCを投与し,投与後に経時的に皮膚片を回収して,表皮(浅い部分)と真皮(深い部分)の2層に分離し各々の内部に存在するビタミンC(アスコルビン酸)とその酸化型(デヒドロアスコルビン酸)の量をHPLC/Coulometric ECD法で計測した。この結果,プロビタミンCからビタミンCへの変換は良好であり,しかも,深い皮膚部分である真皮へも多量のビタミンCが浸透していることが判明した(図6A, B)。

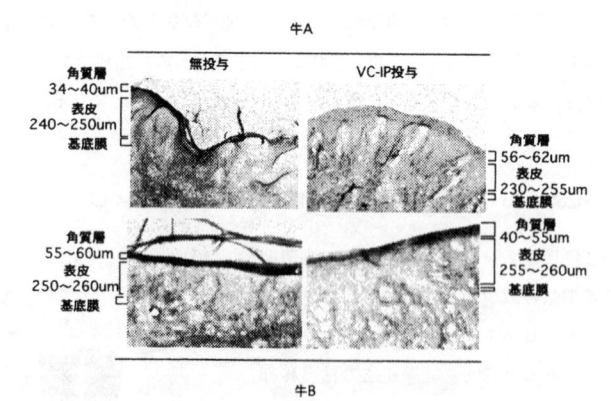

図5B　プロビタミンC (VC-IP) 塗布による皮膚粘膜内の基底膜の構造強化効果

牛A (10才5ヶ月,分娩7産) も牛B (4才9ヶ月,分娩3産) も各4つの乳頭のうち,プロビタミンC塗布した皮膚は,2層を貼合せズレを防ぐ役割の基底膜が「周期的起伏」(periodic undulation) を構築して (右2図),無塗布の場合 (左2図) よりも顕著に強化されていた。

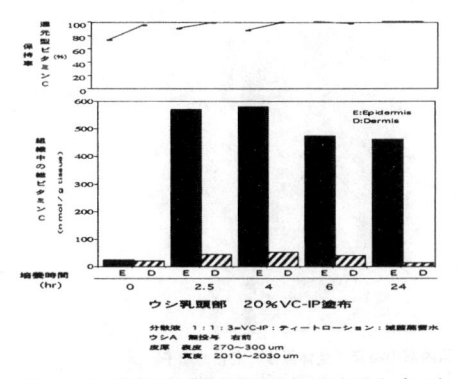

第4章 皮膚ハリ・タルミ改善効果の評価法

図6A ウシ乳頭の粘膜移行部に塗布した新世代プロビタミンC（Asc-iPlm₄）の皮膚深部への浸透効果とビタミンCへの変換

乳牛から乳頭粘膜移行部を摘出して器官培養し，ウシ個体での塗布と同条件でプロビタミンCを皮膚片に塗布すると，2.5-4.0時間後で表皮中ビタミンCは塗布前の25.4倍に増大し，24時間後もその79.3％を維持した。

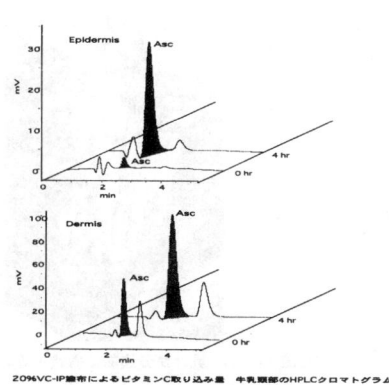

図6B ウシ乳頭に塗布したプロビタミンC（Asc-iPlm₄）からのビタミンC（Asc）への変換を示すHPLCクロマトグラム

乳頭の浅い皮膚部分の表皮（Epidermis）でも深い皮膚部分の真皮（Dermis）でも，プロビタミンC（20%VC-IP：Asc-iPlm₄）塗布前（0 hr）では殆どビタミンCが存在しないが，プロビタミンC塗布4時間後では顕著にビタミンC（Asc）（図中の斜線ピーク面積が存在量に相応する）が増大している。

7 電子顕微鏡から見たプロビタミンCによる乳頭内部と開口部の皮膚構造強化効果

搾乳器械による乳頭損傷と病原菌の侵入経路は，乳頭の開口部とそこから内部の導管である。よって，これら皮膚部分および粘膜移行部分がプロビタミンCによって強化されるべき組織箇所となる。この部分に焦点を絞って走査型電子顕微鏡で画像を取得した結果，下記の通りであった（図7A, B, C, D）。

1) 乳頭開口部については，プロビタミンC無塗布では皮膚の皮丘/皮溝（キメ）が荒く機械損傷に弱いことを示すが，プロビタミンC塗布ではキメが細かく堅牢な皮膚構造であることを示し，搾乳器械による引張り強度が大きいと示唆される。

2) 乳頭内部における乳汁の分泌される導管についても，プロビタミンC無塗布では脆弱構造の症状（毛羽立ち・小片剥離・深い線状起伏）を示しビタミンC不足に依るコラーゲン3重らせん構造の不全の症状が示唆されるが，プロビタミンC塗布では堅牢構造（細かいキメ・浅い周期的起伏）が見られる。

細胞死制御工学～美肌・皮膚防護バイオ素材の開発～

図7A，B　乳汁が分泌前に通過する乳頭内部の導管の全体画像（走査型電子顕微鏡写真）
ホルスタイン乳牛の同一個体の4つの乳頭のうち無塗布の乳頭（左図）とプロビタミンC（VC-IP, Asc-iPlm₁）塗布した乳頭（右図）の断面の走査型電子顕微鏡で示した。

図7C　乳頭表面における乳汁の分泌される開口部（病原菌の侵入口）の比較
（左図）無塗布では皮膚のキメが荒く機械損傷に弱いことを示す。
（右図）プロビタミンC塗布ではキメが細かく堅牢な皮膚構造であることを示す。

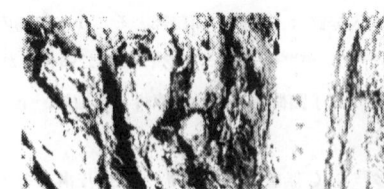

図7D　乳頭内部における乳汁の分泌される導管の比較
（左図）無塗布では脆弱構造の症状（毛羽立ち・小片剥離・深い線状起伏）を示し，
（右図）プロビタミンC塗布では堅牢構造（細かいキメ・浅い周期的起伏）が見られる。

8　皮膚2層を張り合わせて強化する基底膜のⅣ型コラーゲンの連続的構造

　各種コラーゲンの中でもⅣ型コラーゲンは束構造の他種のコラーゲンと違って網目構造を形

第4章　皮膚ハリ・タルミ改善効果の評価法

成して細胞を繋ぎ止める足場（foot-fold）となる重要な分子である。このIV型コラーゲンから構成される基底膜を間接蛍光抗体法で免疫染色した結果，無処理の乳頭では周期的起伏構造の境界に位置する基底膜が途切れて不連続であった（図8A）が，この状態では表皮と真皮との結着力が弱いと見なされる。他方，プロビタミンC塗布した乳頭では，途切れなく見事に連続した堅牢な膜を形成していた（図8B）が，この状態では皮膚への引っ張り力に耐久性であると見なされる。

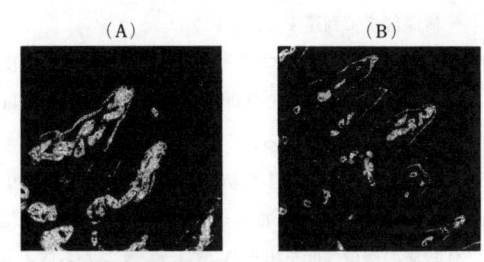

図8　皮膚2層を張り合わせる基底膜のIV型コラーゲンに対する免疫染色
(A) 無処理の乳頭基底膜，(B) プロビタミンC塗布した乳頭基底膜。乳頭の皮膚断面における周期的起伏構造の境界線が連続か不連続化に注目して，皮膚2層張り合わせ力を判定すべきである。

9　皮膚弾力性を担う繊維タンパクであるエラスチンの分布

基底膜の直下には，皮膚弾力性を担うエラスチンが高密度で配向性の良好なオキシタラン構造を構築していて，ちょうどベッドにおけるマットを支えるスプリング（ばね）の役割を果たしている。無処理の乳頭の基底膜直下ではエラスチンが殆ど局在せず，オキシタラン構造は健全な形成をしていない（図9A）が，この状態では，皮膚への機械的圧力に対して弾力性が極めて弱いと見なされる。一方，プロビタミンC塗布した乳頭では，オキシタラン構造が連続して見られ（図9B），弾力性が優れていると見なされる。

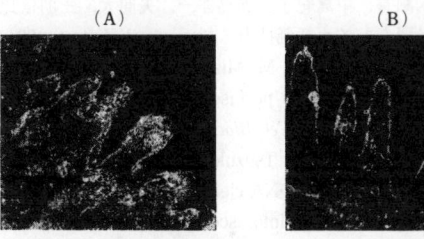

図9　乳頭における基底膜の直下のエラスチン（弾性繊維）に対する免疫染色
(A) 無処理の乳頭基底膜　(B) プロビタミンC塗布した乳頭基底膜。
乳頭の皮膚断面における周期的起伏構造の境界線の直下が連続か不連続化に注目して，皮膚2層への弾力性を判定すべきである。

10　プロビタミンCによるニキビ・乳房炎の防御メカニズム

①プロビタミンCは自働酸化（autooxidation）抵抗性を介して皮膚・粘膜中へ浸透していき皮

膚深部まで到達する，

② この皮膚中でのプロビタミンC浸透の過程で，皮膚中フォスファターゼまたはエステラーゼによる酵素作用でプロビタミンCのAsc2P・NaやVC-IP（Asc-iPlm$_4$）から，徐々にビタミンCに変換される，

③ コラーゲン鎖を3本集結させるのに不可欠であり，かつ，不足しやすいビタミンCの充分な供給によって，3重らせん構造のコラーゲン繊維が構築される，

④ 皮膚の機械強度を担うIV型コラーゲンから成る基底膜やその直下のオキシタラン構造における皮膚の弾力性を担うエラスチンが強化される，

⑤ ニキビによる基底膜損傷や搾乳による乳腺損傷が修復され細菌感染も防御される

などが考えられる。

文　献

- 赤木訓香，中島紀子，寺島洋一，矢間太，三羽信比古：シワ防御剤と紫外線防御剤の開発に必要なバイオ評価技術メニュー，*BioIndustry* 20(5)：47-58（2003）
- Eguchi M, Fujiwara M, Mizukami Y and Miwa N：Cytoprotection by pro-vitamin C against ischemic injuries in perfused rat heart together with differential activation of MAP kinase family members. *J Cell Biochem*, in press（2003）
- Eguchi M, Kato E, Tsuzuki T, Miyazaki T, Oribe T and Miwa N：Cytoprotection against ischemia-induced DNA cleavages and cell injuries in the rat liver by pro-vitamin C via hydrolytic conversion into ascorbate. *Mol Cell Biochem*, in press, 2003
- 池野宏：ようこそ！私のニキビクリニックへ，1-169，海苑社（2001）
- Kondoh F, Makabe A, Akiyama A, Tajima S, Miwa N：in prepn（2003）
- Liu JW, Miwa N *et al*.；Antimetastatic ability of phospho-ascorbyl palmitate through intracellular ascorbate enrichment. *Oncol. Res.* 11：479-487（1999）
- Liu JW, Miwa N *et al*.：Antimetastatic effects of an autooxidation-resistant and lipophilic ascorbate derivative through inhibition of tumor invasion. *Anticancer Res.* 20：113-118（2000）
- 三羽信比古，長尾則男，新出昭吾，河野幸雄：広島県重点研究事業報告2003
- Nagao N, Miwa N *et al*.：Tumor invasion is inhibited by phosphorylated ascorbate via decreasing of oxidative stress. *J. Cancer Res. Clin. Oncol*. 126：511-518（2000a）
- Nagao N, Miwa N *et al*.：Enhanced invasion of Tax-expressing fibroblasts is repressed via decreases in NF-kappa B and in intracellular oxidative stress. *Antiox. Redox Signal*. 2：727-738（2000b）

第4章 皮膚ハリ・タルミ改善効果の評価法

- 大塚吉兵衛;安孫子宜光:ビジュアル生化学・分子生物学, p. 156, 日本医事新報社(2003)
- Plewig G and Kligman AM : Acne and Rosacea Second, Completely Revised and England Edition p. 189, Springer Verlag, Berlin Heidelberg (1993)
- Saitoh Y, O'Uchida R, Kayasuga A and Miwa N : Preferential Defense of Bcl-2 Gene against Subacute Cytotoxicity with Hydroperoxide over the Acute One Together with Suppressed Lipid Peroxidation and Enhanced Ascorbate Uptake. *J Cell Biochem*, in press, 2003.
- 続木敏, 栢菅敦史, 三羽信比古:プロビタミンCによる皮膚防護効果と美肌効果. *BioIndustry* **20**(5):9-18, 2003.

第5章　肌年齢の指標としてのテロメア
――DNA レベルでの肌老化度の診断，および，
　　皮膚と血管での年齢依存性テロメア短縮化の防御効果――

古本佳代[*1]，杉本美穂[*2]，檜山英三[*3]，井上英二[*4]，横尾誠一[*5]，三羽信比古[*6]

1　細胞老化の指標としてのテロメア DNA の長さ

　染色体の両端にあるテロメアという特殊 DNA は細胞分裂に伴う DNA 複製と共に短縮化するので，「老化の指標」として着眼されている。遺伝子集合体である染色体を核へ安定に繋ぎ止めるという「止め金」的な役割（図1A）のあるテロメア DNA が，一定の長さにまで短縮化すると細胞分裂が停止して細胞死が起こり（図1B）老化やガン化に至る。皮膚細胞のテロメア長は肌の老化度の客観的な指標として重要である。

　ガンでもなく生殖細胞でもない正常な体細胞については，その細胞分裂の能力に限界があり，そのメカニズムを説明するのがテロメア仮説である（Calvin *et al*. 1992）。
・生殖体発生の時期にはテロメラーゼの活性があり，生物の世代を経て生殖細胞のテロメアの長さが保たれている。
・多くの，あるいは全ての体組織が分化する過程でテロメラーゼ活性が抑制される。
・染色体の末端 DNA における不完全な DNA 複製のために細胞分裂の度にテロメアが短縮していく。

---

*1　Kayo Furumoto　静岡実験材料㈱　研究員
*2　Miho Sugimoto　広島県立大学大学院　生物生産システム研究科；現 ㈱ソニー CP
　　　　　　　　　ラボラトリーズ　静岡研究所
*3　Eiso Hiyama　広島大学　医学部　総合診療部　助教授
*4　Eiji Inoue　広島県立大学　生物資源学部　生物資源開発学科　生物工学分野；
　　　　　　　現 エーザイ㈱
*5　Seiichi Yokoo　東京大学　医学部　角膜組織再生医療寄付講座　助手；元 広島県立大
　　　　　　　　　学大学院　生物生産システム研究科　博士課程
*6　Nobuhiko Miwa　広島県立大学大学院　生物生産システム研究科　教授

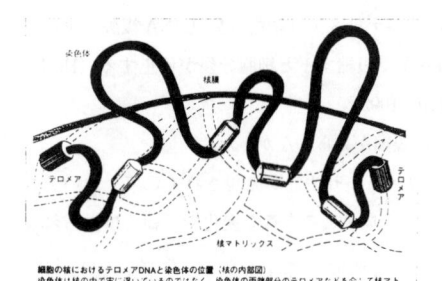

第5章　肌年齢の指標としてのテロメア

図1A　核マトリックスへ染色体を固定させる止め金としてのテロメアの役割

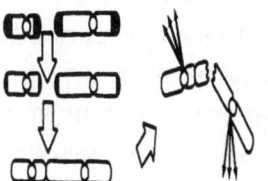

細胞核におけるテロメアDNAと染色体の位置（核の内部図）
染色体は核の中で宙に浮いているのではなく、染色体の両端部分のテロメアなどを介して核マトリックスという足場に固定されている。

図1B　細胞寿命時計としてのテロメアの概念
細胞老化に伴うテロメア短縮化による染色体どうしの癒着と分断

- ヒトの分裂細胞において，1細胞当たり92個存在するテロメアのうちの多くがある特定の長さにまで短縮化するとチェックポイントが信号を発し細胞分裂が停止する（Hayflick Limit）。
- 健常な体細胞が突然変異や組み込まれたウィルス由来ガン遺伝子の発現などでトランスフォーム（形質転換）した場合，Hayflickチェックポイントを克服するが，さらに細胞分裂し続けると，今度はcrisis（生存危機）と呼ばれるポイントに達する。テロメアも短縮し続けcrisisでは限界の長さに達する。
- 細胞の不死化（immortalization）のためにはcrisisやその前後の時期でのテロメラーゼ活性化が必要である。テロメアの限界短縮による染色体異常が突然変異や不死化をもたらす。

　テロメア短縮化は老化の原因と結果の両面かどうかという問題がある。テロメアは染色体を核に繋ぎ止める「止め金」として働くが，一定の長さ以下に短縮化すると染色体が不安定化する（図1B）。この結果，その細胞は死ぬが，その穴埋めのために細胞分裂で生じた細胞はテロメアがより短いことになるので，組織全体として老化が進行したことになる。よって，テロメア短縮化が老化の指標となることは明白であるが，老化の原因となる可能性が大きい。

　ヒトの正常な体細胞は50～90回ほど細胞分裂すると，それ以上細胞分裂できず（ヘイフリック限界）やがて死ぬ。この分裂回数を計る細胞内機構はテロメアであると考えられる。例外が幾つか知られるが，基本的にはこの仮説は下記の実験結果から支持される。

① 繊維芽細胞のテロメアはDonor（細胞供給者）の年齢が増加するのに伴いテロメアの短縮が見られた。高年齢のヒトの組織から採取した細胞ほどテロメアが短い（Hastie *et al*. 1990；Lindsey *et al*. 1991；Vaziri *et al*. 1993）が，そのテロメア長は採取する細胞の暦年齢よりも分裂寿命とよく相関する。

② 培養細胞でも，細胞分裂の通算回数（MPD：mean population doublings）の増加に伴い

テロメア短縮が見られた。ヒトの正常な体細胞のテロメアは細胞分裂（DNA複製）毎にテロメアは0.05〜0.15kbずつ短縮して5〜6kbまで短縮すると細胞分裂が停止する（Harley *et al*. 1990；Allsopp *et al*. 1992；Counter *et al*. 1992）。
③ 精子ではdonorの年齢増加に伴うテロメアの短縮が見られなかった。
④ ヒト白血病由来の不死化細胞HL-60にはテロメラーゼ活性が発現されていて，短いテロメアの状態で保持されており，MPD増加に伴うテロメアの有意な変化や短縮化は見られなかった。

よって，テロメアDNA長が，その時まで細胞分裂した累積回数，および，これから死ぬまで分裂できる残り回数を計る時計（分裂時計）の役割を果たしていると考えられる。このようにテロメア短縮は細胞分裂の寿命を示す重要な"biomarker"であると考えられる。しかし，テロメア長を計測するための従来技術は，多量の細胞（100万個以上）が必要なため，人体からダーマトームや外科手術で5 mm^2程度の皮膚組織を摘出する必要があった。しかし，人体の皮膚から微量の皮膚擦過屑を苦痛なく採取することは従来困難だった。

2 DNAレベルでの肌年齢の診断とテロメア計測の高感度化

皮膚の表皮を構成する角化細胞のテロメアDNAの長さを測定すると，測定時直前の生理状態や気候条件に左右されない真の皮膚老化度（肌年齢）を客観的に算定できる。肌年齢を調べる意義として，
① 今まで肌の受けた環境要因や肌の手入れ法の良悪を判定し，今後の改善策を講じる。
② 外見の肌状態からはわからない近い将来に起こる皮膚変化を予測できる。

従来は肌年齢を科学的に実証する客観的な方法がほとんどなかった。皮膚では真皮よりも表皮の方が紫外線B波・皮脂・微生物の影響を受けて老化が進行するので，表皮角化細胞のテロメア長を測定することが皮膚老化度の評価に有意義となる。テロメア長は測定時直前の生理状態や気候条件に左右されない真の皮膚老化度（肌年齢）を客観的に算定できる（図2A）。

テロメア計測の従来技術は，多量の細胞（100万個以上）が必要なため，人体から外科手術で5 mm^2程度の組織を摘出する必要があった。しかし，人体の皮膚などから微量の皮膚擦過屑を苦痛なく採取することは従来困難だった。著者らは顔の皮膚のテロメア長を計測してDNAレベルでの肌年齢がわかる診断システムを確立した（図2B）。

本研究では人体の微量皮膚屑を採取してDNA抽出し非放射能法で化学発光を利用して高感度にテロメア長を測定する系を確立し，さらにヒト皮膚表皮のテロメア長の年齢依存性の1次方程式を確定した。

第5章 肌年齢の指標としてのテロメア

```
┌─ 皮膚の老化度の計測システム ─┐

[含水量/保湿率] [皮膚表面のシワ形態]
  ┌─────┐  ◆高感度    ◆部分的可逆性
  │ 特徴 │  ◆計測値が計測時の身体条件によって変動しやすい
  └─────┘
  ┌────────┐ ◆計測直前の化粧品の使用状況
  │影響を受ける要因│ ◆栄養・睡眠などの生理状態
  └────────┘ ◆計測時の湿度・寒暖

[テロメアDNA長]
  ┌─────┐ ◆計測直前の状況によって左右されない値
  │ 特徴 │ ◆非可逆性,計測値は経時的に減少の一途
  └─────┘ ◆外観から把握できない近い将来の皮膚像を予測
  ┌────────┐ ◆死細胞を穴埋めするための
  │影響を受ける要因│  細胞分裂の通算回数に主に依存
  └────────┘ ◆過去に受けた細胞損傷度をも反映
```

図2A 皮膚老化度の各種診断方法とテロメア診断との比較

肌年齢(皮膚老化度)の計測法の位置付けについては,肌に含まれる水分やシワを計測するシステムは計測直前までの化粧品の使用状況,栄養状態,睡眠などの生理的状態,湿度や寒暖といった気候などによって変動する。よって,感度が高い面と部分的可逆性があり変動しやすい面とを合わせ持つと言える。一方,テロメアDNAの長さは非可逆的に短縮化の一途を辿るが,皮膚が過去に受けた細胞損傷の度合いを忠実に反映する指標である。

図2C 皮膚擦過屑片を採取する器具,ラスプ
皮膚表面より0.1mmの深さに毛細血管が分布するので,この深さに針先端が到達しないように,針の長さは0.05mmとして多数の針を台座に埋め込んだ。
1回だけのラスプの擦過では出血せず,痛みも痕跡も残らない。

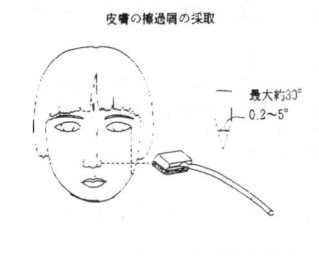

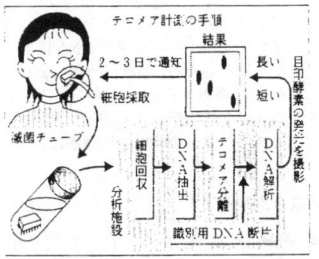

図2B 皮膚屑の採取方法とテロメア長計測の手順

[皮膚擦過屑の採取法](左図) 著者らは目尻と小鼻の延長線が交叉する頬の皮膚を擦り取る方法で皮膚の組織の屑を採取した。アルミの躯体とステンレスの微細な棘を高い密度に植え込んだラスプという特注器具で皮膚擦過屑を採取した。ラスプは採取後,根元のクビレ部分で折って,皮膚屑の付着した植毛部分だけを滅菌チューブに入れて密栓する。

[皮膚テロメアの計測手順](右図)(日本経済新聞 1999年5月15日より改変)皮膚屑(約0.2mmの表皮を構成する基底細胞より上の各層の細胞を含む)を回収してDNAを抽出しテロメア長を計測して,顧客へテロメア肌年齢を通知する。

従来法は $(TTAGGG)_4$ というDNAプローブ(テロメア識別DNA断片)の5'末端を[32P]で放射能標識してサザンブロット/オートラジオグラフィで検出していたが,このため,科学技術庁認可の特殊施設でだけ行われていた。我々は,300bp未満のDNAには不向きとされてきた

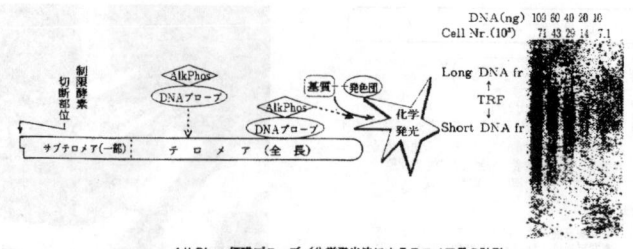

細胞死制御工学～美肌・皮膚防護バイオ素材の開発～

AlkPhos 標識プローブ／化学発光法によるテロメア長の計測

図3A テロメア認識プローブの構成と検出感度
［非放射能/化学発光法の原理］（左図）
　AlkPhos 標識プローブ/化学発光法によるテロメア長の計測について，制限酵素（HinfI）はサブテロメアの特定の塩基配列の部位で切断するが，テロメア部位では切断しないので，取得された DNA 断片（TRF：terminal restriction fragment）はテロメア全長を含む。①TRF の中のテロメア部分を認識する DNA プローブである（TTAGGG）ₙ（分子量，約7900）に酵素 AlkPhos（分子量，約80000）を架橋剤 FA で結合させて，AlkPhos で標識した DNA プローブを作製する。②この場合に，DNA プローブによるテロメア認識力も，AlkPhos の酵素活性も，いずれをも低下させないような結合反応条件が求められる。③架橋剤の添加量が多過ぎると，特に酵素の側の多数の部位で分子内架橋を引き起こすので不適切である。④と同時に，酵素と DNA プローブとは結合反応での混合比や添加濃度によっては，1：1（mol/mol）から逸脱した結合比となってしまい，テロメア検出に不適切となる。⑤発色団を含むリン酸エステル基質が酵素によって加水分解されてテロメアの位置で化学発光を生じる。
［化学発光法によるテロメア DNA 検出の感度］（右図）
　左から順に各々約71000，43000，29000，14000，7100個のヒト皮膚表皮細胞からの抽出に相当する100，60，40，20，10ng の DNA を制限酵素 HinfI で切断してテロメアを化学発光法で検出した。20ngDNA（14000細胞）で検出できることが示された。従来の放射能標識法は100万細胞が必要だった。

AlkPhos/FA 標識を24bp のプローブでも高率化することができ，さらにこれに適した ECL を検索し，強い化学発光（ケミルミネッセンス）を生じさせ従来の15～100倍ほど高感度に初めて非放射能（Non-RI）法での検出を可能とした（図3A）。DNA20ng（従来の検出限界は300～2000ng）を用いて AlkPhos/FA-ECL サザンブロットでテロメア長を定量することができた。

3　皮膚擦過屑の採取方法とテロメア DNA 長の測定工程

著者らは消費者が化粧品店頭で無痛・無出血・無痕跡に顔の皮膚擦過屑をラスプという歯ブラシ状の特殊器具（図2C）を用いて採取すれば，DNA レベルでの肌年齢（テロメア長）がわかるという診断システムを確立した（図3A）。
・化粧品販売店において，顧客の目尻と小鼻下端が交叉する頬の皮膚をアルコールで拭く。
・ラスプ（極細ステンレス針を高密度に植えたディスポ・プレート）という皮膚擦過用ブラシ

第5章 肌年齢の指標としてのテロメア

でその頰の部分を擦る（無痛，無出血，無痕跡）。テープストリピングは充分量の皮膚を採取しようと強力化すると粘着剤がDNAを包埋して後工程に支障を来したり，皮膚損傷が局所的に顕著化し均一な皮膚採取が行えない。当初は研究者の腕に微量の皮膚出血も見られるといった試作段階も経て，針の形状・材質，植込み密度・角度，植針面に各種の工夫を凝らして特注器具のラスプを作製し「血の滲む努力」をした（特許出願済み）。

・皮膚擦過屑の付着したラスプの植針部分は根元くびれ部（切り込みあり）で折ってラスプ柄部分から切り離す。
・ラスプ植針部分を滅菌液チューブに入れ，化粧品販売店から分析施設へ搬送する。
・48〜72時間後にDNA肌年齢がわかり，顧客に通知する。

テロメアDNA長の測定工程と測定装置については
・化粧品店から搬送された滅菌チューブには，皮膚擦過屑を付着したラスプ植針部が滅菌液に漬かっている。
・冷却遠心機で皮膚屑を回収する。同じく冷却遠心機と化学処理（界面活性剤による細胞膜の溶解，RNAと蛋白の除去）によって皮膚屑からDNAを抽出する。
・抽出したDNAをテロメア以外の部分（染色体におけるテロメアの内側に位置する非遺伝子DNA部分であるサブテロメア）で制限酵素（HinfI）によって選択的切断する。
・DNA断片の混合液をアガロースゲル電気泳動によって相互分離する。電力供給装置を用いて最適な分離条件に設定する（CBB先端位置による）。
・トランスブロット装置を用いて，相互分離したDNA断片を別の膜に熱転写する。
・AlkPhos結合させた（TTAGGG)$_4$プローブがテロメア含有DNA断片の位置だけに結合し，次いで，酵素作用によって化学発光を生じる反応物を与えると，テロメア部分だけが化学発光し，これをX線フィルムで感光させて検出する。

4 ヒト皮膚表皮におけるテロメアの年齢依存性短縮化，および，テロメア伸長酵素テロメラーゼの活性計測

　Cookeのグループはヒト皮膚片が年齢に伴ってテロメア短縮化を受けると報じたが，表皮・真皮の他に皮下組織も含みその含有率も不揃いだった。我々は0〜77歳のヒト皮膚片から表皮側を単離してDNA抽出した結果，TRF（テロメア全長含有DNA断片）は0歳の10.4kbから次第に短縮化し70歳までほぼ直線的に短縮化していることをAlkPhos標識プローブ法で見出した。ヒト皮膚表皮がテロメア短縮化を伴って老化していることを初めて示し，年齢依存性の1次方程式も算出した（図3 B，C）。

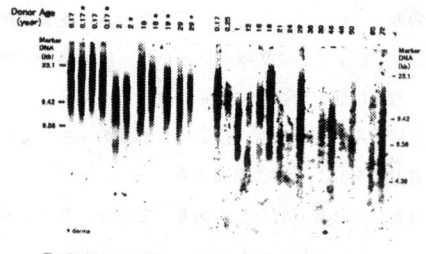

細胞死制御工学〜美肌・皮膚防護バイオ素材の開発〜

図3B 肌テロメアの年齢依存性
ヒト皮膚表皮のテロメア長は年齢依存性に短縮化する
〜診断システムの検量基準線の作成〜
[TRF（テロメア全長含有DNA断片）の電気泳動パターン] サザンブロットでスミア（ホウキ星状の感光部分）の「位置」が上であるほどテロメアが長いことを示す。したがって、若年→中年→老年…と老化するに伴ってテロメアの位置が下になってきているが、これはテロメア短縮化を意味する。

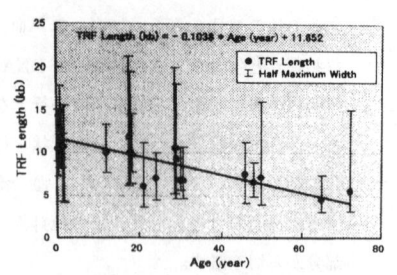

図3C 肌テロメアの年齢依存性
[ヒトの皮膚の表皮テロメアの年齢に伴う短縮化] サザンブロットをデンシトメトリによってピーク位置と半値幅を求めてグラフ化した。年齢に伴ってテロメアが直線的に短縮化するが、10歳ほど年を取るとテロメアは1kbずつ短くなることを示す。日光への露出部位と非露出部位との皮膚で短縮化率に違いがあるかは未確定だが、少なくとも圧倒的な差異があることはなかった。

一方、ヒト皮膚表皮由来の角化細胞NHEK-Fは9.0回まで細胞分裂して分裂停止した。プロビタミンCのascorbic acid-2-O-phosphate-Mg1.5 (Asc2P) を添加しておくと、13.7回まで分裂できるようになり細胞寿命が延長されたが、Asc（未修飾ビタミンC）添加では8.9回の分裂までだった（図4A）。テロメア長（TRF）は分裂停止前の無添加細胞が6.8kb、Asc添加細胞は6.3kbであるのに比し、Asc2P添加細胞は7.3kbと維持することが示された（図4B）。Asc2Pによる細胞寿命延長は、無添加で1mm^{2}の皮膚面積にしか細胞増殖しないところが、24mm^{2}の皮膚面積にまで達する生涯細胞供給能をもたらすことを意味する（図4C）。Asc2P添加は細胞増殖速度の点でも無添加の2.6倍に増大させ、皮膚の細胞供給速度も供給細胞数も向上させると示唆される（図4D）。

ヒト静脈血管内皮細胞HUVECにおける細胞増殖速度（Proliferation Rate）についても、テロメア相対長（TRF）への依存性が明瞭となった（図4E）。血管内皮細胞は皮膚の角化細胞や繊維芽細胞へアスコルビン酸や栄養素を供給する毛細血管は皮膚老化を防御する上で重要である。HUVECの例から推測すると、細胞増殖速度を急低下させるテロメア短縮化に相応する臨界DNA長があることが示される。

HUVE細胞の例で、暦年齢に相当する培養日数の同じ時点で比較しても、プロビタミンCによる寿命延長細胞はプロビタミンC無投与の平均寿命細胞よりも明らかに細胞増殖速度が大きいことがわかる。これらの事実より、細胞増殖力の急減時期（肌の曲り角）は突発的に到来する

第5章　肌年齢の指標としてのテロメア

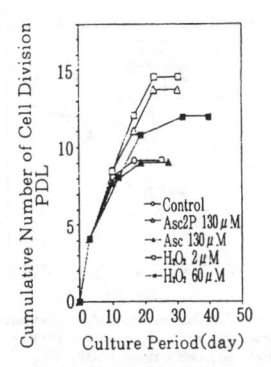

図4A ヒト皮膚角化細胞NHEK-Fの細胞寿命（PDL：細胞分裂通算回数）と細胞培養日数（culture period）に及ぼすプロビタミンCのAsc2Pなどの影響

［角化細胞の細胞分裂寿命］　この角化細胞は8.9回まで細胞分裂してその後に分裂停止した（Hayflick's limit）。プロビタミンCのascorbic acid-2-O-phosphate-Mg1.5（Asc2P）を添加しておくと、13.7回まで分裂できるようになり細胞寿命が延長されたが、Asc（未修飾ビタミンC）添加では8.9回の分裂までに止まった。

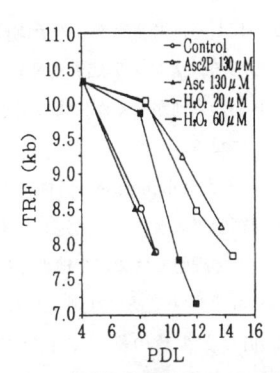

図4B ヒト皮膚角化細胞NHEK-Fの細胞寿命（PDL）に伴うテロメア相対長（TRF）に及ぼすプロビタミンCのAsc2Pなどの影響

［角化細胞の細胞分裂に伴うテロメア短縮化］　この角化細胞は細胞寿命が尽きるまでテロメアは下限（TRF6.8kb）にまで細胞分裂に伴って短縮化する。一方、Asc2P投与による細胞寿命延長の場合はテロメア短縮化が緩慢で済んだ。しかし、寿命延長の場合もテロメア下限に近づくと同様に寿命が尽きる。この事実はテロメア短縮化速度が寿命の長短を決めると共に、一定値のテロメア下限までの短縮化が寿命の長短にかかわらず寿命限界をもたらすことが示された。無投与細胞が分裂停止する直前の時点で比較すると、無投与細胞のテロメア長（TRF）は6.8kb、Asc投与では6.3kbであるのに比し、Asc2P投与では7.3kbと維持されていることが示された。

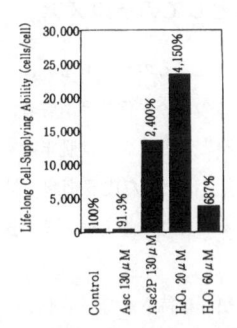

図4C ヒト皮膚角化細胞NHEK-Fの生涯細胞供給能力（Life-Long Cell-Supplying Ability）と培養投与剤の影響

［角化細胞の生涯細胞供給力（Life-long Cell Supplying Ability）］　ヒト新生児の皮膚1mm^{2}の表皮細胞NHEK-Fは、細胞寿命が尽きるまで477mm^{2}相当（「切手」サイズ）の通算面積分にまで増殖する。しかし、Asc2P投与によるテロメア維持を介して、54%多くの回数分、細胞分裂するので通算面積13300mm^2（一万円札サイズ）にまで増殖し、生涯での細胞供給総数を27.9倍に増大したことになる。

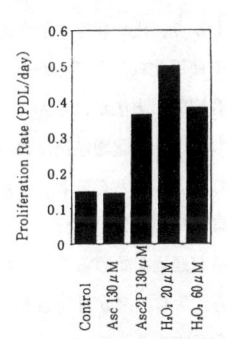

図4D ヒト皮膚角化細胞NHEK-Fの細胞増殖速度（Proliferation Rate）の平均値と培養投与剤の影響

［角化細胞の細胞増殖速度］　Asc2P投与は細胞増殖速度の点でも無投与の2.6倍に増大させ、皮膚の細胞供給速度も供給細胞数も向上させるので、老化防御に働くと考えられる。

53

のではないにしろ，暦年齢からの予測は当たらず，むしろ，テロメア臨界DNA長までどれくらいの余地があるかによって予測できることになる。

テロメラーゼ（telomerase）活性はガン細胞や生殖細胞で大きいので測定しやすいが，正常ヒト体細胞では微弱で検出しにくい。それでもテロメア長の計測よりも1/15～1/20倍ほど少数の細胞で十分である。NHEK-F細胞においてAsc2Pは元来微弱なテロメラーゼ活性に対して影響を及ぼさないが，テロメア伸長への影響は確定しにくいものの，これを加味した結果としてテロメア長を計測していることになる。

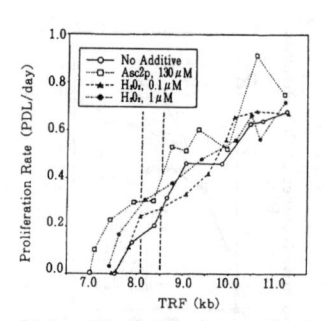

図4E ヒト静脈血管内皮細胞HUVECにおける**細胞増殖速度（Proliferation Rate）のテロメア相対長（TRF）への依存性**

［細胞増殖速度はテロメア長に依存する］　皮膚の角化細胞や繊維芽細胞へアスコルビン酸や栄養素を供給する毛細血管は皮膚老化を防御する上で重要であるが，ヒト静脈由来の血管内皮細胞HUVEの例から推測すると，細胞増殖速度を急低下させるテロメア短縮化の臨界DNA長があることが示される。

5　近い将来の皮膚老化度を予測する先行指標としてのテロメア

　テロメア診断法によると「肌の今の外見は良いが，今後は急変するのか，あるいは，維持されるか」がわかり，近い将来の肌年齢の予測が可能となった。このため，化粧品消費者は今の肌の手入れ法や使用化粧品が適正かどうかを知る客観的な判断材料となる。従来は肌年齢を科学的に実証する客観的な方法がほとんどなかった。「細胞の増殖速度」は死んだ皮膚細胞を補充する迅速性に関わるが，細胞増殖速度は暦年齢に画一的に規定されるのではなくテロメアの長短によって規定されていることを著者らは示した。
① テロメア短縮化が進行していると，その時点で細胞増殖が維持されていてもその直後に細胞増殖が遅延し始めることになる。
② 一方，テロメアが維持されていると相当の期間に及んで未だ盛んな細胞増殖を維持できることを意味する。

よって，見掛けの細胞増殖や外見だけでは「肌の曲がり角」に近いかまだまだかは判別できず，テロメア計測でだけ判別できることになる。

　「肌の曲り角」を予測するテロメア診断システムとして，診断結果の一例を示すと，
・暦年齢は28歳だが，テロメアから診断したDNA肌年齢は34.6歳である。

第5章　肌年齢の指標としてのテロメア

・現在までの肌の手入れ方が悪いか，もしくは，過酷な紫外線などで肌を痛めた可能性がある。
・3年後に再度この検査を受けて下さい。
・プロビタミンC化粧品で丹念に手入れすれば，3年後のDNA年齢は2〜2.5歳の進行だけに食い止められる。

といった診断書を被験者のテロメアの電気泳動写真を添えて渡すこととなる。

近年，間違った皮膚療法でテロメア短縮化を亢進させている事例が見受けられる。適切な例もある中の一部の例で，

① 強引で過剰な方法でのピーリング（皮膚を守っている角質層を剥がして見掛けの肌を綺麗にする）
② 皮膚メラニン蓄積部位へのレーザーによる過剰な焼却
③ 強烈な皮膚漂白など

一部の化粧品通信販売・エステサロン・皮膚クリニックで行われている。

これらを野放しにしておくと，顧客は一時的には肌が綺麗になるので，良い肌手入れ法であると錯覚する場合がある。しかし，実際にはテロメア短縮化の促進という犠牲を払っての外見美に過ぎない。言わば，ローソクの残りが短くなり，炎が尽きる時期を早めることになってしまう。すなわち，紫外線や血行不良で皮膚細胞が死んでもそれを補充する細胞増殖が間に合わなくなり，その後に急速な肌老化を誘発することになる。テロメア診断法では真の皮膚老化度を計測するので，これらの誤った皮膚療法に警鐘を鳴らし，消費者保護に働く役割を果たすことが可能である。

6　皮膚を若く長寿にする先進的なテロメア維持化粧品

ヒトの一生で出る垢（皮膚細胞の死骸）は，日本人の平均寿命と体格を基礎にすると平均409kgに達すると試算できる。これだけの大量の死細胞の穴埋めとして細胞補給するために，(1)どれだけ迅速に細胞分裂するか（分裂速度），(2)細胞分裂する残余回数がどれだけあるか（分裂寿命）が重要である。

紫外線や過酸化脂質などで皮膚細胞が定常以上に大規模に死んだ場合，それを迅速な細胞分裂で穴埋めできなければ，皮膚にはシワ・タルミ・シミ・ソバカスなどが生じる。個体レベルでより重要なことは，Hayflick限界になる前段階でDNA合成の低下や細胞分裂の遅延といった細胞老化が分裂停止の「予兆」として起こるという事実である。これは，死細胞を穴埋めするための細胞供給が遅滞することを意味する。皮膚細胞において，お肌の曲がり角といわれる25歳以降，様々な皮膚老化の症状が現れる主因として，細胞供給速度の遅滞を考慮すべきである。

7 テロメアを維持し延長させる人為的バイオ技術

正常ヒト網膜色素上皮細胞 RPE-340 と正常ヒト包皮線維芽細胞 BJ にテロメラーゼ遺伝子を導入してテロメアを延長させ，累積回数（PDL：population doubling level）を19～36回も増加させうることを，Wright らのグループは示した（Bodnar et al. 1998）。

- 注目すべきは寿命延長効果が得られたにもかかわらず，染色体の数・大きさ・形態などの核型が正常のまま保持されていた。従来 SV40 のラージ T 抗原の遺伝子や各種のガン遺伝子をヒト細胞に導入しても寿命を延長させるが，ほぼ例外なく核型が異常になり，ヒト細胞の染色体が2倍体の46本から異数性に変わる。

- 遺伝子未導入細胞は10～12回の細胞分裂でテロメア長が0.7～0.9kb 短縮するが，ヒト・テロメラーゼ触媒部位（hTRT）遺伝子をクローン化し，hTRT-cDNA を pZeoSV ベクターに組み込んで遺伝子導入した細胞では逆に0.5～3.7kb 増長した。これは導入細胞の平均 TRF 長8.3～9.1kb までのテロメア増長である。よって，未導入細胞の若年でのテロメア長にまで戻したという程度のテロメア増長であり，ガン化で見られるテロメアの極端な増長ではない。

- 未導入細胞は54～64回細胞分裂して細胞寿命が尽きるが，遺伝子導入の結果，細胞寿命がさらに細胞分裂19～36回分だけ延長し，総計73～100回まで分裂できた。

- 細胞老化の指標となる SA-β-gal は，遺伝子未導入細胞では63～95％が SA-β-gal 陽性だが，導入細胞は2～11％に止った。

今後，ガン化させず老化を防ぎ細胞を若返らせる方法が実現化されると示唆される。問題点は，導入したテロメラーゼ遺伝子は染色体へ組み込まれるために生来の遺伝子の発現制御が変調を来す可能性がある。この意味で，抗酸化剤の投与によるテロメア短縮化の抑制[1]，遺伝子発現制御への撹乱はない理想像を提供する（図5）。

テロメアが非常に短く保たれた不死化細胞（テロメラーゼ活性はある）にテロメア配列をもつオリゴヌクレオチドを導入すると，テロメアが2～3kb 延長する（Wright et al. 1996）。この方法は，テロメラーゼ活性がある程度大きなガン細胞や生

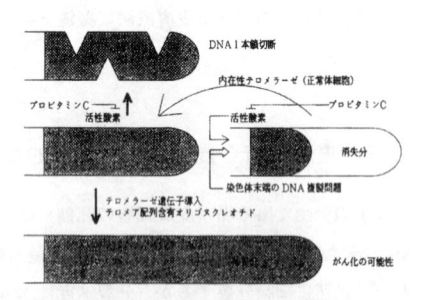

図5 テロメアを維持させるバイオ手法
正常ヒト細胞にテロメラーゼ遺伝子を導入するとテロメアと細胞寿命が延長される。不死化細胞にテロメア配列をもつオリゴヌクレオチドを導入すると，テロメアが2～3kb 延長する。DNA 複製がなくとも時間に依存してテロメア部分の DNA 1本鎖切断が生じる。DNA 損傷はテロメア部分にも非テロメア部分にも同程度に起こるが，その修復速度はテロメア部分では染色体内部に位置する遺伝子（転写）部分に比べて遅い。テロメア短縮は分裂細胞だけに限らず，神経細胞のような非分裂細胞でも時間と共に徐々に進行する。

第5章　肌年齢の指標としてのテロメア

殖細胞は別として，テロメラーゼ活性がないか極めて弱い正常な体細胞には有効性が疑問である。

8　生涯に供給できる細胞の総数と供給速度

細胞内易入型ビタミンCであるAsc2Pが細胞老化を顕著に抑制し，細胞の最大寿命を延長することを，次の通りヒトの血管と皮膚の細胞で著者らは見出した。ヒト臍帯静脈に由来する血管内皮細胞HUVEは継代培養すると新生児から採取後，PDLで27回までは細胞分裂できる。ところが，それ以上は細胞分裂できずに，良好な栄養状態下でも死んでしまう。この血管細胞に常に50μMのAsc2Pを添加しておくと，PDL27で分裂停止するところが，約41まで延長した(図6A)。14（=41-27）PDL延長ということは，2の14乗（約16,368）倍もの多数の細胞を生涯に亘って供給することになる。つまり，死細胞の穴埋めとして1万倍以上多くの新たな細胞を補給できる訳であり，細胞老化を抑制することになる。一方，細胞供給する"速度"が遅ければ死細胞の穴埋めが不完全となるので，細胞分裂の迅速性が重要である。Asc2Pは若年（細胞培養＜30日）で無添加の場合よりも分裂速度を33％増大させ，中年（培養30～60日）でも83％細胞分裂を速める効果がある。すなわち，Asc2Pは細く長い延命でなく活発な状態で延命する効果がある。

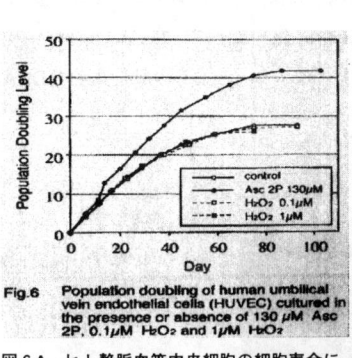

Fig.6 Population doubling of human umbilical vein endothelial cells (HUVEC) cultured in the presence or absence of 130 μM Asc 2P, 0.1μM H₂O₂ and 1μM H₂O₂

図6A　ヒト静脈血管内皮細胞の細胞寿命に対するプロビタミンC，Asc2Pの延長効果
この血管細胞に常に130μMのAsc2Pを添加しておくと，PDL27で分裂停止するところが，約41まで延長した。微量のH₂O₂を添加しても細胞分裂寿命には影響なかった。

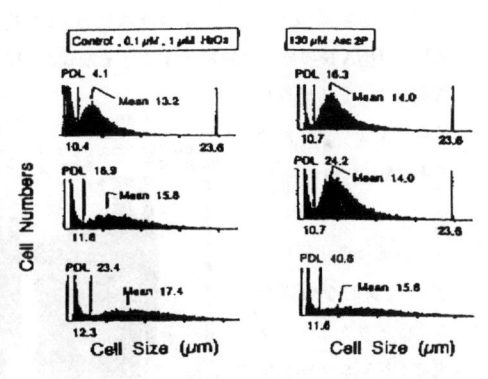

図6B　細胞老化に伴う細胞サイズ増大化とプロビタミンCによる抑制
細胞加齢に伴って細胞サイズが増大したが，プロビタミンCによる老化防御を受けた細胞ではサイズ増大が抑制されることがチャネライザー解析で明らかになった。

9 テロメア短縮化の抑制,および,テロメア損傷の修復

ヒト静脈の血管内皮細胞の加齢に伴う細胞サイズの変動はチャネライザー解析した結果,PDL 4～5の若い細胞では,Asc2P投与の有無にかかわらず,直径が13.2μmと違いがなかった。ところが,加齢に伴って対照細胞は次第に増大し17.3μmと大きくなっていった。他方,Asc2P投与細胞は直径増大が抑制され,PDL23～24でも14.0μmを維持していた。同じPDLでもAsc2Pは細胞サイズを若い状態に保つ効果があった(図6B)。

Asc2Pを添加した細胞でのテロメア長(TRF)の短縮化速度(90～100bp/PDL)は,無添加での速度(160～170bp/PDL)の52～62%に抑制されていた(図7)。テロメア短縮化の約4～5割の減速分だけ細胞老化が遅延できることになる。

正常2倍体ヒト線維芽細胞のWI38は通常大気圧で酸素濃度を21%から40%に上昇させて継代培養すると,テロメアDNAが1本鎖切断を受けた(von Zglinicki et al. 1995)。

・通常の酸素濃度では細胞増殖速度はPDL25～35では緩やかに低下していったが,PDL35以降は急激に増殖低下が起こり,PDL44～45で細胞分裂が停止した。一方,酸素濃度40%では直ちに増殖速度が急低下し,細胞分裂寿命のPDL44～45以前の若い段階でも増殖停止した。

・高酸素細胞のTRFはS1ヌクレアーゼ感受性となり,テロメアの1本鎖DNA切断を示唆した。

・通常の酸素濃度でも,長期間,飽和した細胞密度の状態に保持した場合も若干TRF短縮化が起こった。よって,テロメアは直線状DNAの複製で5'側の最上流はRNAプライマー長と同じDNA長の分だけ短縮化する「末端複製問題」だけでなく,通常の酸素濃度でDNA複製がなくとも時間に依存してテロメア部分のDNA1本鎖切断が生じると示唆される。

テロメア短縮は老化プログラム説の代表的な機構だが,エラー・カタストロフィー説でDNAエラーを生じさせる代表的要因は活性酸素である。過酸化水素(Chen et al. 1994)や高濃度の酸素(von Zglinicki

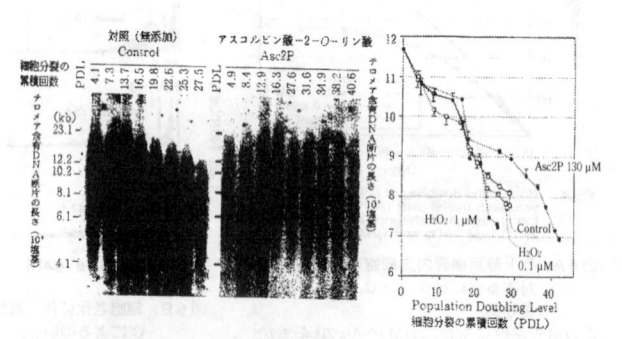

図7 ヒト静脈血管内皮細胞の年齢依存性テロメア短縮化とプロビタミンCによる抑制

ヒト臍帯静脈の血管内皮細胞HUVEは細胞分裂する度にテロメアが短縮するが,酸化抵抗型プロビタミンCであるAsc2Pを投与するとテロメア短縮化を遅延する。

第5章 肌年齢の指標としてのテロメア

et al. 1995) によって細胞増殖が遅くなり細胞老化が促進される系は単なる毒性による増殖阻害と違って，細胞形態は老化細胞に類似し安定な増殖停止状態として保持されている点，および，副睾丸や小腸粘膜などに広く分布する酵素であり細胞老化に依存して亢進する SA-β-gal の発現上昇も見られる点で細胞老化に類似する。DNA損傷はテロメア部分にも非テロメア部分にも同程度に起こるが，その修復速度はテロメア部分では染色体内部に位置する遺伝子（転写）部分に比べて遅い（Kruk *et al*. 1995）。通常条件でも活性酸素で引き起こされる DNA 障害はあるので，活性酸素を抑えればテロメア短縮化は遅くなり，DNA 複製機構による寄与だけのテロメア短縮化に止まって細胞分裂寿命が延びる可能性がある。テロメア短縮は分裂細胞だけに限らず，神経細胞のような非分裂細胞でも時間と共に徐々に進行する。

10 血管内皮細胞でのテロメラーゼ活性，および，細胞内ビタミンCの高濃度化

テロメラーゼ活性はガン細胞や生殖細胞では大きいので，テロメア長の計測よりも1/15～1/20倍ほどの少数の細胞であっても十分に測定しやすいが，正常ヒト血管内皮細胞などの体細胞では微弱で検出しにくい。著者らは正常ヒト静脈血管内皮細胞 HUVE のテロメラーゼ活性の加齢に伴う変化を PCR で DNA を増幅する TRAP 法で調べた結果，テロメラーゼ活性は細胞加齢に伴って低下するが，Asc2P を添加した細胞では活性低下が抑制された（図8A～E）。

細胞分裂を停止させ寿命を有限にさせる原因として，テロメアの末端複製問題という宿命的な要因（fatal factor）だけではなく，突発的な可変要因（accidental factor）として細胞内フリーラジカルによるテロメア DNA やテロメラーゼ遺伝子の損傷も考えられる。よって，細胞内フリー

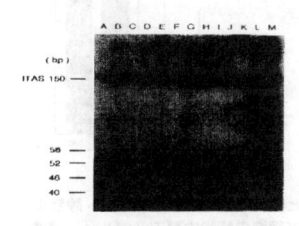

図8A ヒト静脈血管内皮細胞の年齢依存性テロメラーゼ活性低下，および，ガン細胞における高い活性
(A) PDL 0　(B) PDL 4.9　(C) PDL 8.4
(D) PDL 12.9　(E) PDL 16.3　(F) PDL 20.6
(G) PDL 24.2　(H) PDL 27.6　(I) PDL 31.6
(J) PDL 34.9　(K) PDL 38.2　(L) PDL 40.6
(M) PDL 41.9　(L) PDL 41.9

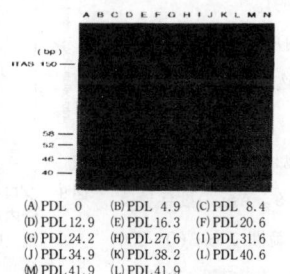

図8B ヒト静脈血管内皮細胞のテロメラーゼ活性低下に対するプロビタミンC，Asc2P の抑制効果

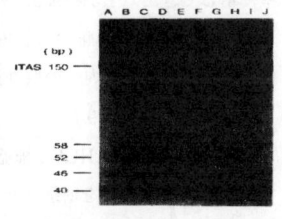

図8C 年齢依存性テロメラーゼ活性低下に対する微量の過酸化水素の抑制効果
(A) PDL 4.0　(B) PDL 7.4　(C) PDL 10.7
(D) PDL 14.0　(E) PDL 16.9　(F) PDL 19.9
(G) PDL 22.6　(H) PDL 25.3　(I) PDL 27.0
(J) PDL 27.2

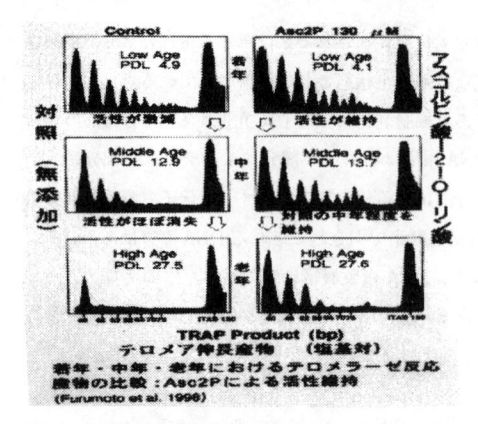

細胞死制御工学～美肌・皮膚防護バイオ素材の開発～

図8D　ヒト静脈血管内皮細胞の細胞老化に伴うテロメラーゼ活性低下とプロビタミンC, Asc2Pによる防御効果：デンシトヒストグラム

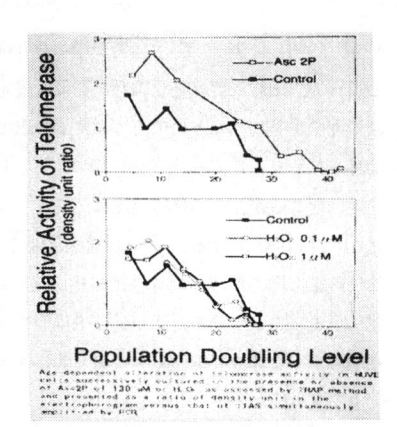

図8E　ヒト静脈血管内皮細胞の年齢依存性のテロメラーゼ活性低下とプロビタミンCなどの影響

ラジカルを消去すれば，細胞分裂できる最大回数を増加させる可能性がある。著者らは，細胞内部でフリーラジカルを消去する迅速性に優れた前線部隊としての抗酸化剤（front defender）としてビタミンC（Asc：ascorbic acid）に着眼した（三羽，1992，1999）が，Ascそのものは分子内2,3-エンジオール部分が酸化されやすく溶液状態では不安定であり，外来的な投与は不適切である。この2位のOH基をリン酸エステル化したAsc2P（ascorbic acid-2-O-phosphate-3/2Mg）は酸化分解されにくくなり，生体に存在する各種フォスファターゼによってリン酸基を脱離して，Ascに変換されるので，"プロビタミンC"（ビタミンCの前駆体）と位置付けられる。プロビタミンCは多彩な薬理効果を示すことを著者の研究室で示してきた（三羽，1992，1999）。

そこで正常ヒト静脈の血管内皮細胞HUVEを用いて，Asc2Pの細胞内への取り込みについてと比較しながら調べた（図9）。

・Ascそれ自体はHUVE細胞に24時間投与すると，細胞内Ascを増加させる。Ascの投与量は正常なヒト血中Asc濃度の範囲である60〜200μMとしたが，細胞内Ascはこの範囲で投与量に応じて増加していった。

・一方，Asc2Pはそのままの形で細胞内には検出

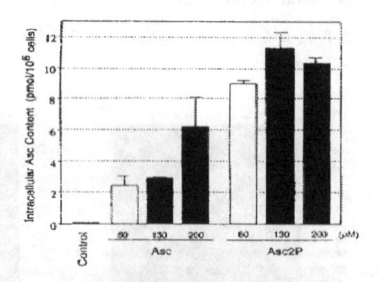

図9　プロビタミンCを投与したヒト静脈血管内皮細胞の細胞内部アスコルビン酸濃度（Intracellular Asc Content）の増加
ヒト臍帯静脈の血管内皮細胞HUVEに酸化抵抗型プロビタミンCのAsc2Pを投与するとビタミンC（Asc）そのものの投与よりも細胞内ビタミンCを3.9倍高濃度化した（Vitamin C enrichment）。

第5章 肌年齢の指標としてのテロメア

されず，脱リン酸化されて Asc として細胞内に取り込まれていた。同じ投与量の範囲では130μM の Asc2P 投与によって最も細胞内 Asc を増大させた。細胞内 Asc について，最も有効な130μM の Asc2P は同じ投与量の Asc よりも約3.9倍も多かった。これを細胞内 Asc 高濃度化（enriching）と呼ぶ。最も多い投与量の200μM の Asc でも最小投与量の Asc2P による細胞内 Asc 高濃度化に及ばない。

11　細胞内の酸化ストレスを抑える

各種パーオキシドや過酸化水素など細胞内の酸化ストレスを CDCF/蛍光プレートリーダー法で調べた結果，Asc2P を投与したヒト血管内皮細胞 HUVE は酸化ストレスが対照細胞の53%に抑制されていた。細胞毒性を示さない微量の過酸化水素を投与した細胞は119～124%に酸化ストレスが増加していた（図10A～C）。

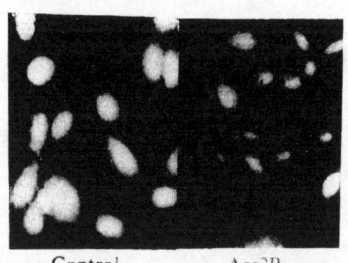

図10A　ヒト静脈血管内皮細胞の細胞内部パーオキシド・過酸化水素の存在量とプロビタミンCによる消去効果：CDCF 法による検出プロビタミンCによる細胞内の酸化ストレスの抑制
ヒト静脈の血管内皮細胞 HUVE はレドックス蛍光指示薬 CDCFH を添加すると細胞内パーオキシドなどによって蛍光を発するが，プロビタミンCの Asc2P を投与すると細胞内パーオキシドが抑制される。細胞毒性を示さない微量の過酸化水素を投与した細胞は119～124%に酸化ストレスが増加していた。

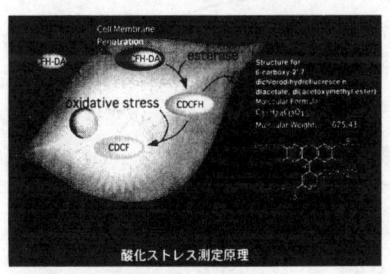

図10B　CDCF 法による細胞内パーオキシド・過酸化水素の検出の原理

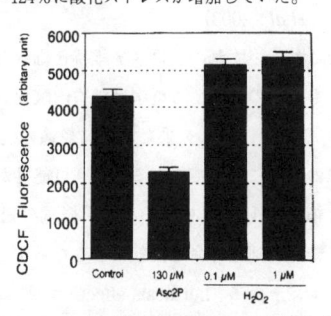

図10C　ヒト静脈血管内皮細胞の細胞内部パーオキシド・過酸化水素（CDCF 蛍光）に対するプロビタミンCの抑制効果

細胞死制御工学～美肌・皮膚防護バイオ素材の開発～

- 細胞内 Asc 高濃度化によって 5 割ほどの酸化ストレスが軽減し，テロメア短縮化が抑制された。
- この酸化ストレスは人為的に誘発されたものではなく，定常状態の細胞の好気的代謝で生じる内在性酸化ストレスだが，これがテロメア短縮化の一因と見なせる。細胞が摂取した酸素の総量の95％以上がミトコンドリア電子伝達系で代謝され，このうち 1～2％が酸素ラジカルに変換される。これに比して核膜での酸素ラジカル発生は少量だが，テロメア DNA やテロメラーゼ遺伝子への飛距離が近い点は考慮すべきである。
- 細胞外に微量加えた過酸化水素によって 2 割ほど細胞内酸化ストレスが増えるが，この程度のストレス亢進は内在性の抗酸化機構で対処できるので，テロメア短縮化へは至らなかったと示唆。

プロビタミン C やプロビタミン E は 4 種類の正常ヒト 2 倍体細胞のいずれについてもテロメア維持と細胞寿命延長に有効なことを当研究室は見出してきたが，その内訳は下記の通りである。

① Asc2P（ascorbic acid-2-O-phosphate）が有効だった例：ヒト表皮角化細胞 NHEK-F（Yokoo *et al*. 2003；横尾ら, 2003；本書第 1 編第 6 章），ヒト脳毛細血管内皮細胞 NHBM（Tanaka *et al*. 2003：本書第 6 編第36章），ヒト臍帯静脈血管内皮細胞 HUVEC（Furumoto *et al*. 1998）の 3 種類の細胞

② Asc 2 αG（ascorbic acid-2-O-alpha-glucoside）の有効例：ヒト表皮角化細胞 NHEK-F（Yokoo *et al*. 2003）

③ Asc 2 βG（ascorbic acid-2-O-beta-glucoside）の有効例：ヒト真皮繊維芽細胞 NHDF（Kawamura *et al*. 2003；本書第 2 編第12章）

④ αTocP（alpha-tocopherylphosphate）の有効例：ヒト脳毛細血管内皮細胞 NHBM（Tanaka *et al*. 2003）

これらいずれのテロメア維持と細胞寿命延長効果についても，その共通する機序は細胞内酸化ストレスの軽減であり（図11），それを果たすのに最適の抗酸化剤の種類が細胞の種類によって異なるという可能性がある。ヒト表皮角化細胞 NHEK-F については，微量の過酸化水素がテロメア維持と細胞寿命延長効果をもたらすという意外な広義のホルミーシス（hormesis effect）が見られた（Yokoo *et al*. 2003）が，この場合も細胞内酸化ストレスは抑制されていた。これらの事実の裏付けからテロメア長を老化度の新規

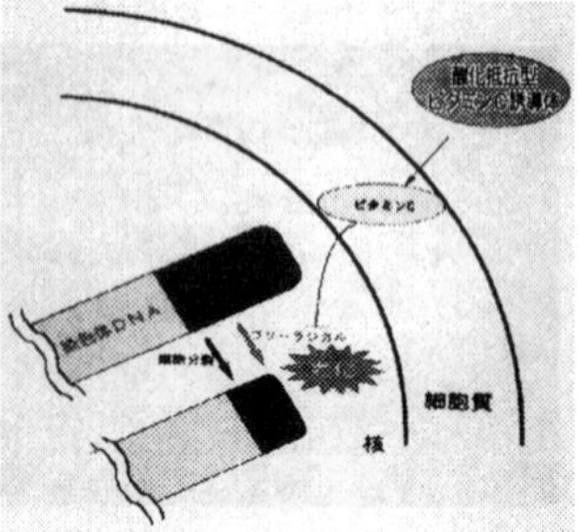

図11 細胞老化に伴うテロメア短縮化における活性酸素とプロビタミン C の役割

第5章　肌年齢の指標としてのテロメア

指標とし，それに影響する細胞内酸化ストレス軽減効果をもたらす新たな「皮膚老化を防御する化粧品」の開発が可能であることが示された。

文　　献

- Allsopp, R.C., Vaziri, H., Petterson, C., Goldstein, S., Younglai, E.V., Futcher, A.B., Greider, C.W., Harley, C.B., *Proc. Natl. Acad. Sci. USA*, **89**, 10114-10118 (1992)
- Bodnar, A.G., Ouellette, M., Frolkis, M., Wright, W.E., Extension of life-span by introduction of telomerase into normal human cells. *Science*, **279**, 349-352 (1998) (16 Jan.)
- Calvin B. Harly, Homayoun Vaziri, Christopher M. Counter and Richard C. Allsopp, *Exp Gerontol*, **27**, 375-382 (1992)
- Chen, Q., Ames, B.N., *Proc. Natl. Acad. Sci. USA*, **91**, 4130-4134 (1994)
- deLange, T., *EMBO J.*, **11**, 717-724 (1992)
- 福岡由利子，杉本美穂，長尾則男，三羽信比古，テロメアDNA長とテロメラーゼ活性の計測と応用 〜皮膚老化度の診断，および，老化防御：医薬品・化粧品・食品への実用化研究〜
- Furumoto, K., Inoue, E., Nagao, N., Hiyama, E., Miwa, N., Age-dependent telomere-shortening is slowed down by enrichment of intracellular vitamin C via suppression of oxidative stress. *Life Sci*. **63**：935-948 (1998)
- Greider, C.W., Telomeres, Telomerase and Senescence. *Bioessays* **12** (8) 363-369 (1990)
- Harle-Bachor, C., Boukamp, P., *Proc. Natl. Acad. Sci. USA*, **93**, 6476-6481 (1996)
- Harley, C.B., Futcher, A.B., Greider, C.W., *Nature*, **345**, 458-460 (1990)
- Harly, C.B., Vaziri, H., Counter, C.M. and Allsopp, R.C., *Exptl. Gerontol*., **27**, 375-382 (1992)
- 石川冬木，染色体テロメアの生物学，血液・腫瘍科, **24**, 399-404 (1992)
- Ishikawa *et al*., *Oncogene,* **13**, 2265-2274 (1996)
- Kawamura T *et al*., Effects of the novel pro-vitamin C ascorbic acid-2-O-beta-glucoside on life-spans and age-dependent shortening of telomeric DNA of human dermis fibroblasts. in prepn. (2003)
- Kruk, P.A., Rampino, N.J., Bohr, V.A., *Proc. Natl. Acad. Sci. USA*, **92**, 258-262 (1995)
- Kurose, I., Miura, S., Fukumura, D., Yonei, Y., Saito, H., Toda, S., Suematsu, M., Tsuchiya, M., Nitric oxide mediates kupffer cell-induced reduction of mit ochondria energization in hetatoma cells, a comparison with oxidativeburst. *Cancer Res*. **53**, 2676-2682 (1993)
- 三羽信比古・編「バイオ抗酸化剤プロビタミンC 〜皮膚傷害・ガン・老化の防御と実用化研究〜」フレグランスジャーナル社 (1999)
- 三羽信比古，「ビタミンCの知られざる働き」, 1-172, Sci & Technol Series, 第33巻，丸善 (1992)

- 三羽信比古,山崎久治,蔭山勝弘,湯浅勲,実験医学,**7**,168-171（1989）
- Miwa, N., Nagao, N., *Biomed. Gerontol*., **17**, 35-43（1993）
- 三羽信比古,細胞死の生物学,pp. 1-373,東京書籍（1994）
- 三羽信比古,長尾則男,老化と寿命（能村哲郎・編）pp. 104-118,裳華房（1995）
- 三羽信比古,老化のメカニズムと制御（藤本大三郎編），pp. 55-73, IPC出版（1995）
- 村田晃,ポーリング博士のビタミンC健康法,平凡社,（1995）
- 長尾則男,三羽信比古,医学のあゆみ,**165**, 894（1993）
- 長尾則男,三羽信比古,医学のあゆみ,**170**, 727-732（1994）
- 中島彰,日本経済新聞 11. 24, p. 14（1996）
- Saitoh Y, Nagao N & Miwa N, *Mol. Cell. Biochem*., **173**, 43-50（1997）
- Suematsu, M., Tamatani, T., DeLano, F.A., Miyasaka, M., Forrest, M.J., Suzuki, H., Schmid-Schonbein, G.W., Microvascular oxidative stress spreading leukocyte activation elicited by *in vivo* nitric oxide suppression. *Am. J. Physiol*. **226**, 2410-2415（1994）
- Suzuki, H., Suematsu, M., Ishii, H., Kato, S., Miki, H., Mori, M., Ishimura, Y., Nishino, T., Tsuchiya, M., Prostaglandin El abrogates early reductive stress and zone-specific paradoxical oxidative injuly in hypoperfused rat liver. *J. Chin.Invest*. **93**, 155-164（1994）
- Tahara. H., Nakanishi. T., Kitamoto. M., Nakashio. R., Shay, J.W., Tahara. E., Kajiyama, G., Ide, T., *Cancer Res*., **55**, 2734-2736（1995）
- Tanaka Y et al., Phosphorylated alpha-tocopherol achieves the longevity of human brain microvessel-derived endotheliocytes via diminished intracellular oxidative stress and repressed shortening of telomeric DNA. in prepn（2003）
- Wright, W.E., Shay, J.W., Piatyszek, M.A., *Nucl. Acids Res*., **23**, 3794-3795（1995）
- Wright, W.E., Brasiskyte, D., Piatyszek, M.A., Shay, J.W., *ENBO J*., **15**, 1734-1741（1996）
- Yokoo, T., Inoue, E., Hiyama, E., Miwa, N. Slowdown of age-dependent telomere shortening in human skin epidermal keratinocytes. in prepn（2003）
- 横尾誠一,山下律郎,三羽信比古,テロメアDNA長の計測による皮膚の老化度の診断システム．Fragrance J 27（7）: 69-74（1999）

第6章　テロメア伸長酵素と皮膚老化防御
―― UV傷害の抑制と細胞寿命の延長効果 ――

横尾誠一[*1]，長谷川久美子[*2]，片渕義紀[*3]，難波正義[*4]，三羽信比古[*5]

1　DNAの末端複製問題とテロメア，テロメラーゼの役割

　真核生物の染色体は線状のDNA分子で構成されており，染色体末端はヒトの場合TTAGGGの6塩基からなる繰り返し配列からなっている。この染色体末端はテロメアと呼ばれている。当初，このテロメアの役割は，末端が消失した染色体が他の染色体に融合することから染色体保護に働いていると考えられてきた。しかし，染色体末端に位置するこの配列は別の視点から注目されることになった。

　ワトソンのDNA複製モデルでは2本の対になったDNAが一方向から複製される。複製の起点にはRNAのプライマーが必要で，このプライマーはDNAが合成された後に取り除かれる。このRNAプライマーが取り除かれた部分は上流にDNAが存在する場合，隙間を結合してDNA複製は完了するが，DNAの末端部分は複製できない。なぜなら，末端部分は上流に位置

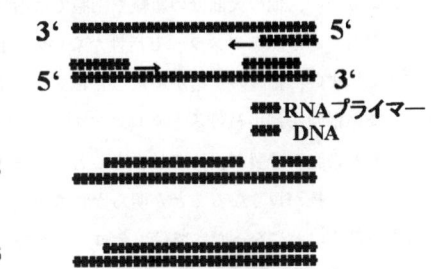

図1　末端複製問題
ラギング鎖におけるDNA複製の開始は，まず短いRNAプライマーが合成され，新しいDNAが合成される(1)。RNAプライマーは，消化された後にDNAに置き換えられる(2，3)。しかし，3'末端RNAプライマーの上流には何も存在しないので，DNAに置き換えられず，失われてしまう。

---

* 1　Seiichi Yokoo　東京大学　医学部　角膜組織再生医療寄付講座　助手；元広島県立大学大学院　生物生産システム研究科　博士課程
* 2　Kumiko Hasegawa　広島県立大学大学院　生物生産システム研究科
* 3　Yoshiki Katafuchi　広島県立大学　生物資源学部　生物資源開発学科　生物工学分野；現 三菱ウェルファーマ㈱
* 4　Masayoshi Namba　岡山大学　医学部　医学振興財団　名誉教授；現 新見公立短期大学　学長
* 5　Nobuhiko Miwa　広島県立大学　生物資源学部　生物資源開発学科　教授

するDNAは存在しないので，このDNA複製モデルではDNAが複製される度に短くなってしまう。この問題は末端複製問題と呼ばれ，解決しなければならない課題として残されていた(図1)。

この問題を解決したのが「テロメラーゼ」の発見である。テロメラーゼはRNA複合酵素で当初は原生動物のテトラヒメナで1985年に報告され[1]，続いてヒトの細胞でも存在が確認された[2]。テロメラーゼは自身を構成するRNAの鋳型を用いてTTAGGGのテロメア配列を延長することで，短縮化した染色体末端を補完していることがわかり末端複製問題は解決された。

2 老化とテロメア・テロメラーゼ

末端複製問題が解決された後，更なる疑問点としてテロメラーゼ活性の局在性が指摘された。テロメラーゼ活性は，生殖系など種を保存する役目を担う組織等の特定の組織や細胞では発現しているものの，他の大部分の組織や細胞では活性が検出されないか，されても極めて微弱なものだった為である。テロメラーゼ活性がないと，DNA複製，即ち細胞分裂の際にテロメアが短くなってしまい，細胞の供給が停止してしまうはずである。そして実際に，テロメラーゼを発現していない細胞を飼い続けるとテロメアの長さが継代ごとに短縮され，6kb近辺までテロメアが短くなると細胞の分裂が止ってしまうことが明らかになった[3]。更に，ヒトの体細胞で年齢依存的にテロメア長が短くなることが明らかになり[4]，老化を司る「分子時計」としてのテロメアが注目を浴びることになった。では，テロメアが短くならなければ老化を防げるかということになるが，後述する通り老化の原因はテロメアだけでは説明できないことも確かである。

3 活性酸素と老化

多くの生物は酸素を使ってエネルギー生産をしているが，この酸素とエネルギー生産そして老化の関わりはテロメアより古く論じられてきた。

マウスを使った実験では，カロリーを制限した餌を与えることでエネルギー代謝を抑え，活性酸素の発生を抑制し寿命を延ばすことができる[5,6]。またショウジョウバエを使った実験では，メラトニンを与え，ストレス抵抗性とした場合に寿命が延びたという報告がある[7]。線虫を使った実験では，様々な寿命に関わる遺伝子が発見されており，mev1遺伝子の変異で線虫のエネルギー代謝の過程で発生するラジカルをうまく消去できず短命化し[8]，daf2やage1遺伝子の変異では逆にラジカル消去を促進させ長命になる等[9,10]，活性酸素と老化の関係を示唆する報告は相次いでいる。これらの報告から，老化に関わっているのはテロメアだけではなく，活性酸素も大きく関わっていることが考えられる。

第6章 テロメア伸長酵素と皮膚老化防御

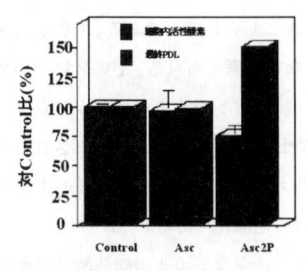

図2 細胞内活性酸素量とPDLの関係
CDCFH-DAを用い細胞内の活性酸素量を求めた。活性酸素を消去すると細胞老化の指標の一つであるPDLが延長する。

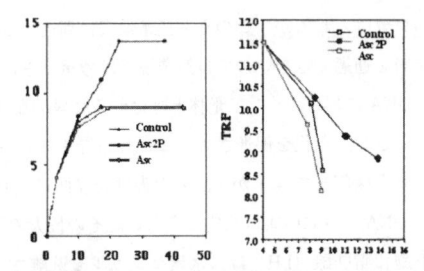

図3 抗酸化剤によるNHEKにおけるPDLとTRFへの影響
抗酸化剤であるアスコルビン酸誘導体（Asc 2 P）を添加した処理区では皮膚角化細胞（NHEK）の細胞分裂回数の指標であるPDLが延長し，テロメア長（TRF）も短縮が抑制される。

　当初活性酸素による老化は，変異源である活性酸素がDNAや細胞の各所に障害を与え蓄積させることが主因とするエラー破綻説が唱えられてきた。対して，テロメアによる老化はDNAの機能変化という点で老化はDNAによりあらかじめプログラムされているという主張であり，両者は大きく異なっている。

　活性酸素による老化と，テロメア短縮による老化。この2者は一見かけ離れたもののように見えるが，細胞を使った実験では，高酸素分圧で細胞を飼育すると，テロメアの短縮化と分裂回数の減少が見られる[11]。同様の効果は過酸化水素を短時間，高濃度に投与することでも得られており[12]，また抗酸化剤を使って血管内皮細胞内や皮膚角化細胞の活性酸素を効率よく消去してやると，逆に細胞の分裂回数は増え，テロメアの短縮も抑制される[13]（図2，図3）。

　即ち，活性酸素による細胞への刺激の結果，テロメアの短縮促進をもたらし老化を促進していると考えられ[14]，活性酸素による刺激を除去することでテロメアの短縮を防ぐことができ，老化を抑制できると考えられる。

　つまり，老化の原因を巡るエラーかプログラムかとの議論は相反するものではなく，両者は密接に関係していることが考えられる。活性酸素は細胞内では主にミトコンドリアでのエネルギー代謝の過程で自然発生しており完全に除去するのは難しい。しかし活性酸素は外部の環境因子が原因でも発生する。これら外部からの活性酸素を効果的に防御することは，余分な刺激を避けるうえでも重要である。

4　活性酸素源から見たUV

　外部環境因子の一つとしてUVに注目してみると，UVは波長によりUV-A，UV-B，UV-Cの

三つに分けられるが，このうち通常地表に到達するのはUV-AとUV-Bのみである。UV-Cはオゾン層を通過できないので自然環境では考慮はさほど必要でないと考えられる。UV-Bについては，DNAにピリミジン二量体と呼ばれる特異的な障害をもたらし[15,16]，それらの障害がテロメアを短縮させ，老化を促進させることも報告されている[17]。UV-Bは皮膚表面でブロックされるので，皮膚深部までは届かず，その害は表皮面に限られると考えられる。ただしUV-Bの毒性は強くDNAのみに障害は限定できない。その最大の要因は脂質の過酸化である。

不飽和脂肪酸（LH）は，水素ラジカルを遊離させてペンタジエンラジカル（脂肪酸ラジカルL・）を生じる。脂肪酸ラジカルは，一重項酸素（１Ｏ２）と反応して更に脂質ペルオキサイド（LOO・）に変化するが，この時UVを受けると酸素は容易に活性酸素の一種である一重項酸素へと変化する。脂質ペルオキサイドは他の不飽和脂肪酸（LH）と反応して，過酸化脂質（LOOH）と脂肪酸ラジカル（L・）を生成する（図4）。

脂質の過酸化はこのように輪のように回るので，火が燃え移るように次々と不飽和脂肪酸を過酸化脂質に変えてしまう。特にUVが加わると酸素を一重項酸素へと変えてしまう為，脂質の過酸化連鎖反応を更に促進することとなる。

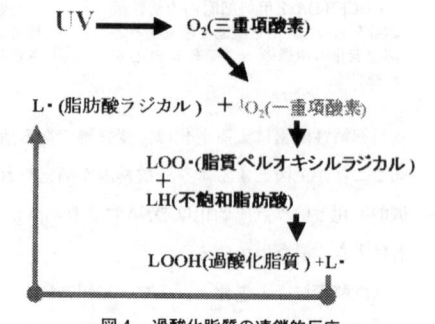

$$UV \longrightarrow O_2(三重項酸素)$$
$$\downarrow$$
$$L\cdot(脂肪酸ラジカル) + {}^1O_2(一重項酸素)$$
$$\downarrow$$
$$LOO\cdot(脂質ペルオキシルラジカル)$$
$$+$$
$$LH(不飽和脂肪酸)$$
$$\downarrow$$
$$LOOH(過酸化脂質) + L\cdot$$

図4　過酸化脂質の連鎖的反応
不飽和脂肪酸から発生した過酸化脂質は連鎖的に反応する。UVが加わると，更に連鎖反応を促進し過酸化脂質を生成する。

そして，過酸化脂質自身も極めて不安定で次々と自動分解していくが，その際に「ヒドロキシルラジカル」（・OH）が生じる。

ヒドロキシラジカルは活性酸素の中で最も反応性を持っており，DNAや脂質はもちろん，蛋白質，炭水化物など手当たり次第に反応してしまう極めて危険な活性酸素であり，細胞に甚大な障害を与える。

UV-Aは反応性が低く，かわりに皮膚の深部まで到達する。UV-Aにより細胞内に活性酸素が発生し，テロメア短縮が引き起こされる報告が2001年にあり[18]，透過性がよいUV-Aが皮膚深部の真皮に到達し，UV-Aが発生源である活性酸素によるテロメア短縮化による老化促進が起きている可能性が示唆される。

5　テロメラーゼによる不老効果

テロメアが老化を図る分子時計としての機能があると先に述べた。それが正しければ，テロメ

第6章 テロメア伸長酵素と皮膚老化防御

ラーゼを強制的に発現させてやれば,分裂の際に短縮するはずのテロメア長が維持され,不老となるはずである。

1998年に Bodnar AG らは,テロメラーゼの触媒サブユニット hTERT の遺伝子を正常細胞に導入することで本来活性がないテロメラーゼを強制的に高発現させることに成功した[19]。この時,細胞の分裂は hTERT を導入しなかった同種の細胞と比較して,通常なら細胞分裂が止まる分裂回数に達しても活発に細胞増殖を続けた。この際,細胞機能,表現系も正常なままでテロメアの長さも維持,もしくは更に延長された。同様の報告は以後続き,多種多様な細胞で hTERT の発現により,正常な機能のままで細胞の不死化が可能であることが証明されている[20～22]。患者自身の細胞に hTERT を導入し,細胞の正常な機能を維持したまま体外で大量培養した後に移植というプロセスも現実味を帯びてきており,臨床への応用も近いと考えられる。

6 hTERT と UV,細胞死

hTERT 導入における一つの問題は,細胞内で発生する活性酸素の存在である。活性酸素は前述の通り,細胞内でも常に発生している。この細胞内の活性酸素は細胞内に存在する SOD などの抗酸化酵素により無毒化されているが,完全に抑え込めるわけではない。

DNA では活性酸素や UV により損傷が起こった場合 DNA の修復が行われるが,これも完全に修復できるわけではなく,低い確率ながら修復のエラーも起こる。つまり,hTERT によるテロメラーゼの高発現による不死化は,テロメアを延長するだけで,細胞内の活性酸素から DNA の遺伝情報を守りきれず,いずれ DNA の損傷が変異となり蓄積してしまう可能性がある。

ところが近年,実際にこれら hTERT 導入細胞にラジカルの刺激を加えて確かめたところ,

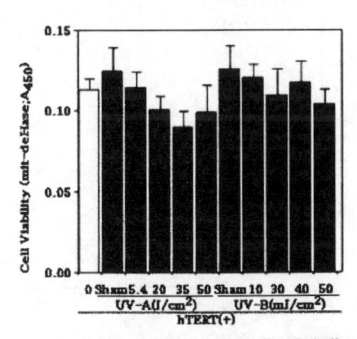

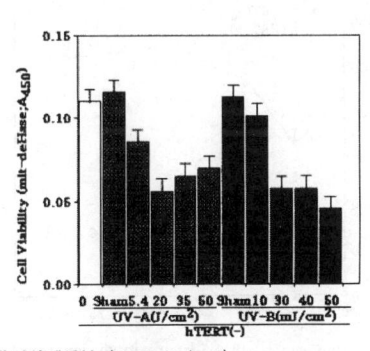

図5 hTERT 導入,未導入による紫外線感受性（3000cells/well）
hTERT 導入細胞（+）は UV-A,UV-B 照射により未導入細胞（-）に対して生存率が上昇している。

細胞死制御工学～美肌・皮膚防護バイオ素材の開発～

hTERT遺伝子を導入することで，細胞内ストレスの低下と酸化ストレスによる細胞死が抑制されたとの報告と結果が得られた．

Ren JG らは，2001年に，hTERT を導入した細胞で，最も強力なヒドロキシルラジカル（・OH）により細胞死を誘導したところ，hTERT 未導入の細胞と比較して，hTERT 導入細胞がアポトーシス耐性になることを報告した[23]．また，Luiten RM らも同様に hTERT 導入細胞が酸化ストレス耐性になることを示している[24]．

UV-B においては，我々は hTERT 導入細胞が UV による細胞死に抵抗を持つことを確認している（未発表）（図5）．

この時，細胞内の酸化ストレスを CDCFH-DA で計測したところ，未導入細胞と比較して

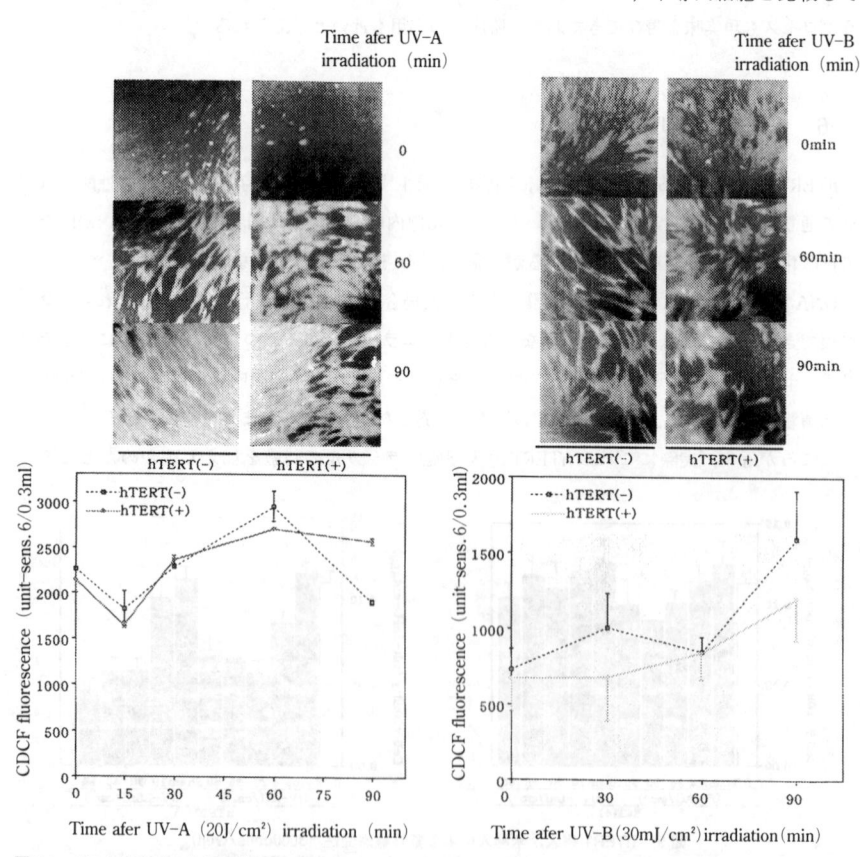

図6A　UV-A（20J/cm²）照射後の hTERT（＋）（－）における細胞内酸化状態

図6B　UV-B（30mJ/cm²）照射後の hTERT（＋）（－）における細胞内酸化状態

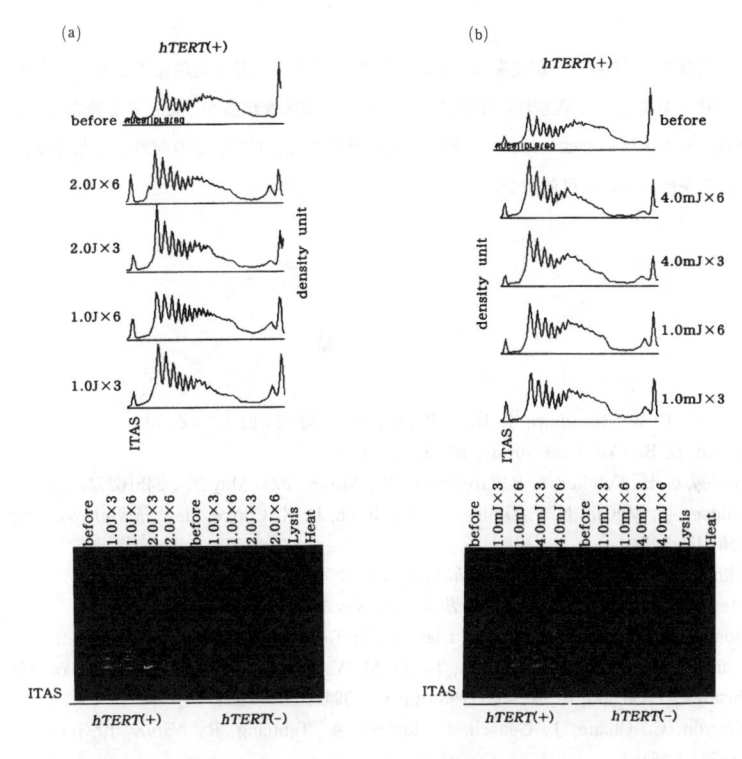

第6章 テロメア伸長酵素と皮膚老化防御

図7　hTERT（＋）（－）における UV-A 連続照射後のテロメラーゼ活性(a)
　　　hTERT（＋）（－）における UV-B 連続照射後のテロメラーゼ活性(b)

　hTERT 導入細胞では酸化ストレス量の増加がやや抑えられ，細胞の生存率も未導入細胞と比較して高く維持されていた（図6A，B）。

　hTERT はテロメアを延ばすだけであるが，延長するテロメア先端の障害は治す可能性はある。それにより，染色体の安定性を確保して生存率が上昇したという考察もできるが，細胞内の酸化ストレス発生が抑えられているため，なんらかのストレス耐性に hTERT，即ちテロメラーゼが関係しているかもしれない。

　そこで，hTERT 導入細胞，および未導入細胞へ UV 刺激を断続的に与え，テロメラーゼ活性に変化が出るか確かめて見たところ，UV-A の連続照射でテロメラーゼの活性が，hTERT 導入細胞では約160から200％高くなることがわかった。UV-B についても同様で約150から180％テロメラーゼ活性が高くなり，紫外線による刺激でテロメラーゼが「応答」することが判明した（図

7)。

　ヒトの組織でも，Ueda らが皮膚の部位によってテロメラーゼの発現に差があることを示しており，この時,日光によく晒される皮膚ほどテロメラーゼ活性が高かったことを報告している[25]。このため，テロメラーゼはテロメア末端の延長だけでなく，UV などの刺激に対して抵抗を持たせる機能も保持している可能性がある。

文　　献

1) Greider, C. W., Blackburn, E. H., *Cell* 1985 Dec ; **43**(2 Pt 1) : 405-13
2) Morin, G. B., *Cell* 1989 Nov 3 ; **59**(3) : 521-9
3) Harley, C. B., Futcher, A. B., Greider, C. W., *Narure* 1990 May 31 ; **345**(6274) : 458-60
4) Lindsey, J., McGill, N. I., Lindsey, L. A., Green, D. K. Cooke, H. J., *Mutat Res* 1991 Jan ; **256**(1) : 45-8
5) Choi, J. H., Kim, D., *J Nutr Health Aging* 2000 ; **4** (3) : 182-6
6) Merry, B. J., *Int, J., Biochem Cell Biol* 2002 Nov ; **34**(11) : 1340-54
7) Bonilla, E. Medina-Leendertz, S., Diaz, S., *Exp Gerontol*. 2002 May, **37**(5) : 629-38
8) Ishii, N., Fujii, M., Hartman, P. S., Tsuda, M., Yasuda, K., Senoo-Matsuda N, Yanase, S., A-yusawa, D., Suzuki, K., *Natnre* 1998 Aug 13 ; **394**(6694) : 694-7
9) Kenyon, C., Chang, J., Gensch, E., Rudner, A., Tabtiang, R., *Nature* 1993 Dec 2 : **366** (6454) : 461-4
10) Friedman, D. B., Johnson, T. E., *Genetics* 1988 Jan ; **118**(1) : 75-86
11) von Zglinicki, T., Saretzki, G., Docke, W., Lotze, C., *Exp Cell Res* 1995 Sep ; **220**(1) : 186-93
12) von Zglinicki, T., Pilger, R., Sitte, N., *Free Radic Biol Med* 2000 Jan 1 ; **28**(1) : 64-74
13) Furumoto, K., Inoue, E., Nagao, N., Hiyama, E., Miwa, N., *Life Sci* 1998 ; **63**(11) : 935-48
14) Finkel, T., and Holbrook, N. J., *Nature* 2000 ; **408** : 239-47
15) Tommasi, S., Denissenko, M. F., and Pfeifer, G. P., *Cancer Res* 1997 ; **57** : 4727-30
16) Clingen, P. H., Arlett, C. F., Roza, L., Mori, T., Nikaido, O., Green, M. H., *Cancer Res* 1995 ; **55** : 2245-8
17) Kruk, P. A., Rampino, N. J., Bohr, V. A., *Proc. Natl. Acad. Sci. U.S.A*. 1995 ; **92** : 258-62
18) Oikawa, S., Tada-Oikawa, S., Kawanishi, S., *Biochemistry* 2001 ; **40**(15) : 4763-8
19) Bodnar, A. G., Ouellette, M., Frolkis, M., Holt, S. E., Chiu, C. P., Morin, G. B., Harley, C. B., Shay, J. W., Lichtsteiner, S., Wright, W. E., *Science* 1998 ; **279**(5349) : 349-52
20) Vaziri, H., Benchimol, S., *Curr Biol* 1998 Feb 26 ; **8** (5) : 279-82
21) Wang, J., Xie, L. Y., Allan, S, Beach, D., Hannon, G. J., *Genes Dev* 1998 Jun 15 ; **12**(12) :

第6章 テロメア伸長酵素と皮膚老化防御

1769-74
22) Morales, C. P., Holt, S. E., Ouellette, M., Kaur, K. J., Yan, Y., Wilson, K. S., White, M. A., Wright, W. E., Shay, J. W., *Nat Genet* 1999 Jan ; **21**(1) : 115-8
23) Ren, J. G., Xia, H. L., Tian, Y. M., Just, T., Cai, G. P., Dai, Y. R., *FEBS Lett* 2001 Jan 19 ; **488** (3) : 133-8
24) Luiten. R. M., Pene, J., Yssel, H., Spits, H., *Blood* 2003 Feb 13 ; [epub ahead of print]
25) Ueda, M., Ouhtit, A., Bito, T., Nakazawa, K., Lubbe, J., Ichihashi, M., Yamasaki, H., Nakazawa, H. *Cancer Res* 1997 Feb 1 ; **57**(3) : 370-4

第2編　体内/体外両面からの美肌バイオプロダクト

第2編　体内、体外両面からの実例づくり

プロスペクト

第7章　可食植物成分配合美肌製品
―― 体内・体外両面美容としての可食植物成分を配合した
バイオ化粧品と美肌健康食品 ――

辻　智子*

1　はじめに

　これまで化粧品は，多くの女性の「美肌を作り，それを維持したい」という期待に応え，一定の成果を上げてきた。保湿成分，コラーゲン，テロメア，アポトーシス，メラニンなどをキーワードとする化粧品が次々と世に送り出され，その機能性が訴求され，消費者は新しいメカニズムでの美容効果に高い期待を寄せる。新しい機能を有する化粧品の開発競争は今後ますます激化し，消費者の美肌への願望は，一層高まると予想される。このような化粧品の市場環境の中で，化粧品の機能に食品による機能を付加し，より高い効果を追求するという考え方が生まれてきている。いわゆる「内外美容」の考え方である。現状で内外美容の定義はなく，市場に出ているものは，単に化粧品とサプリメントを組み合わせて使用する事を推奨しているにすぎない。しかし，今後は，経口投与した食品成分が直接に，或いは，内臓機能の改善を通して間接的に，肌に影響を与えて美肌効果を発揮し，化粧品単独での使用に比べより高い効果を示す事が科学的に証明されるであろう。本章では，抗酸化機能を共通の軸とする化粧品とサプリメントの併用効果と，内用，外用の両方で美容効果を期待できる植物可食成分大豆サポニンについて，その作用を中心に解説する。

2　美肌と活性酸素

　人類が生命維持のため酸素を体内に取込み，太陽光線の下で生活する限り，体内及び体表付近での活性酸素の発生を避ける事は出来ない。体内で発生した活性酸素は，血管や各種臓器に傷害を与え，臓器の機能低下や疾病の原因になる。一方，紫外線の照射を受けて皮膚で産生された活性酸素は，シワやシミ，皮膚癌の原因となる。活性酸素が，臓器及び肌の老化の一因である事は，

＊　Tomoko Tsuji　㈱ファンケル　中央研究所　研究企画室　基盤＆探索研究部門担当　主席研究員

現在多くの研究によって明らかにされている。近年は，活性酸素を消去する化合物や植物エキスの探索が精力的に行われ，SOD（super oxide dismutase）様活性を有する植物由来酵素，ビタミン類（ビタミンC，E，βカロチン類），フラボノイド類が，数多く見出されている。紫外線を受ける事により体内のビタミンCやEが消費されて減少する事[1]，そして，これらの抗酸化物質を皮膚に塗布する事により，紫外線暴露時の活性酸素の発生を抑制できる事が実験動物を用いて証明されている[2]。

活性酸素を除去する事が，肌の老化を防ぐためには重要な課題となる事から，ビタミンC及びその誘導体に代表される抗酸化活性を有する成分を配合した化粧品の開発はすでに精力的に行われている。しかし，抗酸化活性を有する化粧品と抗酸化活性を有するサプリメントを併用する事により，肌に対してより高い抗酸化効果を得られる事を示した例は少ない。以下に植物由来SOD様酵素を配合した化粧品に，抗酸化ビタミンであるビタミンE群のサプリメントを併用し，肌における過酸化脂質生成抑制効果を調べた実験結果を示す。

3 化粧品とサプリメントの併用効果

3.1 化粧品：機能成分としてパセリ由来 SOD 様酵素を配合した抗酸化化粧水

化粧品として SOD 活性を示すパセリ由来のタンパク性活性物質を含有する化粧水を使用した。パセリエキスは化粧水中に0.5%配合した。このパセリエキスは，過酸化ヒドロペルオキシド t-BuOOH（125μM）がヒト角化細胞 HaCaT に対して引き起こす，核の凝縮，細胞萎縮と断片化による細胞死を濃度依存的に抑制し，さらに UV-B 照射による細胞死を抑制して細胞生存率を増大させる事が赤木らの実験により明らかにされている（図1，2）。過酸化ヒドロペルオキシドや UV-B 暴露の際に細胞内に発生する細胞内ペルオキシド・過酸化水素を酸化還元指示

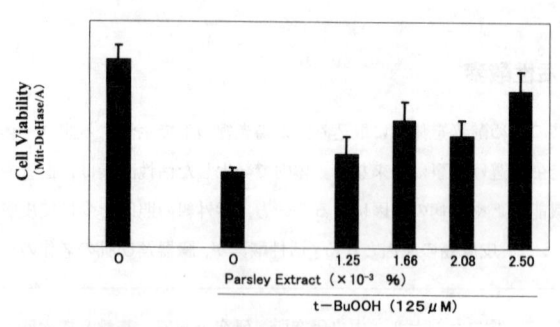

図1 t-BuOOH によって誘導される細胞死に対するパセリエキスの抑制効果（ヒト上皮細胞 HaCat）

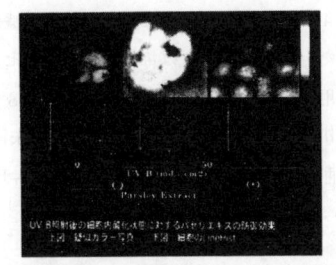

第7章　可食植物成分配合美肌製品

図2　酸化還元指示剤を用いた細胞内パーオキシド・過酸化水素の計測
（赤木訓香, 林沙織, 三羽信比古ら, 日本香粧品学会第27回学術大会講演要旨集, 45(2002),
写真提供：広島県立大学　三羽信比古）

UV-B照射した細胞の内部，特に矢印の間を走査して観察される核（中図の中央のピーク）においてパーオキシド・過酸化脂質の顕著な増加が観察される。これに対しパセリエキス0.0017wt/wt％を添加すると，これらの活性酸素に対する消去作用が認められた。

剤CDCFH-DAを用いて検出し画像解析した結果，これらの活性酸素の発生は，パセリエキスを予め細胞に添加しておく事によって抑制される事が確認されている[3]。

3.2　サプリメント：機能成分としてビタミンE群を配合した抗酸化サプリメント

パーム油から得られる混合トコトリエノール（総ビタミンE濃度94.4％：主要ビタミンEとして，α-トコフェロール21％，α-トコトリエノール23％，γ-トコトリエノール36.4％含有）をトコトリエノールとして一粒中に30mgを含有するように配合したソフトカプセルタイプのサプリメントを使用した。一般にビタミンEといわれているものは，天然型としてもっとも多く存在しているα-トコフェロールをさす事が多い。トコトリエノールはトコフェロールの側鎖部分のうち3個所が不飽和化した構造をしており，トコフェロールと同様に高い抗酸化能を有するビタミンEの一種である。ラット，ヌードマウス，ヘアレスマウスに投与した場合，いずれの動物においてもトコフェロールが，肝臓や腎臓に優先的に移行するのに対しトコトリエノールは，皮膚に優先的に移行するという報告がある[4]。トコトリエノールは，紫外線による皮膚損傷に対する防御作用[5]，炎症抑制など肌への有効性の他，コレステロール低下作用[6]，アテローム性動脈硬化改善作用が報告されている[7]。

3.3　併用実験

20～40歳代の女性24名を用い，完全プラセボ群（化粧水，サプリメントともに機能成分を配合していない群），化粧水&プラセボカプセル群（化粧水のみ機能成分を含有），プラセボ化粧水&サプリメント群（サプリメントのみ機能成分含有），併用群（化粧水，サプリメントともに機能

成分が配合されている群）の4群を設定した。ただし，化粧水の機能成分の有無については，左右の半顔をそれぞれ一群とした。サプリメントは毎朝1日1カプセル摂取させ，化粧水は朝と夜の1日2回，被験者が通常使用する量を塗布させた。試験期間は8月から10月の2ヶ月とし，評価は，肌の過酸化脂質量により行った。過酸化脂質量測定は，起床後洗顔前の顔部の脂質を4cm×4cmの脂取り紙で採取，抽出し，DPPP誘導化法で行った。併用前と併用2ヶ月後の過酸化脂質量の変化を記録した。

3.4 結果

プラセボ群，化粧水＆プラセボサプリメント群，併用群の過酸化脂質量の変化を図3に示した。試験実施期間が夏期であることより，被験者の日常生活における紫外線暴露量は多く，汗や皮脂の分泌も増加傾向にあると推定される。その結果，有意差はないもののプラセボ群では，過酸化脂質量の上昇傾向が観察された。これに対しSOD様の活性を示すパセリエキスを含んだ化粧水を使用した群では，プラセボ群で見られるような過酸化脂質量の著しい増加を示した被験者は少なく，不変または減少傾向が見られた。しかし，統計的には，試験開始前後で有意な減少は認められなかった。サプリメント＆プラセボ化粧水群でも同様な傾向が見られたが統計的有為差を認めるには至らなかった。しかし，化粧水とサプリメントの併用群では試験開始前後で過酸化脂質量が有意に減少するという結果が得られ，化粧水単独で達成した抗酸化レベルがサプリメントを併用する事により一層高まる事が証明された。

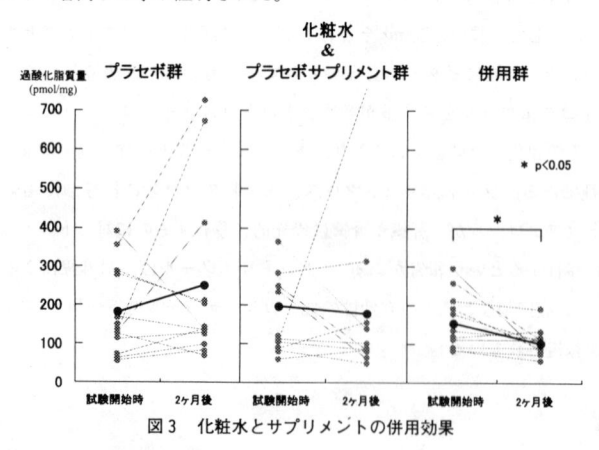

図3 化粧水とサプリメントの併用効果

3.5 新規美容素材としての大豆サポニン

以上述べてきたのは，活性酸素消去を共通の機能とした，内外両面からの肌への働きかけである。しかし，殆どの現代人の置かれている生活環境，食生活，生活習慣において活性酸素の害を

第7章 可食植物成分配合美肌製品

完全に阻止する事は不可能と考えられる。抗酸化食品や抗酸化化粧品で防ぎきれずに起こってしまった酸化反応で蛋白質が酸化され，本来の機能を失った異常蛋白質となり組織に蓄積する事により，多くの疾病や皮膚の老化が引き起こされるといわれている。これらの異常蛋白質は，ユビキチン化された後プロテアソームで分解され処理されるが，年齢と共にプロテアソーム活性が低下する事が知られている。特に皮膚において年齢と共にプロテアソーム活性が低下しそれに伴って異常蛋白質の一種であるカルボニル化蛋白質が増加する事が報告されている[8]。また著者等は紫外線照射（UV-B）によってもプロテアソーム活性が低下する事を試験管レベルで確認している。従って，美肌の維持にはプロテアソーム活性の低下を防ぎ，発生した異常蛋白質を効率良く分解排除する事が重要課題であると考えられる。

　著者等は，新しい抗老化食品のメカニズムとしてプロテアソームの活性維持もしくは増強に注目し，プロテアソームを活性化する食品素材を探索した。その結果，大豆サポニンに求める活性を見出した。大豆サポニンは，鉄添加による酸化ストレスで培養肝細胞のプロテアソーム活性が低下するのを抑制し（図4），また亜鉛投与によって肝障害を発生したラット肝臓のプロテアソーム活性の低下を抑制し，肝臓におけるカルボニル化タンパクの蓄積を抑制した（図5）。一方，UV-B暴露した皮膚線維芽細胞に対する大豆サポニンの効果を試験したところ，用量依存的にプロテアソーム活性の低下を抑制し（図6），カルボニル化タンパク質産生を抑制する事をウェスタンブロットによって確認した。大豆サポニンのこれらのプロテアソーム活性維持作用は，プロテアソームの酵素の発現を高める事を介して起こるのでないと推定される。なぜならば酸化スト

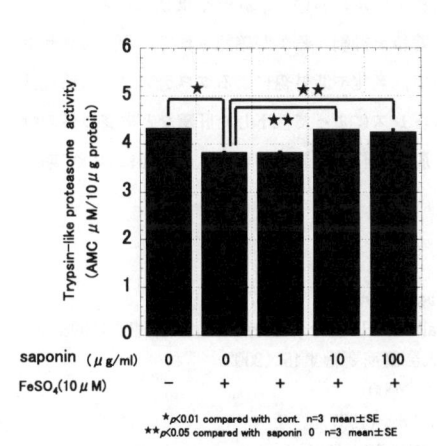

図4　鉄酸化ストレスによるトリプシン様プロテアソーム活性低下に対する大豆サポニンの防御効果（クローン9細胞）

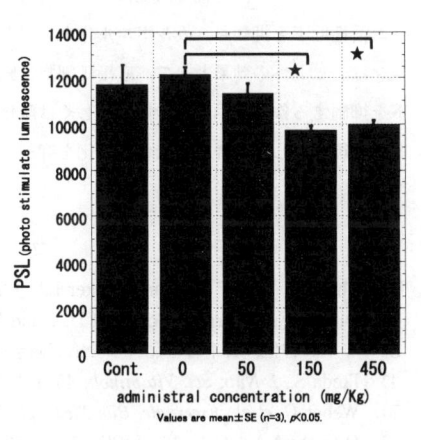

図5　亜鉛による酸化ストレスを受けたラット肝のカルボニル化タンパク蓄積に対する大豆サポニンの抑制効果

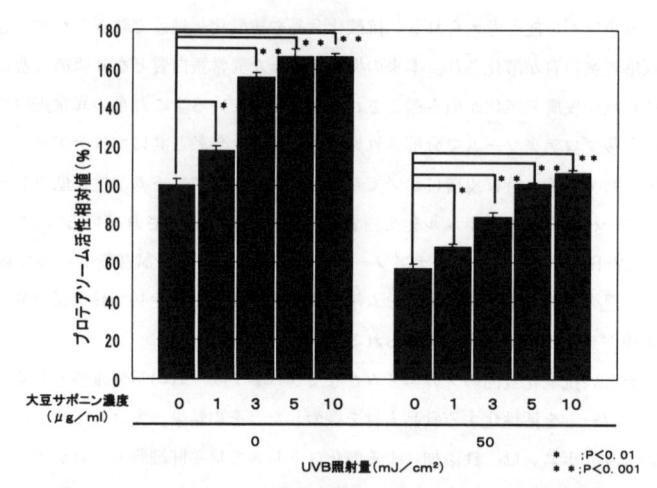

図6 大豆サポニンによる皮膚線維芽細胞のプロテアソーム活性促進作用

レスによって活性が低下した細胞においても，大豆サポニンによって活性の回復が見られた細胞においてもプロテアソームの量はウェスタンブロットで差は認められなかった。また，細胞抽出物を用いた無細胞系でのプロテアソーム反応系においても大豆サポニンはプロテアソーム活性を促進する事から，酵素反応に直接関与している可能性が考えられる。大豆サポニンのプロテアソーム活性促進メカニズムの解明は，現在検討中である。

　大豆サポニンは，各種の酸化ストレス負荷の動物モデルにおいて，肝臓や眼などでプロテアソーム活性低下を抑制し，カルボニル化タンパクの蓄積を抑制する事が確認されている。大豆サポニンは，ヒトへの効果として，直接肌細胞に働いて，老化や紫外線によるプロテアソーム活性低下を抑制する作用を示す可能性，もしくは酸化ストレスによって低下した肝臓など皮膚以外の臓器の回復を介して総合的に生体の老化を抑制し，肌の老化を抑制する可能性の両面において期待される。

文　　献

1) Thiele J., Traber M.G. and Packer L.J., *J. Invest. Dermatol.*, **110**, 756 (1989)
2) Dreher F., Gabard B., Schwindt D.A. and Malbach H.I., *Br. J. Dermatol.*, **139**, 332 (1998)
3) 赤木訓香他，日本香粧品科学会第27回学術大会講演要旨集45 (2002)
4) Ikeda S., *J. Nutr. Sci. Vitaminol.*, **46**, 141-143 (2000)
5) Weber C. *et al.*, *Freeradic. Bio. Med.*, **22**, 761-769 (1997)
6) Qureshi A.A., *et al.*, *Am. J. Clin. Nutr.*, **53**, 1021S-6S (1991)
7) Tomeo A. C. *et al.*, *Lipids.*, **30**, 1179-83 (1995)
8) Isabelle P., Mariangela C., Xin W., *et al.*, *J. Gerontology*, **55**(5), 220-7 (2000)

第8章　キトサン応用抗酸化製品
―― ビタミンCを活性増強するバイオ素材，および，
脂質代謝改善・抗がん健康食品 ――

寺井直毅[*1]，橋本邦彦[*2]，小川宏蔵[*3]，河野幸雄[*4]，吉光紀久子[*5]，
三羽信比古[*6]

1　キトサンとビタミンCとのイオン結合

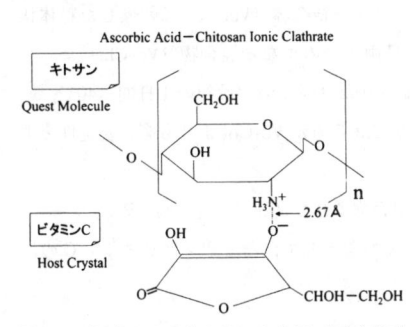

ビタミンCとキトサンとがイオン結合体（VcCht；Ionic Clathrate）を形成させる（図1A）と，これら2成分の間に強力な相互作用が存在し，さらに，一般に高分子との相互作用がビタミンC活性を安定化させる（Hamano *et al*. 1998）が，この安定性を粉体状態と溶液状態とで各々検証した（図1B）。VcChtはその構成成分であるビタミンC（L-アスコルビン酸とキトサンとが飽和溶解度に近い状態であって，ビタミンCがモノアニオンに解離し，キトサンの各残基がモノ

図1A　ビタミンCとキトサンのイオン結合包接体

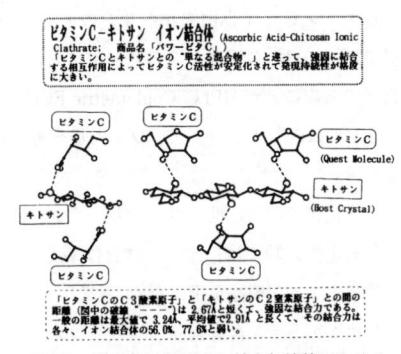

図1B　ビタミンCイオン結合包接体における2成分間結合距離

---

*1　Naoki Terai　広島県立大学　生物資源学部　生物資源開発学科　生物工学分野
*2　Kunihiko Hashimoto　西川ゴム工業㈱　産業資材開発部　次長
*3　Kozo Ogawa　大阪府立大学　先端科学研究所　教授
*4　Yukio Kohno　広島県立畜産技術センター　飼養技術部　研究員
*5　Kikuko Yoshimitsu　広島県立大学　生物資源学部　三羽研究室　副主任研究員
*6　Nobuhiko Miwa　広島県立大学　生物資源学部　生物資源開発学科　教授

カチオンにプロトン化されている状態を維持すると，これら2成分の接触確率が亢進し，クーロン力によって2成分間に静電結合を形成させる。

この臨界状態をつくり出すためには，生理的pHであるpH7.1～7.4でイオン強度は0.15として緩慢な凍結乾燥やスプレードライで行う。あるいは0.5MのビタミンCとキトサンを窒素気流中で75%イソプロパノール/25%水系に溶解して70℃に加温し徐々に冷却して行う (Ogawa et al.)。

VcChtの密度は四塩化炭素－エチレンジブロマイド中でのフローテイション法で測定し，X線繊維回折パターンは40kV，15mAで発生させたNiフィルターCu Kα放射線を用い，GerigerflexX線回折計 (Rigaku製) で高度真空中で100%相対湿度の条件下，平坦フィルムカメラで記録した。結晶単位は単斜晶系 (monoclinic) で偽斜方晶系 (pseudoorthorhombic) であり，三つの結晶軸が相互に直交し，各軸の長さが異なっていて，前後軸は左右軸よりも短いという形状である (Ogawa et al.)。a軸＝11.51Å(10^{-10}m)，b軸＝16.37Å，c(繊維周期)＝10.17Å；θ＝94.91°。

2　粉体状態と溶液状態での安定性

ビタミンCとイカ由来キトサンの1：1 (wt/wt) イオン結合体 (VcCht) は乾燥した粉体状態で25～60℃の各温度で3日間経過における安定性は両成分の単なる混合物 (Vc+Cht) よりも良好であることがHPLC/Coulometric ECD法で実証された (図2A)。最初の1日間は40℃，続く2日間は60℃とシフトアップした場合も同様に，VcChtの方がVc+Chtよりも高い安定性を示した。

溶液状態での安定性についても，イオン結合体が混合物よりも良好だった (図2B)。
この安定性試験では，イオン結合体VcChtと比較する対象として，キトサンとビタミンCの混合物である下記製品を選んだ。

　　名称：キトサン含有食品
　　品名：キトサン＋ビタミンC分包30P (品名の＋ (プラス) が示す通り両者の混合物である)
　　製造者：キリン・アスプロ㈱KAS
　　販売者：麒麟麦酒㈱

試験する開始時ではビタミンC濃度は4.34mg/mLとなるようにPBS (－) に溶解して，イオン結合体VcChtもVc+Cht混合物も同一条件に揃えて37℃で試験した。この結果，8時間，18時間放置によって，イオン結合体の安定性は混合物を凌駕することが判明した。キトサンの各種分子の捕捉能力が優れていて，徐放性薬剤のマイクロカプセル被膜としても適している (Bugamelli et al. 1998)。生理的条件に近いpH7.25，37℃ (PBS (－) Ca/Mg) でのVcChtの安定性は，8

第8章　キトサン応用抗酸化製品

図2A キトサンとアスコルビン酸のイオン結合体（左列）と混合物（右列）の各温度での安定性

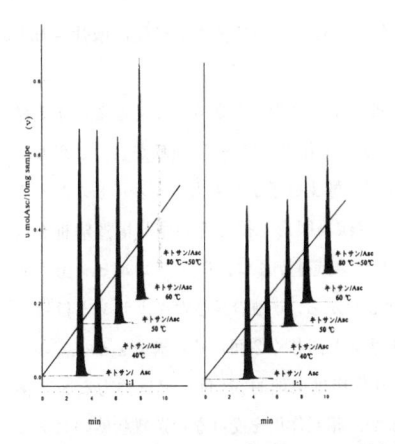

図2B ビタミンC/キトサン−イオン結合体及び混合物の安定性の対比

～18時間の経過において単なる混合物よりも良好であることがHPLC/Graphite ECD法で実証された。この結果から下記の可能性が考えられる。

① 溶液状態になっても，容易にビタミンCがキトサンから離脱して遊離状態になることがほとんどない。

② Quest moleculeとしてのビタミンCが仮に一旦離脱してもHost crystal巨大分子のキトサンのマトリックス内部の狭小な空間で，近距離に存在する別のグルコサミン残基に再結合する。

③ この逆に，最初にイオン結合体を形成していないキトサンとビタミンCとが溶液状態では，ブラウン運動で接触してイオン結合体を形成する確率は小さいと見なされる。

この安定性の原動力は両成分の間の相互作用の強さにあると考えられる。X線回折図形の繊維周期とエネルギー計算に基づくVcChtのエネルギー的に安定な構造モデル（初期モデル）では，Host crystalであるイオン化したキトサン（RNH^{3+}）のC2窒素原子とquest moleculeであるアスコルビン酸モノアニオンのC3酸素原子との原子間距離は一般に見られる平均値の2.91Åや最大値として知られる3.24Åよりも短い2.67Åと算定された（一般にNH…Oの場合，水素結合が可能なN…O間の距離は2.57～3.24Åと言われており，その強さは距離の3乗に逆比例する）。

この計算結果は，VcChtの結合力は通常の結合力の1.29～1.79倍ほど強力であることを示すが，ビタミンCとキチン（キトサンのアセチル化体）との単なる混合物では両者の間の結合力はほとんど生じない。このことは，水溶液に溶存している酸素と反応して分解を受けやすいビタミンCの分子内の2，3-エンジオールが強力なイオン結合でキトサンによって保護されていて，

このために，酸化分解を受けにくくする。よってビタミンC活性の持続性が格段に増強されることになる。

　分子モデルに水素結合を加える場合，30°回転したモデルでは少しわかりにくくなる。水素結合を描くには回転しないモデルがもっともわかりよいが，全体として＋7°回転が良いと思われる。なお，わかりやすくするために，窒素原子のサイズを酸素原子よりも大きく表示した。キトサン分子鎖の構造は2回らせんであるが，VcChtのX線繊維図形を得てその結晶構造解析を行った。密度の測定から，1つの単位格子中には，キトサン残基が4つ，L-アスコルビン酸が4つ，また水分子が24個存在することがわかった。しかしながら，c軸の長さがキトサンとほぼ同じであるため，VcChtの分子鎖の構造は，もとのキトサンと同じく2回らせん構造をとっていると考えられる（Kawada, 2000）。2成分の間のこの相互作用は生理的pH付近では強力なまま溶液状態でも維持され，安定性が向上したと考えられるが，相互作用を受けない遊離状態のビタミンCはその不可逆的にジケトグロン酸に酸化分解されてレダクトンなどに分解されると考えられる。

　このようにX線回折とビタミンC安定性の結果から，下記の結論が導きだされる。

① 　ビタミンCとキトサンとのイオン結合体（VcCht）にはイオン結合の存在が証明された。他方，ビタミンCとキトサンの単なる粉体混合物には相互作用は生じ得ない。

② 　VcChtは単なるビタミンCとキトサンの混合物に比べ安定性と活性持続性に優れている。これは粉体および溶液のいずれの状態でも見られる。

3　ビタミンC・キトサンイオン結合体のヒト摂取試験

　ビタミンCとイカ由来キトサンの1：1（wt/wt）イオン結合体（VcCht）を3名の被験者に経口摂取してもらい，血液検査を実施し（表1），血液中のビタミンC濃度の時間経過に関して下記の結果を得た（図3A）。

① 　初回のVcCht摂取によって，3名全員が摂取後3〜6時間で血中ビタミンCは明瞭に増加した。血中ビタミンCの立上がり時間は3名で異なり，2名は摂取後3時間で，残る1名は0.5〜1時間で血中ビタミンC増加が有意となった。

② 　1回にビタミンCとして240mg，1日6回摂取するので，1440mgのビタミンCを毎日摂取して，1週間経過すると，摂取前でも血中ビタミンCは高いレベルが3名の被験者とも維持されていた。

③ 　1ヵ月間摂取を継続してもらっても，血中ビタミンCのリバウンドは見られず，途切れなくビタミンCが高いレベルで1ヵ月間維持されていたことを示した。

第8章　キトサン応用抗酸化製品

表1　ビタミンC/キトサンイオン結合体の摂取と採血スケジュール

7/09	摂　取	(朝食抜き) 9:30			(昼食抜き)	15:00	19:00	23:00
	採　血	9:00 (摂取前)	10:00 (30分後)	10:30 (1時間後)	12:30 (3時間後)	14:30(採血終了後に食事) (5時間後)		
7/10~7/15	摂　取	7:30 (朝食直後)	10:00 (食間)	12:30 (昼食直後)	16:00 (食間)	19:30 (夕食直後)	23:00 (就寝前)	
	採　血	採血なし						
7/16	摂　取	9:30(朝食可,この間水のみ摂取)		12:30				
	採　血	9:40 (摂取直後)	10:30	12:20 (摂取直前)				
備　　考	摂取方法	1.　1回3粒で1日6回，計18粒/日，飲んでください． 2.　噛まないで，一口ほどの少量の水か湯冷ましと一緒に，飲んでください． 　　アルカリイオン水とは，決して一緒に飲まないでください．						
	注意事項	3.　食後は直後に，食間は「食事の中間の時刻に」，就寝前は「就寝直前に」，飲んでください． 1.　初回採血時まで（および7/09の14:30まで），他のビタミン剤を一切摂取しないでください． 2.　前日（7月8日）の夕食は少量で済ませ，とくにビタミンC含有食品（果物や有色野菜）は極力控えてください． 4.　当日（7月9日）の朝食と昼食は抜きとし，この間冷ましか水のみを取ってください．最終の採血（14:30）後，初めて食事を取り，この食事の直後から，錠剤を継続的に摂取してください．						
	メ　モ	1.　錠剤1粒は400mgで，ビタミンCとイカ抽出キトサンを各々80mg含有． 2.　ビタミンCの摂取量は，80mg＊3粒＊6回＝1,440mg/日．						

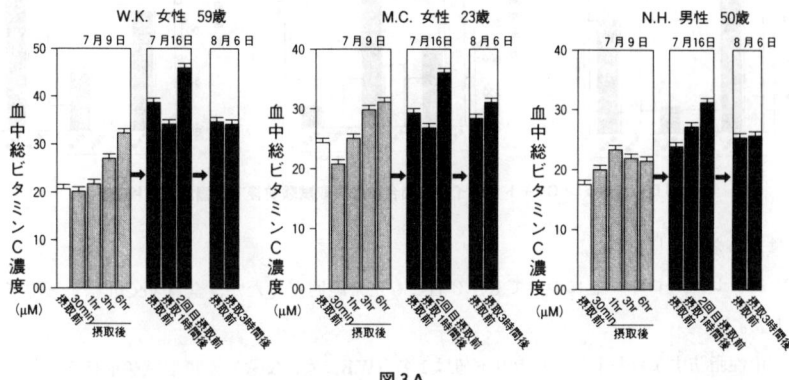

図3A

④　VcChtの継続摂取によって摂取前の血中ビタミンCの増加率が，被験者3名で各々67.9〜86.9％（W.K. 女，59歳），17.7〜21.7％（M.C. 女，23歳），35.0〜44.2％（N.H. 男，50歳）と著明だった．

このように言わば血中ビタミンC基礎レベルがボトムアップしたことになるが，この2次的効果として血液検査項目がどう変化したかを調べた（図3B）．

①　動脈硬化指数については，摂取試験前は2名の中年（W.K. 女，59歳；N.H. 男，50歳）は不良だったが，1ヵ月間のVcCht摂取によって著明な改善が見られた．摂取前から良好だった1名の若年（M.C. 女，23歳）は良好さを維持していた．

②　いわゆる悪玉コレステロールのLDL-コレステロール値については，正常範囲でも上限に近かった中年（N.H. 男，50歳）で著明な改善が見られた．また，若年の割にはやや高かった被験者（M.C. 女，23歳）でも低下した．試験前から低かった被験者（W.K. 女，59歳）

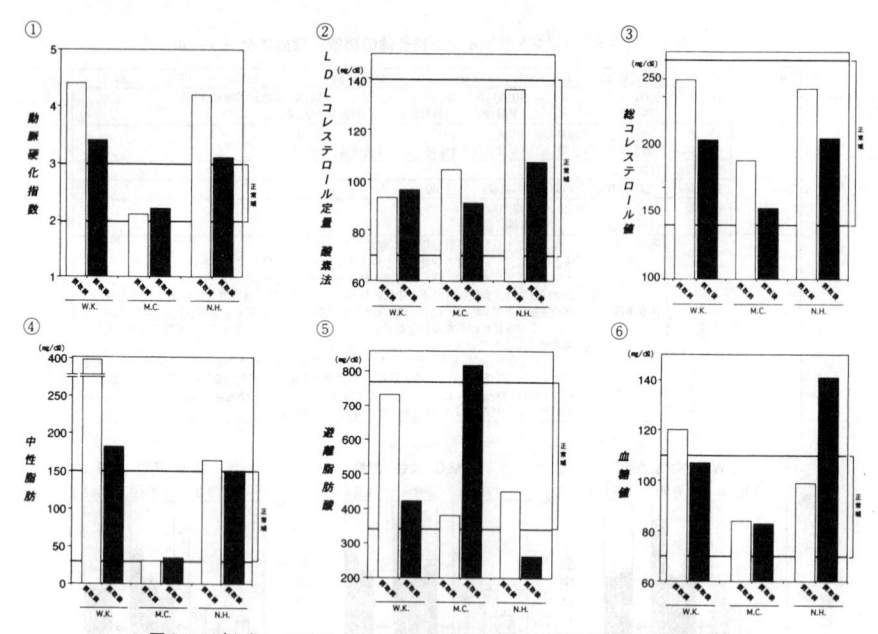

図3B　ビタミンC-キトサンイオン結合体の摂取試験前後での臨床血液検査

はそれを維持していた。

③　総コレステロール値についても，3名とも正常範囲だったが，全員VcChtによって低下した。

④　中性脂肪すなわちトリグリセリド値は1名（W.K. 女，59歳）が摂取試験前は突出して悪い値だったが，VcCht摂取1ヵ月によって，ほぼ半値に改善し著明な有効性だった。別の中年（N.H. 男，50歳）は試験前は正常範囲を少し上回っていたが，若干の改善が見られた。

⑤　遊離脂肪酸については，正常範囲の高い値だった中年（N.H. 男，50歳）で大幅低下が見られ，小幅低下した中年（W.K. 女，59歳）も見られたが，著増した若年（M.C. 女，23歳）もあり，この臨床検査項目はさまざまな反応だった。

⑥　血糖値については，低下，不変，著増と三者三様だった。

これらの結果を総合すると，VcChtは万能ではないが，通常のビタミンC服用だけでは有効性が顕著とは見なされない「コレステロールや中性脂肪」や「それと関連する動脈硬化」についての大幅改善が認められたことは特筆すべきである。今後は被験者の数を増やすと共に，適正体重との乖離度・常用薬剤・運動量などとの相関性も含めて総合判定する必要がある。

第8章 キトサン応用抗酸化製品

4 ビタミンCによる脂質代謝の改善効果

体脂肪を燃焼させるためには，ビタミンCが不可欠である。この機序は下記の通り数段階を経たものである。

① 体脂肪を酵素のリパーゼによってグリセリンと脂肪酸に分解することが脂肪燃焼の第一歩ではあるが，この2分解だけでは余り有効ではない（図4A）。
② 脂肪酸の鎖を炭素2原子ずつ切り離して短くして燃焼させる代謝経路であるβ酸化（図4B（大塚，安孫子 1997））を稼動させる必要がある。
③ ところが，β酸化を執行する場であるミトコンドリアへ脂肪酸を運搬する過程（図4C）が阻害されれば脂肪燃焼は不可能となる。
④ ミトコンドリアは細胞によって大きく異なるが，1,000個ほど細胞内に存在する小器官であるが，細胞質に存在する脂肪酸はカルニチンという運搬体と結合しないとミトコンドリアの内部に取り込まれない。
⑤ カルニチンはリシンというアミノ酸から体内で合成されるが，この合成効率を決定する要因としてビタミンCは不可欠であり（図4D（日本生化学会 1997改変）），かつ，欠乏しやすいので補給する必要性が大きいという訳である。

VcCht摂取試験（前述の第3節）で中性脂肪を減少する効果が認められたが，中性脂肪の分解によって生じた脂肪酸はVcCht由来のビタミンCによって効率良くミトコンドリアでβ酸化を受けたものと推測される。

VcCht摂取試験でもう1項目著効だったコレステロールについても，ビタミンCが本質的に関与する。

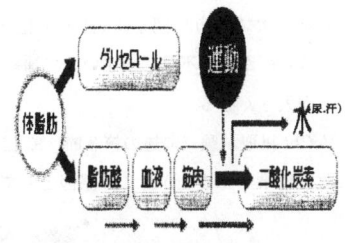

図4A 体脂肪が燃焼するプロセス

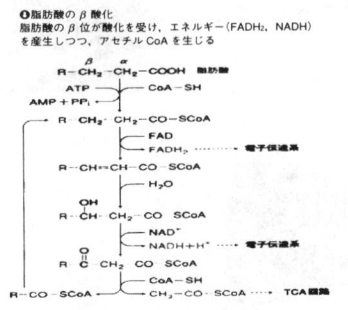

図4B 脂肪燃焼の実態

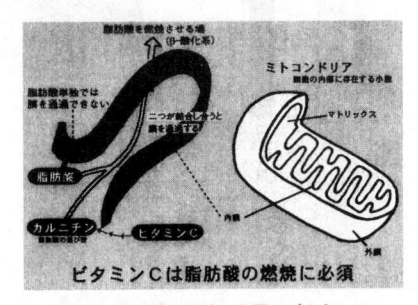

図4C 脂肪酸の燃焼に必須のビタミンC

① コレステロールは肝臓と腸との間を循環するが，血中コレステロールを減らすのは，先ず肝臓からコレステロールとしての存在を減少させる必要がある（図5A）。

② ところがコレステロールは極端に水に溶解し難く，血液中でもリポ蛋白質に結合しないと存在し得ない。コレステロールを肝臓から減らすためには，より水溶性のコール酸（図5B）やケノデオキシコール酸など胆汁酸に変換されて肝臓から排出する必要がある。

③ この胆汁酸への変換における代謝でコレステロールを水酸化する酵素反応でビタミンCが不可欠であり（図5C（日本生化学会 1997改変）），かつ，不足しやすいので補給する必要性が大きくなる。

脂肪燃焼に不可欠なカルニチンはビタミンC不足で欠乏する

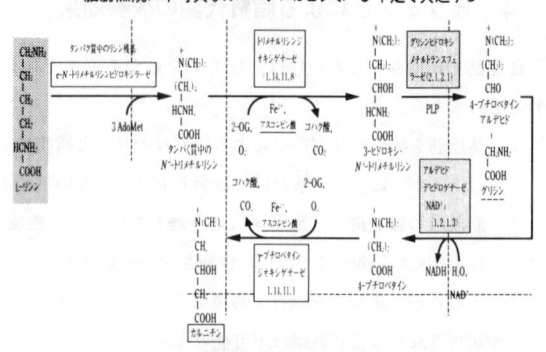

図4D　脂肪酸の運搬体，カルニチン

ビタミンCはコレステロールの排出を促進する

コレステロール ⇒ 水酸化 → → → → 胆汁酸
（ビタミンCが不可欠だが
欠乏しやすい）　　　　　　　　排出

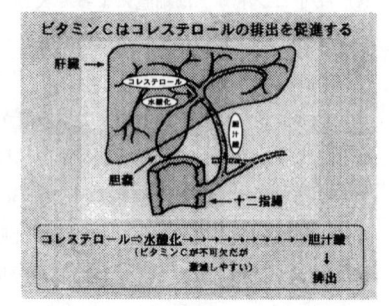

図5A

VcCht摂取試験（前述の第3節）でLDL-コレステロールも総コレステロールもいずれも著明な改善効果を認めたが，この原因として，VcCht由来のビタミンCがコレステロールの水酸化

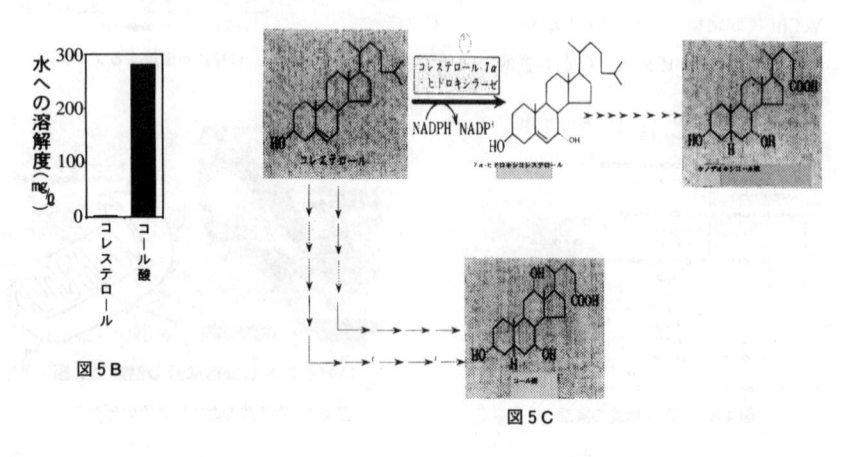

図5B

図5C

第8章　キトサン応用抗酸化製品

を円滑に進行させ胆汁酸として消化器官を経て体外に排出する割合 (Deuchi *et al.* 1995 ; Kanauchi *et al.* 1995) が増加したと考えられる。

ビタミンCは活性酸素を消去する作用，コラーゲン構築作用，メラニン抑制作用が良く知られるが，この他に，上記のように，脂質代謝を改善する作用，および，神経伝達物質やエネルギー産生系TCA回路にも直接貢献していて (図6)，こ

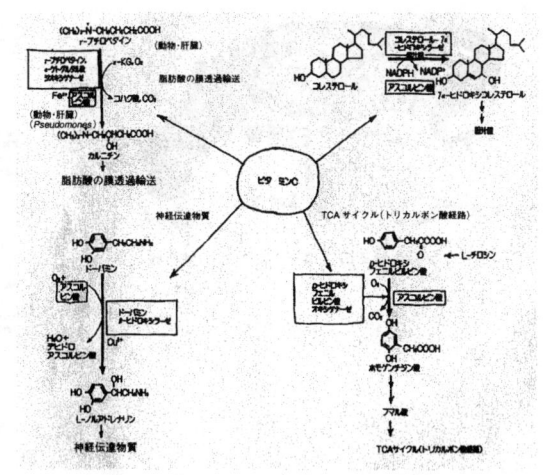

図6　ビタミンCの各種酵素反応への関与

れらが相乗効果として健康増進に果たす役割は計り知れず，かつ，不足しやすいがゆえに，途切れなく供給する必要性がその分大きいと言える。

5　ウシ新生仔でのビタミンC・キトサン結合体の摂取試験

ビタミンC・キトサンイオン結合体 (VcCht) は，前述のように，ヒト臨床試験で経口摂取して血中ビタミンCを増加させることが実証された。この場合，VcChtが胃液による分解に耐久性があるかが問題であり，VcCht摂取による血中ビタミンC増加効果の可否を左右する大きな要因である。そこで，広島県立大学研究室と広島県立畜産技術センターの共同研究チームは，反芻胃を含め4つの胃袋をもつウシでのVcChtの有効性を試験した。この結果，後述のように，ウシでもVcChtによる血中ビタミンC増加効果とそれによる免疫亢進効果が認められたが，VcChtの薬効発揮にとって，過酷な条件と言えるこの反芻胃でも有効性が認められた意義は大きい (図7A, B)。

ウシは肉牛と乳牛を合わせて国内で400万頭以上が飼育されているが，このうち，13万頭の新生仔ウシがウイルス疾患などで体重低下や死廃し，その経済損失は1,000億円以上と計算される (図8A～C)。この原因は新生仔でも出生2ヵ月後前後は，母ウシから授与された母性免疫が消失し，かつ，自前免疫が未確立であるというちょうど狭間の時期に該当するためであると考えられている。この時期に近年の新型肺炎SARSで一躍有名になったコロナウイルス (図9A, B)，さらに，ロタウイルス，サルモネラなどで腸や肺そして腎臓などが蝕まれる。

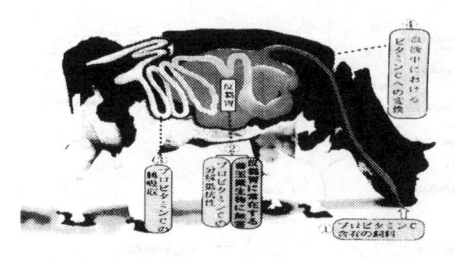

細胞死制御工学～美肌・皮膚防護バイオ素材の開発～

図7A　ウシ新生仔でのプロビタミンCの腸吸収

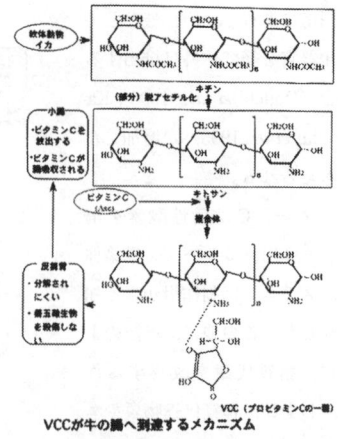

図7B　胃におけるビタミンC・キトサン結合体の安定性

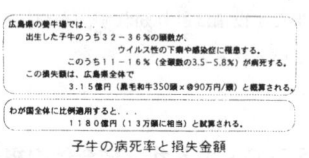

図8A　牛の疾病と病死

図8B　子牛の病死率と損失金額

図8C　子牛の罹患に関する疾病の特徴と原因

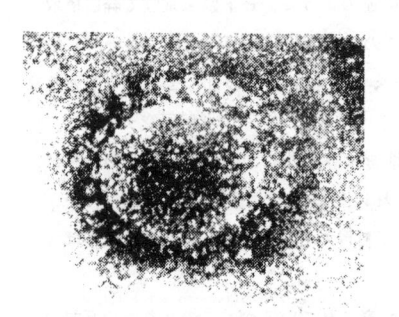

図9A　コロナウイルス病
コロナ状を示すウシコロナウイルス粒子（電顕像）

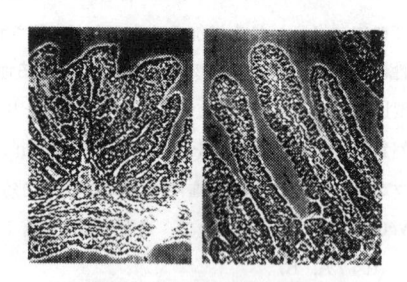

図9B　ウシコロナウイルス病
左図：空腸粘膜の絨毛にみられた融合と萎縮
右図：正常な絨毛

そこで，これら病原微生物を排除すべく新生仔ウシの免疫機能を亢進してやる必要がある。ところが，新生仔では出生後，免疫亢進作用に大きく寄与しているビタミンCが血中から次第に減少することが示されている（図10A）。そこで，ウシ新生仔の飼料である代用乳にVcChtを添

第8章　キトサン応用抗酸化製品

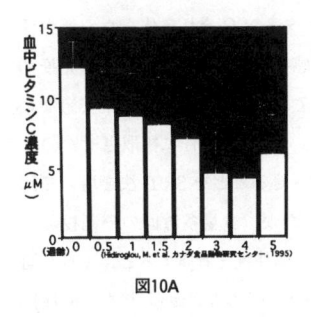

図10A

図10B

加した結果，ホルスタイン種も黒毛和種も血中ビタミンCが高いレベルを維持するようになった（図10B，C）。この結果は，前述のように，当研究室が同じVcChtを用いたヒト経口摂取試験で認めた結果と同様である。このように，ビタミンCを体内合成できないヒトでも，肝臓や腎臓でビタミンCを体内合成できるウシでも，VcChtは血中ビタミンCを増加させる薬効があることが実証されたことになる。

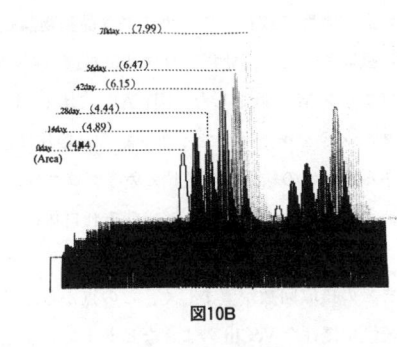

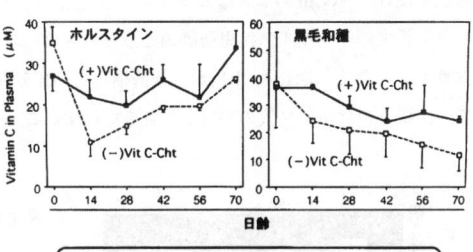

プロビタミンC（Vit C - Cht 錯体）添加の代用乳は子牛の血中ビタミンCの維持/増加効果がある

図10C

6　ウシにおけるビタミンC・キトサン結合体の免疫亢進効果

ビタミンC・キトサンイオン結合体，VcChtを摂取したウシ新生仔は非摂取の場合よりも下痢回数が減少し，体重増加も認められた（図11A，B）。この機序として，3種類の免疫グロブリン

プロビタミンC（Vit C - Cht 錯体）添加の代用乳を与えることで仔牛の下痢発症日数の減少がみられる

図11A

黒毛和種においてはプロビタミンC（Vit C -Cht 錯体）給与牛の体重の増加が顕著であった

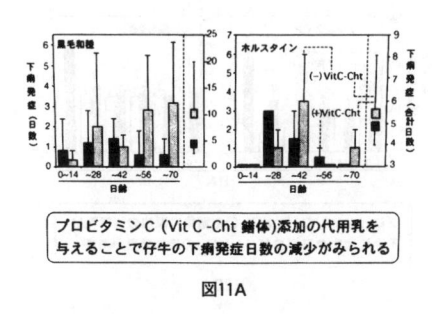

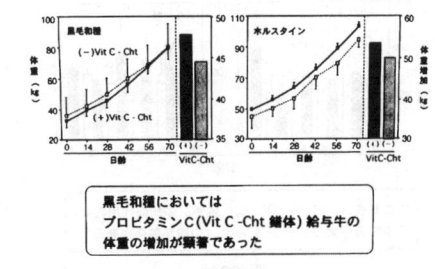

図11B

の血中濃度に注目した。カナダ食品動物試験センターでは，ビタミンCそれ自体をウシ新生仔に摂取させたが，免疫グロブリンG1もG2も変化なく，逆に，感染初期に稼動する働きの免疫グロブリンMは低下した（図12A）。これに対して，我々広島県立2機関チームは元来不安定なビタミンCをキトサンでイオン結合包接体に組み込んで安定化し，ウシ新生仔に摂取させたのであるが，この結果，3種類の免疫グロブリンの血中濃度を増加させることをSRID法を用いて認めた（図12B～E）。ビタミンCそれ自体は大量単発投与は無効だが，少量多数回の分割投与なら免疫亢進効果は認められる。しかし，ウシ飼育とか実生活での簡便性を考慮すると，1日2回までの摂取回数が望ましく，この点から，ビタミンCそれ自体という摂取形態よりも，活性持続性に優れたVcChtのようなビタミンC安定化体が実用的である。

ウシ新生仔のウイルス疾患防御剤としてのメカニズムは確固とした裏付けがあり，そのコスト試算もなされる（図13A，B）が，経済損失を防ぐ効果だけでなく，より健康なウシ新生仔を育てて，我々の食卓に良質の牛肉と牛乳を提供することへ導く効果も評価すべきである。

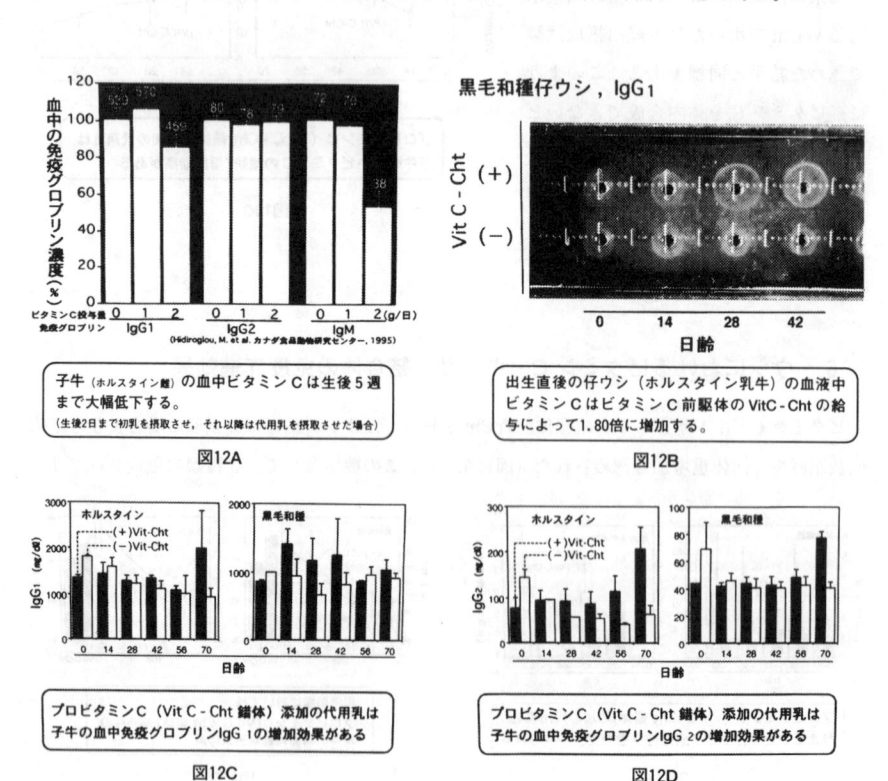

子牛（ホルスタイン種）の血中ビタミンCは生後5週まで大幅低下する。
（生後2日まで初乳を摂取させ，それ以降は代用乳を摂取させた場合）

図12A

出生直後の仔ウシ（ホルスタイン乳牛）の血液中ビタミンCはビタミンC前駆体のVitC-Chtの給与によって1.80倍に増加する。

図12B

プロビタミンC（Vit C-Cht 錯体）添加の代用乳は子牛の血中免疫グロブリンIgG₁の増加効果がある

図12C

プロビタミンC（Vit C-Cht 錯体）添加の代用乳は子牛の血中免疫グロブリンIgG₂の増加効果がある

図12D

第8章 キトサン応用抗酸化製品

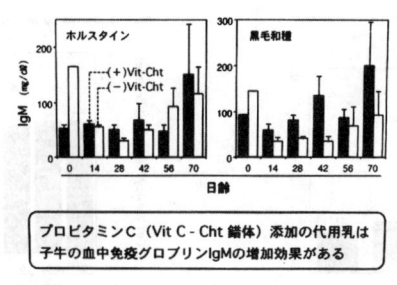

ホルスタイン　黒毛和種

プロビタミンC（Vit C - Cht 錯体）添加の代用乳は
子牛の血中免疫グロブリンIgMの増加効果がある

n=3,3,7,7

図12E

ビタミンC ＋ キトサン（イオン結合、75%脱アセチル化）→ VitC-Chtイオン結合体
　　　　　　　　反芻胃の善玉微生物を殺傷しない
　　　　　　　　反芻胃の胃液からビタミンCを保護する
　　　腸へ到達してビタミンC単独となる ⇔ 血中ビタミンCを高濃度化する
　　　　　　　　　　　各種の免疫グロブリンを増加させる
　　　　　　　　　　　ウイルス疾患に抵抗性となる
　　　　　　　「自然志向」ブランド肉牛／乳牛を提供する

図13A

VitC-Chtの製造費　＠49、807円／kg
（原料＋光熱費＋人件費）　今後、上記量よりも、量産による大幅コストダウン可能
×
仔ウシ1頭当たりのVitC-Cht使用総量　77.7g
（370 mg x 3 回/day x 70 days）
＝
仔ウシ1頭当たりのVitC-Cht使用費　3,870円

図13B

7　ヒト皮膚がん転移へのビタミンC・キトサン結合体の抑制効果

　ウシ新生仔に認められたビタミンC・キトサンイオン結合体（VcCht）の免疫亢進効果について，翻って，抗がん効果への展開が考えられる。そこで，マウス皮膚がんメラノーマB16BL6細胞の基底膜への浸潤に対して，VcChtの影響を試験した（図14A）。

① がん細胞としてマウスメラノーマB16BL6を，再構成された基底膜であるマトリゲルの上に蒔く。
② がん細胞はコラーゲン分解酵素であるMMPを分泌して基底膜に通路を造成する。
③ 細胞移動能を発揮して，自ら作った通路を移動する。
④ 基底膜の下のフィルターに開いた小孔（直径8μm）の中に細胞体(直径15μm)を細くして変形能を発揮し，フィルターを通過する。
⑤ フィルターの下面に浸潤して来たがん細胞を染色して細胞数を計測する。

このがん浸潤試験で0.4～0.5mMの投与濃

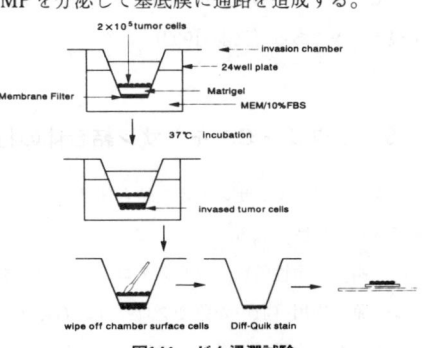

図14A　がん浸潤試験

95

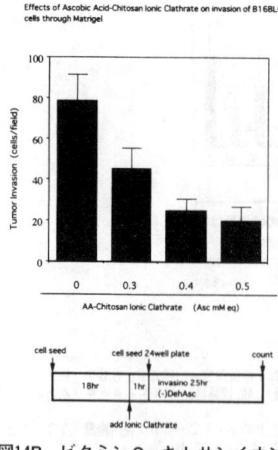

図14B ビタミンC・キトサンイオン結合体（AA-Chitosan）の皮膚がん浸潤抑制効果

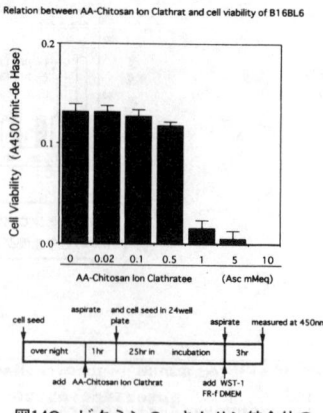

図14C ビタミンC・キトサン結合体の細胞増殖抑制率

度のVcChtはがん浸潤を半分以上抑制した（図14B）。VcChtの0.5mMでは同じこの皮膚がん細胞は90％以上細胞生存率を維持していた（図14C）ので，VcChtはがん浸潤プロセスそれ自体を抑制し，細胞毒を介した2次的な結果としてがん浸潤抑制に働いたのではないことが示された。ビタミンCそれ自体はがん浸潤抑制効果はなく（Nagao et al. 2000a），脂溶性の各種プロビタミンCはがん浸潤抑制効果があることは既に広島県立大学研究室で見出して来た（Nagao et al. 2000b；Liu et al. 2000, 2001）が，ビタミンC包接体での有効性は今回が最初である。このことは従来の多くの抗がん剤に見られた細胞毒を介した正常組織への副作用の懸念は考え難いことになる。と共に，食料たるイカから抽出したキチンの脱アセチル化で調製したキトサンおよびビタミンCとからなるVcChtの天然素材としての安全性に鑑みて抗がん機能食品としての可能性も重視すべきである（三羽 1992）。

8　ビタミンC・キトサン結合体の将来性

ビタミンC・キトサンイオン結合体は，本章で記述したように，下記3種の機能食品として開発できると期待される。

① 脂質（中性脂質，コレステロール）代謝を改善する
② 免疫作用（血中の免疫グロブリンG1, G2, M増加）を増強する
③ 抗がん作用（皮膚がんの浸潤の抑制）をもたらす

第8章 キトサン応用抗酸化製品

これらの機能発現の機序として，元来酸化分解を受けやすいビタミンCをイオン結合による包接体（Ionic Clathrate）としてキトサンという高分子の内部に保護してやって安定化させる効果が根底に存在する。したがって，ビタミンCに具備されている多彩な機能が未知の機能として隠されていると見込まれ，上記3種類の機能は氷山の一角に過ぎないと思われる。

文　　献

- Bugamelli F, Raggi MA, Orienti I, Zecchi V, Controlled insulin release from chitosan microparticles, *Arch Pharm (Weinheim).*, 1998 Apr；**331**(4), 133-8.
- Deuchi K, Kanauchi O, Shizukuishi M, Kobayashi E, Continuous and massive intake of chitosan affects mineral and fat-soluble vitamin status in rats fed on a high-fat diet. *Biosci Biotechnol Biochem.*, 1995 Jul；**59**(7), 1211-6.
- Hamano T, Teramoto A, Iizuka E, Abe K, Effects of polyelectrolyte complex (PEC) on human periodontal ligament fibroblast (HPLF) function. II. Enhancement of HPLF differentiation and aggregation on PEC by L-ascorbic acid and dexamethasone. *J Biomed Mater Res.*, 1998 Aug, **41**(2)：270-7.
- Kanauchi O, Deuchi K, Imasato Y, Shizukuishi M, Kobayashi E, Mechanism for the inhibition of fat digestion by chitosan and for the synergistic effect of ascorbate. *Biosci Biotechnol Biochem.*, 1995 May；**59**(5), 786-90.
- Kawada J, Crystal structure of chitosan organic salts and crystalline transformation of chitosan via the salts. Ph.D. Thesis Osaka Pref. Univ., 2000
- Liu JW, Miwa N *et al*., Antimetastatic ability of phospho-ascorbyl palmitate through intracellular ascorbate via intracellular vitamin C enrichment. *Oncol. Res.*, 1999, **11**, 479-487
- Liu JW, Miwa N *et al*., Antimetastatic effects of an autooxidation-resistant and lipophilic ascorbate derivative through inhibition of tumor invasion. *Anticancer Res.*, 2000, **20**, 113-118
- 三羽信比古：ビタミンCの知られざる働き，pp. 188-133, 丸善, 1992.
- Nagao N, Miwa N *et al*., Tumor invasion is inhibited by phosphorylated ascorbate via decreasing of oxidative stress. *J Cancer Res Clin Oncol.*, 2000a, **126**, 511-518
- Nagao N, Miwa N *et al*., Promoted invasion of tax-expressing fibroblasts is repressed via decreases in NF-kappa B and in intracellular oxidative stress. *Antiox Redox Signal.*, 2000b, **2**, 727-738
- 日本生化学会：細胞機能と代謝マップI，pp138-139, pp. 102-103, 東京化学同人, 1997.
- 大塚吉兵衛，安孫子宜光：ビジュアル生化学・分子生物学, p. 17, 日本医事新報社, 1997.

第9章　カンキツ類応用のUV防御プロダクト
──ビタミンPとビタミンCとの同時摂取による
シミ抑制効果と抗酸化力の向上──

澤井亜香理[*1], 吉岡晃一[*2], 古谷　博[*3], 吉光紀久子[*4], 猪谷富雄[*5], 阪中専二[*6],
三羽信比古[*7]

1　ビタミンP&C併用のシミ抑制効果

　ビタミンPとして知られていたヘスペリジンは柑橘類の中にビタミンCと共存して多量含有されるフラボノイドの一種であり,紫外線に由来する活性酸素の傷害から植物体を守っている[1]。柑橘類での紫外線防御と同様に美肌のための活性酸素消去作用にもビタミンC&P併用摂取が効果的であると考えられるので,次の臨床試験を実施した。

　被験者として20代女性4名について,各自本人が気になるシミを顔面を中心に5～6ヶ所選んでもらい,シミの数値化に次の工夫を凝らした。

① 通常のハンディタイプの皮膚拡大カメラでなく実体顕微鏡とCCDビデオカメラを組み合せて行った。

② 撮影環境を一定化し,シミ部位を天井向きにして周囲の照度を照明やブラインドで調整した。

③ シミの周辺部位を基線(baseline)としてそこから増大する光学密度ピーク面積をRGB(赤緑青)解析しスコア化した。

　被験者4名のシミの程度と分布に差異がないように2名ずつ2群に分けて幾つかの留意点を設定した。

*1　Akari Sawai　広島県立大学　生物資源学部　生物資源開発学科　生物工学分野
*2　Koichi Yoshioka　浜理薬品工業㈱　調査部　部長
*3　Hiroshi Furuya　広島県立農業技術センター　生物工学研究部　部長
*4　Kikuko Yoshimitsu　広島県立大学　生物資源学部　三羽研究室　副主任研究員
*5　Tomio Itani　広島県立大学　生物資源学部　生物資源開発学科　助教授
*6　Senji Sakanaka　広島県立大学　生物資源学部　生物資源開発学科　助教授
*7　Nobuhiko Miwa　広島県立大学　生物資源学部　生物資源開発学科　教授

第9章　カンキツ類応用の UV 防御プロダクト

① ビタミン P&C（1：4 混合比）摂取群……ビタミン C, 334mg＋ビタミン P【ヘスペリジン】77mg を含有する錠剤1錠を1日5回（朝食後，昼食後，15時頃の間食後，夕食後，就寝前）した。
② ビタミン C 単独摂取群……前記①のビタミン P&C 摂取群のビタミン P を除外した錠剤である点の他は同一とした。
③ ビタミン C サプリメントやビタミン C 高含有食品は控える。
④ 1～3月の冬季に実施したが，強烈な日光被曝は控える。
⑤ 50日間連続摂取したが，途中の摂取25日後にも経過状態としてシミ撮影を行った。

これらの試験プロトコールに従って実施し次の結果を得た（図1A）。

① ビタミン P&C 併用では被験者 A で5ケ所のシミのうち，66％もシミ減少した著効部位, 21％と18％シミ減少した有効部位2ケ所が認められた。
② 同じく P&C 併用の被験者 B は5ケ所のうち，56％, 53％, 52％, 49％と各々シミ減少の著効部位が4ケ所も認められ，残る1ケ所も27％シミ減少という有効部位だった。20才台前半の他の3名の被験者と違い，この被験者は20才台後半だったが，この程度の年齢差だけでシミのビタミン C 反応性が異なることは考えられず，むしろ個人差，シミ部位差の可能性が大きい。
③ ビタミン C 単独摂取の被験者 C は72％, 75％シミ減少という著効部位が2ケ所認められた反面，摂取25日後からシミ減少がリバウンドした2ケ所も見られ，残る1ケ所は40％減少と有効部位だった。ビタミン C それ自体でもシミ抑制に効果的であるが，リバウンドという不安定効果を抱えている可能性がある。
④ 同じく C 単独摂取の被験者 D は45％, 41％減少という著効部位2ケ所が認められるものの, 20％シミ増加という逆効果の見られた部位が1ケ所，および, 13％, 6％減少という有効性の乏しいシミ部位箇所も存在した。

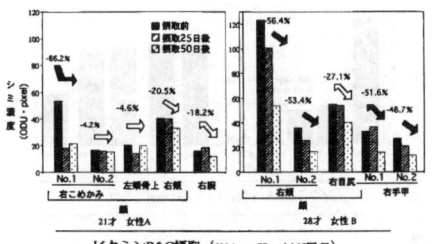

ビタミン C 単独ではリバウンド

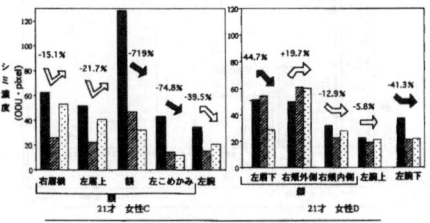

図1A

細胞死制御工学〜美肌・皮膚防護バイオ素材の開発〜

だけでなくシミ増加やほぼ増減なしといったシミ部位が見られるが，C単独摂取はシミ抑制効果の再現性や安定性という視点から好ましくないと示唆される。

これらの色素濃度の減少したシミを減少率の大きい順に並べ変える（図1B）と，下記の点が示される。

① 被験者Aもシミ減少例が認められる（図1C-1）が，被験者計測日の50日後も途中経過の25日後もシミ薄色化が見られる時点がなくBでのビタミンP&C併用によるシミ減少の著効さと効能の安定性が引き立つ（図1C-2,3）。この例のようなP&Cへの反応性の良好な摂取例がどのくらい高い頻度かは興味深い。

② シミ増悪はあってはならない有害面であるが，被験者Dのシミ増加例（図1C-6）は最終，リバウンドのようなたとえ一時でも陽の目を見ることもないことになる。この1例だけでなく，シミ増悪の頻度の大小を多くの摂取例から統計処理すべきである。

③ 被験者CはビタミンCによるシミ薄色化の著効例も見られる（図1C-4）反面，シミ薄色化のリバウンドが懸念される（図1C-5）。このリバウンドは，摂取25日までの急激な薄色化をもたらした皮膚中ビタミンCの高レベル化とその維持が後半25日で破綻した可

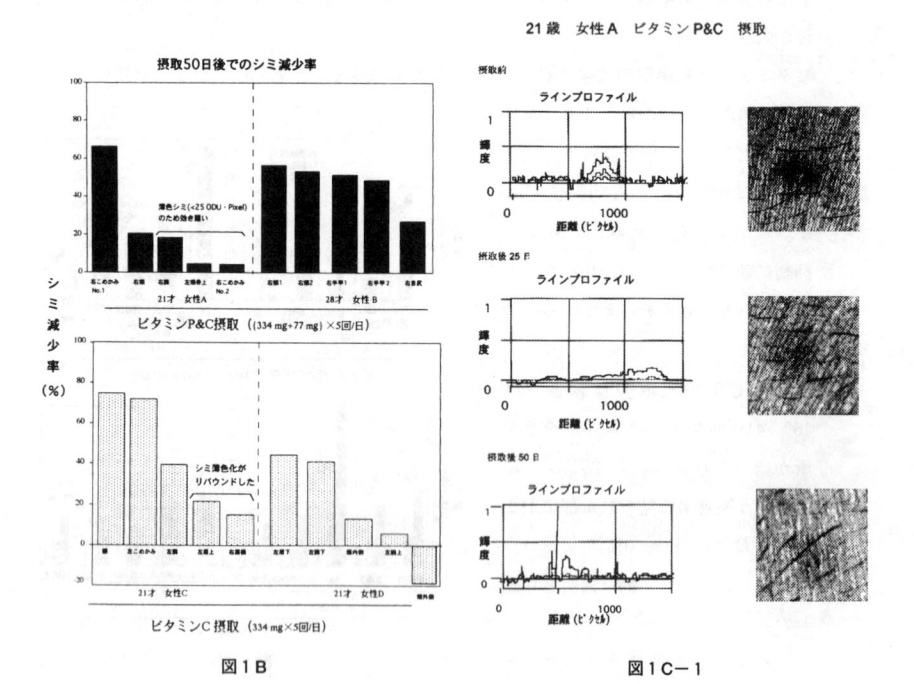

図1B

図1C-1

第9章 カンキツ類応用のUV防御プロダクト

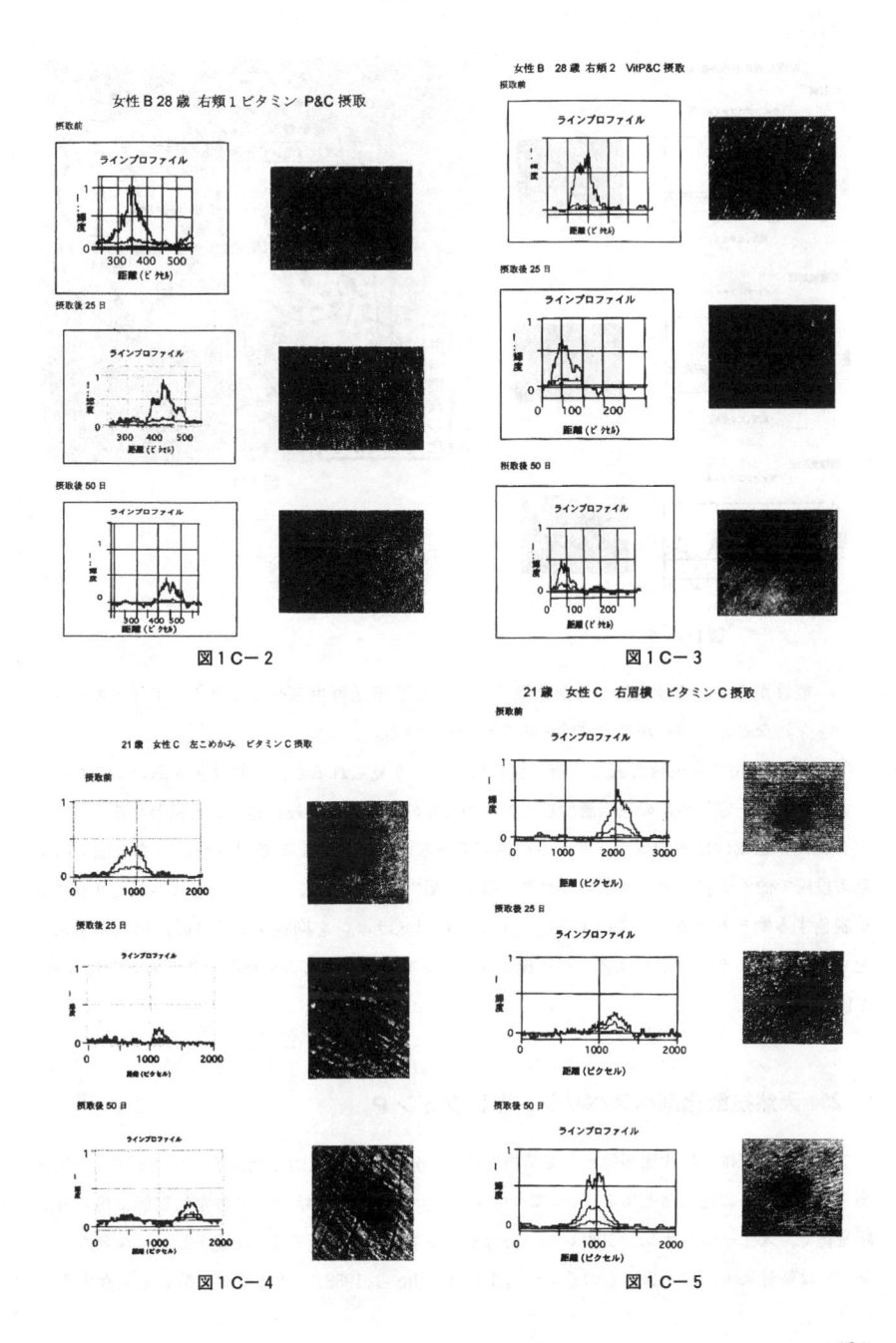

女性B 28歳 右頬1 ビタミン P&C 摂取

女性B 28歳 右頬2 VitP&C 摂取

図1C-2

図1C-3

21歳 女性C 左こめかみ ビタミンC摂取

21歳 女性C 右眉横 ビタミンC摂取

図1C-4

図1C-5

図1C-6

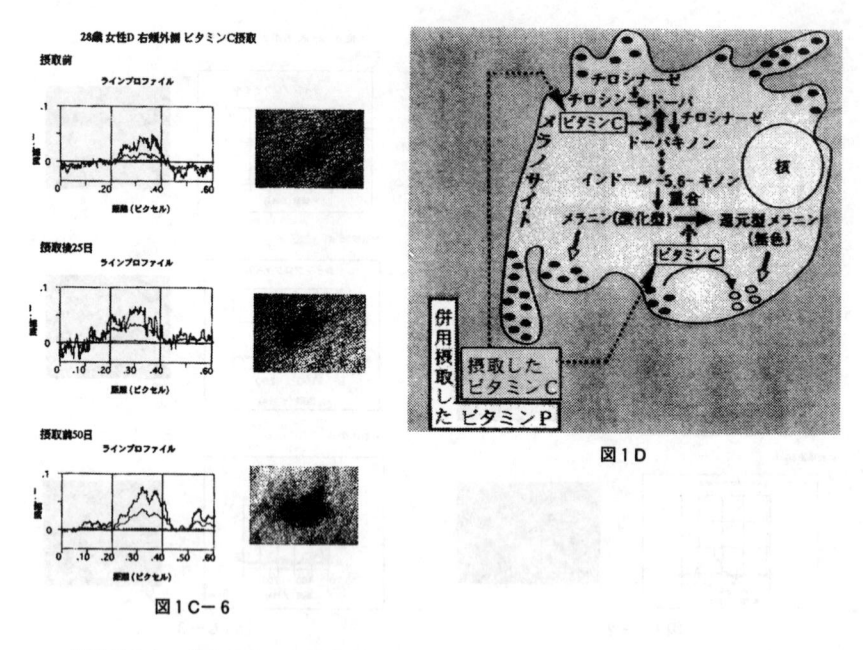

図1D

能性があり，機能喪失した酸化型ビタミンCを還元再生させるビタミンP（ヘスペリジン）などとの共存がこの破綻を防ぐと考えられる。

④ P&C併用でも被験者Aでの有効性が低いシミが見られるが，これは元来薄いシミだったため，一定レベルの色素濃度以下へのかなりの薄色化は一般に難しいと思われる。

メラニン色素は皮膚のメラノサイトの内部で作られる。ビタミンCはメラニンを合成する早期の段階で働くチロシナーゼという酵素の働きを阻害すると共に，いったん合成されたメラニンを脱色する働きもある[2,3]。このようにビタミンCはメラニンを抑制する2つの作用点がある。ビタミンPはビタミンCによるこの明確なメラニン抑制メカニズムを増強すると考えられる（図1D）。

2 天然抗酸化剤ヘスペリジンとビタミンP

フラボノイドは二次代謝産物として植物界に広く分布する代表的な低分子ポリフェノール化合物でフラボンを親化合物とする[1]。ヘスペリジンはカンキツ類栽培の際に豊富に安価に得られる副産物で，スイート・オレンジやレモンに含まれる主要なフラボノイドである。若く未熟なオレンジでは新鮮果実の最大14％もの重量が含まれ（Bartheら，1988），通常ビタミンCと共存する。

第9章　カンキツ類応用のUV防御プロダクト

毛細血管の脆弱性に由来する痣（あざ）などの症状は，天然ビタミンC抽出物で改善されるが，精製ビタミンCでは改善されなかった。ビタミンPの命名は，これが毛細血管の透過性(Permeability)と脆弱性やビタミンC欠乏症の兆候を軽減させ，軽度の壊血病であったモルモットを延命させ得たことに由来する。

ビタミンC，P，Eの中で充分量の食物摂取が難しいのはビタミンPである。ビタミンPを代表する2つの典型的成分はルチン（蕎麦（ソバ）に多量含有）とヘスペリジンである。ルチンとヘスペリジンの構造は全体の15分の14（93％）は同じであり，違いは僅か15分の1（7％）に過ぎない。この違いが，両者の効率的な摂取法や人体での機能に微妙な違いをもたらす。

ヘスペリジン欠乏症では毛細血管の異常な出血が起こりやすいと共に，疼痛や衰弱，夜間の足の痙攣，手足末端の痛みにも結びつく。ヘスペリジンの摂取は，液体貯留に起因する足の浮腫や腫れ物を減少させる。他のバイオフラボノイドと同様に，ヘスペリジンはビタミンCと一緒に投与された場合に最も効果的にはたらく。

3　ヘスペリジンと柑橘類

ヘスペリジンは通常のオレンジであるCitrus aurantiumLやC. unshiuと他種のカンキツ属（Rutaceae族）の外皮から大量に単離される。

広島県で育成中のカンキツに含まれているヘスペリジン含量を測定した結果，100mL果汁中に

石地温州	15.6mg
安芸タンゴール	15.0mg
広島11号	3.4mg
広島12号	2.2mg
広島13号	16.8mg
広島14号	36.5mg

となり，広島14号が特に高濃度にヘスペリジンを含んでいた（広島県立農業技術センター）。

ヘスペリジン純品は純水100mL中に2mg程しか溶解しないにもかかわらず果汁中に上記の高濃度に溶解している原因は，カンキツ中ヘスペリジンは細胞内で羽毛状の集合体などの形で存在する（Evans, 1996年）などの高次構造変化や周囲環境

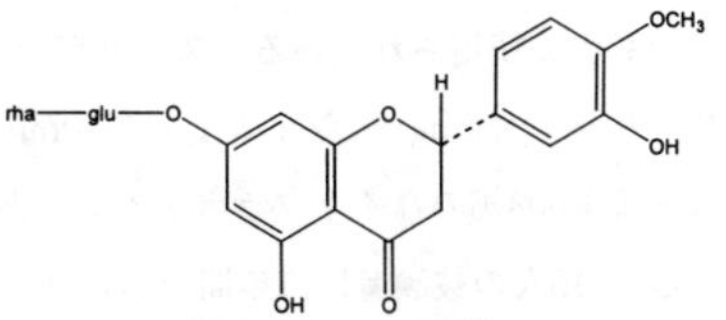

図2A　ヘスペリジン
(hesperetin-7-rhamnoglucoside)

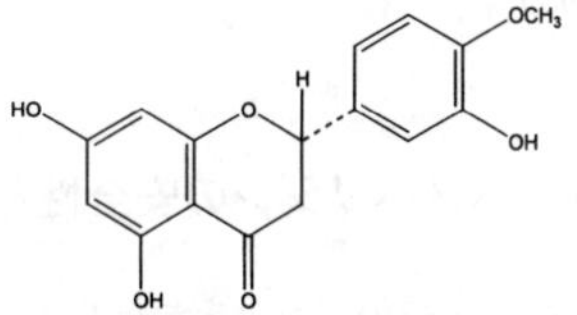

図2B　ヘスペレチン
(3, 5, 7-trihydroxy-4-methoxyflavanone)

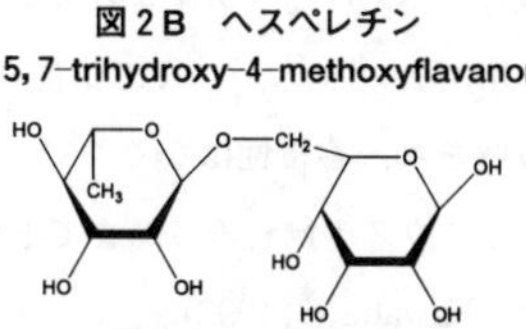

図2C　ルチノース
[O-α-L-rhamnosyl-（1→6）glucose]

との化学的相互作用のためと考えられる。

　ミカンには皮に180mgもの多量のヘスペリジンが含まれるが，可食部分の果肉にも9mg，袋や筋は果肉の3倍ほど（28mg）多量にヘスペリジンが含有される。熟したC. sinensis果実の中果皮，じょうのう膜および果実中心柔髄に多く含まれるのに対し，果汁，種子では著しく低い濃度でしか存在しない（Kawaguchiら，1997）。ヘスペリジンは未熟な果実にもっとも多く存在し，貯蔵中に減量していく（Higby，1941）。

　オレンジ皮抽出液をスチレン-ジビニルベンゼン樹脂に通してヘスペリジンのみを吸着する方法で大量生産できる[4]。

　ヘスペリジン（図2A）はフラバノン配糖体の一つで，アグリコンのヘスペレチン（図2B）に二糖類のルチノース（図2C；化学名6-O-(6-deoxy-α-L-mannopyranosyl)-D-glucose）と結合している。

　ヘスペリジンはルティノシドの一種であり，苦味はない（Kometaniら，1996）。苦味のあるネオヘスペリドシド類はグレープフルーツに多くあり，苦味のないルティノシド類は主としてオレンジやレモンに含まれる（Horowitz，1961）。

4　ヘスペリジンの薬効と市販治療薬

　最も広く使用されているヘスペリジン配合剤はDaflon-500mg®であり（Servier，スイス），ヘスペリジン（50mg）とジオスミン（450mg）を含む。ジオスミン（diosmetin-7-rhamnoglucoside）は分子量608.6のバイオフラボノイドである。Daflon-500mg®摂取は慢性静脈機能不全に有効である。215人の被験者は，1年間にわたり1日に2回，1錠を投与されたが，痙攣や晩に起こる浮腫のような静脈の症候群について臨床検査値は試験を通年で正常範囲内に留まった（Guillot他，1989）。

5　ヘスペリジンの安全性と吸収排泄

　一般に，ヘスペリジンを含むカンキツ類バイオフラボノイドは極めて安全で，妊娠中であっても副作用がない[5]。マウスでリン酸化ヘスペリジン（PH）は生体と組織に対して毒性がなく，容易に吸収され，蓄積性はなく，アレルギー反応は起こさなかった（Sieve，1952）。メチルヘスペリジンをマウスの飼料の5％まで上げて経口投与したが，変異原性や発癌性，毒性は観察されなかった（Kawabeら，1993）。

　ヒトでのヘスペリジン摂取研究で，軽微な副作用は登録者のわずか10％であったが，プラセボ

第9章　カンキツ類応用のUV防御プロダクト

投与群では13.9%であった（Meyer, 1994）。健常な25歳の白人男性志願者に，水と薬物ヘスペリジン500mg，または，500mgヘスペリジン含有のグレープフルーツおよびオレンジジュースを各々経口摂取させた。どちらの場合も摂取後，消化管から吸収されたが，累積した尿中回収量の値から体内利用率は低かった（<25%）。アグリコンのヘスペレチンは尿中および血清中に検出された。ヘスペリジンをウサギに経口投与した時，合成餌料を与えた場合は吸収されるが，市販のペレット状飼料は吸収されなかった（Williams, 1964）。

6　ヘスペリジンの各種の薬理作用

6.1　血管強化作用

ヘスペリジンは，血管の脆弱性や透過亢進があって挫傷や静脈瘤様腫脹になりやすい血管疾患の患者に使用されている。ヘスペリジンのこの作用は，過去十数年間に多数の発表がこの治療適用を扱っている（Bissetら, 1991）。毛細血管の透過性亢進はいくつかの疾患で起こる特徴的状態であり，浮腫，出血および高血圧症などの症状で表れる。通常，毛細血管の透過性亢進を伴う疾患には糖尿病，慢性静脈不全症，痔疾，壊血病，種々の潰瘍および挫傷などがある。

6.2　脂質代謝改善作用

ヘスペリジンは高脂血症の抑制作用も報告されており，ヘスペレチン-5-グルコシドおよび他のフラボノイド類は，高脂血症の治療に有用である。高脂肪食を給餌しているラットにヘスペレチン-5-グルコシドを腹腔内投与すると，総コレステロール濃度が著しく低下する（Choiら, 1991）。血中脂質が正常なラットおよび高コレステロール血症を誘発したラットにおいて，ヘスペリジンの高脂血症抑制作用が証明されている（Monforteら, 1995）。ヘスペリジン投与は肝臓でのコレステロール異化を亢進すると考えられる。ヘスペリジン（10%，経口投与）はラットにおいて血漿中トリグリセリド濃度を低下させ，糞便中に排泄される脂質の量を増加させた（Kawaguchiら, 1997）。

6.3　発癌抑制作用

ヘスペリジンとジオスミンの配合物は N-ブチル-N-（4-ヒドロキシブチル）ニトロサミンで誘発する雄マウスの膀胱癌を，腫瘍のイニシエーション期に8週間投与した場合に抑制した（Yangら, 1997）。ヘスペリジンは500ppm/kgの投与で，4-ニトロキノリン-1-オキシドで誘発するラットの発癌を抑制した（Tanakaら, 1994）。ヘスペリジン単独およびジオスミンとの併用は, 4—ニトロキノリン-1-オキシドでイニシエートした発癌の抑制だけでなく，アゾキシメチレンで

誘発するラット結腸の発癌の抑制も認められた (Tanaka ら, 1997)。C3H系マウスの10T1/2線維芽細胞に3-メチルコラントレンで誘発した癌形質転換を抑制する効果に関して，主要な食物中の各種のフラボノイド類の中で，ヘスペリジンおよびヘスペレチンは最も高活性であり，この形質転換を完全に抑制する[6]。

6.4 紫外線防御活性

ヘスペレチン単独および C. sinensis の粗抽出物は，皮膚局所に適用すると UV-B により誘発される皮膚紅斑を減少させる[7]。ヘスペレチンは UV 照射により誘発された過酸化からホスファチジルコリン（PC）小胞を保護する効果がある。ヘスペレチンは塗布したヒト皮膚の角質層に浸透し，UV-B 照射に暴露した被験者の紅斑を抑制する[8]。

6.5 抗酸化作用

ヘスペリジンはスーパーオキシド減少作用 (Jovanovic ら, 1994)，肝臓ホモジネートでのヒドロペルオキシド抑制作用 (Franga ら, 1987) がある。ヘスペリジン/ジオスミン配合物は酸化ストレスが病因の慢性静脈不全に有用な治療作用がある (Bouskela ら, 1997)。

6.6 創傷治癒作用

90%ジオスミンおよび10%ヘスペリジンからなる超微粉砕したフラボノイドの画分が，黄色ブドウ球菌に感染した創傷に対しては，経口投与および局所適用の両方で，有益な修復助長作用があった[9]。

7　血中ビタミンC減少へのビタミンPの抑制効果

ビタミンC (ascorbic acid) はヒト血清の中に添加すると，ただ37℃に放置するだけでも可逆的にデヒドロアスコルビン酸に酸化され，そして次第にジケトグロン酸さらにさまざまなレダクトン類に不可逆的に酸化分解される。この場合のビタミンCの半減期は2〜6時間であり，1/4量に減少する時期は4〜8時間，そして24時間後には消失している。このためビタミンCは一度に大量摂取するのではなく少量ずつ多数回に分割して摂取する必要が生じる[3]。

さらに過酷な条件として血液中に過酸化脂質が生じると，ビタミンC消耗はより顕著になる[9]。例えば，過酸化脂質のモデル剤としてヒドロペルオキシドの一種で t-BuOOH (tert-hydroperoxide) を37℃で120μM ビタミンC含有ヒト血清に添加して静置し，15分経過した時点で残存するビタミンC(ascorbic acid)を分析した[10,11]結果，t-BuOOH 濃度が0.1, 1, 10mM と増加するに

第9章 カンキツ類応用のUV防御プロダクト

従って，残存ビタミンC濃度は各々116.2μM(初期濃度の96.3%)，61.8μM(同51.5%)，37.6μM(同31.3%)へと減少する(図3A)。ところがt-BuOOH添加の直前に200μMのビタミンP(ヘスペリジン)を添加しておくと，残存ビタミンCは103.1μM(初期濃度の85.9%)，66.4μM(同55.3%)，44.8μM(同37.3%)と総じて減少抑制された。特に1mMと10mMのt-BuOOHによる明確なビタミンC減少に対してヘスペリジンは残存ビタミンCを各々7.4%および19.1%増加させる効果が見られた。これらの結果より，ヘスペリジンは実際のヒト血液中でもリポ蛋白などの酸化を防ぐためにビタミンCと協調的に働くと考えられる。

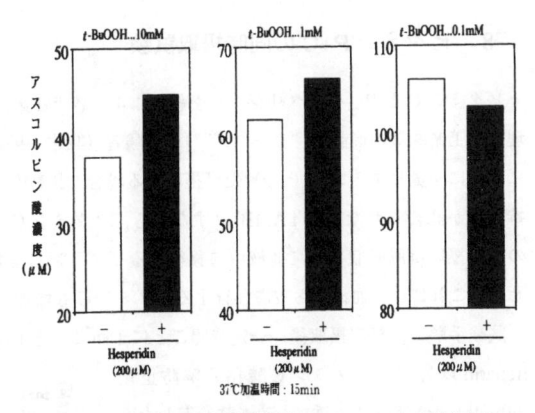

上記実験はt-BuOOH添加後15分でビタミンC分析したが，別の実験で0.3mMのt-BuOOHを37℃で120μMビタミンC含有ヒト血清に添加して静置し，予め200μMのヘスペリジンを添加しておくと，直後，15分後，30分後での残存ビタミン

図3A ヒト血清での脂質過酸化剤t-BuOOHによるビタミンC減少とビタミンPによる抑制効果

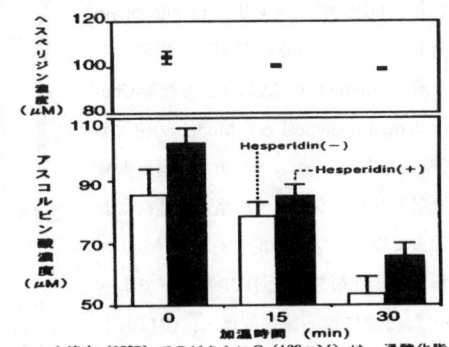

図3B ヒト血清でのビタミンPの存在濃度の時間依存性とビタミンC減少防御効果

ヒト血清中(37℃)でのビタミンC(120μM)は，過酸化脂質モデル物質(t-BuOOH, 300μM)によって減少するが，ヘスペリジン(200μM)の共存によって抑制される。

Cの増加率は各々19.7%, 8.7%, 22.7%だった(図3B)。添加したヘスペリジンはアグリコン(配糖体非糖質部分)であるヘスペレチンへは変換せず残存ヘスペリジンは時間経過での減少もほとんどなく添加量のほぼ半分は血清蛋白に吸着したと考えられる。このようなビタミンPによるビタミンC節約効果は過酸化脂質の処理濃度やその処理時間に応じて有意差が増大する傾向にある。

細胞死制御工学〜美肌・皮膚防護バイオ素材の開発〜

8 ビタミンP+Cの同時摂取試験

ビタミンCとP（ヘスペリジン）を約4：1（各々1gと0.23g）の割合に混合した製剤（浜理薬品工業㈱の商品名"ピータス"）を被験者（42才，男）に単回摂取してもらうと，3ヶ月後に同様に同量ビタミンC（1g）だけ摂取する場合と比較して，ビタミンPによるビタミンC保持効果が認められた（図4A, 4B）。すなわち，ビタミンC単独摂取に比較してビタミンPとCの混合摂取は腸吸収されて血液中に移行するビタミンCを増加させると共に保持時間も延長させた。これにより血液から皮膚移行するビタミンCも増加すると考えられる。

試験手順は，経口摂取後，一定時間ごとに1回につき0.6mL採血し，採取血液は凝固防止剤heparin以外に，ビタミンC酸化分解防止剤dithiothreitol（DTT）も添加し直ちに冷蔵した。ビタミンCはCentricon/Molcutでタンパク除去した後にODSカラムに0.1M phosphate buffer（pH2.35）-0.1mM EDTAで展開してHPLC分離しcoulmetric ECD（ESA社製Coulochem-2, dual analytical cell Model 5010, 200 mV）で検出した[11,12]。ヘスペレチンは過塩素酸のようなアグリゲーション（凝集）変性剤によ る蛋白除去でなくデフォールディング（ポリペプチド解鎖）変性剤SDSとDTT存在下でエーテル抽出した後に遠心凍結乾燥し，CH_3CN：EtOH：H_2O＝18：18：64，流速1mL/min，カラム温度60℃でHPLC分離し，吸収波長200nmで検出した。インジェクション100μLで10nMまでなら検出可能である。

8.1 ビタミンP&C同時摂取による血液中ビタミンCの増加

ビタミンC（1g）を単独で摂取するよりも，ビタミンP（ヘスペリジン）をビタミンCの4分の1量（0.23g）併せて摂取すると，血液中のビタミンC有効濃度が21％増加した[13]。す

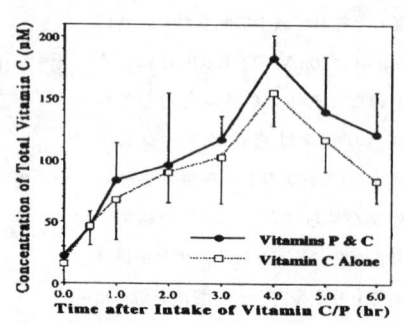

図4A ビタミンC単独とP&C混合物（浜理薬品工業㈱製・健康食品，ピータス）の経口摂取後のヒト血清中ビタミンC濃度の時間経過

ビタミンCだけの摂取よりも，ビタミンPと同時に摂取すると，血中ビタミンCが増加するだけなく，長い時間維持されることが判明した。すなわち，ビタミンP同時摂取によって，血中ビタミンC最大濃度が増加すると共に，最大濃度到達時間の2時間後の血中ビタミンC濃度も増加する。

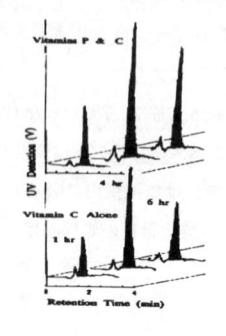

図4B ビタミンC単独とP&C混合物の経口摂取後のヒト血清のHPLCクロマトグラム

第9章 カンキツ類応用のUV防御プロダクト

なわち,人体が利用できるビタミンCパワーが2割アップしたことになる。ビタミンP&Cを摂取して4時間後に血液中のビタミンCが最高濃度に到達するが,この最高濃度はビタミンP同時摂取によって18%増加した。この後2時間後(摂取後6時間)に血中ビタミンC濃度は激減しやすいが,ビタミンP同時摂取によって48%も増加させた。すなわち,ビタミンPによる血中ビタミンCの維持効果が *in vitro* (図3A,3B) だけでなく *in vivo* でも認められた。

8.2 ビタミンPの血液中の動態と役割

ビタミンPは経口摂取すると,血液中に移行してアグリコンのヘスペレチンとなっているが,ヘスペリジンをヒト血清に接触させてもヘスペリジンに変換しない(図3A,3B)ので,消化器官でのアグリコン変換が推測される。ヘスペレチンは血液の液相それ自体の中に分散している量は極めて少なく,大部分は血液タンパクに結合した状態で存在する。ヘスペレチンは摂取前には全く検出されず,摂取後1,2,3時間と経過するに伴って,増加する(図5A,5B)。タンパク結合ヘスペレチンは血中最大濃度に到達するまではビタミンCよりも1時間早く,その後も,よく維持されている。ヘスペレチンは大部分(9分の8程度)は血清タンパクに結合していて,血中ビタミンC最高濃度の到達時間よりも1時間早くに,最高濃度に到達する。残り(9分の1程度)のヘスペレチンは血液中の液相にタンパク非結合状態として存在している。

血清タンパクに結合したヘスペレチンの最大濃度はビタミンC最大濃度の僅か0.43%に過ぎなかった。非結合ヘスペレチンは0.060%とさらに微量であり,タンパク結合ヘスペレチンに対して14%であった。血液中ヘスペレチンはこれら両方合算しても,血中ビタミンCの200分の1程度に過ぎない。それにもかかわらずビタミンP摂取がビタミンCをパワーアップさせる原因は血清タンパクに結合したヘスペレチンが再利用されてビタミンCを安定化させているためと考えられる。ヘスペレチンを結合する血清タンパクとしては,長寿をもたらす可能性が指摘されている血清アルブミンを始め,リポプロテイン,グロブリン,トランスフェリン,ラクトグロブリンなどが考えられる。ヘスペレチンは過塩素酸処理で血清タンパクを凝集沈殿すると巻き込み—共沈(entrapping co-sedimen-

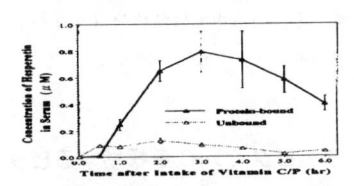

図5A ビタミンP&Cの経口摂取後のヒト血清中ビタミンPアグリコンの濃度変化
タンパク結合ビタミンPアグリコンは最大血中濃度に到達するまでビタミンCより1時間早く,その後も良好に維持されている。

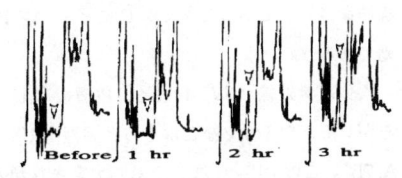

図5B ビタミンP&Cの経口摂取後のビタミンPアグリコンのHPLCクロマトグラム

tation）現象によって回収されないが，SDS存在下エーテル抽出で回収されることから，血清タンパクの表面直下に部分露出状態（partially exposed state）で分布して活性酸素の消去に働いたり，ビタミンC再生に働き，その後に，血液タンパクの中心部に埋没状態（buried state）で局在するビタミンEやβ-カロテンによって再生される可能性がある。このために微量存在でもリサイクルによって，有効に機能していると考えられる。

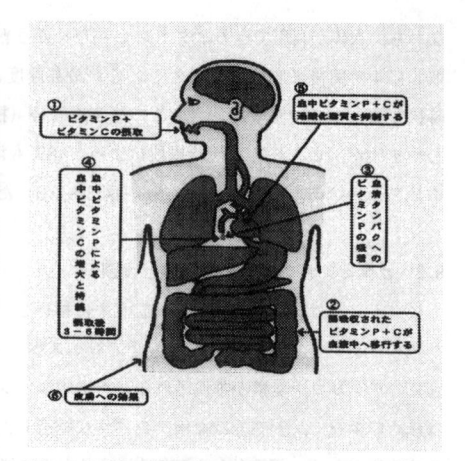

8.3 血中ビタミンC濃度―時間積分値の増加

図6 カンキツ美肌法によるビタミンP&C同時摂取と体内動態の推定

　血中ビタミンCがいかに高濃度に長時間維持されたかを示す濃度―時間積分値は，ビタミンP同時摂取によってビタミンC単独摂取よりも，21％増加した。この積分値は，血中ビタミンCが血中の活性酸素を消去する効率を向上させ，同時に，血中ビタミンCが臓器に取り込まれる効率をも増加させるので，ビタミンPがビタミンCの働く効率や全身への分布を助けることを意味する。血液中では酸化分解されやすいビタミンCをビタミンPのパワフルな抗酸化力が守っていると考えられる（図6）。

9　ビタミンCを援助するビタミンPの美肌効果

　美肌をもたらすために必要な体内環境とは何か。最も重要な要因は，老化とガンを引き起こす元凶でもある体内フリーラジカル（遺伝子や細胞膜などを破壊する悪玉物質）をいかに迅速に消去するかである。このためには，「フリーラジカルを消去する"フロント・ディフェンダー（前線防衛隊）"」であるビタミンCにビタミンPを加えた2成分を同時に摂取するプログラムが有効であろう。

　人体は紫外線（UV）に弱く，皮膚ではUV傷害を受けて多数の細胞が日々死んでいる。ところがレモンやミカンなどはもっと強烈なUVを照射されているが，UV傷害を防いでいる（図7A，7B）。この機序として，これらカンキツ類の果実の皮には多量のビタミンP（ヘスペリジン）が含まれていて，ビタミンCと協調してUVから身を守っていると考えられる。

　メラニン色素は皮膚のメラノサイトの内部で作られる。ビタミンCはメラニンを合成する早

第9章　カンキツ類応用の UV 防御プロダクト

期の段階で働くチロシナーゼという酵素の働きを阻害すると共に，いったん合成されたメラニンを脱色する働きもある。このようにビタミン C はメラニンを抑制する 2 つの作用点がある。ビタミン P はビタミン C によるこの明確なメラニン抑制メカニズムを増強すると考えられる。

　皮膚のシワとタルミを引き起こす直接的な原因は，コラーゲンを主とする構造強化タンパク質の減少と劣化である。未成熟なコラーゲン前駆体の 1 本の鎖は 3 本鎖に寄せ集まって初めて，皮膚の構造を強化する。この 3 本鎖集結にビタミン C が不可欠である。他方，コラーゲンを分解する MMP という酵素が紫外線や皮膚微生物によって増加してしまうが，ビタミン C によって抑制される。ビタミン C はこのようにコラーゲンの黒字を増やし赤字を減らす。このコラーゲン収支改善効果はビタミン P によってさらに促進され，ビタミン P ＋C の同時摂取が皮膚コラーゲンを増強させることによってシワ・タルミ防御効果を示すと考えられる。

図7A　ビタミン P（ヘスペリジン）&C を含有するレモン果実の皮と油滴

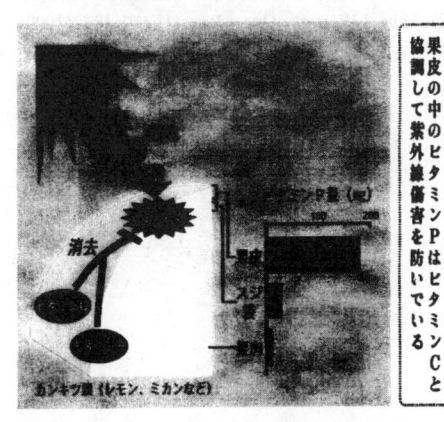

図7B　カンキツ類でのビタミン P とビタミン C の協調効果による UV 傷害の防御

文　献

1) A.Garg et al., *Phytother Res*, **15**, 655-669 (2001)
2) 三羽信比古,「ビタミンCの知られざる働き　～生体における劇的な活性化メカニズム～」, 丸善, (1992)
3) 三羽信比古・編著,「バイオ抗酸化剤プロビタミンC～皮膚障害・ガン・老化の防御と実用化研究～」, フレグランスジャーナル社 (1999)
4) Di Mauro et al., *J Agric Food Chem*, **47**, 4391-4397 (1999)
5) Pizzorno Jr et al., In : Texbook of natural medicine. Churchill Livingstone : Edinburgh ; 79 (1999)
6) Franke, A.A., *Adv Exp Med Bion*, **439**, 237-248 (1998)
7) Bonina, F et al., *Int J Pharm*, **145**, 87-94 (1998)
8) Saija, A et al., *Int J Pharm*, **175**, 85-94 (1998)
9) Hasanoglu, A et al., *Int J Angiol*, **10**, 41-44 (2001)
10) Fujiwara, M et al., *Free Radical Res*, **27**, 97-104 (1996)
11) Furumoto, K. et al., *Life Sci*, **63**, 935-948 (1998)
12) Liu, J.W et al., *Oncol Res*, **11**, 479-487 (1999)
13) 吉岡晃一, 他, *BioIndustry* **20** (5) 19-29 (2003)

第10章　天然香料の粘膜・皮膚防護効果
――鼻腔・気管を介したガン殺傷/転移抑制の多面的薬効――

鈴木恭子[*1]，蔭山勝弘[*2]，楠本久美子[*3]，伊藤信彦[*4]，辻　弘之[*5]，
三村晴子[*6]，三羽信比古[*7]

1　はじめに

　本章では，粘膜と皮膚を防護する次世代の発ガン防止剤を目指して，天然香料によるアロマセラピー（香気治療）を利用する点，および，ガン殺傷作用とガン転移抑制作用の二つを併有した抗ガン剤を開発する点に眼して論述する。

　アロマセラピーは従来は精神安定効果や清涼感や催眠効果などが主体だったが，今後はこれだけに止まらず，呼吸器系ガンへの予防効果，および，自律神経への鎮静作用を介した脂質代謝改善や美肌効果など多彩に及ぶ応用が企図されるべきである。本章では天然型やそれに類似した香料としてのヒドロキシ脂肪酸とそのラクトンによるガン殺傷効果とガン浸潤抑制効果について解説する。従来の抗ガン剤は人体に投与した直後は体内濃度が高いためガン殺傷作用を示すが，次第に血中や組織中から存在濃度が低下してくると，ガン浸潤やガン転移を促進する作用を副作用として発揮すると考えられる。この2種の効果を併有する薬剤能力が次世代の抗ガン剤としての資格条件であることを後述する。

　さらに，治療薬としてよりも，発ガンやガン再発に対するリスクの高い人の予防薬としての実用化を目指す場合は，日常生活で絶えず発ガン防止剤を少量ずつ持続的に投与することが好適で

---

* 1　Kyoko Suzuki　広島女学院大学　生活科学部　生活科学科　環境化学研究室
* 2　Katsuhiro Kageyama　大阪市立大学　医学部　教授；現 大阪物療専門学校　放射線学科　参与
* 3　Kumiko Kusumoto　四天王寺国際仏教大学　短期大学部　保健科　助教授
* 4　Nobuhiko Itoh　曽田香料㈱　開発研究部長
* 5　Hiroyuki Tsuji　曽田香料㈱　研究企画管理部長
* 6　Haruko Mimura　広島県立大学　生物資源学部　三羽研究室　専任技術員
* 7　Nobuhiko Miwa　広島県立大学　生物資源学部　生物資源開発学科　教授

あり,静脈注射や経口内服薬よりも手軽なアロマセラピーは有効であろう。得に,近年急増する肺ガンを初めとして咽喉ガンや口腔ガンなど呼吸器・上部消化器系ガンの予防に対象疾患を絞ると,鼻腔からのネブライザー(噴霧剤)の吸入による呼吸器への抗ガン剤の浸透を目指して,医薬と健康プロダクトとフレグランス化粧品とのボーダーレスを試行することは有意義である。

鼻腔から脳への薬剤移行についても,血液—脳関門(BBB:blood-brain barrier)を介さずに,鼻腔から脳脊髄液(CSF:cerebral spinal fluid)への短絡(short-cut)によって効率良く起こる(図1)[2]ので,脳腫瘍の再発防止や発ガン防止も期待できる。死に至る疾患であるガンへの対策であるからこそ,その発ガン防止や再発防止の手段は医療機関以外でも可能な選択肢を手軽にかつ常時実践することは意義が大きい。

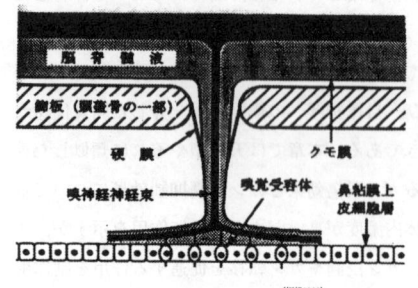

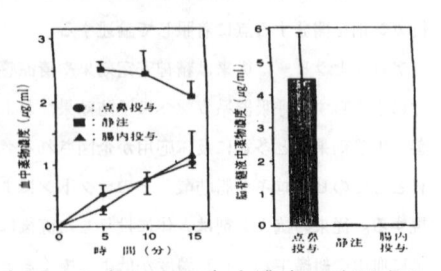

図1 鼻腔から脳への薬剤移行
A. アロマセラピーで吸引した天然香料は呼吸器だけでなく鼻腔を介して脳内へ移行する。
B. 抗生物質のセファレキシンは点鼻薬として投与すると血液中へ移行する速度は腸内投与の場合と変わらなかった(左図)が,脳脊髄液へ移行する薬剤量は静脈注射よりも大きかった(右図)。

2　天然型の直鎖脂肪酸によるガン殺傷効果

炭素数14, 16, 18の飽和直鎖脂肪酸であるミリスチン酸, パルミチン酸, ステアリン酸でも弱いながらガン細胞殺傷活性が見られるが, 強い殺傷活性は不飽和直鎖脂肪酸のエイコサペンタエン酸(20：5, 炭素数20個, 2重結合5個)やドコサヘキサエン酸(22：6)に認められ[3], ハイパーサーミア(39~42℃の温熱療法)との併用効果も顕著である(図2)[4]。

脂肪酸による細胞への障害は下記の過程を経て引き起こされると考えられる(図3)。

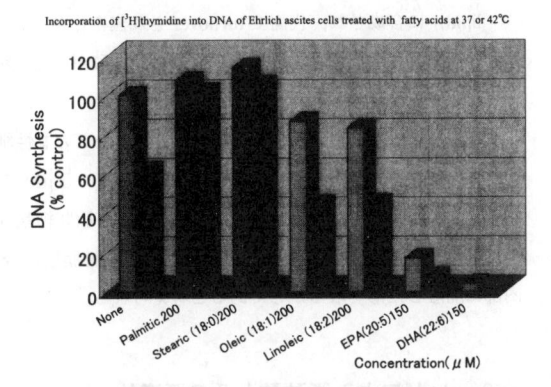

図2　ガン細胞のDNA合成に対する各種の脂肪酸の抑制効果
強い抑制活性は不飽和直鎖脂肪酸のエイコサペンタエン酸やドコサヘキサエン酸に認められ, 42℃の温熱処理との併用効果も顕著であった。

① 脂肪酸を血中に投与すると, 先ず血清アルブミンに結合される。特に抗ガン作用の強い高度不飽和脂肪酸 (PUFA：polyunsaturated fatty acid) で二重結合数の多いほどその傾向は大きい。

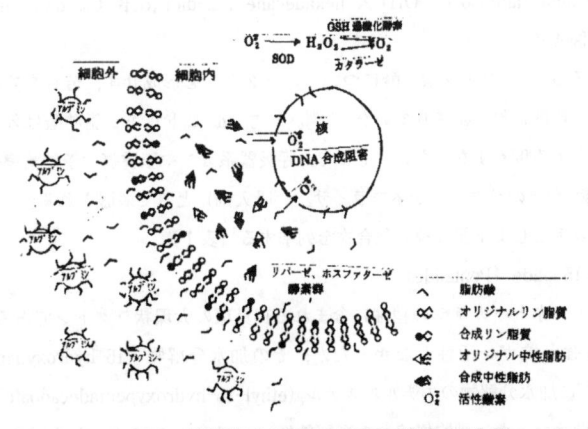

図3　脂肪酸による細胞への障害の過程(推定図)
血中の脂肪酸はまず血清アルブミンに結合され, この結合能を超えた脂肪酸が細胞の内部に取り込まれる。細胞内の遊離脂肪酸は障害性の少ない中性脂肪やリン脂質に組み込まれるが, この限界を超えた過剰量の脂肪酸が過酸化物に変換され活性酸素を産生して細胞障害を引き起こすと考えられる。

② アルブミンの結合能を超えた脂肪酸が細胞の内部に取り込まれる[5]。
③ 細胞内の脂肪酸は障害能の少ない中性脂肪（TG：triglyceride）やリン脂質（PL：phospholipid）に合成され，代謝で turnover され無毒化される。
④ 細胞のもつ合成能を超えた過剰量の脂肪酸が過酸化物に変換され活性酸素を産生することにより細胞障害作用を起こす。

エールリッヒ腹水ガン細胞や B16メラノーマなどの悪性細胞は高度不飽和脂肪酸のエイコサペンタエン酸やドコサヘキサエン酸の投与濃度が10～50μMで増殖抑制作用（carcinostatic action）や細胞殺傷作用（cytocidal action）を受けるが，脂肪細胞（adipocyte）が脂肪酸に抵抗性であって200μMの脂肪酸でも生存している原因は，中性脂肪に合成する能力が高く脂肪滴として細胞内部に隔離した形を取るからであると考えられる。

3　ヒドロキシ脂肪酸とその誘導体

飽和直鎖（straight chain）脂肪酸が血液中で主要な脂肪酸であるが，皮脂には分枝鎖（branched chain）脂肪酸やα-ヒドロキシ脂肪酸も相当量が構成成分として占めている。羊毛に付着したウールグリースから分画されたイソ脂肪酸（ω-1branched）やアンチイソ（ω-2branched）脂肪酸は脂肪族部分が枝別れしているが，飽和脂肪酸として分子蒸留やクロマトグラフィで単離されていて，これら各種の脂肪酸，さらには，同時に加水分解されて生じる脂肪族アルコール，例えば，14-methyl-1-hexadecanol（anteiso-C_{17}-OH）や hexadecane-1,2-diol（α,β-C_{16}-diol）も強い抗ガン活性を有する（図4）[6,7]。

皮脂に含有されるα-ヒドロキシ脂肪酸についてはラクトンを形成せず，芳香を発する人体含有脂肪酸としても一般的に見い出されていない[8~10]。一方，ω-ヒドロキシ脂肪酸は各種のラクトンを形成し芳香を発する例も少なくない。そこで，呼吸器系ガンや脳腫瘍の予防治療薬としてω-ヒドロキシ脂肪酸[11]やそのラクトンがネブライザー（吸入剤）として着眼される。

ここではその代表例として下記2種の化合物を列挙する（表1）。

① pentadecan-15-olide（Pentalide）

アンゲリカルート，赤トウガラシの精油に含まれる16員環の大環状ラクトンである（表1）。この化合物自体は強い抗ガン活性がなかったが，その加水分解物（15-hydroxypentadecanoic acid）（図5A）並びに加水分解物のエチルエステル（ethyl-15-hydroxypentadecanoate）（図5B）には抗ガン効果が顕著だった。細胞増殖への抑制効果（carcinostatic effect）だけでなく細胞変性と細胞破壊をもたらす殺傷効果（tumoricidal effect）も認められた（図5D）。

特許第2583777号においてスコポラミン，エストラジオール，エリスロマイシン等の医薬品や，

第10章　天然香料の粘膜・皮膚防護効果

A. 羊皮脂の脂肪族アルコールによるガン細胞殺傷効果　　**B. 羊皮脂の脂肪族アルコールによるガン移植マウスへの治療効果**

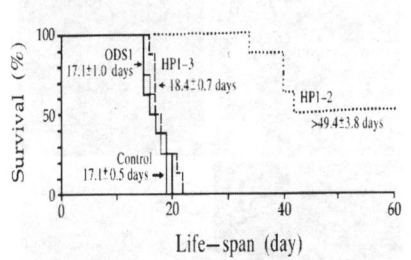

図4　脂肪族アルコールの坑ガン活性

A. ヒツジ皮脂（刈りたての羊毛に付着）に含まれる各種の脂肪族アルコールのうち1,2-hexadecanediol（従来の抗ガン剤と違う低毒性の α,β-diol の一種）は活発に増殖している Ehrlich 腹水ガン細胞（左図）に130μg/ml 添加すると18hr で細胞変性を来し（中図），48hr で完全に細胞溶解に至らせる（右図）。

B. 同じ Ehrlich 腹水ガン細胞を腹腔に移植したマウスは17.1日で死亡するが，1,2-hexadecanediol を体重kg当たり80mgの割合で10日間，毎日1回腹腔内に連日注射すると，半数のマウスはガンが退縮し，49.4以上生存し続けた。

表1

No	分類	化学名／化学式	構造式	分子量	商品名（代表メーカー）	純度(%)	No.
1	大環状ラクトン	Dodecan-12-olide $C_{12}H_{22}O_2$		198	(Aldrich)	98.0	4120
2		Pentadecan-15-olide $C_{15}H_{28}O_2$		240	Pentalide (曽田香料)	99.5	4150
3		Pentadecan-15-olide $C_{15}H_{28}O_2$		238	Habanolide (Firmenich)	98.8	4151
4		Hexadecan-16-olide $C_{16}H_{30}O_2$		254	Hexadecanolide (I.F.F.)	99.0	4160
5		9-Hexadecen-16-olide $C_{16}H_{28}O_2$		252	Ambrettolide (Cherabot)	97.0	4161
12	大ケ環状	5-Cyclohexa-decen-1-one $C_{16}H_{28}O$		236	TM-II (曽田香料)	99.0	5161
16	α,ω-オキシ酸類	12-Hydroxy-dodecanoic acid $C_{12}H_{24}O_3$	$HO(CH_2)_{11}COOH$	216	(Aldrich 他)	97.0	2120
17		15-Hydroxypenta-decanoic acid $C_{15}H_{30}O_3$	$HO(CH_2)_{14}COOH$	258	(曽田香料)	99.0	2150
18		16-Hydroxyhexa-decanoic acid $C_{16}H_{32}O_3$	$HO(CH_2)_{15}COOH$	272	(Aldrich 他)	97.0	2160
19		15-Hydroxy-12-oxo pentadecanoic acid $C_{15}H_{28}O_4$	$HO(CH_2)_2CO(CH_2)_{11}COOH$	272	(曽田香料)	99.0	3150

インシュリンの経皮・経粘膜吸収への助剤としての用途が知られている。また，特開平4-275217では本化合物とジヒドロピリジン系カルシウム拮抗剤とを含有する経皮吸収型製剤が提案されている。

細胞死制御工学～美肌・皮膚防護バイオ素材の開発～

A. ω-ヒドロキシ脂肪酸#2150を添加した後の時間経過に伴うEhrlich腹水ガン細胞の形態変化

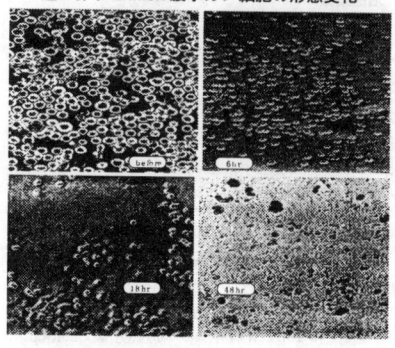

B. ω-ヒドロキシ脂肪酸のガン細胞増殖抑制活性

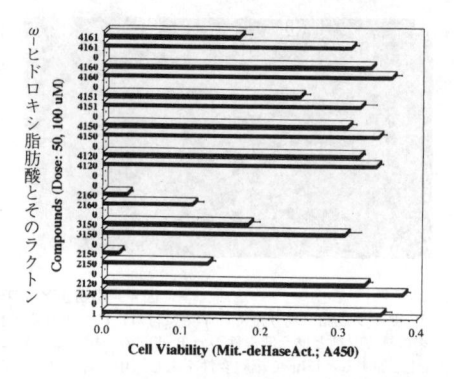

C. ω-ヒドロキシ脂肪酸の誘導体のガン細胞増殖抑制活性

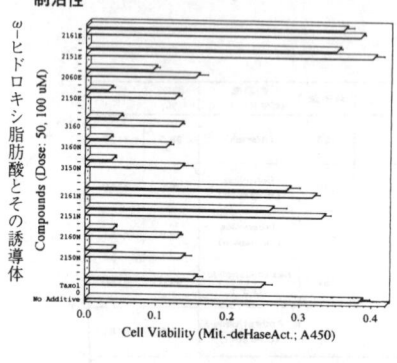

D. アルキル-δ-ラクトンのガン細胞増殖抑制効果

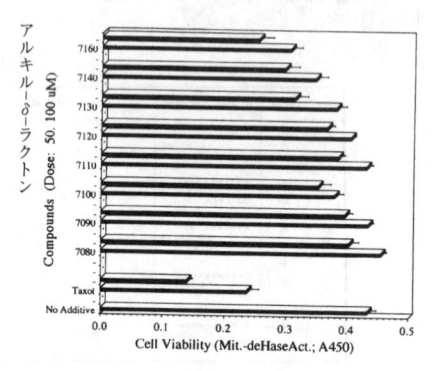

図5 ω-ヒドロキシ脂肪酸やそのラクトンの抗ガン効果

B. 赤トウガラシに含有される15-pentadecanolide（#4150）の加水分解物（#2150）は50および100μMの添加でEhrlich腹水ガン細胞への抑制効果が顕著だった。
C. 図6Aで著効だった#2150や#2160のナトリウム塩（N）とエチルエステル（E）は既存の抗ガン剤タキソールには遜色なかった。
D. 炭素数8-16のδ-ヒドロキシ-α-カルボキシ脂肪酸のラクトンについて試験した結果，いずれも弱い薬効だったが，ガン浸潤抑制効果の優れた（図9D）最長の炭素数16（#7160）が比較的優れた薬効だった。

② 5-hexadecanolide（δ-hexadecalactone）

ピラノン環を形成しているが，ラクトン開環によってδ-ヒドロキシ脂肪酸に変換される。少しジャコウの香気もあるが，バター臭が主である。実際に，チェダーチーズ，加熱バターに含有され，加熱チキン，加熱ビーフ，加熱ラム，加熱マトンの各脂肪にも生成される。エールリッヒ腹水ガン細胞を用いて培養細胞系で調べると，著明な抗ガン活性とまでは言えない（図5C）が，

第10章　天然香料の粘膜・皮膚防護効果

同じこのガン細胞を腹腔に移植したマウスに対して *in vivo* で延命効果が認められた（図6）。
上記2種の化合物のうち①pentadecan-15-olide（Pentalide）の開環した脂肪酸およびその各種の誘導体は表2の通りである。

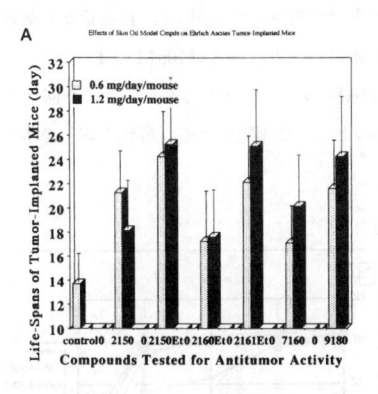

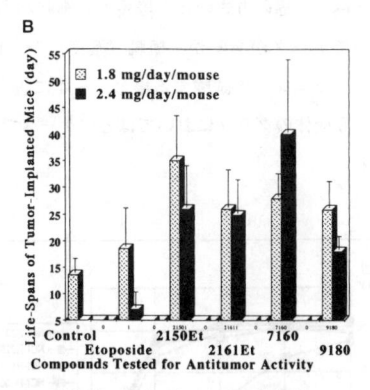

図6　ヒドロキシ脂肪酸とその誘導体による Ehrlich 腹水ガン移植マウスへの治療実験
A. 低用量の薬剤投与。ω-ヒドロキシ-α-カルボキシ脂肪酸エチルエステルの#2150Et，#2161Et の延命効果が優れていた。
B. #2150Et および δ-アルキルラクトンの#7160の延命効果は既存抗ガン剤のエトポシドを凌駕した。

表2　ω-ヒドロキシ-α-カルボキシ脂肪酸とその誘導体

1) Free acid		
12-Hydroxydodecanoic acid (12:0)	#2120	HO-$(CH_2)_{11}$COOH
15-Hydroxypentadecanoic acid (15:0)	#2150	HO-$(CH_2)_{14}$COOH
16-Hydroxyhexadecanoic acid (16:0)	#2160	HO-$(CH_2)_{15}$COOH
15-Hydroxy-11(12)-pentadecenoic acid (15:1)	#2151	HO-$(CH_2)_3$CH=CH$(CH_2)_9$COOH
16-Hydroxy-9-hexadecenoic acid (16:1)	#2161	HO-$(CH_2)_6$CH=CH$(CH_2)_7$COOH

2) Ester		
15-Hydroxypentadecanoic acid ethylester	#2150E	HO-$(CH_2)_{14}$COOC$_2$H$_5$
16-Hydroxyhexadecanoic acid ethylester	#2160E	HO-$(CH_2)_{15}$COOC$_2$H$_5$
15-Hydroxy-11(12)-pentadecenoic acid ethylester,	#2150E	HO-$(CH_2)_3$CH=CH$(CH_2)_9$COOC$_2$H$_5$
16-Hydroxy-9-hexadecenoic acid ethylester	#2160E	HO-$(CH_2)_6$CH=CH$(CH_2)_7$COOC$_2$H$_5$

3) Sodium salt		
15-Sodium Hydroxypentadecanoic acid	#2150N	HO-$(CH_2)_{14}$COONa
16-Sodium Hydroxyhexadecanoic acid	#2160N	HO-$(CH_2)_{15}$COONa
15-Sodium Hydroxy-11(12)-pentadecenoic acid	#2150N	HO-$(CH_2)_3$CH=CH$(CH_2)_9$COONa
16-Sodium Hydroxy-9-hexadecenoic acid	#2160N	HO-$(CH_2)_6$CH=CH$(CH_2)_7$COONa

4 癌研方式によるヒト培養ガン細胞パネルテスト

抗ガン剤候補の検体についてその投与量に対する抗ガン効果の応答性（Dose Response-Curves）が癌研方式のヒト培養ガン細胞パネルテストで実施された（図7）。各培養ガン細胞についてデータがあるが、横軸（濃度）の−6は1μMに該当し、−5は10μMのオーダー、1次スクリーニングで試験する場合、−4に該当する100μMのオーダーである。ここで今回テストした6検体のグラフにおいてはどのケースでも−4のところで細胞生存率（縦軸の値）が落ちている。

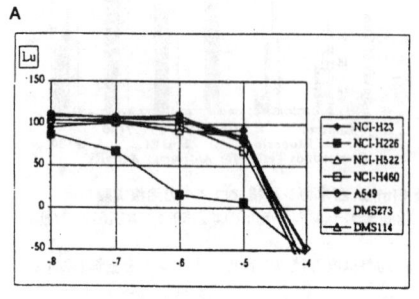

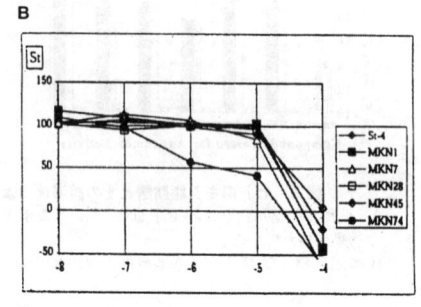

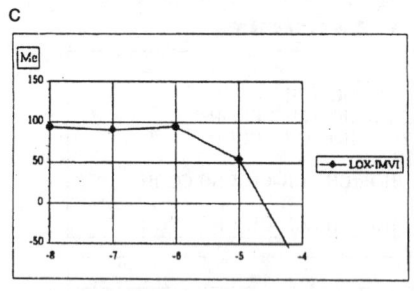

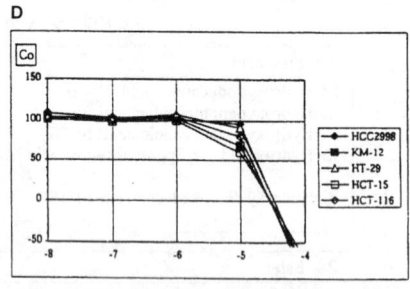

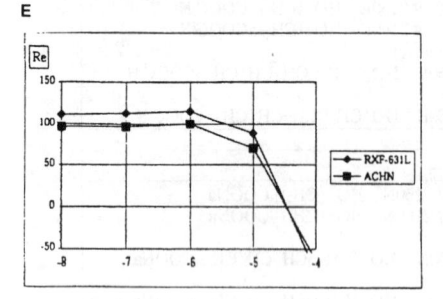

図7 癌研方式のヒト培養ガン細胞パネルテスト（文部科学省がん特定・総合がん「新しい戦略による抗がん剤のスクリーニングのための委員会」による）

抗ガン剤候補の6検体についてその投与量に対する抗ガン効果の応答性（Dose Response Curves）が癌研方式のヒト培養がん細胞パネルテストで実施された。結果、#7160（δ-hexadenanolide）での一例を示すと、試験した39種類のガン細胞のうち、肺ガン（Lu）のNCI-H226には卓効であり、胃ガン（St）のMKN74にもかなり有効であり、悪性黒色腫（Me）のLOX-IMVIにもやや有効だった。

第10章 天然香料の粘膜・皮膚防護効果

　スクリーニングする抗ガン剤の作用時間は，静脈注射後の薬剤の血中クリアランス（尿中への排出）の半減期の時間と揃える意味から1～3時間として試験する研究例が多いことから，これに相応した薬剤処理時間が癌研パネルテストでも採用されている。

　抗ガン剤（検体）のガン細胞への作用時間，細胞密度および添加血清の濃度いかんによって抗ガン活性が見かけ上大きく変動する。癌研方式は細胞を biological stain として Sulforhodamin B で染色するという簡便で実用的な方法が採用され，ほぼ細胞数それ自体が測定されることになり，細胞変性や細胞溶解といった強烈なガン殺傷効果の有無を判定するという視点から有意義な方法である。

　試験した6検体のうち5-Hexadecanolide（#4160）についてのみ，肺ガン細胞 NCI-H-226, 胃ガン細胞 MKN74の増殖に対して抑制効果がある。この試験で調べた肺（Lung）ガンと胃（Stomach）ガンの数株の中で上記1株ずつが著明に増殖抑制されていて，各種のガン細胞に同等に有効な抗ガンスペクトルであるとは言えないが，調べた総てのガン細胞を完全に増殖抑制している。

　癌研 HCC パネルは簡便性に優れていて稼動させやすく，薬剤の投与濃度も幅広く検討されていて，活性測定法はガン細胞殺傷作用による細胞数の減少を測定するという原理に基づいて，抗ガン剤の一次スクリーニングとしての使命を果たしている。

5　ガン殺傷活性とガン転移抑制活性を併有する次世代抗ガン剤

　ガン転移もガン殺傷も両方の動物実験系を稼動させて次世代抗ガン剤を検索すべきである。簡便性を重視した評価系として，一つはマウス悪性黒色腫細胞 B16BL6 を尾静脈から注入して肺へ転移する系であり，もう一つは Ehrlich 腹水ガンなどの腹腔内移植に対する投与効果を評価する系である。

　もちろん，次の評価段階に該当する評価系も必要になってくる。

　動物を用いた抗ガン剤の評価は，「培養細胞に検体を投与した条件をいかに的確に同一条件にして動物に投与するか」に依存し，成否を占う鍵になる。特に，脂溶性の検体の場合は，分散薬剤（ノニオン系界面活性剤などの種類，濃度），分散装置（ソニケータ，シラスフィルターなど）などがノウハウになっている。

　脂肪族化合物によるガン浸潤抑制活性をいかに評価するか。ヒト繊維肉腫細胞 HT1080 が再構成基底膜 Matrigel に浸潤して透過するガン浸潤モデル系を用いて，脂肪族化合物を5，10μM 投与した（図8A）。基底膜は組織と組織を区切る生体膜であり，ガン浸潤では基底膜を透過してガン細胞の転移が成立することになる重要な要因である。

細胞死制御工学～美肌・皮膚防護バイオ素材の開発～

5,10μMという投与量はガン殺傷活性試験で添加する投与濃度よりも5～20倍薄く設定した。この理由は，抗ガン剤を投与した後の時間経過を下記の2段階に分けて考察することに存する。

① 抗ガン剤を投与して短時間の経過では，血中や組織中に抗ガン剤が高濃度に分布していてガン組織を破壊する。

② 投与後，体内の抗ガン剤は次第に存在濃度が低下すると，多種の抗ガン剤のもつ活性酸素生成能力によって，残存した一部のガン細胞が浸潤や転移を誘発される。

A. ヒト繊維肉腫細胞 HT1080による基底膜へのガン浸潤

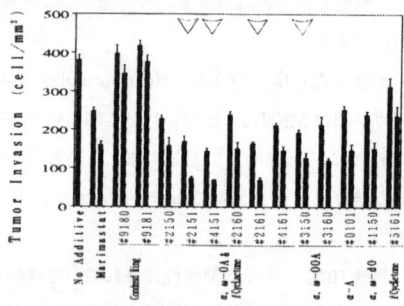

B. ω-ヒドロキシ脂肪酸とその誘導体によるガン浸潤抑制効果

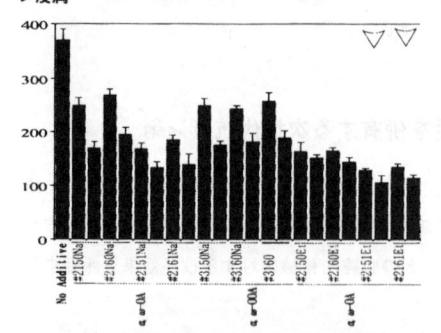

C. ω-ヒドロキシ脂肪酸誘導体のガン浸潤抑制効果

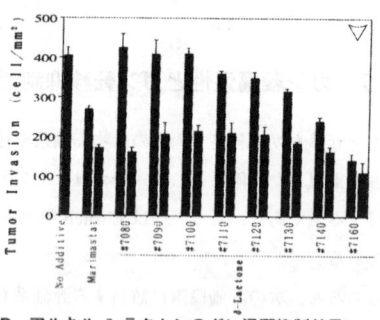

D. アルキル-δ-ラクトンのガン浸潤抑制効果

図8
A. 一連の本研究の発端となった検体#4151（大環状ラクトンのpentadecene-15-olide）のガン浸潤抑制効果の写真。
B. 基底膜を浸潤したヒト繊維肉腫細胞 HT1080の数（グラフ縦軸）を抑制する効果が英国 British Biotech 社製のガン転移抑制剤 Marimastat より顕著に優れた薬剤検体として，ω-ヒドロキシ脂肪酸（#2150, #2160），その不飽和脂肪族体（#2151, #2161），さらに，そのラクトン（#4151, #4161），および，そのオキソ体（#3150, #3160）が認められた。
C. 図9Bで有効な薬剤検体のナトリウム塩（Na）やエチルエステル（Et）について試験し，ω-ヒドロキシ-α-カルボキシ脂肪酸（α, ω-OA）のエチルエステル（#2151Et, #2161Et）が特に優れた薬効が認められた。
D. 炭素数8-16のδ-ヒドロキシ-α-カルボキシ脂肪酸のラクトンについて試験した結果，最長の炭素数16（#7160）が最も優れた薬効であった。

122

ここで，投与後の抗ガン剤が体内で希薄になった段階で，少なくともガン浸潤・転移を促進させないことが必須条件であり，次世代抗ガン剤としてはガン転移抑制活性を併有することが求められる（図8 B-D）。

① 各種の ω-hydroxy-α-carboxylic acid に関しては，その Na salt よりも ethylester の方がガン浸潤抑制活性が増強された。Ethylester に二重結合を導入した＃2151Et および＃2161Et は強力な活性増強が見られた。二重結合導入による活性増強は Na Salt でも同様に見られた。ω-hydroxy-α-carboxylic acid-Na salt への keto group 導入（oxo derivative）は活性増強効果があまり見られなかった。

② 各種の δ-Alkyllactone に関しては，炭素数8-16のうち16（＃7160）が最も強力なガン浸潤抑制活性を示した。ガン細胞増殖抑制活性についても同様であり，＃7160が最も大きい活性だった。δ-Alkyllactone の炭素数が10から16に増えるに伴って活性が増強されたが，特に13，14，16と増加するに伴って急激に活性増強された。英国 British Biotech 社の開発中のガン転移抑制剤と当時言われていた Marimastat を比較対象薬として選び，検体と同じ濃度の5，10μM 添加して調べた。この結果，＃7160，＃7140ともに Marimastat のガン浸潤抑制活性を凌駕することがわかった。

③ 炭素数15および16の ω-hydroxy alkyl-α-carboxylic acid に二重結合を1箇所だけ導入するとガン浸潤抑制活性は増強された（＃2151，＃2161）。ここでの二重結合の導入効果は遊離酸の場合であるが，Na salt や Ethylester の場合でも同様に見られた。

④ 炭素数15および16の ω-hydroxy alkenyl-α-carboxylic acid を大環状ラクトン化した場合は，炭素数16では活性低下した（＃4161）が，炭素数15では活性増強された（＃4151）。

⑤ ω-hydroxy oxo alkyl-α-carboxylic acid は今回，炭素数16の＃3160を調べたが，炭素数15の＃3150とほぼ同等だった。＃3150はマウス皮膚黒色腫 B16BL6 に対して強力な浸潤活性を示したという実績の点で信頼性が大きい。これらのいずれの検体のガン浸潤抑制活性も同時に調べた英国 British Biotech 社の Marimastat を凌駕した。

6 ハイパーサーミアとの併用で活性増強される抗ガン剤

ガンの温熱療法としてハイパーサーミアは比較的に高温耐性のある恒常製（homeostasis）に優れた正常組織よりも高温に弱いガン組織を選択的に殺傷するという特性を利用した治療法である。放射線治療で生き残ったガン組織をハイパーサーミアで殺傷しうるという補完性もあると考えられている。ハイパーサーミアでは加温する温度（39〜42℃）の精度，加温する体部範囲，特に体内深度が重要であり，加温制御の優れた RF 誘電装置の開発と栄枯盛衰を共にすると予測さ

れるが，このハード面の他に，ガンの種類によって加温プログラムの最適化，ガンの耐熱性獲得への対策といったソフト面も重要である。ここで我々はハイパーサーミアと併用することによって活性増強される抗ガン剤の検索も重要な柱の一つになると考えてきた。この視点から，各種の抗ガン剤候補検体について37℃でのガン細胞増殖への抑制活性が42℃でどの程度増強されるかを計測し，その増強度を比較した（図9）。ハイパーサーミアとの相加効果の認められる検体が多かったが，認められない検体も一部見られた。相乗効果とまではガン抑制された検体はここでは見られなかった。

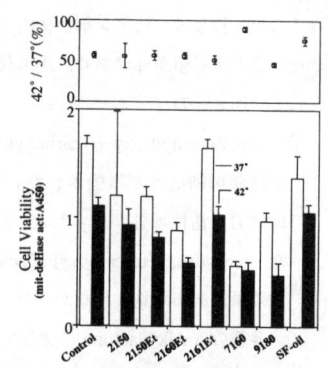

図9 ハイパーサーミア（温熱療法）での相加効果・相乗効果
ヒドロキシ脂肪酸の各種誘導体は25μMの投与量でのEhrlich腹水ガン細胞の増殖抑制活性を37℃（白抜き棒）と42℃（黒塗り棒）とで試験し，その比率を調べた（グラフ上1/4）。

7 ガン移植マウスへの治療実験

次世代の抗ガン剤としての資質は，上記のように従来の評価項目であるガン殺傷活性だけではなく，ガン転移抑制活性をも併有していること，さらには，ハイパーサーミアとの相乗効果があることが理想的である。主要な選定基準は「高濃度でガン殺傷，低濃度でガン転移抑制の両面効果」をどれほど期待できるかである。これら評価項目を総合して，動物実験で調べるべき抗ガン剤候補検体を下記6検体に絞った。

＃2150, ＃2150Et, ＃2160Et, ＃2161Et, ＃7160, ＃9180（非記述）

近年相次いで国内承認された2種の抗ガン剤として，アストラゼネカ社の肺ガン治療薬ゲフィチニブ（商品名「イレッサ」），および，ノバルティスファーマ社の白血病治療薬グリベックが挙げられるが，このうち，前者は副作用による死者が続出した。本章で記述の抗ガン剤はガン予防効果とガン再発抑制効果を目指すので，安全性が一定の使用期間で確認された抗ガン剤を比較基準として選定すべきである。そこで，ガン移植マウス治療実験は既存抗ガン剤としてエトポシドを使用し，これ以上の卓抜した治療効果が得られるかを調べた（図7）。

2150Etおよび7160はエトポシドの治療効果を凌駕し，天然物質・食品添加実績・食品含有成分およびそのマイナー改変という安全性準拠の視点から，ガン予防剤としての前提条件を備えているので，呼吸器系ガン・脳腫瘍に向けた吸入剤としての開発が期待される。

第10章　天然香料の粘膜・皮膚防護効果

謝辞：　本章の培養ヒトガン細胞パネルの試験結果は文部科学省がん特定・総合がん「新しい戦略による抗がん剤のスクリーニングのための委員会」によるものであることをここに特記する。

文　　献

2) 坂根稔康：鼻から脳へ．ファルマシア **29**：1261-1263, 1993.
3) Kageyama K, Yamada R, Otani S, Onoyama Y, Yano I, Yamaguchi W, Yamaguchi Y, Kogawa H, Nagao N and Miwa N：Cytotoxicity of docosahexaenoic aci and eicosapentaenoic acid in tumor cells and the dependence on binding to serum proteins and incorporation into intracellular lipids. *Oncol Reports* **7**：79-83, 2000.
4) Kageyama K, Onoyama Y, Nakanishi M, Matsui-Yuasa I, Otani S and Morisawa S：A synergistic inhibition of DNA synthesis in Ehrlich ascites tumor cells by combination of unsaturated fatty acids and hyperthermia. *J Appl Toxicol* **9**：1-4, 1989.
5) Kageyama K, Nagasawa T, Kimura S, Kobayashi T and Kinoshita Y：Cytotoxic activity of unsaturated fatty acids to lymphocytes. *Can J Biochem* **58**：504-508, 1980.
6) Miwa N, Nakamura S, Nagao N, Naruse S, Ito H, Takada Y and Kageyama K. Wool grease-derived α-monohydric fatty alcohols are carcinostatic depending on their blanched alkyl moiety bulkiness. *Anticancer Res* **16**：2479-2484, 1996.
7) Takada Y, Kageyama K, Yamada R, Onoyama Y, Nakajima T, Hosono M and Miwa N：Correlation of DNA synthesis-inhibiting activity and the extent of transmembrane permeation into thmor cells by unsaturated or saturated fatty alcohols of graded chain-length upon hyperthermia. *Oncol Reports* **8**：547-551, 2001.
8) Allali-Hassani A, Peralba JM, Martras S, Farres J, Pares X.：Retinoids, omega-hydroxyfatty acids and cytotoxic aldehydes as physiological substrates, and H2-receptor antagonists as pharmacological inhibitors, of human class IV alcohol dehydrogenase. *FEBS Lett*, **426**(3)：362-366, 1998.
9) Costa CG, Dorland L, Holwerda U, de Almeida IT, Poll-The BT, Jakobs C, Duran M.：Simultaneous analysis of plasma free fatty acids and their 3 -hydroxy analogs in fatty acid beta -oxidation disorders. *Clin Chem*, **44**：463-471, 1998.
10) Boleda MD, Saubi N, Farres J, Pares X.：Physiological substrates for rat alcohol dehydrogenase classes：aldehydes of lipid peroxidation, omega-hydroxyfatty acids, and retinoids. *Arch Biochem Biophys*, **307**：85-90, 1993.
11) Kusumoto, K., Kageyama, K., Tanaka, H., Kogawa, H. and Miwa, N.：Enhancement of carcinostatic activity of alpha-hydroxyfatty acids by their esterification through increased uptake into the tumor cells. Submitted 2003.

第11章　アセロラと美肌プロダクト
――ビタミンC高含有果実，および，シミ・シワのスコア化評価法――

中島紀子[*1]，赤木訓香[*2]，森田明理[*3]，辻　卓夫[*4]，安藤奈緒子[*5]，三羽信比古[*6]

1　シミを抑制する美肌化健康食品

「シミ」は「シワ」と並び，幅広い年齢層の多くの女性が抱えている肌のトラブルである。「シミ」の原因はいくつかあるが，その最も大きな要因が紫外線によるダメージで，目立たない隠れジミから発展すると言われる。

ビタミンCを多く含むカリブ海原産フルーツのアセロラのドリンクを恒常的に飲用することにより，この隠れジミが抑制されるかが広島県立大学研究室で試験された。

この結果，天然ビタミンCを多く含むアセロラを恒常的に飲用することは，シミに有効であることが示唆されたので，ここにその独自の手法を解説する。

① ビタミンCの摂取は少量多数回の原則に忠実に従った（図1A）。
② シミのスコア化はシミの周辺の密度を裾野として，それ以上の密度が山を形成するので，その積分値をシミ度としてRGB（red：green：blue）解析を行った（図1B）。
③ 室内の照度や計測する実体顕微鏡の下の照度も常に標準化した（図1C）。

この結果は以下の通りだった。

① 2名の被験者の測定した計10箇所のシミにおいて，ほぼ全てのシミが改善した（図1D）。この成果は，アセロラ飲用によるビタミンCの少量多数回の摂取がシミ改善に対し，かなりの効果が期待できると言える。
② 特に，露光部で顕著な効果がでている。被験者Aの左手首は100％減少している（図1E）。

[*1] Noriko Nakashima　広島県立大学大学院　生物生産システム研究科
[*2] Kunika Akagi　広島県立大学　生物資源学部　三羽研究室　副主任研究員
[*3] Akimichi Morita　名古屋市立大学　医学部　皮膚科　助教授
[*4] Takuo Tsuji　名古屋市立大学　医学部　皮膚科　教授
[*5] Naoko Andoh　広島県立大学　生物資源学部　三羽研究室　専任技術員
[*6] Nobuhiko Miwa　広島県立大学大学院　生物生産システム研究科　教授

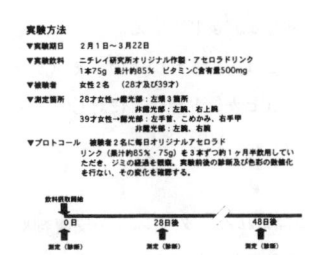

第11章　アセロラと美肌プロダクト

実験方法
▼実験期日　2月1日～3月22日
▼実験試料　ニチレイ研究所オリジナル作製・アセロラドリンク
　1本75g　果汁約85％　ビタミンC含有量500mg
▼被験者　女性2名（28才及び39才）
▼測定部位　28才女性→露光部：左腕3箇所
　　　　　　　　　　　　非露光部：左脇，右上腕
　　　　　　39才女性→露光部：左手首，こめかみ，右手甲
　　　　　　　　　　　　非露光部：左脇，右脇
▼プロトコール　被験者2名に毎日オリジナルアセロラドリンク（果汁約85％・75g）を3本ずつ約1ヶ月半飲用していただき，シミの経過を観察。実験前後の肌板及び色系の敏感化行ない，その変化を確認する。

図1A　アセロラドリンク摂取試験プロトコール

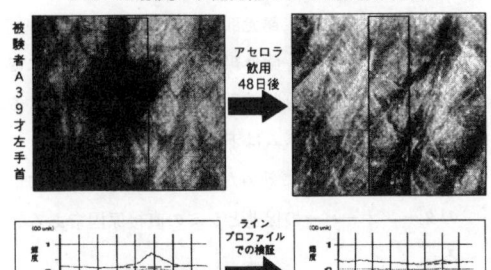

アセロラ飲用が、露光部のシミを顕著に抑制

被験者A 39才左手首　アセロラ飲用48日後

ラインプロファイルでの検証

図1B　シミ抑制効果
輝度＝OD unit，光学密度単位．透過後の光度に対する透過前の光度の比の対数。
ラインプロファイル：該当部位とその周辺に囲まれた箇所を走査した後，照明を当てて，輝度を測定する。

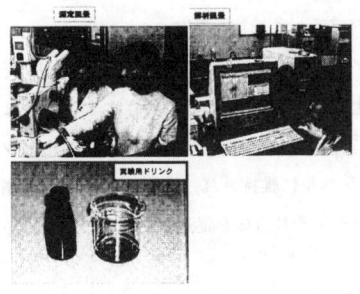

図1C　シミ計測実験風景

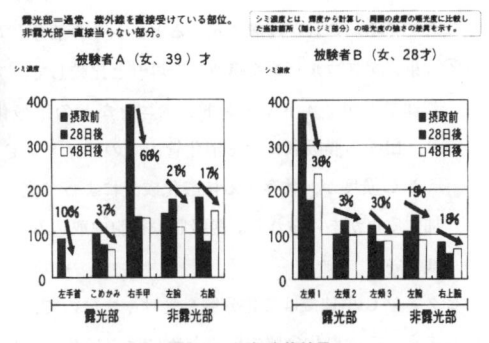

露光部＝通常，紫外線を直接受けている部位。
非露光部＝直接当らない部分。

シミ濃度とは，皮膚から計測し，周囲の皮膚の標光度に比較した当該箇所（隠れシミ部分）の輝度の差の数値を示す。

被験者A（女，39才）／被験者B（女，28才）

図1D　シミ改善結果

ビタミンCはメラニン生成・還元とターンオーバーの作用を持つ

―メラニン生成・還元のメカニズム―

チロシナーゼ
↓
チロシン→ドーパ
ビタミンC↑↓チロシナーゼ
ドーパキノン
↓
インドール-5,6-キノン
↓重合
メラニン（酸化型）
→還元型メラニン
↑
ビタミンC

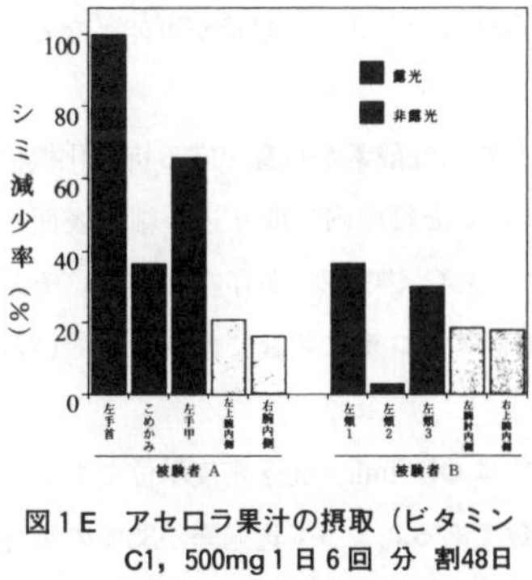

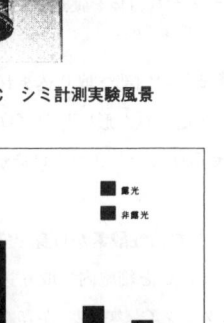

図1E　アセロラ果汁の摂取（ビタミンC1，500mg 1日6回分割48日間）によるシミの減少効果

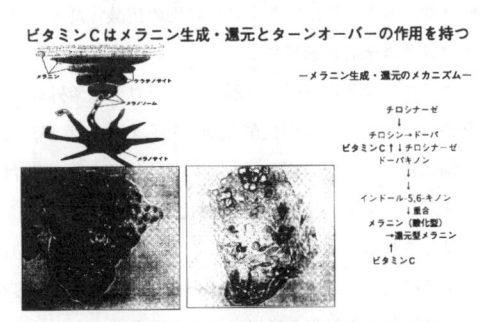

図1F　隠れジミに効くビタミンCのメカニズム

ラインプロファイルで見ても，データ内の一番高いシミの部分が減少している。

③ 非露光部に比べ，露光部の方がシミの減少率が高かったことは，生まれつきのシミ（ファースト黒化）より，紫外線などの影響で後天的にできたシミ（セカンド黒化）に対し，アセロラ飲用が優位に抑制効果を発揮したからと言える。

このシミ抑制メカニズムは下記4点が考えられる。

① アセロラがシミに効いた主な理由としては，アセロラに含まれるビタミンCが皮膚細胞のターンオーバーの促進とシミの直接原因であるメラニンの合成を抑制した2点が考えられる。

② メラニン生成・還元とビタミンCは，メラニン生成の初期段階でチロシナーゼという酵素を阻害して防御し，また最終的にできたメラニンを還元型の無色のメラニンに変える働きがある（図1F）。

③ 細胞の中には生体エネルギーを作る，ミトコンドリアという小器官が一つの細胞あたり1,000個程存在している。そこにビタミンCが働くと代謝が活性化され，新しい細胞が生まれてくる。これが皮膚で起こると，シミの部分が剥げ落ちて新しい皮膚が再生される。

④ 単にアスコルビンを摂取した場合と比較して，アセロラ飲用はより有効と思われるが，それはフラボノイドやアントシアニンなどの抗酸化成分とビタミンCが共存することにより，口から腸吸収に至る消化管内でのビタミンC安定性が向上する点，及び，血液中ビタミンC濃度が，共存する抗酸化成分によって高いレベルに維持され，細胞内取り込みが増加する点があげられる。腸吸収や細胞内取込みプロセスそれ自体を促進しているとは見なされない。

ビタミンC単独では酸化分解を受けやすいので，皮膚細胞の内部へ取り込まれる前に減少してしまう。この酸化分解を防ぐためには，ビタミンCを安定化した形にしたプロビタミンCを使うか，あるいは，ビタミンCに別の抗酸化剤を共存させるかという2つの対策が可能となる。アセロラは後者に該当する。

カリブの強烈な日射にも耐えるアセロラは紫外線に由来した活性酸素から身を守る抗酸化機構を持っている。各種の抗酸化剤が知られているが，ビタミンCを細胞内に取り込む細胞表面上の輸送体（トランスポーター）のような遺伝子産物はビタミンCぐらいしか存在しない。そのビタミンCの働きと安定性を強化する相性の良い抗酸化剤がアセロラに多量に含有されていると見なされる。

シミの表示方法として，ラインプロファイルの輝度の単位はOD unit，光学密度単位である。光学密度とは透過後の光度に対する透過前の光度の比の対数である。よって透過率が33%の場合は，0.4771になる。10%の場合は1.0000になる。周囲の皮膚の吸光度に比較した該当箇所の皮膚

の吸光度の強さの差異を示し，見た目の色の濃さと見なすことができる。

2　メラニン濃度のスコア化

　メラニンはメラノサイト（色素細胞）の内部のメラノソーム（メラニン顆粒）という細胞内小器官で産生される（図2A）。この細胞内部で成熟し黒化したメラノソームは細胞突出部から周辺の細胞に移送される。メラノサイトそれ自身は，メラノーマでない健常な状態では，メラノソームを多く含むのではなく，メラノソームへ至る様々な成熟化段階のプレメラノソームが混在する細胞である。BDF1マウスに単回DMBA塗布して1週間後には，表皮のメラノサイトが活性化されていて，多数の樹枝状突起にDOPA反応で陽性が見られるようになる（図2B）（春日，1984；菅野，1984）が，健常メラノサイトを用いる限り，このような刺激剤の投与によるメラノソーム活性化を人為的に引き起こさないと，メラニン抑制効果の評価は感度が不良となり，この意味で生理的条件下でのメラニン抑制剤の検索は困難となる。

　そこでメラニンを過剰産生するメラノーマやテオフィリン添加によるメラニン産生促進といった非健常条件下でメラニン抑制剤を検索することになる。美白作用としてメラニンを抑制する薬剤としては，ビタミンC（Rozanowska et al. 1997；Huh et al. 2003）やその誘導体（Kojima et al. 1995；Kameyama et al. 1996；Kumano et al. 1998；Morisaki et al. 1996）や他剤との併用（Quevedo et al. 2000），あるいは，コウジ酸（Moon et al. 2001）やアルブチン（Clarys et al. 1998）やルシノールが知られている。これら美白剤のほとんどが少なくとも研究当初は非健常条

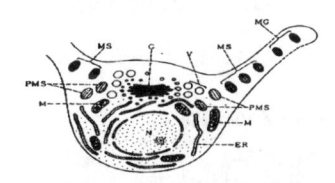

図2A　メラノサイト内における各種段階へのメラニン顆粒形成過程の模式図(春日 1984)
ER：粗面小胞体，G：Golgi装置，V：プロチロジナーゼを含むと考えられる膜構造物，PMS：プロメラノゾーム，M：ミトコンドリア，MS：メラノゾーム，MG：メラニン顆粒，N：核

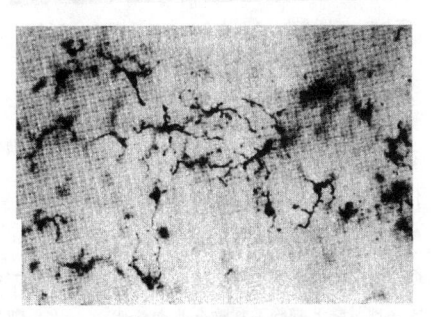

図2B　1週目のBDF₁マウス表皮内活性メラノサイトの分布と形態（×100）
剥離表皮のドーパ反応，多数の樹枝状突起を有するメラノサイトをみる(菅野純,原図 1984)。

件下で検索されたと考えられる。

かかる研究状況に鑑みて，本章で上述したヒトでのビタミンC含有健康食品の経口摂取による非侵襲的なシミ評価のスコア化は，健常条件下で実施された点で臨床薬理学的な意義が大きい。

一方で，臨床薬理試験の欠点は日数を要することと分子・細胞レベルでのメカニズムを解析し難いことが挙げられる。プロビタミンCのアスコルビン酸-2-O-リン酸エステルのマグネシウム塩（Asc 2 P・Mg）はマウスメラノーマB16あるいはその亜株B16BL6やB16F10へのメラニン抑制効果が認められる（図3A）が，予めAsc 2 Pを投与して細胞内ビタミンC高濃度化（intre-cellular vitamin C enrichment）を保っておかないと効果が劣ることがわかっている。このことは臨床薬理試験では見出せなかったと考えられる。ヒトメラノーマHM361は無刺激状態でも多量のメラニン顆粒を蓄積しているが，脂溶性プロビタミンCのVC-IP（ascorbic acid-2,3,5,6-tetra（2′-hexyldecanoylester）を投与すると，顕著なメラニン抑制が見られる（図3B）。この画像表示に止まらず，各様の処理を受けた一定数の細胞からメラニンを抽出してスロットブロット

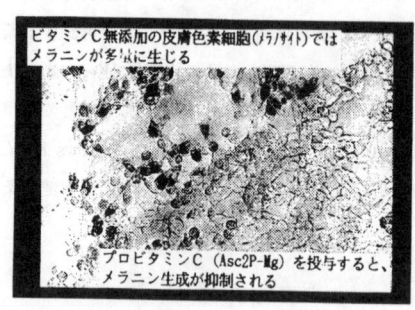

図3A 活性増強したビタミンC改良版であるプロビタミンCが美肌を作る（三羽1992）

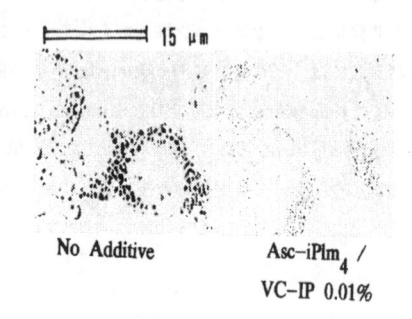

図3B メラニン顆粒の抑制

し，デンシトメトリー（密度計測）することによって，メラニン量をスコア化して評価する手法（図3C）も有意義である。今後のシミ・メラニン抑制剤の効能評価や機序解明には上述の臨床薬理試験と細胞系試験を並立させる必要がある。

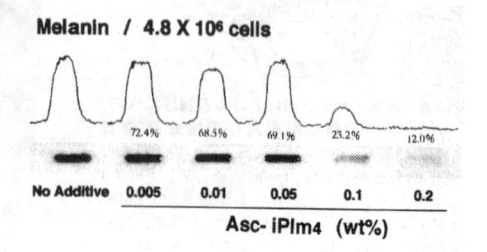

図3C

第11章　アセロラと美肌プロダクト

3　美肌化健康食品によるシワ抑制効果の評価技術

「シワ」はシミと並び，幅広い年齢層の多くの女性が抱えている肌のトラブルである。ビタミンCを多く含むアセロラを飲用によりシワを改善することを目的とし，ヒト摘出皮膚片に紫外線を当て，光老化を促すモデルを使い科学的に実証することとした（図4A，B）。シワは線として小ジワを形成すると共に，彫りの深い場合は面積として大ジワを形成し，視覚のうえで識別される。そこで，広島県立大学研究室で過去測定した20～50代の眉間部の皮膚の大ジワのスコア，小ジワのスコアのデータを基に年齢曲線を作成した（図4C）。

今回使用した16歳男性の腹部皮膚片については改変ブロノフ拡散チェンバーに組み入れて（図4D）UVA照射を連日行った（図4E）。この結果，光老化を人為的に高速促進されたこの皮膚片について，その推定肌年齢を下記計算方法に従って算出した（計算式はこの皮膚片モデルでのみ使用可）。

　　大ジワの推定肌年齢＝0.73×スコア（％）＋14.02
　　小ジワの推定肌年齢＝0.015×スコア（％）＋0.22
　　※個体差や皮膚部位の差により誤差が生じる可能性もあり。

紫外線（UVA）を照射することにより，16歳男性の腹部の皮膚片は，約60歳相当のシワを形成すると試算された。ところが，予めアセロラピューレ（1％）を添加したケースでは，大ジワ・小ジワともに約半分の35～40歳程度に抑えられた（図4F）。以上の結果より，恒常的なアセロラ飲用による天然ビタミンC摂取はシワ抑制に効果があることが示唆された。

4　天然ビタミンCの経口摂取によるシワ抑制効果の分子メカニズム

ビタミンCが血管や肺胞のコラーゲンやエラスチンの構築に不可欠であり（Mahmoodian *et al*. 1999 ; Kodavanti *et al*. 1995 ; Quaglino *et al*. 1991），動脈・静脈や心臓・肝臓における酸化ストレスによる細胞死を防御する効果もあり（Fujiwara *et al*. 1997 ; Furumoto *et al*. 1998 ; Saitoh *et al*. 1997 ; Eguchi *et al*. 2003a, 2003b），このためにビタミンC発見当初壊血病の特効薬として使用された。各種のコラーゲンの中でも，表皮と真皮を結着させる働きのある基底膜に注目し，その構成主要成分のⅣ型コラーゲンの変化を免疫染色（間接蛍光抗体法）で調べた（図4G）。UVA照射により推定肌年齢60歳になった皮膚片のタイプⅣコラーゲンは壊滅状態だが，アセロラを添加したコラーゲンの堅牢性は保持されていた。一方，皮膚弾力性を担うエラスチン繊維の変化についても免疫染色で調べた（図4G）。エラスチン繊維はUVA連日照射によって減量し配向性もかなり消失していたが，アセロラを添加した皮膚片は配向性を保持している様子がうかがえ

細胞死制御工学〜美肌・皮膚防護バイオ素材の開発〜

▼実験期日　2月1日〜3月22日
▼実験材料　アセロラビュー
▼プロトコール　16才男性の腹部の皮膚片をスライドし、改変プロノフ装置（特殊細胞培養装置）へ投入後、深くシワを作る原因とされる紫外線（UVA）を18秒間、3日連続照射をすることで、20〜30年を要する光老化の期間を短縮化し、シワを形成させる。
このシワ形成モデルを用い、アセロラを飲用する条件と合わせて皮膚片の深部からアセロラを添加したケースとしないケースでで比較し、その結果をビジュアルと数値で表す。

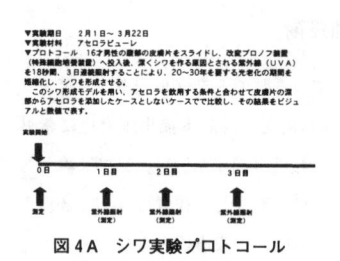

図4A　シワ実験プロトコール

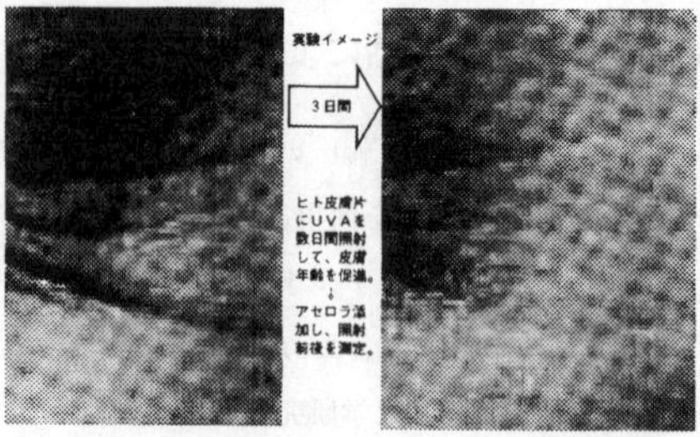

図4B　皮膚片へのUV照射を利用したシワ抑制効果評価試験

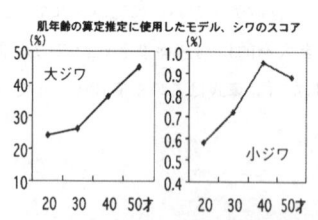

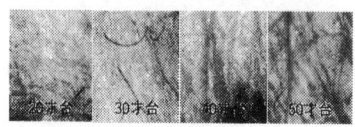

ヒト皮膚片にUVAを数日間照射して、皮膚年齢を促進。
↓
アセロラ添加し、照射前後を測定。

図4C　眉間のシワの年齢依存性
※推定肌年齢の算定法
広島県立大学研究室で過去測定した20〜50代の眉間部の皮膚の大ジワスコア，小ジワスコアのデータを基に，今回使用した16歳の腹部の推定肌年齢を下記計算方法を用いて算出（式このモデルでのみ使用可）。

大ジワの推定肌年齢 = 0.73×スコア（％）＋14.02
小ジワの推定肌年齢 = 37.3×スコア（％）＋2.2

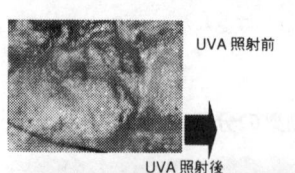

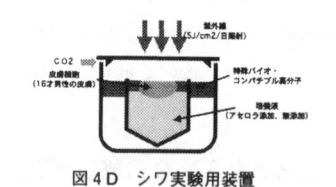

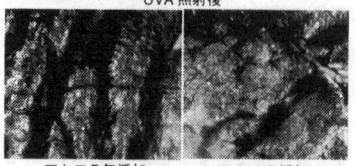

図4D　シワ実験用装置

皮膚片を用いたシワ抑制試験

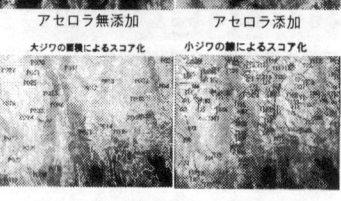

図4E　シワ高速形成グラフと写真

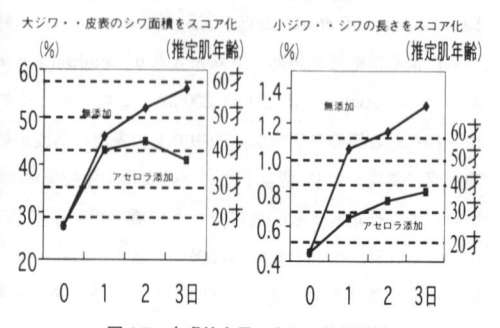

図4F　皮膚片を用いたシワ抑制試験

132

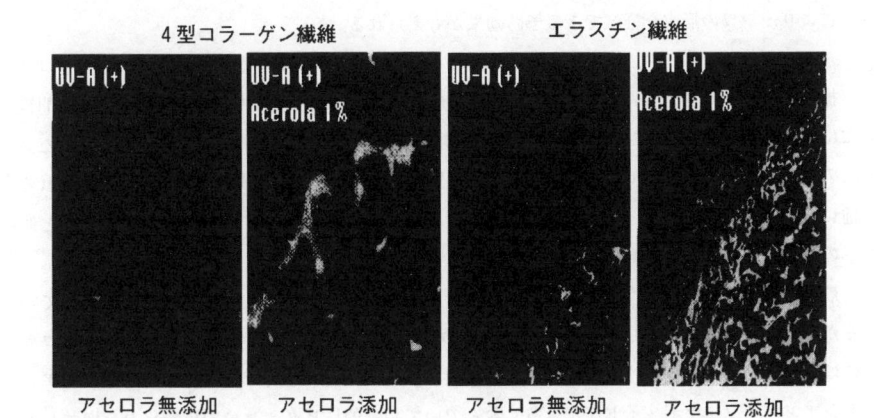

第11章 アセロラと美肌プロダクト

4型コラーゲン繊維	エラスチン繊維
UV-A (+) / UV-A (+) Acerola 1%	UV-A (+) / UV-A (+) Acerola 1%
アセロラ無添加 / アセロラ添加	アセロラ無添加 / アセロラ添加
表皮と真皮を結ぶコラーゲンは、アセロラ添加により堅牢性を保持・強化している	肌の弾力を保つエラスチンも、アセロラ添加により、配向性を保持している

図4G　皮膚組織の断面における繊維構造

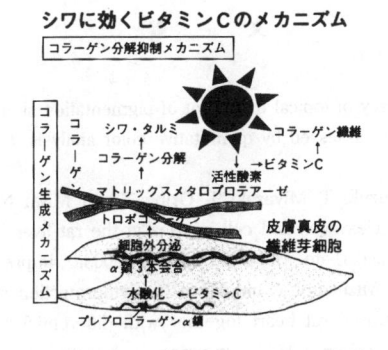

図4H　シワに効くビタミンCのメカニズム

た。

　コラーゲンは，プレプロコラーゲンα鎖が3本寄せ集まらないと皮膚構造を強化する効果が得られない。3本結合するためのつなぎ手にビタミンCは不可欠であり（図4H），他の物質との代替はほぼ無効であることが判明している。コラーゲンの分解・維持のメカニズムとして，ビタミンCには，紫外線によって増加する活性酸素がコラーゲンを分解する酵素のマトリックスメタロプロテアーゼの増産を防ぐ作用がある（図4H）。アセロラは皮膚の弾力性，堅硬性ともに保つのに有効であり，また，若い時から天然ビタミンCを多く含むアセロラを飲み続けるこ

とにより，シワの形成を軽減できる予防効果が考えられる。

一方，ビタミンC（アスコルビン酸）単独としての投与効果であるが，同じ装置の改変プロノフ拡散チェンバー装を用いてアスコルビン酸を皮膚片に投与した実験では，投与後2～6時間後には皮膚細胞への取り込みが半減してしまい，余り細胞内ビタミンC維持効果が現れなかった。このように，通常アスコルビン酸単独では酸化分解を受けやすく，皮膚細胞内部へ取り込まれる前に減少してしまう。よって，いかにビタミンCそのものの機能を維持させるかがシワなど肌への効果を期待する上で重要になってくる。

最近の臨床では，水溶性のアスコルビン酸を脂溶性にしたプロビタミンCが注目を集めているが，天然のアセロラもビタミンC機能維持の点で優れていると思われる。これは，アセロラにはビタミンCの安定性を強化する上で，相性の良いその他の成分である抗酸化剤としてアントシアン，イソフラボノイドなどを多く含んでいて相乗的にビタミンCの抗酸化力を増強しあうからと考えられる。

文　　献

- Clarys P, Barel A., Efficacy of topical treatment of pigmentation skin disorders with plant hydroquinone glucosides as assessed by quantitative color analysis. *J Dermatol*., 1998 Jun ; **25** (6), 412-4.
- Eguchi M, Kato E, Tsuzuki T, Miyazaki T, Oribe T and Miwa N, Cytoprotection against ischemia-induced DNA cleavages and cell injuries in the rat liver by pro-vitamin C via hydrolytic conversion into ascorbate. *Mol Cell Biochem* (2003a), in press.
- Eguchi M, Fujiwara M, Mizukami Y and Miwa N, Cytoprotection by pro-vitamin C against ischemic injuries in perfused rat heart together with differential activation of MAP kinase family members. *J Cell Biochem* (2003b), in press.
- Fujiwara M, Nagao N, Monden K, Misumi M, Kageyama K, Yamamoto K, Miwa N, Enhanced protection against peroxidation-induced mortality of aortic endothelial cells by ascorbic acid-2-O-phosphate abundantly accumulated in the cell as the dephosphorylated form. *Free Radic Res*., 1997 Jul ; **27** (1) : 97-104.
- Furumoto K, Inoue E, Nagao N, Hiyama E, Miwa N., Age-dependent telomere shortening is slowed down by enrichment of intracellular vitamin C via suppression of oxidative stress. *Life Sci*., 1998 ; **63** (11) : 935-48.
- Huh CH, Seo KI, Park JY, Lim JG, Eun HC, Park KC., A randomized, double-blind, placebo-controlled trial of vitamin C iontophoresis in melasma. *Dermatology*, 2003 ; **206**(4) : 316-20.
- Kameyama K, Sakai C, Kondoh S, Yonemoto K, Nishiyama S, Tagawa M, Murata T, Ohnuma

第11章　アセロラと美肌プロダクト

- T, Quigley J, Dorsky A, Bucks D, Blanock K, Inhibitory effect of magnesium L-ascorbyl-2-phosphate (VC-PMG) on melanogenesis *in vitro* and *in vivo*. *J Am Acad Dermatol*., 1996 Jan ; **34**（1）, 29-33.
- 春日孟, メラニン代謝異常, 現代病理学大系3, 231-250, 中山書店, 1984.
- Kodavanti UP, Hatch GE, Starcher B, Giri SN, Winsett D, Costa DL, Ozone-induced pulmonary functional, pathological, and biochemical changes in normal and vitamin C-deficient guinea pigs. *Fundam Appl Toxicol*., 1995 Feb ; **24**（2）：154-64.
- Kojima S, Yamaguchi H, Morita K, Ueno Y., Inhibitory effect of sodium5, 6-benzylidene ascorbate (SBA) on the elevation of melanin biosynthesis induced by ultraviolet-A (UV-A) light in cultured B-16 melanoma cells. *Biol Pharm Bull*., 1995 Aug ; **18**（8）：1076-80.
- Kumano Y, Sakamoto T, Egawa M, Iwai I, Tanaka M, Yamamoto I, *In vitro* and *in vivo* prolonged biological activities of novel vitamin C derivative, 2-O-alpha-D-glucopyranosyl-L-ascorbic acid (AA-2G), in cosmetic fields. *J Nutr Sci Vitaminol* (Tokyo), 1998 Jun ; **44**（3）, 345-59.
- Mahmoodian F, Peterkofsky B., Vitamin C deficiency in guinea pigs differentially affects the expression of type IV collagen, laminin, and elastin in blood vessels. *J Nutr*. 1999 Jan, **129**（1）, 83-91.
- Moon KY, Ahn KS, Lee J, Kim YS, Kojic acid, a potential inhibitor of NF-kappa B activation in transfectant human HaCaT and SCC-13 cells. *Arch Pharm Res*., 2001 Aug ; **24**（4）, 307-11.
- Morisaki K, Ozaki S, Design of novel hybrid vitamin C derivatives, thermal stability and biological activity. *Chem Pharm Bull* (Tokyo), 1996 Sep ; **44**（9）, 1647-55.
- Quaglino D, Fornieri C, Botti B, Davidson JM, Pasquali-Ronchetti I., Opposing effects of ascorbate on collagen and elastin deposition in the neonatal rat aorta. *Eur J Cell Biol*., 1991 Feb ; **54**（1）, 18-26.
- Quevedo WC Jr, Holstein TJ, Dyckman J, McDonald CJ, Isaacson EL, Inhibition of UVR-induced tanning and immunosuppression by topical applications of vitamins C and E to the skin of hairless (hr/hr) mice. *Pigment Cell Res*., 2000 Apr, **13**（2）, 89-98.
- Rozanowska M, Bober A, Burke JM, Sarna T, The role of retinal pigment epithelium melanin in photoinduced oxidation of ascorbate. *Photochem Photobiol*., 1997 Mar ; **65**（3）, 472-9. *J Am Acad Dermatol*., 1996Jan ; **34**（1）, 29-33.
- Saitoh Y, Nagao N, O'Uchida R, Yamane T, Kageyama K, Muto N, Miwa N, Moderately controlled transport of ascorbate into aortic endothelial cells against slowdown of the cell cycle, decreasing of the concentration or increasing of coexistent glucose as compared with dehydroascorbate. *Mol Cell Biochem*., 1997 Aug ; **173**（1-2）, 43-50.

第12章　新規プロビタミンC美肌プロダクト
――生薬から抽出されたアスコルビン酸-2-β型グルコシド…
　　薬理特性および既存α型プロビタミンCとの相違点――

河村卓也[*1]，前田健太郎[*2]，前田　満[*3]，深見治一[*4]，木曽良信[*5]，
赤木訓香[*6]，三羽信比古[*7]

1　各種プロビタミンCと比較した特性

ビタミンCの各種誘導体のうち，還元能を示す2,3-エンジオール部分を置換基で保護していて，人体に投与した後にビタミンCを遊離するものをプロビタミンCと命名すると，従来のプロビタミンCは下記のように分類される。体内でビタミンCに変換させる酵素を付記した。

① アスコルビン酸-2-O-リン酸…ホスファターゼ（アルカリホスファターゼ，酸性ホスファターゼなど）
② アスコルビン酸-2-O-α-D-グルコシド…α-グルコシダーゼ
③ アスコルビン酸-2,3,5,6-O-(2'-ヘキシルデカノイル) テトラエステル…エステラーゼ
④ アスコルビン酸-2-O-硫酸…サルファターゼ（魚類など）
⑤ アスコルビン酸-6-O-パルミチン酸，アスコルビン酸-6-O-ステアリン酸（2,3-エンジオール非保護）…エステラーゼ

これらを第1世代プロビタミンCとすると，さらに化学修飾を加えた第2世代プロビタミンCや次世代プロビタミンCも開発されている。これらの中で従来より，グルコシル化ビタミンCと言えば，アスコルビン酸-2-O-α-D-グルコシド（Asc-2-α-Glc）を指し，改めてα体と付記する必要のないくらい代名詞であった。Asc-2-α-Glcは広島県大当研究室で下記の薬効を見

[*1] Takuya Kawamura　広島県立大学　生物資源学部　生物資源開発学科　生物工学分野
[*2] Kentaro Maeda　広島県立大学大学院　生物生産システム研究科
[*3] Mitsuru Maeda　サントリー㈱　健康科学研究所　主任研究員
[*4] Harukazu Fukami　サントリー㈱　健康科学研究所　主席研究員
[*5] Yoshinobu Kiso　サントリー㈱　健康科学研究所　所長
[*6] Kunika Akagi　広島県立大学　生物資源学部　三羽研究室　副主任研究員
[*7] Nobuhiko Miwa　広島県立大学　生物資源学部　生物資源開発学科　教授

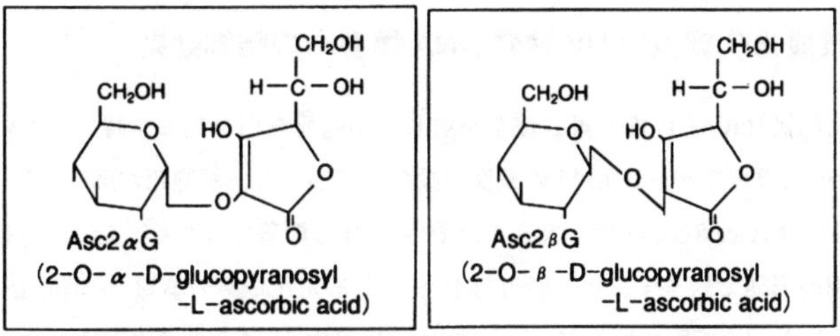

第12章　新規プロビタミンC美肌プロダクト

図1A　構造式

Asc2αG
(2-O-α-D-glucopyranosyl-L-ascorbic acid)

Asc2βG
(2-O-β-D-glucopyranosyl-L-ascorbic acid)

出している。

① ラット個体での肝動脈結紮による肝臓虚血傷害への防御効果（Eguchi et al. 2003b），
② ランゲンドルフ灌流装置でのラット摘出心臓の虚血傷害の防御効果（Eguchi et al. 2003a），
③ マウス個体での尾静脈注入ガン細胞の肺への転移に対する防御効果（Nagao et al. 1999）

Asc-2-α-Glc はアスコルビン酸にグリコシルトランスフェラーゼ（グリコシル基転移酵素）の一種を作用させて山本格岡山大学教授らが酵素的に合成した日本が世界に誇るプロビタミンCであり，安定性が非常に良好である。しかし，げっ歯類やウシ胎仔の血清には α-グルコシダーゼ活性が大きいが，人体の血清や皮膚では α-グルコシダーゼ活性が小さく，このため，Asc-2-α-Glc はビタミンC変換が極めて不良であった（Eguchi et al. 2002b；Tsuzuki et al. 2001；三羽ら1999）。

かかる状況下，Asc-2-α-Glc に対する β型グルコシド型ビタミンCの出現が待望されていた（図1A）。ここで満を持したかのようにアスコルビン酸-2-O-β-D-グルコシド（Asc2βGlc）の存在が生薬として重用されるある植物の実に見出され[注]，サントリー研究グループによって抽出単離されて構造決定され（特許公開2003），広島県立大学研究室で各種の薬理特性が見出されたので本章で解説する。

注）クコの実が万能薬のようにもてはやされブームになった時期があった。過去の熱気はさめたが，滋養強壮に働くことは定評がある。しかし，プロビタミンCが含有されるとは予測できなかった。薬膳（やくぜん）料理には欠かすことはできない食材であり，果実の鮮やかな赤い色は干してもほとんど劣化せず，料理の中でも一際赤く目立つアクセントとなる。紫色の花が夏から秋にかけて咲く。クコという和名は，ナス科の低木で刺があり，ニワウルシ類の葉に似て鉤刺（かぎとげ）をもつ枸棘という意味から枸杞（くこ）に転じたとのことである。

2 ヒト皮膚角化細胞の UV 誘発 DNA 傷害への防御効果

ヒト皮膚角化細胞 HaCaT に紫外線 B 波を照射して細胞死を引き起こす時に,予めアスコルビン酸(Asc)やその誘導体を20～100μM の濃度で投与しておくと,細胞死が抑制された(図2A)。この UV 防御効果は Asc2βGlc が最も大きく,その α 体は顕著ではなく,Asc と同等かやや劣る程度だった。細胞形態で観察すると,紫外線 B 波による角化細胞の萎縮(shrinkage)や断片化(fragmentation)などの細胞変性像が見られたが,Asc2βGlc による細胞変性の防御効果が認められた(図2B)。

Asc2βGlc による UV 防御効果の機序を DNA 傷害から調べた。

① 紫外線 B 波によって細胞内 DNA 鎖上に隣接するチミン塩基が架橋してシクロブタン型チミン2量体が形成され,遺伝子情報が損なわれることが知られている。この塩基損傷を化学発光(chemiluminescence)間接抗体法で検出し,スロットブロットでの密度から定量した(図3A)。この結果,シクロブタン

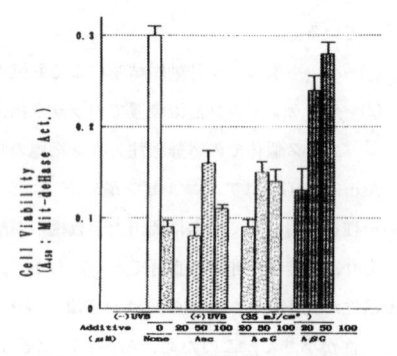

図2A UVB による細胞死への防御効果

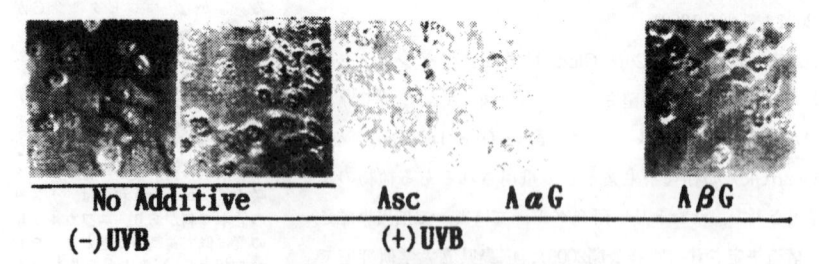

図2B UVB 照射による細胞形態の変化とその抑制効果

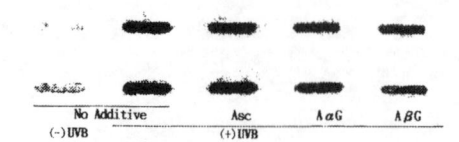

図3A ヒト皮膚角化細胞 HaCaT に対する UVB 照射による DNA 鎖上シクロブタン型ピリミジン2量体の形成とその抑制効果

第12章　新規プロビタミンC美肌プロダクト

型ピリミジン2量体の形成はAsc2βGlcでやや抑制されるものの著効ではなく，細胞死抑制効果を示す原因は他に考えられる。
② 紫外線B波はDNA鎖を主に2本鎖切断することが知られているが，このDNA切断末端を選択的に蛍光標識するTUNEL法（MBL 1999）で調べた（図3B）。この結果，紫外線B波によるDNA鎖切断は核に局在して見られたが，Asc2βGlc投与によって顕著に抑制され，Asc2αGlcやAscはほとんど抑制されなかった。

上記2つの結果から下記の推測がなされる。
① DNA鎖切断でも1本鎖（ss）切断は頻度が低い単なる切れ目（nick）の場合は修復されるが，主にTUNEL染色される2本鎖（ds）切断は再結合（rejoin）され難いので，致死傷害（lethal damage）となる。一方，シクロブタン型ピリミジン2量体は同じUV誘発性の塩基損傷である（6-4）フォトプロダクトと比較した場合は，低いUV線量でも形成されやすく，かつ，修復され難いと見なされている（Nikaido et al. 1995）が，その形成頻度が高くない場合は亜致死性傷害（sublethal damage）であると考えられる。
② Asc2βGlcによるUV防御は，主に輻射効果（radiative effect）によって形成されると言われるシクロブタン型ピリミジン2量体などのDNA塩基損傷には余り有効ではないこと，さらに，紫外線A波ほど酸化効果（oxidative effect）の寄与する割合が大きく占めないものの，

(MBL 1999)

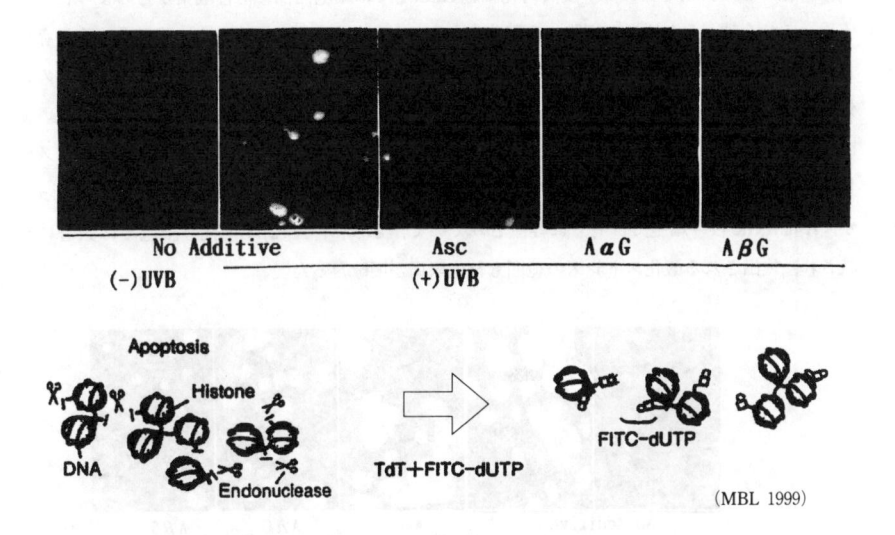

図3B　UVBによる細胞内DNA鎖切断に対するTUNEL法での検出

細胞死制御工学～美肌・皮膚防護バイオ素材の開発～

紫外線B波によるDNA切断への防御効果は優れていることが考えられる。

③ 細胞外から投与されたAsc2βGlcは細胞質に入ってAscが高濃度に蓄積される（vitamin C enrichment）と，核膜のヌクレオポーリンという通路を介して核内に流入すると見なされる（図4）。このDNA近傍のAscは，即時形成されるシクロブタン型ピリミジン2量体には余り有効に抑制しないが，50％致死線量での紫外線B波の照射後6～12時間で最多となるDNA2本鎖切断（林ら，2000）には有効に抑制すると見なされる。

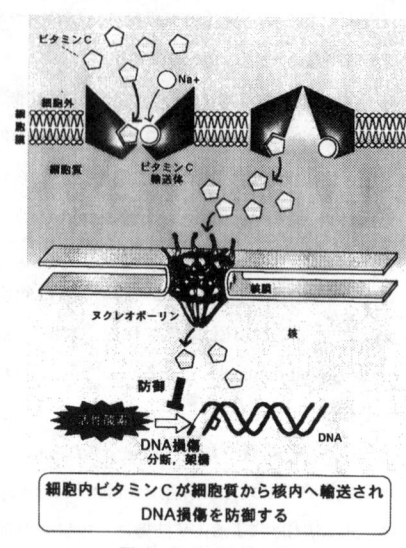

図4 ヌクレオポーリン

3 細胞内酸化ストレスの軽減効果

紫外線B波を照射されたヒト皮膚角化細胞HaCaTでは細胞内部に活性酸素がどのように生じるか。これを調べるために，細胞への酸化ストレスとなりうるパーオキシド・過酸化水素の存在量に対する蛍光指示薬であるCDCFH-DAを用いて，Orcha画像解析した。50％致死線量での紫外線B波の照射後4分で最大となる細胞内酸化ストレス（松林ら，2003；林ら，2000）について調べた結果，紫外線B波を照射された細胞では核とその周辺の細胞質に多量の酸化ストレスが見られた（図5）。Ascを投与した細胞ではほとんどこの酸化ストレスは軽減されていなかったが，Asc2αGlc投与細胞では有意に軽減されていて，さらに，Asc2βGlc投与細胞では顕著に軽減され，検出される酸化ストレスの範囲も核内限局が明瞭だった。

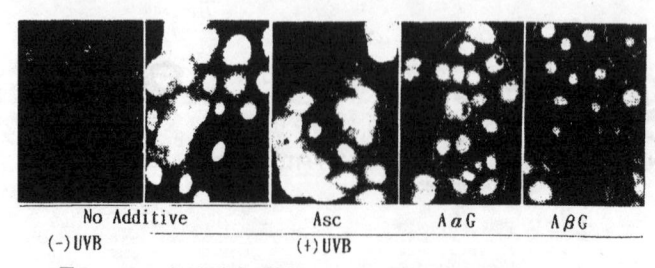

図5 UVBによる細胞内の酸化ストレスの生成とその抑制効果

第12章　新規プロビタミンC美肌プロダクト

4　プロビタミンCからのアスコルビン酸への変換と細胞内蓄積

同じヒト皮膚角化細胞HaCaTに，48時間無血清培養して取得した馴化培養液（conditioned medium）の分子量5kDa以上の画分の4～11倍限外ろ過濃縮液を自家CM（domestic CM）として40％添加し，Ascやその誘導体を投与して3～24時間後の細胞内Asc量をHPLC/クーロメトリックECD法で測定し（図6A）下記の結果を得た（図6B）。

① 細胞へ薬剤投与の後3時間ではAsc投与が最も細胞内Ascを増加させたが，その後急減して半減期は18時間だった。

② Asc2αGlcは投与後3～18時間では細胞内Ascを余り増加させなかった。この細胞内Asc量は紫外線を照射しない条件下での数値であり，各種の外来性酸化ストレスが付加する条件ではより低いAsc量となり，細胞死を防御できないと見なされる。また，投与して3～5時間でのAsc低量は化粧品を出宅前に塗布して日中の厳しい陽射しを受けるまでの時間を考慮するとUV防御は発揮し難い。

③ Asc2βGlcは投与後3時間ではAsc投与よりもやや劣るが，5時間後では逆転し，それ以降は24時間まで細胞内Ascを高レベルに維持した。24時間後の細胞内Asc濃度は，この細胞の非不着状態の球

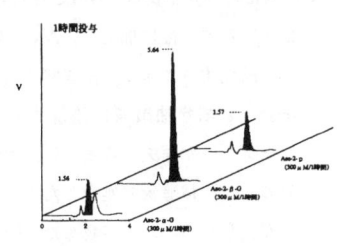

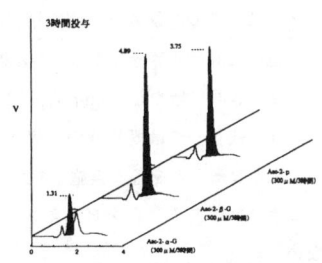

図6A　クーロメトリックECD法による細胞内ビタミンCの高感度検出

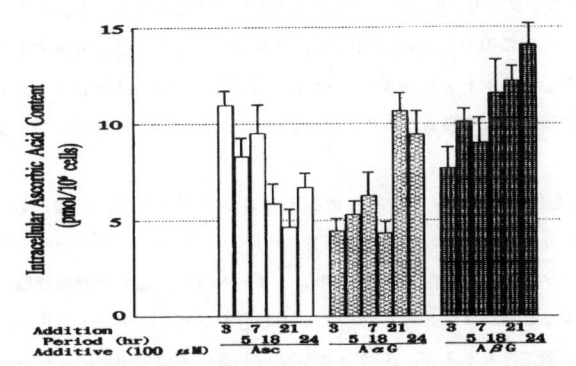

図6B　アスコルビン酸とその誘導体のヒト皮膚角化細胞HaCaTへの細胞内取込みにおける投与時間への依存性

状での直径が15.9μmなので細胞容積が2.1pL
となり、これをベースに計算すると、6.7μM
となり、健常ヒト血中Asc濃度下限の40μMに
近付いたことになる。
これらの結果を得るに際して、細胞内Ascの同定
と精度は下記の通りに考慮した。

① Ascの同定根拠は、HPLC保持時間（retention time）の同一性に加えて、Ascに特異的に作用して酸化するキュウリ由来酵素（ascorbate oxidase）を細胞抽出液に添加すると当該HPLCピークだけが消失すると共に、オートクレーブ処理した同種酵素で処理した場合は当該ピークは変化しないことで確認した（図6C）。

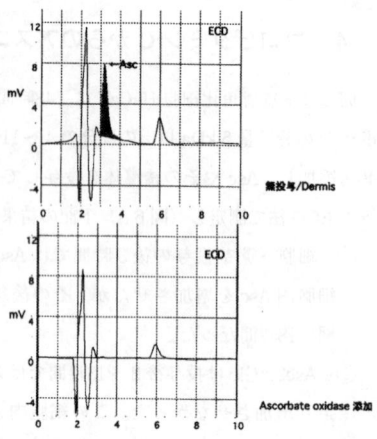

図6C Ascorbate oxidase処理によるAscピークの選択的消失

② 細胞内の微量Ascの測定精度は、細胞破砕率とAsc酸化分解抑制率に左右されるが、細胞抽出液を3等分して、一つは標準操作、別の一つは細胞破砕のための細胞凍結融解を2回から3回に増やしPotter-type Teflon homogenizerのストロークを10回から20回に増やす操作、残り一つは既知量の試薬Ascを抽出操作の直前に細胞に添加してAsc回収率が95%以上となることを各々実施して比較する。

ここでプロビタミンCをビタミンCに変換させる作用を示す酵素について考察しなければならない。

① Asc2αGlcをAscに変換させる作用はα-グルコシダーゼ活性と名付けられる。総称としてのα-グルコシダーゼは動植物・微生物に広く分布するとされるが、アグリコン特異性がさまざまであり、この中でAsc2αGlcのα-グルコシド結合を加水分解する活性の点では未知の部分が多い。ラット・マウス・ウシ胎仔の血清ではAsc2αGlcはAscを効率良く放出するが、動物種差はかなり顕著であり、ヒト血清はほとんどAscを放出しない（Tuzuki et al. 2001）。

② Asc2βGlcを作用してAscを放出させるβ-グルコシダーゼも、総称としては、動植物・微生物に広く分布し、動物の臓器で糖脂質に作用するβ-グルコシダーゼが存在する。細胞内の小器官リソソームに存在するβ-グルコシダーゼはほぼ総ての動物組織の細胞膜に少量存在するグルコセレブロシドのβ-グリコシド結合を切断してセラミドを生成する酵素であり、皮脂との関連性もあるが、β-グルコシダーゼ遺伝子の欠損病のゴーシェ病は造血器障害や中枢神経症状を伴う。

第12章 新規プロビタミンC美肌プロダクト

③ 皮膚組織でのこれらプロビタミンCからのビタミンC変換を解析する上では,細胞外マトリックスに分泌されたこれらグルコシダーゼの活性の大小や局在性に左右される。よって,培養細胞での解析は上記実験のような自家CM存在下で行う方がより臨床近似の薬剤動態が得られることになる。

そこでAsc2βGlcそれ自体を基質として各種のβ-グルコシダーゼ含有液を作用させ,6, 24, 48時間後のAsc放出量を調べると,HaCaT細胞のCM＞ヒト摘出皮膚片のCM≫ヒト摘出皮膚片の破砕液という順序であった(図6D)。ここでCMも破砕液も細胞・組織の面積に対して0.5mL/cm^{d}で無血清培養液を添加して調製し,CMは48時間培養で限外ろ過も濃縮も行わない細胞外分泌液を用いた。この結果より,細胞外分泌されるβ-グルコシダーゼが主にAsc2βGlcからのビタミンC変換に働くと考えられる。

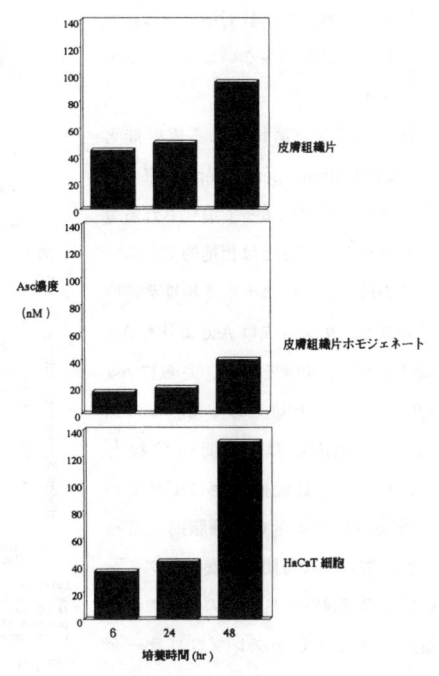

図6D CM溶液中のAsc-β-G投与後のAscへの変換

5 ヒト皮膚繊維芽細胞でのコラーゲン合成への影響

ヒト皮膚真皮由来の繊維芽細胞NHDFにHaCaT細胞の場合と同様に調製した自家CM40％存在下でAscやその誘導体を100μMで1時間投与し,次いで40時間,[^{3}H]標識プロリンを投与し,この後ペプシン消化して未消化画分をスロットブロットで感光させ(図7A),デンシトメトリーでスコア化した(図7B)。

この簡便法は下記のコラーゲンの特性に基づき近似的なコラーゲン合成量が算出される。
① コラーゲンを構成するアミノ酸のうち2/9を占めるプロリンを[^{3}H]標識プロリンとして投与しておくと,プロリン含量の低い他の一般タンパク成分は放射能標識が相対的に比率が小さい。
② 細胞抽出タンパクを疎水性アミノ酸残基で切断するペプシンで消化すると未消化タンパク

として残存する放射能はほぼ疎水性アミノ酸の少ないコラーゲンである。

③ ペプシン消化される放射能とClostridium perfringens 由来のコラゲナーゼによって消化されるコラーゲン成分とは相補的である。

この結果，このヒト皮膚繊維芽細胞でのコラーゲン合成は Asc よりも Asc 2α Glc が促進効果を示し，さらに Asc 2β Glc がより著効であった。この原因は，Asc2βGlc は1時間の前投与で，ビタミンC変換速度に優れていて多量のビタミンCを細胞内に蓄積させ，次いで40時間の培養でビタミンC供給の持続性が良好なので，この細胞内ビタミンCがプレプロコラーゲン α 鎖のプロリン残基やリシン残基

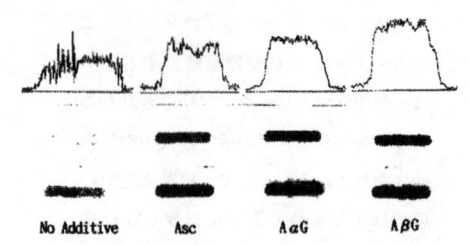

図7A ヒト皮膚真皮繊維芽細胞NHDFにおけるコラーゲン合成

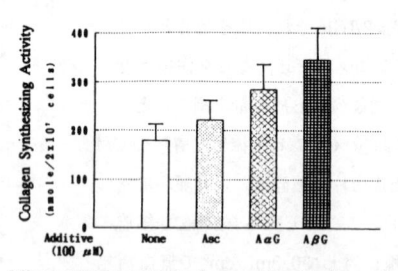

Collagen synthesizing activity the near-confluent monolayer of human skin epidermal keratinocytes HaCaT administerd with L-ascorbic acid (Asc), 2-O-α-(AαG) or 2-O-β-D-glucosyl-L-ascorbic acid (AβG) of 100 μM for 1 hr in the presence of 40%-domestic CMand further feeded with L-[2, 3-^{3}H]proline for 48 hr as assessed by collagenase digestion/liquid scintillascopy.

図7B ヒト皮膚繊維芽細胞NHDFにおけるコラーゲン合成

の水酸化を促進して新生コラーゲン合成を促進させたと考えられる。

コラーゲン肌の新陳代謝の活性化を訴求した美容・健康飲食品としてコラーゲン（健康食品では，その加水分解物とかゼラチン）が市場に出ている。インナー化粧品を目指すときには，加水分解物を摂取するか，あるいは，コラーゲン合成に必須のビタミンC供給として細胞内濃縮効果の期待できるプロビタミンCを摂取するかという問題がある。皮膚のコラーゲン合成への促進効果は，コラーゲンペプチド＆ビタミンC併用＞ビタミンC＞コラーゲンペプチド≫コラーゲンの順列がヒトでの経口摂取試験の結果として知られている。

皮膚細胞がコラーゲン合成を執行する上で，最も不足しがちな必須成分がビタミンCであり，よって，供給する必要度が大きいのもビタミンCである。しかし，血流から皮膚へ供給されるプロリンやグリシンといったコラーゲン原料が不十分になる場合も想定されるので，コラーゲンペプチド供給効果の試験は有意義であるが，ペプチド分解の最適な度合いも含めて今後検討すべきである。

6 ヒト皮膚繊維芽細胞の細胞寿命延長効果とテロメア・テロメラーゼ維持効果

ヒト皮膚真皮由来の繊維芽細胞 NHDF は20.1回の細胞分裂の通算回数（PDL：population doubling level）を経ると，細胞老化によってそれ以上は細胞分裂できなくなってやがて死滅する(Hayflick's limit)（図8）。この継代培養の間，培地中に Asc を100μM 継続的に投与しておいても細胞寿命（maximum PDL）は増減しない。この結果は広島県大研究室で今までヒト皮膚角化細胞 NHEK-F，ヒト脳毛細血管内皮細胞 HBME，ヒト臍帯静脈血管内皮細胞 HUVE の3種類の cell strain で既に確認してきた結果と同様であった。

ところが，Asc2αGlc を100μM 継続投与すると，細胞寿命は32回まで増加し，さらに同じ濃度の Asc2βGlc 継続投与では52.7回と約2.62倍にまで顕著に増加した。当研究室の従来の経験では，プロビタミン C による細胞寿命延長効果の大きさは，プロビタミン E の α-tocopheryl phosphate の方が有効だった HBME 細胞ではそれほど顕著でなかった(Tanaka et al. 2003)が，NHEK-F 細胞（Yokoo et al. 2003）や HUVE 細胞（Furumoto et al. 1998）で認められた長寿効果に遜色なかった。

この時，テロメア DNA 長を AlkPhos 標識したテロメア認識 DNA プローブの (TTAGGG)$_4$ を用いてサザンブロットで計測した（図9A）。細胞分裂に伴うテロメア短縮の速度は，無投与では225bp/PDL だったが，Asc2βGlc 投与によって94bp/PDL に slow down された。この結果は，いわゆる end replication problem（染色体末端における DNA 複製の宿命的欠陥）に依存するテロメア短縮の割合よりも，抗酸化剤で消去される活性酸素によるテロメア短縮の割合の方が従来

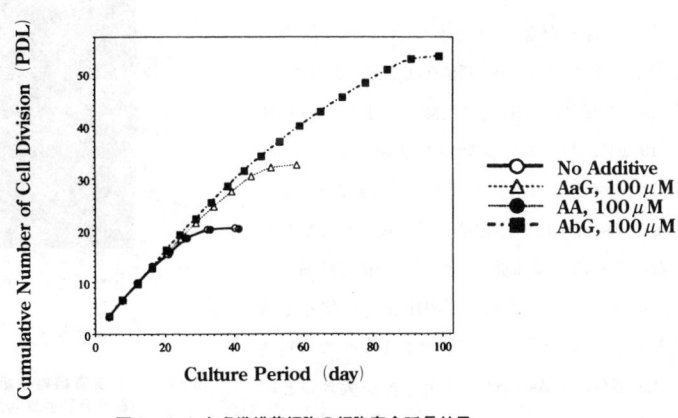

図8 ヒト皮膚繊維芽細胞の細胞寿命延長効果

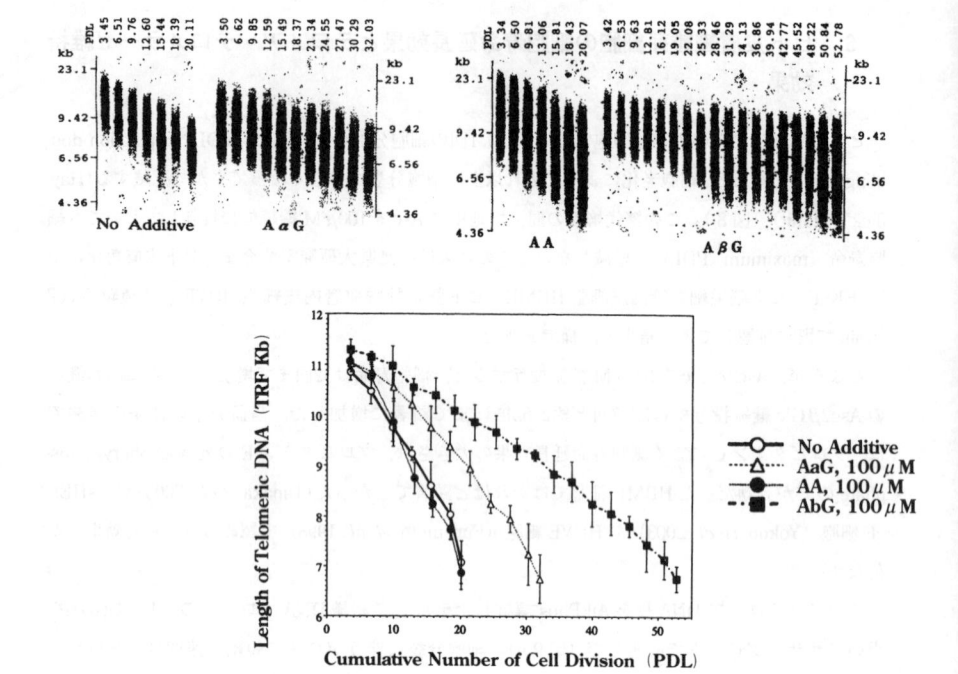

細胞死制御工学～美肌・皮膚防護バイオ素材の開発～

図9A ヒト皮膚線維芽細胞の年齢依存性テロメアDNA短縮への抑制効果

考えられていた（Lorenz et al. 2002）よりもかなり大きいことを示す。

テロメア伸長酵素であるテロメラーゼ活性のPDL依存性をPCR-based TRAP法で調べた結果（図9B），無添加の対照細胞が死滅する少し前のPDL 18.3-19.1で比較すると，無添加やAsc添加では明らかにテロメラーゼ活性の低下が見られたが，Asc 2αGlcも Asc2βGlcも同程度に活性維持をもたらしていた。さらに無添加細胞が死滅した後に該当するPDL21.3-22.0で比較すると，PDL進行に伴って活性低下が見られるものの，その活性低下への抑制効果はAsc2βGlcがAsc2αGlcよりもやや大きいと認められた。

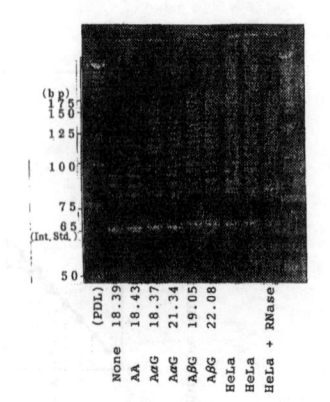

図9B ヒト皮膚線維芽細胞NHDFのPDL（細胞分裂通算回数）依存性のテロメラーゼ活性低下への抑制効果

第12章 新規プロビタミンC美肌プロダクト

7 新規プロビタミンCのAsc2βGlcの高濃度かつ長時間の投与,および,細胞毒性の低さ

従来,ヒト培養細胞にビタミンCを投与する濃度は,健常ヒト血中濃度である40～80μMかその2倍程度であり,300～500μM以上の高濃度を投与すると,DNA傷害や細胞死を引き起こすことが知られている。プロビタミンCでも,例えば化粧品に頻用されるascorbic acid-2-O-phosphateも100～500μMの濃度範囲が多用される。近年,急進してきた油性プロビタミンCであるVC-IP(ascorbic acid-2, 3, 5, 6-tetra-2'-hexyldecanoate,日光ケミカルズ社製)は200μMで既に細胞毒性が出始める(兼安ら,2001)。

これに対してAsc2βGlcは極めて細胞毒性が低いことが今回の試験で実証された。ヒト皮膚角化細胞HaCaTにdomestic conditioned medium(自己細胞外分泌液)非存在下でAsc2βGlcを2000～10000μM投与して3～24hr培養したが,細胞毒性は皆無であり,かつ,投与濃度と投与時間に依存して細胞内のAscが増加した(図10)。これはVC-IPが細胞毒性の始める濃度の10～50倍もの高濃度であり,Asc2βGlcの安全性の大きさを物語る。

さらに意外だったが,細胞内に取り込まれたビタミンCの安定性の指標である還元型ビタミンC保持率(総ビタミンC(Asc+Deh-Asc)に占めるAscの割合)が長時間投与ほど向上し,24hr投与では100%に近かった。また,3～5hr投与であっても高濃度Asc2βGlcの投与ほど還元型ビタミンC保持率が良好であった。

よって,Asc2βGlcは高濃度投与であっても細胞毒性をほとんど示さないという実験事実,さらに,高濃度投与によって効率良くvitamin C enrichment(細胞内ビタミンC高濃度化)が達成され,かつ,細胞内ビタミンCの安定性も良好であるという両面効果が示されたことになる。

このように,化粧品として販売中・開発中の各種プロビタミンC(APM, AG, VC-IP, APHP, AEt)と比較して,Asc2βGlcは細胞毒性をもたらし難い安全性が一大特徴であると示されたが,この原因はイオン性も脂溶性も小さく,化学安定性が良好なためと考えられる。プロビタミンC競争は現在,脂溶化による組織内浸透力に焦点が当てられ,それに偏りが見られる中でAsc2βGlcの新規開拓はそれと違う一石を投じている。

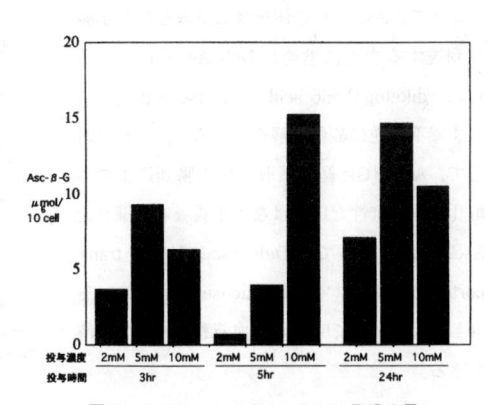

図10 HaCaT cellへのAsc2βGlc取込み量

8 ヒト摘出皮膚片とヒト糞便抽出液によるAsc2βGlcからのビタミン C 変換

Asc2βGlcをヒト摘出皮膚片に投与すると，皮膚浸透力があると知られている別のプロビタミンCのVC-IP（アスコルビン酸-2, 3, 5, 6-O-（2'-ヘキシルデカノイル）テトラエステル）と比較して，投与後のビタミンC変換は凌駕していた（図11）。組織内にはビタミンC未変換のプロビタミンCのままのAsc2βGlcも検出された。臨床モデルとしてのヒト皮膚片でAsc2βGlcは皮膚浸透力とビタミンC変換能が示されたことになる。

一方，健康食品としてAsc2βGlcの実用化を目指す場合，①Asc2βGlcのまま腸吸収され血液中移行する可能性，②腸吸収される直前までAsc2βGlcとして酸化分解からのビタミンC保護が達成される可能性…が考えられるが，この他に，③小腸で吸収されなかったビタミンCは大腸上部transporterでも吸収されると考えられる（Spencer *et al*. 1963）。この場合ビタミンCそれ自体の経口摂取では酸化分解されて大腸に至るまで残存する率は低いが，酸化抵抗性のプロビタミンCでは残存する現実性がありうる。

そこでAsc2βGlcをヒト糞便抽出液と混合して，その結果ビタミンC変換が起こるかを試験した。初期濃度200〜220μMのAsc2βGlcは，一般に食物が大腸上部を通過する時間より短時間の2.5〜6 hr以内で，全量の4〜10%がβ-glucoside切断を受け，そのうちの11〜53%が還元型ビタミンC（Asc：ascorbic acid）ではなく酸化型ビタミンC（Deh-Asc：dehydroascorbic acid）に変換されていた。

よって，Asc それ自体を経口摂取したら小腸に到達するまでに迅速にDeh-Ascを経て，さらに，diketogulonic acidやdiverse reductonesにまで不可逆に酸化分解を受けるが，これに対して，Asc2βGlc経口摂取では小腸到達までの酸化分解抵抗性だけではなく小腸吸収に漏れたAsc2βGlcであってもDeh-Ascに対するtransporterと考えられているglucose transporterを介して大腸上部で吸収され血液移行すると期待できる。

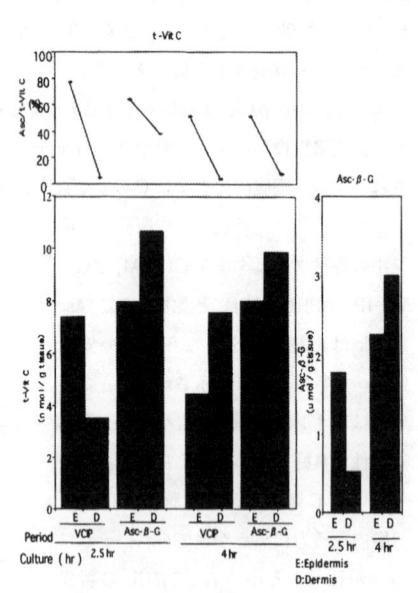

図11 Asc2βGlcとVC-IPの比較

第12章　新規プロビタミンC美肌プロダクト

9　アスコルビン酸-2-O-β-グルコシドの実用化の形態

　新規のこのプロビタミンCの実用化の形態は，そのビタミンC変換に関わるβ-グルコシダーゼの体内局在性と直結する。ただしこの酵素は多種類が知られていて，果たしてどの単一種酵素がAsc2βGlcを加水分解する活性が大きいかは未知である。その意味で実験動物でのAsc2βGlcの経口投与試験はその動物種での消化器官でのβ-グルコシダーゼ分布，小腸上皮からの吸収，血液中での存在状態などに左右されるので，その試験結果はそのまま人体に当てはめられない部分が大きい。

　もう一つの実用化形態としての化粧品については，ヒト表皮由来角化細胞やヒト真皮由来繊維芽細胞でAsc2βGlcの細胞防護効果が見出されたので，期待されるが，今後，皮膚組織での深部への浸透性，皮膚での脂質代謝への改善効果，脂溶化プロビタミンC偏重の中での水溶性プロビタミンCとしての独自性などの点から検証されるべきである。

　グルコシド結合が1,4-α-型のアミロースでは，この結合を挟む2残基のグルコピラノースが異なる平面に位置し，1,4-β-型のセルロースでは2残基のグルコピラノースが比較的同一の平面に位置する，いわゆる面揃えとなっている（図12A, B）。アスコルビン酸グルコシドはこれらポリマーと違って2残基だけのヘテロ2量体であり，しかもアスコルビン酸は6員環のグルコピラノースと違って5員環のフラノースであり，相違点は多いが，グルコシド結合自体は共通性があるとすれば，Asc2βGlcは比較的平坦で薄い長楕円型の分子形態であり，Asc2αGlcは同じく薄い長楕円が中央でねじれた形態であると推定される。この場合，皮膚表皮の中の比較的高密度

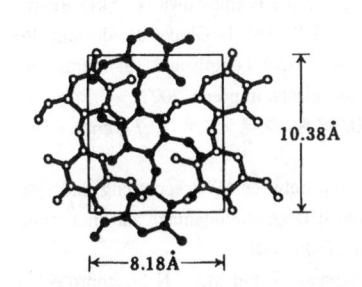

図12A　セルロースの分子模型図（Claffey & Blackwell 1976）
結晶（*Valonia*細胞膜）の電子線回析図より求められた。糖鎖はすべて同一方向（図の下から上へ）に配列。縦軸は線維の軸方向で長さはセロビオース単位を示す。横軸は同一面内での糖鎖の間隔。黒塗りの糖鎖は奥の面（7.84Å）。

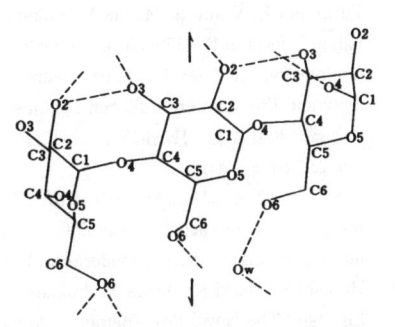

図12B　アミロースの分子模型図（Zugenmaier & Sarko 1976）
V-アミロース結晶のX線回析図により求められた。水素原子は省略。Owは水分子の酸素原子。破線は水素結合。糖鎖は図の左から右（やや斜め上）方向，6らせん構造。矢印はらせん方向，1回転のピッチは7.91Å。

で10層ほど積み重なった角化細胞の細胞間隙を構成する細胞外マトリックス繊維をすり抜けて皮膚深部へと移動する物理的抵抗性と難度は Asc2βGlc の方が小さいだろう。この意味からは，角質層に塗布してから後での皮膚深部への浸透性は Asc2αGlc よりも Asc2βGlc に期待できる。

文　　献

- Akagi K, Asada K, Maeda M, Fukami H, Kiso Y, Kayasuga A and Miwa N : Intracellular Uptake of the Pro-Vitamin C Ascorbic Acid-2-O-β-D-Glucoside and Its Resultant Permeation into the Depth of Human Skin Tissue Concurrently with Conversion into Vitamin C. in prepn, 2003
- Claffey W, Blackwell J : *Biopolymers*, 15 : 1903, 1976
- Eguchi M, Kato E, Tsuzuki T, Miyazaki T, Oribe T and Miwa N : Cytoprotection against ischemia-induced DNA cleavages and cell injuries in the rat liver by pro-vitamin C via hydrolytic conversion into ascorbate. *Mol Cell Biochem* in press, 2003
- Eguchi M, Fujiwara M, Mizukami Y and Miwa N : Cytoprotection by pro-vitamin C against ischemic injuries in perfused rat heart together with differential activation of MAP kinase family members. *J Cell Biochem* in press, 2003
- Furumoto K, Hiyama E and Miwa N : Age-dependent shortening of telomere in endothelial cells is slowed down by phosphorylated ascorbate via enrichment of intracellular vitamin C. *Life Sci*, 1997
- Furumoto K, Yokoo S, Maeda M, Fukami H, Kiso Y, Hiyama E and Miwa N : Skin Rejuvenation Effects of the Vitamin C Derivative, Ascorbic Acid-2-O-β-D-Glucoside, through Retentions against Age-Dependent Decreases in Telomeric DNA Length and Telomerase Activity and Promotion of Collagen Synthesis in Skin Fibroblasts. in prepn, 2003
- 林沙織, 栢菅敦史, 長尾則男, 三羽信比古 : 紫外線防御剤の開発システム. *Fragrance Journal* 28 : 81-86, 2000
- Hayashi S, Nikaido O, Miwa N *et al.* : The relationship between UVB screening and cytoprotection by microcorpuscular ZnO or ascorbate against DNA photodamage and membrane injuries in keratinocytes. *J Photochem Photobiol B*, 64, 27-35, 2001
- Hayashi S, Sasaki R, Maeda M, Fukami H, Kiso Y, Kanatate T and Miwa N : Cytoprotective Effects of The Novel Pro-Vitamin C, Ascorbic Acid-2-O-β-D-Glucoside, as Compared with Its α-Glucoside Isomer or Intact Vitamin C, against Ultraviolet-B Irradiational DNA damages and Peroxide Generation in Skin Keratinocytes through its Efficient Conversion into Vitamin C. in prepn 2003
- 兼安健太郎, 三羽信比古ら : 日本農芸化学会講演, 2001
- Liu JW, Nagao N and Miwa N *et al.* : Antimetastatic effects of an autooxidation-resistant

第12章　新規プロビタミンC美肌プロダクト

and lipophilic ascorbate derivative through inhibition of tumor invasion. *Anticancer Res* **20**：113-118, 2000
- Lorenz M, Zglinicki T *et al*. : BJ fibroblasts display high antioxidant capacity and slow telomere shortening independent of hTERT transfection. 2002
- MBL：#8440 MEBSTAIN. 1999
- Nagao N, Nakayama T and Miwa N *et al*. : Tumor invasion is inhibited by phosphorylated ascorbate via decreasing of oxidative stress. *J Cancer Res Clin Oncol* **126**：511-518, 2000
- Nagao N, Etoh H and Miwa N : Promoted invasion of tax-expressing fibroblasts is repressed via decreases in NF-kappa B and in intracellular oxidative stress. *Antiox Redox Signal* **2**：727-738, 2000
- Saitoh Y, Miwa N *et al*. : Moderately controlled transport of ascorbate into endothelial cells against slowdown of the cell cycle, or increasing of coexistent glucose as compared with dehydroascorbate. *Mol Cell Biochem*, **173**：43-50, 1997
- Saitoh Y, Miwa N : Anti-apoptotic defense of bcl-2 gene against hydroperoxide-induced cytotoxicity together with suppressed lipid peroxidation, enhanced ascorbate uptake, and upregulated Bcl-2 protein. *J Cell Biochem* **89**：321-334, 2003
- Spencer RP *et al*. : *Gastroenterol* **44**：768-773, 1963
- 続木敏，加藤詠子，栢菅敦史，三羽信比古：プロビタミンCによる皮膚防護効果と美肌効果．*BioIndustry* **20**(5)：9-18, 2003
- Zugenmaier P, Sarko A : *Bioplymers*, **15**：2121, 1976

第13章　プロビタミンC混合体美肌プロダクト
―3種類のプロビタミンC（速効性・組織浸透性・持続性）による
抗がん・美肌化ホリスティック健康食品―

蔭山勝弘[*1], 楠本久美子[*2], 鈴木晶子[*3], 飯田樹男[*4], 長尾則男[*5], 三羽信比古[*6]

1　人体の臓器を守るビタミンC

ヒトの血液中にはビタミンCが19～53μMの濃度で含有されている（図1A）。血液1リットル当たり3.3～9.4mgのビタミンCに相当する。これが加齢と共に減少し，80歳では20歳の血中ビタミンCのほぼ半分から3分の1しか存在しない。と共に，個人差が極めて大きいこと，女性の方が男性よりも平均して多いことが認められる。全身で生きた細胞の存在するすべての部位にはビタミンCが分布するが，最も高い濃度に存在する器官は，副腎，白血球，脳である。この他に，眼，肺，胃では，血中ビタミンCが濃縮されて蓄積され（図1B～E），各々の器官を活性酸素から守っている。

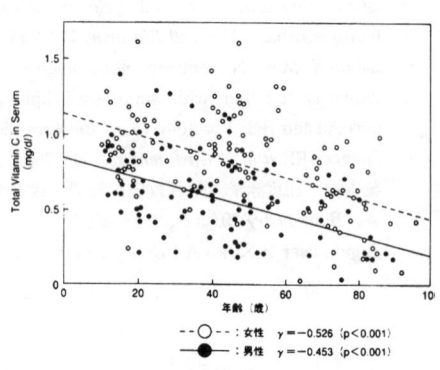

図1A　ヒトの血液中のビタミンC
個人差が大きいが，年齢に伴って減り，平均すると80歳は20歳の血中ビタミンCの53％しかない。女性の血中ビタミンCは同一年齢の男性よりかなり多い。酸化ストレスや寿命との相関性が示唆される。

---

* 1　Katsuhiro Kageyama　元　大阪市立大学　医学部　教授；大阪物療専門学校　放射線学科　参与
* 2　Kumiko Kusumoto　四天王寺国際仏教大学　短期大学部　保健科　助教授
* 3　Akiko Suzuki　日本メディカル総研㈱　学術部
* 4　Mikio Iida　日本メディカル総研㈱　取締役社長
* 5　Norio Nagao　広島県立大学　生物資源学部　生物資源開発学科　助手；オレゴン州立大学ライナス・ポーリング研究所　留学中
* 6　Nobuhiko Miwa　広島県立大学　生物資源学部　生物資源開発学科　教授

第13章　プロビタミンC混合体美肌プロダクト

人体の各種の組織に生じるフリーラジカルをビタミンCが消去する

1　最も多く紫外線を受ける
　　―――― 眼房液　**眼**

2　最も多く酸素を被曝する
　　―――― 湿潤液　**肺**

3　最も多く非自己物質が入る
　　―――― 胃液　**胃**

図1B　ビタミンCの働く器官

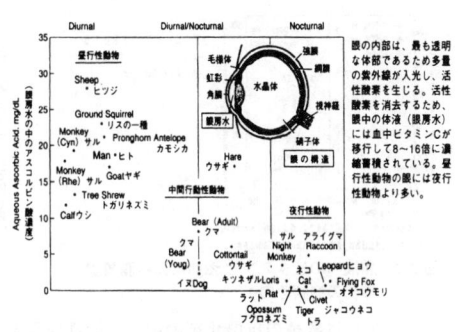

図1C　眼の体液で濃縮されるビタミンC

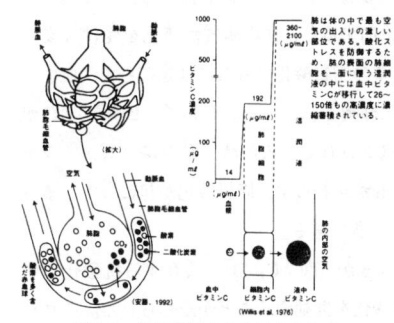

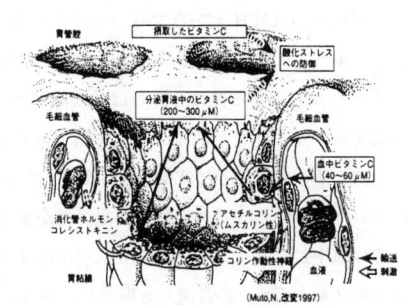

図1D　肺で濃縮されるビタミンC

図1E
胃は生体異物（非自己）が最も多量に通過する部位であるため、大量の酸化ストレスを受けている。胃液の中には血中ビタミンCが移行して4〜6倍に濃縮されている。

ビタミンCは
フリーラジカル
（癌と老化を引起こす元凶）を
最も迅速に消去する
フロント
ディフェンダー
（前衛隊）
―――火事場の初期消火隊

図2A　ビタミンCの特性

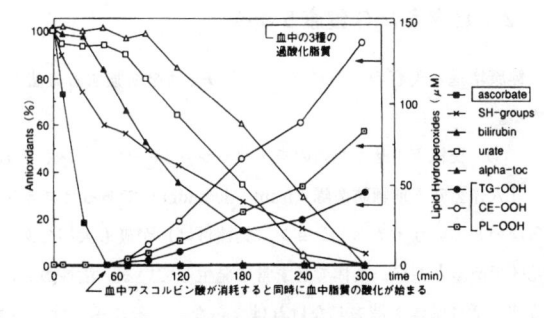

図2B　血中の各種脂質を守るビタミンC

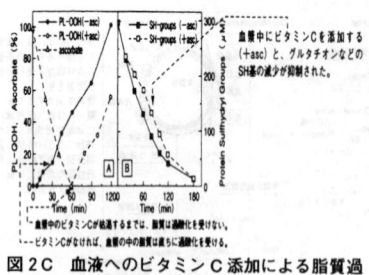

細胞死制御工学～美肌・皮膚防護バイオ素材の開発～

図2C　血液へのビタミンC添加による脂質過酸化の抑制その1

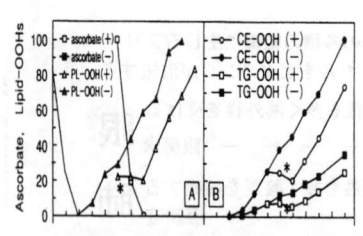

図2D　血液へのビタミンC添加による脂質過酸化の抑制その2

ビタミンCは各種の抗酸化剤の中で，活性酸素を消去する迅速性に卓抜しているので，前線防衛隊（front defender）と言える（図2A, B）。その根拠は，ヒト血液を採取し，そこに水溶性アゾ色素のAAPHというフリーラジカル発生剤を添加すると，血中脂質が酸化を受けて変質してしまう。これが生活習慣病の引き金と類似する。この脂質酸化は直ちには起こらず，血中ビタミンCが残存する間は，言わば潜伏期間として酸化抑制されている。そして，ビタミンCが枯渇するタイミングと期を一にして脂質酸化が引き起こされる。この時，血中にはビタミンEもシステインも尿酸もビリルビンも存在している。にもかかわらず，脂質酸化が起こってしまったという事実から，ビタミンCの重要性が認識されるべきである。

では血中にビタミンCを人為的に添加すればどうなるか（図2C, D）。共存する抗酸化ペプチドのグルタチオンの目減りを抑制し，さらに，脂質酸化を抑制することが認められた。これらの事実より，血中のビタミンCを高いレベルに保持することがいかに健康維持に重要かが示される。

2　ビタミンC健康5か条

健康増進と美容のためビタミンCの薬効を増強する方法と日常生活での注意点を以下に列挙する。

①　長続きさせるためのモチベーション—ビタミンCの威力への共感

「人体を守る前線防衛隊（front defender）であるビタミンCは途切れなく摂取しなければならない」というモチベーション（動機付け）が最も大切である。活性酸素はがん・老化・万病の元凶であると共に，人体で必ず常に発生している。活性酸素は遺伝子などを傷つけるが，傷つける前に活性酸素を消去しなければならない。その迅速性に最も優れたビタミンCを摂取する必要性への認識が第1歩である（三羽，1992）。そのためには，「ビタミンCはとにかく体に良いらしい」という漫然とした認識レベルから脱皮すべきである。「ビタミンCがいかに効率的かつ

第13章　プロビタミンC混合体美肌プロダクト

多面的に人体を守っているか」，そして，「ビタミンCの働きはビタミンC輸送遺伝子とビタミンC再生遺伝子で支援されている（三羽，1999）が，このような遺伝子支援型の抗酸化剤（活性酸素を消去する活性物質）は希少であること」を強いインパクトで認識することも一法である。

② 推奨されるビタミンC摂取量とタイミング―少量多数回プログラム

ビタミンCは少量ずつ分割して摂取すること（図3A）。一例として1回につき200mgずつ1日6回総量1200mgが推奨されるが，個人ごとに

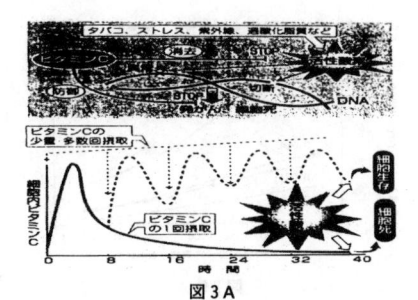

図3A
ビタミンC摂取2～4時間で細胞内ビタミンは最高値となり，6～8時間で半減する。しかし，少量・多回数のビタミンC摂取によって細胞内ビタミンCを維持することができ，活性酸素を消去して細胞死を防げる。

体調を見ながら300～1800mgの範囲内で段階的に調整するのが好ましい。摂取する時間は一日3回の食事の直後，朝食と昼食の間，昼食と夕食の間，寝る前の計6回が推奨される。これは血液中や細胞中のビタミンCを維持する上で適切なタイミングである。

③ 効力を最適化するビタミンC摂取の形―ビタミンP，ビタミンE，他の抗酸化剤との同時摂取

ビタミンCは天然ビタミンCとして自然食品から摂取することが好ましいが，不足しやすいビタミンでもあるので，サプリメントとして補うこと。ビタミンCは単独で摂取するよりも，他の抗酸化剤（活性酸素を消去する活性物質）と一緒に摂取すること。例えば，ビタミンPとも言われるヘスペリジン（柑橘類の果皮に存在し紫外線から果実を守っている成分）や南国産フルーツのアセロラに含まれるアントシアン・フラボノイドなどとビタミンCとを一緒に摂取すると，ビタミンCの薬効として本当の実力が発揮される。

人体には油っぽい部域と水っぽい部域があるが，油相で発生する活性酸素などはビタミンEが効率的に消去する。しかし，ビタミンEは消去機能を果たした後に機能喪失する宿命にある。ビタミンEはビタミンCによって油相と水相の境界面において元の活性状態に再生される。両者を併せて摂取する相乗効果は有意義である。

一方，極端に大量のグルコース（ブドウ糖）と同時にビタミンCを摂取することは，細胞内へのビタミンC取込みを抑制する（図3B）。これはヒト白血球（Bigley & Stankova, 1974）やウシ大動脈（Saitoh *et al.* 1997）で調べられたが，広く各種細胞でも起こると見なされる。原因は酸化型ビタミンC（デヒドロアスコルビン酸）の細胞内取込みがグルコースと競争するためと考えられる（図3C）。

④ 美肌のためのビタミンC投与の工夫―プロビタミンCとハイテク美容機器

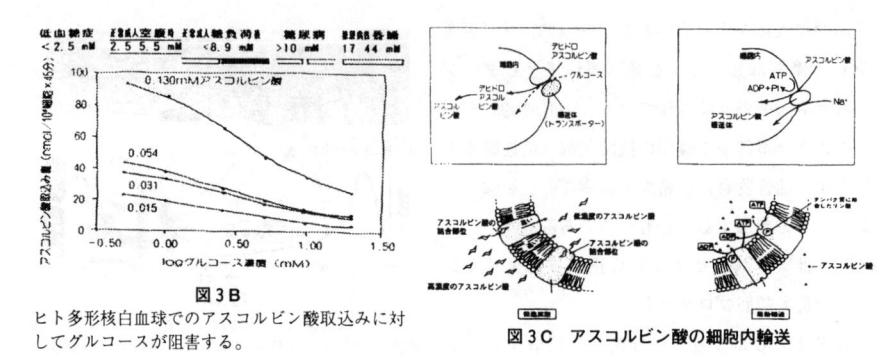

細胞死制御工学～美肌・皮膚防護バイオ素材の開発～

図3B
ヒト多形核白血球でのアスコルビン酸取込みに対してグルコースが阻害する。

図3C アスコルビン酸の細胞内輸送

皮膚に塗るビタミンCとしては，活性増強型ビタミンC前駆体（プロビタミンCとも呼ぶ）のアスコルビン酸-2-リン酸ナトリウム塩（Asc 2 P-Na）を用いなければならない。通常のビタミンCを肌に塗布しても空気中の酸素で速やかに分解されてしまうので，ほとんど無効である。

ビタミンCの美肌効果を発揮させるためには，皮膚深くの真皮（皮膚表面から0.1～0.2mm以上深く）にこのプロビタミンCを浸透させなければならない。このためには，イオン導入器またはピーラー＆タッチ装置を用いる必要がある。

単に皮膚表面に塗布しただけではプロビタミンCと言えども皮膚の浅い部分の表皮（皮膚表面から0.1～0.2mm以内）への浸透も充分とは言えない。

⑤　ビタミンCと相性の悪いもの―両刃の剣への上手な取り扱い方

ビタミンCの薬効を激減させるものとして，金属イオン（鉄・銅製調理器）・カルキ（水道水中のさらし粉，次亜塩素酸ナトリウム）・アルカリ（重曹，膨らし粉）がある。これらと接触させないでビタミンC含有食材を調理し摂取すること。

空気や熱に対しても弱いので，ビタミンCの溶液は長時間放置・泡立て・煮沸を止める。ビタミンCの粉や錠剤は湿気・寒暖差・結露・紫外線を避けること。

ビタミンCは一度に多量（500mg以上）摂取するとリンパ球の遺伝子を傷つけるという有害作用が知られる。ビタミンCも，食塩や砂糖と同様に，有用性と過剰摂取による有害性とを併せ持つ両刃の剣である。純粋なビタミンC粉末を水なしで単独に一気飲みすることが最悪の摂取法であるので留意すること。

3　血管壁へのビタミンC取込み

各種の器官・臓器へのビタミンC取込みに至るまでには，血液中ビタミンCが一旦血管内皮細胞に取り込まれる段階があり，その後に器官などに再分配されることになる。そこでウシ腹部

第13章　プロビタミンC混合体美肌プロダクト

大動脈の血管内皮細胞 BAE-2 の細胞内部へのビタミンC（アスコルビン酸：Asc）とその酸化型（デヒドロアスコルビン酸：DehAsc）の取込みを調べた（Saitoh et al. 1997）。

① アスコルビン酸の投与濃度（図4A横軸のDose）が高いほど細胞内ビタミンC取込み総量（図4A縦軸のAsc Uptake）が高くなり、健常ヒト血中ビタミンC濃度である19～53μMあるいは40～80μMよりも2～10倍高濃度に投与しても細胞内ビタミンC取込み総量は頭打ちにならず増加して行くが、投与濃度と細胞内取込み総量との比率（図上部のAsc accumulation ratio）は一定だった（図4A）。これは^{14}Cで放射能標識したビタミンCで調べた結果であり、ビタミンC存在濃度ではなくあくまでも取込み総量であるので、取り込まれたビタミンCが細胞内で代謝された産物をすべて含む。

② 細胞がぎっしり飽和してシート状になった状態（confluence）では細胞増殖は停止しているが、この状態よりも、その3分の1の疎らな細胞密度（subconfluence）で細胞増殖が盛んな状態の方が、細胞1個当たりのビタミンC取込み総量は約2倍多いことがわかった（図4A）。細胞分裂すると多量の活性酸素が細胞内部に発生すると考えられるが、その消去のために必要なビタミンCをより多量に取り込むことは合目的な機構であろう。

③ 一方、デヒドロアスコルビン酸もアスコルビン酸と同様に投与濃度が高いほど細胞内取込みが増加するが、その依存性がかなり顕著だった（図4B）。このため、投与濃度に対する取込み量の比率（図上部のAsc（or DehAsc）Accumularion Ratio）は右肩上がりとなっている。アスコルビン酸が酸化されて多量のデヒドロアスコルビン酸が変換されるという事態は細胞にとって酸化ストレス亢進状態であり危機であるが、このために、より多量のビタミンCを取り込む必要性が大きい。よって、高濃度のデヒドロアスコルビン酸が効率良く細胞内取込みを受けることは合目的な機構であろう。

④ アスコルビン酸とデヒドロアスコルビン酸とは別個の取込み機構であった（図4C）。こ

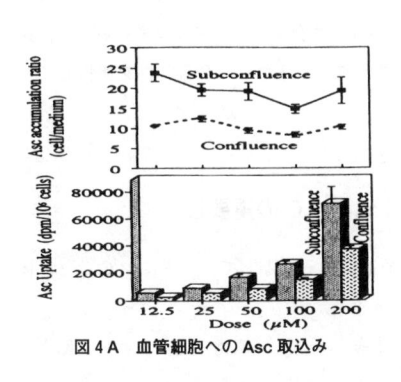

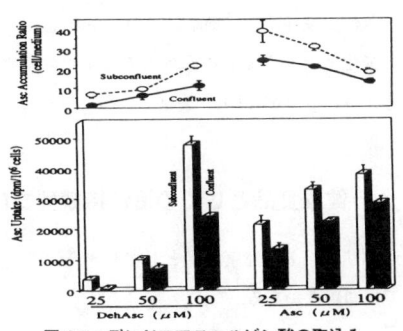

図4A　血管細胞への Asc 取込み　　　　**図4B　デヒドロアスコルビン酸の取込み**

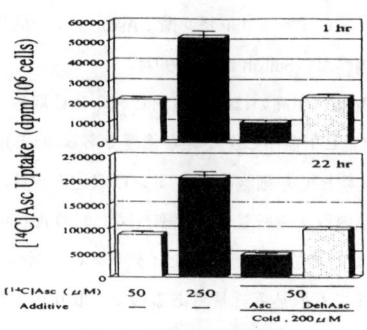

図4C 別個の取込み機構

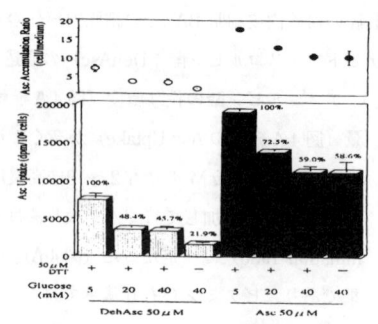

図4D グルコースによる取込み抑制

のことは，2つの投与濃度と2つの投与時間で各々調べて一致した結果が得られたことで確認された。

⑤ 高濃度のグルコースが共存するとビタミンCの細胞内取込みが抑制されたが，酸化型ビタミンCの方が還元型ビタミンCよりも抑制度が顕著だった（図4D）。糖尿病患者の血中グルコース濃

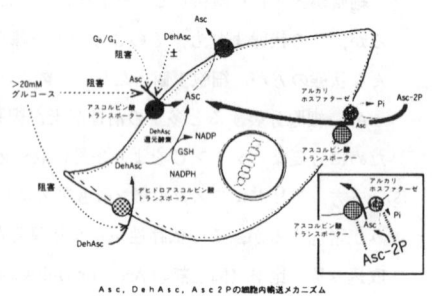

図4E 輸送メカニズム

度は正常値5.5mMの2倍以上であり，昏睡に至る重度では17mMと言われるが，20mMグルコース共存下では，アスコルビン酸取込みは約3割減少，デヒドロアスコルビン酸取込みは約5割減少だった。40mMグルコースの場合もデヒドロアスコルビン酸の方がさらに取込み量が激減したが，アスコルビン酸はそれ以上の激減はなかった。

これらの実験結果から，ビタミンCの細胞内取込み機構は，還元型と酸化型とは別の経路で執行され，投与濃度（細胞外での存在濃度）への依存性も共存グルコースによる抑制度も，還元型と酸化型で異なるという各々のビタミンCタイプの違いを活かした合目的性を所持していると考えられる（図4E）。

4 健康食品としての活性持続型プロビタミンCの重要性

サプリメント・健康食品としてビタミンCを組成設計するに際して，ビタミンCそれ自体だけでは問題点がある。

① 大量のビタミンCを一度に摂取すると，プロオキシダント（酸化促進剤）として働き，細

第13章　プロビタミンC混合体美肌プロダクト

胞のDNA塩基損傷やDNA鎖切断（Guidarelli *et al.* 2001）を引き起こす等の弊害を来たす。

② 血中や細胞内部のビタミンC濃度を高レベルで持続させるためには，ビタミンCそれ自体では3〜8時間毎に摂取しなければならない。世界3大長寿村と言われるコーカサス・フンザ・ビルカバンバといった山岳地帯ではあくせく働かず少し農耕労働しては木陰に入ってこまめにビタミンC含有果実やヨーグルトを摂取すると言われるが，多忙な現代生活では実施困難であり，活性持続性プロビタミンCを少ない回数で摂取する方式が現実的である。

③ 鉄や銅などの遷移金属イオンは健常状態ではトランスフェリン・フェリチンやセルロプラスミンといった体内タンパクに結合しているが，糖尿病などの特定疾病では局所的に遊離状態になることがある。健常レベルのビタミンCであっても，遷移金属イオンが共存すると細胞傷害作用を発揮し，過酸化水素などの活性酸素を発生する（Miwa *et al.* 1986, 1988）。この有害作用の原因はビタミンC分子内の2,3-enediol部分であるが，この部分を保護したプロビタミンCでは有害作用は起こらない。

プロビタミンCとしてアスコルビン酸-2-O-リン酸エステルMg塩（Asc 2 P）とアスコルビン酸-2-O-α-D-グルコシド（Asc 2 G）を選び，アスコルビン酸（Asc）と比較して，同じ200μMの濃度で正常ヒト皮膚角化細胞NHEK-Fの飽和直前の細胞密度（near-confluence）の細胞シートに投与した。細胞外に残存している濃度（縦軸のExtracellular Asc/Derivative）はアスコルビン酸は3時間で既に29%であるので，半減期（half-life period）は2時間程度と見なされる。一方，2種類のプロビタミンCは48時間経過しても80%以上を保持していた（図5A）。

細胞内アスコルビン酸濃度（縦軸のIntracellular Asc Content）については，アスコルビン酸投与（Asc）では投与後3〜6時間で2.3〜5.3nmol/10^6細胞だったが，この濃度は概ね1100〜2500μMであり健常ヒト血中ビタミンC濃度の30倍ほどの高濃度に相当する。しかし，24時間後では約10分の1に急落した（図5B）。

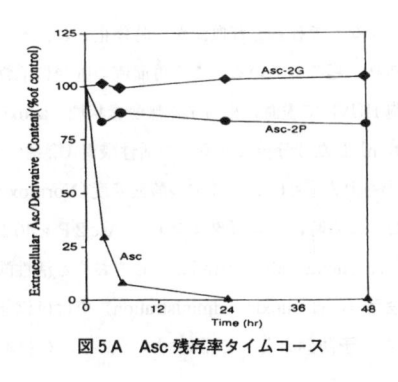

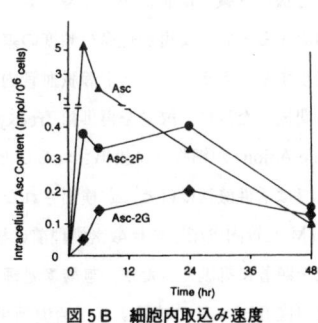

図5A　Asc残存率タイムコース　　図5B　細胞内取込み速度

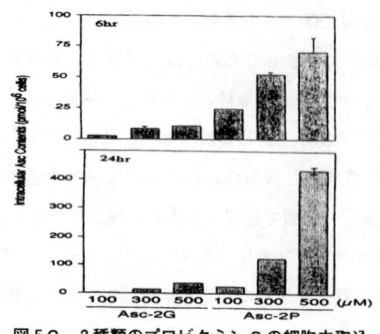

細胞死制御工学〜美肌・皮膚防護バイオ素材の開発〜

図5C　2種類のプロビタミンCの細胞内取込み比較

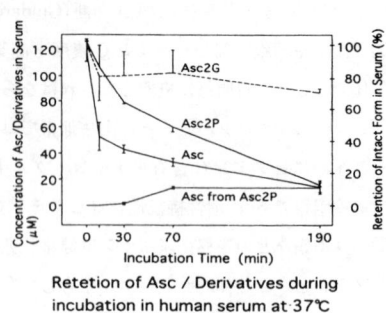

図5D　血中安定性

Retention of Asc / Derivatives during incubation in human serum at 37℃

　これに対して，Asc2Pは投与後3〜6時間ではアスコルビン酸の10分の1程度だが，24時間後でもややそのレベルを上回るなど持続性に優れていた。もう一つのプロビタミンCであるAsc2GはAsc2Pよりも立ち上りが不良であり，24時間後でもAsc2Pの約半分のレベルだった。健康食品や化粧品での実用性のうえからは6〜24時間後までに細胞内アスコルビン酸濃度を上昇させる必要性が不可欠なので，Asc2Pは適格となる。さらに高濃度の300, 500μMを投与して6, 24時間経過した場合でもAsc2Pの優位性は変わらなかった（図5C）。

　ヒト血清中での安定性を125μMに添加して調べる（図5D）と，アスコルビン酸が急低下し，Asc2Pは徐々に低下するに伴ってアスコルビン酸に変換されていたが，Asc2Gは安定性が良好過ぎてアスコルビン酸への変換が見られず，このために細胞内ビタミンCを高濃度化しにくいと考えられる。

5　臓器の虚血—再灌流傷害への予防効果

　脳・心臓・肝臓では血管が血栓やコレステロールなどで栓塞され血流が一時停止され，その後に再灌流するという反復が規模や頻度の差異はあれ，起こっている。この再灌流の直後に活性酸素が発生すると考えられ，ヒト静脈血管内皮細胞HUVEで虚血に相当する無酸素状態（anoxia）を2時間続けた後に，酸素を再供給（reoxygenation）した3分後にある種の活性酸素（縦軸のSuperoxide Anion）が細胞外に放出されることが見出された（図6A）。通常の酸素濃度（Normoxia）の21%では活性酸素はほとんど検出されなかった。この時にプロビタミンCのAsc2Pを40または120μM血管内皮細胞に無酸素処理前に投与（pre-anoxic administration）しておくと活性酸素の生成を顕著に抑制できたが，無酸素処理後の投与（post-anoxic administration）ではほぼ無効だった（図6B）。この結果より，治療効果ではなく予防効果として常時プロビタミンC摂取を

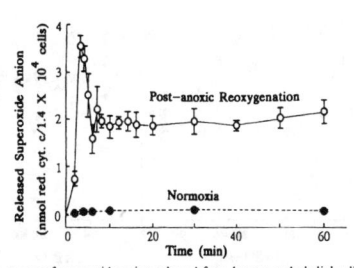

第13章 プロビタミンC混合体美肌プロダクト

図6A 虚血と再灌流による血管内皮細胞傷害
Time course of superoxide anion released from human endothelial cells cultured with DMEM containing 20% dialyzed serum after reoxygenation prceeded by 120-min anoxic treatment under 1% O_2.

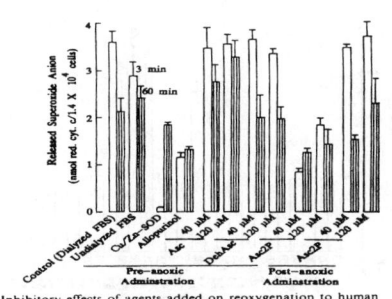

図6B 虚血再灌流による活性酸素へのプロビタミンCによる消去効果
Inhibitory effects of agents added on reoxygenation to human codothclinl ceells cultured with DMEM containing 20% dialyzed serum on superoxide anion produced and released.

心掛けておけば,活性酸素が遺伝子や細胞膜を傷害する前に抑制することが可能であることを示す。

同様の虚血―再灌流傷害へのプロビタミンCの予防効果は,ラットでの肝臓(Eguchi et al. 2003 a) および摘出心臓 (Eguchi et al. 2003b) でも見出しているが, ラットではヒトと違って, Asc 2Gの方がビタミンC変換効率が良好なので, これら肝臓・心臓での虚血―再灌流傷害はラットでは優れている。ヒトでは皮膚・血液ともAsc2Pの方がAsc2GよりもビタミンC変換効率が優れている。

6 抗がん健康食品としてのプロビタミンC

健康食品は厚生労働省による許認可の特保(特定保健用食品)の資格があるかどうかが販売に大きく影響するが,特保の中でも高血圧・高脂血症・糖尿病・整腸を効能として謳った製品がほとんどであり,国民が最も恐れ,死亡原因の第1位の抗がんに向けた特保がかやの外という状況は不本意である。

ビタミンC分子の6位に体内脂肪酸のパルミチン酸をエステル結合させたアスコルビン酸-6-O-パルミチン酸エステル(6P)は腹水がんを移植したマウスに投与すると顕著に延命させる効果,および,78匹中6匹は治癒する効果も見出された(図7A)。パルミチン酸よりも炭素原子2個分長いステアリン酸では効果が弱く,パルミチン酸をもう1ヶ所ビタミンC分子に結合させても無効だった(Miwa & Yamasaki, 1986)。

アスコルビン酸-6-O-パルミチン酸はビタミンCと人体構成成分のパルミチン酸とが結合した分子であり,安全性が優れていて食品添加剤として厚生労働省から認可されているが,この結合体を分離した形のビタミンCとパルミチン酸との1:1の単なる混合物(右図のPA)やパル

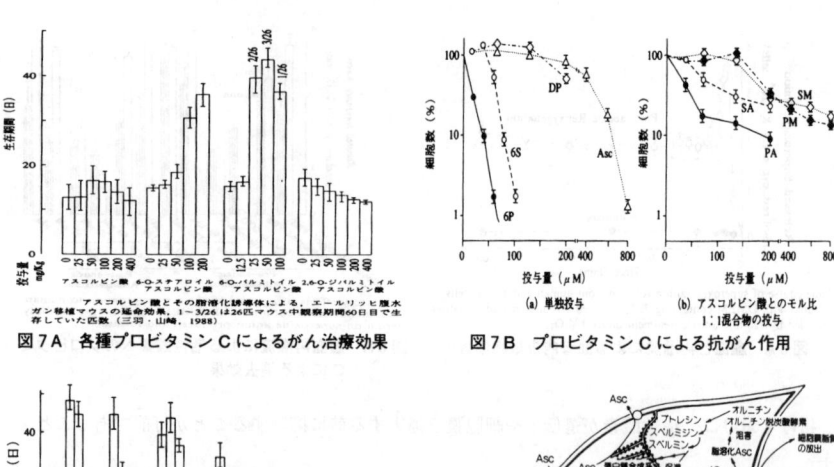

細胞死制御工学～美肌・皮膚防護バイオ素材の開発～

図7A 各種プロビタミンCによるがん治療効果

図7B プロビタミンCによる抗がん作用

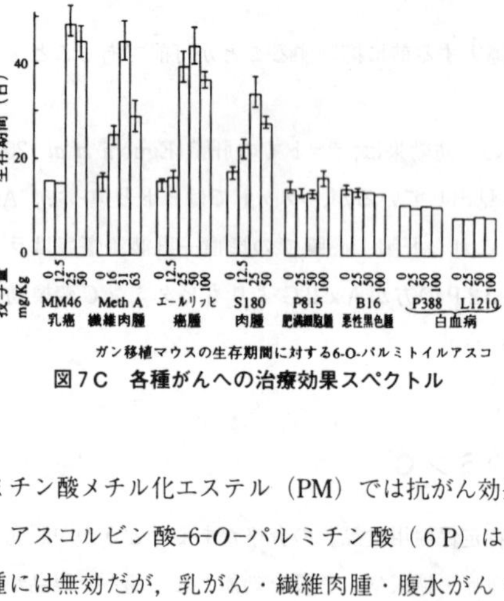

図7C 各種がんへの治療効果スペクトル

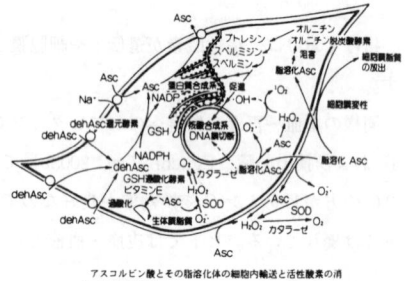

図7D 脂溶化プロビタミンCによる抗がんメカニズム

ミチン酸メチル化エステル（PM）では抗がん効果が大幅低下した（図7B）。

アスコルビン酸-6-O-パルミチン酸（6P）は白血病やメラノーマ（悪性黒色腫）や肥満細胞腫には無効だが，乳がん・繊維肉腫・腹水がん・ザルコーマには有効だった（図7C）。万能ではないが，人体で一日3000個生じると試算されているがんの芽を殺傷する効能は期待できる。

この抗がんプロビタミンCはがん細胞の細胞膜を変性させる作用（Kageyama *et al*.），がん細胞の増殖に先行して活性上昇するオルニチン脱炭酸酵素を阻害する作用（Matsui-Yuasa *et al*.）を広島県立大学共同研究チームで見出している（図7D）。このように抗がんメカニズムに裏付けられ安全性の優れたプロビタミンCは抗がん健康食品として育成すべきである。

7 プロビタミンC3種混合体のホリスティック（全身）効能

上述のように，速効性のアスコルビン酸，活性持続性のアスコルビン酸-2-O-リン酸エステル，そして，脂溶性に基づく組織浸透性のアスコルビン酸-6-O-パルミチン酸エステルの3種類を混

第13章　プロビタミンC混合体美肌プロダクト

合したサプリメントを広島県立大学研究室は日本メディカル総研と共同で開発した。経口摂取された後，腸吸収されて血中移行し細胞内部へ取り込まれる過程で，全身各部位での薬効が従来のさまざまな研究成果に立脚して示唆される（図8A）。

ネズミにタバコの副流煙を吸引させると，肝臓の毛細血管の周囲を取り囲む肝実質細胞においてDNA2本鎖切断が著明に見られるが，予めネズミの餌にAsc2Pを添加しておくとDNA切断が防御されたことをTUNEL蛍光染色法で示した（図8B）（Miwa, Aoyanagi et al.）。タバコの有害性がプロビタミンC摂取で防御できるので，受動喫煙者にとって福音となる。

ヒトの赤血球は絶えず新生と破壊が行われていて，その寿命は100〜120日，せいぜい3ヶ月ということになる。赤血球の膜の強度を計測する方法としてコイルプラネット遠心法があり，浸透圧を段階的に非生理的圧力に変化させると膜破壊が起こって溶血するので，ヘモグロビンの赤色で識別できる。どの位の圧力まで溶血せずに耐久するかが膜強度の指標となる。Asc2Pで処理した赤血球は無処理の場合よりも膜強度が向上することが示された（図8C）(Kogawa et al. 1999)。

赤血球の新旧交替に限らず人体全身で60兆個あるといわれる細胞で細胞死が起こっていて，生理的細胞死 (physiological cell death) はアポトーシス（細胞自殺）であり，突発的細胞死 (accidental cell death) はネクローシス（細胞壊死）を含み（図8D），両者の混在も多数例で見られるといわれる（三羽, 1993）。このうち過剰な酸化ス

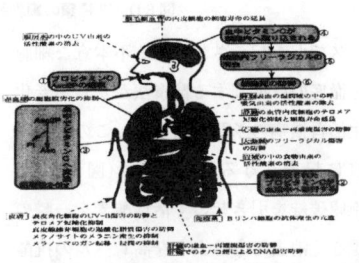

図8A　老化予防食品としてのビタミンC前駆体, Asc2P (アスコルビン酸-2-リン酸)
Asc2Pは，養殖魚介類，畜産動物への飼料配合剤，および，中国での栄養強化のための食品添加剤として実用化され，老化予防食品の有効成分として，最も使用実績のあるビタミンC前駆体である。摂取されたAsc2Pは，経口投与→腸吸収→血液中へ以降（摂取後2〜6hr）→細胞内取り込み→細胞内フリーラジカルの消去→細胞死の防御‥‥という段階を経て上記の各種組織/臓器で老化防御に働くと考えられる。

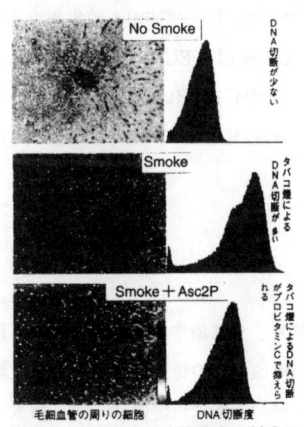

図8B　タバコ煙の生体障害に対するビタミンCの防御効果

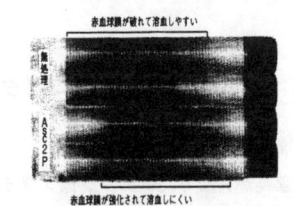

図8C　赤血球の膜を強化するプロビタミンC (Asc2P)：コイルプラネット遠心法 (Kogawa et al. 1999)

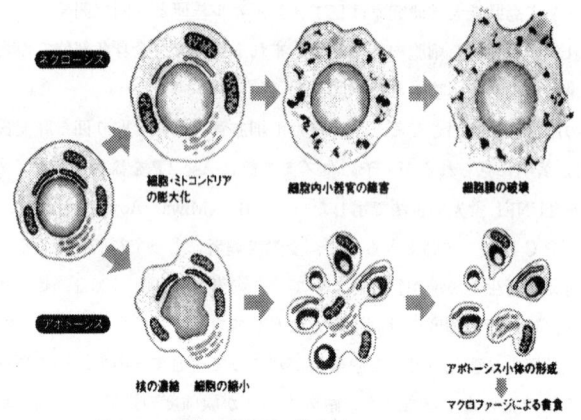

細胞死制御工学～美肌・皮膚防護バイオ素材の開発～

図8D　2種類の細胞死の様式（Kerr *et. al.,* 1972改変）

トレスで引き起こされている不本意な細胞死を徹底的に抑制する健康法ががん・老化・生活習慣病の予防へ通じる。この意味で全身に起こりうるDNA切断（図8E）や細胞膜破綻を引き起こす活性酸素を一瞬の間隙なく消去できるような高レベルの抗酸化力を保持するホリスティック対策が重要である。

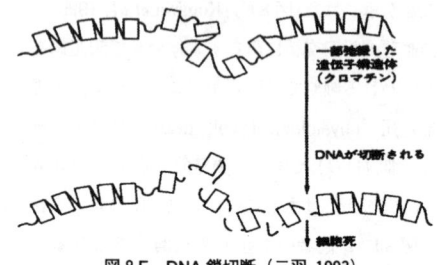

図8E　DNA鎖切断（三羽,1993）

　この対極として，局所的対策となるゲノム産物応対治療法があり，例えば肺がん治療薬のイレッサ（一般名：ゲフィチニブ）は，肺がんで多量発現している増殖因子EGFの受容体をブロックするという発想であるが，副作用に因る死者を多数出したことが報道された。がん治療という緊急対策なので，局所的対策が不可欠であるが，疾病予防のための健康法は，全身を増強するホリスティック対策が有効であろう。

8　がん転移抑制のプロビタミンC健康食品

　各種プロビタミンCの薬剤設計のうえで，アスコルビン酸分子を修飾する位置が2位か6位かで意義が異なり，2位のリン酸エステル化はビタミンCの自働酸化への抵抗性を賦与し，6位のパルミチン酸エステル化は組織浸透性を促進する（図9A）。がん細胞は一定のサイズに増大すると浸潤や転移を引き起こして致命的になることが多いが，がん組織を外科摘出した後は残存し

第13章　プロビタミンC混合体美肌プロダクト

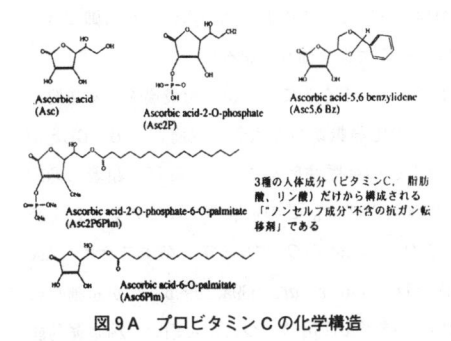

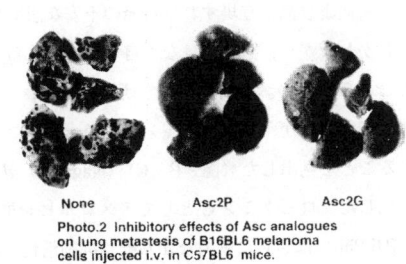

図9A　プロビタミンCの化学構造

Ascorbic acid (Asc)
Ascorbic acid-2-O-phosphate (Asc2P)
Ascorbic acid-5,6 benzylidene (Asc5,6 Bz)
Ascorbic acid-2-O-phosphate-6-O-palmitate (Asc2P6Plm)
Ascorbic acid-6-O-palmitate (Asc6Plm)

3種の人体成分（ビタミンC, 脂肪酸, リン酸）だけから構成される「"ノンセルフ成分"不含の抗ガン転移剤」である

Photo.2 Inhibitory effects of Asc analogues on lung metastesis of B16BL6 melanoma cells injected i.v. in C57BL6 mice.
None / Asc2P / Asc2G

図9B
皮膚がん（図中の黒い粒）の転移を受けた肺（図中の黄色い5つの塊）は何も薬剤処理しないと多数の皮膚癌が転移する（左のNone：薬剤投与なし）。

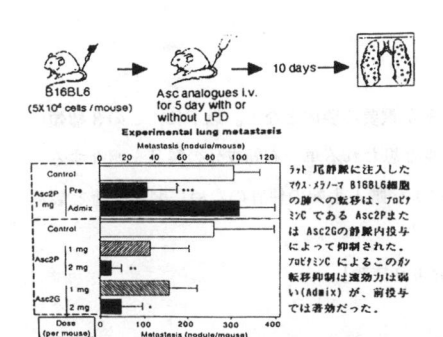

図9C　プロビタミンCによるがん転移抑制

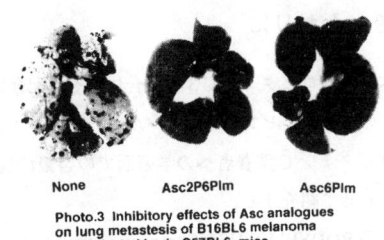

B16BL6 (5×10⁴ cells/mouse) → Asc analogues i.v. for 5 day with or without LPD → 10 days

Experimental lung metastasis
Metastasis (nodule/mouse)

ラット尾静脈に注入したマウス・メラノーマ B16BL6細胞の肺への転移は、プロビタミンCである Asc2Pまたは Asc2Gの静脈内投与によって抑制された。プロビタミンCによるこのがん転移抑制は混合力は弱い（Admix）が、前投与では著効だった。

Photo.3 Inhibitory effects of Asc analogues on lung metastesis of B16BL6 melanoma cells injected i.v. in C57BL6 mice.
None / Asc2P6Plm / Asc6Plm

図9D
臓器の内部への浸透力を強めた油性ビタミンCはがん転移を抑制する。油性ビタミンC（Asc2P6Plm, Asc6Plm）を静脈注射すると、がん転移は抑制される（中図、右図）。

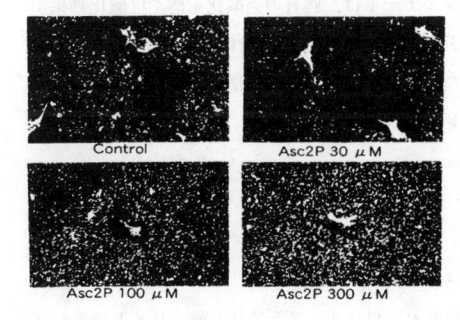

Control / Asc2P 30 μM / Asc2P 100 μM / Asc2P 300 μM

図9E　プロビタミンCの Asc2Pによるがん細胞の細胞運動能への抑制効果
皮膚がん細胞メラノーマ B16Bl6（写真の中の不定形）を金コロイド微粒子のシートに疎らに蒔いて18時間放置すると、細胞運動した軌跡は微粒子が撥ね除けられて黒く見える。無処理のがん細胞は活発に運動している（Control）が、がん浸潤抑制効果のある300μMの高濃度での Asc2P処理した場合は運動能が停止している（右下の写真）。

たり手術時に飛散したがん細胞が転移することが起こりうる。この非自然がん転移を防御できる抗がん健康食品が登場すれば再発の不安な患者にとって大きな福音となろう。

　しかしながら，医薬ではなく自宅で服用するサプリメントなので，安全性を最優先する必要があことさら大きい。広島県立大学研究室では，ネズミの尾静脈から注入した皮膚がん B16BL6 が肺へ転移するが，プロビタミン C の Asc 2 P や Asc 2 G の静脈注射がこのがん転移を顕著に抑制することを見出した（図 9 B, C）（Nagao et al. 2000a, 2000b）。この水溶性プロビタミン C を脂溶化したプロビタミン C としてアスコルビン酸-2-O-リン酸-6-O-パルミチン酸エステル（Asc 2 P 6 Plm）はさらに強力ながん転移抑制活性（図 9 D）（Liu et al. 1999a, 1999b）やがん細胞殺傷活性（Kageyama et al. 2001）も示した。これらの抗がん作用の一つにがん細胞の細胞運動能への抑制効果（図 9 E）が挙げられる。

9　おわりに

　本章のプロビタミン C 3 種混合体はその配合比率が重要な要因となる。以下に，この 3 種類のうちのアスコルビン酸-6-O-パルミチン酸エステルと思われる単一有効成分の製品を紹介する。プロビタミン C 消費者への学術面での啓蒙活動および購入手配の便宜のために関連書籍と製品も合わせて紹介する。

【米国 BODYPLUS USA Company のホームページより抜粋】

「アスコルビン酸パルミテート, 90 タブレット,
Ascorbyl Palmitate, 90Tabs, 1,495 円（＄11.39）

　アスコルビン酸パルミテートは脂溶性のアスコルビン酸で，体内の脂質に対しビタミン C 特有の抗酸化作用を有します。アスコルビン酸パルミテートは，脂質の過酸化を防ぐ抗酸化効果が水溶性ビタミン C 以上に高いことが In Vitro 研究で明らかにされています。
毎日 1～5 タブレットを食事と一緒に摂取，または医療専門家の指示に従ってお摂り下さい。
1 ボトル　90 タブレット入り, 1 回分用量, 1 タブレット
1 回分用量中成分内容（1 タブレット中）：

　　ビタミン C（アスコルビン酸パルミテート）212mg

　　カルシウム 146mg

　　アスコルビン酸パルミテート（ビタミン C エステル）500mg

　　その他の成分：リン酸水素カルシウム，微結晶セルロース，ステアリン酸，ハイドロキシプ
　　　　　　　　　ロピルセルロース，変性セルロースガム，コロイド状二酸化ケイ素」

【参考となるビタミン C 学術書】

第13章　プロビタミンC混合体美肌プロダクト

1)　「ポーリング博士のビタミンC健康法」ライナス・ポーリング著，村田晃訳，平凡社，定価1400円［概要］ノーベル化学賞と平和賞と2回の受賞者である元スタンフォード大学教授のポーリング博士がビタミンCの分子矯正医学の立場から医学や栄養学の広範囲に及んで1985年に著述した原書が，ビタミンC研究の重鎮の佐賀大学・村田教授によってきめ細かくわかりやすく翻訳されている。文庫小版，全452頁

2)　「ビタミンCの知られざる働き」三羽信比古著，丸善，定価1730円［概要］ビタミンCによるがん・老化・細胞死の防御効果に焦点を絞って広島県立大学・三羽教授によって一般人向けにわかりやすく著述されている。ビタミンCが細胞の内部へ取り込まれて高い濃度に維持されると，活性酸素を消去する劇的な薬効を発揮するという具体例が列挙されている。B6版，全172頁

3)　「ビタミンCとかぜ，インフルエンザ」ライナス・ポーリング著，村田晃訳，共立出版，定価1200円［概要］ビタミンCの世界的権威の故ポーリング博士は自ら提唱したメガビタミンC療法で90歳以上長生きしたが，高齢者の死因の多くを占める風邪やインフルエンザにほとんど罹患しなかったとのことである。これら疾患の予防にビタミンCが有効であるとの学説が1977年に著述され，村田教授によって丹念に適切に翻訳されている。B6版，全218頁

4)　「バイオ抗酸化剤プロビタミンC〜皮膚障害・ガン・老化の防御と実用化研究〜」三羽信比古編著，フレグランスジャーナル社（定価3990円）［概要］活性増強型に改変した各種プロビタミンC（ビタミンC前駆体）の健康食品・化粧品への実用化の視点から，ビタミンCによるシワ・シミを防ぐ美肌効果，皮膚UV傷害の防御，がん転移の抑制，血管の老化防御などが多数の図やカラー写真を用いて著述され，著者の研究室の最新データが実験手技と共に多数盛り込まれている。A5大判，全322頁

5)　「プロビタミンC：スキンケア講座20」伊東忍著，現代書林（定価1200円）［概要］プロビタミンCについて研究も用途開発も販売も製剤化も精通したITOプロビタミン・リサーチ・センター所長の著者が美容皮膚科医師が注目する21世紀のビタミンCとしてプロビタミンCを取り上げ，長年の経験と蓄積情報に基づいた実地の裏付けのある美肌や皮膚防護効果をわかりやすく著述している。紫外線ダメージ，美白効果，ニキビ治療，ストレス軽減と免疫充進，卵子の受精，腹の脂肪，化粧品の選び方や使い方など一般読者の興味あるテーマも盛り込まれている。全190頁

【プロビタミンC製品ガイド】

①　ITO社 http://provitamin.cc

○医科向け高濃度リン酸アスコルビン酸化粧品シリーズ。ローション，エッセンス，ジェル，クリーム，クレンジング，洗顔フォームの全てにプロビタミンCが添加されています。：AP5シリーズ(高濃度5％のリン酸型ビタミンCとVCIP等が配合された総合基礎化粧品です。皮膚科，

形成外科等クリニックのみに販売。）
○ドクターズコスメ化粧品受託製造業務（クリニックのオリジナル化粧品の製造を受託。）
○ビューリ：亜満商事と協力しビューリの医科向け販売。
○ソニックナノケア：（ビタミンCをナノ粒子にして浸透させやすくする美顔器）
○レブニール：（ビタミンCを瞬間的に電気分解して浸透させやすくする美顔器）
○ビタミンCドリンク：APC（高濃度のアスコルビン酸を無糖で飲みやすくしたドリンク。グルコースと併用するとビタミンCの吸収が阻害されるというアイディアを生かして世界ではじめて高濃度ビタミンC1000mgを無糖（ノンカロリー）にいたしました。クエン酸も1000mg配合し活性酸素を消去しつつミトコンドリアの代謝を高めることを意図。）
○抗酸化ビタミンプレミックス（錠剤型健康食品）：エーピーエックス，APX（ビタミンAEC, CoQ10等抗酸化ビタミンを高濃度配合。飲む前と飲んだ後での尿中8-ヒドロキシデオキシグアニン量が減少することを確認。

② サイバービタミン社（ITOの一般向け化粧品販売部門）
○ロミュランシリーズ：リン酸型ビタミンCを高濃度（5％）に配合した一般向けの基礎化粧品シリーズ。東急ハンズ，マツモトキヨシ等一般量販店で購入可能。http://romulan.cc/
○ロミュランEXシリーズ：リン酸型ビタミンCと他の抗酸化ビタミン類を高濃度に配合（5％〜12％）した一般向け最高級の基礎化粧品シリーズ。新宿の京王デパート等有名百貨店で発売中。http://romulan.cc/
○サイバービタミン社ペットスキンプロジェクトペット向けプロビタミンC化粧品：ペット向けのリン酸型ビタミンC化粧品。http://nc5.cc

③ アイテム社（ITOのエステサロン向け化粧品販売部門）
クトロシリーズ：リン酸型ビタミンCを高濃度に配合したエステサロン向けの基礎化粧品シリーズ。http://cutolo.cc/

文　　　献

- 安藤幸夫：からだのしくみ事典，p.101, 日本実業出版社，1992
- Bigley RH, Stankova L., Uptake and reduction of oxidized and reduced ascorbate by human leukocytes. *J Exp Med*., 1974 May1, **139**（5）：1084-92.
- Eguchi M, Kato E, Tsuzuki T, Miyazaki T, Oribe T and Miwa N, Cytoprotection against

第13章 プロビタミンC混合体美肌プロダクト

ischemia-induced DNA cleavages and cell injuries in the rat liver by pro-vitamin C via hydrolytic conversion into ascorbate. *Mol Cell Biochem.*, in press, 2003a
- Eguchi M, Fujiwara M, Mizukami Y and Miwa N, Cytoprotection by pro-vitamin C against ischemic injuries in perfused rat heart together with differential activation of MAP kinase family members. *J Cell Biochem.*, in press, 2003b
- Guidarelli A, De Sanctis R, Cellini B, Fiorani M, Dacha M, Cantoni O, Intracellular ascorbic acid enhances the DNA single-strand breakage and toxicity induced by peroxynitrite in U 937cells. *Biochem J.*, 2001 Jun1, **356** (Pt 2), 509-13.
- Kageyama K, Onoyama Y, Kimura M, Yamazaki H, Miwa N, Enhanced inhibition of DNA synthesis and release of membrane phospholipids in tumour cells treated with a combination of acylated ascorbate and hyperthermia. *Int J Hyperthermia.*, 1991 Jan-Feb, **7** (1), 85-91.
- Kageyama K, Yamada R, Otani S, Hasuma T, Yoshimata T, Seto C, Takada Y, Yamaguchi Y, Kogawa H, Miwa N, Abnormal cell morphology and cytotoxic effect are induced by 6-0-palmitol-ascorbate-2-0-phosphate, but not by ascorbic acid or hyperthermia alone. *Anticancer Res.*, 1999 Sep-Oct, **19** (5 B), 4321-5.
- Kerr JFR *et. al.,* ; BrJ Cancer 26 : 239-252 (1972)
- Kogawa H *et al.,* persnl. commun. 1999.
- Liu JW, Nagao N, Kageyama K, Miwa N, Antimetastatic and anti-invasive ability of phospho-ascorbyl palmitate through intracellular ascorbate enrichment and the resultant antioxidant action. *Oncol Res.*, 1999, **11** (10), 479-87.
- Liu JW, Nagao N, Kageyama K, Miwa N. Related Articles, Links : Anti-metastatic effect of an autooxidation-resistant and lipophilic ascorbic acid derivative through inhibition of tumor invasion. *Anticancer Res.*, 2000 Jan-Feb, **20** (1 A), 113-8.
- Matsui-Yuasa I, Otani S, Morisawa S, Kageyama K, Onoyama Y, Yamazaki H, Miwa N, Effect of acylated derivatives of ascorbate on ornithine decarboxylase induction in Ehrlich ascites tumor cells. *Biochem Int.*, 1989 Mar, **18** (3), 623-9.
- Miwa N, Yamazaki H, Nagaoka Y, Kageyama K, Onoyama Y, Matsui-Yuasa I, Otani S, Morisawa S, Altered production of the active oxygen species is involved in enhanced cytotoxic action of acylated derivatives of ascorbate to tumor cells. *Biochim Biophys Acta.*, 1988 Nov 18, **972** (2), 144-51.
- 三羽信比古・編著,「細胞死の生物学」,東京書籍,1993
- Miwa N, Yamazaki H, Ikari Y., Enhancement of ascorbate cytotoxicity by chelation with ferrous ions through prolonged duration of the action. *Anticancer Res.*, 1986 Sep-Oct, **6** (5), 1033-6.
- Miwa N, Yamazaki H, Potentiated susceptibility of ascites tumor to acyl derivatives of ascorbate caused by balanced hydrophobicity in the molecule. *Exp Cell Biol.*, 1986, **54** (5-6), 245-9.
- Muto N, Persnl. Commun.(武藤徳男,原図恵与),1997(原図改訂,図説付加)
- Nagao N, Etoh T, Yamaoka S, Okamoto T, Miwa N., Enhanced invasion of Tax-expressing

fibroblasts into the basement membrane is repressed by phosphorylated ascorbate with simultaneous decreases in intracellular oxidative stress and NF-kappa B activation. *Antioxid Redox Signal*., 2000 a Winter, **2**（4）, 727-38.
- Nagao N, Nakayama T, Etoh T, Saiki I, Miwa N, Tumor invasion is inhibited by phosphorylated ascorbate via enrichment of intracellular vitamin C and decreasing of oxidative stress. *J Cancer Res Clin Oncol*., 2000b Sep, **126**（9）, 511-8.
- Saitoh Y, Nagao N, O'Uchida R, Yamane T, Kageyama K, Muto N, Miwa N, Moderately controlled transport of ascorbate into aortic endothelial cells against slowdown of the cell cycle, decreasing of the concentration or increasing of coexistent glucose as compared with dehydroascorbate. *Mol Cell Biochem*., 1997 Aug, **173**（1-2）, 43-50.

第3編　バイオ化粧品とハイテク美容機器との相性

第14章　イオン導入によるビタミンC浸透促進
──皮膚深部へのバイオ化粧品の分布向上──

山口祐司[*1], 赤木訓香[*2], 安藤奈緒子[*3], 鈴木晴恵[*4], 三羽信比古[*5]

1　プロビタミンCと他の抗酸化剤との違い

各種の皮膚防護剤が開発されている中で何故，特にビタミンCとその活性増強型のプロビタミンC（ビタミンC前駆体）が注目されているのか。

①その第一の理由として，ビタミンCは細胞内部で活性酸素を消去する迅速性に極めて優れた抗酸化剤であり，"Front Defender"と称せられる[1,2]からである。いくら強力な活性酸素消去活性のある薬剤であっても細胞傷害を受けた後に働いたのでは実効性が劣ることになる。

②第二の理由は，活性酸素を消去する場，いわば"Battle Field"は主に細胞内部であり，細胞膜を容易に通過して細胞毒性の及ぼさない濃度で活性酸素を消去しなければ無意味である。細胞表面にはビタミンC輸送体タンパク（SVCT：sodium dependent vitamin C transporter）という遺伝子産物が存在し[2]，細胞外のビタミンCを細胞内へ取り込む働きがある。もし物質レベルだけで活性酸素を消去する物質で良いのなら，逆説であるが，ギ酸，アセトアルデヒド，イオウでも医薬になってしまう。

③ビタミンCそれ自体を人体に投与しても迅速に酸化分解や尿中排出を受けてしまうが，人体で徐々にビタミンCへ変換（gradual release of vitamin C）されるプロビタミンCの投与は少ない無駄でビタミンCを利用できることになる[1~3]。

このようにプロビタミンCには活性酸素の消去作用を介して各種の美肌・皮膚防護効果が期待できる。

[*1] Yuji Yamaguchi　㈱インディバ・ジャパン　代表取締役社長
[*2] Kunika Akagi　広島県立大学　生物資源学部　三羽研究室　副主任研究員
[*3] Naoko Andoh　広島県立大学　生物資源学部　三羽研究室　専任技術員
[*4] Harue Suzuki　鈴木形成外科（京都市東山区）　院長
[*5] Nobuhiko Miwa　広島県立大学　生物資源学部　生物資源開発学科　教授

2 イオン導入による薬剤浸透性の促進

一方，化粧品有効成分を皮膚へ外用塗布するだけという旧来の投与形態では，有効成分のHLB（親水性－親油性均衡）値が適切でないため，あるいは，安定性が不良で酸化分解されやすいために，皮膚深部へ浸透せず美肌効果や皮膚防護効果をあまり発揮できない場合が多い。プロビタミンCと言えども外用塗布だけでは本来の実力が発揮できないことになる。そこで筆者らは，微弱な電流を皮膚に通電して，イオン化したプロビタミンCを皮膚深部へ浸透させる（図1）イオン導入（イオントフォレーシス）を利用したが，臨床上も皮膚器官培養でも有効例を認めた[1～6]。

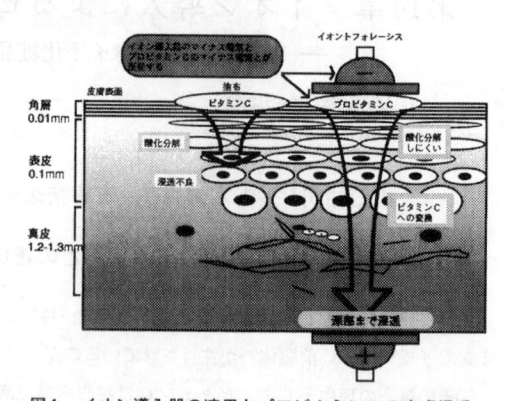

図1 イオン導入器の適用とプロビタミンCの皮膚浸透効果[6]
プロビタミンCを安定に維持しつつ皮膚深部へ浸透させてビタミンCへの変換率を向上させる。

イオン導入の最適条件はいかなる方法で検索すべきか。イオン導入器にはその設定モードとして，波形・周波数・電流など各種の可変因があるが，従来はどの設定モードがプロビタミンCの皮膚浸透性に優れているかを体系的に試験する手段が確立されていなかった。その理由は，臨床試験では被験者から提供される同一性状の皮膚は得難く，ラットではヒト皮膚との違いが大きく，3次元培養皮膚では毛孔・汗孔・基底膜の欠落と角質層の不全性が臨床ヒト皮膚へのイオン導入と大きく乖離することが挙げられる。

三羽研究室では，ヒト摘出皮膚片1つを数個の小片に分割して生存維持させ，比較対照の小片には薬剤の外用塗布だけ行い，残る数個の同一皮膚部位由来の小片には各種のイオン導入条件で薬剤投与するという評価技術を確立した。本章では，「ヒト皮膚片分割法」と呼ぶべきこの評価方法を主体にしてイオン導入の最適条件を検索した結果などに関して解説する。

3 イオン導入最適条件の検索に用いるヒト皮膚片分割法

従来のヒト皮膚片の器官培養はFranzセルと言う，皮膚片を上下から挟む方式だったが，この方式では皮膚片は機械的圧迫を受けて早期に生存低下し，しかも圧迫箇所からクラックが入りやすく副路チャネリングによる誤った薬剤浸透を観測してしまう。筆者らの研究室は，皮膚片を周

第14章　イオン導入によるビタミンC浸透促進

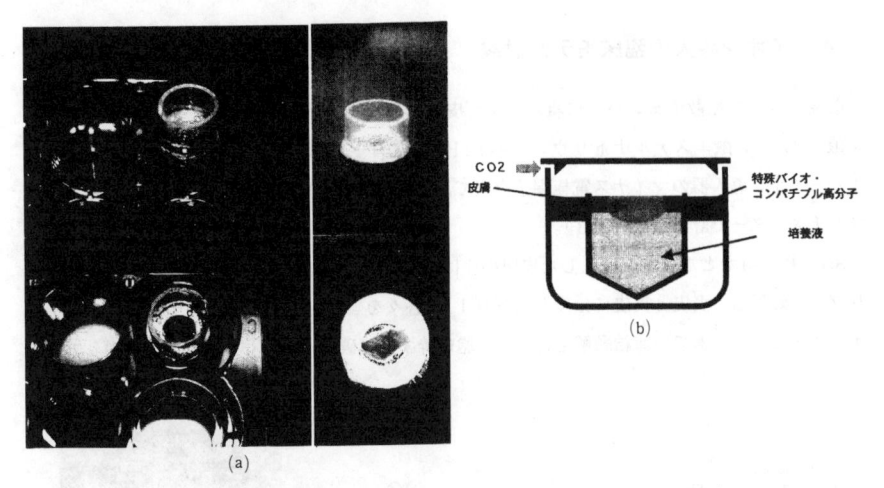

図2　ヒト摘出皮膚小片の改変Bronaugh拡散チェンバーでの生存維持[6]
(a)ヒト摘出皮膚片(biopsy)を数個に垂直分割した小片をチェンバーに組み込み(右上図；右下図(平面図))器官培養する(左上図；左下図)。
(b)断面図：皮膚小片を上下に挟まず周辺から包み込み,炭酸ガスを通気してpH7.25に維持する。

囲から弾力性の良好な高分子で包み込む方式の改変ブロノフ拡散チェンバーを開発した(図2)。informed consentの得られたヒト摘出皮膚片を垂直方向に数個の小片に分割し,改変ブロノフ拡散チェンバーに組み込む。皮膚片の皮下側からはダルベッコ改変MEM培地に漬けて栄養素を供給し,角質層側からは5％炭酸ガスを通気して培地をpH7.25に維持する。皮膚片はcell housingとの直接接触は避けflexibleな特殊biocompatible polymerで皮膚小片の側面(切断面)を被覆してmechanical cell damageを防ぐ。これらの条件で乾燥と水分過剰を防ぐと,皮膚片のコラーゲン合成は,皮下側の培養液に添加したL-$[2,3-^3H]$ prolineがClostridium perfringens由来のcollagenase消化画分またはpepsin未消化タンパク画分へ取り込まれる量で調べると,14〜21日間90％以上の合成能を維持するが,さらに,表皮での細胞機能としてのmitochondrial deHase活性も18〜28日間95％以上維持される。

　ヒト摘出皮膚片は同一部位のものをいくつかの短冊型小片に分割して対照小片と試験小片を比較するが,皮膚片の厚さが検体によってばらつくので,cryostatで4μmの厚さにsliceしてEvG染色し表皮・真皮・皮下の厚さの差異を較正する。

4 イオン導入の臨床モデル試験

改変ブロノフ拡散チェンバーに組み込んだ皮膚小片の角質層にプロビタミンCのアスコルビン酸-2-O-リン酸エステルナトリウム（Asc 2 P・Na）4～50%溶液を含浸させた二重ガーゼの上からイオン導入器のマイナス電極端子を当て，皮下側にプラス電極端子を当て，実測電流値はマルチメーターで計測した（図3）。

Asc 2 P・Naなどをイオン導入した皮膚小片は改変ブロノフ拡散チェンバーから切り出してトリプシン処理して表皮と真皮に分離し（写真1），各々を無気泡下でPotter型テフロンホモジェナイザーと液体窒素での凍結融解を行って細胞破砕する。破砕液を遠心分離と限外濾過してビタ

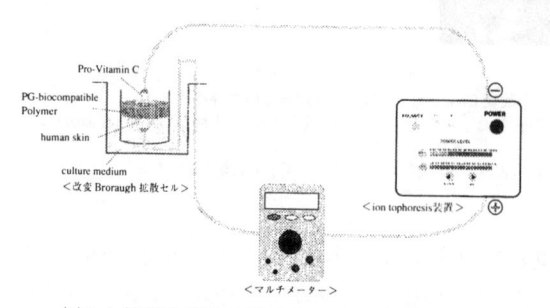

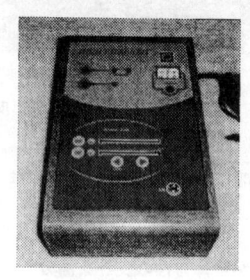

(a) ヒト摘出皮膚片の改変Bronaugh拡散セルでのイオン導入の方法

(b) ハイビタリオン

図3 イオン導入の臨床モデル試験[6](a)と使用したイオン導入器「ハイビタリオン（High Vitaliont）」（㈱インディバ・ジャパン）(b)

ヒト摘出皮膚片小片は良好な生存状態を維持しつつ，イオン導入とそれに伴う皮膚防護/美肌効果への評価とに耐えられる工夫を講じる。

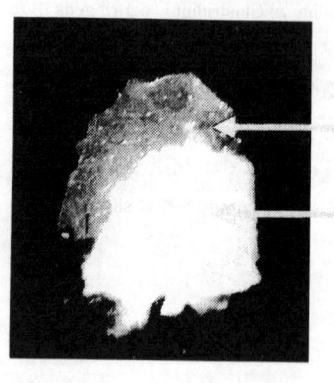

表皮

真皮

写真1 ヒト摘出皮膚片の表皮と真皮への分離[6]
イオン導入を受けた皮膚小片は各々に含有されるプロビタミンC，アスコルビン酸，デヒドロアスコルビン酸の三者を測定するために表皮と真皮とに分離する。適切な条件で分離しないとアスコルビン酸が酸化分解する。

第14章 イオン導入によるビタミンC浸透促進

ミンC含量を計測する。既知量のイソアスコルビン酸を抽出直前に添加し，回収率が98％以上であることを確認する。

皮膚抽出液はODSシリカゲルHPLC（Gilson社）で各種成分を分離し，クーロメトリックECD（Esa社）とUV（東ソー）で検出した。この時Asc 2 Pはacid phosphatase処理によって人為的にAscへ変換すると回収率90～92％でcoulometric ECDによって約600倍に高感度測定できる。Asc同定は皮膚抽出液にascorbate oxidaseを作用させて選択的にAsc（候補）ピークが消失するが，熱失活ascorbate oxidaseを作用させても消失しないことで確認する。Asc回収率の大きさは皮膚抽出液に既知量のiso Ascを添加し，Ascと分別定量して検証する。

5 イオン導入器における各種モードからの最適条件の検索

イオン導入器の設定モードとして波形は従来多く見られた矩形波（rectangular）の他に，角R（squarish-R）波と丸R（circular-R）波も比較し，各波形で周波数を従来多く見られた500Hzから1,500Hzまで調べた（図4）。プロビタミンCとして広く使用されているAsc 2 P-Naの4％水溶液をイオン導入し，4時間後に皮膚片を表皮と真皮に分離して各部分のプロビタミンC，総ビタミンC（還元型と酸化型ビタミンCの総和），酸化型ビタミンC（デヒドロアスコルビン酸）を定量した。この結果，外用塗布だけでは真皮にビタミンCは検出できず表皮でも1.4nmol/g組織，すなわち，ほぼ1.2μMであり健常ヒト血中ビタミンC濃度（VC-blood）の3％未満と不足していた。タイプBやTのイオン導入器では表皮で外用塗布の2.7～3.1倍であり，真皮ではタイプBで0.5μM，タイプTは検出できなかった。一方，タイプIでは数種のモードの内モード3-3,すなわち丸R波で1,530Hzのイオン導入は著明に良好なビタミンC導入効果を示し，表皮で外用塗布の19.7倍，真皮でも2.2nmol/g組織，すなわち1.9μMという真皮では高い総ビタミンC濃度を達成した（図5）。

人体でビタミンC高濃度蓄積3大器官の副腎・白血球・脳下垂体では，ビタミンCは3～20mMなのでイオン導入した皮膚ですらかなり低いビタミンC濃度と言える。と同時に，ビタミンCは激減しやすいので，その補充にイオン導入は有効と見なせる。

6 プロビタミンCのイオン導入効果の特性

イオン導入器に抵抗感のある人が一部にいるが，体脂肪計でも0.5mAほどの微弱電流を通じていて，イオン導入器ではそれ以外の0.3μAでも有効であるが，ハイビタリオン（HIGH VI-TALIONT）の機能改善により1.0μAのレベルで刺激感もなく，導入率も最高値が実測されたと

177

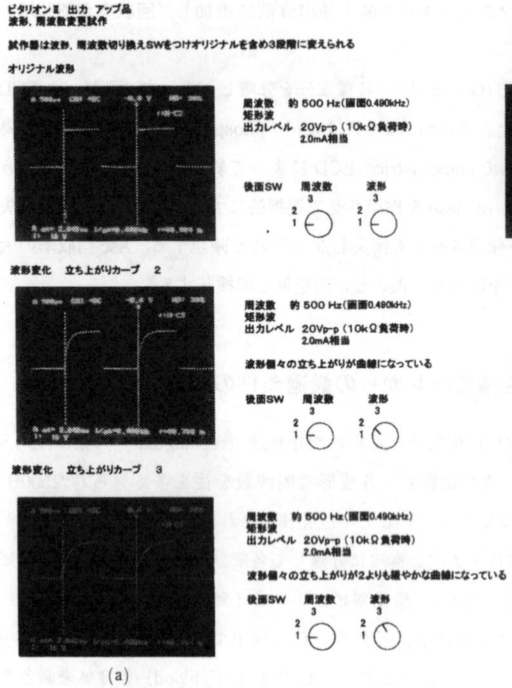

細胞死制御工学〜美肌・皮膚防護バイオ素材の開発〜

ビタリオンII 出力 アップ品
波形, 周波数変更試作

試作器は波形, 周波数切り換えSWをつけオリジナルを含め3段階に変えられる

オリジナル波形

周波数　約 500 Hz (画面0.490kHz)
矩形波
出力レベル　20Vp-p (10kΩ負荷時)
　　　　　　2.0mA相当

後面SW　周波数　波形
　　　　　　3　　　　3
　　　　　　2　　　　2
　　　　　　1　　　　1

波形変化　立ち上がりカーブ　2

周波数　約 500 Hz (画面0.490kHz)
矩形波
出力レベル　20Vp-p (10kΩ負荷時)
　　　　　　2.0mA相当

波形個々の立ち上がりが曲線になっている

後面SW　周波数　波形
　　　　　　3　　　　3
　　　　　　2　　　　2
　　　　　　1　　　　1

波形変化　立ち上がりカーブ　3

周波数　約 500 Hz (画面0.490kHz)
矩形波
出力レベル　20Vp-p (10kΩ負荷時)
　　　　　　2.0mA相当

波形個々の立ち上がりが2よりも緩やかな曲線になっている

後面SW　周波数　波形
　　　　　　3　　　　3
　　　　　　2　　　　2
　　　　　　1　　　　1

(a)

高性能 イオン 導入器
HIGH VITALIONT
(Indiba-Japan 社) の
電 気 特 性
(1) 1530 Hz
(2) circular R-wave
(3) 7:1 reversal pulse
(4) duty ratio 50%

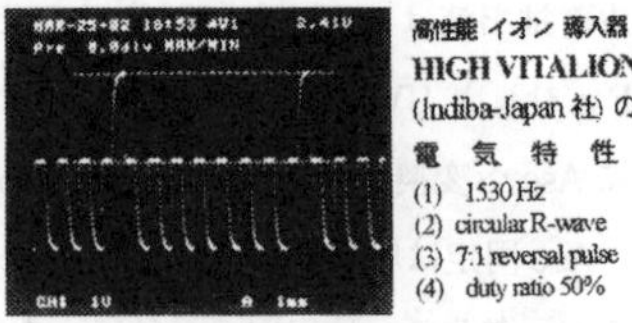

(b)

図4　(a)イオン導入器の最適条件を検索するために調べた波形
(b)周波数・リバーサルパルス頻度などの可変要因[5]

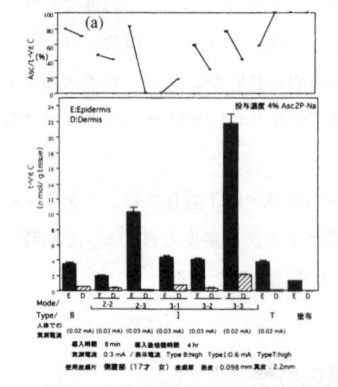

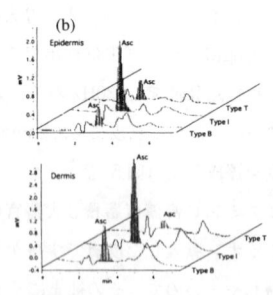

(a)High Vitaliontはヒト皮膚片へのビタミンC浸透力が真皮・表皮とも最も優れていた。High Vitalioint (Type I/Mode3-3) は、Type BやType Tに比較して、表皮へのビタミンC浸透量は5.57〜6.03倍、真皮では3.48〜12.1倍ほど多量であることを同一条件で見出した。
(b)3種のイオン導入器によってプロビタミンCを導入されたヒト皮膚片のHPLC分析クロマトグラム。
Type IによるビタミンC (Asc) 浸透量が多量である。

図5　(a)イオン導入器の各種タイプ/モードによるプロビタミンCの皮膚浸透効果の違い[5]
(b)皮膚中ビタミンC分析のHPLCクロマトグラム[5]

第14章 イオン導入によるビタミンC浸透促進

いうことも特筆すべきと考える。と共に，皮膚中の各種抗酸化成分の中でビタミンCは紫外線照射で生じる活性酸素への消去作用が最も迅速であって，その分消耗も激しい[1,7,8]が，このため補給してやる必要度も大きいことになる[1,2,6]。

6.1 プロビタミンCの外用塗布とイオン導入との比較

従来イオン導入に臨床使用されてきたプロビタミンCは，4%Asc 2 P-Mg または Asc 2 P-Na であったが，これを10〜20%もの高濃度にプロビタミンCを外用塗布してもイオン導入の足元にも及ばないビタミンC導入効果であることが分かった（図6(a)）。

6.2 真皮へのビタミンC送達

プロビタミンCのAsc 2 P-Naを飽和濃度近くまで溶解させてイオン導入することは従来の臨床常識では考え難いことであったが，敢行してみると真皮への総ビタミンCは大幅に増大した（図6(b)）。最適濃度は30%Asc 2 P-Naであり，実に，ビタミンC到達が困難だった真皮においても27nmol/g 組織，すなわち2.3μMという高濃度の総ビタミンCの達成が認められた。これと同時に，よりマイナス電荷を増加させたプロビタミンCであるアスコルビン酸-2-O-トリリン酸-Na（Asc 2 triP）を試行したが，「"電荷数：分子量"の比率がイオン導入効率を支配する」と言う理論に反して，良好なビタミンC導入効率は認められなかった。分子周囲の水和や分子量優位支配が考慮される必要性が示唆される。

6.3 イオン導入後の皮膚中ビタミンCの経時変化

臨床上従来頻用されていた4%Asc 2 P-Mgまたは-Naでは，導入後4時間で総ビタミンC濃度が最高値に到達するのを確認していた。しかし，従来の7倍強に相当する30%の高濃度Asc 2 P-Naをイオン導入すると，最高値に到達する時間が導入後1時間ほどと前倒しとなり即効性が発揮された（図6(c)）。その後の皮膚中総ビタミンCの保持時間は半減期として5時間かそれ以降であり，導入後18時間では既に激減していた。ビタミンC残存が途切れた時に紫外線・排気ガス・過酸化脂質・病原微生物などの活性酸素の攻撃を受けると皮膚傷害を来すことから，1日2回のイオン導入による皮膚中総ビタミンCの高レベル維持が重要となる。

7　イオン導入と個人差

上記のように，イオン導入の最適条件を求めるためには当研究室による改変Bronaugh拡散チェンバーを用いた皮膚片分割法が威力を発揮することが示されたが，一方で，皮膚片の特性によ

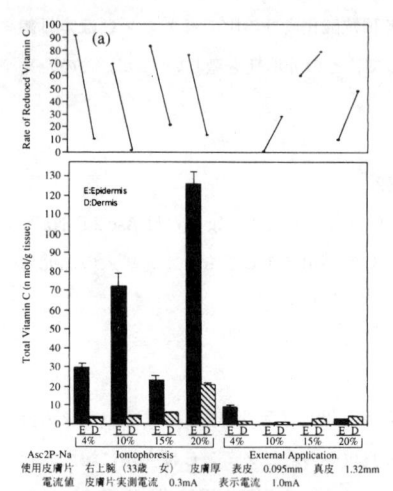

細胞死制御工学～美肌・皮膚防護バイオ素材の開発～

イオン導入で投与するプロビタミンC（Asc 2 P–Na）濃度は従来4％が多かったが，プロビタミンCを10％，20％と高濃度で投与すると，表皮と共に真皮へのビタミンC浸透量が増大する。外用塗布ではほとんど増大しない。

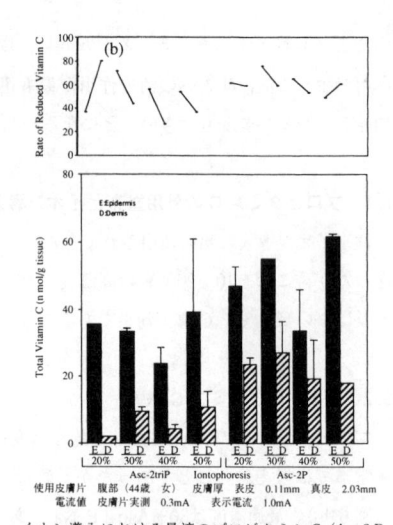

イオン導入における最適のプロビタミンC（Asc 2 P–Na）投与量は20～30％である。真皮へのビタミンC浸透量は4～15％の投与量では達成できない高レベルとなる。40～50％（最大溶解度）ではプロビタミンCのイオン化率が低下すると考えられている。

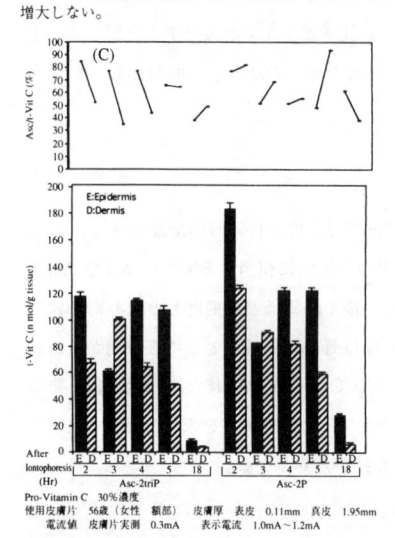

図6　プロビタミンCのイオン導入効果の特性[3]
(a)外用塗布とイオン導入との違い，(b)高濃度プロビタミンCによるイオン導入，(c)イオン導入後の皮膚中ビタミンCの経時変化

高濃度（30％）プロビタミンC（Asc 2 P）のイオン導入ではビタミンC浸透速度も向上する。表皮・真皮ともビタミンC最高値に到達する時間が前倒しとなる。イオン導入後5時間までは皮膚中ビタミンCを維持するが，18時間後には激減するので，1日2～3回のイオン導入が好ましい。

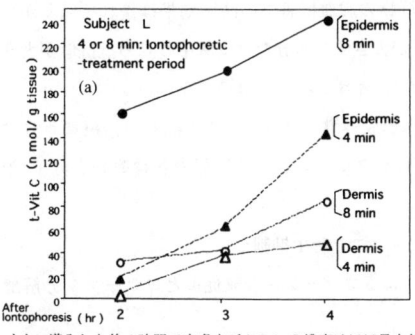

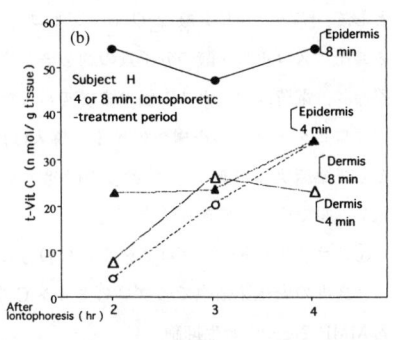

第14章　イオン導入によるビタミンC浸透促進

イオン導入した後4時間で皮膚中ビタミンC濃度はほぼ最大値に到達する。これはイオン導入時間4分, 8分でも表皮・真皮でも, あるいは, 被験者の皮厚の違いがあっても常に認められるが, 投与プロビタミンC濃度4％の場合である。

図7　臨床試験としてのイオン導入における個人差[5]
同じ上腕内側の皮膚に対して皮厚の薄い被験者L(a)と厚い被験者H(b)とで, イオン導入器の施行時間 (4, 8 min) と表皮/真皮中ビタミンCのイオン導入後の時間 (2, 3, 4hr) を変えて比較した。

るプロビタミンC導入効率の偏差があることも否定できない。しかし, これもイオン導入の個人差があることと同様であることも認識すべきである。

その例として, 被験者として同じ上腕内側の皮膚であっても皮厚の異なる2名を比較する(図7)と, 皮厚が薄い被験者Lでは皮膚中総ビタミンCは高濃度に達すると共に, 導入後2～4時間の経過で総ビタミンCが増加し続けた。一方, 皮厚が厚い被験者Hは皮膚中総ビタミンCの最高濃度が低く, 導入後2～4時間で総ビタミンC増加に頭打ちが見られる傾向にあった。イオン導入の施行時間はいずれの場合も4分よりも8分が良好だった。施行中は電極端子を皮膚から離すことなく接触させつつ常時動かす必要がある。

8　プロビタミンC高率イオン導入によって発現する美肌効果

皮膚深部までの高濃度ビタミンC浸透とその維持を1次効果とすれば, 2次効果として必然的に本来のビタミンCによる各種の美肌効果が得られると言う基本コンセプトが大切である。

イオン導入に適した薬剤として, ビタミンCは元来, 生理的pHでマイナス1価の電荷であるアスコルビン酸モノアニオンの形をなすが, この2位OH基をリン酸エステル化すると, ビタミンCとして活性持続型となるだけではなく, pK_1, pK_2値からマイナス2価の電荷が付与されたことになる。このプロビタミンCをパッドに含浸させて皮膚に当てがいイオン導入器のマイナス電極端子を接触させると, マイナス電気どうしの反発力でプロビタミンCは皮膚深部へ浸透しやすくなるという理論が成り立つが, 本実験結果はこれを実証した。別のプロビタミンC

として，アスコルビン酸-2-O-α—グルコシドは肝臓の虚血傷害への防御効果は優れているが，未修飾アスコルビン酸の分子量の約2倍とサイズが大きくなる分だけ皮膚中移動の抵抗値が大きくなり，電荷はマイナス1価のまま変わらないので，イオン導入には適さない。

プロビタミンCの皮膚へのイオン導入は，鈴木形成外科ではシミ・色素沈着の治療に草分けとして臨床実績があり[4]，筆者らの研究室でもプロビタミンCによる下記の各種薬効を分子/細胞レベルで検証してきた[1~3),6,9]。

①メラノサイトへのプロビタミンC投与によるメラニン産生抑制

②真皮の繊維芽細胞でのプロビタミンC投与によるコラーゲン合成促進とコラーゲン分解酵素MMP-2&-9の産生抑制

③紫外線による核DNA2本鎖切断や8-OHdGなどの塩基損傷や細胞死に対するプロビタミンCによる防御効果[10,11]

④細胞分裂に伴うテロメアDNA短縮に対するプロビタミンCAsc2Pによるslow-down効果および細胞寿命の延長効果[12]

⑤皮脂中スクワレンやセラミドなどが変質した過酸化脂質による細胞膜破綻や細胞死に対するプロビタミンCによる防御[13]

⑥炎症や腫瘍の生じた皮膚で見られる活性酸素の増産，転写因子NF-κBの核への転位，コラーゲン分解酵素MMP-2,9の活性化，転移抑制遺伝子nm23の低下などに対するプロビタミンCの抑制効果[14,16]

プロビタミンCという唯一の薬剤カテゴリーだけで上述の通り，これほども多彩な薬効が果たせるのは何故か。それは偏に，生物進化35億年もの遠大な歳月に及んで哺乳動物まで継承されて来た由緒正しい抗酸化成分として体内合成もされてきたビタミンC（霊長類などだけはGLO遺伝子の欠損によって合成不能になった）[1,2]の本来の実力が人類の知恵たるプロビタミンCによって発揮されるようになったからであろう。イオン導入などによる皮膚深部への薬剤到達の結果，皮膚中ビタミンCの高濃度化（Vitamin C enrichment）がprimary eventとして達成できれば，secondary effectとして必然的に具現されると期待できる。

ビタミンCを細胞内へ取り込ませる[15]細胞表面上に分布するビタミンC運搬体タ

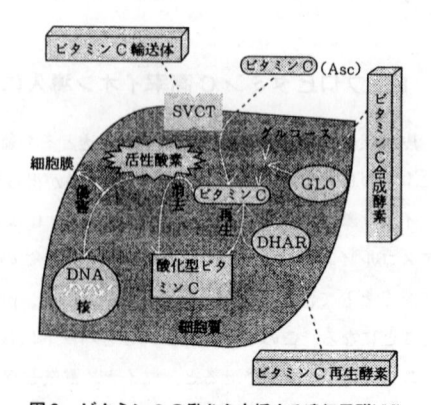

図8　ビタミンCの働きを支援する遺伝子群[1,2,9]

第14章　イオン導入によるビタミンC浸透促進

ンパク SVCT，および活性酸素を消去して酸化型になったビタミンCを還元型に再生させる酵素 DHAR を作る遺伝子が各々人体に備わっていて，ビタミンCの働きを支援している（図8）が，この点で，他の各種の植物由来抗酸化剤と異なる。このため，イオン導入による過剰導入が万一起こったと仮定しても，遺伝子サポートやその調整作用で副作用は限りなく緩和されると見込まれるが，慎重を期して，本章実験結果からの臨床応用は段階的に徐々に進捗させていく必要がある。

文　献

1) 三羽信比古，"バイオ抗酸化剤プロビタミンC"，pp.1-322，フラグランスジャーナル社（2000）
2) 三羽信比古，ビタミンCの知られざる働き，77-85, 158-164，丸善（1992）
3) 中島紀子ら，日本香粧品科学会講演要旨，**26**, 38（2001）; *ibid.*, 27, 42（2002）; 三羽信比古，日本美容外科学会抄録集，**25**, 95（2002）
4) 鈴木晴恵，日本美容外科学会会報，**20**, 46-67（1998）; 臨床皮膚科，**54**, 160-164（2000）
5) 秋山茜，伊藤嘉恭，多島新吾，persnl. commun.
6) 中島紀子，浅田加奈，赤木訓香，鈴木晴恵，三羽信比古，Fragrance J., **30**, 27-36（2002）
7) Y. Sindo *et al.*, *J. Invest. Dermatol.*, **102**, 470-475（1994）
8) B. Frei *et al.*, *Proc. Natl. Acad. Sci. USA*, **85**, 9748-9752（1988）; *ibid.*, **86**, 6377-6381（1989）
9) 金子久美，長尾則男，三羽信比古，日本臨床，**57**, 2223-2229（1999）
10) S. Hayashi, O. Nikaido, N. Miwa *et al.*, *J. Photochem. Photobiol. B*, **64**, 27-35（2001）
11) T. Kanatate, N. Miwa *et al.*, *Cell Mol. Biol. Res.*, **41**, 561-567（1995）
12) K. Furumoto, E. Hiyama, N. Miwa *et al.*, *Life Sci.*, **63**, 935-948（1998）
13) M. Fujiwara, N. Miwa *et al.*, *Free Radic. Res.*, **27**, 97-104（1996）
14) N. Nagao, N. Miwa *et al.*, *Antiox. Redox Signal.*, **2**, 727-738（2000）; 化学と生物，**39**, 151-153（2001）
15) Y. Saitoh, N. Miwa *et al.*, *Mol. Cell Biochem.*, **173**, 43-50（1997）; *J. Cell Biochem.*, in press（2003）
16) H. Eguchi, N. Miwa *et al.*, *Mol. Cell Biochem.*, in press（2003）

第15章 オシロフォレシスによる薬剤分布促進
―― 劣化角質層の剥離作用を介したオシロフォレシス装置
による非イオン性バイオ化粧品の皮膚内浸透促進効果 ――

久藤由子[*1], 安藤奈緒子[*2], 山崎岩男[*3], 藤川桂子[*4], 赤木訓香[*5], 三羽信比古[*6]

1 皮膚深部へ浸透させる薬剤のイオン性と油性

　プロビタミンCやプロビタミンEなどのバイオ化粧品は，表皮の中で最も深い細胞層である基底層，さらには，より皮膚深部である真皮へ浸透させる必要が大きい。この理由は，皮膚内のこの位置に，皮膚色素メラニンを合成するメラノサイト，および，シワ防止に関与する繊維芽細胞が存在するためである。もう一つの理由は，長波長（320-400nm）紫外線（UVA）が皮膚深部への到達力が大きく皮膚深部への細胞傷害を及ぼすためである。ところが，旧来の化粧法である単なる外用塗布だけではバイオ化粧品は皮膚深部（表面より1.3-1.7mm）へほとんど浸透せず，角質層（表面より0.01mm以内）に止まっていることが多い。

　ハイテク美肌化機器を用いてバイオ化粧品を皮膚深部へ浸透させる方法が既に実用化され始めている。この場合，バイオ化粧品がイオン化する物性（high polarity）か，あるいは，油性のためほとんどイオン化しない（low polarity）かによって，皮膚深部へ浸透させる手段を適材適所に変える必要がある。バイオ化粧品がイオン化物性の場合は陰イオン（anion）であろうが，陽イオン（cation）であろうが，イオン導入（iontophoresis）は皮膚深部への薬剤浸透を達成する有効手段になる。他方，非イオン化物質の中には，ビタミンE/A誘導体，セラミド，スクワレンなど皮膚防護と美肌化にとって不可欠のバイオ化粧品が含まれるが，これらに対してはイオン導入器はほぼ無効である。

　ピーリング＆オシロフォレシス（P&O）は皮膚表面の非イオン性の薬剤を皮膚深部まで浸透

---

*1　Yuko Kudoh　広島県立大学　生物資源学部　生物資源開発学科　生物工学分野
*2　Naoko Andoh　広島県立大学　生物資源学部　三羽研究室　専任技術員
*3　Iwao Yamazaki　ヤーマン㈱　米国ハミルトン研究所　所長
*4　Keiko Fujikawa　ヤーマン㈱　健機事業部　リサーチャー
*5　Kunika Akagi　広島県立大学　生物資源学部　三羽研究室　副主任研究員
*6　Nobuhiko Miwa　広島県立大学　生物資源学部　生物資源開発学科　教授

第15章　オシロフォレシスによる薬剤分布促進

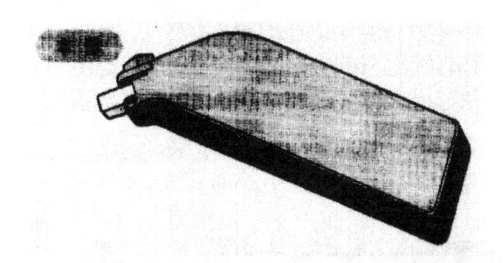

させる美肌ハイテク機器（図1）であり，90Hzで3次元微振動する軽石状アルミナに連動して劣化角質層が剥ぎ取られる（図2）と共に，多数の細胞間微小クラック（裂け目）の形成と修復が瞬時に反復して薬剤のチャネリング（通路開通）が起こると考えられる。油性プロビタミンCやビタミンEが外用塗布の場合よりもP&Oによってヒト皮膚の真皮まで多量に到達する（図3）ことが実証された。今後の美肌剤の採否基準として，P&Oによる皮膚深部浸透への促進効果の有無が大きく左右すると考えられる。

図1　ピーリング＆オシロフォレシス装置の全体像（ヤーマン製・ピール＆タッチ，SILKY TONE）
左端の突出部の軽石状アルミナが皮膚を3次元方向に微細震盪させて劣化角質層を剥離すると共に，含浸した油性ビタミンC/Eを皮膚深部へ叩き込む。

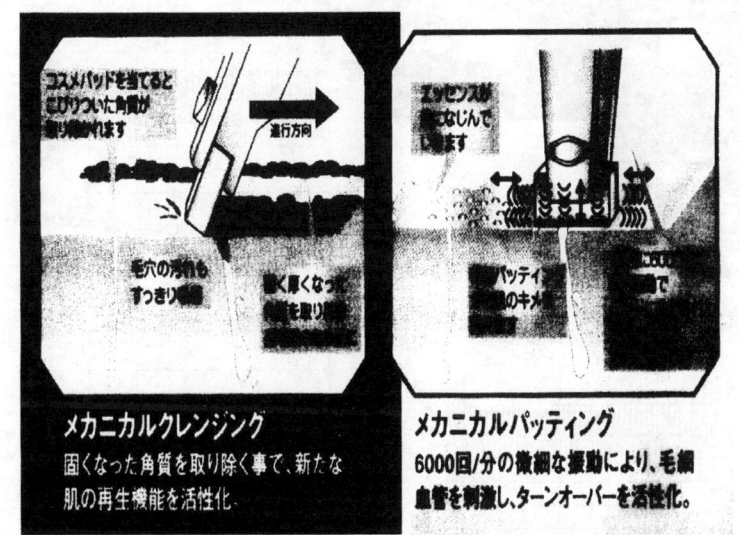

図2　ピーリング＆オシロフォレシス装置による劣化皮膚角質層の物理的剥離効果

図3　ピーリング＆オシロフォレシス装置の微細震盪によって皮膚細胞間質においてクラック（ひび割れ，裂け目）が瞬時形成と修復とを反復し，これに伴って薬剤が透過するためのチャネリング（通路開通）が可能となり薬剤が皮膚内部へ叩き込まれる推定図

2 ピーリング&オシロフォレシス装置による皮膚深部への薬剤の浸透促進

ピーリング&オシロフォレシス（P&O）装置はヤーマン㈱で開発され「ピール&タッチ」または"Silky Tone"という商品名で販売されている。この装置の構成としては皮膚に安全な金属である酸化アルミの軽石（高純度電融Al_2O_3）を縦横高さの3方向いずれにも毎分5400回で微細振動させる（図4）。振動幅は7.5-24μmであり、最大速度は3-12mm/秒である。軽石状アルミナに含ませた活性増強型ビタミンC（プロビタミンC）やビタミンEを皮膚の奥深くまで叩き込むショットガン（散弾銃）効果として泳動させる（オシロフォレシス）。

凹凸隆起の顕著な軽石状アルミナがヒト皮膚にP&O処理した後に劣化角質層を剥ぎ取って凹部に埋め込む画像が見られる（図5）。軽石状アルミナは衛生を損なわないためディスポーザブルとする。

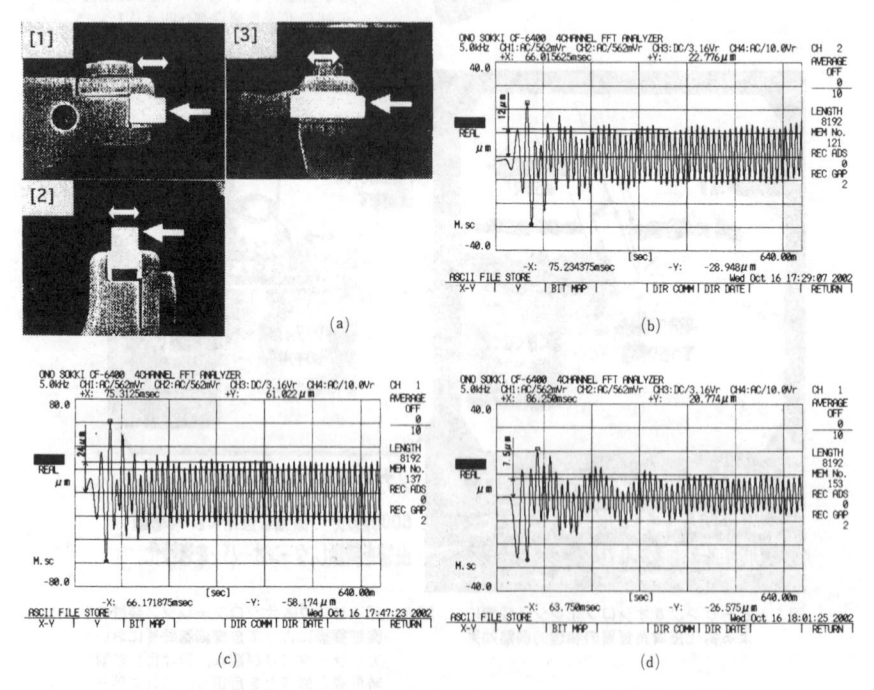

図4 ピーリング&オシロフォレシス装置のピール&タッチまたはSILKY TONE（ヤーマン社製造）の皮膚と接触する軽石状アルミナとその固定部分の概観(a)および3次元各方向でのオシログラム（振動の振幅と周波数の表示）(b)–(d)

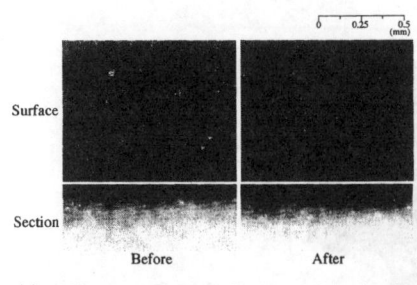

第15章　オシロフォレシスによる薬剤分布促進

(a) Differences of external aspects of an alumina pumice-stone attached to a tremulous oscillator SILKY TONE before and after application to human skin for 8 min.

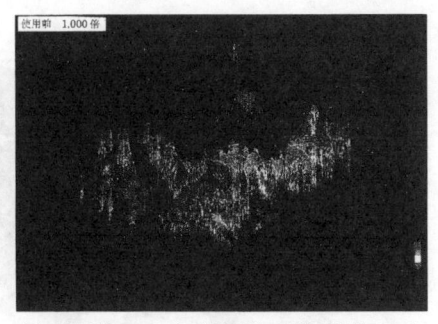

(b) 軽石状アルミナ（使用前）凸凹が顕著である…超深度形状測定顕微鏡による観測
（巻頭カラー参照）

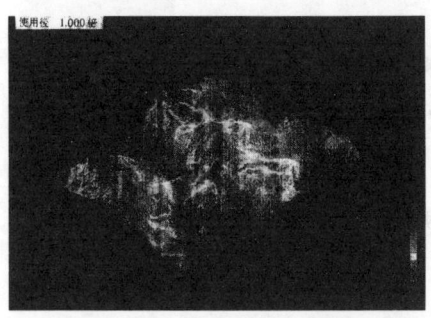

(c) 軽石状アルミナ（使用後）凸凹差が減少した（巻頭カラー参照）

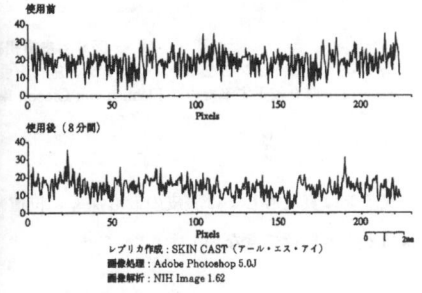

(d) 使用前後の軽石状アルミナの凸凹比較

図5　ピーリング＆オシロフォレシス装置の軽石状アルミナ（商品名"コスメパッド"）の使用前と8分間皮膚接触した使用後(c)の3D表示
いずれも使用後に劣化角質層が剥離されて軽石状アルミナに捕捉されている。

3　ピーリング＆オシロフォレシスの臨床試験

ピール＆タッチによるプロビタミンC・ビタミンEの皮膚深部への浸透効果の臨床試験を実施した。被験者は26歳の日本人，男性であり，上腕内側に抗酸化ビタミンを塗布した後にピール＆タッチで8分間処理した。処理後4時間で被験者の当該皮膚を摘出し，表皮と真皮に分離した[1]。各々の皮膚部分に含有される抗酸化ビタミンをHPLCで分離した[2,3]。皮膚組織片の厚さや性状は個人差や体部差があるので，その断面写真を撮影して較正することが好ましい（図6）。皮膚表面から約0.1mmまでの深さが表皮と呼ばれ，角化細胞が10層に重なっている。さらに皮膚深く約1mmまでは真皮と呼ばれ，コラーゲンを造る繊維芽細胞が疎らに存在するが，抗酸化

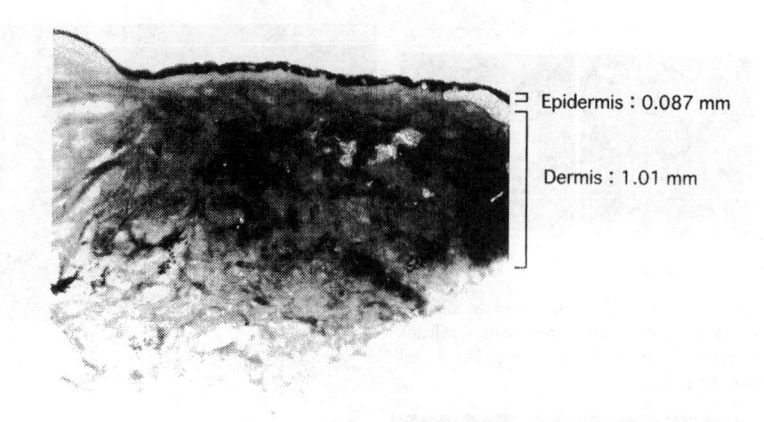

図6 皮膚組織片の断面写真
ピーリング&オシロフォレシス施行を受ける被験者皮膚またはヒト摘出皮膚片の皮厚を較正するために Elastica van Gieson 染色する。

ビタミンは真皮もしくは表皮の最も深くに位置する基底層まで浸透させなければ各種の美肌効果はほとんど期待できない[4]。

4　油性プロビタミンCの皮膚深部への浸透性

プロビタミンCとして油液状のVC-IP（日光ケミカルズ社製造）を用いた。VC-IPはビタミンCの4つある水酸基をすべて分枝鎖脂肪酸の2-hexyldecanoic acidでエステル化した誘導体である[4]。被験者の該当皮膚部位にVC-IP液を原液のままP&Oなどの各種の処理をいずれも8分間行い，VC-IPから4ケ所のエステル分解によって変換されたビタミンCをクーロメトリックECD法で検出し，ビタミンCの皮膚浸透効果を比較した（図7(a),(b)）。ただし，イオン導入器（Iontph；東芝医療用品㈱のAquaPuffをhigh modeで使用）ではVC-IPの皮膚浸透効果が検出限界以下で無効だったので，やむなく，別の水溶性プロビタミンCであるアスコルビン酸-2-O-リン酸エステルナトリウムを通常使用の濃度である4％でイオン導入した[5,6]。この結果，ピール&タッチ（PumOsc）はイオン導入器（Iontph；前述の東芝医療用品㈱のAquaPuff）や超音波器（Sonoph；ジャパンギャルズ社のJ-Sonicをhigh modeで使用）以上に，より多量のビタミンCを，皮膚表面から1.1mmの深さまでの真皮に，浸透させることができた。VC-IPからエステル分解で生じた総ビタミンCの量についてはピール&タッチはただ皮膚に塗布（ExtApp）

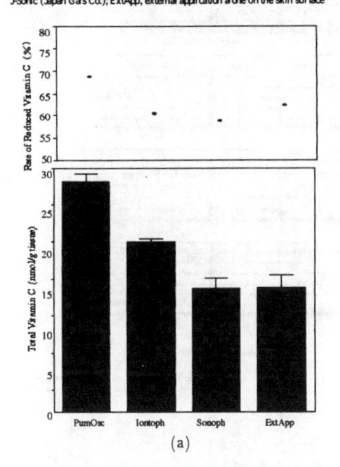

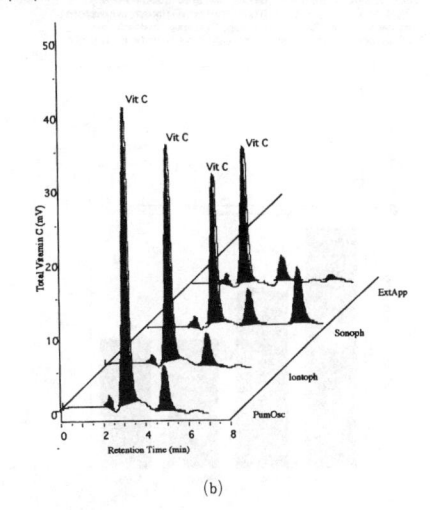

第15章 オシロフォレシスによる薬剤分布促進

図7 油性プロビタミンCのVC-IPなどのピーリング＆オシロフォレシス
(PumOsc)による皮膚真皮への総ビタミンC(Total Vitamin C)浸透効果
(a) イオン導入(Iontoph)，超音波(Sonoph)，外用塗布(ExtApp)との比較，および，真皮中での総ビタミンCに占める還元型ビタミンCの割合(Rate of Reduced Vitamin C)
(b) ビタミンC分析HPLCクロマトグラム

した場合の1.87倍に増加した。イオン導入器や超音波器は各々1.38倍，1.00倍に過ぎなかった。真皮に到達したビタミンCへの安定化効果もピール＆タッチが最も優れていた（図7(a)の上3分の1）。

5 ビタミンEの皮膚深部への浸透性

上記のプロビタミンCと同様に，ピール＆タッチなどの機器適用によるビタミンE（α-トコフェロール）の真皮への浸透効果を被験者の該当皮膚で臨床試験した（図8(a)，(b)）。この試験でも，イオン導入器（Iontph；東芝医療用品㈱のAquaPuffをhigh modeで使用）ではビタミンEの皮膚浸透効果が検出限界以下で無効だったので，やむなく，別の水溶性プロビタミンEであるα-トコフェロールリン酸エステルを4％の濃度でイオン導入した。ビタミンEの検出は蛍光（290nm励起，325nm蛍光）で行い，内部標準としてγ-トコフェロールを用いた。ピール＆タ

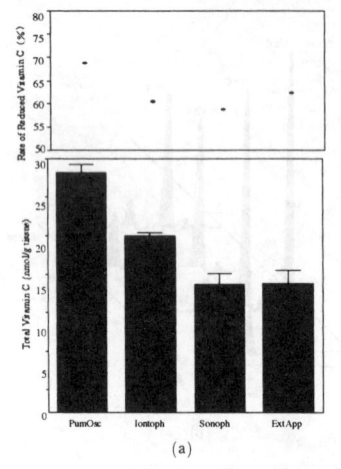

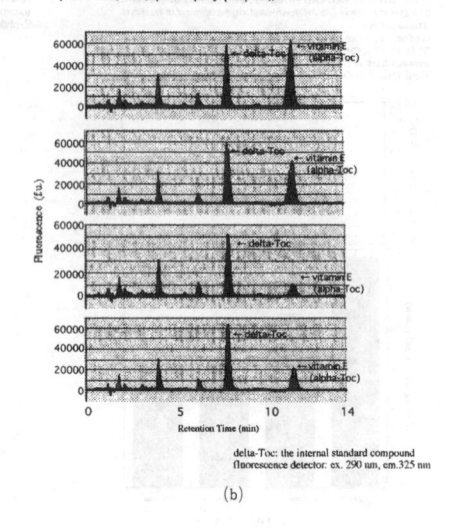

細胞死制御工学～美肌・皮膚防護バイオ素材の開発～

図8 ビタミンE（α-トコフェロール）などのピーリング＆オシロフォレシス
（PumOsc）による皮膚真皮へのビタミンE（Amount of Vitamin E）浸透効果
(a) イオン導入（Iontoph），超音波（Sonoph），外用塗布（ExtApp）との比較
(b) ビタミンE分析HPLCクロマトグラム（比較のための内部標準品：δ-トコフェロール）

ッチは外用塗布に比較して真皮へのビタミンE浸透量が3.05倍と優れていたが，イオン導入器は2.37倍，超音波器は0.50倍に過ぎなかった。

6 非イオン性薬剤の皮膚深部への浸透促進

2種の抗酸化ビタミンの皮膚深部への浸透性を調べた結果，いずれも，P&Oが優れた浸透促進効果をもたらすことが上述の通り判明した。これら抗酸化ビタミンは皮膚組織中での発色反応や放射能標識が実質上困難であるため，この浸透促進効果を直接的に画像化することはできない。そこで，49歳の女性の耳後下の皮膚片を用いて改変ブロノフ拡散チェンバーに据え付けてピール＆タッチを臨床処理と同一条件で処理し，この時モデル薬剤として紫色の脂溶性色素EvBを用いた（図9(a), (b)）。

モデル薬剤（紫色）は皮膚表面へ外用塗布しても皮膚表面から0.1mmの深さ（表皮）までしか浸透しなかった（図9(a)）。しかしピール＆タッチ機器によってモデル薬剤は皮膚表面から1.3

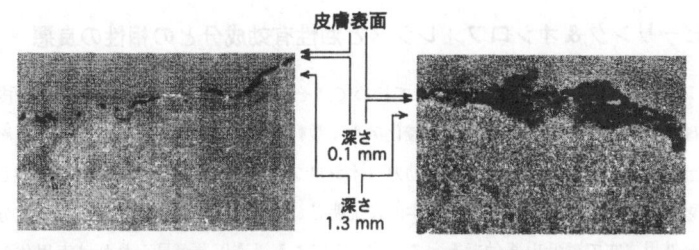

第15章　オシロフォレシスによる薬剤分布促進

皮膚表面

深さ
0.1 mm

深さ
1.3 mm

モデル薬剤（紫色）は皮膚表面へ塗布しても皮膚表面から0.1 mmの深さ（表皮）までしか浸透しない。

モデル薬剤（紫色）はピール＆タッチ機器によって皮膚表面から1.3 mmの深さ（真皮）まで浸透する

(a)

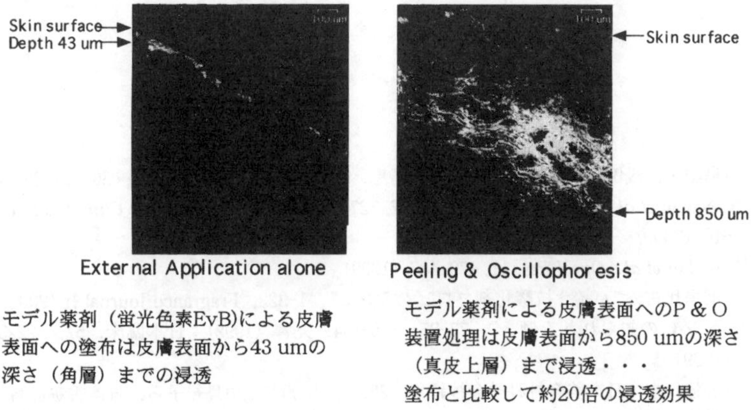

Skin surface
Depth 43 um

Skin surface

Depth 850 um

External Application alone

Peeling & Oscillophoresis

モデル薬剤（蛍光色素EvB)による皮膚表面への塗布は皮膚表面から43 umの深さ（角層）までの浸透

モデル薬剤による皮膚表面へのP＆O装置処理は皮膚表面から850 umの深さ（真皮上層）まで浸透・・・
塗布と比較して約20倍の浸透効果

(b)

図9　ピーリング＆オシロフォレシス装置のピール＆タッチによる薬剤の皮膚深部浸透効果
プロビタミンCやビタミンEの代わりにモデル薬剤EvBを用いて，単なる皮膚（49歳，女，耳下後）表面への外用塗布よりもピーリング＆オシロフォレシスの方が薬剤浸透度が遥かに（a：13倍，b：20倍）大きいことを光学(a)および蛍光(b)顕微鏡で実証した。
(a)　ピール＆タッチ機器による「劣化角質層ピーリング（剥離）効果」と「ショットガン（散弾銃）効果」を介した薬剤の皮膚深部へのオシロフォレシス
(b)　ピーリング＆オシロフォレシス装置による「劣化角質層ピーリング（剥離）効果」と「ショットガン（散弾銃）効果」を介した薬剤の皮膚深部へのオシロフォレシス

mmの深さ（真皮）まで浸透した。この時，皮膚表面から一様に浸透するのではなく，部位による浸透度のばらつきが見られたが，ほぼ総ての部位で浸透促進が認められた（図9(b)）。このように，ピール＆タッチ機器による「劣化角質層ピーリング（剥離）効果」と「ショットガン（散弾銃）効果」を介して薬剤の皮膚深部への浸透が促進することが実証された。

7　ピーリング&オシロフォレシスと油性有効成分との相性の良悪

　ビタミンCやEは皮膚深くまで到達して初めて，その本当の実力である美肌効果や皮膚防護効果を発揮する。ピール&タッチによる酸化アルミ製軽石の微細振動に基づく劣化角質層の剥ぎ取り（ピーリング）と薬剤叩き込みの駆動力（オシロフォレシス）によってそれが実現される。

　今回，実際のヒトの皮膚で試験して科学的に証明された。今後は非イオン性の有効成分の開発に際して，外用塗布では低い薬効であってもP&Oによる浸透促進が見られれば実用化の期待度が高まり，その逆もありうる。P&Oとの相性の良悪が美肌効果を大きく左右することを考慮すべきである。

文　　献

1) 中島紀子，浅田加奈，赤木訓香，鈴木晴恵，三羽信比古，*Fragrance J*, **30**, 27-36（2002）
2) N. Nagao *et al*., *Antioxid Redox Signal*, **2**, 727-738（2000）; *Cancer Res Clin Oncol*, **126**, 503-510（2000）
3) J. W. Liu *et al*., *Oncol Res*, **11**, 479-487（1999）
4) 三羽信比古, "バイオ抗酸化剤プロビタミンC", 1-322, Fragrance Journal 社（2000）; "ビタミンCの知られざる働き", 77-85, 158-164, 丸善（1992）; 日本臨床, **57**, 2223-2229（1999）
5) 三羽信比古，日本美容外科学会抄録集, **25**, 95（2002）; 中島紀子ら，日本香粧品科学会講演要旨, **26**, 38（2001）; *ibid*,. **27**, 42（2002）
6) 鈴木晴恵，日本美容外科学会会報, **20**, 46-67（1998）; 臨床皮膚科, **54**, 160-164（2000）

第16章　瞬時ストロボ光による美肌効果
——IPL（瞬時ストロボ光）フォトフェイシャル，および，プロビタミンC——

久藤由子[*1]，吉光紀久子[*2]，斉藤誠司[*3]，太田浩史[*4]，堀内洋之[*5]，三村晴子[*6]，
三羽信比古[*7]

1　IPLの定義と原理

　Intense Pulsed Light（IPL）とは文字通り瞬間的に照射する強烈な光を意味するが，紫外線よりも波長が長い光線を皮膚に照射して皮膚疾患の治療や美肌をもたらす療法である。IPL装置（図1A）の一部をなすトリートメント・ヘッド（図1B）を顔や患部に当てがいIPLを照射する。

図1A　Intense Pulsed Light 装置

図1B　IPL装置のトリートメントヘッド

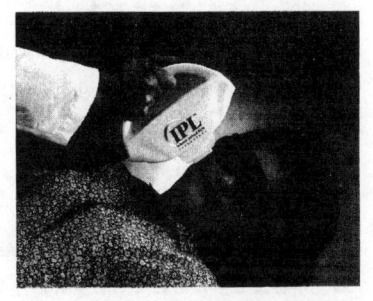

図1C　強烈なストロボ光線を遮るためのゴーグルをかけてIPL照射を受ける

* 1　Yuko Kudoh　広島県立大学　生物資源学部　生物資源開発学科　生物工学分野
* 2　Kikuko Yoshimitsu　広島県立大学　生物資源学部　三羽研究室　副主任研究員
* 3　Seiji Saito　㈱日本ルミナス　コスメティック事業部　コンシューマーマーケッティング部　部長
* 4　Hiroshi Ota　㈱日本ルミナス　コスメティック事業部　プロダクトマーケッティング部　マネージャー
* 5　Hiroyuki Horiuchi　㈱日本ルミナス　コスメティック事業部　マーケッティング部長
* 6　Haruko Mimura　広島県立大学　生物資源学部　三羽研究室　専任技術員
* 7　Nobuhiko Miwa　広島県立大学　生物資源学部　生物資源開発学科　教授

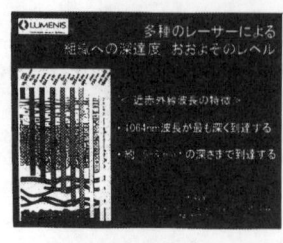

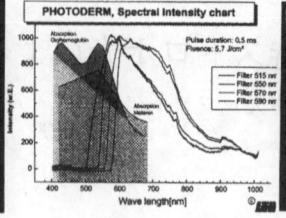

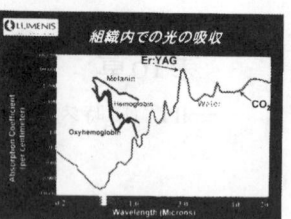

図2A 多種のレーザーによる組織への深達度のおおよそのレベル　　図2B 光吸収の波長依存性　　図2C 組織内での光の吸収

強烈なストロボ光線から眼を守るため，被験者も施術者も遮光ゴーグルを装着する（図1C）。

IPLの皮膚内部への到達度は，波長が長いほど大きく，人種や線量率（dose rate）によっても異なるが，おおまかに下記の通りと見なされている（図2A）（*J Am Acad Dermatol*, 1986）。

　　510nm…表皮基底層を通過して真皮上層まで到達する
　　676nm…真皮下層まで到達する
　　1064nm…皮膚表面から5〜8mmの深さの皮下組織まで到達する

皮膚組織内での光吸収は各種の体内クロモフォアが各々異なった波長依存性で担っていて，おおまかに次の吸収極大を示す（図2B）。

　　メラニン…540nm
　　酸化ヘモグロビン…435nm, 540nm

これら体内クロモフォアの吸収極大を避けるように，cutoffフィルターで短波長側の光を除外する光学特性をもたらしてIPL照射を行う。Er：YAGレーザーやCO_2レーザーに対する水による吸収の波長依存性も知られている（図2C）。

2　IPLフォトフェイシャルの臨床概要

IPL照射によってシミやシワが改善するという学説に基づき，フォトフェイシャル（美顔術）として光線治療が行われている（若松ら，2002；Laury, 2003）（図3A〜C）。

新しい治療法として注目を集めていると，下記のようにマスメディア報道された（日経，2001）。

　① 1回20分照射で，3週間おきに5回程度治療する。日本でフォトフェイシャル療法に取り組む東京女子医科大付属田端駅前クリニックの若松教授は「レーザー治療と異なりカサブタなどを作らない」と話す。光照射によって顔が腫れるような危険が少ないとされる。

第16章　瞬時ストロボ光による美肌効果

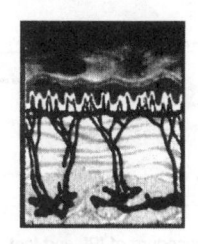

図3A　照射前
乾燥，紫外線によりメラニン色素が沈着。シミ・ソバカスのできた肌。
資料提供：東京女子医大付属第二病院　形成外科

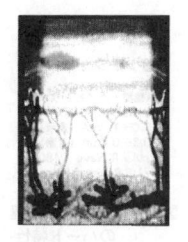

図3B　フォトフェイシャル照射中
顔全体にまんべんなくフォトフェイシャルを照射する。1回の治療時間は20〜30分程度である。
資料提供：同

図3C　照射後
肌を活性化させるフォトフェイシャルの光によって，光老化現象が改善され，きめの整った肌内部。
資料提供：同

② 若松教授によるとフォトフェイシャルは特に老化に伴うシミ，小ジワ，赤ら顔などが治療の対象。コラーゲンの再生促進を介した皮膚のシワを改善する効果などがある。フォトフェイシャルを試した看護婦なども肌がツルツルになったことを認めている。

③ ただ最新療法なだけに慎重な意見の専門家もおり，厳密な評価はこれからだ。帝京大の渡辺教授は「医学的な根拠がまだなく，皮膚科関係の学会でも評価が定まっていない」という。これに対し，若松教授は治療効果には個人差がある他，色素沈着を抑える薬を塗ることなどと組み合わせて治療する必要性も強調する。

3　ヒト皮膚分割小片を用いたIPL条件の最適化検索

　IPLフォトフェイシャルは最新療法であって，長中期の臨床実績（Weiss et al. 2002）や副作用（Moreno-Arias, 2002）を考慮すべき面があるからこそ，一層科学的検証を積み上げて行く必要性が大きい。この検証は臨床実績の構築に至るまでには，効果の有無が不明瞭な場合，個人差が大きい場合，効果判定に長い歳月を要する場合など，難しい面が多い。そこで，この検証を効率的に進捗させるため，広島県大研究室では，ヒト摘出皮膚片1個をさらに3〜8小片に均等に垂直分割し，ある皮膚小片は無処理の対照として扱い，残る別の皮膚小片は各種の条件を振ってIPL照射し，これらの試験効果を比較する手法で，IPL効果を迅速評価し，その最適条件を検索している（三羽，2003）。

　欧米でのIPL臨床データは当然ながら白人の皮膚の特性に基づいた臨床成績となっているが，IPLの性質上，人種別の皮膚での最適条件は大きく異なると考えられ（Huang et al. 2002），日本人に独自の臨床データの積み上げが求められる。

細胞死制御工学～美肌・皮膚防護バイオ素材の開発～

Intense Pulsed Light
日本ルミナス社・製
Natulight

Treatment Head	Pulse Width 1 (ms)	Pulse Width 2 (ms)	Pulse Width 3 (ms)	Delay 1 (ms)	Delay 2 (ms)	Fluence (J/cm²)
560nm	2.8	5.0	—	20	—	23
640nm	4.0	5.0	—	20	—	23
1064nm	7.0	7.0	7.0	50	50	110

図4A　IPLの操作モード

イオントフォレーシス
使用機種　ハイビタリオンⅢ
メーカー　インディバ社
1.0～1.2mA（表示）
0.3～0.4mA（実測）
Circular R Wave 1480 Hz
1:8 Reversal Pulse

図4B　イオン導入器のハード特性

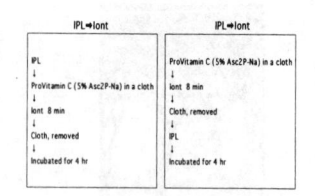

IPL→Iont	IPL→Iont
IPL ↓ ProVitamin C (5% Asc2P-Na) in a cloth ↓ Iont 8 min ↓ Cloth, removed ↓ Incubated for 4 hr	ProVitamin C (5% Asc2P-Na) in a cloth ↓ Iont 8 min ↓ Cloth, removed ↓ IPL ↓ Incubated for 4 hr

図4C　Procedure of IPL and Iont

　IPLによる皮膚への効果を各種試験しているが，本章では，イオントフォレーシスによるプロビタミンCの皮膚深部浸透に対する相乗効果について解説する。用いたIPLの照射モードは主に3通りである（図4A）。IPLと併用するイオントフォレーシスはプロビタミンCのアスコルビン酸-2-O-リン酸エステルナトリウム（Asc 2 P・Na）での最適条件（図4B）で施行した（山口ら，2003）。皮膚小片は改変Bronaugh拡散チェンバーで器官培養し，この小片の皮膚表面に対して，IPL施行およびAsc 2 P・Na存在下でのイオントフォレーシス施行の順序を2通り設定し（図4C），下記の結果を得た（図5A～C）。

① 3種類の波長でのIPL施行とイオントフォレーシス施行とを異なる施行順序で組み合わせると，イオントフォレーシス単独よりもIPLとの併用がプロビタミンCの表皮や真皮への浸透率を促進する傾向が一貫して見られた。この傾向は3種いずれの波長でも，また，施行順序に関係なく認められた。

② Asc 2 P・Naのイオントフォレーシスを先行させ，続いて，3種の波長のうち560nm cutoff

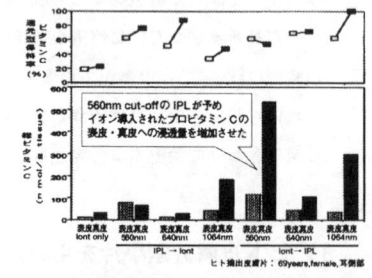

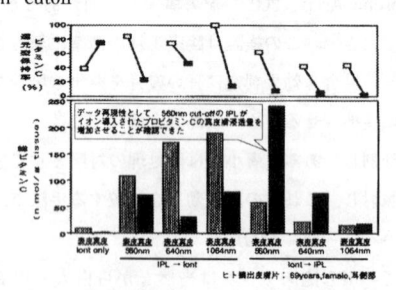

図5A　波長3種のIPLとイオン導入との併用によるプロビタミンCの皮膚浸透効果への影響

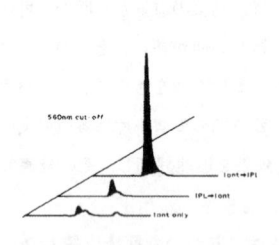

図5B　プロビタミンCの真皮への浸透量
―HPLCプロファイル―

図5C　波長3種のIPLとイオン導入との併用によるプロビタミンCの皮膚浸透効果への影響

196

第16章 瞬時ストロボ光による美肌効果

のIPLを施行すると，比較的再現性よくビタミンC皮膚浸透効果が良好だった．皮膚中の総ビタミンCは1mL当たり表皮で59～117nmol，真皮で238～532nmolが達成されたが，この値は健常ヒト血中ビタミンC濃度の40～80nmolを凌駕する高レベルである．

③ イオントフォレーシスとIPLとの併用は皮膚中ビタミンCレベルを高めるという結果を得たが，これは施行後4時間での値に過ぎず，ビタミンCは激減しやすい特性があり，例えば，ヒト血清中ではビタミンCの半減期は1～4時間である．皮膚中でもプロビタミンCとしては安定であるが，プロビタミンCから変換された後のビタミンCそれ自体は不安定であることを考慮すると決して充分な高レベルとは言えない．

④ 総ビタミンCに占める還元型ビタミンCの割合（図5A，Cの上1／3部分）は90％以上であることがビタミンC安定性の点から好ましいが，真皮で低い値となることは今後の検討課題である．

4 プロビタミンCの皮膚深部浸透性の必要性

皮膚深部へのビタミンC送達の程度から分類すると，プロビタミンCの外用塗布が現在の主流であり，次にプロビタミンCのイオン導入が急成長して来て，さらに，本研究で，IPLとの併用を検討しているが，何故かくもビタミンCの皮膚深部浸透性が重要であるか．

① プロビタミンCはコラーゲンを合成する繊維芽細胞やメラニンを合成するメラノサイトの存在する皮膚深部へいかに多量に供給するかがシワ防御やシミ抑制・美白の上で決定要因となる．

② 代表的なプロビタミンCであるAsc 2 P・Naは皮膚に外用塗布するだけでは皮膚深部に余り浸透しないが，イオントフォレーシスのマイナス側の電極端子をマイナス電荷のAsc 2 P・Naに接触させて電気的反発力で皮膚深部に浸透させることは既に実証されている（山口ら，2003）が，これをより向上させる意義がある．

③ 皮膚中ビタミンCの理想的レベルは健常ヒト血中ビタミンC濃度が100nmol/mLであり，ビタミンC高濃度3大器官は脳（下垂体）・副腎・白血球では1000～20000nmol/mLであるので，皮膚組織でも1mL当たり200～500nmolであると見なされるが，このレベルを維持することが必要である．

④ イオントフォレーシスでこのビタミンC理想レベルを安定して達成することができても，これには落とし穴があり，実生活でビタミンCを消耗させる紫外線・病原菌・排気ガスなどが作用する．したがって，実験スケールではより高い皮膚中ビタミンCレベルの達成が求められる．

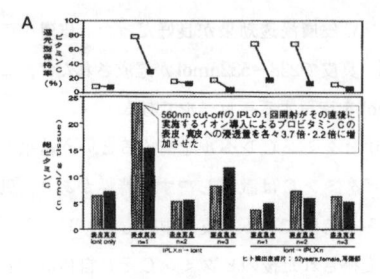

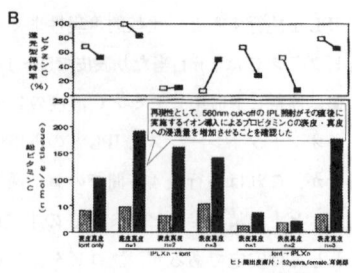

細胞死制御工学〜美肌・皮膚防護バイオ素材の開発〜

図6　イオン導入と併用した560nm cut-offのIPLの照射回数によるプロビタミンC皮膚浸透効果への影響

5　プロビタミンC皮膚浸透促進に必要なIPLの施行回数

Asc 2 P・Naのイオントフォレーシスとの併用効果が優れていた560nm cutoffのIPL（図5A〜C）に絞って，IPLを連続何回施行すると併用効果が増大するかを調べ，下記の結果を得た（図6A, B）。

① IPLは1回だけと連続2ないし3回の3通り施行したが，1回照射が最も良好なビタミンC皮膚浸透率を得た。連続2，3回のIPLは還元型ビタミンCの保持率も低下する傾向が見られ，連続2回以上の過剰なIPLは皮膚を酸化状態に悪化させる可能性を示唆する。

② 1回のIPLとイオントフォレーシスとの施行順序は一貫した推奨モードは得られなかったが，これらの組み合わせ施行によるプロビタミンC皮膚浸透効果はイオントフォレーシス単独よりも良好な結果をもたらすと認められた。

③ このように計4回の試験を通してヒト摘出皮膚片の種類によって，皮膚中総ビタミンCの絶対値は大きく振れるが，これは個体レベルで臨床的にイオントフォレーシスした場合でも個人差が大きいことを既に広島県大研究室で見出している（中島ら，2002）。それにもかかわらず4種類の皮膚片いずれでもIPL組み合わせによるビタミンC皮膚浸透率の促進が一貫して見られたことは注目すべきである。

6　IPLとイオントフォレーシスとの併用効果のメカニズム

本研究の結果を総括し（図7A），そのメカニズムを下記のように考察した（図7B）。

① IPL照射によって細胞内クロモフォアが光吸収して，瞬間励起状態になると考えられるが，その線量率（光強度）は日常生活よりも大幅に上回る人為的な大きさである。しかも瞬

第16章　瞬時ストロボ光による美肌効果

図7A　Intense Pulsed Light（IPL）による皮膚防御効果
日本ルミナス社製・Natulightを用いて

1．560 nm-cutoffのIPLは
イオン導入によるプロビタミンCの皮膚深部への浸透を促進した。
2．640 nmや1640 nmのIPLは無効だったので、560-640 nmの強力な可視光に、ヒト皮膚内クロモフォアでの光吸収を介したイオン導入との併用効果があると考えられる。
3．プロビタミンCは細胞内ビタミンC高濃度化を介して紫外線による細胞変性・DNA鎖切断・DNA塩基損傷・細胞膜破綻といった傷害を抑制するので、IPLとイオン導入との併用にも紫外線防御効果が期待できる。

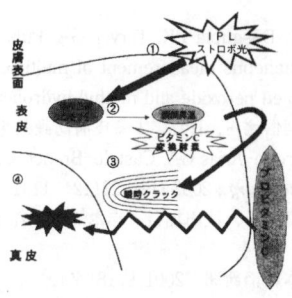

図7B　IPLによるプロビタミン変換の促進メカニズム（推定）

時であるため，温度上昇あるいは微量の活性酸素の生成（Li et al. 2003）がクロモフォア分子の近傍に限局して起こっていると考える。この結果，細胞内に緊急体制（emergency）が発動され熱ショック蛋白（hsp70, hsp90）や抗酸化酵素（SOD, GSH-Px）が発現する可能性がある。

②　イオントフォレーシス施行の直前か直後にIPLを施行するという連続施行に効果発揮の鍵があると考えられ，例えば，イオントフォレーシスによって皮膚がマイナス電荷がやや多い状態でIPLを施行すると，電気的中性での皮膚に対する効果と違った細胞間質（extracellular matrix）クラック作用を及ぼしてプロビタミンCの浸透を促進している可能性がある。

③　プロビタミンCのAsc2P・NaからビタミンCに変換させる酵素（phosphatase）は皮膚の細胞間質や細胞膜結合型（ecto-type enzyme）として存在していると推定されているが，これがIPLによる瞬間温度上昇によって活性化される可能性がある。

これらの推論に基づき今後IPL試験を重ねていき，「イオントフォレーシスによる電荷効果」と「IPLによる瞬間昇温・微弱酸化」との相互作用が皮膚にどう影響するかという未踏の研究課題を開拓して行きたい。

文　　献

- Huang YL, Liao YL, Lee SH, Hong HS, Intense pulsed light for the treatment of facial freckles in Asian skin. *Dermatol Surg.*, 2002 Nov, **28**(11), 1007-12.
- Laury D, Intense pulsed light technology and its improvement on skin aging from the patients' perspective using photorejuvenation parameters. *Dermatol Online J.*, 2003 Feb, **9**（1），

5.
- Li J, Dasgupta PK, Tarver GA, Pulsed excitation source multiplexed fluorometry for the simultaneous measurement of multiple analytes. Continuous measurement of atmospheric hydrogen peroxide and methyl hydroperoxide. *Anal Chem.*, 2003 Mar 1 ; **75**(5), 1203-10.
- 三羽信比古, IPLによる皮膚防護効果, 日本形成外科学会, 神戸, 2003.4
- Moreno-Arias GA, Castelo-Branco C, Ferrando J, Side-effects after IPL photodepilation. *Dermatol Surg.*, 2002 Dec, **28**(12), 1131-4.
- 中島紀子, 浅田加奈, 赤木訓香, 鈴木晴恵, 三羽信比古, Fragrance Journal, 2002, **30**, 27-36
- 日本経済新聞 2001.9.18(夕15)
- Sadick NS, Weiss R, Intense pulsed-light photorejuvenation. *Semin Cutan Med Surg.*, 2002 Dec, **21**(4), 280-7.
- 若松教授（東京女子医大付属第二病院形成外科）, 日本ルミナス資料, 2002
- Weiss RA, Weiss MA, Beasley KL, Rejuvenation of photoaged skin, 5 years results with intense pulsed light of the face, neck, and chest. *Dermatol Surg.*, 2002 Dec, **28**(12), 1115-9.
- 山口祐司, 赤木訓香, 稲富佐登美, 鈴木晴恵, 三羽信比古, イオン導入による美肌効果. *Bio-Industry*, 2003, **20**(5)：65-74

第17章　超音波酸化分解の防止
――ソノフォレシス（超音波による薬剤の体内搬送）による
抗酸化剤の酸化分解とその防護設計――

藤沢　昭[*1]，藤川桂子[*2]，浅田加奈[*3]，三羽信比古[*4]

1　超音波とは？

　超音波（ultrasonic waves；ultrasonication）とは毎秒20,000サイクル（2万Hz（ヘルツ））以上の振動数をもつ音波を意味する。人間の耳に感じる音波は16,000～20,000サイクルであるので，超音波は不可聴音波ということになる。超音波の発生方法は水晶やチタン酸バリウムの結晶のピエゾ電気効果を利用する方法が広く適用されている。ピエゾ電気とは，非対称の結晶に対して特定方向に加圧すると，その方向の両端に電気分極を形成することによって生じるので，圧電気と見なせる。

2　超音波によるキャビテーション

　超音波は通常の音波よりも，振動数が多い分だけ波長が短いこと，および，エネルギー密度が著しく大きいことが特徴である。従って，超音波の作用としては，微生物の死滅，赤血球の破壊，発熱，乳化分散，霧の発生が挙げられる。

　超音波を皮膚へ適用するとどのような効果が考えられるか。注意すべき点はキャビテーション（cavitation），空洞現象であり，圧力変動の過程で，圧力が低減すると液体中に気泡を生じる現象である。この原因は，気泡を生じる元となる核（懸濁質）が液体中に溶存している酸素，あるいは，微小な界面微粒子に付着している酸素であり，これが減圧条件下で圧力の谷で成長することになる。

　但し，キャビテーションは液体中で顕著であり，核の成長は液体の粘度や表面張力に影響され

＊1　Akira Fujisawa　ヤーマン㈱　チケン研究所　生産管理部　研究員
＊2　Keiko Fujikawa　ヤーマン㈱　健機事業部　リサーチャー
＊3　Kana Asada　広島県立大学　生物資源学部　生物資源開発学科　生物工学分野
＊4　Nobuhiko Miwa　広島県立大学　生物資源学部　生物資源開発学科　教授

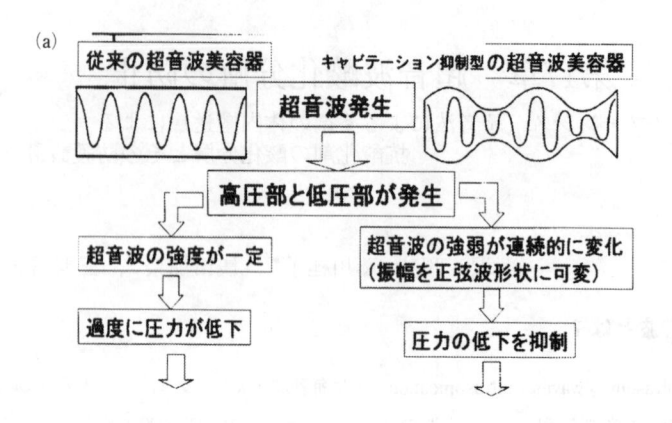

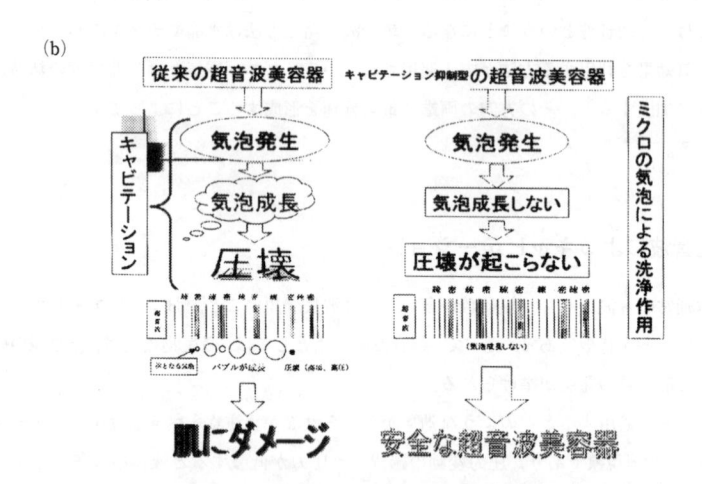

図1 従来型とキャビテーション抑制型の比較

るので,皮膚組織で著明に起こるとまでは言えない[1]。

3 キャビテーションによる皮膚圧壊からの防護

　圧力の激減が気泡を生じる元となる核を成長させるので,これを防ぐ超音波の態様として,低い振動数に抑制したり[2,3],あるいは,振幅が一様ではなく,正弦波の範囲内で漸増,漸減する変動をもたせるモードが適切である(図1)。漸次増減振幅モードとも呼びうるこの超音波はキャ

第17章　超音波酸化分解の防止

(a)

グラフ縦軸: アスコルビン酸残存率 (%)
グラフ横軸: time (min)

- ソニック／ヤーマン株式会社　＜連続モード（改良前）＞
- Jソニック／株式会社ジャパンギャルズ　＜連続モード　レベル3＞
- Ultrasonic Beauty Appliance／クルールラボ有限会社　＜High＞
- Control

【実験方法】
アスコルビン酸標準物質（100uM）に超音波をあてる
↓
5、10、20minごとにHPLCで検出
（最終濃度50uMのDTT添加）

(b)

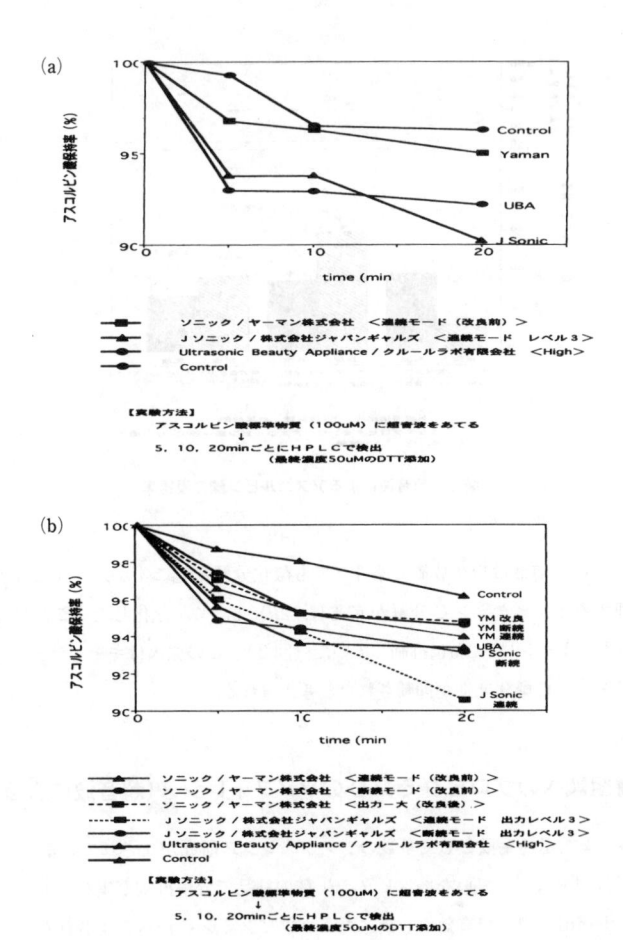

グラフ縦軸: アスコルビン酸残存率 (%)
グラフ横軸: time (min)

- ソニック／ヤーマン株式会社　＜連続モード（改良前）＞
- ソニック／ヤーマン株式会社　＜断続モード（改良前）＞
- ソニック／ヤーマン株式会社　＜出力一大（改良前）＞
- Jソニック／株式会社ジャパンギャルズ　＜連続モード　出力レベル3＞
- Jソニック／株式会社ジャパンギャルズ　＜断続モード　出力レベル3＞
- Ultrasonic Beauty Appliance／クルールラボ有限会社　＜High＞
- Control

【実験方法】
アスコルビン酸標準物質（100uM）に超音波をあてる
↓
5、10、20minごとにHPLCで検出
（最終濃度50uMのDTT添加）

図2　超音波によるアスコルビン酸の酸化

ビテーション臨界前で保持され，皮膚組織の圧壊を防ぎ，抗酸化剤の酸素気泡に因る酸化分解も抑制できるという理論が成り立つ。

4　超音波によるビタミンC分解

そこで，振幅漸次増減モードのヤーマン社製造の超音波装置オートスキャンを検証することと

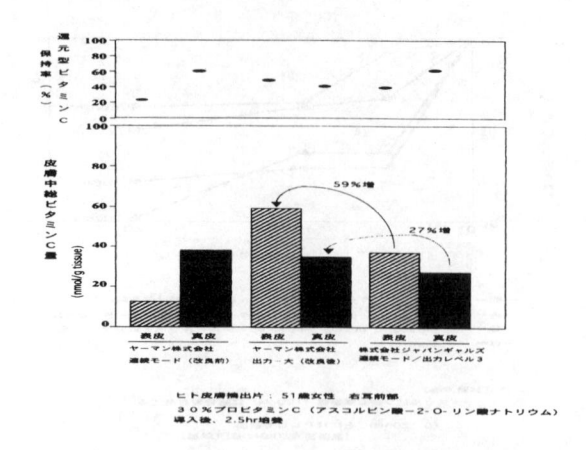

図3　超音波によるアスコルビン酸の浸透率

した。ビタミンCの溶液は自然放置の条件下でも酸化分解を起こすが，これに各種の他社製品で超音波処理すると，ビタミンC分解が亢進し，2.9〜5.5%が分化した。これに比して，ヤーマン社のオートスキャンは1.2%に抑制していた（図2）。この原因はキャビテーション臨界前保持によってビタミンC酸化亢進が抑制されたと考えられる。

5　皮膚組織へのプロビタミンCのソノフォレシス（超音波による薬剤搬送）

皮膚組織への薬剤送達手段として多数のソノフォレシス研究がなされている[1]が，ビタミンCについては報告例を未だ見ていない。ビタミンCの純品で分解抑制が実証されたので，次の段階として，ヒト摘出皮膚片で有効かを調べた。プロビタミンCから変換されたビタミンCが分解抑制されるなら皮膚中へのビタミンC浸透効果は改善するはずである。

この結果，ヤーマン社のオートスキャンはJapan Gals社超音波装置と比較すると，ビタミンCの皮膚中浸透量は，表皮で59%多く，真皮で27%多かった（図3）。

キャビテーション臨界前保持は皮膚組織へのプロビタミンC浸透から見ても有効であることが示唆される。

6　ソノフォレシスの今後の展望

イオン導入やピーリング＆オシロフォレシスやIPLフォトフェイシャルとの比較がどうして

第17章 超音波酸化分解の防止

も働くが，ソノフォレシスの魅力は圧壊作用というリスクさえ抑制してやれば切れ味鋭い薬剤送達手段になりうる点にある。その意味で，拙速に開発を進捗して，もし副作用が臨床で起こってしまいマスメディアで報道されたら，超音波への悪印象を消費者に与えてしまい容易には払拭できない事態に陥ってしまう。当研究グループも含めて，関係各位は慎重に留意しながら段階を踏んで暖かく育成していくべき研究領域であると思われる。

文 献

1) Tang H, Wang CC, Blankschtein D, Langer R., An investigation of the role of cavitation in low-frequency ultrasound-mediated transdermal drug transport. *Pharm Res.* 2002 Aug ; **19** (8) : 1160-9.
2) Alvarez-Roman, R., Merino, G., Kalia, Y. N., Naik, A., Guy, R. H., Skin permeability enhancement by low frequency sonophoresis : Lipid extraction and transport pathways. *J Pharm Sci.* 2003 Jun ; **92**(6) : 1138-46.
3) Tezel, A., Sens, A., Mitragotri, S., Description of transdermal transport of hydrophilic solutes during low-frequency sonophoresis based on a modified porous pathway model. *J Pharm Sci.* 2003 Feb ; **92**(2) : 381-93.
4) Joshi, A., Raje, J., Sonicated transdermal drug transport. *J Control Release.* 2002 Sep18 ; **83** (1) : 13-22. Review.

第18章　多機能イオン導入器
——イオン導出による皮膚老廃物の除去，
および，リフティングによるプロビタミンC変換促進——

李　昌根[*1]，黄　勝英[*2]，全　泰烈[*3]，鈴木晴恵[*4]，真壁　綾[*5]，赤木訓香[*6]，
三羽信比古[*7]

1　イオン導入とプロビタミンCの有用性

各種の皮膚防護剤が開発されている中で，なぜビタミンCとその活性増強型のプロビタミンC（ビタミンC前駆体）が注目されているのか。主に下記3つの理由が挙げられる[2,5,6]。

① "Front Defender"（前線部隊）…ビタミンCは活性酸素を消去する迅速性に極めて優れた抗酸化剤である。活性酸素が遺伝子や細胞膜を傷害した後で働く遅効性の抗酸化剤ではいくら抗酸化力が大きくても意義が薄れる。

② ビタミンC輸送体タンパク（SVCT）という遺伝子産物…活性酸素を消去する"Battle Field"（戦場）は細胞内部であるが，そこにビタミンCを送り込む働きがあるビタミンC輸送体タンパクが細胞の表面に存在する。

③ プロビタミンC（ビタミンC前駆体）…ビタミンCへ徐々に変換される（gradual release of vitamin C）ので，ビタミンCの酸化分解が抑制される。

2　ビタミンCの皮膚深部浸透性の必要性

通常の抗酸化剤は皮膚表面に単に外用塗布しても皮膚深部には浸透し難い。なぜ角質層（皮膚

---

*1　Lee Chang-Kun　㈱亜萬商事　代表取締役
*2　Hwang Seung-Young　韓国ビューリ社　（BEAULY CO., LTD.）
*3　Jeon Tae-Yeol　韓国ビューリ社　（BEAULY CO., LTD.）
*4　Harue Suzuki　鈴木形成外科（京都市東山区）院長
*5　Aya Makabe　広島県立大学　生物資源学部　生物資源開発学科　生物工学分野
*6　Kunika Akagi　広島県立大学　生物資源学部　三羽研究室　副主任研究員
*7　Nobuhiko Miwa　広島県立大学　生物資源学部　生物資源開発学科　教授

第18章 多機能イオン導入器

表面から0.01mm）や表皮（同0.1mmまで）よりも皮膚深部へプロビタミンCを到達させる必要性があるのか[1,3)]。

① 紫外線A波，皮脂酸化，微生物によって，皮膚深部が傷害を受ける[7~10)]。
② ビタミンCは，表皮深部のメラノサイト（色素細胞）に働いて美白効果をもたらす。
③ ビタミンCは，真皮の繊維芽細胞に働いてコラーゲン構築をもたらす。
④ セルライトに関与する皮膚深部のアジポサイト（脂肪細胞）の脂質代謝に対してビタミンCが改善する。

3 イオン導入器を性能評価する臨床試験

プロビタミンCとして最もイオン導入で普及している4％アスコルビン酸-2-O-リン酸エステルナトリウム（Asc 2 P-Na）を用いて，各種のイオン導入器や外用塗布を比較した。プロビタミンCは被験者の上腕屈側の薄い皮膚に適用した（図1 A, B, C）。もう一つの比較としてSkin Ceuticals, Inc. の製品でPrimacyのSerum20という美容液でpHは3.2であり20％アスコルビン酸そのものが含まれていて，低pHにより安定性と皮膚への浸透性を高めたものと謳っているが，これは同一被験者の上腕伸側に塗布し，ビタミンC導入効果を比較し以下の結果を認めた（図2 A, B）[15)]。

① イオン導入B（連続平流, 0.4mA, 詳細は後記）はイオン導入I（デューティ比50％断続平流, 0.4mA, 同）や外用塗布に比較して，ヒト皮膚に1.9-4.0倍ほど多量のビタミンCを導

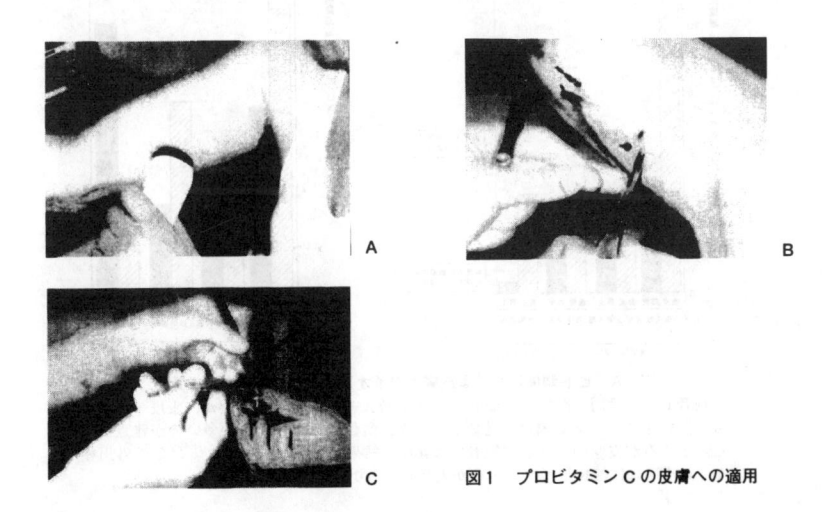

図1 プロビタミンCの皮膚への適用

入することができた。
② 4％プロビタミンCを皮膚表面に一旦塗布し直後にイオン導入を行うと4hr後に皮膚中でビタミンCが最大値となって，皮膚1g当たり$1.4×10^{19}$個という豊富なビタミンC分子が導入された。この皮膚中ビタミンC濃度は健常人の血液中ビタミンC濃度の400〜600倍ほど大きく，また，各種の組織の中で最も濃厚にビタミンCを蓄積する副腎よりも2.4〜3.0倍ほど高いビタミンC濃度に相当する。
③ 従来は真皮にはビタミンCを浸透させにくいと見なされていたが，イオン導入Bによると，イオン導入Ⅰ，T[13,16]や外用塗布の場合に比較して，2.0〜2.7倍ほど多量のビタミンCを浸透させることができる。
④ 被験者2名は皮厚の違いがあり，ビタミンC導入効果の程度は異なったが，各人とも，イオン導入Bによる効果が優れていることは共通して認められた。
⑤ ビタミンC保持率は総ビタミンCに占める還元型ビタミンC（アスコルビン酸）の割合を示し，この値が大きいほど酸化分解への抵抗性に優れていてビタミンCの薬効が大きい

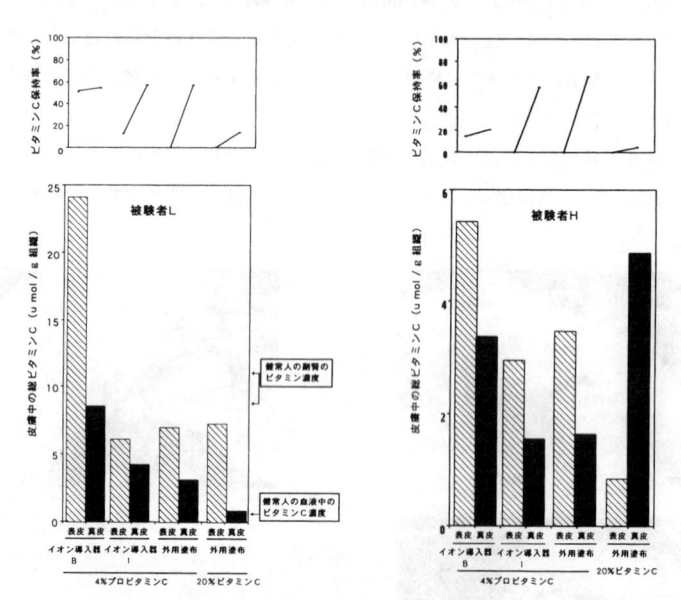

図2A ヒト個体における皮膚へのイオン導入と外用塗布との比較

被験者Lのほぼ同一部位にBeautyでイオン導入モードBを行ったが，表皮・真皮ともに高い総ビタミンC濃度が達成されたが，酸化型ビタミンCが多いのが難点だった。ところが皮厚の大きな被験者では異なる結果が得られた。ビタミンCの外用塗布では皮膚には酸化型ビタミンCが大部分であり有効性に疑問がある。

第18章 多機能イオン導入器

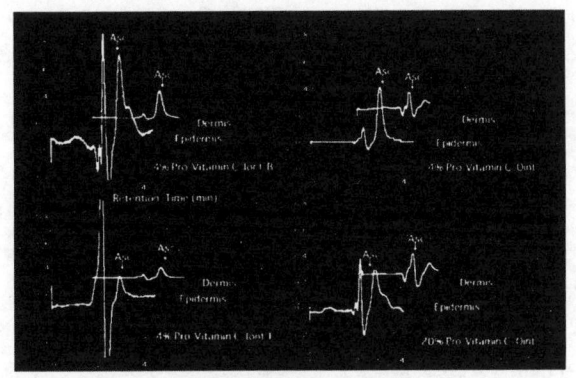

図2B　HPLCクロマトグラム
微量の皮膚内ビタミンCの高感度測定は細胞破砕を徹底して回収したビタミンCを
酸化分解させない留意が必要であり，coubmetric/graphite ECDで検出する。

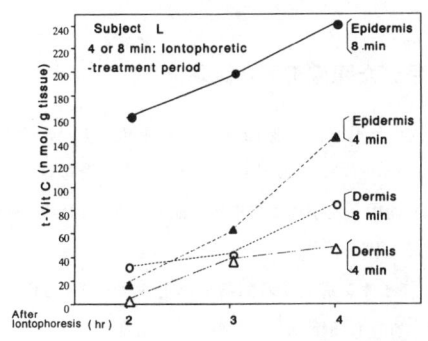

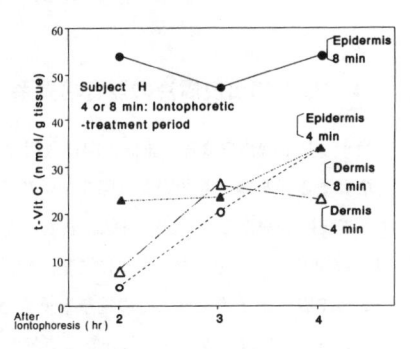

図2C　被験者LとHの比較
イオン導入した後4時間で皮膚中ビタミンC濃度はほぼ最大値に到達する。これは
イオン導入時間4分，8分でも，表皮・真皮でも，あるいは，被験者の皮厚の違いが
あっても常に認められるが，投与プロビタミンC濃度4％の場合である。

と見なされる。イオン導入Bは，表皮と真皮のビタミンC保持率が14.3～53.9％だったが，イオン導入Tは65～100％であった。逆に，12.4～56.9％と低いビタミンC保持率のイオン導入Ｉもあった。これに対比して，20％ビタミンCの外用塗布はビタミンC保持率がかなり劣っていて，イオン導入の各種モードどうしでの相違の程度以上にビタミンC酸化が亢進していたことが示された。

⑥　イオン導入の電流値の設定は，従来，ぴりぴり感を辛抱できる最大値として施行して，ビタミンC浸透量を上げようとしていた。しかし，我々の分析によると，他の電気特性にも依るが，電流値を上げても，ビタミンC浸透量は上がらず，むしろ，酸化型ビタミンCで

209

あるより分解しやすいデヒドロアスコルビン酸に変換してしまうことがわかった。最適の電流は皮厚などによって異なるが、東アジア人の上腕内側や顔では0.3〜0.4mAであると考えられる。

⑦ 被験者として同じ上腕内側の皮膚であっても皮厚の異なる2名を比較すると、皮厚が薄い被験者Lでは皮膚中総ビタミンCは高濃度に達すると共に、導入後2〜4時間の経過で総ビタミンCが増加し続けた（図2C）。一方、皮厚が厚い被験者Hは皮膚中総ビタミンCの最高濃度が低く、導入後2〜4時間で総ビタミンC増加に頭打ちが見られる傾向にあった。イオン導入の施行時間はいずれの場合も4分よりも8分が良好だった。

上記のように、イオン導入の最適条件を求めるためには当研究室による改変Bronaugh拡散チェンバーを用いた皮膚片分割法が威力を発揮することが示されたが、一方で、皮膚片の特性によるプロビタミンC導入効率の偏差があることも否定できない。しかし、これもイオン導入の個人差があることと同様であることも認識すべきである。

4 ヒト摘出皮膚片の器官培養系を用いた臨床モデル試験

我々はヒト摘出皮膚片を垂直方向に数個の小片に分割し、改変Bronaugh拡散チェンバーで器官培養する系を確立している（図3A）。皮膚片はインフォームド・コンセントを得た被験者によって皮厚が異なるので、その都度、表皮・真皮・使用した小片での皮下組織の厚さをElastic van Gieson染色して一定となるように調整、較正する（図3B）[14]。

この皮膚片にイオン導入器の電極端子を当ててイオン導入する回路を形成させる（図3C）。イオン導入の後は表皮と真皮に分離して各々に含有される下記3種類の物質を計測する。

① 総ビタミンC…アスコルビン酸とデヒドロアスコルビン酸の合計。ビタミンC活性を示

図3A

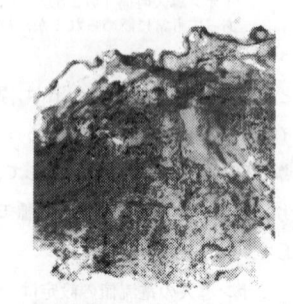

図3B 実験使用皮膚組織片（EVG法による染色）
37歳 男性 側腹部
表皮0.098mm、真皮1.95mm、皮下組織2.01mm

第18章　多機能イオン導入器

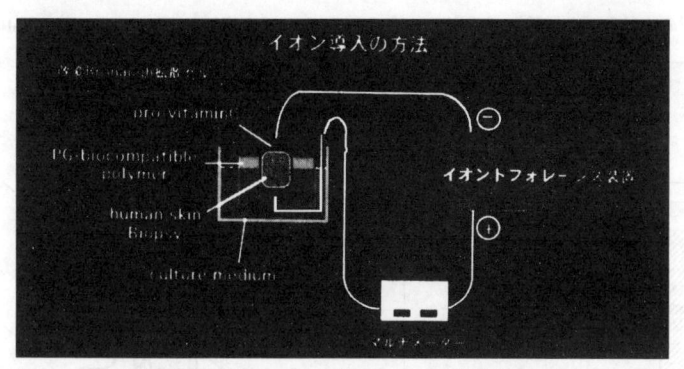

図3C　ヒト摘出皮膚片の改変 Bronaugh 拡散セルでの生存維持，および，イオン導入とマルチメータ
ヒト摘出皮膚片は良好な生存状態を維持しつつ，4週間ほどの断続的イオン導入とそれに伴う中期的な皮膚防護/美肌効果への評価とに耐えられる工夫を講じる。

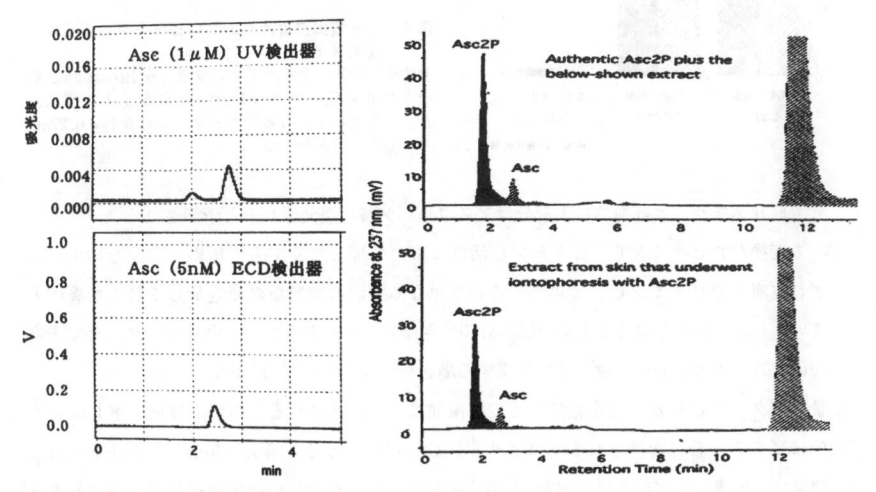

図3D　UV 検出器と ECD 検出器の感度の違い

図3E　イオン導入によってプロビタミンC（Asc2P）は未変化体として皮膚内に浸透し，一部はビタミンC（Asc）に変換される。

す最も有効な指標である。デヒドロアスコルビン酸を DTT でアスコルビン酸に還元させて計測する。感度と精度の優れた電気化学的検出である coulometric/graphite　ECD 法で行う（図3D）[11]。

② 酸化型ビタミンC…デヒドロアスコルビン酸。アスコルビン酸よりも不安定であり, 2,3-ジケトグロン酸へ不可逆的に酸化分解されやすいが，細胞内へ取り込まれやすい性質もあ

細胞死制御工学〜美肌・皮膚防護バイオ素材の開発〜

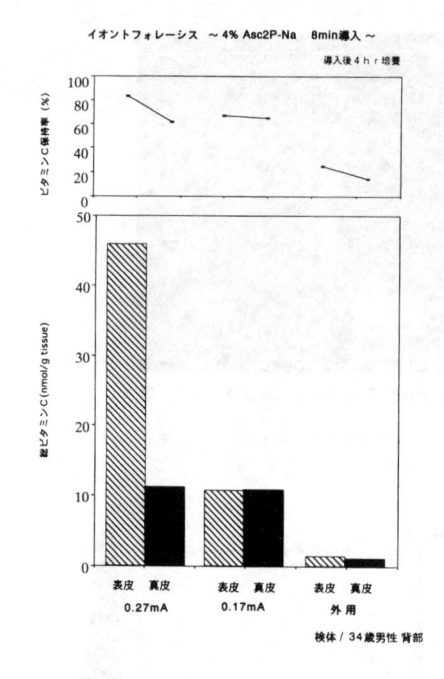

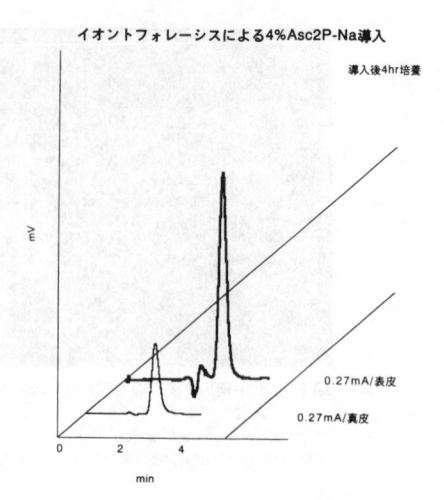

図4 ヒト摘出皮膚片へのプロビタミンCのイオン導入Bモード

34才男性背部の皮厚の大きい皮膚片をBronaugh拡散セルに組み込んでプロビタミンCをイオン導入した。外用塗布よりも多量のビタミンCが特に0.27mAでの表皮に浸透していた。

り、取り込まれると可逆的に大部分はアスコルビン酸に還元されると予測される[12]。

③ 未変換プロビタミンC…ビタミンC活性は未だ発揮しなくても、極めて安定なので、いずれ皮膚中でビタミンCに変換されるのは単なる時間の問題なので定量しておく意義は大きい。しかし検出しにくくUV吸収で計測できないこともあるので、ホスファターゼで人為的にアスコルビン酸に変換させて計測する場合が少なくない(図3E)。

多量のビタミンCを安定性を維持して皮膚深部にまで到達させるために、酸化分解しにくく持続的にビタミンCに変換されるプロビタミンCを用いてイオン導入(Iont)の条件を検索した。健常ヒト皮膚(60才の女性の耳前部,37才の男性の背部など)の摘出組織片に、プロビタミンCであるアスコルビン酸-2-O-リン酸(Asc 2 P)の存在下 Iont($0.1〜1.0mA$)施行して0〜24hr経過した後に、皮膚片を表皮と真皮に分離して各部分に存在する Asc 2 P, Asc 2 P から変換されたアスコルビン酸(Asc), DehydroAscの三者をHPLC-Coulometric ECD/UV 直列法で測定し、次の結果を認めた(図4)。

① 表皮では外用塗布に比較して76〜197倍の Asc 濃度が Iont 施行後 0〜6 hr という短時間で達成され、組織中 Asc 濃度は最大8.0mMに至った。

② 真皮では、Ascは外用塗布でほとんど検出できなかったが、Iontによる Asc 濃度の最大値

は Inot 後 6 hr を要して表皮での Asc 最大濃度の2.1～4.3％を達成した。

③ 皮厚の薄い顔などの皮膚では，表皮と真皮への Asc 存在量を上昇させる点で0.3～0.4mA が最適であった。0.9～1.0mA では DehydroAsc が多量に生じる場合が見られ，強い電流による酸化状態が示唆された。

5　プロビタミンCの皮膚浸透効果に関する各社イオン導入器の比較

プロビタミンCの皮膚浸透効果についてビューリ新型（Beauly Ⅱ）（図5A）と他社製品とを比較した。同一皮膚片提供者の摘出皮膚片を数個の小片に垂直分割し，これを改変 Bronaugh 拡散チェンバーで器官培養してイオン導入を実施した。プロビタミンCは最も汎用されるアスコルビン酸-2-O-リン酸エステルナトリウム（昭和電工製造 APS）の4％を適用した。

① ビューリ新型によって達成される皮膚中の総ビタミンCは，表皮では2.1～17.1倍，真皮では2.9～16.7倍，各々他社製品より優れていた（図5B，C）。

② 皮膚中ビタミンC濃度は，表皮では98.3μM，真皮では50.8μM であり，健常ヒト血中ビタミンC濃度に遜色ない。

③ 浸透したビタミンCが不安定な酸化型ビタミンC（デヒドロアスコルビン酸）よりも還元型（アスコルビン酸）の割合が表皮・真皮とも多かった。

これらの結果は，臨床条件に近似したモデル試験で得られた結果として有用である。

図5A　ビューリ新型

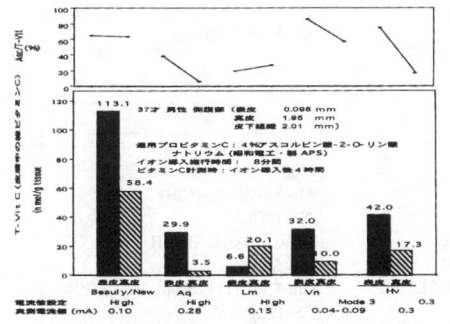

図5B　ヒト摘出皮膚片へのプロビタミンC浸透効果についての各社イオン導入器の性能比較

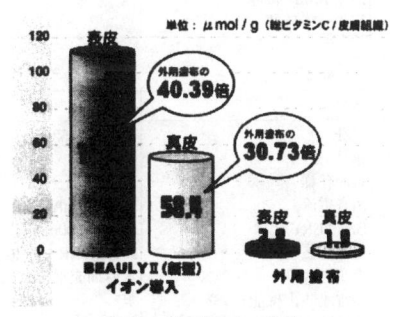

図5C　外用塗布との比較

細胞死制御工学～美肌・皮膚防護バイオ素材の開発～

① 毛孔や汗孔や皮脂腺の欠落した3次元人工皮膚モデルを用いた試験ではない。
② 同一のヒト摘出皮膚片を3～8個の小片（3～7mm角）に分断して器官培養の状態で試験した。
③ 臨床条件に限りなく近似すると共に，厳密に同一条件での相互比較が可能である。

ビューリ新型の装置上の改善点は波形，周波数，皮膚接触面積であるが，電流値は0.25～0.30mAと変わらない（表1）。

表1 ビューリ旧型と新型の比較

1. 本体

区分	ビューリ（旧型）	ビューリⅡ（新型）
SIZE	49×31×140mm	50×36×154mm
重量	100g	107g
接触面積(mm^2)	319.22mm^2	873.68mm^2
消費電流	30～132mA	38～179mA
BATTERY 仕様	3.6V 400mA NI-CD	3.6V 650mA NI-MH（水素）
赤外線出力	3 EA	5 EA
加熱 BATTERY 保護	無	有
塗布	射出 RESIN	SPRAY U/V COATING
振動	強/弱機能	強/弱機能
顔面接続端子材質	ABS樹脂+Ni(メッキ)+Cr(メッキ)	ABS樹脂+Ni(メッキ)+Cr(メッキ)
顔面接触電流	Low0.25～High0.3mA	Low0.25～High0.3mA
周波数		1,785Hz
放電周期		11.1ms（凸340：凹220）
波形		
1段階	直流 （+）電位	断続直流（PULSE）、（+）電位
2段階	（+）（−）極性が1秒に10回替わる	（+）（−）極性が1秒に10回替わる
3段階	直流 （−）電位	断続直流（PULSE）、（−）電位
4段階	（+）（−）極性が1秒に1回替わる	（+）（−）極性が1秒に1回替わる
HIGH/LOW 機能	H：18V L：14V	H：18V L：14V
節電 Mode 機能	無	有
出力動作確認	無	有（LED 点滅確認）

2. 充電器

区分	ビューリ（旧型）	ビューリⅡ（新型）
SIZE	51×74×52mm	72×95×76mm
重量	65g	180g
電源仕様	100V 50～60Hz	90～240V 50～60Hz
消費電流	30～132mA	38～179mA
BATTERY 仕様	3.6V 400mA NI-CD	3.6V 650mA NI-MH（水素）
充電方法	ADAPTER＋充電器： 分離型	一体型
充電方式	8時間充電（充電量関係なく）	Full 充電時自動 Stop、90分満充電
過電流防止機能	無	有（LED 点滅）
過熱防止機能	無	有（60℃以上の時 LED 点滅）

※波形は旧型8種類（1～4段階の強弱）と新型8種類（1～4段階の強弱）の16種類がある。

第18章　多機能イオン導入器

6　リフティング機能によるプロビタミンC浸透促進効果

イオン導入器ビューリにはバージョンアップ機能として，リフティング機能が付加されている（図6A）。リフティングはイオン極性がプラスとマイナスとに交互に1Hz（1秒間に1回）という非常に緩慢に切り替わる独自の処理である。リフティング機能を設計した当初の目的は皮膚刺激に因る引締め効果や浸透した薬剤の拡散だったが，予想範囲を超えて，プロビタミンCからビタミンCへの変換が促進される効果が認められた（図6B，C）。

① ビューリ新型は旧型よりも表皮の総ビタミンCは3.8倍に増加した。
② リフティング（Step 4）をイオン導入（Step 3）に続けると，表皮の総ビタミンCは25.7倍に上昇した。
③ 還元型ビタミンC保持率は，イオン導入単独では43.3%だったが，リフティングを付加すると84.0%に上昇した。

リフティング操作の付加によるビタミンC浸透促進メカニズムは下記の通りに推定される。

① マイナス電荷のプロビタミンCがイオン導入での同種電荷の反発力によって皮膚深部に浸透する。
② その後，プロビタミンCは皮膚表面でのプラス電気の切り替えによって皮表方向へ後戻りする。
③ 次のマイナス電気への切り替えによって，再度，

図6A　リフティング機能

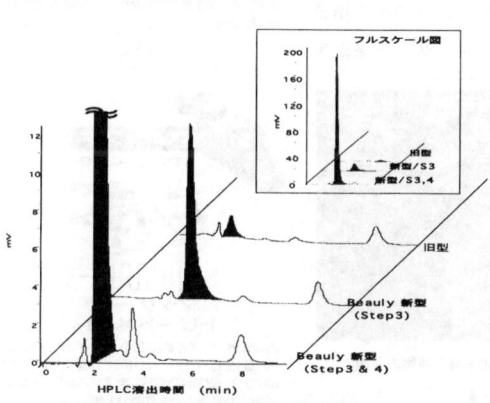

図6B　Beauly新型，旧型による表皮（湿重量4〜5mg）へのビタミンC浸透量のHPLCクロマトグラム

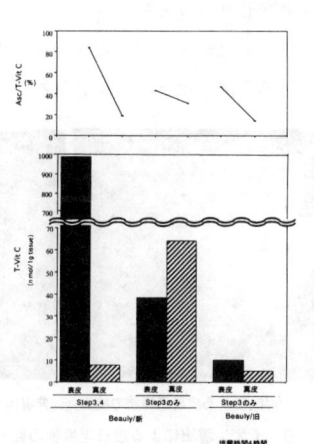

図6C

215

皮下方向へ進行し，言わば往復する。
④ この反復が8分間のリフティング操作（Step 4）で480回繰り返される。
⑤ 皮膚組織中の動線軌跡が圧倒的に長くなり，ビタミンC変換酵素（Phosphatase）やビタミンC輸送体タンパク（SVCT遺伝子産物）との接触確率が多くなって細胞内ビタミンC量が増大する。

7　イオン導出に因る皮膚老廃物の除去効果

イオン導出（エレクトロクレンジング）はイオン導入を行う前の"下準備"として意義が大きい（図7A）。
① 毛孔・汗孔・皮脂腺といったプロビタミンCバイパス（副道）に詰まった皮膚老廃物はプロビタミンCの皮膚深部浸透に対して進路障害になる。
② 皮膚老廃物のプラス電荷がマイナス電荷のプロビタミンCやビタミンC電気的中和を引き起こす。結果，イオン導入の効率が低下する。
③ ビタミンC酸化分解の引き金になりうる皮膚老廃物は除去すべきである。

イオン導出による皮膚老廃物の除去効果は図7Bのように実証された[17]。

ビューリ新型（BeaulyII）のようなマルチ機能の新世代型に塗り変わりつつある。
① プロビタミンCの皮膚深部への浸透促進効果を増強させ，還元型ビタミンC保持率を改善させる効果が実

図7A　ディープ（エレクトロ）クレンジング
イオン機能が毛穴や皮膚の老廃物を除去。遠赤外線機能、振動機能の相乗効果でいきいきとしたお肌に。

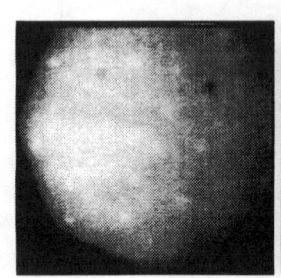

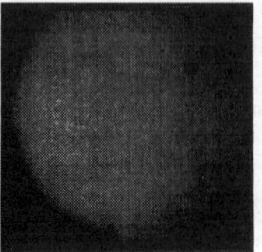

イオン導出による皮膚老廃物の検出　　非導出での皮膚老廃物の非検出

図7B　イオン導出による皮膚老廃物の除去効果
皮膚老廃物はビューリ新型のイオン導出（この装置のStep 1の操作）で除去される（上田豊甫ら，2001）[17]。

図7C　マッサージトリートメント
遠赤外線、振動に加え、イオン機能の極性が1秒に10回の速さで入れ替わり、皮膚の深部までマッサージ。イオン導入しやすい状態に。

第18章　多機能イオン導入器

証された。
② リフティングによって，プロビタミンCからビタミンCへの変換率と安定性を向上させる。
③ イオン導出によって，皮膚老廃物が除去される。
④ Step 2のマッサージ操作（図7C）での皮膚血行の増強は，皮膚細胞の新陳代謝の活性化，特に脂質代謝の改善が期待できる。

これら旧知機能の一層の増強に加え，あれば便利な機能がいくつか開発されていくと予想される。

文　献

1) 中島紀子，鈴木晴恵，三羽信比古他，日本香粧品科学会講演要旨26, 38（2001）
2) 三羽信比古，"バイオ抗酸化剤プロビタミンC"，1-322, Fragrance Journal 社（2000）
3) 鈴木晴恵，日本美容外科学会会報　**20**：46-67（1998）；臨床皮膚科　**54**, 160-164（2000）
4) 秋山茜，多島新吾, persnl. commun.
5) 金子久美，長尾則男，三羽信比古，日本臨床　**57**, 2223-2229（1999）
6) 三羽信比古，"ビタミンCの知られざる働き"，77-85, 158-164, 丸善（1992）
7) Kanatate T., Fujimoto T., Miwa N. *et al. Cell. Mol. Biol. Res.*, **41**, 561-567（1995）
8) Hayashi S., Nikaido O., Miwa N. *et al., J.Photochem. Photobiol. B*, **64**, 27-35（2001）
9) Furumoto K., Hiyama E., Miwa N. *et al., Life Sci.*, **63**, 935-948（1998）
10) Fujiwara M., Yamamoto K., Miwa N. *et al., Free Radic. Res.*, **27**, 97-104（1996）
11) Nagao N., Okamoto T., Miwa N. *et al., Antiox.Redox Signal.*, **2**, 727-738（2000）；化学と生物　**39**, 151-153（2001）
12) Saitoh Y., Muto N., Miwa N. *et al., Mol. Cell Biochem.*, **173**, 43-50（1997）
13) Akagi K., Itoh Y., Miwa N. *et al.*, in prepn.
14) Nakashima N., Akagi K., Miwa N. *et al*., in prepn.
15) Nakashima N., Suzuki H., Miwa N. *et al*., in prepn.
16) Asada K., Akiyama M., Miwa N. *et al*., in prepn.
17) 上田豊甫，李　昌根，ビューリ研究報告（2001）

第19章　エンダモロジーによるセルライト縮小効果
―― セルライト（皮膚表面凸凹脂肪塊）
　　　　縮小効果を発揮するエンダモロジー ――

野村智史[*1], 大森喜太郎[*2], 吉田眞希[*3]

1　セルライトとオレンジピールスキン

　celluliteとはフランス語で細胞、小胞をあらわすcelluleと鉱物をあらわす接尾語iteがついた造語で、脂肪や他の物質の沈着に対して用いられる俗称である。その発生原因、病態生理学については、まだ明らかになっていないが、女性ホルモンや肥満の影響が大きいことは間違いないようである（図1, 2）。具体的には、エストロゲンの影響（gynoid lipodystrophy）により、毛細血管、リンパ管の透水性が高まり、水腫を発生する、脂肪細胞が肥大して血液、リンパ循環を阻害

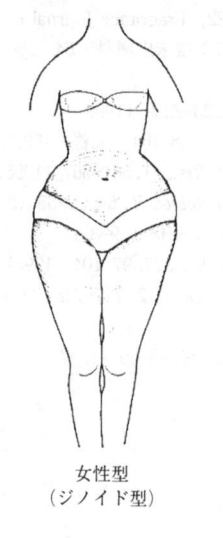

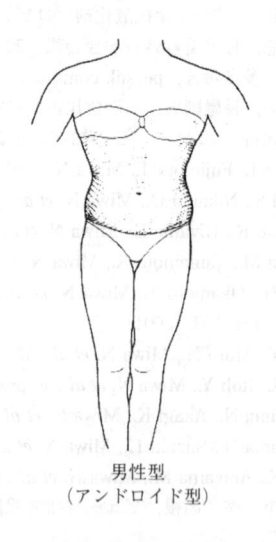

女性型　　　　　　　　　　男性型
（ジノイド型）　　　　　　（アンドロイド型）

図1

---

*1　Satoshi Nomura　東京警察病院　形成外科
*2　Kitaro Ohmori　東京警察病院　形成外科　部長
*3　Masaki Yoshida　(株)リツビ　ヘルスケア事業部　事業部長

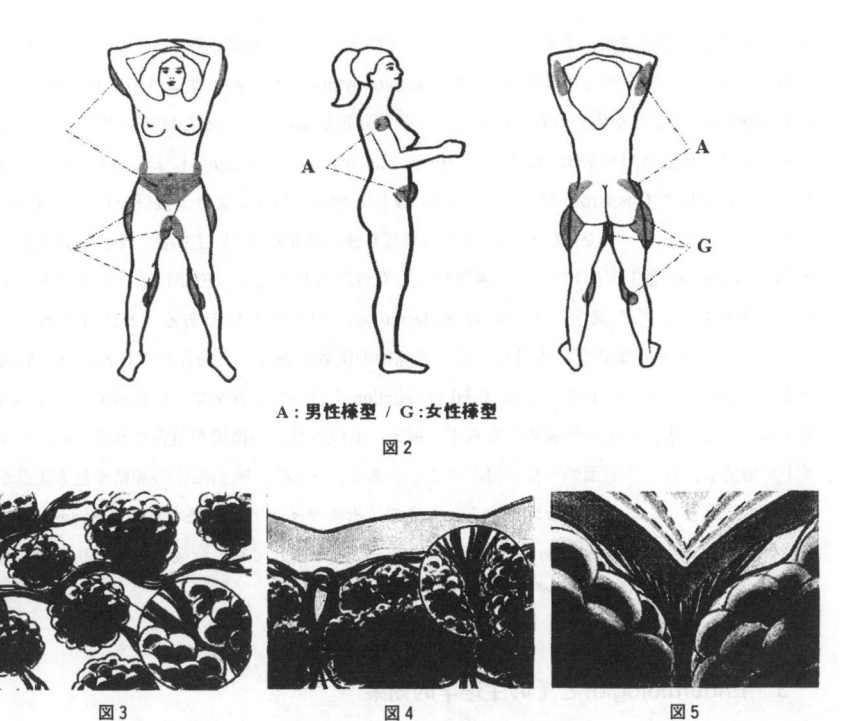

第19章 エンダモロジーによるセルライト縮小効果

A:男性様型 / G:女性様型
図2

図3　　　　　　　　図4　　　　　　　　図5

し(図3,4),水分,エネルギー代謝が低下する,さらには,酵素,ホルモンの異常により,脂肪分解,生成のバランスが崩れる,などの諸要素が組み合わさって,主に皮下脂肪細胞内外に脂肪変性物質や不要な老廃物,コラーゲン線維が沈着する(結合組織線維症),と考えられている。こうして生じたセルライトの体積は膨れ上がり,皮膚を押し上げる一方で,皮下脂肪層を分画するコラーゲン束が収縮し,皮膚を引き下げるため,皮膚表面の不整,いわゆるオレンジピールスキンを形成する(図5)。女性では皮下を分画する結合組織,コラーゲン束の構造の特性により,オレンジピールスキンがより顕著なものとなる[1]。

2　セルライトの予防と治療

　女性にとってセルライトは避けられない問題であり,20代以降の女性の80-90％以上に存在するといわれている。これは生理が始まったときから,年余を経て形成されていくものであり,10代の頃から適切な運動,食事などの生活スタイルを正すことの他に,血液,リンパ循環を改善する

ようなある種の理学療法によるケアーを行い，予防することが大切である。

現在，セルライトを改善する方法として，aminophylline をはじめとする外用剤やいわゆる dietary supplement などが用いられているが，十分な効果が得られているとは言いがたい[2]。美容外科領域では，脂肪吸引や Endermologie® (deep mechanical massage) による治療に関する報告がある。Toledo や Gasparotti はいわゆる superficial liposuction により，良好な結果が得られたことを報告している一方で，LaTrenta は体外型超音波補助脂肪吸引 (EUAL) を行った女性36人と Endermologie®を1週間に1回,20週間行った女性36人を比較し，EUAL はセルライトの減少には効果はなく，その減少のためには Endermologie®の方が有用である，と結論を出している[3~5]。セルライトは脂肪変性物質や不要な老廃物の沈着であり，主な存在部位が皮下脂肪層であることを考えると，いわゆる superficial liposuction を行ってこれを均一に吸引するには熟練を要する。また，吸引技術の問題のみならず，術後，血液，リンパ循環が阻害されるため，セルライトが増悪し，むしろ表面の不整が目立つことがある。さらに，吸引部位の硬結や色素沈着が遷延することも多い。このような理由から，欧米ではセルライトの治療法として，Endermologie®を選択されることが多い。superficial liposuction を行った場合でも，術後の血液，リンパ循環を改善するために，Endermologie®は有用である[6,7]。

3 Endermologie®とその生理学的効果

Endermologie®とはフランス LPG®SYSTEMS が提供する機器による施術に対して用いられる用語で，その効果は皮膚のみならず，脂肪組織，血液，リンパ循環にまでおよぶとされている。1970年，フランスのエンジニアであった Louis Paul Guitay は自動車事故によって負った瘢痕に対してハンドマッサージによる理学療法を受けていた。この理学療法を彼自身が機器による施術として，標準化し，さらに発展させたものが Endermologie®である[8]。当初，熱傷後瘢痕に対する理学療法として利用されていたが，治療経過中にセルライトや肌質を改善する効果も認められ，美容目的にも利用されるようになった[9]。現在，フランスでは10000台以上，米国では3000台以上がリンパ浮腫，セルライトのケアー，美容外科手術後療法などに用いられており，その作用，効果についての報告も散見される。われわれが利用している LPG 社 Cellu M 6® (写真1) は局所の循環改善，セルライトの減少などを適応とした therapeutic massager として米国 FDA の認可がおりている医療機器である。電子制御された2つのローラー間に皮膚を巻き込み，それを広げ戻すとともに連続，または規則的にこの皮膚に吸引圧をかける (写真2)。吸引圧は100mmHgから550mmHg まで9段階に調節できる。トリートメントヘッドの操作には'smoothing''kneading''bouncing'などの方法があり，体型や部位により使い分けられている[10,11]。

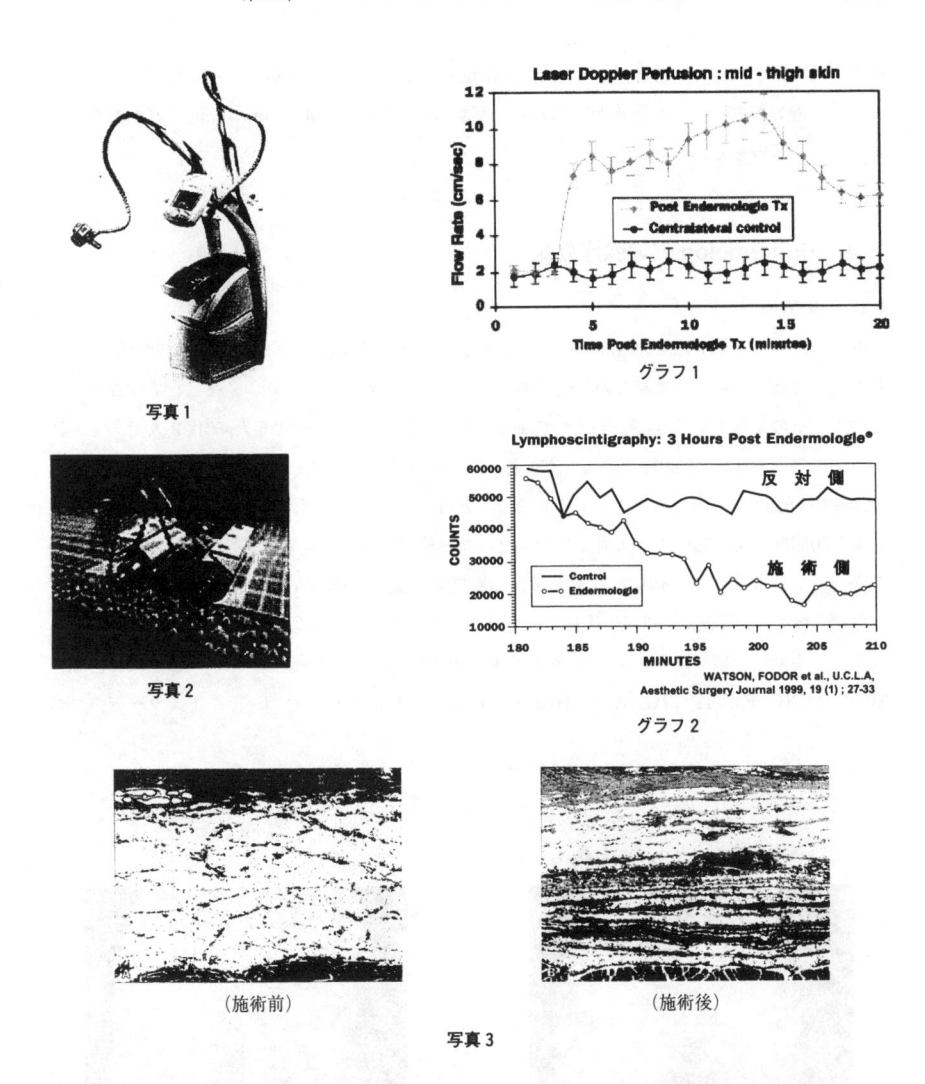

第19章 エンダモロジーによるセルライト縮小効果

写真1

グラフ1

写真2

グラフ2

WATSON, FODOR et al., U.C.L.A,
Aesthetic Surgery Journal 1999, 19 (1) ; 27-33

（施術前）　　　　　　　　　　（施術後）

写真3

　Endermologie®による身体の生理学的変化について，Watsonらは基礎疾患のない5人のボランティアに施術を行いレーザードップラーやシンチグラフィーを用いて，血流やリンパ流の経時変化を調べている。それによると，大腿部での皮膚血液循環量は施術開始後6～10分後に4～5倍になり，施術終了後6時間以上にわたって増大し続け（グラフ1），下腿大伏在静脈還流量は施術開始後8～10分後に2～3倍になり，同じく6時間以上にわたって増大していた，としている。またリンパ流については施術後30分ごろから差がみられ，3時間経過した頃から最高3倍以上

221

増大した（グラフ2），と報告している[12]。Adcock らは豚を用いた実験で，皮下のコラーゲンバンドの再構築が生じたことを確かめており（写真3），これが皮膚の smoothing に好影響を及ぼしていると報告している[13]。

4 Endermologie®の臨床効果

4.1 検査方法

　欧米に比べ，本邦では Endermologie® の臨床効果についての医学データはほとんどない。私たちの施設では，実際の効果がどの程度であるか,22人の日本人女性をモニターとして検査を行ったので，その結果を報告する。22人の内訳は20代8人，30代6人，40代6人，50代2人である。20代，30代のうち各3人，40代，50代のうち各1人は右半身のみ施術を行った。フランス LPG®SYSTEMS の Diploma を有する1人が Cellu M6® を用い，1週間に2回，合計20回の施術を行い，施術前と20回終了後において，諸検査を行った。なお施術期間中，食事，運動など生活指導は行わなかった。検査項目は①体重，体水分量，体脂肪量測定（TANITA 社製の体組成計 BC-118），②腹部，臀部，大腿部，下腿部の最長周径を計測，③セルライトの進行程度を6段階に分類し(ニュルンベルガー分類を改変；表1），施術者1人が評価[14]，④血液検査（WBC, RBC, Hb, Ht, MCV, MCH, Plt, TP, TC, A/G, HDL-C, LDL-C, TG, FFA, リパーゼ，アミラーゼ，プロ

表1　セルライトステージ（ニュルンベルガー分類を改変）[14]

0：どのような状態でもセルライトは認められない。

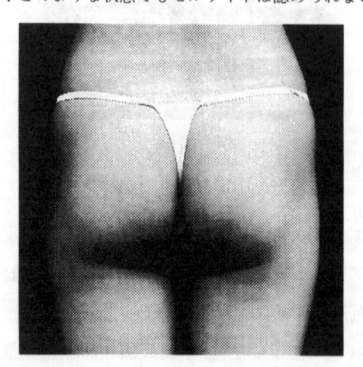

1：立位にて臀部，大腿部，上腕部などの皮膚を両手で囲み込むようにした時に細かいセルライトが認められる。

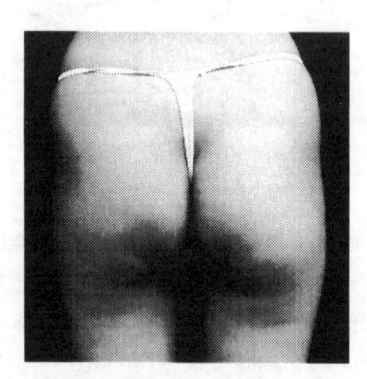

2：立位にて臀部，大腿部，上腕部などの皮膚を両手で囲み込むようにした時に大きいセルライトが認められる。

第19章　エンダモロジーによるセルライト縮小効果

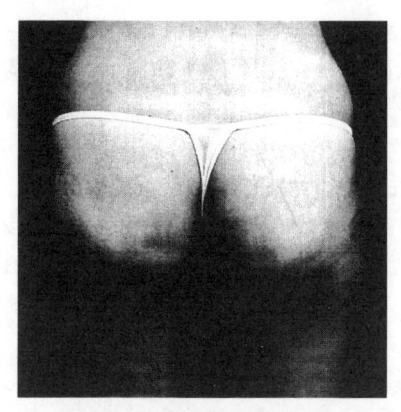

3：立位にて臀部，大腿部，上腕部などの皮膚にセルライトが認められる。

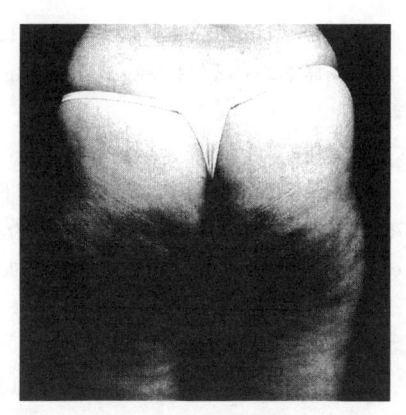

4：臥位にてセルライトが認められる。つまむと痛みを訴えることがある。

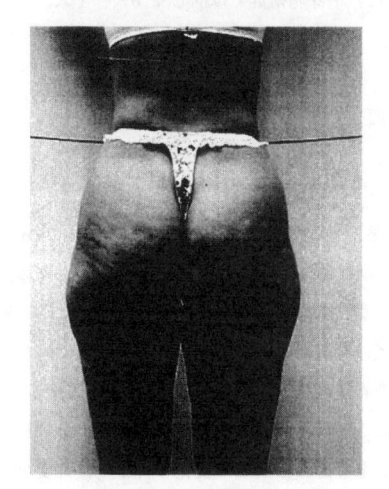

5：ペインフルセルライトと呼ばれる状態で，関節周囲，下腿部などに痛みを伴う皮膚の変形として固定化されている。

ゲステロン，E2,アドレナリン，ノルアドレナリン，ドーパミン）の4項目である。

4.2　検査
①　体組成

施術前後で，体重，体水分量は22人中18人で減少した。全身施術群では平均で体重は1.04Kg

減少,体水分量は0.78Kg 減少した。体脂肪率には大きな変化は見られず,0.11%の減少であった。半身施術群ではそれぞれ1.28Kg 減少,0.71Kg 減少,0.14%減少と,全身施術群に近い結果が得られた。

② 身体各部位の周径

施術前後で,全身施術群では平均でウエスト1.27cm,臀部1.89cm,大腿右2.94cm,左3.01cm、下腿右1.41cm,左1.31cm,それぞれ減少した。半身施術群では平均でウエスト1.96cm,臀部2.54cm、大腿右3.75cm,左3.06cm,下腿右1.69cm,左1.48cm,減少した。施術側である右側にはやや劣るものの左側でも周径は減少した。

③ セルライトの評価

22人中20名で臀部、大腿部で1ステージ以上の改善が得られた。臀部のセルライトの変化について,全身施術群14人のうち1ステージの改善が得られたのは7人,2ステージの改善が得られたのは6人で,改善がみられなかったのは1人であった。半身施術群では同じく,6人、1人、1人でその改善程度は全身施術群に比べ劣っていた。

④ 血液検査

血算,脂質,酵素系,女性ホルモン,副腎ホルモンに関しては,有意な変化は見られなかった。

4.3 考察および結論

Chang らは,39人に対して14回の施術を行った結果,平均でウエスト2.05cm,臀部3.19cm、大腿部で1.93cm,膝部で1.28cm,下腿部で0.71cm 減少し,体重の増減にかかわらず,身体円周径のサイズダウンがみられた,と報告している[9]。また Ersek らは22人の女性に対し7回の施術を行ったところ,身体各部位で平均1.38cmの周径の減少がみられ,そのうちの6人に対しては14回の施術を行ったところ,同じく平均2.85cmの周径の減少がみられた,と報告している[8]。体幹、大腿、下腿の平均円周径が各々2cm 減少することは,脂肪の比重を0.92として計算した場合,約4Kgの脂肪を吸引したことに相当することを考えれば,この変化を得るのは大変なことである。また,セルライトの改善については,LaTrenta は36人に対し,20週間にわたり施術をおこなった結果,写真による評価では50%でセルライトの減少がみられ,患者の92%が満足した,と報告している[5]。一方で,Collis らは1週間に2回,12週間施術を行った35人のうち,セルライトの改善がみられたのは10人であったと報告している。このように,Endermologie®のセルライトに対する効果にはばらつきが大きい理由として,Shack は施術者の技術の差によるところが大きい,と考察している[15]。Endermologie®により皮下血流やリンパドレナージが増大することはまず間違いのないことであり,これにより,水分,エネルギー代謝が亢進して,浮腫の軽減,老廃物の沈着が減少する結果,身体の円周径が減少する,というメカニズムに加え,皮下脂肪層を

第19章　エンダモロジーによるセルライト縮小効果

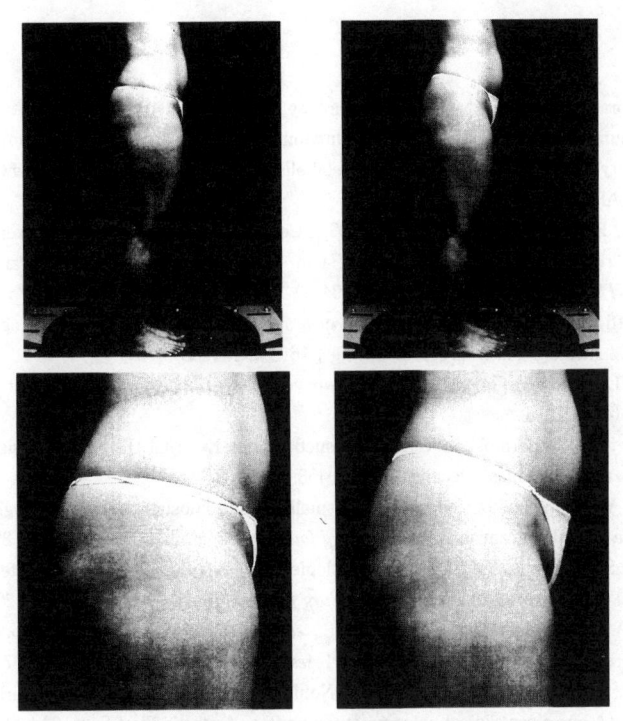

臀部の下垂や臀部から大腿にかけてのいわゆるバナナフォルドが目立たなくなり，コントゥールの改善が得られた。セルライトは，施術前はステージ4であったが，20回終了後はステージ3へと改善し，皮膚の張りもみられるようになった。

図6　40歳（女性）全身施術群

分画するコラーゲン束に対するストレッチング効果や再構築がセルライト，オレンジピールスキンの改善に好影響を及ぼしていると思われる。また一定体表面積以上の施術により，一時的な，ケミカルメディエイターやホルモン変化が生じ，全身の血液，リンパ循環が改善するという意見もあり，これが半身施術群でも同様な変化が得られた理由のひとつかもしれない。現在，我々の施設では，セルライトステージ0の場合は予防という意味合いも含め，月に1-2回の施術を行っている。ステージ1-2程度であれば，Endermologie®による施術を1週間に2回，合計14回位行えば，かなりの改善が得られるが，それ以上になると，20-30回のかなり集中した施術が必要になる。長く放置しておくと，ステージ5の痛みを伴うセルライト（ペインフルセルライト）にまで進行し，もはや美容上の問題だけではなくなるので，予防，早期処置が極めて重要である。

細胞死制御工学～美肌・皮膚防護バイオ素材の開発～

文　献

1) An exploratory investigation of the morphology and biochemistry of cellulite. Rosenbaum M, Prieto V, Hellmer J, Boschmann M, Krueger J, Leibel RL, Ship AG. Laboratory of Human Behavior and Metabolism, Rockefeller University, New York, NY, USA. ASAPS
2) Collis N, Elliot LA, Sharpe C, Sharpe DT. : Cellulite treatment : a myth or reality : a prospective randomized, controlled trial of two therapies, endermologie®and aminophylline cream. : *Plast Reconstr Surg* 1999 Sep ; **104**(4) : 1110-4 ; discussion 1115-7
3) Gasparotti M. : Superficial liposuction : a new application of the technique for aged and flaccid skin. : *Aesthetic Plast Surg* 1992 Spring ; **16**(2) : 141-53
4) Toledo LS. : Syringe liposculpture : a two-year experience. : *Aesthetic Plast Surg* 1991 Fall ; **15**(4) : 321-6
5) Gregory S, L : Endermologie®versus Liposuction with External Ultrasound Assist : *Aesthetic Surg Journal*, November/December : 452-458. 1999
6) Richard, W. D, : A combined program of small-volume liposuction, Endermologie®, and nutrition : a logical alternative : *Aesthetic Surg Journal*, September/October : 388-393. 1999
7) Gregory S, L, Stephanie L. M. : Endermologie®after external ultrasound-assisted lipoplasty (EUAL) versus EUAL alone : *Aesthetic Surg Journal*, March/April : 128-136. 2001
8) Robert A. E., Gerald E. M II, Stephanie S., et al. : Noninvasive mechanical body contouring : a preliminary clinical outcome study : *Aesthetic Plast Surg*, **21** : 61-67, 1997
9) Peter, C., Jeremy, W., Tamara, J. et al. : Noninvasive mechanical body contouring (Endermologie®)A one-year clinical outcome study update. *Aesthetic Plast Surg*, **22** : 145-153, 1998
10) David, A., Steve, P., Kareem J,, et al. : Analysis of the effect of deep mechanical massage in the porcine model : *Plast Reconstr Surg*, July : 233-240. 2001
11) 運動療法科学, NO345, 5月号, 1995 ; 7-11
12) James, W., Peter, B. F., Brian, C., et al. : Physiological effect of endermologie® : a preliminary report : *Aesthetic Surg Journal*, January/February : 27-33. 1999
13) David, A., Steve, P., Stephen. D, et al. : Analysis of the cutaneous and systemic effects of Endermologie®in the porcine model : *Aesthetic Surg Journal*, November/December : 414-421. 1998
14) Nurnberger F., Muller G : *Journal Dermatology, Surg. Oncol.*, 1978 ; **4** (3) : 221-229
15) R.Bruce Shack : Endermologie® : taking a closer look : *Aesthetic Surg Journal*, May/June : 259-261. 1999

第4編　ナノ・バイオテクと遺伝子治療を活用したバイオ化粧品の近未来

第20章　フラーレン誘導体による活性酸素の消去
―― ナノテク新素材の美肌化粧品への応用 ――

前田健太郎[*1], 松林賢司[*2], 宍戸　潔[*3], 栢菅敦史[*4], 三羽信比古[*5]

1　フラーレンの性状と特許権

フラーレン（Fullerene）は，ダイアモンド，グラファイトに次ぐ第三の炭素アロトロープ（同素体）であり，代表例は，60個の炭素原子だけから構成されるC_{60}フラーレン（バックミンスターフラーレン）であり，サッカーボールの表面模様と同じ分子構造を有する（図1）[1]。12個の5員環と20個の6員環を持つ球状カゴ（籠）型の完全対称体である。

日本でのフラーレンの物質特許（特許番号：第2802324号，登録日：1998年7月17日）の特許権者は三菱商事の特許管理子会社であるフラーレンインターナショナル（USA）であり，三菱商事はアジアにおけるフラーレン物質特許の占有実施権を得て事業を推進している。世界最大のフラーレン生産会社であるフロンティアカーボン社（本社：東京）は三菱化学と三菱商事の合弁会社である。

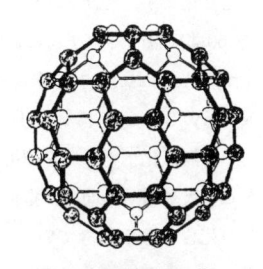

図1　サッカーボール型ナノテクノロジー分子 C_{60}フラーレン
図中の小球1個は炭素原子を示す。
(J. -P. Chiron et al., Ann. Pharm. Fr., **58**, 170-175 (2000))

---

* 1　Kentaro Maeda　広島県立大学大学院　生物生産システム研究科
* 2　Kenji Matsubayashi　三菱商事㈱　事業開発部　ナノテク事業推進担当マネージャー
* 3　Kiyoshi Shishido　三菱商事㈱　事業開発部　ナノテク事業推進担当シニアマネージャー
* 4　Atsushi Kayasuga　広島県立大学　生物資源学部　三羽研究室　主席科学技術研究員
* 5　Nobuhiko Miwa　広島県立大学　生物資源学部／大学院　生物生産システム研究科　教授

2 医療分野での応用

C60フラーレンは遺伝子治療でのベクターとしても実用化が試験されている[2]。C60にプラス電荷の化合物を結合させ，これを介在して，マイナス電荷の遺伝子DNAを結合させる（図2）[2]。ホタルから抽出した発光タンパク質ルシフェラーゼの遺伝子を大腸菌のプラスミド（環状DNA）に組み込み，C60と結合させてサルの腎臓細胞に導入した結果，25%の細胞で遺伝子が働いてタンパク質が産生され，発光が見られた。C60は食作用（endocytosis）に伴って細胞に入った後，直ちには遺伝子を核内には送り込まず，時間をかけて少量ずつ遺伝子を放出する。C60は細胞内外いずれにおいても優れた遺伝子徐放能（gradual release）を持つ薬物送達システム（DDS：Drug Delivery System）構築の可能性を持つ。現在の遺伝子治療では無毒化ベクターを頻用しているが，残存毒性や体内での大量増殖の問題が指摘され，1999年には米国で患者の死亡事故が起きている。C60の人体への影響は未確認だが，安全性の高い新規ベクターとしての応用が期待される。

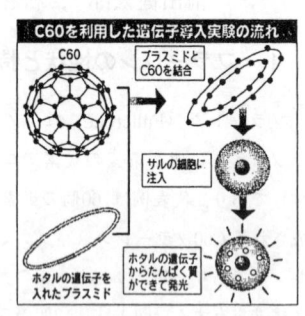

図2 遺伝子治療のベクターとしてのフラーレン
（中村栄一ら, 2001）[2]

3 フラーレン誘導体の優れた皮膚防護活性

皮膚への薬効と人体での安全性への期待度からフラーレン誘導体による活性酸素を消去する活性を調べた。

①C60フラーレン（分子量720/粉体）は単独に精製するコストは現在の技術水準では相当かかるので，C60とC70フラーレンとの両者を含むMIXフラーレン（平均分子量744/粉体）を基本検体とした。

②分子量5,200のPEG（polyethylene glycol）で修飾比率1～4 mol/mol fullereneで修飾したフラーレン（平均分子量20,000/70mg/ml，純水溶液，MIXフラーレン：分子量744，MIXフラーレン濃度：2 mg/ml）

③PVP（polyvinylydenepyrrolidone；分子量40,000）で包接したフラーレン（平均分子量40,000/70mg/ml，純水溶液，MIXフラーレン濃度：0.3mg/ml）

④γ-CD（gamma-cyclodextrin）：分子量1,297）で混合比率4 mol/mol fullereneで包接したフラーレン（平均分子量1,235/4.8mg/ml，純水溶液，MIXフラーレン濃度：0.3mg/ml）

⑤水酸化フラーレン：平均分子量958.7/粉体（水溶性固体），水酸化率14OH group/molecule
⑥MIX フラーレン／イソステアリン酸：平均分子量744/ 5 mg/g（溶媒のイソステアリン酸：分子量284）

4　遷移金属イオンによって発生するヒドロキシルラジカルに対するフラーレン誘導体の消去活性

　過酸化水素と硫酸第一鉄を混合すると，いわゆる Fenton 反応が引き起こされて活性酸素の一種であるヒドロキシルラジカルが発生するが，これは人体でも随所で同様に引き起こされて DNA・タンパク質・脂質に酸化的傷害を与えて細胞死を引き起こすと考えられる。この反応で発生したヒドロキシルラジカルをフラーレン誘導体は効率的に消去できる。フラーレン誘導体のヒドロキシルラジカル消去活性はプロビタミン C である Asc2P・Na（アスコルビン酸-2-O-リン酸エステル・ナトリウム）と同等またはそれ以上である。

　この試験方法は，不安定なヒドロキシルラジカルを付加体として安定化するスピントラップ剤としてDMPOを添加すると，電子スピン共鳴装置（日本電子㈱製造，JES-FR30型）で1：2：2：1の特徴的なクヮルテットを呈する電子スピン共鳴（ESR）スペクトルが見られる。この強度を比較内部標準として添加した常磁性スペクトルを呈する酸化マンガンの強度との比率でヒドロキシルラジカル量の算定を行う。

　フラーレン誘導体によるヒドロキシルラジカル消去活性は，遷移金属イオンによって発生するヒドロキシルラジカルに対する消去活性に限らず，広く生体内や皮膚内の各種条件で発生するヒドロキシルラジカルを消去する。

　PEG-フラーレン，水酸化フラーレン，およびイソステアリン酸-フラーレンの三者は，最もDNA損傷力の強い活性酸素であるヒドロキシルラジカルを顕著に消去した（図3）。この消去活性は，Asc2P・Naと同等もしくはやや凌駕することが同じくESRスペクトルによって認められた。ヒドロキシルラジカル生成に伴って生じたESRスペクトルはヒドロキシルラジカル消去剤の DMSO（dimethyl　sulfoxide）によって消失した。各種のフラーレン誘導体は神経興奮毒性による脳皮質神経細胞の細胞死を防ぎ[3]，過酸化傷害から視床下部神経細胞を守る[4]など，活性酸素の消去作用による効果が認められている[5]。

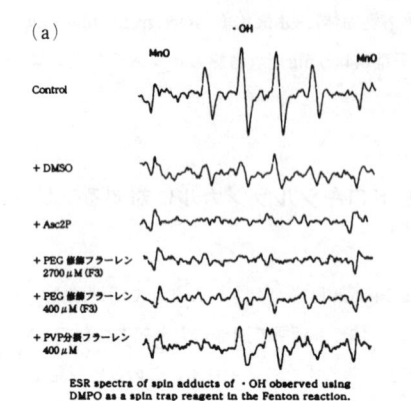

細胞死制御工学～美肌・皮膚防護バイオ素材の開発～

各試薬を下記の順に1.5ml エッペンチューブに取り、H_2O_2添加後、30秒反応させた後にESRにて測定した。

試薬	温度	摂取量
測定試験	−	60μl
H_2O_2	100μM	10μl
$FeSO_4$	10μM	10μl
DMPO	1.79M	20μl

5,5-Dlmethyl-1-Pyrroline-N-Oxide (DMPO):LABOTEC 社, Ascorboc Acid (Asc):SIGMA 社 試薬の調製には Milli Q を用いた。

ESR装置はJES-ER30（日本電子社製）を使用し、高感度ESR水溶性扁平セル（LABOTEC 社製）を用いて測定した。
ESRの測定条件は次の通り。
Power:4mW, Field:336±5, Sweep Time:1min, Modulation Width:0.32mT, Amp:400, Responce Time:0.3sec
評価は、・OHのと常時性の内部標準 MnO とのシグナル振幅比で行った。

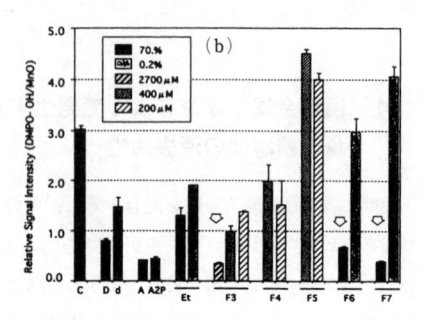

C:Contol（Milli Q 水を使用）
D:DMSO 12.8M
d:DMSO 1.0M
A:Ascorbic Acid 100μM
A2P:Ascorbic Acid 2-Phosphate Na 100μM
Et:Ethanol
F3:PEG 修飾フラーレン（MIX Fulleren FW=744, 2 mg/ml＝約2,700μM）
F4:PVP 分捩フラーレン（MIX Fulleren FW=744, 0.3mg/ml＝約400μM）
F5:CD 分捩フレーレン（MIX Fulleren FW=744, 0.3mg/ml＝約400μM）
F6:水酸化フラーレン（70%Ethanol 溶解時で約9.26μM）
F7:MIX フラーレンイソステアリン酸溶液（70%Ethanol 溶解時で約18.12μM）
※F6・F7については、70%Ethanolで溶解可能な最大量を0.2%に希釈して用いた。
※DMSOはヒドロキシラジカルの補足剤である。
※Ethanolにもヒドロキシラジカル消去活性が認められている。

図3　フラーレン誘導体によるヒドロキシルラジカル消去効果と ESR スペクトル

5　物質レベルでのフラーレン誘導体によるスーパーオキシドアニオンラジカル消去効果

PEG-フラーレンおよびPVP-フラーレンは、代表的な活性酸素であるスーパーオキシドアニオンラジカル（O_2^-）を顕著に消去した（図4）。この消去活性は、最も汎用されているプロビタミンCであるAsc2P・Na（ascorbic acid-2-O-phosphate sodium）を凌駕することがESR装置によって認められた。皮膚血流の停滞や皮膚傷害の過程でスーパーオキシドアニオンラジカルが

第20章　フラーレン誘導体による活性酸素の消去

発生してDNA，タンパク質，脂質に酸化的傷害を与えて細胞死を引き起こしている。スーパーオキシドアニオンラジカルについてはヒポキサンチンとキサンチンオキシダーゼを混合して発生させるが，フラーレン誘導体はこれを効率的に消去できる。

試験方法は，ヒドロキシルラジカルの場合に準じスピントラップ剤DMPOを添加するとESR

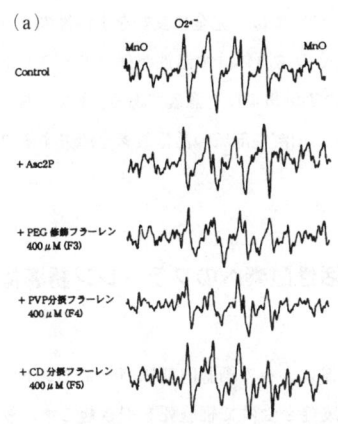

試薬	温度	摂取量
測定試薬	−	50μl
HPX	2.7mg/5ml	50μl
DMPO	2.99M	20μl
DMSO	1.0M	30μl
XOD	2u/ml	50μl

Hypoxanthine(HPX)：SIGMA社，Xanthine Oxidase(XOD)：Roche社，5,5-Dimethyl-1-Porroline-N-Oxide (DMPO)：LABOTE社，Ascorbic Acid (Asc)：SIGMA社

DMPOと測定試薬の調製はMilli Qで行った。その他の試薬はPBS (Dulbecco's PBS(−))：日水製薬社にて調製した。
ESR装置はJES-ER30（日本電子社製）を使用し，高感度ESR水溶性扁平セル（LABOTEC社）を用いて測定した。
ESRの測定条件は次の通り。
Power：4mW，Field：336±5，Sweep Time：1min，Modulation Width：0.1mT，Amp：790，Responce Time：0.3sec
評価は，O_2^-のと常時性の内部標準MnOとのシグナル振幅比で行った。

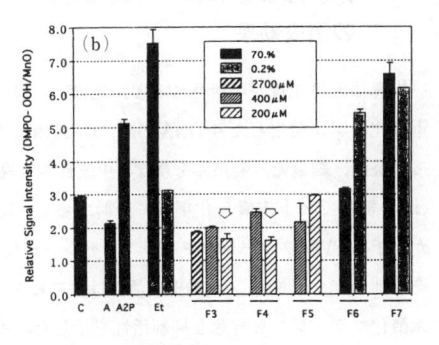

C：Contol（Milli Q水を使用）
A：Ascorbic Acid 100μM
A2P：Ascorbic Acid 2-Phosphate Na 100μM
Et：Ethanol
F3：PEG修飾フラーレン（MIX Fulleren FW=744，2 mg/ml=約2,700μM）
F4：PVP分拢フラーレン（MIX Fulleren FW=744，0.3mg/ml=約400μM）
F5：CD分拢フレーレン（MIX Fulleren FW=744，0.3mg/ml=約400μM）
F6：水酸化フラーレン（70%Ethanol溶解時で約9.26μM）
F7：MIXフラーレンイソステアリン酸溶液（70%Ethanol溶解時で約18.12μM）
※F6・F7については，70%Ethanolで溶解可能な最大量を0.2%に希釈して用いた。

図4　フラーレン誘導体によるスーパーオキシドアニオンラジカル消去効果とESRスペクトル

装置（日本電子㈱製 JES-FR30型）でやや微細な 1：1：1：1 のクワルテットを呈する ESR スペクトルが見られる。この ESR スペクトルはスーパーオキシドを特異的に消去する酵素 SOD (superoxide dismutase) の添加によって消失した。この強度を比較内部標準として添加した常磁性スペクトルを呈する酸化マンガンの強度との比率でスーパーオキシドアニオンラジカル量を算定する。

上記の活性酸素に対する消去活性を試験した添加濃度については，完全に良好な水溶性のプロビタミン C である Asc2P・Na に比較して，フラーレンやその誘導体は水溶性が極めて不良であるが，それにもかかわらず，活性酸素消去活性が認められた実験事実は有意義である。すなわち，水溶性部域の活性酸素を消去するプロビタミン C，および，油溶性部域の活性酸素を消去するフラーレン／誘導体とは補完性があると考えられる。

6　紫外線 B 波によって皮膚細胞に生じる活性酸素へのフラーレン誘導体の消去効果

皮膚は太陽光線が照射されると，光線の中の紫外線 B 波によって細胞内部にパーオキシド・過酸化水素が発生したり DNA 切断，DNA 損傷や細胞膜破綻を受けて細胞死を引き起こす。皮膚に炎症，細胞死，発がんを及ぼす中波長紫外線（UVB）は，皮膚紅斑を形成させ始める40mJ/cm^2 の線量でヒト皮膚角化細胞に照射すると，細胞内にパーオキシドと過酸化水素が発生するが，予め PVP-フラーレンや CD-フラーレンを投与しておくとパーオキシド・過酸化水素の発生を抑制できた（図5）。この抑制活性はプロビタミン C の Asc2P・Na とほぼ同等の活性だった。水酸化フラーレンも有意な抑制活性を示した。PVP-フラーレンは過酸化脂質によるパーオキシ

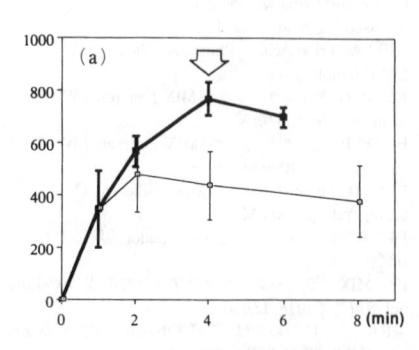

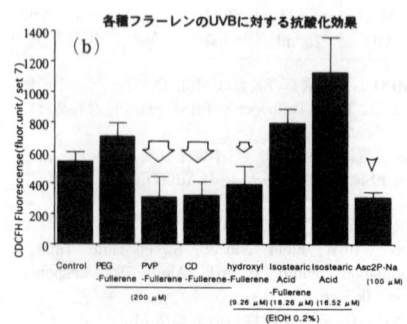

図5　紫外線 B 波によるヒト皮膚角化細胞でのパーオキシド・過酸化水素の生成およびフラーレン誘導体による抑制効果

第20章　フラーレン誘導体による活性酸素の消去

ド・過酸化水素の生成へも抑制効果が見られたので、紫外線防御と合わせた両面での皮膚防護効果が期待できる。

　試験方法としては、酸化還元指示薬としてCDCFH-DAを細胞内部に負荷しておき、これが紫外線照射によって生じたパーオキシド・過酸化水素によって酸化されると、蛍光を発するので、蛍光強度を蛍光プレートリーダー装置（Millipore/Perceptive社製造、2350型）で計測する。この試験研究では、紫外線B波を照射した後に細胞内部に生じるパーオキシド・過酸化水素は照射後4分が最大値となり、その後は速やかな減衰が起こりやすいが、同時に、実験上で注意すべき点として、用いる酸化還元指示薬それ自体が蛍光プレートリーダー計測での励起光で退色しやすいので、個々の細胞群に紫外線を照射する時差を設定して一斉に蛍光計測する手順が必要となり、それを怠って複数回の励起光を照射すると、パーオキシド・過酸化水素の量を低めに評価(underestimation)してしまう。この点に留意して過酸化脂質の場合よりも機敏に計測された。

　パーオキシド・過酸化水素は細胞膜を透過すると共に残存寿命が長いので、細胞傷害を引き起こす主因となるが、フラーレン誘導体は、紫外線によるパーオキシド・過酸化水素だけに限らず、広く生体内や皮膚内の各種条件で発生するパーオキシド・過酸化水素を消去し、これら活性酸素によって引き起こされるDNA切断、DNA損傷、細胞膜破綻、細胞死を未然に防御する作用をもたらす。カルボキシフラーレンもUVB照射によるヒト角化細胞の細胞死を防御する[6]が、酸化ストレスによるヒト末梢血の単球の細胞死も防ぐ[7]ことが知られている。

7　過酸化脂質による細胞内活性酸素に対するフラーレン誘導体の消去効果

　皮膚の脂質は保湿効果/皮膚防護効果を果たす上で極めて重要であるが、酸化を受けやすく細胞毒性を示して細胞死を引き起こすようになるという良悪の両面性がある。皮脂は常時、酸化を受けやすく、この結果、皮膚細胞死を引き起こす原因になっているが、特に、角質層の脂質であるセラミドやスクワレンは酸化を受けてヒドロペルオキシドに変換されて細胞死を引き起こす。過酸化脂質モデル剤でヒドロペルオキシドの一種であるt-BuOOH（$tert$-butyl hydroperoxide）を、40〜70%の細胞死を引き起こす濃度の140〜250μMでヒト皮膚表皮角化細胞に添加すると、添加後に次第に増加して150分で細胞内のパーオキシド・過酸化水素が最大値となるが、180分でも最大値の9割以上を維持していて持続的に細胞内部に存続し、これが細胞膜を破綻させたりDNAを損傷させたりすると考えられる。そこで細胞内パーオキシド・過酸化水素が飽和するt-BuOOH添加150分での消去効果を調べた。

　添加前に予めフラーレン誘導体を添加しておくと、パーオキシド・過酸化水素の発生量が顕著に抑制される。フラーレン誘導体のパーオキシド・過酸化水素消去活性はプロビタミンCであ

る Asc2P・Na（アスコルビン酸-2-O-リン酸エステル・ナトリウム）と同等またはそれ以上である。

　試験方法としては，酸化還元指示薬として CDCFH-DA というフルオレッセイン誘導体を細胞内部に負荷しておき，これが t-BuOOH を添加して生じたパーオキシド・過酸化水素によって酸化されると，蛍光を発するので，蛍光強度を蛍光プレートリーダー装置（Millipore/Perceptive 社製造，2350型）で計測する。この時に予め PVP-フラーレンを投与しておくと，顕著に発生が抑制された（図6）。この抑制活性はプロビタミン C の Asc2P・Na を凌駕した。イソステアリン酸—フラーレンもパーオキシド・過酸化水素への抑制活性を有意に示す例も認められた。

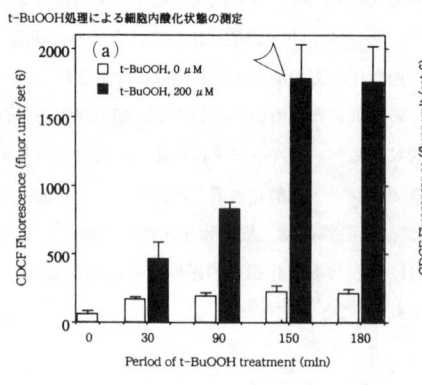

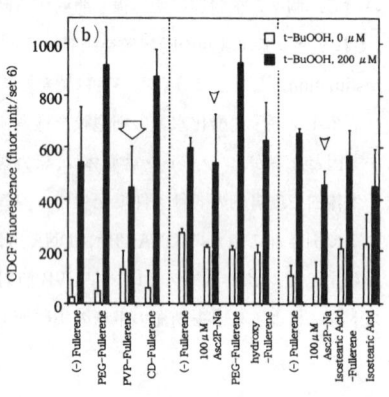

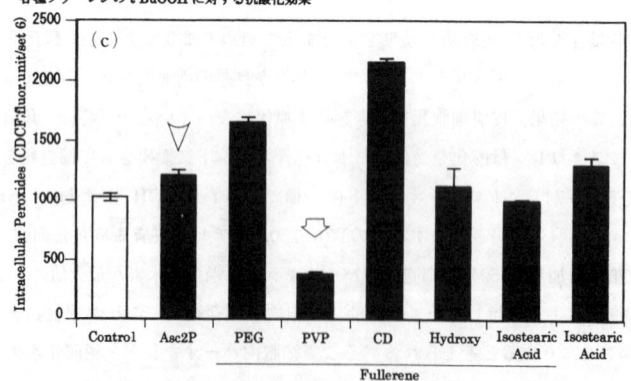

図6　過酸化脂質モデル剤 t-BuOOH によるヒト皮膚角化細胞でのパーオキシド・過酸化水素の生成およびフラーレン誘導体による抑制効果

第20章　フラーレン誘導体による活性酸素の消去

　フラーレン誘導体は，過酸化脂質によるパーオキシド・過酸化水素だけに限らず，広く生体内や皮膚内の各種条件で発生するパーオキシド・過酸化水素を消去し，パーオキシド・過酸化水素によって引き起こされるDNA切断，DNA損傷，細胞膜破綻，細胞死を未然に防御する作用をもたらす。このように過酸化脂質によって生じる細胞内部の活性酸素は初期段階でPVP-フラーレンによって抑制され，続いて起こるはずの細胞死への連鎖反応を阻止すると考えられる。

8　引き金としての活性酸素に対する消去効果

　活性酸素の生成が各種の皮膚傷害のトリガー（引き金）となる場合は枚挙に暇ないが，このため活性酸素の消去効果は対症療法ではなく根治療法や予防法として決定的な有効手段となりうる。今や「活性酸素に対する人為的抑制が奏功しさえすれば必然的に薬効は発揮しうる」というセントラルドグマ（中心学説）を信じて，バイオ抗酸化剤の開発に取り組むべきである。

　この意味で，上記の特定フラーレン誘導体は，細胞レベルでの紫外線B波と過酸化脂質による活性酸素の生成を抑制し，物質レベルでのヒドロキシルラジカルとスーパーオキシドアニオンラジカルという2種の活性酸素を消去する効果が見られたことになり，各種の皮膚傷害を防御する見込みが大きい。

　美肌剤や皮膚防護剤としてフラーレン誘導体が奏功するためには，①光熱などへの安定性，②皮膚表面から内部への浸透性，③浸透部位での活性酸素消去効果，の3段階が揃う必要があるが，第1段階は他の抗酸化剤よりもフラーレン誘導体の方が問題解決が容易であろう。第3段階が本章で記述した通り広範囲な活性酸素消去効果が期待できる。

9　フラーレン誘導体の色

　C60フラーレンの粉末は見た目が真っ黒で化粧品素材として不適切かのように思えるかも知れないが，有機溶媒に溶けるとワインレッドの色になる。C70よりもっと炭素数の大きいフラーレン分子は，トルエン，二硫化炭素などの有機溶媒に溶かすと，可視光の吸収がなく近紫外光の強い吸収を示すようになる。すなわち，可視光の短波長側である紫色部分に吸収帯の端がかかってくるのでその補色の黄色を呈する。フラーレン類は，紫外部に大きな吸収を示すもののそれ自身の分解はなく，また蛍光を発して，周囲へのエネルギー放出も起こさない。

　ベンゼン環を持つ一般の芳香族炭化水素でも，ベンゼンやナフタレンは吸収極大が245nmぐらいにあるため無色透明で可視光吸収はほとんどないが，ベンゼン環の数が多くなると次第に波長の長い方へと吸収極大が動いて次第に黄色になる。この理由は，紫外吸収の裾野が可視光領域

にかかっているためである。フラーレンでも84ぐらいの炭素の数では赤色は示さず，その溶液はほとんど黄金色を示す。このようにフラーレンやその誘導体は化粧品素材としての色に問題はほぼ見当たらない。

文　献

1) Y. Yamakoshi et al., Bull. Natl. Hlth. Sci., 117, 50-62 (1999) ; J.-P. Chiron et al., Ann. Pharm. Fr., 58, 170-175 (2000)
2) 中村栄一，磯辺寛之，岡山博人ら，日経産業新聞，平13.6.29
3) L. L. Dugan et al., Neurobiol. Dis., 3, 129-135 (1996)
4) M. C. Tsai et al., J. Pharmacol., 49, 438-445 (1997)
5) L.Y. Chiang et al., J. Chem. Soc. Chem. Commun., 1995, 1283-1284 (1995)
6) C. Fumelli et al., J. Invest. Dermatol., 115, 835-841 (2000)
7) D. Monti et al., Biochem. Biophys. Res. Commun., 277, 711-717 (2000)

第21章　電解還元水による活性酸素消去効果
―――細胞内パーオキシド消去効果と細胞死抑制効果―――

原本真里[*1]，栢菅敦史[*2]，三宅　篁[*3]，三宅　治[*4]，玉置雅彦[*5]，
三羽信比古[*6]

1　老年病とフリーラジカル

　生体が生命活動に必要なエネルギーATPをミトコンドリア電子伝達系で生産する際，同時にスーパーオキシド（O_2^-）[1〜4]が生成される（図1）。また運動時に起こる虚血―再灌流でもO_2^-は生成される[5]。このように，生体は生命活動において生じるフリーラジカルによって常に酸化の驚異に曝されている。

　生体は，O_2^-を消去する酵素SODを有している。さらに，O_2^-消去によって生じる過酸化水素を消去するカタラーゼやグルタチオンペルオキシダーゼ（GPX）といった酵素も生体内には存在し，生体構成成分の酸化を防御している（図2）。

　しかし，これらの酵素は加齢と共に減少，あるいは比活性が低下するため[6,7]，年齢を重ねると共にフリーラジカルによる生体膜の酸化やDNA傷害，蛋白変性が生体内に蓄積する。

　パーキンソン病をはじめ動脈硬化，痴呆症，虚血性心疾患などの老年病にはフリーラジカルやフリーラジカルによって生じる過酸化脂質が関与していると考え

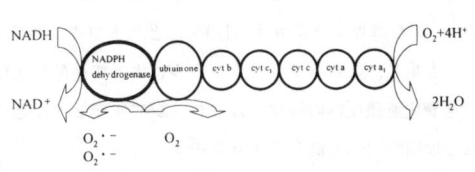

図1　ミトコンドリア電子伝達系でのスーパーオキシドの生成

---

* 1　Mari Haramoto　広島県立大学大学院　生物生産システム研究科
* 2　Atsushi Kayasuga　広島県立大学　生物資源学部　三羽研究室　主席科学技術研究員
* 3　Takamura Miyake　日本電子工業㈱　社長
* 4　Osamu Miyake　ニモ㈱　代表取締役
* 5　Masahiko Tamaki　広島県立大学　生物資源学部　緑農地管理センター　助教授
* 6　Nobuhiko Miwa　広島県立大学　生物資源学部　教授；同　緑農地管理センター長

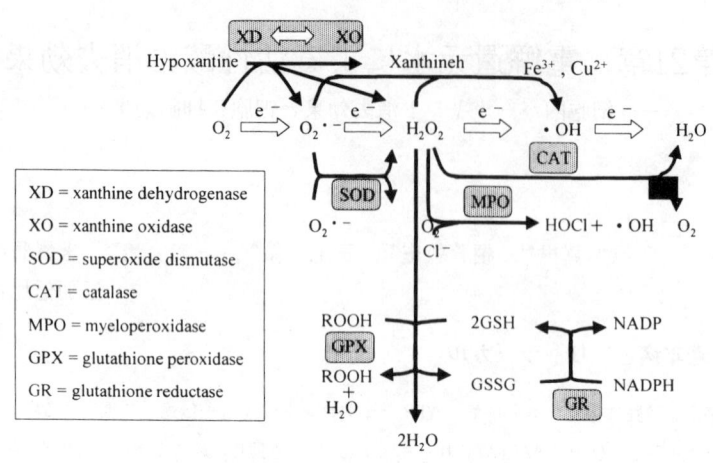

細胞死制御工学～美肌・皮膚防護バイオ素材の開発～

図2　活性酸素・フリーラジカルの主な消去機構

XD = xanthine dehydrogenase
XO = xanthine oxidase
SOD = superoxide dismutase
CAT = catalase
MPO = myeloperoxidase
GPX = glutathione peroxidase
GR = glutathione reductase

られている[8～10]。そのため，加齢に伴って低下する抗酸化能をいかに補うかが老年病予防の鍵となる。

2　ペルオキシドによる酸化反応

細胞にペルオキシドを与えた場合，遷移金属イオンによってペルオキシドの開裂反応が触媒され[11]，アルコキシラジカル（LO・）とヒドロキシルラジカル（・OH）が生じる。また，LOO・なども生じ，これらフリーラジカルによって過酸化連鎖反応が引き起こされる（図3）。

過酸化連鎖反応の後期ではマロンジアルデヒドなどの低分子カルボニル化合物類を生じる。これらは細胞内へ拡散し，キサンチンオキシダーゼと反応してO_2^-と過酸化水素（H_2O_2）を生じ，タンパク質や核酸の酸化も引き起こすと考えられている[12,13]。ヒドロペルオキシドはGPXの基質となるため，GPX活性が低下した結果H_2O_2量が増加し，細胞内の酸化を促進するとも考えられている[14]。

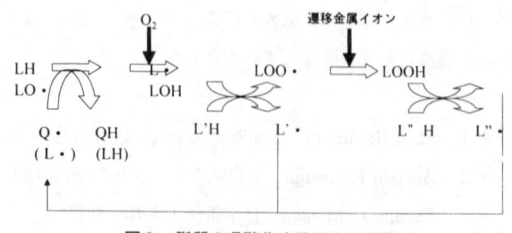

図3　脂質の過酸化連鎖反応の機構

240

第21章 電解還元水による活性酸素消去効果

3 電解還元水とは

電解還元水(以下,還元水)とは水を電気分解した際に陰極(カソード)側で得られる水で,還元作用を持つと報告されている[15]。特徴としては,アルカリ性である,溶存酸素量が少ない,酸化還元電位(ORP)が低い,などが挙げられる[16]。酸化還元電位とはレドックス電位とも呼ばれ,物質が酸化状態と還元状態のどちらに位置しているかを示す指標である。フリーラジカルのORPは高い状態にある[1]。一般に,ORPが低くなるほど強い還元力を有する。

還元水中の還元物質については充分な科学的論証がなされていない。現段階では,水の電気分解によって生じた水素イオン(H^+)がカソード側へ移動し電子を得て水素原子となり,水分子との相互作用により安定的に存在し還元性を示しているという,「活性水素説」[17]が有力である。

4 還元水の細胞死抑制効果

ヒト皮膚表皮角化細胞(HaCaT)にt-BuOOHを投与し酸化障害を与え,還元水を処理して細胞死の抑制効果を検討した。

t-BuOOH投与に培地状態の還元水を処理すると70μM以上のt-BuOOH量で還元水の効果が認められ,超純水処理区に比べ約150%細胞生存率が上昇した[18](図4)。また,還元水処理によって細胞内は還元状態に傾き,t-BuOOHを投与した場合の細胞内酸化は抑制される傾向にあった(図5)。t-BuOOH濃度70μM以上での,還元水による細胞内酸化状態の抑制は細胞生存率へ反映されていた。

in vitroの実験において,還元水がO_2^-及び・OHを消去すると示唆されており(図6,7),細胞内でも同様に作用していると予測される。細胞内酸化状態の測定に用いたCDCFH-DAは細胞内のエステラーゼによって切断されCDCFHとなった後にH_2O_2により酸化される[19,20](図8)。よって,細胞内へ拡散したカルボニル化合物類より生じたO_2^-及

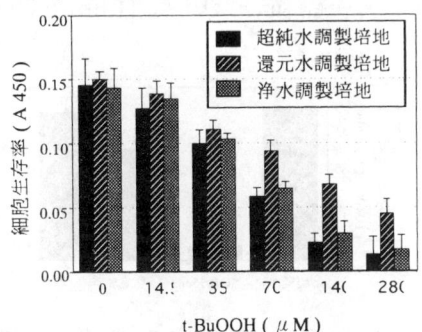

図4 過酸化脂質傷害へ対する電解還元水の防御効果

ヒト皮膚表皮角化細胞を培養し,過酸化脂質であるターシャルブチルヒドロペルオキシド(t-BuOOH)を3hr与え酸化傷害を起こして還元水の酸化傷害防御を検討した。酸化傷害が起こると細胞死が誘引される。よって,WST-1法を用いた吸光度測定で得られる細胞生存率で評価を行った。

還元水及び各水は,細胞培養時に使う培地であるDMEMへ調製し,t-BuOOH投与前,投与中,投与後の合計51hr与えた。各培地はpH7.2に調整した。

t-BuOOH濃度100μM以上の投与で,還元水培地での培養によって超純水及び浄水調製培地に比べ,約150%生存率が上昇していた。

※BioIndustry 2003,5月号より転載

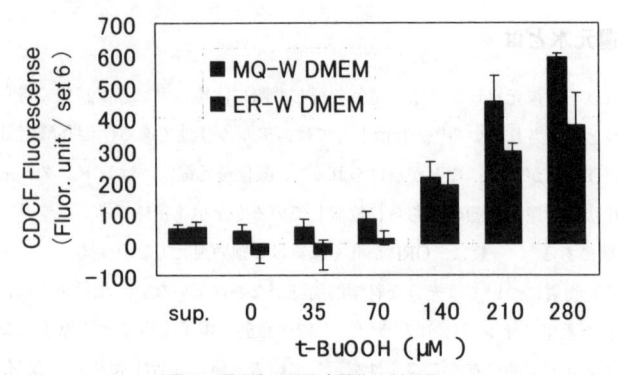

細胞死制御工学～美肌・皮膚防護バイオ素材の開発～

図5 還元水の細胞内酸化抑制効果

ヒト皮膚表皮角化細胞を培養し，過酸化脂質であるターシャルブチルヒドロペルオキシド（t-BuOOH）を3hr与え酸化傷害を起こして還元水の細胞内酸化防御を検討した。細胞内の酸化状態は，6-carboxy-2', 7'-dichlorodihydrofluorescein di(acetoxymethyl ester)（CDCFH-DA）を用い蛍光プレートリーダーで測定した。CDCFH-DAは細胞内へ取り込まれた後，酸化を受けると蛍光を発する。

還元水（ER-W）はDMEM培地へ調製し，t-BuOOH投与前3hr与えた。各培地はpH7.2に調製した。比較対照にはミリQ超純水（MQ-W）を用いた。

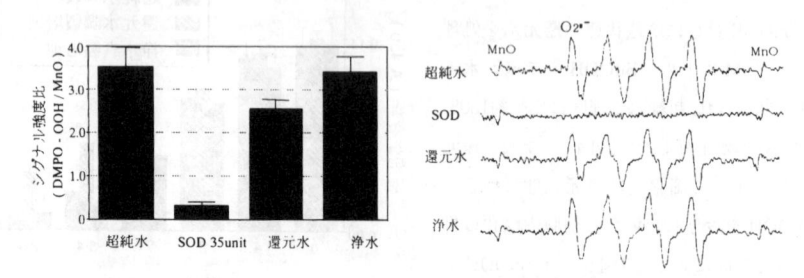

図6 ESRスピントラッピング法による還元水のスーパーオキシド消去活性の評価

キサンチン―キサンチンオキシダーゼ（X-XOD）系にてスーパーオキシド（O_2^{-}）を発生させ，5,5-dimethyl-1-pyrroline-N-oxide（DMPO）にて補足しESRで測定した。評価は，内部標準物質である酸化マンガン（MnO）のシグナルを基準として各サンプルのシグナル比を求め比較した。左は各サンプルのシグナル比，右は各サンプルのESR測定スペクトルである。O_2^{-}量は超純水に比べ，還元水で72%へと低減した。

※BioIndustry 2003,5月号より転載

還元水が消去している可能性は高い。また，同じくカルボニル化合物類より生じるH_2O_2ならびにGPX活性低下により増大するH_2O_2から生じる・OHを消去している可能性も考えられる。

　脂質過酸化反応はリン脂質の疎水性部位で進行するため，還元水中の還元物質が脂質酸化の連鎖反応を直接阻止するとは考えにくい。以上より，細胞質あるいは核内において還元水はフリーラジカルを消去していると予測される。

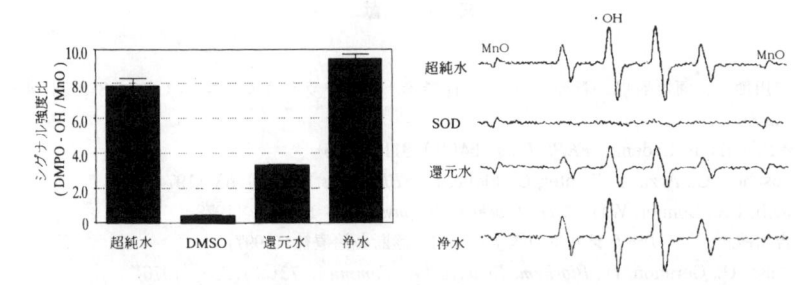

第21章　電解還元水による活性酸素消去効果

図7　ESRスピントラッピング法による還元水のヒドロキシルラジカル消去活性の評価
フェントン反応にてヒドロキシルラジカル（・OH）を発生させ，5,5-dimethyl-1-pyrroline-N-oxide（DMPO）にて補足しESRで測定した。評価は，内部標準物質である酸化マンガン（MnO）のシグナルを基準として各サンプルのシグナル比を求め比較した。左は各サンプルのシグナル比，右は各サンプルのESR測定スペクトルである。

OH量は超純水に比べ，還元水で42%へと低減した。
※BioIndustry　2003,5月号より転載

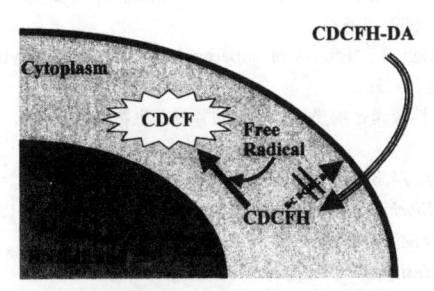

図8　蛍光色素CDCFH-DAを用いた細胞内酸化状態の測定原理
CDCFH-DAは細胞内に取り込まれた後，エステラーゼによって加水分解されて膜非透過型のCDCFHとなり，これが酸化されると蛍光を発する。この蛍光を蛍光プレートリーダーと共焦点走査型レーザー蛍光顕微鏡などにより測定した。

5　まとめ

水は生命にとって必要不可欠であり，成人が飲用で摂取する水分は1日1.2Lと言われている。飲用水であれば24時間定期的に摂取するため継続的に還元物質を吸収できる。飲用摂取した際の個体での還元物質の代謝や，大量摂取による毒性試験など検討の余地があるが，還元水は理想的な抗酸化剤となり得る可能性がある。

文 献

1) 吉川敏一, 河野雅弘, 野原一子,「活性酸素・フリーラジカルのすべて」, p18, p.34, 丸善 (2000)
2) A.Boveris, E. Cadenas, *FEBS Letts.*, **54**(3), 311 (1975)
3) Loschen, G., Azzi, A., Richter, C., Flohe, L., *FEBS Letts.*, **42**(1), 68 (1974)
4) Rich, P.R., Bonner, W.D., *Arch. Biochem. Biophys.*, **188**(1), 206 (1978)
5) 吉川敏一,「フリーラジカルの医学」, p.46, 診断と治療社 (1997)
6) Reiss, U., Gershon, D., *Biochem. Biophys. Res. Commun.*, **73**(2), 255 (1976)
7) Arai, K., Maguchi, S., Fujii, S., Ishibashi, H., Oikawa, K., Taniguchi, N., *J. Biol. Chem.*, **262**(35), 16969 (1987)
8) Yoshikawa, M., Hirai, S., *J. Gerontology*, **22**, 126 (1976)
9) Chia, L.S., Thompson, J.E., Mascarello, M.A., *Biochem. Biophys. Acta*, **775**, 308 (1984)
10) 八木國夫, 代謝, **25**(9), 815, (1998)
11) Wills, E.D., *Biochim. Biophys. Acta* **98**, 238-251 (1965)
12) 牛島義雄,「活性酸素-化学・生物学・医学」, 八木國夫, 中野稔監修, 二木鋭雄, 島崎弘幸編, 医師薬出版, p52 (1987)
13) Lynch, E & Fridovich, I., "Effects of superoxide on the erythrocyte membrane.", *J. Biol. Chem.*, **235**, 1838-1845 (1978)
14) 井上正康監訳,「活性酸素と疾患―分子論的背景と生物の防衛戦略」, 学会出版センター, p349 (1993)
15) 白畑實隆, 農芸化学, **74**, 36-40 (2000)
16) S. Shirahata *et al.*, *Biochem. Biophys. Res. Commun.*, **234**, 269-274 (1997)
17) 白畑實隆, 農芸及び園芸, **74**, 269-274 (1997)
18) 原本真里ら, *Bioindustry*, **20**(5) in press (2003)
19) Szejda, P *et al*, "Flow cytometric quantitation of oxidative product formation by polymorphonuclear leukocyte during phagocytosis", *J Immunol*, **133**, 3303-3307 (1984)
20) Robertson, F.M *et al*, "Production of hydrogen peroxide by murine keratinocytes following treatment with the tumor promoter 12-O-tetradecanoylphorbol-13-acetate", *Cancer Res*, **50**, 6062-6067 (1990)

第22章　超微細化トルマリンによるマイナス電荷効果
―――マイナス電荷を永久放出する電気石トルマリンの
　　　　ナノテク超微細化によるバイオ化粧品の効能増強―――

中野正章[*]

1　はじめに

　電気石トルマリンは近年非常に注目され，各企業が商品化のための研究を重ね，スキンケアなどの分野ですでに使用されている。しかし，電気石の効果効能が学術的に何の根拠もないとする意見がある反面，実際に効果効能を発揮している実例もまた多いのも事実である。どんな原料でも，そのもの単体では何の効果を表さないが，組合せ，加工，などで効果を発揮するものは数多い。そして電気石もその一つと考えられる。特に電気石は，扱いが難しくただ単に粉末に加工しても粒度によって様々な顔を現してくる。また，超微細（ナノ領域）は，マイクロ領域で見せていた顔色とは全く異なると考えられる。そこで今一度「電気石トルマリン」とはどの様なモノで，現在原料として使われている「マイクロ領域」での顔の一例をあげてみる。

　トルマリンは，地質および鉱物学の学術的用語では「電気石」（TORUMALINE）が正しい。すでにトルマリン配合化粧品が販売されており，知名度も一段と高まりつつある。

　しかし，その効果効能に関して学術的に未だ解明はされていないのが現状である。

2　電気石の歴史

　電気石が鉱物学上で区別され始めたのは十八世紀頃である。1703年にセイロン島（スリランカ）で掘り出された原石が，初めてヨーロッパに紹介された。もともとトルマリンは古代シンハラ族のTurmali（貴石の混合石）で，セイロン島の現地語トゥルマリ（灰を吸いつけるもの）に由来したといわれている。

　暑い日にトルマリンの破片をこすって遊んでいた子供が，近くにあったワラ灰を石が引きつけたのを見て，オランダでは引灰石とか灰吸石を意味するトルマリンと名称がついたといわれている。

＊　Masaaki Nakano　㈱ショウカンパニー　代表取締役社長

現在，トルマリン電気石の原産地はブラジルを始め，ロシアのウラル地方，中国の雲南省，また米国を始め，スリランカ，タイ，マダガスカル，インド，ネパール，アフリカなど数十カ国に及んでいる。国内でも採掘されている。

3 電気石の種類

電気石及び電気特性保有鉱石の種類は35種類以上あるといわれているが，その中で電気石は18種類あり，大きく分けて3種類である。

・ショール「鉄電気石」$Na(FeMu)_3A_{16}B_3Si_6(O, OH)_{30}(OH, F)$
・エルバイト「リチア電気石」$NaLi_3Al_7B_3Si_6(O, OH)_{30}(OH, F)$
・ドラバイト「苦土電気石」$NaMg_3Al_6B_3Si_6(O, OH)_{30}(OH, F)$

この3種類は同じ電気石であるが，効果や利用分野は全く異なっている。

また，電気石は，ホウ素（B），アルミニウム（Al），マグネシウム（Mg），鉄（Fe），カルシウム（Ca）を含むケイ（珪）酸塩鉱物に分類され，花崗岩と共に産出されることが多く，多面体の結晶構造で，詳しくは三方または六方の異極反面像族に属している。

この電気石の結晶は，含む元素成分の種類によって色々な色彩を放つ。黒は鉄，紅から緑色ではナトリウムやリチウムを，マグネシウムでは黄や褐色を帯び，さらにX線を浴びると不透明になり，ラジウム線では淡緑色から濃緑色に変わる。

トルマリンの比重は3.1～3.2,硬度はモース硬度で7.0～7.5で石英より少し硬く，宝石としては軟らかく，酸，アルカリ等の耐薬品性は石英より優れている。誘電率は約7.0前後である。

また近年，電気石の特徴である圧電性や焦電性の二つの帯電現象とは別に，永久磁石のS極とN極と同じ様な性質を持つ永久電荷すなわち，電気石の結晶の両端部に正（＋）と負（－）の電極が存在することがいわれている。

そして電気石の電気特性は，ある粒径まで砕いても常温，常圧では消滅せず,950℃から1000℃近くで加熱しない限り，永久に電気を発生し続ける永久電極であることが確認された。さらに最近では結晶構造の軸の変位や歪が加わった状態で，電子が周りの水分に反応しマイナスイオンが生成されるトルマリン独自の特性が再確認されている。

4 電気石の化粧品原料としての可能性

電気石の粉末が化粧品原料として期待される分野としては，マイナス電荷による還元力である。酸化状態は電子を奪われた状態であり，常にマイナス電荷を放出し続ける電気石を使用する

ことにより，弱力ながら酸化傾向を抑制する。このことで老化防止成分としての可能性がある。さらにマイナス電荷の特徴として最近注目されているのが，ヘアーケア分野でマイナスイオンドライヤーで頭髪の保湿に効果があることが証明されたことである。特に電気石を原料として使用した化粧品によく見られる効果の一つが保湿効果である。マイナス電荷は周囲の水分を寄せ付ける特性があるため微細化による保湿成分原料としても期待できる。

5 皮膚表面電位の安定に有効

皮膚表面は常にマイナスに帯電している。このマイナスが保たれている状態では，保湿力もあり酸化し難い。しかし，現代の様々な生活環境と化粧品に使用している化学原料によってプラスに帯電しがちである。この様な皮膚の状態では乾燥を招き，酸化が促進されてしまう。そこで電気石を超微細化した粉末を使用することで皮膚表面をマイナスに保ち，乾燥や酸化を防止する効果を発揮できると考えられる。

6 皮膚常在菌の調整の可能性

電気石の細菌への能力として，抗菌や滅菌，殺菌等の有効なデータはとれなかったが，制菌力は認められることが実験で判明した。

要するに「電気石の作り出す環境は菌が存在しても過剰に増やさない」ということである。そこで様々な菌は，マイナス電荷の環境下では増殖が抑制され，菌の自然な増殖を繰り返し，本来の有効な活動が得られるのである。そこで皮膚における菌の増殖についての一例を挙げてみる。

6.1 電気石はニキビ予防に有効

電気石は軽傷のニキビ予防に効果を発揮している。ニキビは皮膚の分泌物が過剰になり，それと共に毛孔の内側皮脂腺が詰まり角質が肥厚して皮膚の分泌が妨げられているため，毛孔内に皮脂がつまってニキビの特徴である面貌を形成する。さらに皮膚表面に常に成育して肌を守っている細菌（皮膚常在菌）である Propionibacterium acnes や Stapylococcus aureus などが毛包内で増殖して症状が悪化している。そこで電気石粉末を使用することで皮膚の過剰な皮脂を除去して，しかも皮膚常在菌の異常な繁殖を抑えることが可能である。また皮膚常在菌の増殖を抑制することで体臭の発生を防ぐことができる。電気石の成分からアストリンゼント効果が期待でき，体臭の素となる汗や皮脂の分泌を抑制し，その結果体臭を防止することが考えられる。また電気石の成分である SO_3 から角質溶解剤としての機能も期待できるため，角質肥厚の予防に効果があ

ると考えられる。

また，これまで汎用されている原料で酸化チタンや酸化亜鉛などは，シミ・ソバカスを被覆するための隠蔽性に優れており，タルクやマイカ（雲母）等はスベスベした使用感を与える滑沢性や伸びの良さを左右する伸展性に特徴が見られる。さらにカオリンや炭酸マグネシウムなどは汗や皮脂などの皮膚の分泌物を吸収して化粧崩れを防ぐための吸収性に特徴を持っている。そこで電気石粉末がマイナス電荷の作用と構成成分により，これまで汎用されているこれらの原料より優れた効果を生み，少ない使用量でも効率的に効果を上げると考えられる。

7 ナノ領域での電気石

現在までに確認されている電気石原料の最小平均粒径は0.5ミクロンである。化粧品分野で平均粒径0.1～0.2ミクロンですら画期的粒径である。これは現行の化粧品原料ですら効果は計り知れない。電気石粉末に関してもこの粒径での効果は確認がとれていないが，相当良い効果が現れると考える。

ところが電気石の電気的特性は超微細まで粉砕を行うと結晶構造が破壊されてしまい電気石の特性は得られない。そしてより微細粒度（ナノ領域）では，構成している元素成分の持つ効果だけが得られる。

8 マイナス電荷のナノテク超微細化によるバイオ化粧品の効能増強

ナノ領域での電気石のマイナス電荷は単体では期待できないが，電気石のマイナス電荷の効果を維持できる最少粒径を利用して，バイオ化粧品などの効能を増強させる事はできる。

電気石を超微細化（ミクロン領域）する事により放出するマイナス電荷は，皮膚全体に電気信号として拡がり皮膚細胞の活性化を促進させ，先に述べた皮膚表面電位をマイナスに安定させることにより他の原料や素材の効果を引き出すことも可能になる。

そこで最小の発電機という捉え方で研究することにより，様々な原料との組合せは計り知れないと考える。

第23章　過酸化脂質消去遺伝子による細胞障害防御
―――過酸化脂質を消去する遺伝子 PHGPx による

細胞傷害の防御システム―――

今井浩孝[*1]，中川靖一[*2]，堀江　亮[*3]，三羽信比古[*4]

1　はじめに

　皮膚は，生体の最外層にあり，絶えず酸素に接するがゆえに，最も酸素ストレスを受けやすく，紫外線暴露などによる皮脂の脂質過酸化をも巻き込んだ酸素毒性に絶えずさらされる特異な臓器である。一方，活性酸素を放出する好中球による炎症や肥満細胞（マスト細胞）によるロイコトリエン，プロスタグランジン，サイトカインなどのケミカルメディエーター産生によるアレルギー反応および虚血一再灌流などによる活性酸素による酸素ストレスを真皮の側からも受ける。紫外線などによる光老化，アレルギー，発ガンなどの光生物学的反応には活性酸素が介在することが明らかにされており，しみ，しわなどの皮膚老徴に対する美容的なアプローチとして，抗酸化療法の実用化も図られている。皮膚を形成する細胞内には，これら活性酸素に対する様々な抗酸化酵素，抗酸化物質が存在している。細胞内には核，ミクロソーム，ミトコンドリア，細胞質など様々なオルガネラが存在するが，近年の研究により，活性酸素を防御する抗酸化酵素も，各オルガネラに効率よく分配されていることが明らかになってきた[1]。スーパーオキシドを過酸化水素に変換するスーパーオキシドジスムターゼ（SOD）には細胞質に存在する，Cu, Zn-SOD，ミトコンドリアに存在する Mn-SOD があり，過酸化水素を水に還元する抗酸化酵素には，ペルオキシゾームに存在するカタラーゼや，主に細胞質，ミトコンドリア，核に存在し，グルタチオンを利用するグルタチオンペルオキシダーゼファミリー蛋白質（GPx）とチオレドキシンを利用するチオレドキシンペルオキシダーゼファミリー蛋白質（TPx）が存在する。本章では，細胞内で唯一直接，過酸化リン脂質を還元できる抗酸化酵素，リン脂質ヒドロペルオキシドグルタチオンペルオキシダーゼ（PHGPx）の新たな機能について紹介し，皮膚を形成する細胞傷害の防御系

---

* 1　Hirotaka Imai　北里大学　薬学部　衛生化学　講師
* 2　Yasuhito Nakagawa　北里大学　薬学部　衛生化学　教授
* 3　Ryo Horie　広島県立大学　生物資源学部　生物資源開発学科　生物工学分野
* 4　Nobuhiko Miwa　広島県立大学　生物資源学部　生物資源開発学科　教授

への応用について解説する。

2 リン脂質ヒドロペルオキシドグルタチオンペルオキシダーゼ(Phospholipid hydroperoxide glutathione peroxidase：PHGPx) の構造と機能

リン脂質ヒドロペルオキシドグルタチオンペルオキシダーゼ（PHGPx）は，ヒトにおいては第19番染色体上腕に存在する遺伝子で，図1に示すように8つのエクソンからコードされている。PHGPxの大きな特徴は，1つの遺伝子から3つのタイプが転写されることである。第一エクソンは，IaおよびIbの2つが存在しており，Iaエクソンにはミトコンドリアへの移行シグナルが存在し，Ibエクソンには核内への移行シグナルが存在する。実際には，mRNAの転写開始点の違いにより，Iaエクソンからミトコンドリア型PHGPxと，ミトコンドリア以外のオルガネラに分布する非ミトコンドリア型PHGPxが転写され，Ibエクソンからは核内型PHGPxが転写される。この3つのタイプのPHGPxは第二エクソン以降のエクソンを共通にもつ。ミトコンドリア型PHGPxはミトコンドリア内に輸送されると，ミトコンドリア移行シグナルが切断され，20 kDaの非ミトコンドリア型PHGPxと同様のサイズになる。一方，核内型PHGPxは核内に輸送

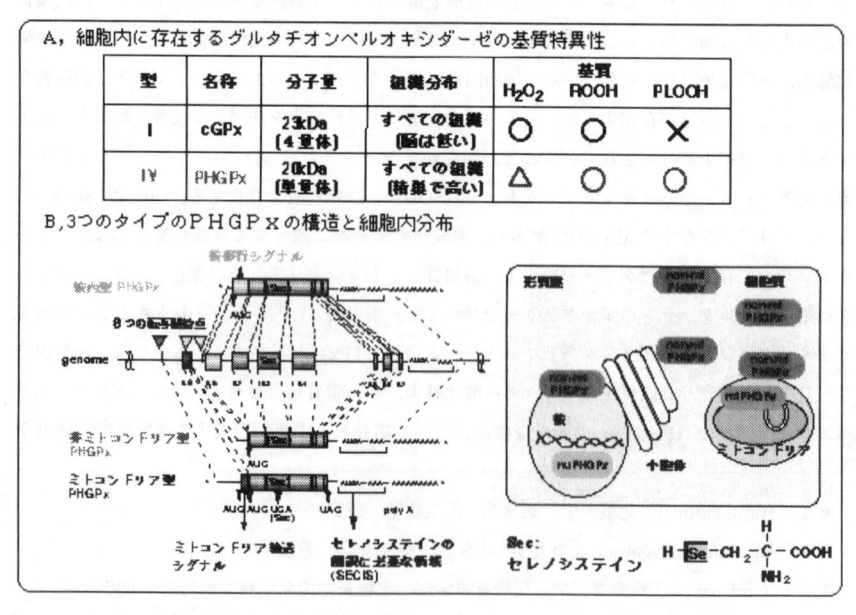

図1 リン脂質ヒドロペルオキシドグルタチオンペルオキシダーゼ（PHGPx）の特徴

第23章 過酸化脂質消去遺伝子による細胞障害防御

されても切断されず，34kDa のまま存在する。通常の細胞では，非ミトコンドリア型，ミトコンドリア型 PHGPx は存在するが，核内型 PHGPx は精巣以外ではきわめてその発現量は少ない。また PHGPx は通常モノマーで存在しており，細胞質型 GPx（cGPx）や消化管型 GPx（GPx-GI）などの他のグルタチオンペルオキシダーゼが4量体を形成するのとは大きく異なる。

　PHGPx の特徴の2つめは，本酵素の活性中心に微量元素セレンを含む特殊アミノ酸，セレノシステインを有することである。この特殊アミノ酸セレノシステインは，終止コドン TGA によりコードされており，ほ乳類では，mRNA の3'UTR にセレノシステイン導入配列（SECIS）が存在していると，セレノシステイル tRNA が TGA に結合し，蛋白質にセレノシステインを翻訳する。このようにセレノシステインを有する蛋白質をセレン蛋白質とよぶが，現在までのところ約20種類が知られている。このセレノシステインおよびその導入機構は，大腸菌や，酵母，昆虫では異なるため，活性をもったリコンビナント蛋白質の調整ができないために研究が遅れていた。

　PHGPx のもう1つの大きな特徴は，その基質特異性にみられる。PHGPx は活性酸素により生じた，過酸化脂質の一次生成物である脂質ヒドロペルオキシドをグルタチオン依存的に還元する酵素である。脂質ヒドロペルオキシドのうち，リン脂質ヒドロペルオキシド，コレステロールヒドロペルオキシドを直接還元できる抗酸化酵素は PHGPx のみといってもよい。

　最近，グルタチオン S-トランスフェラーゼやある種の TPx に PHGPx 様活性が報告されたが，その活性は非常に弱い。PHGPx は脂肪酸のヒドロペルオキシドも基質とするが，過酸化水素の還元能は低い。一方，細胞質型 GPx（cGPx）は，過酸化水素を最も良い基質とする。脂肪酸ヒドロペルオキシドも基質とするが，リン脂質ヒドロペルオキシドは直接還元できない。PHGPx は脂質に限らず，チミンのヒドロペルオキシドを良い基質にするほか，蛋白質のチオールを酸化する活性も報告されている。

3　過酸化脂質消去酵素としての PHGPx

　紫外線などで生じた活性酸素のうち，ヒドロキシルラジカルは，皮膚細胞における膜リン脂質の不飽和脂肪酸を過酸化して，一次生成物としてリン脂質ヒドロペルオキシドを生成する。さらに過酸化が進むと，アルデヒド型リン脂質が生成する。現在のところ，過酸化脂質の代謝経路としては，リン脂質ヒドロペルオキシドがホスホリパーゼ A_2 により2位の脂肪酸ヒドロペルオキシドが加水分解され，細胞質型 GPx により還元される経路と，PHGPx により直接還元され，ヒドロキシリン脂質が生成する経路が存在する。ホスホリパーゼ A_2 により切断され，残ったリゾリン脂質は，アシルトランスフェラーゼにより，もとのリン脂質に回復される。二次生成物のア

ルデヒド型リン脂質はPAFアセチルハイドロラーゼにより加水分解されると考えられているが、実際の細胞でどの経路が主の代謝経路であるかは、明らかになっていない。我々は、非ミトコンドリア型、ミトコンドリア型PHGPxを高発現させたラット好塩基球系癌細胞株（RBL2H3細胞）を作製し、種々の酸化ストレス剤による細胞死（ネクローシス）について検討したが、非ミトコンドリア型PHGPxは、ラジカル開始剤AAPHによるリン脂質ヒドロペルオキシドの生成を抑制し、細胞死に対する抵抗性を示すことを見出した[2]。一方、ミトコンドリア型PHGPxはミトコンドリア電子伝達系の阻害薬KCNによるミトコンドリアからの活性酸素生成を抑制し、過酸化脂質の生成を抑制して、細胞死を抑制することを明らかにしている[3]。細胞外からのtBuOOHの添加による細胞障害に対しては、非ミトコンドリア型PHGPxは抑制的に働くが、ミトコンドリア型PHGPxの抑制効果に比べて弱い。このようにミトコンドリアの防御は酸化的ストレスによる細胞死の防御にとって、非常に重要な役割を担っていると考えられる。

4 抗アポトーシス因子としてのミトコンドリア型PHGPx

細胞死にはその形態から、細胞やオルガネラの膨張を伴うネクローシスと核の凝集・断片化をともなうアポトーシスが知られている。酸化ストレスにより生じる細胞死では、一般的に生成する活性酸素の量と時間によって、ネクローシス（短い時間に高い活性酸素量）やアポトーシス（低い活性酸素量）が変化する。ミトコンドリア型PHGPxを高発現させた細胞は、ミトコンドリア電子伝達系の阻害剤KCNによるネクローシスを抑制する[3]。さらに我々は、ミトコンドリア型PHGPxを高発現させた細胞は、紫外線照射や栄養素枯渇などによる、ミトコンドリアからのチトクロームC放出を伴うアポトーシスを抑制することを見出した[4]（図2）。ミトコンドリア経由のアポトーシスを抑制する蛋白質としてはBcl 2が知られているが、ミトコンドリア型PHGPxはBcl 2ファミリー蛋白質とは異なる新規の抗アポトーシス因子である。このアポトーシス抑制効果はミトコンドリア内のグルタチオン依存的である。また、ミトコンドリア型PHGPxはエトポシド、スタウロスポリンによるアポトーシスを抑制できるが、Fas抗原や小胞体ストレスによるアポトーシスは抑制できないことから、ミトコンドリア経路によるアポトーシスに対して特異的である。非ミトコンドリア型PHGPxではこのようなアポトーシス抑制効果は見られない。チトクロームCは通常、ミトコンドリア内で電子伝達系の複合体IIIから複合体IVの間の電子の受け渡しをしている。アポトーシスの際、ミトコンドリアからチトクロームCが放出されると、Apaf-1と結合して、蛋白分解酵素カスパーゼ9と結合してカスパーゼ3を活性化し、核の断片化などの種々のアポトーシスの現象を引き起こす（図2）。このようにミトコンドリアからのチトクロームCの放出はアポトーシス実行決定の最も重要なステップであるが、その放出機構はまだよ

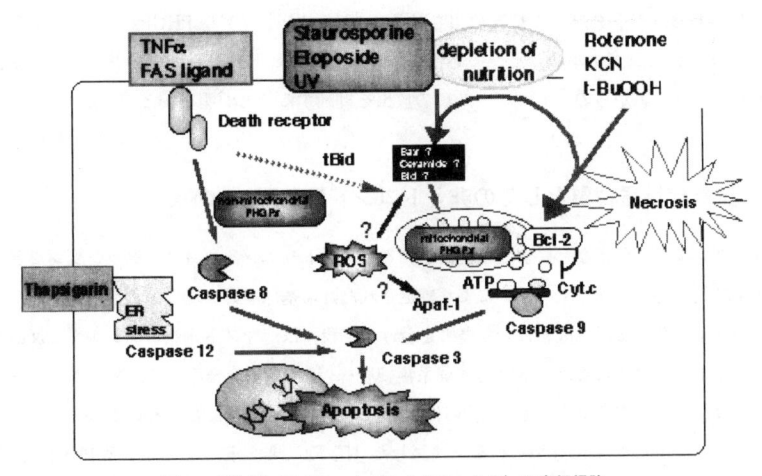

第23章 過酸化脂質消去遺伝子による細胞障害防御

図2 細胞死（アポトーシスとネクローシス）の実行経路

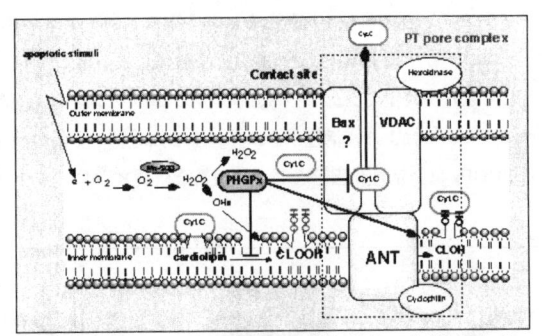

図3 新規抗アポトーシス抑制因子としてのミトコンドリア型 PHGPx
カルジオリピンヒドロペルオキシドは細胞死シグナル分子のひとつである。

VDAC: Voltage dependent anione channel　ANT: adenine nucleotide translocator
Cyt.c : Cytochrome c　CLOOH: cardiolipin hydroperoxide　CLOH: hydroxycardioli

くわかっていない[1]。チトクロームCはミトコンドリア内で内膜カルジオリピンに強く結合しており、ミトコンドリア外へ放出するためにはミトコンドリア内膜カルジオリピンからの遊離とミトコンドリア外膜のポアの開口による2つのステップが必要となる（図3）。我々の検討から、少なくともカルジオリピンの酸化体であるカルジオリピンヒドロペルオキシドの生成は、チトクロームCの内膜からの遊離を引き起こす[5]。また、ミトコンドリア外膜ポアの開口を制御している内膜の酵素 ANT（adenine nucleotide translocator）もカルジオリピン要求性の酵素であり、カルジオリピンヒドロペルオキシドによりその活性が低下し、構造を変化してミトコンドリア外膜

253

ポアを開口させ，チトクロームCを放出させる[6]。ミトコンドリア型 PHGPx は，このようにチトクロームC放出シグナルのひとつであるカルジオリピンヒドロペルオキシドの生成を抑制して，ミトコンドリアからのチトクロームCの放出を抑制することが明らかとなった。

5 抗炎症性蛋白質としての非ミトコンドリア型 PHGPx

皮膚はアレルギー反応などによって放出されるロイコトリエン，プロスタグランジンなどのアラキドン酸代謝物や，サイトカインにより遊走された好塩基球・好中球などの活性化された炎症性細胞から産生される活性酸素により傷害を受ける。我々は，マスト細胞のアレルギー反応のモデルとしてよく利用されるラット好塩基球系癌細胞株（RBL2H3細胞）で，非ミトコンドリア型，ミトコンドリア型 PHGPx 高発現株の作製を行い，マスト細胞におけるロイコトリエン，プロスタグランジンの産生に対する影響を検討した（図4）。非ミトコンドリア型 PHGPx 高発現株は，イオノフォア刺激によるロイコトリエン C_4[7]，プロスタグランジン D_2[8]の産生，IgE抗原刺激によるプロスタグランジン D_2 の産生を抑制した。非ミトコンドリア型 PHGPx の高発現細胞株の解析から，非ミトコンドリア型 PHGPx は細胞質，小胞体に比べ著しく核に多く分布した。刺激により核に移行してきた5-リポキシゲナーゼ，プロスタグランジンH合成酵素（PGHS）は，微量な脂質ヒドロペルオキシドにより，活性中心に存在する鉄分子が不活性型から活性型に変換される。核における PHGPx は，活性化因子としての微量な脂質ヒドロペルオキシドを還元する

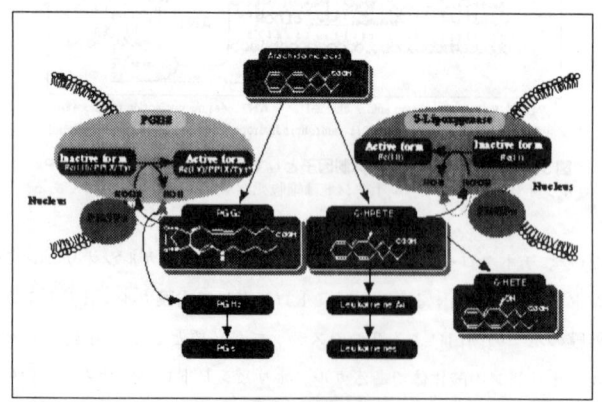

PGD_2: Prostaglandin D_2　　　LTC_4: Leukotriene C_4
PGHS: prostaglandin H synthase　　5-LO: 5-lipoxygenase

図4　エイコサノイド産生調節因子としての非ミトコンドリア型 PHGPx
5-LO，PGHS の活性化因子としての脂質ヒドロペルオキシド

第23章　過酸化脂質消去遺伝子による細胞障害防御

ことにより両酵素の活性化を抑制し，これらのエイコサノイド産生を抑制する。PHGPxは12や15-リポキシゲナーゼも抑制することが報告されている[1]。最近，我々は非ミトコンドリア型PHGPxが，TNFαの産生を抑制することも見出しており，細胞内におけるマルチな抗炎症性蛋白質として機能しうることが明らかとなった。

6　おわりに―バイオ化粧品や皮膚疾患薬への応用―

上述したように，PHGPxは紫外線などにより生じた過酸化脂質を還元するのみならず，炎症性細胞からの炎症性メディエーターの産生を抑制したり，細胞障害を防御する効果を有することから，抗炎症薬としての可能性やすぐれた酸化防止薬としての予防薬として付加価値を加えたバイオ化粧品としての展開の可能性が考えられる。しかし，化粧品などへの蛋白製品として工業的応用を考えた場合，PHGPxが特殊アミノ酸であるセレノシステインを有していることから，リコンビナント蛋白質を作製できないという大きな問題が存在するので，哺乳動物細胞レベルでの高発現系が重要になると思われる。この点に関しては，将来的には蛋白成分としての利用ではなく，発現遺伝子を志向した遺伝子治療薬や予防薬としての，遺伝子導入を含めた新たなバイオ化粧品への展開が考えられる。一方，通常，本酵素の発現は体細胞では非常に低いので，この蛋白質の誘導薬もひとつの選択肢として考えられる。本酵素は精子形成過程において著しい誘導が起き，その発現低下はヒトの不妊症と関連があることが明らかになっている[9]。しかしながら現在までのところ本酵素の誘導機構・誘導を引き起こす分子に関してはほとんど明らかになっておらず，今後の大きな研究課題のひとつである。

文　　献

1) Imai, H., Nakagawa, Y., Biological significance of phospholipid hydroperoxide glutathione peroxidase (PHGPx, GPx 4) in mammalian cells. *Free Radical Biol Med.* **34**, 145-169 (2003)
2) Imai, H., Sumi, D., Sakamoto, H., Hanamoto, A., Arai, M., Chiba, N., Nakagawa, Y., Overexpression of phospholipid hydroperoxide glutathione peroxidase suppressed cell death due to oxidative damage in rat basophile leukemia cells (RIBL-2H 3). *Biochem. Biophys. Res. Commun.* **222**, 432-438 (1996)
3) Arai, M., Imai, H., Koumura, T., Madoka, Y., Emoto, K., Umeda, M., Chiba, N., and Naka-

gawa, Y., Mitochondrial phospholipid hydroperoxide glutathione peroxidase (PHGPx) play a major role in preventing oxidative injury to cells. *J. Biol. Chem.* **274**, 4924-4933 (1999)
4) Nomura, K., Imai, H., Koumura, T., Arai, M., Nakagawa, Y., Mitochondrial phospholipid hydroperoxide glutathione peroxidase suppresses apoptosis mediated by a mitochondrial-death pathway. *J. Biol. Chem.* **274**, 29294-29302 (1999)
5) Nomura, K., Imai, H., Koumura, T., Kobayashi, T., Nakagawa, Y., Mitochondrial phospholipid hydroperoxide glutathione peroxidase inhibits the release of cytochrome c from mitochondria by suppressing the peroxidation of cardiolipin in hypoglycemia induced apoptosis. *Biochem. J.* **351**, 183-193 (2000)
6) Imai, H., Koumura, T., Nakajima, R., Nomura, K., Nakagawa, Y., Protection of inactivation of adenine nucleotide translocator during hypoglycemia-induced apoptosis by mitochondrial phospholipid hydroperoxide glutathione peroxidase. *Biochem. J.* **371**, 799-809 (2003)
7) Imai, H., Narashima, K., Sakamoto, H., Chiba, N.and Nakagawa, Y., Suppression of leukotoriene formation in RBL 2 H 3 cells that overexpressed phospholipid hydroperoxide glutathione peroxidase., *J. Biol. Chem.* **273**, 1990-1997 (1998)
8) Sakamoto, H., Imai, H., Nakagawa, Y., Involvement of phospholipid hydroperoxide glutathione peroxidase in the modulation of prostaglandin D_2synthesis. *J. Biol. Chem.* **275**, 40028-40035 (2000)
9) Imai, H., Suzuki, K., Ishizaka, K., Ichinose, S., Oshima, H., Okayasu, I., Emoto, K., Umeda, M., Nakagawa, Y., Failure of the expression of phospholipid hydroperoxide glutathione peroxidase (PHGPx) in the spermatozoa of human infertile males. *Biology of Reproduction* **64**, 674-683 (2001)

第24章　ビタミンC輸送遺伝子と皮膚患部遺伝子治療
——バイオ抗酸化成分の細胞内取込み促進方法，および，
　　ビタミンC輸送体遺伝子SVCTと皮膚への遺伝子治療の可能性——

栢菅敦史[*1]，山根　隆[*2]，小野良介[*3]，奥　尚[*4]，三羽信比古[*5]

1　はじめに

　アスコルビン酸は還元剤としてよく知られた物質であるが，近年では健康・美容の面からもこれを積極的に摂取しようという機運が高まっている。現在，これを目的とした安定性の向上，形質膜透過性の向上を目的とした様々なアスコルビン酸誘導体が開発されているが，本章ではアスコルビン酸を取り込む担体（アスコルビン酸トランスポーター）サイドからの観点とそれに伴う皮膚領域における最近の研究報告について述べることとする。

2　アスコルビン酸濃度の保持機構

　生体は常に外界からの傷害，特に，酸化傷害にさらされている。このためアスコルビン酸のように強力な還元物質を利用することはきわめて効率的である。結果的に，直接外界の因子と接する，もしくは酸素利用率の高い組織であるほど組織内アスコルビン酸の保有濃度は高くなっている。各組織内アスコルビン酸濃度を（図1）に示す。直接太陽光の差し込む網膜組織や活性酸素を利用する好中球内における濃度は他の組織のそれと比べ高い濃度で保たれていることがわかる。
　このような組織におけるアスコルビン酸濃度の維持機構としては主に2つの経路が提唱されている。

---

*1　Atsushi Kayasuga　広島県立大学　生物資源学部　三羽研究室　主席科学技術研究員
*2　Takashi Yamane　広島県立大学大学院　生物生産システム研究科；現 ㈱第一ラジオアイソトープ研究所
*3　Ryosuke Ono　広島県立大学大学院　生物生産システム研究科
*4　Takashi Oku　広島県立大学　生物資源学部　生物資源開発学科　助教授
*5　Nobuhiko Miwa　広島県立大学　生物資源学部　生物資源開発学科　教授

細胞死制御工学〜美肌・皮膚防護バイオ素材の開発〜

Tissue	Transported form	Affinity(km)
ヒト繊維組織	Asc	6 μM
		5000 μM
副腎	Asc	30 μM
	Asc	100 μM
星状細胞	Asc	32 μM
下垂体後葉	Asc	97 μM
大脳毛細血管	Asc	125 μM
好中球	DHA	2000 μM
	Asc	2-5 μM
		6-7000 μM
胎盤微絨網	Asc	1330 μM
	DHA(GLUT-1)	60 μM
		3500 μM

(Hans Goldenberg *et al*, 1994より引用)

図1　各組織におけるアスコルビン酸への親和性

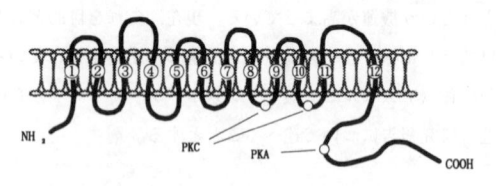

	Affinity (Eadie-Hofstee plot)	ORF (bp)	Amino acid	Chromosome mapping	Distribution
SVCT1	Km=252.0 μM	1797	598	5q31	epithelial tissues (liver kidney etc)
SVCT2	Km=21.3 μM	1953	650	20p12	various tissues

(Tsukaguchi Hiroyasu, *et al*. 1999, Rushad Daruwala, *et al*. 1999より引用)

図2　SVCT1とSVCT2の特性

① アスコルビン酸を直接取り込む[2,10,11,13,14]。
② 酸化型ビタミンC（Dehydroascorbic acid）を取り込んだ後に細胞内で還元し，これを利用する[4,7,8,13]。

①については細胞レベルでの研究が多くなされてきた。さらに，組織レベルにおいても血液中のアスコルビン酸濃度を保つために肝細胞より還元型アスコルビン酸を放出するという報告もあり[6]，血中や組織内において厳密な濃度調整が行われていることを示している。②については神経膠星状細胞や赤血球において解析されており[4,8]，末梢レベルにおける調整も厳密であることを示している。

①と②における取り込みにかかわる輸送担体であるが，お互いに異なる経路で取り込まれてい

第24章 ビタミンC輸送遺伝子と皮膚患部遺伝子治療

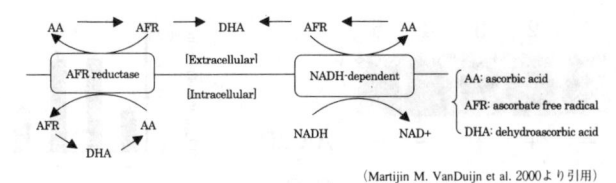

図3 赤血球におけるアスコルビン酸還元モデル図
(Martijin M. VanDuijn et al. 2000より引用)

AA: ascorbic acid
AFR: ascorbate free radical
DHA: dehydroascorbic acid

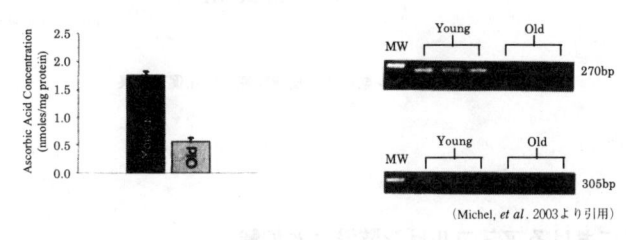

図4 ラットにおける加齢とアスコルビン酸含有量の関係
(Michel, et al. 2003より引用)

ることが明らかとなっている。①の輸送は1999年にTsukaguchiらによって単離されたアスコルビン酸トランスポーター遺伝子によるものである[15,17]。この遺伝子は1つのアスコルビン酸分子と2つのナトリウムイオンを共役して取り込むタイプのもので、現在までに2種類の遺伝子が同定されている。SVCT (sodium-dependent vitamin C transporter) 1、SVCT 2と称されるこれらの遺伝子は染色体の座位や親和性が異なるもののその構造上の特徴が共通していることから、高親和性アスコルビン酸輸送遺伝子としてファミリーを形成している（図2）。このうちSVCT 1遺伝子は主に上皮系組織で、SVCT 2遺伝子は神経系などの代謝の活発な組織でそれぞれ発現が確認されており、この分布が組織によるアスコルビン酸濃度の違いにつながるのではないかと考えられる[1,5]。また、SVCT 1遺伝子については分子内にPKA (protein kinase A)、PKC (protein kinase C) への応答領域を有しており、タンパク質の分布が細胞膜から細胞質内へ移行するなどの報告があり、濃度保持に重要な役割を果たしていると思われる[12]。これに対して、SVCT 2遺伝子はSVCT 1のようなアスコルビン酸濃度の変化に応じた移行もなく、分子レベルでの解析はまだ不明な点が多い。

これに対して、②のデヒドロアスコルビン酸は主にグルコーストランスポーター (GLUT) から輸送されている。このトランスポーターを介してとりこまれたデヒドロアスコルビン酸は細胞内の電子、他の還元物質によってアスコルビン酸へと再変換されて用いられている。前述した赤血球では細胞外のデヒドロアスコルビン酸もアスコルビン酸に変換しているのではないかと予測されている[8]（図3）。これら2つの経路によって細胞の内外でアスコルビン酸濃度は一定に保た

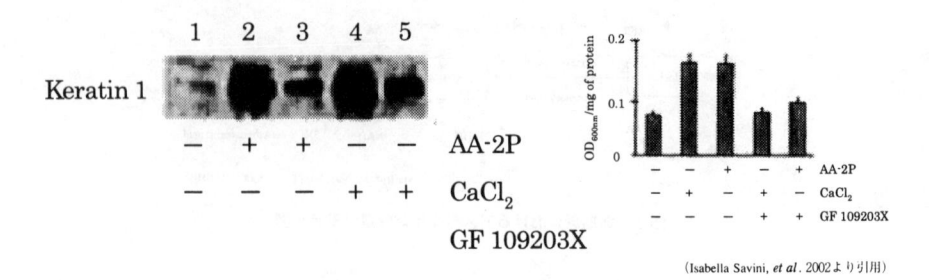

図5 アスコルビン酸による皮膚組織の分化促進効果

れているのである。

3 組織におけるアスコルビン酸濃度と加齢

このように様々な経路で保持されているアスコルビン酸は生体内で様々な作用に貢献するのだが，その組織含有量は加齢とともに減少していくことが知られている。ラットの肝細胞を用いた実験系では3～5ヶ月齢の個体のものと比べ24～26ヶ月齢のそれではアスコルビン酸の取り込み量において66%，SVCT1の発現量で45%の低下が観察された（図4）。このときのSVCT2発現量には変化がなかった[9]。まだ報告はないが，ヒトをはじめとする他の個体や組織についても同様の結果が得られるのではないかと予測される。

こういった組織におけるアスコルビン酸含有量の低下は老化における外面的な変化と密接に関連しているのではないかという指摘も多い。なぜなら，皮膚におけるアスコルビン酸の作用は単なる還元作用にとどまらず，コラーゲン合成の促進，メラニンの生成抑止といった美容方面での効果が大きいためである。コラーゲン合成の遅滞はシワ・タルミといった作用をもたらし，メラニンの沈着はシミの原因となっている。加えてビタミンCがkeratinocyteの分化に直接関与しているのではないかとの予測もされている。これによると，アスコルビン酸処理を行った皮膚組織や細胞において分化誘導マーカーであるAP-1[注1]タンパクやPKCの発現・活性亢進が生じていた。これに平行してKeratin1, TGase, loricrinといった分化マーカーの発現が促進され，cell envelope[注2]のタンパク量が増えていた，つまり，角質化が促進されていたのである。注目すべき点は，この分化促進の度合いがそれまで有効な分化促進因子とされてきたカルシウムイオンと大差がなかったことである（図5）[3]。

この結果は，アスコルビン酸が皮膚組織においてその形成期から大きな役割を果たしている可能性を示唆するものと思われる。このように，皮膚組織におけるアスコルビン酸の影響は他の組

第24章　ビタミンC輸送遺伝子と皮膚患部遺伝子治療

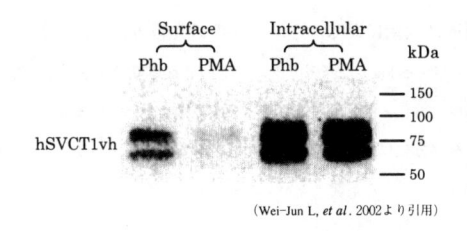

図6　PMA刺激によるSVCTの細胞内移行

(Wei-Jun L, *et al*. 2002より引用)

織とは異なる意味で大きい．こういった観点から，これまでに他の章でも述べられているようなアスコルビン酸の取り込みを促進するための様々なアプローチが進められてきたのである．

4　アスコルビン酸による還元効果向上のための新アプローチ

では，こういった考え方とは対照的にトランスポーターの発現量を増やすことで細胞内へのアスコルビン酸の取り込みを促進することはできないのだろうか？　このアプローチについては2つの方法が考えられる．

① トランスポーターの機能を促進させる．
② トランスポーターの発現量を増加させる．

①については前述の通り，アスコルビン酸トランスポーターがその分子内にPKA，PKCの応答領域を有しており，実際にこれらの刺激因子によってアスコルビン酸の取り込み量は変動することが知られている．例えば，PKCの活性化剤であるPMA（phorbol 12-myristate 13-acetate）をCOS-1細胞に投与すると，SVCT-1のタンパクが細胞膜表面から細胞質内へと移行し，これがPMAによるアスコルビン酸取り込みの低下を引き起こしているとの報告がある（図6）[16]．

こういった現象も細胞内アスコルビン酸濃度がかなり厳密に保たれていることを示唆するものであるが，老化や活性酸素による急性毒性におけるビタミンC低下を補正する意味では，②のようなトランスポーターの量の側からのアプローチは生体内レドックス制御の可能性があると思われる．

5　おわりに

以上，主に皮膚組織におけるアスコルビン酸の役割について近年の動向を述べた．皮膚組織にとどまらず，個体の老化と生体内アスコルビン酸濃度，ならびにアスコルビン酸トランスポータ

細胞死制御工学～美肌・皮膚防護バイオ素材の開発～

一遺伝子の減衰との関連は大変に興味深く，今後の研究報告に期待したい。

注1) Junファミリータンパクとfosファミリータンパクの2量体で形成される転写因子。これまでの研究から細胞の増殖・発生・分化・癌化等に対して重要な役割を担っていることが明らかになっている。

注2) 皮膚の扁平組織の最終分化において形成される厚い形質膜の層を示す。主にinvolucrin, small proline-rich proteins, loricrin といった前駆タンパクからなる。

文　献

1) D. Prasanna Rajan, Wei Huang, Binita Dutta, et al : Human placental sodium-dependent vitamin C transporter (SVCT 2) : Molecular cloning and transport function. *Biochemical and Biophysical Research Communications* **262**, 762-768, 1999
2) Hans Goldenberg, Esther Schweinzer : Transport of vitamin C in animal and human cells. *Journal of Bioenergetics and Biomembranes* **26**, 4 : 359-367, 1994
3) Isabella Savini, Maria Valeria Catani, Antonello Rossi, et al : Characterization of keratinocyte differentiation induced by ascorbic acid : Protein kinase C involvement and vitamin C homeostasis. *The Journal of Investigative Dermatology* **118**, 2 : 372-379, February 2002
4) Jae B. Park, Mark Levine : Purification, cloning and expression of dehydroascorbic acid-reducing activity from human neutrophils : identification as glutaredoxin. *Biochem. Journal.* **315** : 931-938, 1996
5) Jasminka Korcok, Raphael Yan, Ramin Siushansian, et al : Sodium-ascorbate cotransport controls intracellular ascorbate concentration in primary astrocyte cultures expressing the SVCT 2 transporter. *Brain Research* **881** : 144-151, 2000
6) Joannne M. Upston, Ari Karjalainen, Fyfe L. Bygrave, Roland Stocker : Efflux of hepatic ascorbate : a potential contributor to the maintenance of plasma vitamin C. *Biochem. Journal.* **342** : 49-56, 1999
7) Juan Carlos Vera, Coralia I. Rivas, Jordge Fischbarg, et al : Mammalian facilitative hexose transporters mediate the transport of dehydroascorbic acid. *Nature* **364** : 79-82, July1, 1993
8) Martijin M. VanDuijn, Karmi Tijssen, John VanStevenick, et al : Erythrocytes reduce extracellular ascorbate free radicals using intracellular ascorbate as an electron donor. *The Journal of Biological Chemistry* **275**, 36 : 27720-27725, September 2000
9) Michel AJ, Joisher N, Hangen TM : Age-related decline of sodium-dependent ascorbic acid transport in isolated rat hepatocytes. *Arch Biochem Biophys* **410**(1) : 112-20, Feb1, 2003
10) Philip Washko, Daniel Rotrosen, Mark Levine : Ascorbic acid transport and accumulation in human neutrophils. *The Journal of Biological Chemistry* **264**, 32, 18996-19002, 1989
11) Richard W. Welch, Peter Bergsten, Jean DeB. Butler, et al : Ascorbic acid accumulation and

transport in human fibroblasts. *Biochemic Journal* **294** : 505-510, 1993
12) Rushad Daruwala, Jiang Song, Woo S. Koh, Steve C. Rumsey, Mark Levine : Cloning and functional characterization of the human sodium-dependent vitamin C transporters hSVCT 1 and hSVCT2. *FEBS Letter* **460** : 480-484, 1999
13) Saitoh Y, Nagao N, Ouchida R, et al : Moderately controlled transport of ascorbate into aortic endothelial cells against slowdown of the cell cycle, decreasing of the concentration or increasing of coexistent glucose as compared with dehyaro ascorbate, *Molecular and Cellular Biology* **173** (1-2) : 43-50, august 1997
14) Saitoh Y, Ouchida R, Kayasugu A, et al : Anti-apoptotic defense of bcl-2 gene against hyaroperoxide-induced cytotoxicity together with suppressed lipid peroxidation, enhanced ascorbate uptake, and upregulated Bcl-2 protein, *Journal of Cellular Biochemistry* **15** ; 89(2) 321-34, May2003
15) Tsukaguchi Hiroyasu, Tokui Toaro, Mackenzie Bryan, et al : A family of mammalian Na+-dependent L-ascorbic acid transporters. *Nature* **399** : 70-75, 1999
16) Wei-Jun L, Johnson D, Ma LS, Jarvis SM : Regulation of the human vitamin C transporters and expressed in COS-1cells by protein kinase C. *American journal of physiology cell physiology* **283**(6) : 1696-1704, December 2002
17) Yangxi Wang, Bryan Mackenzie, Hiroyasu Tsukaguchi, Stanislawa Weremowicz, Cynthia C. Morton, Matthias A. Hediger : Human vitamin C (L-ascorbic acid) transporter SVCT 1 : *Biochemical and Biophysical Research Communications*. **267** : 488-494, 2000

第25章 皮膚へのビタミンC再生遺伝子導入
——バイオ抗酸化剤のリサイクル効果をもたらすビタミンC再生遺伝子 DHAR, および, 皮膚導入 DHAR 遺伝子の遺伝子薬・化粧品としての可能性——

福岡由利子[*1], 大石佳広[*2], 錦見盛光[*3], 石川孝博[*4], 中谷雅年[*5], 三羽信比古[*6]

1 ビタミンCを還元再生するDHAR遺伝子

電子授受過程で,アスコルビン酸(AsA)はまずその解離型から1電子酸化によりモノデヒドロアスコルビン酸(monodehydroascorbic acid:MDAA)となり,さらに酸化されてデヒドロアスコルビン酸(dehydroascorbic acid:DHA,)となる。この段階までは通常可逆的であるが,体内で代謝される場合などには,酸化反応に引き続いて起こるラクトン環の加水分解により,2,3-ジケト-L-グロン酸(2,3-diketo-L-gulonic acid:DKG)を生じ,さらにそれ以降,種々の反応を経てレダクトンなど各種の分解生成物を生成することになる。そのため,DHAからAsAの再生はAsAそれ自身を合成できる多くの有機体でさえも有益なプロセスとなりうる。とりわけ,ヒト,サルといった霊長類およびモルモットなどのビタミンC合成不能動物では,アスコルビン酸生合成の最終段階で必要とされるL-グロノ-γ-ラクトンオキシダーゼ(EC.1.1.3.8.)を欠損しており,その合成能を欠くため,必須ビタミンとして食物から摂取するという唯一の手段を取らなければならない。それ故に,細胞にとって酸化型からのAsA再生システムは細胞内のAsAを正常レベルに維持するために重要なものである。

DHAは,DHAレダクターゼによりAsAに還元されるが,その際グルタチオンが還元剤としてカップリングして利用される。通常,生体内におけるDHAからのAsAへの変換は容易かつ速やかに行われるため,DHAのビタミンCとしての生理効果はAsAとほぼ等価であると見なされている。しかし,何らかの理由によりこの変換能が非常に低下した場合には,DHAのビタミン

[*1] Yuriko Fukuoka 広島大学 歯学部 歯学科
[*2] Yoshihiro Ohishi 広島県立大学大学院 生物生産システム研究科
[*3] Morimitsu Nishikimi 和歌山県立医科大学 生化学 教授
[*4] Takahiro Ishikawa 島根大学 生物資源科学部 生命工学科 助教授
[*5] Masatoshi Nakatani 広島県立大学大学院 生物生産システム研究科
[*6] Nobuhiko Miwa 広島県立大学大学院 生物生産システム研究科 教授

第25章 皮膚へのビタミンC再生遺伝子導入

C効果は極端に低下し，場合によりほとんど期待できないことになる。たとえば，ビタミンC欠乏状態のモルモットにAsAまたはDHAを等量投与して回復の有無を調べた結果は，AsAに比較してDHAのビタミンC効果はかなり低いことを明確に示している[1]。

一方，一般にはDHAの細胞の取込みはAsAよりも容易に行われることが知られている。たとえば，人間の好中球はその細胞内のAsA濃度が高く，細胞外部である血液中が生理的AsA濃度（約0.2mM）においても細胞内濃度は約2mMであるが，好中球の活性化によりその濃度は14mM程度にまで上昇する[2]。これは炎症などにより活性酸素種や種々のラジカル濃度が増加し，AsAが抗酸化剤として消費されて周辺のDHA濃度が高くなり，好中球がこのDHAを細胞内へ積極的に取込み速やかにAsAに再還元するためと見られている。このように，好中球は酸化されたAsAをリサイクルさせ細胞内AsA濃度を高めながら利用しているものと考えられる。

AsAの生理機能の発現には，AsA，MDAA，DHAからなる酸化還元系が重要な鍵となる[3,4]。AsAが効率的に機能するために，その酸化生成物を再還元する必要がある。そのためにモノデヒドロアスコルビン酸レダクターゼ（MDAAR）とデヒドロアスコルビン酸レダクターゼ（DHAR）が存在する（図1）。MDAARはNAD（P）H依存であり，FADを補酵素とするフラビンタンパク質である。本酵素活性は，動物では膜結合型としてミトコンドリア外膜[5]，ミクロゾームやゴルジ体[6,7]に，一方植物では可溶型として葉緑体ストロマおよび細胞質に見い出されている。DHARも動植物に広く分布する。本酵素はグルタチオンを特異電子供与体とするため，pHに依存した非酵素反応も認められるが，生理的pHでは酵素反応が優先する。最近，Wellsらによりグルタレドキシン（トランスヒドロゲナーゼまたはチオールトランスフェラーゼ）がDHAの再還元活性を有することが見い出された[8]。また，ParkとLevineはヒトの好中球から精製した酵素の活性がグルタレドキシンと同じ特性であることを報告している[9]。さらにチオールジスルフィド酸化還元酵素ファミリーに属するこれらの酵素以外にも，ラットの肝臓から3α-ハイドロキシステロイドやチオレドキシンといったNADPHに依存した酵素が同じような還元反応を起こすことが見い出された。これらの酵素によるDHAからAsAへの再生は，酵素の基質特異性のため二次反応として現れる。さらに，Maellaroらはラットの肝臓からGSHに依存したDHA還元を起こす新しい酵素を見つけ出した[10]。本酵素にはチオールジスルフィド酸化還元酵素活性はなく，

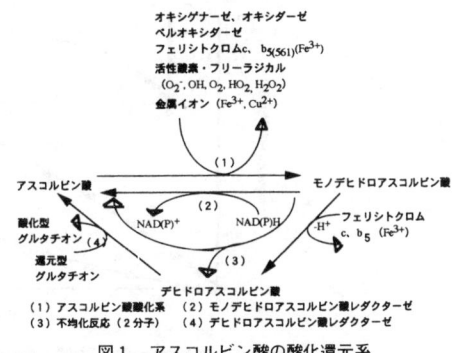

図1 アスコルビン酸の酸化還元系

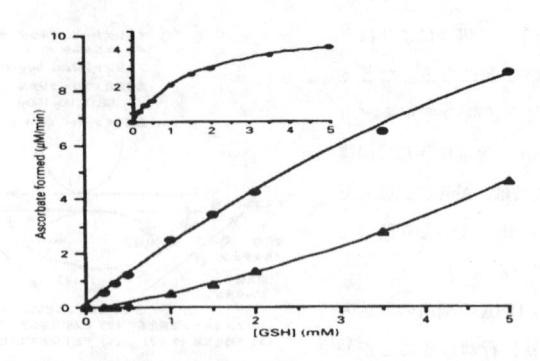

Figure 1 GSH-dependent DHAA reduction

DHAA (100 μM) was incubated in 100 mM potassium phosphate buffer, pH 6.8, in the presence (●) or absence (▲) of dialysed liver cytosol (4 mg of protein/ml), with increasing concentrations of GSH (see the Materials and methods section for details). The inset shows net cytosol-catalysed DHAA reduction, calculated as the difference in activity in the two conditions.

図2　ビタミンC再生遺伝子DHARによる細胞内ビタミンC含量の増加

これまで述べてきた酵素とは異なる性質を持つ。さらに最近では、Xuらもまたヒトの赤血球においてチオールジスルフィド酸化還元酵素活性を持たないGSH依存型DHA還元酵素の存在を示した。

錦見らはラット肝臓から本酵素のcDNAをクローニングし、DHAR遺伝子をサイトメガロウイルスのプロモーターを持つpRc/CMVに組み込み、それをチャイニーズハムスター卵巣（CHO）細胞へエレクトロポレーション法により導入し、CHO/DHAR細胞を確立した。そしてまた細胞にDHA150μM投与すると、投与1時間後総ビタミンC（AsA+DHA）量がCHO/DHAR細胞では32.2nmol/mg (cell protein) 蓄積されたのに対し、CHO細胞では18.6nmol/mg (cell protein) 蓄積した（図2）。このようにDHAR還元酵素の発現により、細胞内総ビタミンC量の蓄積が1.7倍に増加した[11]。この結果により、細胞内AsAの高濃度維持のためにはDHAR還元酵素が重要であることが示唆される。

2　細胞質全体に局在するDHAR遺伝子産物

ラットDHAR遺伝子は、5'末端側の148bpおよび3'末端側の97bpの非翻訳領域と213アミノ酸からなるポリペプチドをコードする639bpのリーディング領域から構成されており、分子量24,929のDHARタンパクを生じる。

DHARタンパクは、GSH（還元型グルタチオン）に依存したDHAレダクターゼとして働く。その最適pHは7.5～8.0であり、水素供与体としてGSHとの特異的結合が必須であると考えら

第25章 皮膚へのビタミンC再生遺伝子導入

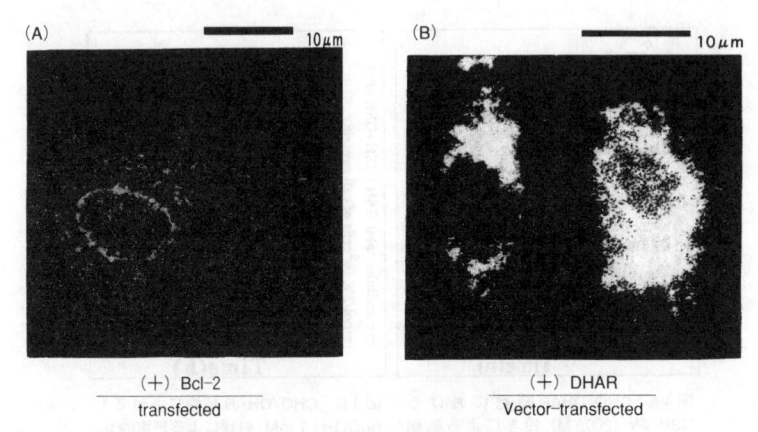

(A) (＋) Bcl-2 transfected
(B) (＋) DHAR Vector-transfected

図3　導入遺伝子(A)Bcl-2の発現タンパク核周辺での局在性
　　　(B)DHARの発現タンパクの細胞質全体での散在性

れている[12]。

　また免疫染色法によりオルカ画像解析を行った結果，ラットDHAR遺伝子を導入した細胞（CHO/DHAR）では，核の外側の細胞質全体にDHAR蛋白が散在していた。これは，細胞死抑制遺伝子Bcl-2をラット繊維芽細胞Rat-1に導入して，その発現タンパクを検出した結果，核周辺のミトコンドリアに局在する画像が見られた（図3A）が，対照的なタンパク分布である。一方，DHAR遺伝子未導入細胞（CHO）においては確認されなかった（図3B）。これはDHARタンパクが酵素であるが，その基質のデヒドロアスコルビン酸やグルタチオンが多く細胞質に含まれており，主に細胞質に生じる活性酸素の消去機構に関与しているためと考えられる。

3　DHAR遺伝子導入細胞における細胞内グルタチオン（GSH）量の状態

　mBCL fluorometric法によりCHO/DHAR細胞において，グルタチオン誘導体であるGSH-iPr［H-Glu（CySH-Gly-isopropylester）-OH］投与での細胞内GSH量の状態を調べた。
　その結果，GSH-iPr, 200μM投与において0時間時の細胞内GSH含量を100％とすると，投与後1時間までは細胞内GSH量はほぼ100％のまま変化しないが，投与2時間後では250％含量となり，2.5倍増加しそれ以降は飽和状態となった（図4A）。このようにGSH-iPrの細胞内取込みは，2時間以上必要であることが示唆される。
　また同様の方法により，CHO/DHAR細胞において過酸化脂質傷害モデル物質であるt-BuOOH（ターシャルブチル・ヒドロペルオキシド）処理に対する細胞内GSH量の増減状態を調べた。

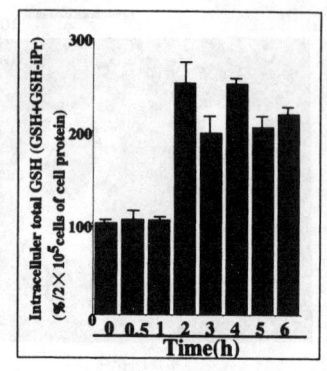

図4A CHO/DHAR細胞における GSH-iPr（200μM）投与による細胞内 total GSH（GSH+GSH-iPr）量の増加と経時変化

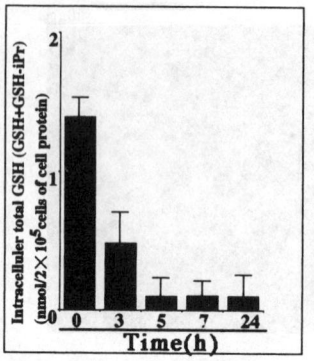

図4B CHO/DHAR細胞におけるt-BuOOH（1mM）処理による細胞内 total GSH（GSH+GSH-iPr）量の減少と経時変化

　その結果，細胞内GSH含量は0時間では1.39nmol/ml（2×10^5cells当たり）に対し，処理後3時間後には0.48nmol/mlとなり35%まで減少した。さらにそれ以降，時間経過とともに細胞内GSH含量は初期値の10%以下まで低下した（図4B）。このことは，酸化的ストレスに起因する細胞死に先立って細胞内のGSHの枯渇が起こることと一致する[13]。このように，たとえ細胞内に十分なGSHが存在していたとしても，t-BuOOH処理に伴い細胞内GSH含量は減少することが考えられる。

4　DHAR遺伝子導入による細胞死の防御

　DHAR遺伝子を導入した細胞CHO/DHARに対するDHAおよびGSH-iPrの併用および単独投与での脂質過酸化剤t-BuOOHの細胞死抑制効果をWST-1法を用い，空ベクターのみを導入したCHO/V細胞と比較検討し次の結果を得た（図5A，B）。

　その結果，21時間培養後150μM，t-BuOOHで27時間処理すると，細胞生存率がCHO/Vでは19%，CHO/DHARでは12%にほぼ同様に低下するのに対して，DHA，100μMとGSH-iPr，50μMをt-BuOOH処理前2時間併用投与し，さらにt-BuOOH処理中においても両者を投与した状態にしておいた場合，CHO/vでは37%に低下したがCHO/DHARでは86%の生存率を維持しており，生存率が約7倍回復した。また細胞形態においても生存率と比例して，DHAとGSH-iPrの併用投与によりCHO/DHARでは通常の細胞形態を維持していた（図5B）。よって，DHAR遺伝子導入によりt-BuOOHによる細胞死が防御されたことになる。一方，DHA，100μMやGSH

第25章 皮膚へのビタミンC再生遺伝子導入

-iPr,50μMそれぞれ単独投与した場合，生存率の回復は見られなかった。

このことより，DHARが活性発現しDHAをAsAに再生還元するためには，DHAとGSHの両者の存在が必須条件であると示唆される。

5 DHAR遺伝子の発現度と細胞死抑制活性との相関性

t-BuOOHによる細胞死に対して，DHARのビタミンC再生効果による防御効果が見られたが，この時のDHAR発現量をウェスタンブロットで調べた（図6）。ここで用いた抗体は，ラットDHARを認識するラビット血清の由来であるがチャイニーズハムスター卵巣細胞（CHO）に導入したラットDHAR遺伝子の遺伝子産物を認識するものを用いた。

この結果，ラットDHAR遺伝子を導入した細胞（CHO/DHAR）では32kDaのラットDHARを発現していたが，空ベクターのみを導入した細胞（CHO/V）ではラットDHARの発現はなくDHAR遺伝子導入によりDHARが発現した。ところがCHO/DHARでは，t-BuOOH処理前のDHA，100μMとGSH-iPr, 50

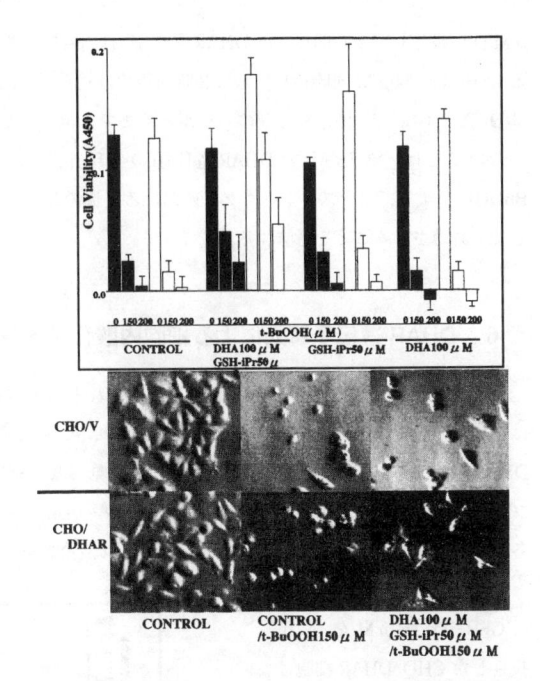

図5 DHAR遺伝子によるビタミンC再生還元での細胞死抑制効果

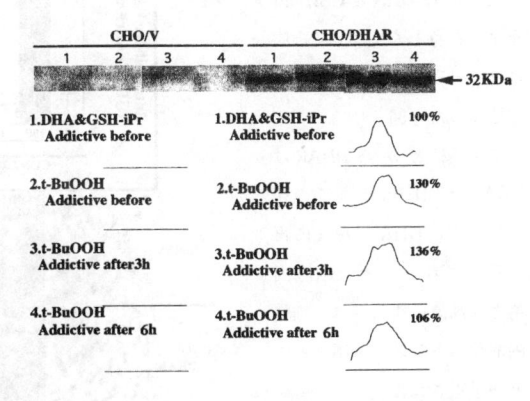

図6 CHO/DHAR細胞におけるDHA, GSH-iPr併用投与およびt-BuOOH処理に対するDHAR蛋白発現度と経時変化

269

μM 併用投与して2時間後このDHAR発現が約1.3倍に,さらにt-BuOOH処理(DHA, 100μM と GSH-iPr, 50μM 同時投与)して3時間後では約1.4倍に亢進し,6時間後ではDHAR発現量は DHA と GSH-iPr 併用投与前のレベル近くまでに復元した。

このことは,導入されたDHAR遺伝子の発現亢進がDHAとGSHの両者の存在およびt-BuOOHにより,プラスミドベクターにおける上流のサイトメガロウィルス・プロモーターを介して,誘導されることを意味する。

6 DHAR 遺伝子導入による細胞内酸化ストレスの抑制

DHARによってDHAからAsAに再生還元されることで細胞内のAsAが高濃度維持されれば,細胞内酸化ストレスが軽減されると予測される。そこで,t-BuOOHによる細胞死に対してDHARのビタミンC再生効果による防御効果の見られた細胞内の総体的な酸化ストレスを蛍光プローブのCDCFHを用いた蛍光プレートリーダー法により調べた。細胞内に入ったCDCFHは各種パーオキシドや過酸化水素によって酸化され,蛍光を発するCDCFに変換される。

この結果,DHA, 100μM と GSH-iPr, 50μM を併用投与したCHO/DHAR細胞は細胞内酸化ストレスが,無投与の細胞の27%に抑制されていた。一方, DHA と GSH-iPr を併用投与した CHO/V 細胞は186%に酸化ストレスが増加していた(図7)。

このことからDHARはDHAとGSH-iPrの両者の存在により,DHAがAsAに再生還元されることで細胞内AsAが高濃度維持され,細胞内酸化ストレスを抑制することが示唆される。

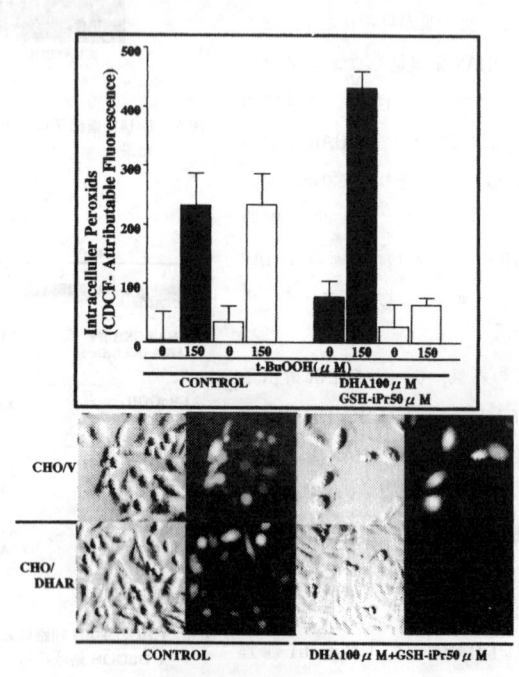

図7 DHAR遺伝子による細胞内の酸化ストレスの抑制

第25章 皮膚へのビタミンC再生遺伝子導入

7 DHAR遺伝子導入細胞におけるDHAとGSH-iPr併用投与によるDNA切断の抑制

t-BuOOHによる細胞死に対するDHAR遺伝子導入細胞での核DNAの切断度をTUNEL法（TdT-mediated dUTP nick end labeling）で測定した。この方法の名称は，1本鎖切断（nick）であることを示しているが，実際は主にDNA2本鎖切断が標識される。O'rcha画像解析によりTUNEL染色の蛍光強度が強い方から順に，赤・橙・黄・緑・青・藍・紫の疑似カラー化して表示した。赤に近づくほど核が多数のDNA切断を受けていることを示す。

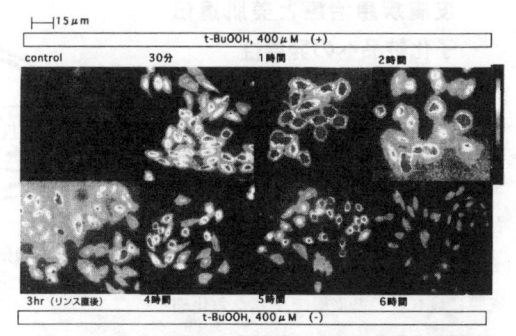

図8A ビタミンC再生遺伝子を導入したCHO/DHAR細胞における過酸化脂質モデル剤t-BuOOH処理によるDNA2本鎖切断と経時変化（巻頭カラー参照）

その結果t-BuOOH処理したCHO/DHAR細胞は処理1時間後に顕著なDNA切断が見られたが，DHAとGSH-iPrを併用投与した場合ではDNA切断が抑制されていた。（図8）

このようにDHARはDHAとGSHの両者の存在によりAAを再生還元し，核のDNA切断を抑制することが示唆される。

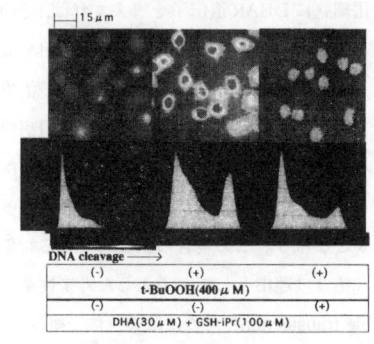

図8B CHO/DHAR細胞におけるt-BuOOH処理によるDNA2本鎖切断に対するDHA, GSH-iPr併用投与の防御効果（巻頭カラー参照）

8 DHAR遺伝子のビタミンC再生利用による活性酸素・フリーラジカル消去

以上述べてきたように，DHAR遺伝子の活性発現にはDHAとGSHの両者の存在が必要である。このことからGSH依存型DHARは，GSHが補酵素となりDHAを還元することにより細胞内AAを高濃度に維持し，ビタミンCを再生利用することによって活性酸素・フリーラジカルを消去し細胞傷害を防御するものと示唆される（図9）。

271

9 皮膚局所へのDHAR遺伝子の細胞内導入による皮膚疾患治療と美肌遺伝子化粧品への発展性

本章ではDHAR遺伝子による過酸化脂質防御効果が記述されたが，この遺伝子治療を試行する場合，標的器官としての皮膚は重要かつ適切である。その理由の第1は，皮膚表皮の中の基底膜に最も近い基底層で生じた角化細

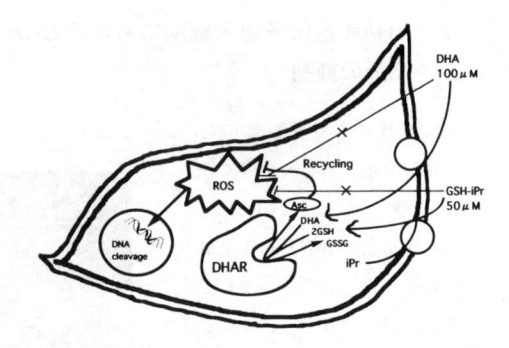

図9 DHAR遺伝子のビタミンC再生利用による活性酸素・フリーラジカル消去

胞が細胞分裂しながら次第に皮膚表面に移動していき，ほぼ4週間で分裂停止し，やがて細胞死を迎えて角質層から垢となって剥げ落ちると見なされているが，基底層よりも浅くに位置する角化細胞にDHAR遺伝子を導入すれば，その子孫細胞群だけにしか影響を及ぼさないことになる。この限定的な影響範囲は万一の副作用を最小限に阻止できることに通じる。

第2の理由として，現状では遺伝子治療は致死疾患や重篤疾患への臨床適用だけに止まっていて，未だ，より広範囲に各種生活習慣病の予防に向けて，通常の静脈注射のような気軽さで受けるには至っていないが，治療すべき対象疾患の拡大やさらには予防効果や美肌効果まで拡大させるには，より安全性が確認されるまでの多数の症例や遺伝子治療による長期的観察など年月が必要となろう。この場合の試金石となる対象器官として皮膚の他に適切な器官は見当たらない。

第3の理由として，導入した外来性遺伝子（exogenous gene）が長期間安定に発現する（stable transfection）ためには染色体に組み込む必要があるが，この場合，生来の遺伝子群（inherent genes）が分断やフレームシフトで機能しなくなったり，転座（translocation）や重複（redundancy）で機能亢進したり，いずれにせよ本来の恒常性（homeostasis）が破綻する可能性がある。そこで外来遺伝子の発現は一時的であっても（transient transfection）生来遺伝子群の配列や位置に影響しない遺伝子治療としてHVJ-リポソーム法が着眼させるようになると予想される。この場合，遺伝子導入率と遺伝子発現の時間経過をモニターするのに皮膚は実施しやすい。

皮膚へのDHAR遺伝子の導入は最初はヒト摘出皮膚片で試行すべきであり，次いで，臨床的には細胞新旧交替の顕著な足の裏を遺伝子導入対象とすることになろう。臨床的な実用化を目指した皮膚部位としては，活性酸素・ビタミンC関連症状と言えるシミ・シワ・セルライト・タルミの中でも他の治療法では改善されない重度の症例を対象とする。

現状では遺伝子皮膚薬や遺伝子化粧品は時期尚早とか未来技術という認識が一般的であろう

第25章 皮膚へのビタミン C 再生遺伝子導入

が,本章で記述の DHAR 遺伝子導入による細胞傷害防御効果が,細胞レベルから組織レベルへ,そして,臨床試験に入る X day は遠くはないと予想される。

文　献

1) Otsuka, M., Kurata, T., and Arakawa, N. : Antiscorbutic effect of dehydro-L-ascorbic acid in vitamin C-deficient guinea pigs. *J. Nutr. Sci. Vitamino.*, **32**, 183-190 (1986)
2) Washko, P. W., Wang, Y., and Levine, M. : Ascorbic acid recycling in human neutrophils. *J. Biol. Chem.*, **268**, 15531-15535 (1993)
3) 重岡　成：抗酸化剤—ビタミン C—, 活性酸素・フリーラジカル, **2**, 148-155, (1991)
4) Navas, P., Villalba, J. M., and Cordoba, F. : Ascorbate function at the Plasma memebrane. *Biochem. Biophys. Acta*, **1197**, 1-13 (1994)
5) Ito, A., Hayashi, S., and Yoshida, T. : *Biochem. Biophys. Res. Commu.*, **101**, 591-598 (1981)
6) Hara, T., and Minakami, S. : *J. Biochem.*, **69**, 325-330 (1971)
7) Green, R. C., and O'Brien, P. : *J. Biochem. Biophys. Acta*, **293**, 334-342 (1973)
8) Wells, W. W., Xu, D. P., Yang, Y. F., and Rocque, P. A. : *J. Biol. Chem.* **265**, 15361-15364 (1990)
9) Park, J. B., and Levine, M. : *Biochem. J.* **315**, 931-938 (1996)
10) Maellaro, E., Del Bello, B., Sugherini, L., Santucci, A., Comporti, M., and Casini, A.F. : *Biochem. J.*, **301**, 471-476 (1994)
11) Takahiro Ishikawa, Alessandro F. Casini, and Morimistu Nishikimi, *J. Biol. Chem.*, **273**, 28708-28712 (1998)
12) Emilia, M., Barbara, D. B. and Alessandro, F. C. *Biochem. J.*, **301**, 471-476 (1994)
13) Honda, S. and Matsuo, M. *Biochem. Internat.*, **18**, 439-446 (1989)

第26章 アポトーシス遺伝子による細胞死抑制
—— 抗アポトーシス遺伝子 bcl-2 の細胞死抑制メカニズムと
皮膚保護のための遺伝子治療への発展性 ——

斉藤靖和[*1], 柳田 忍[*2], 大内田理佳[*3], 三羽信比古[*4]

1 はじめに

　bcl-2遺伝子ほど各種フリーラジカルによる様々な型の細胞死（アポトーシス）を防御できる遺伝子は他にはない。bcl-2遺伝子を「外用の軟膏」と同じ感覚で化粧品や皮膚薬に適用できれば効果絶大であり、画期的となろう。この章では、遺伝子治療技術に基づいた遺伝子化粧品や遺伝子皮膚薬の開発を念頭におき、bcl-2遺伝子の細胞死防御メカニズムおよび、生体に対する安全性を第一に考えた HVJ-リポソーム法によって bcl-2遺伝子を皮膚へ導入して皮膚細胞死を防ぐ技術について言及する。

2　bcl-2遺伝子とは？

　bcl-2 (B cell lymphoma/leukemia-2) 遺伝子は、46本存在するヒト染色体の第18番染色体に含まれる遺伝子であり、ヒト濾胞性リンパ腫に高頻度でみられる t (14 ; 18) (q32 ; q21) 転座点より癌遺伝子として単離された遺伝子である[1]。bcl-2遺伝子は細胞死を抑制し、細胞生存を維持するという点で、細胞増殖に関与する他の多くの癌遺伝子とは異なる。

　bcl-2遺伝子によってコードされる Bcl-2蛋白は、C末の疎水性アミノ酸領域を膜局在シグナル（膜アンカードメイン）としてミトコンドリア外膜、核外膜、小胞体膜に局在し[2]、アポトーシスの key regulator として、様々な刺激によるアポトーシスの抑制に関わっている[3~7]。現在までに、Bcl-2と相同性を有するタンパク質が多数同定されており、アポトーシス抑制型（Bcl-2, Bcl-x_L など）と促進型（Bax, Bak, Bid, Bad など）に大別されている。

---

*1　Yasukazu Saitoh　広島県立大学大学院　生物生産システム研究科
*2　Shinobu Yanada　広島県立大学大学院　生物生産システム研究科
*3　Rika Ouchida　東京大学　医科学研究所　免疫病態分野
*4　Nobuhiko Miwa　広島県立大学大学院　生物生産システム研究科　教授

第26章　アポトーシス遺伝子による細胞死抑制

3　Bcl-2のアポトーシス抑制メカニズム

　Bcl-2のアポトーシス抑制機能の解明における，最近の研究の焦点はミトコンドリアである。アポトーシスは様々な刺激によって誘導されるが，各刺激によって活性化されたアポトーシスのシグナルは，最終的にはほとんど全ての細胞死に共通なシグナル伝達機構に集約される。FasやTNF（tumor necrosis factor）レセプターによる刺激の一部を除いて，多くの場合，ミトコンドリアが集約される場となる。ミトコンドリアがアポトーシスの刺激を受けるとその膜透過性が亢進し，膜間スペースに存在するシトクロムcやアポトーシス誘導因子であるAIF（apoptosis-inducing factor），IAP（inhibitor of apoptosis protein）の阻害因子であるSmac/Diabloなどのapoptogenicなタンパク質が細胞質に漏出する。ミトコンドリアの外膜上に存在するBcl-2やBcl-x$_L$などのアポトーシス抑制型は，ミトコンドリアの膜透過性を調節，安定化させることによって，アポトーシスを抑制すると考えられている。一方，BaxやBidなどアポトーシス促進型の多くは，正常状態では主に細胞質に局在しているが，アポトーシスのシグナルを受けて脱リン酸化や切断，多量体化などの修飾を受けミトコンドリアに集積し，その膜透過性を亢進させると考えられている。また，アポトーシス抑制型のメンバーとアポトーシス促進型のメンバーは，直接的あるいは間接的にお互いの機能を抑制し合い，両者の細胞内でのバランスにより細胞の生死が決定されている[8]。

4　bcl-2遺伝子導入による各種細胞死の抑制

　bcl-2遺伝子ほど種々の刺激で誘導されるアポトーシスを抑制する遺伝子はない。例えば，培地からの血清もしくはグルコース除去，Ca（カルシウム）イオンの膜透過性を促進するCaイオノフォアの添加によって引き起こされる細胞死に対して，bcl-2遺伝子導入細胞は防御効果がみられた。この他，過酸化水素[9]や，放射線[10]，フリーラジカル生成剤のメナジオン（ビタミンK$_3$），脂質過酸化剤のt-ブチルヒドロペルオキシド（t-BuOOH），または，グルタチオン合成酵素の阻害剤ブチオニンサルフォトキシン（BSO）を添加すると，フリーラジカルが増加することによって細胞死が起こるが，いずれの細胞死に対してもbcl-2遺伝子導入によって抑制効果がみられた[11]。

　我々は，bcl-2遺伝子をpcΔj-SV2というプラスミド・ベクターに組み込んでラット繊維芽細胞Rat-1に導入し，得られた細胞b5に対する脂質過酸化剤t-BuOOHの細胞死誘導効果を調べたところ[12]，100nM以下という低濃度のt-BuOOHで長時間（24,48時間）処理するとRat-1の細胞生存率は濃度依存的に低下するのに対して，b5では90％以上の生存率を維持していた（図1

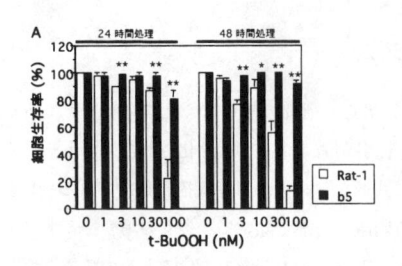

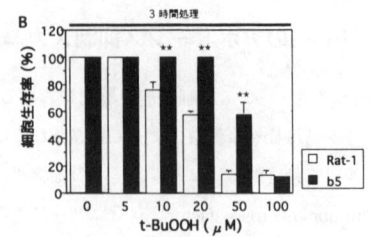

細胞死制御工学～美肌・皮膚防護バイオ素材の開発～

図1 脂質過酸化剤 t-BuOOH 処理による細胞生存率の低下に対する bcl-2 遺伝子導入の効果
bcl-2遺伝子をプラスミド・ベクター（pcΔj-SV2）に組み込んでラット繊維芽細胞 Rat-1 に導入し，得られた細胞 b5 に対する脂質過酸化剤 t-BuOOH の細胞死誘導効果を調べた。
100nM の t-BuOOH で24, 48時間処理すると Rat-1の細胞生存率は顕著に低下するのに対して，b5では90％以上の生存率を維持していた（図1A）。また，50μM の t-BuOOH で3時間処理でも b5 で有意な細胞死抑制効果が認められた（図1B）。しかし，より高濃度（100μM）の t-BuOOH で3時間処理すると，Rat-1 に対する b5 の優位性は大幅に低減した（図1B）。
＊：$P<0.05$，＊＊：$P<0.01$（Rat-1との比較）。

A）。また，高濃度（50μM 以下）の t-BuOOH で短時間（3時間）処理した場合でも b5 は Rat-1 と比べ細胞生存率が有意に高く，bcl-2遺伝子導入の効果が認められた（図1B）。よって，t-BuOOH による細胞死が bcl-2遺伝子導入で防御されたことになる。

これは，bcl-2の遺伝子導入によってアポトーシスが抑制された結果なのであろうか？ ほとんど全てのアポトーシスを誘導する刺激は最終的には caspase と呼ばれる一群のプロテアーゼファミリーの活性化に集約され，caspase が多くの細胞内タンパク質を切断することで，核の断片化やクロマチン DNA の切断といったアポトーシスに特徴的な生化学的，形態学的変化が引き起こされる[13]。我々は，caspase ファミリーの中でも，caspase カスケードの下流に位置し，アポトーシスの実行に関与する caspase-3 の活性化について検討を行ったところ，bcl-2の遺伝子導入によって caspase-3 の活性化が有意に抑制されていた（図2）。さらに，アポトーシスの指標の一つである DNA の断片化を検出する terminal deoxyribonucleotidyl transferase（TdT）—mediated dUTP nick-end labeling（TUNEL）染色法で調べた結果, 3時間の t-BuOOH 処理の直後では DNA 切断はほとんどみられないが，1〜3時間後では遺伝子非導入細胞に顕著な DNA 切断がみられた（図中の色が濃い細

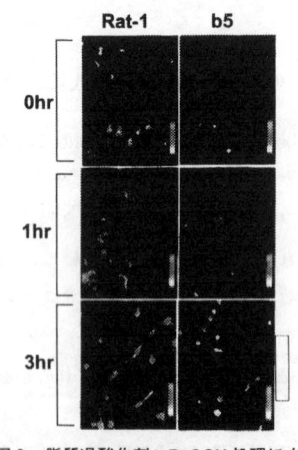

図2 脂質過酸化剤 t-BuOOH 処理による核 DNA 鎖の切断（TUNEL 染色）
Rat-1細胞は過酸化剤 t-BuOOH によって核 DNA 鎖が切断されるが（染色細胞：細胞の形が明瞭），bcl-2遺伝子導入細胞 b5 では DNA 切断はほとんど起っていない。

第26章　アポトーシス遺伝子による細胞死抑制

胞）のに対し，bcl-2遺伝子導入細胞ではDNA切断が抑制されていた（図3）。

これらのことより，脂質過酸化剤のt-BuOOH処理によって細胞はアポトーシスに陥るが，bcl-2遺伝子導入によってアポトーシスが抑制されていることが明らかとなった。

しかし，より高濃度（100μM）のt-BuOOHで3時間処理すると，Rat-1に対するb5の優位性は大幅に低減した（図1B）。この結果は，より過酷な細胞死を誘導する条件ではbcl-2は働きにくくなることを示唆する。

我々は同じく，アンチセンスbcl-2/Keratin 5 promoter導入による分化促進やUV-B照射でアポトーシスを起こすマウス皮膚keratinocyteのPam212やラット繊維芽細胞Rat-1にbcl-2を導入すると，皮膚紅斑を起こす最少線量（20～40mJ/cm^2）程度の紫外線B波（UV-B, λmax：312nm）照射に対しては，アポトーシス抑制効果を示すが，それ以上の高線量UVにはBcl-2の効果はないという結果を得ている[14,15]。また，Hockenberyらによる過酸化水素誘導性の細胞死においても同様の傾向が認められている。過酸化水素の濃度が0.25mMと低いと，bcl-2遺伝子の導入によってほぼ完全に細胞死は抑制されるが，1mMという比較的高濃度の過酸化水素を添加して起こる細胞死はbcl-2遺伝子の導入によっても防御されなかった[9]。

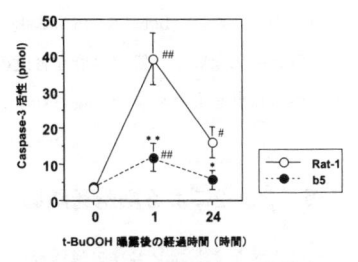

図3　脂質過酸化剤t-BuOOH処理によるcaspase-3の活性化
Rat-1細胞は過酸化剤t-BuOOHによってcaspase-3が活性化されるが，bcl-2遺伝子導入細胞b5では活性化が有意に抑制されている。
＊：P＜0.05，＊＊：P＜0.01（b5との比較），＃：P＜0.05，＃＃：P＜0.01（0時間との比較）

このように，過酷な細胞死誘発条件ではbcl-2遺伝子の防御効果はほとんど無効になってしまうが，緩和な細胞死の条件に対してはbcl-2遺伝子の防御効果は顕著になる。Bcl-2はアポトーシス促進型のメンバーであるBaxとヘテロダイマーを形成し，アポトーシスを促進するBaxホモダイマーの形成を抑制することでもアポトーシスを抑制する[16]。このため，過酷な細胞死の条件では，強力なアポトーシスシグナルにより誘導されるアポトーシス促進型のBaxに対する抑制型のBcl-2の量的バランスが低いためにアポトーシスを防御することができないと考えられる。脂質の急激な過酸化，高線量紫外線などにより強い細胞障害を受けた細胞はそれだけ癌化しやすいので，そのような細胞を無差別に生かしておくのは生体にとって得策ではない。このため，bcl-2遺伝子は細胞救済をしない方を選ぶという合目的性があるといえる。逆に，緩慢な障害を受けた細胞は修復しやすいため癌化の危険性は小さくなるが，この場合には細胞死を防御する必要性は大きい。この意味で，ここで細胞内に導入されたbcl-2遺伝子は無差別に細胞死を防御するのではなく，分別ある防御作用を示したことになると考えられる。

以上のことから，bcl-2遺伝子は細胞内 damage site が癌化不可避なほど広範だと敢えてアポトーシスを抑えないが，修復可能な軽度の damage だとそのアポトーシスを抑えることにより生存維持への貢献をもたらすと示唆される。

5 Bcl-2による細胞死防御メカニズムの新たな展開

先に述べたミトコンドリア膜透過性の安定化，アポトーシス促進因子の抑制以外にも，Bcl-2のアポトーシス抑制メカニズムを説明するために多くのメカニズムが提唱されている。そのうちの1つが Bcl-2がアンチオキシダントとして機能しているという説である[9,17]。アポトーシスは活性酸素誘導物質の添加や細胞のアンチオキシダントの欠乏によっても誘導され，外からのアンチオキシダントの添加によって抑制される。さらに，TNFやセラミドのようなアポトーシス誘導薬に応答して細胞内活性酸素が産生されるなど，多くの場合においてアポトーシスは細胞内活性酸素産生と関係していることから[18]，この Bcl-2が直接，抗酸化作用を介して細胞死を抑制しているというこの"Bcl-2＝アンチオキシダント説"が一時，注目された。しかしながら，活性酸素がほとんど存在しない低酸素状態の細胞死においても bcl-2の細胞死抑制効果がみられることや[19]，Fas刺激やスタウロスポリンによるアポトーシスが低酸素条件下でもみられ，bcl-2がこれを抑制する[20]ことなどから，現在ではこの説を否定的とする考え方が有力である。

我々は，脂質過酸化剤 t-BuOOH 添加後の Rat-1とb5細胞内での活性酸素の産生を6-carboxy-$2',7'$-dichlorodihydrofluorescein diacetate (CDCFH) を用いて検討したところ，t-BuOOH 添加3時間後，活性酸素の産生は両細胞で同程度（約2.5倍）起こっており（図4），bcl-2遺伝子導入は活性酸素の生成を抑制しないという結果を得た[12]。この結果より，我々の検討においても"Bcl-2＝アンチオキシダント説"は否定された。

我々は，さらに t-BuOOH 添加後の Rat-1とb5細胞での脂質過酸化について脂質の過酸化度を測定するチオバルビツール法を用いて検討を行った。その結果，t-BuOOH 添加3時間後，Rat-1細胞では脂質過酸化が t-BuOOH 添加前の2.1倍までに上昇したのに対し，b5細胞では1.6倍と有意に抑制されていたことから（図5），脂質過酸化は抗酸化機能ではない何らかの Bcl-2の機能によって阻害されているものと予想された[12]。この結果は，Bcl-2の過剰発現が脂質過酸化を抑制していること[9,21]，さらに，bcl-2ノックアウトマウスで脂質過酸化が増加していることから[9]も興味深い。

Bcl-2の脂質過酸化抑制機能に関しては，今までに多くの興味深い報告がある。まず，Bcl-2発現細胞では細胞内還元型 GSH レベルが高いことが知られている[22~24]。還元型グルタチオンはグルタチオンペルオキシダーゼの補酵素として，過酸化水素や過酸化脂質の消去にあたる酵素であ

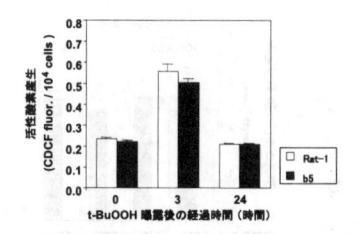

第26章　アポトーシス遺伝子による細胞死抑制

図4　脂質過酸化剤 t-BuOOH 処理による細胞内活性酸素の発生
過酸化剤 t-BuOOH によって Rat-1細胞，bcl-2遺伝子導入細胞 b 5 共に，細胞内活性酸素は増加する。

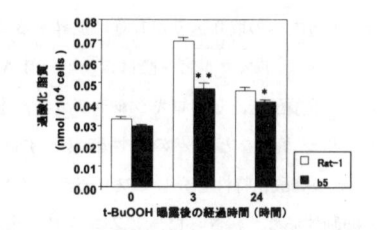

図5　脂質過酸化剤 t-BuOOH 処理による脂質過酸化
Rat-1細胞は過酸化剤 t-BuOOH によって脂質が過酸化されるが，bcl-2遺伝子導入細胞 b 5 ではそれが顕著に抑制される。＊：$P<0.05$，＊＊：$P<0.01$（Rat-1との比較）。

る[25]。また，Bcl-2発現細胞では細胞内 NAD(P)H レベルが高いことが知られている[26]。増加した NAD(P)H はグルタチオンレダクターゼによる GSH の還元を介してグルタチオンペルオキシダーゼによる過酸化脂質消去能を増強しているのかもしれない。

さらに近年，Voehringer らによるマイクロアレイ解析によって Bcl-2発現細胞は，グルタチオンの輸送に関与する CD53,細胞内 GSH を還元型に保つため NAD(P)H を形成し，還元的環境を作り出す fructose-1,6-bisphoshatase の発現レベルが高いことが分かった[27]。つまり，Bcl-2発現細胞はレドックスポテンシャル（還元平衡力）を高いレベルに保つことによって細胞内外の酸化的ストレスに対応しているというメカニズムが考えられる。また，Bcl-2発現細胞は，アポトーシスの初期に酸化ストレスによって発生する毒性のある酸化脂肪酸に結合して消去する[28]fatty acid binding proteins（FABP）を高いレベルで発現している。さらに，アポトーシス刺激後に発現誘導される mitochondrial uncoupling protein(UCP)と voltage-dependent anion channel（VADC）の発現を Bcl-2発現細胞が抑えていることを示した[27]。これら2つの遺伝子は，シトクロム c や様々な apoptogenic なタンパク質の漏出を誘導するミトコンドリア機能に有害なものである。Voehringer らは，これらの報告から，Bcl-2が細胞の抗酸化力を増強させた結果，多くのアポトーシス経路の開始期に発生する酸化ストレスを抑制するという仮説を導いた[17]。この仮説は，Bcl-2が脂質過酸化を抑制するという我々の結果とも一致することから大変興味深い。

6　bcl-2の遺伝子導入はビタミン C の細胞内取り込みを増強する

さらに，bcl-2の遺伝子導入は酸化ストレスを克服するための抗酸化ポテンシャルを増加させる可能性も秘めていることが我々の研究で明らかになった[12]。ビタミン C（アスコルビン酸）の細胞内への取り込みを Rat-1と b 5 細胞で比較したところ，bcl-2の遺伝子導入によりアスコルビ

ン酸の細胞内への取り込みが有意に上昇することが分かった（図6）。アスコルビン酸はスーパーオキシドアニオン，一重項酸素，ヒドロキシルラジカル，水溶性ペルオキシラジカルなど種々の活性酸素とすばやく反応し[29]，その抗酸化特性を介してフリーラジカルによる障害を抑制する[30〜32]。さらに，アスコルビン酸はαトコフェロールを膜表面ですばやく還元することで脂質過酸化の抑制に協同的に働くことが知られている[33]。また，細胞内にはアスコルビン酸を特異電子供与体とするアスコルビン酸ペルオキシダーゼが存在し，生体内過酸化物の消去を行っている[34]。このことから，bcl-2遺伝子導入細胞ではアスコルビン酸の取り込み上昇によりさらに細胞内の抗酸化力が増強されている可能性が高い。

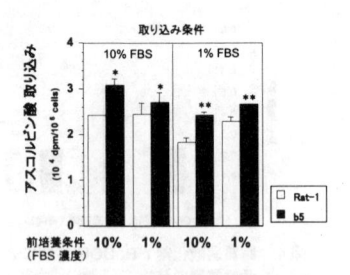

図6　Rat-1，b5細胞へのアスコルビン酸取り込み
bcl-2遺伝子導入細胞b5ではRat-1細胞と比べ，アスコルビン酸を有意に細胞内に取り込む。それはいかなる血清濃度の条件（前培養・共培養）でも影響を受けない。＊：P＜0.05，＊＊：P＜0.01（Rat-1との比較）。

一方，細胞内にはNAD(P)Hを特異的電子供与体とし，モノアニオンアスコルビン酸（アスコルビン酸の1電子酸化型）を再還元するモノデヒドロアスコルビン酸レダクターゼ[35,36]やグルタチオンを特異的電子供与体とし，デヒドロアスコルビン酸（酸化型アスコルビン酸）を再還元するデヒドロアスコルビン酸レダクターゼが存在する[35]。前述したように，Bcl-2発現細胞では細胞内還元型グルタチオン，NAD(P)Hレベルが高いことからbcl-2遺伝子導入細胞ではアスコルビン酸の再還元力が増強され，より効率的にフリーラジカル消去，メラニン代謝，コラーゲン代謝などのアスコルビン酸のもつ多彩な機能[30]を発揮しやすい細胞内環境になっていると予想される。

以上のことより，Bcl-2はミトコンドリアの膜透過性の制御やBaxなどのアポトーシス促進因子との結合のほかに，細胞内GSHやNAD(P)Hの高濃度化，アスコルビン酸の取り込み増強などを介した細胞内のレドックスポテンシャルを増強することでアポトーシスを抑制しているものと考えられる。

7　bcl-2遺伝子の発現度は細胞死抑制活性と相関するか？

t-BuOOHによる細胞死に対してbcl-2の遺伝子導入による防御効果がみられたが，このときのBcl-2発現量をウエスタンブロットで調べた[12]。その結果，bcl-2遺伝子を導入したb5細胞ではRat-1細胞に比べ，顕著にBcl-2が発現していた。驚くべきことに，t-BuOOH処理後，このBcl-2の発現は約1.9倍に亢進するが，24時間後ではBcl-2発現量はt-BuOOH処理前のレベル近くま

第26章 アポトーシス遺伝子による細胞死抑制

でに戻っていた(図7)。この結果はBcl-2の発現亢進はt-BuOOHに誘導されることを意味し，このBcl-2の発現亢進によってアポトーシスが抑制されている可能性が示唆された。このように導入したbcl-2遺伝子には，必要に応じて遺伝子発現が臨機応変に増大するという柔軟性があると考えることができる。

一方，bcl-2遺伝子は発生過程で過剰発現させたり，発生後に18番から14番染色体のIgH下流に転座して常時過剰発現すると細胞を発癌へと導くが[1]，発生後に適度に発現亢進する場合には，正常性を維持した上でアポトーシス抑制に働いていると

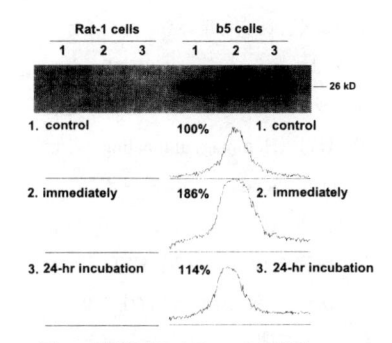

図7　過酸化剤によるBcl-2の発現
bcl-2遺伝子導入細胞b5ではBcl-2が顕著に発現している。
さらに，過酸化剤t-BuOOHによってBcl-2の一過性の発現が誘導された。

考えられる。今回の酸化ストレス曝露により一時的に発現量が増加した後,24時間後には元のレベルに戻るというBcl-2の可逆的な発現変化は生物学的に非常に理にかなった合理的な発現パターンであると思われる。

8　生来の遺伝子を変異させない安全な組織への遺伝子導入

従来の遺伝子導入法は，導入効率を重視するあまり，生来の遺伝子(inherent genes)への影響はほとんど無視して検討されてきた。新たな外来性の遺伝子(extrinsic genes)が染色体に組み込まれると，生来の遺伝子が発現されなくなったり，無制限に過剰発現されたりする危険性がある。故に，生来の遺伝子は影響されないという安全性を絶対条件とした遺伝子導入法を念頭に置いて，皮膚への外用薬や化粧品に対する遺伝子治療の応用を考えなければならない。

まず，培養細胞への遺伝子導入法には，リン酸カルシウム法，DEAE-デキストラン法，エレクトロポレーション(電気穿孔法)，レーザー穿孔法，リポソーム法などがあり，株化細胞ではほぼ満足な遺伝子発現効率が得られている。一方，生体組織への遺伝子導入法では組み換えウイルスベクターが現在主流となっており，既にヒトに用いられているが[37]，まだその取り扱いは煩雑で安全性も確立されていない。また，リポソームや遺伝子銃(gene gun)などの非ウイルスベクターもまだ方法としては十分に確立されていない。このように，培養細胞への遺伝子導入は技術的に容易であるが，人体といった個体レベルで選択的に，特定の組織・臓器に高い導入効率で遺伝子導入することは現段階では難しく，様々な遺伝子導入法が検討されている。

近年は，各種カチオニック(正電荷)脂質を用いたカチオニック・リポソーム法が簡便で，効

率がよく,幅広く用いられているが,我々は,遺伝子を pc⊿jSV-Neo というプラスミド・ベクターに組み込んで,HVJ (Hemmaggulutinating Virus of Japan;Sendai virus)—リポソーム法により遺伝子導入する手法に注目し,研究を行っている。HVJ-リポソーム法は,大阪大学の金田教授(現在)らによって開発された遺伝子導入法で(図8),細胞融合を起こすウイルス,HVJ の融合蛋白の活性と DNA 結合蛋白質 HMG-1(high mobility group-1)を利用してリポソームに封印した遺伝子やオリゴヌクレオチド,ポリペプチドを効率よく生体の各臓器や培養細胞へ導入できるベクターとして現在,注目されている方法である[38〜40]。

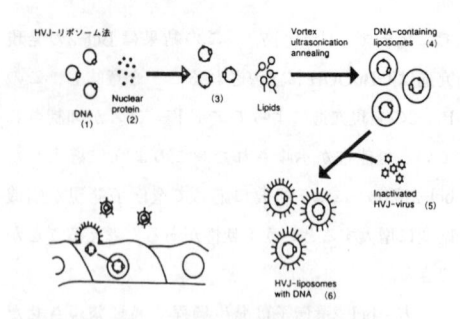

図8 HVJ-リポソーム法の原理(金田1994改変)
目的遺伝子(1)と核内への移行を促進するタンパク質 HMG-1(2)との複合体(3)を形成させ,これを各種の脂質からなるリポソーム(4)で包み,さらに不活化された HVJ ウイルス(5)(HVJ 由来の融合糖タンパク質は存在,細胞に融合する能力をもつ)と反応させて HVJ のエンベロープをもつ HVJ-リポソームをつくり(6),これを細胞や組織に遺伝子導入する。

9 HVJ-リポソーム法による遺伝子導入の特徴

HVJ-リポソーム法は,従来のカチオニック・リポソーム法と比べ以下の長所をもっている。
① カチオニック・リポソーム法では,DNA はリポソームの外側に露出しているが,このため,血清中の DNA 分解酵素 (DNase) によって分解される。また,カチオニック・リポソームはエンドサイトーシス経由で細胞内に取り込まれるため,エンドソームが融合するリソソーム(消化作用を営む細胞内小器官)の内部に存在するリソソーム酵素と接触する。したがって,導入遺伝子が DNase による分解を免れない。これに比して,HVJ-リポソーム法では,DNA はリポソームの内部に封入されているため,DNase の攻撃から保護されている。この点で,人体への直接的な遺伝子導入には有利である。
② さらに,エンドサイトーシスに至るまでに要する時間として,カチオニック・リポソーム法では遺伝子導入には最低30分間リポソームが細胞と接触する必要がある。これは,人体への直接的な遺伝子導入にとって好適とはいえない。一方,膜融合リポソームは細胞と結合した後,速やかに細胞膜と直接に融合するため,リソソーム酵素による分解を受けにくい。遺伝子導入は,わずか1分間細胞に接触させるだけでも遺伝子発現の効率が高い[41]。つまり,

第26章　アポトーシス遺伝子による細胞死抑制

短時間の接触で済むので、人体への直接的な遺伝子導入法として適合する。
③ カチオニック・リポソームは細胞毒性が強く、特に添加濃度を上げると顕著な細胞死が起こる。それに比して、膜融合リポソームは添加濃度を上げてもほとんど細胞毒性を示さない。これは、膜融合リポソーム法において細胞へのセンダイウイルス(HVJ)感染機構の利用が、安全性と効率の両面で優れていることを示している。
④ カチオニック・リポソーム法では、遺伝子導入のときに5％程度の血清が共存するだけでほぼ完全に導入効率が激減してしまうが、これはアルブミンや各種の血清タンパクによって吸着や分解を受けやすいためと考えられる。これに対して、膜融合リポソーム法では40％もの高い血清濃度においても遺伝子導入効率はほとんど低下しない[41]。
⑤ 腹水ガン細胞 Sarcoma-180（S-180）に対する *in vivo* 遺伝子導入では、膜融合リポソームはカチオニック・リポソームの導入効率よりも1,600倍以上も高い[41]。

遺伝子導入ベクターとしてHVJ-リポソーム法は従来のカチオニック・リポソーム法を凌駕しており、遺伝子治療戦略において有望な方法であると考えている。なお、もう一つのリポソームベクターとしてpH感受性リポソームが知られているが、カチオニック・リポソームと比べても遺伝子導入効率が著しく劣る。

この他にも、HVJ-リポソーム法による遺伝子導入には以下の特徴がある[42]。
① 遺伝子発現させる細胞の割合は多くできる。しかし、細胞一個あたりの遺伝子発現度は高くしにくく、アデノウイルス・ベクターの方が優れている。
② 導入遺伝子を含むリポソームは現在の技術では細胞への吸着は強くないので、血流の多い臓器への遺伝子導入には不適合であるが、皮膚をはじめ、脳、血管、気管、眼、移植臓器、関節腔などの閉鎖区間では導入効率が良い。
③ 生体組織での発現は一過性であるが、細胞毒性が低いので、連続的に遺伝子導入して遺伝子発現を持続させたい場合には適している。
④ 細胞との融合によって迅速に遺伝子導入されるので、特定組織を狙い撃ちした標的導入が可能であり、培養細胞よりも生体組織での遺伝子発現に適する。と同時に、染色体に組み込まれるレトロウイルス・ベクターなどと違って、生体組織への侵襲は少ないので、遺伝子導入による組織変化を観察するのに適している。
⑤ 培養細胞への遺伝子導入は簡便性や導入効率の点からカチオニック・リポソーム法の方が良好であるが、アンチセンスオリゴヌクレオチド、リボザイム、タンパクの導入には培養細胞でもHVJ-リポソーム法が良好である。
⑥ HVJ-リポソームの保存期間は数日程度であったが、紫外線で不活性化したHVJの代わりにHVJの表面タンパクだけを組み込んだリポソームを用いると保存期間が1ヶ月に延び

た。安定性と同時に，人体への安全性も向上したことになる。
⑦ マクロファージなどによるファゴサイトーシス（貪食）を受けやすいため，血球系細胞への遺伝子導入効率は良くない。

このように，HVJ-リポソーム法は様々な特徴，利点を兼ね備えている。まだ遺伝子の導入効率や保存期間等の課題は残るが，我々はHVJ-リポソーム法が遺伝子治療を応用した皮膚薬や化粧品といったバイオプロダクトの創生に適した方法であると現在考えている。

10 まとめ（bcl-2遺伝子導入により期待される効果）

遺伝子治療技術に基づいた遺伝子化粧品や遺伝子皮膚薬などの開発のための候補遺伝子としてbcl-2遺伝子ほど魅力的な遺伝子はない。各種フリーラジカルによる様々な型の細胞死（アポトーシス）を防御するだけでなく，細胞内のレドックスポテンシャル増強により紫外線，ストレスなどで惹起されるフリーラジカルによる悪影響（細胞障害，脂質過酸化，シワ，たるみ）からの回避，皮膚の老化抑制なども期待できる。さらに，bcl-2遺伝子導入による細胞内へのアスコルビン酸取り込み増強は，メラニン生成の初期進行抑制効果と既成メラニン消失効果，αトコフェロールの再生を介した過酸化脂質の再生による肌の美白化やコラーゲンの生成促進や分解抑制による皮膚のしわ，たるみの防御などの効果も期待される（図9）。このように，bcl-2遺伝子を「外用の軟膏」と同じ感覚で化粧品や皮膚薬（皮膚癌などの予防薬）に適用できれば効果絶大であり，画期的となろう。また，細胞内に導入されたbcl-2遺伝子は無差別に細胞死を防御するのではなく，分別ある防御作用を示すことから，より安全な遺伝子であることも特筆すべきである。

従来の遺伝子治療では，導入すべき外来遺伝子をゲノム（genome；核の染色体DNA）へ組み込んで安定な遺伝子発現を図ってきたが，この方法では生来の遺伝子配列や発現制御を乱す危険性を内包している。他方，ゲノムに組み込まないで染色体外に導入した外来遺伝子は一過性の発現しかみられない反面，生来の遺伝子への撹乱を起こさないという安全

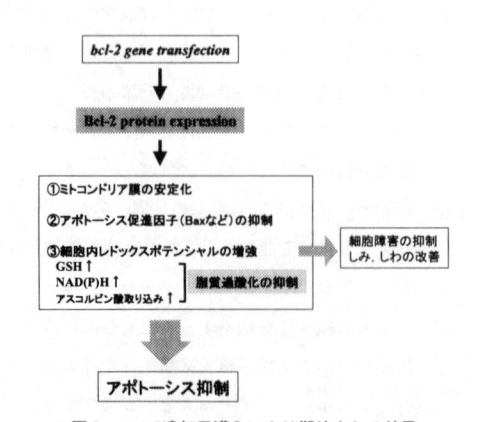

図9 bcl-2遺伝子導入により期待される効果
bcl-2遺伝子導入により細胞内に発現したBcl-2は様々な経路でアポトーシス抑制に寄与する。さらに，Bcl-2による細胞内レドックスポテンシャルの増強は，遺伝子化粧品や皮膚薬への応用を期待させる。

第26章 アポトーシス遺伝子による細胞死抑制

性が見込まれる。安全性を第一に考えた HVJ-リポソーム法によって bcl-2遺伝子を皮膚へ導入することにより遺伝子治療技術を根幹とした画期的な遺伝子化粧品や遺伝子皮膚薬などの製品開発が今後，期待される。

文　献

1) Tsujimoto Y. et al., Science, **228**(4706), 1440-3 (1985)
2) Akao Y. et al., Cancer Res., **54**, 2468-2471 (1994)
3) Tsujimoto Y. et al., Proc Natl Acad Sci USA, **83**, 5214-5218 (1986)
4) Vaux D. L. et al., Nature., **335**, 440-442 (1988)
5) Korsmeyer S. J., Blood 1992, **80**, 879-886 (1992)
6) Hawkins C. J. et al., Immunol Rev., **142**, 127-139 (1994)
7) Reed J. C., J Cell Biol., **124**, 1-6 (1994)
8) 清水重臣ら，実験医学，**19**(13), 1637-1643 (2001)
9) Hockenbery D. M. et al., Cell., **75**(2), 241-251 (1993)
10) Sentman C. L. et al., Cell, **67**(5), 879-888 (1991)
11) Zhong L. T. et al., Proc Natl Acad Sci USA, **90**, 4533-4537 (1993)
12) Saitoh Y. et al., J Cell Biochem., **89**, 321-334 (2003)
13) 鎌田真司，シグナル伝達がわかる，羊土社，63-70 (2001)
14) Kanatate T. et al., Cell Mol Biol Res., **41**(6), 561-567 (1995)
15) 江口正浩ら，現代医療，**29**(1), 19-24 (1997)
16) Oltvai Z. N. et al., Cell, **74**(4), 609-619 (1993)
17) Kane D. J. et al., Science, **262**, 1274-1277 (1993)
18) Voehringer D. W. et al., Antioxid Redox Signal, **2**(3), 537-550 (2000)
19) Shimizu S. et al., Nature, **374**(6525), 811-813 (1995)
20) Jacobson M. D. et al., Nature, **374**(6525), 814-816 (1995)
21) Myers K. M. et al., J Neurochem, **65**, 2432-2440 (1995)
22) Kane D. J. et al., Science, **262**(5137), 1274-1277 (1993)
23) Ellerby L. M. et al., J Neurochem., **67**(3), 1259-1267 (1996)
24) Mirkovic N. et al., Oncogene, **15**(12), 1461-1470 (1997)
25) 渡部烈，活性酸素・フリーラジカル，**2**, 27-36 (1991)
26) Esposti M. D. et al., J Biol Chem., **274**(42), 29831-29837 (1999)
27) Voehringer D. W. et al., Proc Natl Acad Sci USA, **97**(6), 2680-2685 (2000)
28) Mei B. et al., J Biol Chem, **272**, 9933-9941 (1997)
29) Halliwell B. et al., Arch Biochem Biophys., **280**, 1-8 (1990)
30) 三羽信比古・著，ビタミンCの知られざる働き，丸善 (1992)

31) Antonenkov V. D. *et al., Biol Chem Hoppe Seyler,* **373**, 1111-1116 (1992)
32) Makar T. K. *et al., J Neurochem.,* **62**, 45-53 (1994)
33) Niki E., *World Review Nutriton and Dietetics,* **64**, 1-30 (1991)
34) 重岡成, 活性酸素・フリーラジカル, **2**(1), 38-47 (1991)
35) 重岡成, 活性酸素・フリーラジカル, **2**(2), 148-155 (1991)
36) Navas P. *et al., Biochim Biophys Acta.,* **1197**(1), 1-13 (1994)
37) Cannon P. M. *et al.,* : Part I Viral Delivery and Therapeutic Strategies. Retroviral vectors for gene therapy. In : Templeton NS, et al. (Eds), Gene Therapy. Marce Dekker, New York, 1-16 (2000)
38) Kaneda Y. *et al., J Mol Med.,* **73**(6), 289-297 (1995)
39) Dzau V. J. *et al., Proc Natl Acad Sci USA,* **93**(21), 11421-11425 (1996)
40) 金田安史, 実験医学, **12**(2), 184-192 (1994)
41) Mizuguchi H. *et al., Biochem Biophys Res Commun.,* **218**(1), 402-407 (1996)
42) 三羽信比古・編著, バイオ抗酸化剤プロビタミンC～皮膚障害・ガン・老化の防御と実用化研究～, フレグランス・ジャーナル社, 158-167 (1999)

第27章 サンスクリーン剤による皮膚ナノ単位被覆
——紫外線による活性酸素2次発生への防御効果の可能性——

竹下久子[*1], 佐々木陽子[*2], 山谷 修[*3], 林 沙織[*4], 三羽信比古[*5]

1 各種UV防御製品によるUVAとUVBに対する遮蔽効果

各種UV防御製品が紫外線を遮蔽する効果が計測された（表1）（JAFMATE 1997年8月号 p.44）。各種製品の中で紫外線防御化粧品として日焼止めクリームは紫外線A波（UVA, 320～400nmの長波長UV）を6割遮断し、紫外線B波（UVB, 290～320nmの中波長UV）を3割遮断した。すなわち、UVBの方が遮断し難いという結果だった。日焼止めクリームはUVAへの遮断率が良好のような数値となっているが、他の比較した7種の製品は軒並みUVA遮断率が優れていることに鑑みて、日焼止めクリームが優れたUVA防御製品であるとは言い難い。一方、UVBに対しては日焼止めクリームは7割の線量を透過させている実情なので、皮膚傷害の誘因としてより深刻である。

表1 各種UV防御製品によるUVAとUVBに対する遮蔽効果

UV防御製品	UVA	UVB
UVフィルム（透明）	98.7%	29.1%
着色フィルム（透過率30％）＊	98.1%	38.8%
UVカット塗布剤（液体）	42.6%	27.6%
日焼け止めクリーム（参考）	59.4%	30.2%
透明ガラス（5mm厚）＊	23.8%	26.4%
ハンカチ＊	72.3%	66.0%
サンシェード＊	73.9%	50.0%
日焼け防止手袋	92.7%	76.9%

JAFMATE 1997年8月号 p.44 JAFMATE社 （1997年）より

＊1 Hisako Takeshita 理化学研究所 発生再生科学総合研究所
＊2 Yoko Sasaki 広島県立大学 生物資源学部 生物資源開発学科 生物工学分野
＊3 Osamu Yamaya 綺羅化粧品㈱ 研究室長
＊4 Saori Hayashi 広島県立大学大学院 生物生産システム研究科；現 森下仁丹㈱
＊5 Nobuhiko Miwa 広島県立大学大学院 生物生産システム研究科 教授

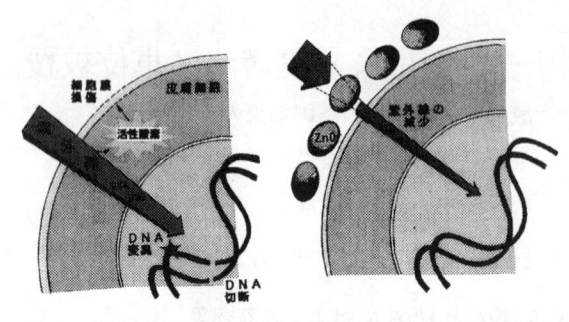

図1A 紫外線によるDNA傷害・細胞膜傷害，およびサンスクリーン剤による防御効果

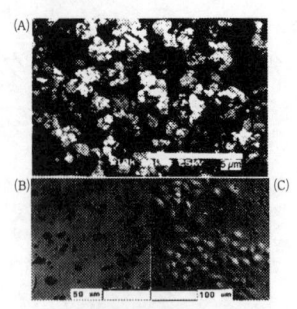

図1B 酸化亜鉛の微粒子による皮膚細胞の被覆
（A）塗布状態での電子顕微鏡写真，（B）皮膚塗布する厚さの1/5での粒子状態，（C）皮膚角化細胞と酸化亜鉛の微粒子との相対的サイズ比較。

2 酸化亜鉛の微粒子による皮膚表面の被覆

UVAもUVBも皮膚細胞に照射されると，細胞内部に一重項酸素やスーパーオキシドアニオンラジカルやヒドロキシルラジカルといった活性酸素を生成させ，細胞膜の破綻，DNA塩基の損傷，DNA鎖の切断などを引き起こし（図1A），結果として，細胞死が起こったり，一部の細胞が発がんを引き起こしうる。酸化亜鉛や酸化チタンなどのサンスクリーンはUVを遮断して，細胞内のUV被曝線量をいかに減少させるかに期待が向けられている（Pinnell et al. 2000；Lundeen et al. 1985；Richard et al. 1993）。このためにはサンスクリーン剤の特性として，

① 皮膚表面をいかに隙間なく一面にサンスクリーン剤で覆うかというナノ単位被覆の可能性が問われる。

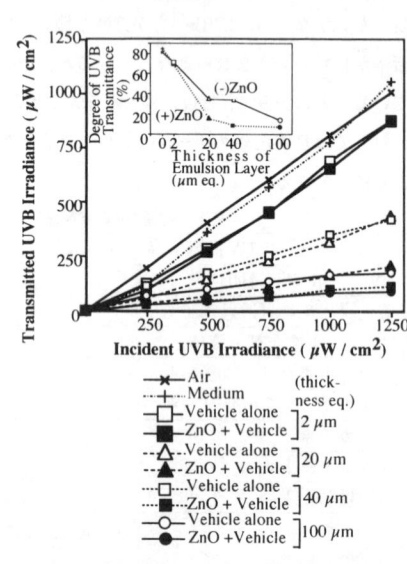

図1C 酸化亜鉛サンスクリーンの塗布層の厚み（2〜100μm），および，紫外線B波の透過光(Transmitted Irradiance)：入射光(Incident Irradiance)の比率(Transmittance)

② サンスクリーン剤で一旦遮断した紫外線が跳ね返りや乱反射によって，2次的に活性酸素を発生してしまうのを防止する能力も問われる。

③ UV遮蔽能力とは別にサンスクリーン剤を塗布しても肌が真っ白に見えないで素肌があり

第27章 サンスクリーン剤による皮膚ナノ単位被覆

のままに見えるという美的要素も必要となる。

そこで1次粒子サイズが0.15μmという微粒子の酸化亜鉛（ZnO）を主成分とするサンスクリーン剤の"Clear Veil"（綺羅化粧品・製造）について，電子顕微鏡写真で示すように微細な粒子が間隙なく敷き詰められたシート状を形成していて，皮膚塗布する厚さの1/5での粒子状態でも微細粒子の状態は維持され，さらに，約15μmのサイズの皮膚角化細胞と比較して酸化亜鉛の微粒子が充分に微細であり凝集が抑制されていることも示された(Hayashi *et al*. 2001)（図1B）。

そこで実際に酸化亜鉛サンスクリーンを塗布する層の厚みを2～100μmで変化させ，このサンスクリーン層への紫外線B波の透過光(Transmitted Irradiance)：入射光(Incident Irradiance)の比率（Transmittance）を計測した（図1C）。この時に酸化亜鉛微粒子それ自体によるUVB透過抑制率を調べる意味で，微粒子を分散させるために使用されるvehicle（分散剤）についても透過抑制率を計測した。この結果として，

① 酸化亜鉛微粒子を含有しない分散剤それ自体でも透過抑制効果があったが，ほぼ完全抑制するためには100μmの厚みに塗布する必要があった。
② 他方，酸化亜鉛微粒子を含有するサンスクリーン剤は20μmの厚みで顕著に透過抑制し，40μmの厚さでほぼ完全に透過抑制した。
③ 皮膚に塗布していわゆるザラツキ感が出るのはサンスクリーン素材や個人差があるが，50～80μmの厚み以上に塗布する場合と考えられる。よって，Clear Veilはそれ以下の厚みでUVBを大幅に透過抑制すると見なされる。

3 花びら状サンスクリーン剤

一般的に日焼け止め剤に含まれる紫外線散乱剤は，2酸化チタンや酸化亜鉛などの微粒子であり入射する紫外線を広い角度の方向へ散乱させる働きがある。従来の紫外線散乱剤は肌に塗った時，これら微粒子が凝集して，肌表面で凸凹を形成するため，すりガラスのように白く見えるという問題があった。

紫外線散乱剤として「花びら状の酸化亜鉛」が資生堂によって開発されている（図2）（日刊工業新聞 1999）。この紫外線散乱剤は酸化亜鉛をカーネーションの花のような形状の粒体にしたものである。塗布した時の圧力によって花びらが広がるように皮膚上で均一に分散するように工夫されている。このため，肌が白くならず，すぐに透明になるとされている。

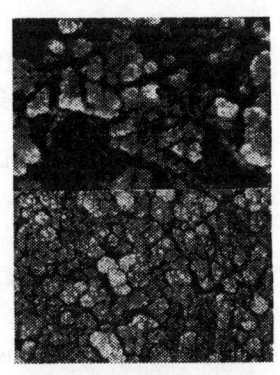

図2 粒子が凝集しやすい従来のサンスクリーン（上図）と花びら状に広がって隙間なく皮膚を被覆するサンスクリーン（下図）

この長所として，
① 肌表面の上での粒体の分散性を改善して肌の白塗り状態に見え難くした。
② ざらつきなどの使用感の悪さが大幅に向上する。
③ ベンゾフェノンなどの紫外線吸収剤（Sun et al. 1999）といった化学薬品なども減量することができ，肌への負担が軽減される。

亜鉛の酸性塩を水溶液中においてアルカリで中和する操作手順の湿式法を用い，中和のために混合するアルカリの種類，および，中和条件を制御することによって成功したと報じられている。

花びら状の紫外線散乱剤の発想は独創性があり，紫外線を遮蔽する有効性も充分に期待できるが，敢えて問題点を考察すると，

① この紫外線散乱剤における花びらと花びらとの平面的な重なりが，皮膚表面に対して垂直方向から見ると，隙間なくぎっしりと充分に重なっているように見える。他方，花びらと花びらの上下の重なりはどの程度密着して隙間なく垂直距離が詰まっているかどうか。この断面を電子顕微鏡写真で明示することは可能である。紫外線はランダムな方向に散乱されるので，もし上下方向の隙間が大きければ，皮膚表面への到達紫外線は多くなろう。
② もう一つの要因は，雲母のように規則的に花びら状ユニットが重なり，その重なり部分の比率が大きい場合は，紫外線遮断は有効と考えられるが，重なりが不規則で，かつ，重なり部分の比率が小さい場合は紫外線遮断は非効率的と見なされる。
③ 形状からの実証もさることながら，実際に紫外線のサンスクリーン層への透過率が塗布層の厚さにどう依存するかを調べる試験（図1C）が実用性に直結することになる。

4 UVB照射による皮膚角化細胞の細胞傷害と酸化亜鉛微粒子サンスクリーンによる防御効果

最少紅斑線量（MED：minimum erythema dose）に近い$25mJ/cm^2$のUVBで照射したマウス皮膚角化細胞Pam212は培養基質との接着性の低下・細胞萎縮・細胞断片化といった細胞傷害を生じるが，酸化亜鉛微粒子サンスクリーン剤Clear Veilを$100\mu m$相当の厚みに添加しておくと，細胞傷害が顕著に抑制された（Hayashi et al. 2001）（図3A）。このサンスクリーン剤の

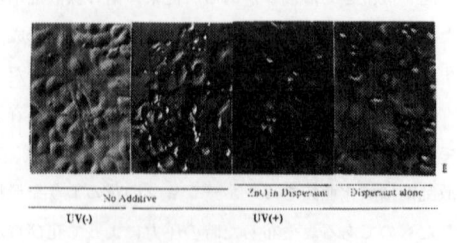

図3A UVB（$25mJ/cm^2$）照射による皮膚角化Pam212の細胞傷害と酸化亜鉛粒子サンスクリーンによる防御効果

第27章　サンスクリーン剤による皮膚ナノ単位被覆

基剤（dispersant：分散剤）だけでは同じ厚みに添加しても著効は認められなかったので，酸化亜鉛微粒子による UVB 散乱が細胞死を防御したと考えられる。

酸化亜鉛微粒子のサンスクリーン剤の塗布層に相当する厚み（thickness）については，20～100μm で試験したが，UVB の照射した線量 15～25mJ/cm^2 のいずれでも，皮膚角化細胞の細胞生存率（Cell Viability）は40μm で有効な維持効果が見られ，100μm の厚みで著効が見られた（図3B）。基剤（Vehicle：薬剤担体；分散剤と同じ）だけではほぼ無効だった。

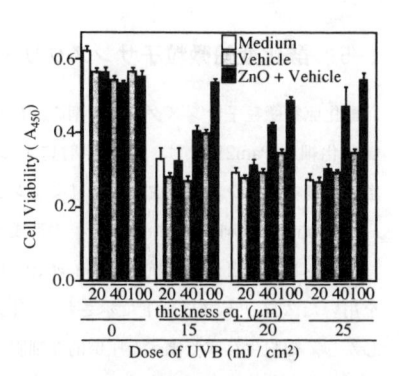

図3B　酸化亜鉛微粒子サンスクリーンの塗布層の厚さ（20～100μm）に対する，紫外線B波の照射（15～25mJ/cm^2）された皮膚角化細胞の細胞生存率（Cell Viability）の依存性

アポトーシス（細胞自殺）は，細胞内カルシウムイオンの上昇→クロマチン DNA のヌクレオソーム単位での断片化→クロマチンの凝縮，核濃縮→細胞縮小→細胞表面の微絨毛の消失と平滑化と水泡化（blebbing）→アポトーシス小体の形成という流れで引き起こされる。アポトーシスを起こした細胞は，もう一つの典型的な細胞死タイプであるネクローシス（細胞壊死）とは異なり，かなり最終段階まで細胞膜を保ったままであるが，それでは，UVB 照射後アポトーシスに先立ってネクローシスが起こっていると考えられるか。アポトーシスの特徴は，細胞縮小や核断片化がきわめて短時間に完了する点である。例えば，位相差顕微鏡で生きたままの培養細胞をビデオで撮って観察すると，細胞死の初期症状が見られてからアポトーシス小体が形成されるまで数分で完了してしまう。細胞1個1個では数分で完了するが，細胞集団全体では細胞ごとに時差があり，これらの統計的な集約として細胞傷害イベントを計測していることになる。

位相差顕微鏡では目視できない分子レベルの細胞傷害イベントである DNA 塩基損傷（シクロブタン型チミンダイマーおよび（6-4）photoproduct），酸化ストレス亢進，細胞膜の構造維持性の破綻，DNA 2 本鎖切断は顕微鏡像での細胞死症状よりも早い段階で起こり，これら分子レベル傷害を言わば病気の潜伏期間として含めると，細胞死イベントは24時間スパンで考えるべきである。

この意味で，UVB 照射後24～48時間における細胞形態の観測がサンスクリーン剤としての性能評価に直結する。このタイミングは細胞死の運命決定（commitment）が執行された後間もない状態であり，死ぬべき細胞は死んでその形態変化が著明となっていて，かつ，残存細胞が未だ細胞分裂によってほとんど再増殖していない時期でもある。

5 酸化亜鉛微粒子サンスクリーン剤によるDNA塩基損傷の抑制効果

　酸化亜鉛微粒子サンスクリーン剤を添加した皮膚角化細胞Pam212では，UVB照射によるDNA塩基損傷であるシクロブタン型ピリミジン2量体（cyclobutane pyrimidine dimmer）の形成が有意に抑制されることが特異抗体（Qin *et al*. 1995）を用いたスロットブロットで示された（図4）。しかし，細胞生存率で調べた圧倒的な細胞死抑制効果（図3B）を示した100μm厚さ相当の酸化亜鉛微粒子サンスクリーン剤であるにもかかわらず，シクロブタン型ピリミジン2量体の形成抑制は半分程度にしか有効でなかった。この結果は，紫外線照射の直後に形成されるこのDNA塩基損傷は除去修復機構（excision repair mechanism）などによって可逆的に復元される亜致死性傷害（sublethal damage）の範囲に止まっていて，照射後24〜48時間で計測されるミトコンドリア脱水素酵素（主にsuccinate deHase）活性には顕著な影響は及ぼさないと考えられる。

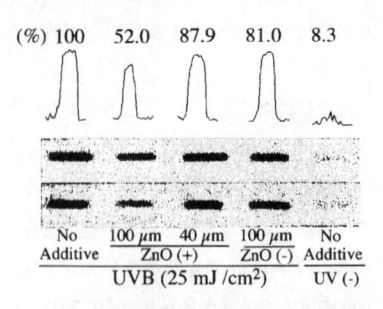

図4　酸化亜鉛微粒子サンスクリーンを塗布した皮膚角化細胞に対する紫外線B波照射によるDNA塩基損傷 cyclobutane pyrimidine dimerの形成

6　UVB照射による皮膚角化細胞の細胞膜破綻，および，酸化亜鉛微粒子サンスクリーン塗布とアスコルビン酸（Asc）投与による防御効果

　UVBの25mJ/cm^{2}の線量での照射によって皮膚角化細胞pam212の細胞膜の構造維持性の破綻（membrane integrity disruption）が起こることが，膜破綻部位から細胞内に侵入してDNA塩基―塩基間に挿入して蛍光を発する色素であるエチジウムホモダイマー（ethidium homodimer）（Fujiwara *et al*. 1997；Kanatate *et al*. 1995）で調べられた（図5）。UVB照射後3時間まで細胞膜の構造維持性は次第に破綻することが示されたが，非照射では変化なく維持されている（図6A，B）。100μm厚み相当の酸化亜鉛微粒子サンスクリーン剤を添加しておくと，細胞膜破綻が顕著に抑制されたが，40μm厚み相当の添加では顕著な抑制とは認められなかった。

　ここで，細胞膜の分子レベルでの破綻は，UVBによって生成した活性酸素が細胞膜のリン脂質（特にグリセリドの2位の不飽和脂肪酸）を酸化することによるが，UVB照射後3時間で検出された細胞膜破綻が，照射後4時間では進行せず検出が低下するが，持続的な検出とはならない傾向がある。この原因は，破綻部位の膜修復が起こった可能性，および，膜破綻検出剤である

第27章　サンスクリーン剤による皮膚ナノ単位被覆

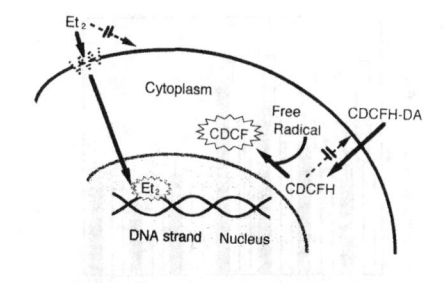

図5　細胞膜の構造維持性の破綻度を計測する指示剤エチジウムホモダイマー（Et 2）および細胞内部の酸化ストレスを計測するレドックス指示剤 CDCFH-DA

エチジウムホモダイマーは細胞膜の構造維持性（integrity）が維持されていると細胞内部に侵入しないが，膜破綻部位が生じるとそこから細胞内に侵入して DNA 塩基－塩基間に挿入されて蛍光を発する色素である。CDCFH-DA は細胞内部に侵入して CDCFH に変換され，パーオキシド・過酸化水素といった活性酸素の存在量に応じて CDCF に酸化されて蛍光を発する。

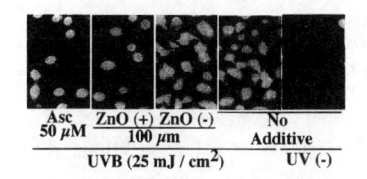

図6A　紫外線B波照射による皮膚角化細胞の細胞膜破綻，および，酸化亜鉛微粒子サンスクリーン塗布とアスコルビン酸（Asc）投与による防御効果

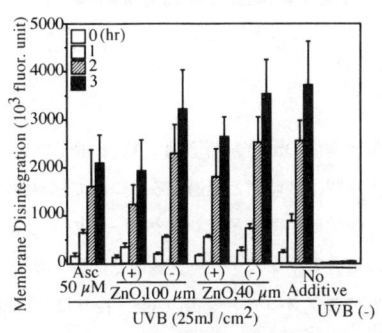

図6B　紫外線B波照射による皮膚角化細胞の細胞膜破綻，および，酸化亜鉛微粒子サンスクリーン塗布とアスコルビン酸（Asc）投与による防御効果

エチジウムホモダイマーが挿入（intercalate）すべき塩基―塩基間が進行する DNA 2 本鎖切断によって減少した可能性が考えられる。よって，細胞膜破綻度は最大タイミングを狙い撃ちして検出する必要が大きい。

　サンスクリーン剤が物理的な UV 防御とすれば，化学的 UV 防御（Vean & Liebler, 1999）としてアスコルビン酸（Asc）は 50μ M の濃度に投与しておくと 100μ m 厚み相当のサンスクリーン剤と同等な細胞膜破綻抑制効果が認められた。

7　UVB によるパーオキシド・過酸化水素の細胞内生成に対する抑制効果

　UVB を照射された皮膚角化細胞の内部において，パーオキシド・過酸化水素が生成する。レドックス指示薬である CDCFH-DA は細胞外部の活性酸素は検出せず，細胞内部のこれら活性酸素をほぼ選択的に検出し，活性酸素の存在量に応じて蛍光を発する原理に基づき（図5）。こ

293

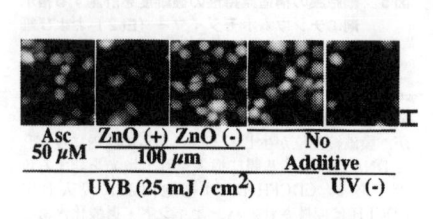

図7A 紫外線B波が照射された皮膚角化細胞におけるパーオキシド・過酸化水素の細胞内生成, および, 酸化亜鉛微粒子サンスクリーン塗布とアスコルビン酸 (Asc) 投与による防御効果

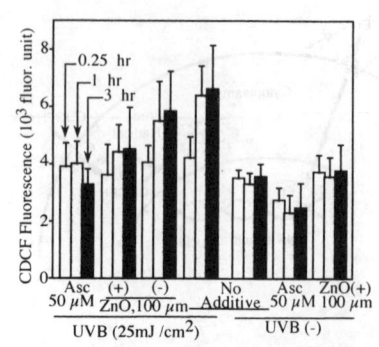

図7B 紫外線B波が照射された皮膚角化細胞におけるパーオキシド・過酸化水素の細胞内生成, および, 酸化亜鉛微粒子サンスクリーン塗布とアスコルビン酸 (Asc) 投与による防御効果

れを蛍光画像 Orcha 解析 (図7A) と蛍光プレートリーダー (図7B) で示した。UVB 照射後15分, 1時間, 3時間と経過するにつれて細胞内パーオキシド・過酸化水素の生成量が増加していくが, 酸化亜鉛微粒子サンスクリーンの100μm厚み相当の添加によって顕著に抑制された。酸化亜鉛不含のサンスクリーン基剤では活性酸素への抑制効果は認められなかった。他方, 50μMの濃度でのアスコルビン酸 (Asc) 投与は活性酸素を抑制し, さらに UVB 照射後15分から3時間にかけて抑制効果が著明になっていった。これに対して, 酸化亜鉛微粒子サンスクリーン剤は活性酸素を抑制するものの照射後1～3時間にかけて活性酸素の漸増を許しているが, 活性酸素は引き続いて起こる細胞死の各種イベントの引き金となるだけに, 低レベルに抑制されていても持続すると, 細胞傷害を引き起こす可能性が生じる (Bredholt et al. 1998 ; Cai et al. 1992 ; Konaka et al. 1999)。

8 おわりに

UVB 照射後の細胞傷害イベントをまとめると,
① 照射直後のシクロブタン型チミンダイマーおよび (6-4) photoproduct の生成
② 照射0～1分後の細胞内の酸化ストレスの亢進 (enhancement of intracellular oxidestive stress)
③ 照射3時間後の細胞膜破綻 (membrane disintegration)
④ 照射6～9時間後の DNA 2本鎖切断 (double strand cleavage)
⑤ 照射後9～18時間で見られる核凝縮 (pycnosis)・細胞萎縮 (shrinkage)

第27章　サンスクリーン剤による皮膚ナノ単位被覆

⑥　照射12〜18時間後のクロマチン凝縮（pycnosis）・細胞断片化（cytorrhexis）とアポトーシス小体（apoptotic body）の形成
⑦　照射後48時間後のミトコンドリア脱水素酵素の活性消失・細胞消滅・溶解（cytolysis）といった最終段階としての細胞死

という大まかな時系列が認められる（第5編第30章，参照）。

　UVBを遮蔽するサンスクリーン剤は，これら各種イベントのうち上記第③項以下の細胞傷害イベントは入射光線が減量する分かなり抑制されると考えられるが，本章でもそれが検証された。しかし，即時的イベントと考えられる第①項のDNA塩基損傷は細胞死抑制効果の大きさに比較して顕著な抑制効果が見られなかったが，このことは，輻射効果（radiative effect）の割合が大きい細胞傷害イベントについては入射光線の遮蔽効果がかなり徹底しなければ防御し難く一部の透過光線による細胞傷害への貢献が大きいこと（図2，3），および，DNA塩基損傷はds（DNA2本鎖）切断と違って不可逆的な細胞死の運命決定（commitment）の段階までにある程度の修復がなされることが考えられる。

　もう一つの細胞傷害イベントである上記第②項の細胞内部の酸化ストレスについては，従来から議論されて来たサンスクリーン剤による2次的な活性酸素発生が関与する（Bredholt *et al*. 1998；Cai *et al*. 1992；Konaka *et al*. 1999）。本章では特にパーオキシド・過酸化水素を検出するレドックス指示薬CDCFH-DAを用いた結果，酸化亜鉛微粒子サンスクリーン剤は酸化ストレスを大幅に抑制するが，時間経過を追うと酸化ストレスの持続を許す結果となっている。酸化ストレスの化学的抑制剤と見なされるアスコルビン酸はUVB照射後3時間まで次第に抑制して行くことが検証された。

　アスコルビン酸はUVBが体内に照射される最も透明度の大きい組織である眼の硝子体に豊富に含まれている（Takano *et al*. 1997）が，これは血中アスコルビン酸が能動輸送（active transport）で生体エネルギー源ATPを敢えて消費してまでも硝子体に濃縮蓄積する必要があるためと考えられる（三羽，1999）。サンスクリーン剤の塗布層を一旦透過した散乱光に対してはその後はサンスクリーン剤は無力である。しかし，散乱光やサンスクリーン剤による光活性化による2次的な活性酸素に対して，アスコルビン酸のような抗酸化分子は時間経過を考慮しても有効に消去作用に働く。よって，物理的効果を果たすサンスクリーン剤を外側に，そして皮膚表面に接触する内側には化学的な酸化ストレス消去剤である抗酸化剤を併用するという2重層形成の物理的化学的併用方針が実用的であると示唆される。

文　献

- Bredholt K., T. Christensen, M. Hannevik, B. Johnsen, J. Seim, J.B. Reitan, Effects of sunscreening agents and reactions with ultraviolet radiation. *Tidsskr Nor Laegeforen.*, **30** (1998) 2640-2645.
- Cai R., Y. Kubota, T. Shuin, H. Sakai, K. Hashimoto, A. Fujishima, Induction of cytotoxicity by photoexcited TiO_2 particles. *Cancer Res.*, **52** (1992) 2346-2348.
- Fujiwara M, N. Nagao, K. Monden, M. Misumi, K. Kageyama, K. Yamamoto, N. Miwa, Enhanced protection against peroxidation-induced mortality of aortic endothelial cells by ascorbic acid-2-O-phosphate abundantly accumulated in the cell as the dephosphorylated form. *Free Radic Res.*, **27** (1997) 97-104.
- Hayashi S., Nikaido O., Miwa N. et al., : The relationship between UVB screening and cytoprotection by microcorpuscular ZnO or ascorbate against DNA photodamage and membrane injuries in keratinocytes. *J.Photochem. Photobiol. B*, **64** (2001) 27-35
- JAFMATE, 1997年8月号, p44 (1997)
- Kanatate T, N. Nagao, M. Sugimoto, K. Kageyama, T. Fujimoto, N. Miwa, Differential susceptibility of epidermal keratinocytes and neuroblastoma cells to cytotoxicity of ultraviolet-B light irradiation prevented by the oxygen radical-scavenger ascorbate-2-phosphate. *Cell Mol Biol Res.*, **41** (1995) 561-567.
- Konaka R., E. Kasahara, W.C. Dunlap, Y. Yamamoto, K.C. Chien, M. Inoue, Irradiation of titanium dioxide generates both singlet oxygen and superoxide anion. *Free Radic Biol Med.*, **27** (1999) 294-300.
- Lundeen R.C., R.P. Langlais, G.T. Terezhalmy, Sunscreen protection for lip mucosa : a review and update. *J Am Dent Assoc.*, **111** (1985) 617-621.

  McVean M., D.C. Liebler, Prevention of DNA photodamage by vitamin E compounds and sunscreen : roles of UV absorbance and cellular uptake. *Mol Carcinog.*, **24** (1999) 169-176.
- 三羽信比古・編著, バイオ抗酸化剤プロビタミンC. pp.234-235, フレグランスジャーナル社, 1999.
- 日刊工業新聞, 白浮きしない日焼け止め, 1999年1月14日号
- Pinnell S. R., D. Fairhurst, R. Gillies, M. A. Mitchnick, N. Kollias, Microfine Zinc Oxide is a Superior Sunscreen Ingredient to Microfine Titanium Dioxide. *Dermatol Surg.*, **26** (2000) 309-314.

第27章　サンスクリーン剤による皮膚ナノ単位被覆

- Qin X, S. Zhang, H. Oda, Y. Nakatsuru, S. Shimizu, Y. Yamazaki, O. Nikaido, T. Ishikawa, Quantitative detection of ultraviolet light-induced photoproducts in mouse skin by immunohistochemistry. *Jpn J Cancer Res.*, **86** (1995) 1041-1048.
- Richard M. J., P. Guiraud, M. T. Leccia, J. C. Beani, A. Favier, Effect of zinc supplementation on resistance of cultured human skin fibroblasts toward oxidant stress. *Biol Trace Elem Res.*, **37** (1993) 187-199.
- Sun J. S., K. M. Shieh, H. C. Chiang, S. Y. Sheu, Y. S. Hang, F. J. Lu, Y. H. Tsuang, Scavenging effect of benzophenones on the oxidative stress of skeletal muscle cells. *Free Radic Biol Med.*, **26** (1999) 1100-1107.
- Takano S., S. Ishiwata, M. Nakazawa, M. Mizugaki, M. Tamai, Determination of ascorbic acid in human vitreous humor by high-performance liquid chromatography with UV detection. *Curr Eye Res.*, **16** (1997) 589-594.

第5編　バイオ化粧品の効能を評価する技術メニュー

第28章　ヒト摘出皮膚片を用いた薬剤浸透の評価法
―― 薬剤分布に対する迅速評価可能な
　　　　　　　　改変ブロノフ拡散チェンバー法 ――

赤木訓香[*1]，吉光紀久子[*2]，三村晴子[*3]，三羽信比古[*4]

1　3次元皮膚モデルにはない臨床近似性

3次元皮膚モデル（人工皮膚）の作製は進歩しているが，臨床近似性に劣る下記の点が気掛かりである。

① 3次元皮膚モデルは毛孔・皮脂腺・エックリン汗孔といった毛穴などが欠落している。皮膚表面に外用塗布した薬剤が皮下へ浸透する場合の副経路（bypass）として有意義であるので，臨床試験との乖離が大きい場合がある。

② 3次元皮膚モデルは角質もないか乏しい。角質は薬剤が皮下浸透する最初のバリアになるだけに決定的な違いを生じると考えられる。

③ 3次元皮膚モデルでも基底膜は存在するが，IV型コラーゲン構築性が劣り周期的起伏やリベット（鋲）構造も欠落している。これは薬剤の表皮から真皮への浸透性について臨床との相違を生じる可能性がある。

2　改変ブロノフ拡散チェンバー法の手順

上記の3次元皮膚モデルの欠点をヒト摘出皮膚片/改変ブロノフ拡散チェンバー法は解消する。その作製手順は下記の通りである。

① ヒト摘出皮膚片は適切に保管し，皮下組織を1 mm程残して除去する。
② 皮膚片を垂直方向に数個の小片に分割する。
③ 皮膚小片の切断側面をバイオコンパチブルTGポリマーで包む。

＊1　Kunika Akagi　広島県立大学　生物資源学部　三羽研究室　副主任研究員
＊2　Kikuko Yoshimitsu　広島県立大学　生物資源学部　三羽研究室　副主任研究員
＊3　Haruko Mimura　広島県立大学　生物資源学部　三羽研究室　専任技術員
＊4　Nobuhiko Miwa　広島県立大学　生物資源学部　生物資源開発学科　教授

④　滅菌された改変ブロノフ拡散チェンバーのハウジングに設置する。
⑤　チェンバーを24穴マイクロプレートに設置し，無血清 DMEM 培地を入れる。
⑥　5％炭酸ガスを通気して pH を7.2～7.3に維持する。
⑦　化粧品検体は皮膚表面側に，健康食品検体は皮下側に添加する。
⑧　一定時間が経過した後に皮膚小片を取り出す。
⑨　参照皮膚片は EvG 染色で角質と表皮と真皮の厚さを計測する。
⑩　皮膚小片をトリプシンで表皮と真皮とに分離する。この時に抗酸化剤は酸化分解を受けやすいので注意する。
⑪　分離した表皮と真皮は完全に細胞破砕しないと薬剤浸透量は低めに評価されてしまう。逆に，破砕に時間を掛け過ぎても抗酸化剤が酸化分解してやはり低めに評価される。
⑫　常法で HPLC で分離し，蛍光・クーロメトリック ECD・UV 検出器で定量する。

3　皮膚片を用いる他の方法との比較

改変ブロノフ拡散チェンバー法は皮膚片を用いた他の方法と比較すると，下記の相違点がある。

①　Franz 型拡散セル…皮膚片の周辺を上下から挟みつける方式が主である。皮膚片周辺はハウジングに密着した円形のシリコン製パッキング2枚によって締め付けられる形になるため，この皮膚片部位にクラックが生じやすく，薬剤浸透率を擬陽性として過大評価してしまう欠点がある。

②　加圧2連チェンバー…薬剤の含有液をドナー側チェンバーに入れて，皮膚片を介在させて加圧し，レシーバー側チェンバーに浸透した薬剤量を計測する方式で短時間で評価できる。
2連チェンバーによって挟み付けられる皮膚片周辺部分にクラックが入ると，加圧する分だけより人為的サイドチャネリングが起こりやすい。

上記の方法に比較して，改変ブロノフ拡散チェンバー法では，皮膚片は上下でなく側面から包み込むことでクラック形成を避け，薬剤の自然拡散にもイオン導入にも適合する点が利点となる。

改変ブロノフ拡散チェンバー法を用いた研究成果は，下記の本書各章に詳述されている。
　第3章，第4章，第9章，第11章，第12章，第14章，第15章，第16章，第18章，第29章

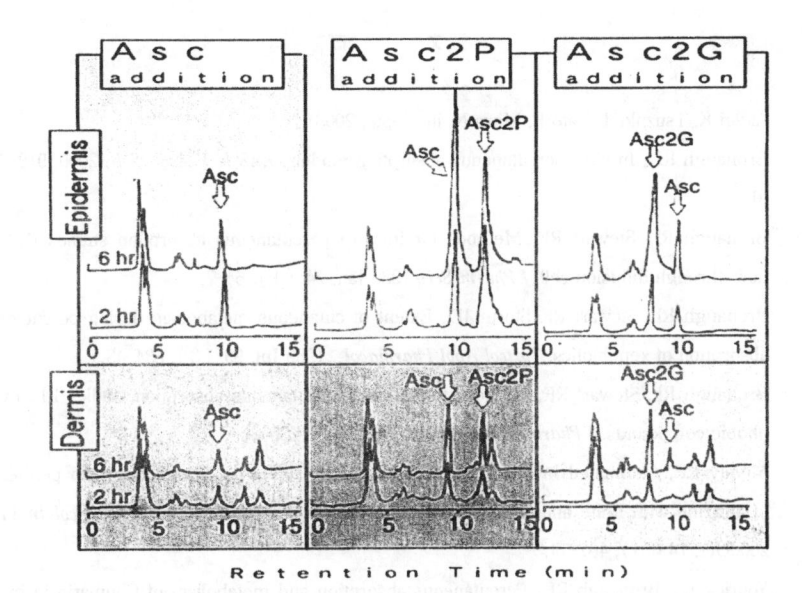

第28章 ヒト摘出皮膚片を用いた薬剤浸透の評価法

HPLC profiles of extracts from the epidermis or dermis of human skin biopsy cultured with Asc, Asc2P or Asc2G of 2 g/dl in hydrophilic ointment of 5 mg/cm² for 2 or 6 hr.

図1 ヒト摘出皮膚片へ添加したプロビタミンCの表皮（Epidermis）と真皮（Dermis）への浸透

4 プロビタミンCのヒト摘出皮膚片への浸透効果

　改変ブロノフ拡散チェンバー法でアスコルビン酸，アスコルビン酸-2-O-リン酸エステルNa塩，アスコルビン酸-2-O-α-D-グルコシドの皮膚浸透効果を試験した。なるべく臨床試験に近似させるため，水溶性の基剤としてワセリンを主成分とするMerck社のホエイを用いた。この基剤を5 mg/cm²の厚さに皮膚小片の表面に塗布した。基剤中には3種類のアスコルビン酸または誘導体を2 g/dL含有させておく。2時間と6時間皮膚小片を含むチェンバーを37℃でpH7.25に保持し，この後に，皮膚小片を単離して表皮と真皮のプロビタミンCとそれから変換されたビタミンCとを計測した（図1）（Akagi *et al.* 2003）。

　この場合，54歳の女性の耳後皮膚片を8小片に分割して，各々の皮膚小片に各種試験区を設定したので，同一条件下での厳密な比較となる。摘出皮膚片の端で性状に違いがある場合は使用しないように除去することにしている。

文　献

- Akagi K, Tsuzuki T, Kato E, Miwa N, in prepn., 2003
- Bronaugh RL., In vitro percutaneous absorption models. *Ann N Y Acad Sci*., 2000, **919**, 188-91.
- Bronaugh RL, Stewart RF., Methods for in vitro percutaneous absorption studies IV : The flow-through diffusion cell. *J Pharm Sci*., 1985 Jan, **74** (1), 64-7.
- Bronaugh RL, Stewart RF, Storm JE., Extent of cutaneous metabolism during percutaneous absorption of xenobiotics. *Toxicol Appl Pharmacol*., 1989 Jul, **99** (3), 534-43.
- Bronaugh RL, Stewart RF., Methods for in vitro percutaneous absorption studies III : hydrophobic compounds. *J Pharm Sci*., 1984 Sep, **73** (9), 1255-8.
- Moody RP., Automated In Vitro Dermal Absorption (AIVDA) : Predicting skin permeation of atrazine with finite and infinite (swimming/bathing) exposure models. *Toxicol In Vitro*., 2000Oct, **14** (5), 467-74.
- Yourick JJ, Bronaugh RL., Percutaneous absorption and metabolism of Coumarin in human and rat skin. *J Appl Toxicol.*, 1997 May-Jun, **17** (3), 153

第29章 高速シワ人為的形成システム
―― シワのスコア化評価法と細胞外マトリックス構築
およびシワ防御剤の開発 ――

中島紀子[*1], 三村晴子[*2], 栢菅敦史[*3], 矢間 太[*4], 三羽信比古[*5]

1 はじめに

人体の皮膚に生じるシワは数十年の歳月を経て形成されるため,シワ防御剤の開発や効能実証は事実上,困難だった。当研究室はヒト皮膚組織に細胞死を引き起こさない臨界線量の紫外線A波を断続照射して模擬シワを高速形成させる系を開発し,この系への薬効候補検体の添加によるシワ防御効果に関して,走査型電子顕微鏡による皮膚組織の変化,皮膚表面レプリカとその凹凸ラインヒストグラム,皮膚基底膜でのIV型コラーゲン繊維のプレーン&リベット構造の堅牢性,および,基底膜直下オキシタラン構造でのエラスチン繊維の配向性の4点などから検証する方法を確立したので,本章で解説する。

2 高速シワ形成系の皮膚組織の電子顕微鏡像

既に形成されたシワを数値として評価する方法はいくつか知られている[1-3]が,シワを人為的に高速形成させ,そのシワ防御活性を示す薬剤を開発する手法に関しては報告を見ない。まず研究開始前では,ヒト皮膚組織に断続的に紫外線照射してシワ形成できる可能性が疑問だった。というのは,シワが形成されるまで皮膚組織をいかに長期日数,生存維持できるか。次に,細胞を殺さずにシワを高速形成させるような好都合な紫外線線量は存在するだろうか。これら2点を踏まえ,取り敢えずヒト皮膚角化細胞HaCaTやヒト皮膚繊維芽細胞NHDFやDUMS-16に対して長波長(UVA)や中波長(UVB)紫外線を照射すると線量に応じて細胞死が引き起こされるが,

---

*1 Noriko Nakashima 広島県立大学大学院 生物生産システム研究科
*2 Haruko Mimura 広島県立大学 生物資源学部 三羽研究室 専任技術員
*3 Atsushi Kayasuga 広島県立大学 生物資源学部 三羽研究室 主席科学技術研究員
*4 Futoshi Yazama 広島県立大学 生物資源学部 生物資源開発学科 助教授
*5 Nobuhiko Miwa 広島県立大学 生物資源学部 生物資源開発学科 教授

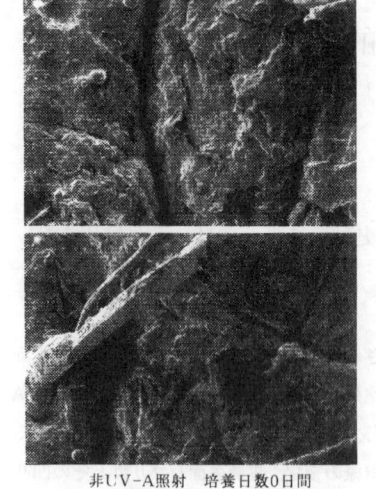

非UV-A照射 培養日数7日

非UV-A照射 培養日数0日間

図1A 試験開始前のヒト摘出皮膚片
皮溝は浅く，皮丘もきめの細やかで緩やかな起伏が比較的周期的に反復している。

UV-A照射（3 J/cm^2×2 回/日）
培養日数7日間

図1B 高速シワ形成システムにおける深い擬似シワの形成と落屑様の皮膚変性（下図）と非UVA照射（shamとして照射皮膚と同一日数の経過）では試験前とほぼ変わらない外観（上図）

ここで細胞死を起さない最大の線量を求めた結果，UVAは2000～3000mJ/cm^2，UVBは3～6 mJ/cm^{2}だった。これら臨界線量はテロメラーゼ遺伝子hTRTを導入すれば各々5000～6000mJ/cm^2，8～10mJ/cm^{2}に増加して抵抗性になる[4]。

そこでヒト摘出皮膚片（32歳，耳後部，女性）を7小片に垂直分割し改変プロノフ拡散チェンバーで器官培養しながら，1日2回，皮膚深部へ透過するのでUVAを3,000mJ/cm^{2}で断続的に照射した。7日間これを毎日反復して，各日数の経過後チェンバーから皮膚小片を分離し，皮膚表面を走査型電子顕微鏡で観測した。この結果，培養前の皮膚組織では，皮溝は浅く皮丘はきめ細かいほぼ周期的な起伏が見られた（図1A）。ところが，UVA連日照射7日間の皮膚組織では皮溝はえぐり取られたように深い谷となり，皮丘ではきめ細かかった周期性の起伏が減少して不規則な凹凸が増加すると共に，落屑や毛羽立ったようなささくれも見られた（図1B下）。これら

第29章 高速シワ人為的形成システム

の皮膚変化は同じ日数を経過した UVA 非照射の同一皮膚部位由来の皮膚片（sham）ではほとんど見られなかった（図1B 上）ので，臨界線量の UVA 断続照射に誘発されたものであることになる。と共に，光老化による数十年かかる生理的なシワ形成でも，上記のような年月を圧縮した皮膚変性が緩慢に生じていることを示唆する。

3　ヒト皮膚組織小片を用いた高速シワ形成系

では実際に，肉眼で印象として受けるシワの目視イメージは高速シワ形成系ではどうなっているだろうか。ヒト摘出皮膚片（57歳，女，耳後下）を5小片に垂直分割し改変ブロノフ拡散チェンバーで器官培養しながら，1日2回，皮膚深部へ透過するので UVA を3,000mJ/cm^{2}で断続的に照射した。3～5日経過してチェンバーから皮膚小片を分離し，皮膚表面からスキンキャストでレプリカを形取り，その凹凸をラインヒストグラムと高低差（ファロー）頻度分布[5]を求めた。対照試験として，同一日数経過して UVA 照射しない sham 皮膚小片を比較した。この結果，3～5日間 UVA 断続照射によってヒト皮膚小片の表面に模擬シワが肉眼的にも認識でき，ラインヒストグラムでも不規則に乱高下していて，高低差分布でも深い模擬シワの比率が高まると共に，浅いシワが集結した結果かシワ数は次第に減ってくる（図2(a)～(d)）。一方，sham 皮膚小片には肉眼，ラインヒスト，高低差分布のいずれも顕著な変化は見られなかった。

さらに10日間と，より長期間の UVA 断続照射の影響を別の皮膚片（0歳，男，足指）で調べた結果，sham 皮膚小片と UVA 照射皮膚小片との模擬シワの差異は歴然だったが，模擬シワの数は UVA 長期照射によって増加した点が5日間照射と異なっていた（図3(a), (b)）。

一方，個体レベルの皮膚でもかかる指標で光老化が見られるかを検証した。55歳（氏名 YY）と28歳（氏名 KA）の被験者の3箇所の同一皮膚部位で比べた結果，低露光の上腕内側では年齢差が見られず，高露光の頬でも著明な年齢差が見られなかった。唯一，表情シワを作りやすい眉間の皮膚でレプリカ概観，ラインヒスト，高低差頻度分布の3評価項目に年齢差が明示された（図4(a), (b)）が，深いシワの比率はそれほど著増していなかった点が皮膚小片で高速形成させた模擬シワとは異なっていた。このように，ヒト皮膚小片において高速形成させた模擬シワは，個体レベルで数十年の長い歳月を経て形成される真のシワと比較して，相違点があるものの，非照射で同一日数の経時的な（sham）皮膚劣化とは異なる光老化に起因することは明らかであり，したがって，高速シワ形成系で模擬シワ防御効果を示した薬剤は個体レベルでも真のシワ防御剤として働く可能性が既存の各種評価系の中では大きいと見なされる。

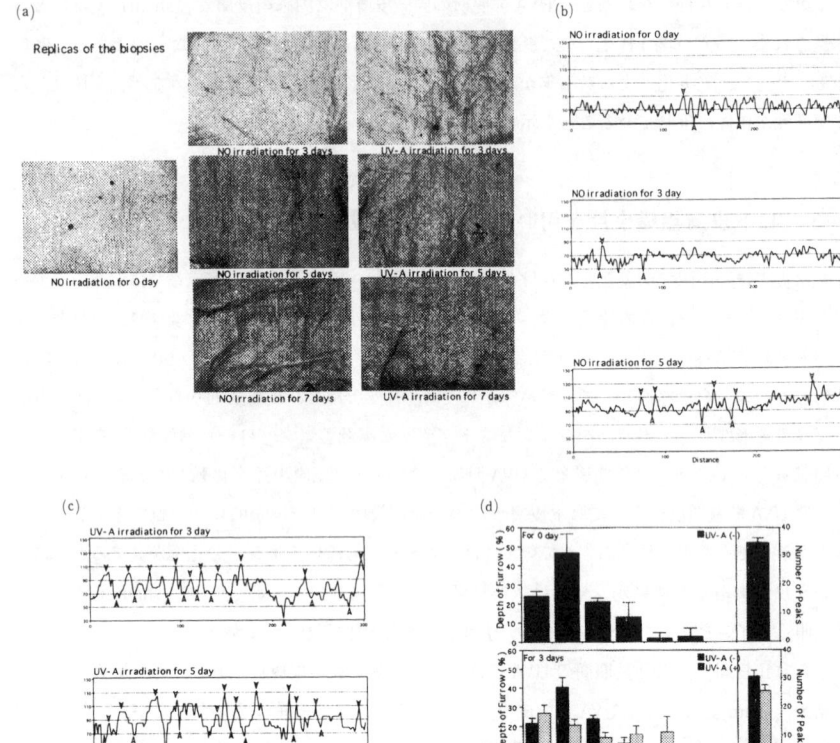

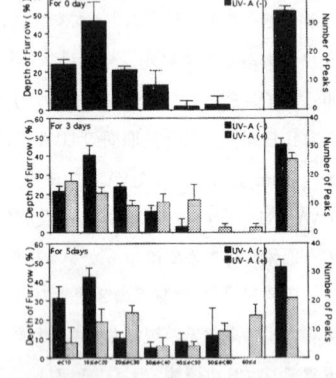

細胞死制御工学～美肌・皮膚防護バイオ素材の開発～

図2 臨界線量のUVAを3～5日間断続照射したヒト摘出
皮膚片ピースと非照射（sham）皮膚の比較[5]
(a) 皮膚表面レプリカの概観
(b) レプリカのラインヒストグラム（UVA非照射）
(c) レプリカのラインヒストグラム（UVA照射）
(d) 皮膚表面での高低差（ファロー）頻度分布

第29章　高速シワ人為的形成システム

(a)

NO irradiation for 0 day

NO irradiation for 10 days

UV-A irradiation for 10 days

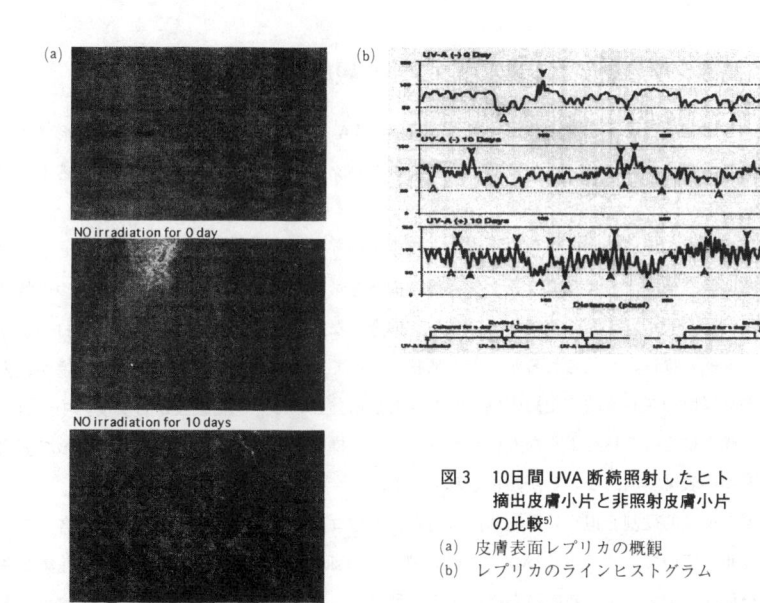

Effect of UV-A irradiation on the skin surface paramenters
The human skin biopsies were evaluated the foot (0 year old : male).
These were cultured in Bronauph chamber and irradiated with UV-A (3 J / cm^2 / day) for twe weeks. After evaluated from Bronauph chamber, the replicas were obtained with SIKN CAST silicon.

(b)

図3　10日間UVA断続照射したヒト摘出皮膚小片と非照射皮膚小片の比較[5]
(a) 皮膚表面レプリカの概観
(b) レプリカのラインヒストグラム

(a)

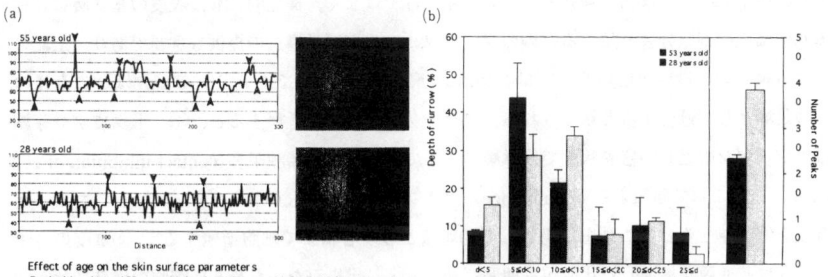

55 years old

28 years old

Distance

Effect of age on the skin surface parameters
Two healthy subjects (55 years old : female Y.Y, 28 years old : female K.A) participated in this study. Left graphs were skin surface plots. Right photgraphs were the skin replicas. The replicas were obtained with SKIN CAST silicon from the grabella. The quantified plots were produced by means of a NIH image system.

(b)

Effects of age on the skin surface parameters.
Two healthy subjects (55 years old : female Y.Y, 28 years old : female K.A) participated in this study. Left graph was defined as the average depth of furrow. Right graph was the average number of peak. The replicas were obtained with SKIN CAST silicon from the grabella. The quantified parameters were produced by means of a NIH image system. Each value represents the mean ± S.D. of the subjects.

図4　眉間皮膚のシワにおける年齢差[5]
(a) 皮膚表面レプリカの概観およびレプリカのラインヒストグラム
(b) 皮膚表面での高低差（ファロー）頻度分布

4 高速シワ形成による皮膚中タンパク繊維構造の変化

 模擬シワは細胞死を引き起こさない臨界線量の UVA を皮膚小片に断続照射すると形成されることは実証されたが，次に，その皮膚小片内でタンパク繊維構造の変化が起こっているかを調べた。

 基底膜は皮膚の機械的強度を担い，表皮と真皮という皮膚2層を貼り合せている。ヒト摘出皮膚片で基底膜を構成するⅣ型コラーゲンの繊維構造を蛍光間接抗体法で染色すると，2つの特性が見られる（図5(a)）[6]。①太く連続したプレーン構造をなす基底膜において周期的に波打つようなパピラ（乳頭）様形状が見られるが，この形状によって，平坦なプレーン構造よりも遥かに表皮―真皮の2層間のズレを防ぐための貼り合わせ力が増強される。②基底膜から真皮の中へほぼ垂直方向へ楔か杭を打ち込むような太いリベット（鋲）様構造も見られるが，これによって表皮―真皮2層間の表層雪崩的なズレが防止されている。

 基底膜の構造的役割を担う分子的基礎は何か。Ⅰ型コラーゲンは人体でコラーゲン各型の中で最多に分布していて，そのポリペプチド鎖の側―側（side-by-side）結合を介して相互集結され繊維束を形成しやすいが，基底膜を構成するⅣ型コラーゲンは，これと違って，ポリペプチド鎖の長手方向での端―端（end-to-end）結合，および，繊維の短手方向での低頻度の側鎖結合とを介したポリゴナル（多角形）ネット様ハニカム（蜂の巣）構造を形成しやすく（図5(b)），このため基底膜のプレーン構造を構築するには好適である[7]。

 基底膜は上記のような構造補強としての役割だけではなく，機能的にも，表皮の基底層に存在する基底細胞の細胞分裂し始めるためのフットフォールド（足場）の提供も重要であり，上記のハニカム構造の1構成単位のサイズは0.4μm以下と細かい網目であり，10〜30μmほどの直径の細胞の足場として適合すると見なされる。コラーゲン足場説を考察すると，①ヒト真皮繊維芽細胞はコラーゲンの乏しい培養状態では単層のままで細胞増殖の接触阻害（contact inhibition of cell division）を起こして飽和する（confluence）が，プロビタミンCのAsc2Pを添加してコラーゲン合成を増加させると，これを足場にして10層ほどの多層にまで細胞増殖する[8]。②重度のニキビのように基底膜が崩壊した状態が長期間存続すると，足場がないため基底細胞の増殖開始が起こり難くなって表皮が秩序正しく再生されず，この結果として瘢痕を残すと考えられる。

 一方，皮膚の弾力性を担う要因として，エラスチンの繊維構造が重要である（図5(c)）。基底膜の直下に，ちょうど基底膜の面に対していくぶん垂直方向に多数の並行するエラスチン繊維が見られ[6]，オキシタラン構造と命名されるが，このエラスチン繊維の配向性がちょうどベッドマットを支えるスプリングのような弾力性を担うと考えられる。この配向性の乱れや繊維数の減少は弾力性の低下をもたらすであろう。

第29章　高速シワ人為的形成システム

(a)

表皮
基底膜
真皮

健常な皮膚　21才、♀、顔
太く連続した基底膜
Ⅳ型コラーゲンの膜状構造

(b)

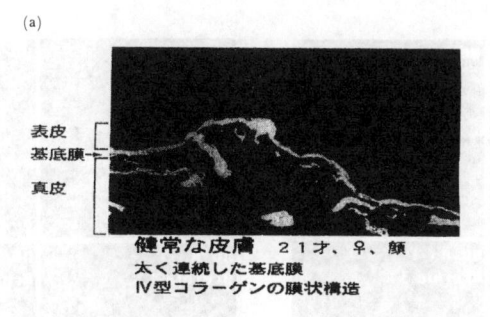

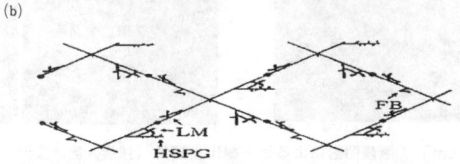

FB
LM
HSPG

1) Ⅳ型コラーゲン分子の片端（C端）が他のⅣ型コラーゲン分子の片端（N端）と結合して縦（長手方向）に重合し、網目を形成する。

2) 網目構造1)に横（短手方向）の重合が加わって多角形を形成する。

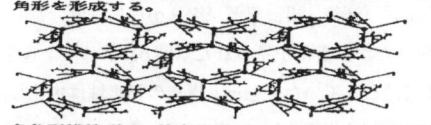

3) 多角形構造2)の特定位置にコラーゲン以外の成分が付加する。

線状でなく多角形構造がつくられる。Ⅳ型コラーゲンの会合で形成される基底膜の構造モデル。FBはフィブロネクチン、HSPGはヘパラン硫酸プロテオグリカン、LMはラミニンを表す。

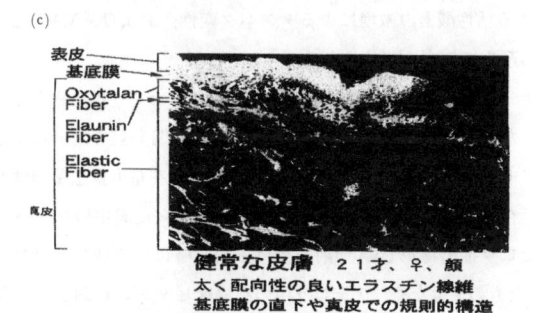

(c)

表皮
基底膜
Oxytalan Fiber
Elaunin Fiber
Elastic Fiber
真皮

健常な皮膚　21才、♀、顔
太く配向性の良いエラスチン線維
基底膜の直下や真皮での規則的構造

図5　健常なヒト皮膚におけるタンパク繊維の構造[6]
(a) Ⅳ型コラーゲンに対する蛍光間接抗体法による染色[6]
(b) Ⅳ型コラーゲンによって形成される多角形網目構造（Y.Kitagawa *et al*. 1992)[7]
(c) エラスチンに対する蛍光間接抗体法による染色[6]

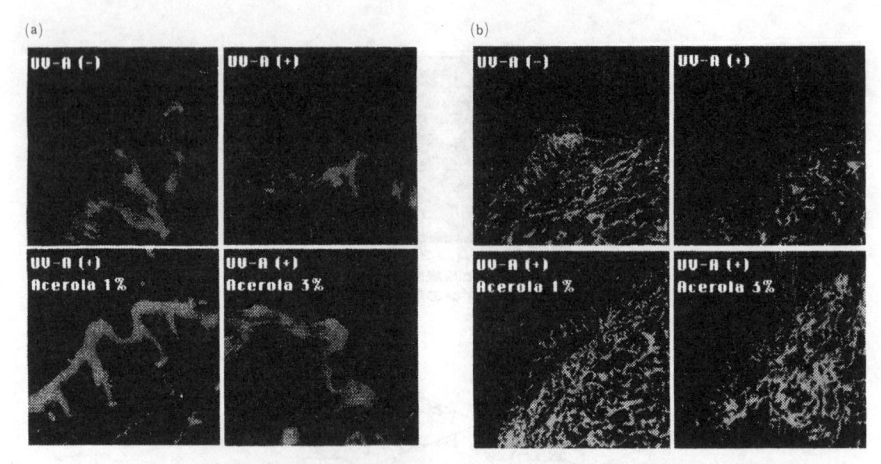

図6　UVA（5 J/cm²）の断続照射によるヒト摘出皮膚片（16歳，男，腹部）の基底膜（Ⅳ型コラーゲン）構築劣化(a)と弾力繊維（エラスチン）配向性低下(b)，および，アセロラ抽出物の皮下側投与による防御効果[9]

では高速シワ形成の場合，皮膚の堅牢性と弾力性を担う前記2種のタンパク繊維はどう変化しただろうか。ヒト摘出皮膚片（16歳，男，腹部）を9小片に垂直分割し，各々にUVA（5,000mJ/cm²）を3日間断続照射したが，変化が見られた（図6(a)，(b)）[8]。①基底膜のⅣ型コラーゲンは存在量が減少して，太く連続していたプレート構造の堅牢性は劣化し，基底膜に垂直のリベット様構造体もほとんど消失し細く短縮化していた。②エラスチンも量的に減少し，基底膜の直下のオキシタラン構造におけるエラスチン繊維も減量して繊維の配向性も劣化していた。

すなわち高速シワ形成によって皮膚タンパク繊維が明瞭な構造劣化を来したことになるが，この原因は，UVAによる活性酸素の激増によるタンパク変性，および，MMP-2, MMP-9などのコラーゲン分解酵素の産生増加[9,10]が考えられる。

ところが，インナー化粧品（美肌化健康食品）としてのアセロラ抽出物を皮膚小片の皮下側の培養液の中に1％または3％の濃度で3日間継続添加し，毎日新鮮なアセロラ抽出液に培地交換した。この結果，アセロラ添加によってⅣ型コラーゲンの存在量も構造堅牢性も維持されると共に，エラスチンの存在量も繊維配向性も維持された[9]。これら皮膚中のタンパク繊維構造の維持された原因は，アセロラ抽出物がUVA照射を受ける角質層には添加していないので，直接的なUV吸収効果を介したものではなく，アセロラ中の高濃度ビタミンCおよび共存するアントシアンやフラボノイドなどが皮下（皮膚表面より1.7mmの深部）から吸収されて真皮上部（同0.13mm）まで浸透してUVA由来の活性酸素を効率的に消去したためと考えられる。

第29章　高速シワ人為的形成システム

5　おわりに

シワ抑制剤に関する効能検証に関して従来は，細胞レベルでのコラーゲン合成促進効果の域を出ない程度であった。本章で記述した模擬シワは，何十年という長い歳月を数日間に時間短縮して人為的に引き起こした人為的現象であり，当然ながら生理的に形成される真のシワと同一であるとは見なされない。しかし，本章の高速シワ形成システムは従来のシワ抑制剤開発における科学的根拠の欠落を少なくとも部分的に埋める具体的な手技・方法を提示したものであり，模擬シワを防御する効果を示す薬剤は人体の皮膚においてもシワ防御剤となりうる可能性は大きいと思われる。

文　　献

1) 林照次ら，粧技誌，**27**，355-373（1993）
2) 高須恵美子ら，粧技誌，**29**，394-405（1996）
3) 三村邦雄，日本香粧品科学会誌，**26**，256-260（2002）
4) K. Hasegawa, N. Miwa, M. Namba, In prepn.(2003)
5) N. Nakashima, N. Miwa, Y. Shintani, A. Morita, T. Tsuji, in prepn.(2003)
6) F. Kondoh, H. Ikeno, N. Miwa, A. Akiyama, S. Tajima, in prepn（2003）
7) 三羽信比古，ビタミンCの知られざる働き，pp.110-117，丸善（1992）; Y. Kitagawa *et al*. *persnl. commun*（1992）
8) R. Hata *et al., Eur. J. Biochem*., **173**, 261-267（1988）
9) N. Nagao *et al., Antioxid Redox Signal.*, **2**, 727-738（2000）; *J Cancer Res Clin Oncol*, **126**, 503-510（2000）
10) J. W. Liu *et al., Oncol Res*, **11**, 479-487（1999）

第30章 皮膚UV防御剤の検索技術
―紫外線A波・B波による各種細胞傷害イベントの時系列に沿った防御効果の評価法―

林　沙織[*1], 黄　哲[*2], 妹尾雄一郎[*3], 三羽信比古[*4]

1　はじめに

UV防御剤の効能実証では，紫外線A波（UVA）とB波（UVB）とによって照射後から細胞死に至る各種の細胞傷害イベントが異なる。例えば，DNA塩基損傷，活性酸素の細胞内発生，核DNA鎖切断，細胞膜部分破綻，ミトコンドリア機能劣化といった細胞傷害イベントが執行されて細胞死に至るが，これらの時系列がUVAとUVBとで異なる。このため，各イベントの最も著明となる時点を狙い撃ちしてUV防御効果を評価しなければ，適切なUV防御剤が取得できないことになる。本章では，UVAとUVBの細胞死に及ぼす特性を活用した効率的なUV防御剤の開発方法を提示した。

2　紫外線による核DNA鎖切断

2.1　皮膚組織レベルでのDNA切断

ヒト個体レベルでの紫外線照射による核DNA 2本鎖切断を体系的に検証することは事実上困難である。その理由は，紫外線を照射する度に皮膚片をダーマトームで剥離してDNA切断を計測することは同一皮膚部位で実施し難いからである。そこで，当研究室ではインフォームドコンセントの得られたヒト摘出皮膚片を数個の小片に垂直分割し，これら同一皮膚部位由来の皮膚小片を改変ブロノフ拡散チェンバーで器官培養した状態で紫外線を照射し，照射後いくつかの時間経過でDNA切断をTUNEL染色している。

[*1]　Saori Hayashi　広島県立大学大学院　生物生産システム研究科；現　森下仁丹㈱

[*2]　Huang Zhe　広島県立大学大学院　生物生産システム研究科　三羽研究室　客員研究員；中国上海市　同済大学　医学部　研究員

[*3]　Yuichiro Senoo　広島県立大学大学院　生物生産システム研究科；現　ゼリア新薬㈱

[*4]　Nobuhiko Miwa　広島県立大学大学院　生物生産システム研究科　教授

第30章 皮膚 UV 防御剤の検索技術

図1A ヒト摘出皮膚片へのUV-A照射による DNA 2本鎖切断の TUNEL 染色
（巻頭カラー写真参照）

図1B ヒト摘出皮膚片へのUV-B照射による DNA 2本鎖切断の TUNEL 染色
（巻頭カラー写真参照）

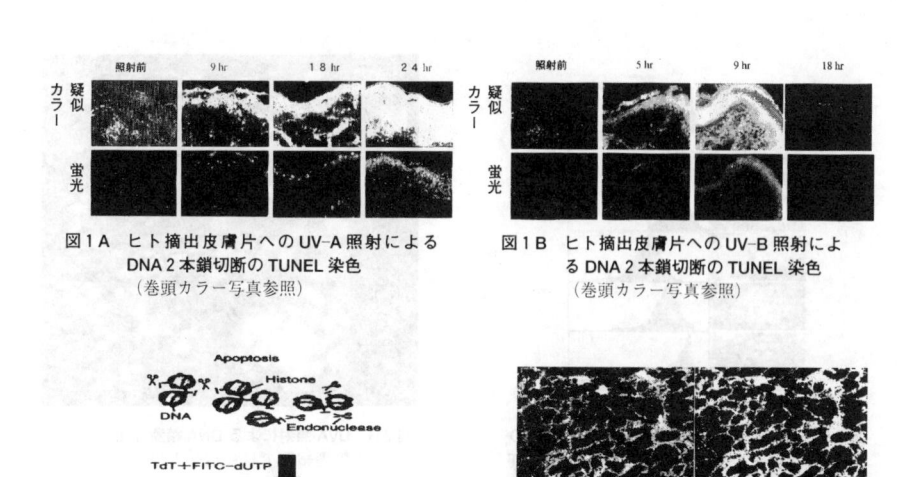

図1C DNA 切断末端 TUNEL 法による蛍光染色1
（MBL 1999）

図1D ラット乳腺組織でのDNA鎖切断に対する TUNEL 染色

真皮まで到達すると言われる長波長紫外線 UVA を$100J/cm^2$の線量で皮膚片に照射すると，照射後 9，18，24時間と経過するに伴って，DNA 切断が増加していった（図1A）。この時，表皮で DNA 切断が先に照射後 9 時間で引き起こされ，次いで照射後18～24時間で真皮に遅れて DNA 切断が起こるという時空間順列が見られた。この間，表皮では DNA 切断が頭打ちにならず進行していく様相が見られた。UVA は真皮まで到達はするが，DNA 切断は表皮の方が真皮より多く，これは皮膚深部になるほど UVA であっても減衰するためと考えられる。

一方，真皮には到達しないと言われる中波長紫外線 UVB を$50mJ/cm^2$の線量で皮膚片に照射すると，照射後 5～9 時間で表皮に限局して，UVA 照射の場合よりも顕著な DNA 切断が引き起こされた。照射後18時間では，UVA の場合と違って，DNA 切断は激減していた。いずれの時間でも真皮にはほとんど DNA 切断は見られなかった。UVB は DNA 切断作用は強い反面，皮膚深部への浸透力が弱いことが検証された（図1B）。

UV による DNA 切断は DNA 3´-OH 切断末端に蛍光色素 FITC を標識する TUNEL 法で検出できる（図1C）（三羽，1999）。アポトーシス（細胞自殺）を起こしているラット乳腺組織でも顕著に DNA 3´-OH 切断末端が生じていることがわかる（図1D）。ここで TUNEL 染色した緑色の蛍光は蛍光強度の程度に従って擬似カラー化して表示した。

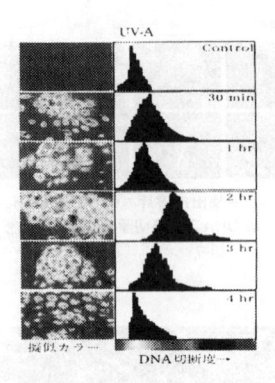

細胞死制御工学～美肌・皮膚防護バイオ素材の開発～

図2A UVAの50％致死線量（45J/cm^2）での照射によるヒト皮膚角化細胞HaCaTでのDNA2本鎖切断の時間依存性
（巻頭カラー写真参照）

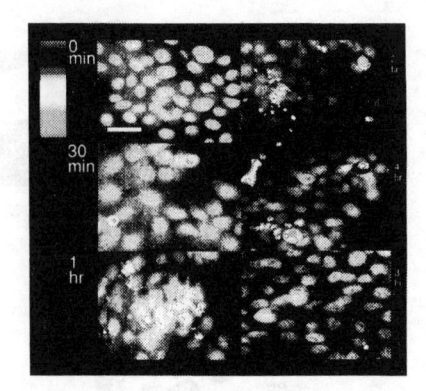

図2B UVA照射によるDNA鎖断片化
培養細胞では照射後1時間が最大である。
HaCaT細胞 UVA100J/cm^2

2.2 培養細胞レベルでのDNA切断

　紫外線照射によるDNA切断を組織レベルと培養細胞レベルとで比較し、しかも、UVAとUVBとでどう異なるかを体系的に調べた研究は未だない。そこで、当研究室は、上記のヒト皮膚組織レベルでのDNA切断に比較しうる培養ヒト皮膚角化細胞HaCaTでの紫外線によるDNA切断を調べた。この皮膚細胞に50％致死をもたらすUVA（45J/cm^2）は、照射後30分からDNA切断を増やし始め、2～3時間後に最多となった（図2A）。ここではDNA切断度をヒストグラムでも表示してある。同じ細胞で線量をほぼ倍増して100J/cm^{2}で照射すると、DNA切断が最多となる時間は照射後1時間と早まった（図2B）。線量が強いとDNA切断のピークは前倒しとなるようである。

　それにも増して特筆すべきは、多層の細胞から構成されるヒト摘出皮膚片でのUVAによるDNA切断ピークは照射後24時間であるが、単層である培養ヒト皮膚角化細胞では照射後1～3時間でDNA切断がピークになるという著明な対比が見られたことである。この原因は、角質層や細胞外マトリックスの豊富な皮膚組織では紫外線強度の減衰が顕著に起こり、有効な線量が大幅に減少するためと考えられる。したがって、UVA防御剤を検索する場合は、皮膚組織や皮膚細胞での特性を考慮に入れて、各々の最多のDNA切断のタイミングで防御活性を計測しなければ不適切な活性評価となってしまうことになる。

　一方、UVB（30,50mJ/cm^2）照射による培養ヒト皮膚角化細胞HaCaTでのDNA切断はUVAの場合より遅れ照射後3時間から増え始め、最多時間もUVAより遅れ照射後6～9時間後となった（図2C）。別のマウス皮膚角化細胞Pam212でも同じ線量でUVBを照射すると、DNA切断

第30章　皮膚UV防御剤の検索技術

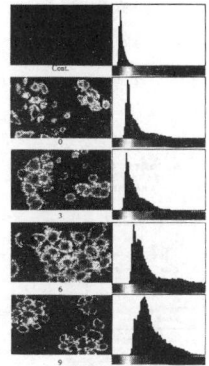

図2C　UVBの50％致死線量（50mJ/cm²）での照射を受けたヒト皮膚角化細胞HaCaTのDNA2本鎖切断の時間依存性
（巻頭カラー写真参照）

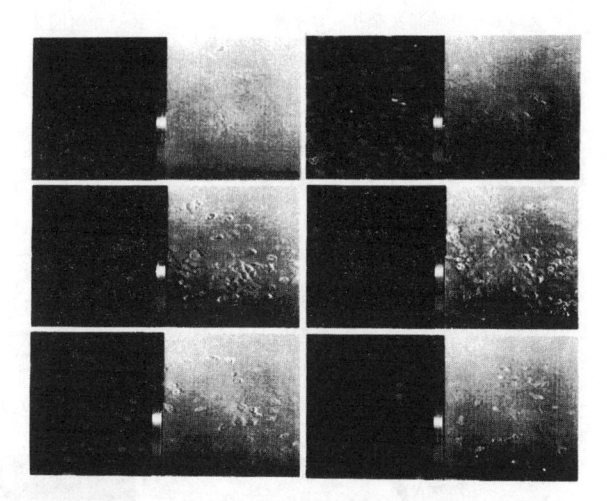

図2D　マウス皮膚角化細胞Pam212におけるUVBによる核DNA2本鎖切断

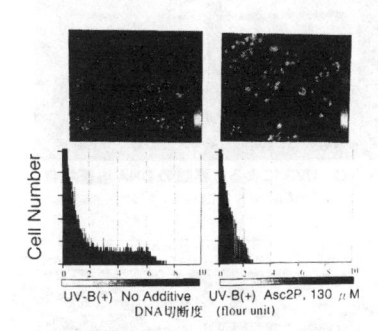

図2E　UVBによる皮膚細胞DNA鎖切断とプロビタミンCのAsc2Pによる防御効果
（巻頭カラー写真参照）

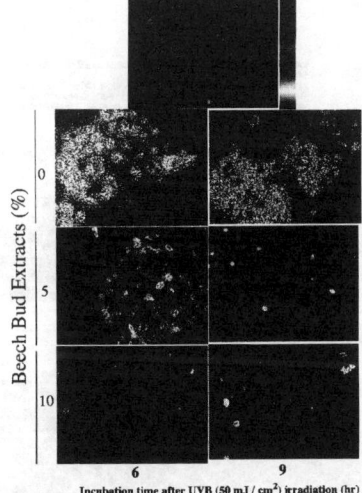

図2F　UVB照射後6時間と9時間におけるヒト皮膚角化細胞の核DNA鎖切断と欧州ブナ幼芽エキス（beech bud extract）による防御効果
50％致死線量でのUVBでは，DNA鎖切断の最多時間はUVAより遅れ照射後6〜9時間後となった。この時点でDNA3´-OH切断端をTUNEL染色した結果，欧州ブナ幼芽エキス（5％，10％添加）によるDNA切断防御効果が示された。DNA切断度の大きい核は紫〜青，中程度の核は緑色，切断が少ないと黄色〜赤で表示した。

ピークは6〜9時間となり，ヒト細胞の場合と一致した（図2D）。と共に，培養細胞レベルでのこの DNA 切断ピーク時間は組織レベルでの照射後9時間とも一致した。この原因は，UVB 照射による DNA 切断については，光源と被曝標的との間に介在する有機媒質をスキップして直接に標的に到達するという輻射効果（radiative effect）の割合が大きいため，媒質によって余り影響を受けないのかもしれない。

2.3 UV 誘発 DNA 切断の防御活性

UVB 照射直後の活性酸素は連鎖反応によって核 DNA を徐々に切断して照射後6〜9時間には DNA 切断がピークになる。そこで，この

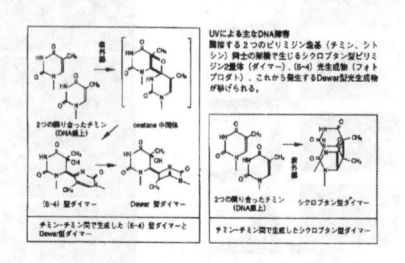

図3A　UV 照射による DNA 塩基損傷

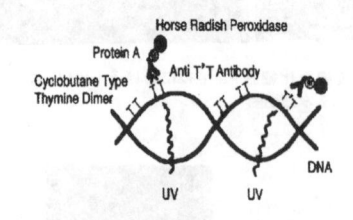

図3B　チミン2量体の免疫染色による検出法

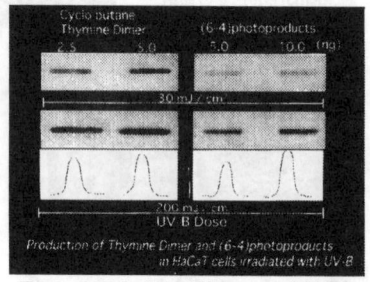

図3C　UVB による2種類の DNA 塩基損傷のスロットブロット

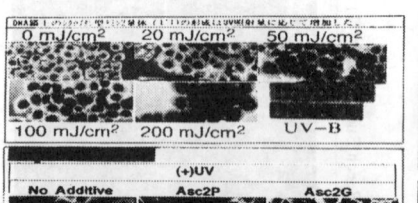

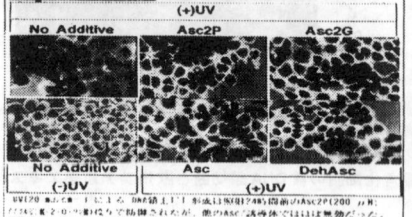

図3D　DNA 損傷チミン2量体と各種ビタミンC誘導体による防御（巻頭カラー写真参照）

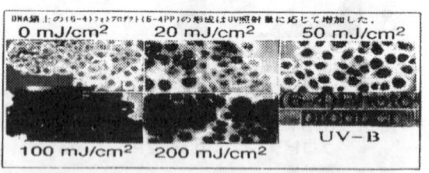

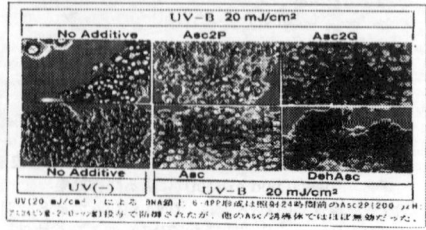

図3E　(6-4)DNA 損傷フォトプロダクトと各種ビタミンC誘導体による防御（巻頭カラー写真参照）

第30章 皮膚 UV 防御剤の検索技術

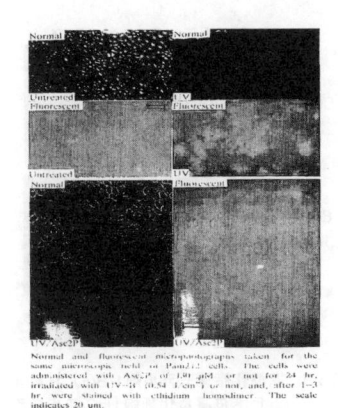

図4A　UVB による細胞膜破綻と Asc 2 P

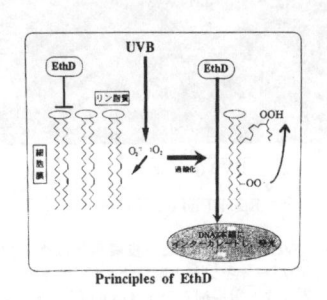

図4B　細胞膜の破綻度を測定するエチジウムホモダイマー（EthD）法の原理

時点での UVB 誘発 DNA 鎖切断に対してプロビタミン C のアスコルビン酸-2-O-リン酸エステル（Asc 2 P）が防御効果を示すが，これをヒストグラムで表示した（図2E）。冷凍耐性樹木の欧州ブナの幼芽から低周波抽出したエキスにはフラバノンやフラバノールといったポリフェノール類や耐凍グリコプロティンが含有されているが，ヒト皮膚角化細胞 HaCaT への UVB 照射によって引き起こされる DNA 2 本鎖切断を抑制することが TUNEL 染色で示された（図2F）。

3　DNA 塩基損傷

UV によって形成された DNA 鎖上の塩基損傷として Cyclobutane 型 thymine dimer(cBuT˜T) と，(6-4) Photoproduct（6-4PP）が典型例である（図3A）。これらの定量法としてスロットブロッター法，$in\ situ$ 免疫染色法があるが，いずれも損傷塩基に特異的に結合する抗体を利用する方法である（図3B）(Hayashi $et\ al.$ 2001)。実生活で細胞死や皮膚癌を引き起こす UVB を 10～200mJ/cm^2 の線量で HaCaT 細胞に照射（290～320nm，最大波長：312nm）すると，cBuT˜T は6-4PP よりも低線量の UVB 照射によっても形成されるので，少量の DNA を細胞から抽出するだけでも検出される（図3C）。したがって，major な DNA 傷害である cBuT˜T 形成に絞って抗酸化剤による防御効果を検索する screening 系が効率的である。UV 照射された皮膚細胞から抽出するスロットブロットに対して，抽出せずに細胞のまま検出する $in\ situ$ 免疫染色法では擬似カラー化すると塩基損傷の防御活性が明示される（図3D, E）。

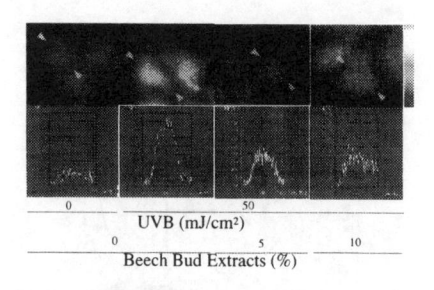

細胞死制御工学～美肌・皮膚防護バイオ素材の開発～

図5A　UVB照射によるヒト皮膚角化細胞の内部で
　　　のパーオキシド・過酸化水素の生成の局在性
レドックス蛍光指示剤 CDCF/Orcha 画像解析法によ
る。活性酸素の発生量の多い局部ほど青藍紫の順に
擬似カラー化して表示し細胞の端から端（赤い矢尻）
まで走査して（上4図），活性酸素量をヒストグラム
で表示した（下4図）。細胞の中央部である核に活性
酸素が多く分布し，欧州ブナ幼芽エキスがこれを抑
制していることが示された。

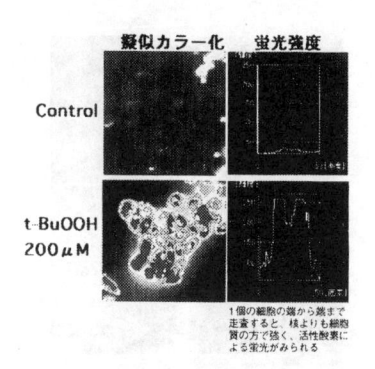

図5B　過酸化脂質モデル剤 t-BuOOH によ
　　　るヒト皮膚角化細胞 HaCaT の内部
　　　の活性酸素（パーオキシド・過酸化
　　　水素）生成の分布
（図5A，B 巻頭カラー参照）

4　細胞膜の部分破綻

　DNA2本鎖における塩基－塩基の間への挿入剤（intercalator）である蛍光色素 ethidium homodimer（EthD）は細胞膜の integrity（構造維持性）が部分的に破綻（disruption）すると，細胞内に侵入して核内 DNA 鎖に挿入されて蛍光を発する（図4A）が，破綻がなければほとんど蛍光を発せずバックグラウンド値が低いという特徴があり（Fujiwara et al. 1996；Kanatate et al. 1995），UV による細胞膜破綻を高感度検出できる。50%致死線量の UVB 照射後3時間で膜破綻は最大となり，その後4～6時間で，中程度に破綻した細胞膜は次第に修復されるが，既に高度破綻した膜は6時間後でも残存している（図4B）。

5　細胞内の酸化ストレス

　細胞内に生じる酸化ストレス（OxSt）は蛍光色素 CDCFH-DA を用いて共焦点走査型レーザー蛍光顕微鏡と蛍光 plate reader で検出できる（Hayashi et al. 2001；Fujiwara et al. 1996）。HaCaT 細胞に50%致死線量の UVB（30mJ/cm^2）と UVA（45,000mJ/cm^2）を照射した結果，UVA は UVB の2.3～3.5倍大きい OxSt を生じさせた。UVA は照射後4～7分で OxSt がピークとなったが，OxSt 半減期は10～30分と早かった。UVB は照射後0～6分で OxSt がピークとなり，半減期は30～60分と比較的持続した（林ら，1999）。UVB 照射によって細胞内に発生するパーオ

第30章　皮膚 UV 防御剤の検索技術

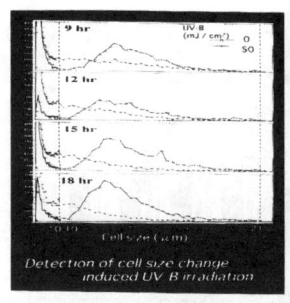

図6A　UVBによる細胞の断片化（粒度分布の解析）

UVB 照射後の細胞サイズの低下。チャネライザー分析では，非照射細胞は17μm 前後でほぼ一定し，照射細胞は10〜12μm と断片化している。

キシドなどの活性酸素は照射後1分で既に5.3倍にも激増するが，欧州ブナ幼芽エキスは33〜49%に抑制した。UV 攻撃の「先制パンチ」（照射直後の活性酸素の激増）を阻止したことになる。UVB 照射では細胞外にほとんど活性酸素が検出できず，細胞内でも細胞質よりも核で1.8〜2.5倍多く活性酸素を発生させる（図5A）が，これは UV の示す輻射効果（radiation effect）の部分であり介在媒体をスキップして直接に標的に到達する性質のためと考えられる。逆に，脂質過酸化剤 t-BuOOH によるパーオキシド・過酸化水素の生成は核よりも細胞膜近傍の細胞質が主であった。この原因は，t-BuOOH は細胞外からの膜作用（trans-membrane action）と細胞膜を透過する時の拡散作用（diffusing action）として働くためと考えられる（図5B）。

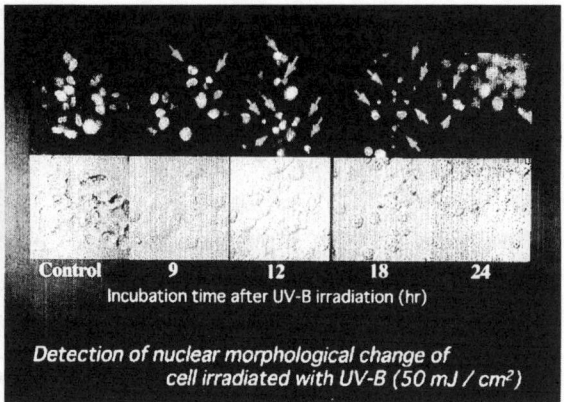

図6B　UVB による核の断片化（Hoechst 33258染色）

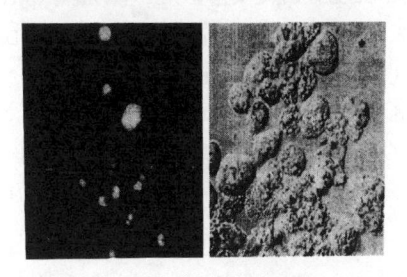

図6C　UVB による核断片化（最も顕著な照射9時間後）

UVB 照射（LD_{50}）によって HaCaT 細胞の単層シートで，核の凝縮（pycnosis），核の分断（karyorrhexis），細胞接着の低下，細胞の萎縮（shrinkage）や不定形化が見られた。

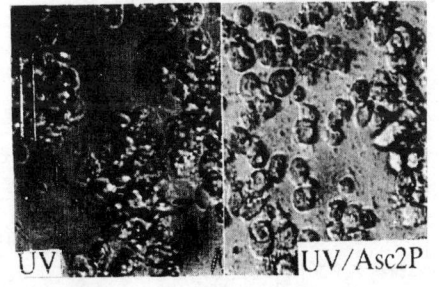

図6D　プロビタミン C の Asc 2 P が UVB による細胞溶解を防ぐ

UV-B 照射したマウス神経系細胞 NAs 1 は細胞質ゾルが細胞外へ溶出する（矢印）が，プロビタミン C, Asc 2 P (30 μM)の照射2時間前の投与で防御された(UV/Asc 2 P)。

6 核の凝集と断片化，および，ミトコンドリア機能喪失

上記4種類の細胞傷害は無処理では観測できず，細胞形態もあたかも無傷のように見える亜致死傷害（sublethal damage）であり細胞を救済できる可能性が残されているが，50％致死線量のUVB照射後9～12時間ほど経過すると，細胞断片（cell debris）が光学顕微鏡でもチャネライザー（粒度分布解析装置）でも（図6A）見られ不可逆な致死傷害となる（三羽，1993）。この時に

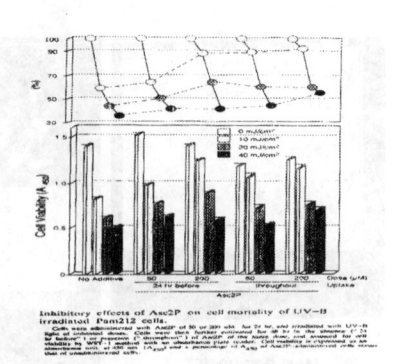

図7 プロビタミンCのUV傷害防御効果：投与時間と投与量の最適化

Hoechst33258で核を染色すると，核の凝集（pycnosis）や断片化（karyorrehexis）が観測され（図6B，C），細胞溶解（cytolysis）に至る（図6D）。これに伴って，生体エネルギー源ATPを生成する唯一の細胞内小器官であるミトコンドリアの脱水素酵素（succinate deHaseなど）活性は急速に低減し18～48時間で最低値に達するが，これに先行して抗酸化剤の投与濃度・投与タイミングなどを振って最適の細胞死防御条件を見出す手法が有意義である（図7）。これらの時間に絞って，UV防御の薬効を測定すると正確で感度も高いことになる。

7 細胞傷害イベント時系列を踏まえたUV防御剤の開発

ヒト皮膚角化細胞HaCaTに50％致死線量でUVAを照射した細胞傷害は，同じく50％致死線量でのUVB照射に比して下記の通り異なる。

① 照射後1時間以内…細胞内に生じる酸化ストレス（OxSt）の最大値は2.3～3.5倍大きいが，持続性は小さい。
② 照射後1～9時間…細胞のDNA切断が増える時間も最多となる時間も，OxSt増減のtimingに呼応して前倒しとなるが，DNA切断度それ自体には顕著な差異がない。
③ 照射後24～48時間…50％の細胞死を引き起こすのに10^3倍大きな線量が必要である。

このように同一種の細胞で時系列を比較した場合，UVAは「強烈＆急減タイプ」，UVBは「温和＆持続タイプ」の細胞傷害を与えることになる。既述のように，皮膚組織を用いた場合は時系列が異なり，特にUVAの場合は培養細胞とは顕著に異なる時系列となるため注意を要する。照射直後に，UVAは細胞内にUVBより3倍程度多いOxStを生じさせたが，照射後にOxStが減衰する時間はUVBよりも早く，一過性OxStであることを著者は見出した。UVAは照射後30分

第30章　皮膚 UV 防御剤の検索技術

から DNA 切断を増加させ始め，2～3時間後に最多となったが，UVB は，DNA 切断の増加が UVA よりも遅れ照射後3時間から増加し始め，DNA 切断が最多となる時間も UVA より遅れ照射後6～9時間後となった。このように，UV 照射した後の細胞内 OxSt，細胞膜破綻，DNA 切断，細胞死といった時系列を UVA と UVB ごとに把握した上でないと UV 防御剤の効果を正確に評価できない。その他，UV によるコラーゲン分解酵素 MMP-2, -9の亢進（Nagao *et al*. 1999, 2001；Liu *et al*. 2001），DNA 合成低下，アポトーシス小体（Kageyama *et al*. 2001）の形成も判断材料として加えるのは好ましい。

8　おわりに

UV 防御剤の効能検証といえば従来は UV 照射した皮膚の炎症や黒化への抑制効果の域を出ないという状況である。紫外線や過酸化脂質による皮膚傷害を防御する化粧品の性能としての優劣は，(a)物質としての安定性，(b)皮膚角層からの浸透力，(c)細胞内への取込み効率，(d)細胞内での活性酸素の発生サイトへの局在性などの段階が関与するが，これら4段階の一つでも欠落すると効能発揮に至らない。にもかかわらず，1～2段階だけの検証にとどまっているのが研究現状であり，本章ではこの欠落を埋める具体的な手技・方法を提示したものと思われる。

文　　献

- Fujiwara M. *et al., Free Radical Res.* **27**, 97-104（1996）
- Furumoto K. *et al., Life Sci.* **63**, 935-948（1998）
- Hata R. *et al., Eur. J. Biochem.* **173**, 261-267（1988）
- 林沙織ら，「老化予防食品の開発」（吉川敏一・監修），pp. 217-234，CMC 出版（1999）
- 林沙織ら，日本香粧品科学会誌 **25**, 63（2000）；*ibid.*, **24**, 64（1999）；*Fragrance J.*, **28**, 81-86（2000）
- Hayashi S. *et al., J. Photochem. Photobiol. B : Biol.* **64**：27-35（2001）
- Kageyama K. *et al., Anticancer Res.* **19**, 4321-4326（1999）
- Kanatate T. *et al., Cell. Mol. Biol. Res.* **41**：561-567（1995）
- Liu J. W. *et al., Oncol Res.* **11**：479-487（1999）
- MBL：＃8440　MEBSTAIN（1999）
- 三羽信比古，ビタミン C の知られざる働き，pp. 110-117，丸善（1992）
- 三羽信比古・編著，「バイオ抗酸化剤プロビタミン C～皮膚障害・ガン・老化の防御と実用

化研究」pp. 1-322, フレグランスジャーナル社 (1999)
- 三羽信比古・編著, 「細胞死の生物学」, 東京書籍, 1993
- Nagao N. *et al., Antioxid Redox Signal,* **2,** 727-738 (2000) ; *Cancer Res Clin Oncol,* **126,** 503-510 (2000)

第31章　過酸化脂質活性の評価技術
——過酸化脂質による皮膚細胞死を防御する活性の評価技術——

桜井哲人*

1　皮膚障害と過酸化脂質

　生体がうける酸素毒性の中で最も致命的なものは，酸素反応を介さずにフリーラジカルで連鎖する過酸化反応であり，毒性が高く，連鎖的に細胞障害につながる。この過酸化反応により生ずる過酸化脂質の多くは，タンパク質やDNAなどをアルキル化する毒性化合物であり，生命機能にも大きく影響している。

　UVAはヒトの皮膚の表面に存在する脂質の過酸化を生じさせ[1]，ヒトの皮膚表面から抽出した脂質に日光やUVBを照射した脂質に日光やUVB照射を行うと，脂肪酸不飽和化の著しい低下が生じる[2]。また，ヒトの皮膚に人工の紫外線（水銀灯）を照射すると著しく脂質を生じる[3]。さらに，常時日光を浴びているヒトの皮膚では脂質の過酸化物の値が上昇していることが報告されており[4]，皮膚における過酸化脂質が，皮膚へのUVA，UVB照射により誘導されることを裏付けている。

　脂質過酸化の細胞毒性と炎症反応増強作用がUVBによる皮膚の炎症に重要な影響を及ぼしているといわれており[5]，さらに，脂質ペルオキシドの基底値が変化すると，皮膚炎症の初期介在因子であるプロスタグランジンやロイコトリエンが産生される報告[6]もあり，紫外線誘発性の過酸化脂質が皮膚炎症の原因になることも示唆されている。

　過酸化脂質による様々な皮膚障害を未然に防ぐためにも，抗酸化剤の役割は重要であり，様々な皮膚細胞に対して優れた防御効果を発揮する必要がある。また，抗酸化効果を発揮させる手段は，経皮適用とは限らない。経口適用において血液中から皮膚に運搬された抗酸化剤の皮膚細胞に対する効果も検証すべきである。そこで，外用塗布では，ヒドロキシペルオキシターゼ無毒化酵素SODを含有するパセリ抽出物を，経口適用では皮膚到達量の多いトコトリエノールを抗酸化剤として，様々な皮膚細胞に対する抗酸化剤の防御効果を述べるとともに，これらを投与方法（経口と経皮）に合わせて三次元皮膚モデルに添加し，過酸化脂質量および細胞毒性を評価する

---

　*　Tetsuhito Sakurai　㈱ファンケル　中央研究所　研究員

方法とその結果について，さらにヒトによる抗酸化剤の外用塗布と経口摂取による併用効果，すなわち皮膚の内外からの過酸化脂質による皮膚障害の防御効果の評価方法とその結果について述べる。

2 皮膚細胞の防御活性効果

2.1 表皮角化細胞

培養表皮角化細胞（Clonetics 社）に UV-B80mJ/cm^2 を照射し，パセリ抽出物とトコトリエノールを添加し，TBA 法による過酸化脂質量を評価した。

パセリエキス0.05％とトコトリエノール1.5μM を併用した検体の過酸化脂質量は，パセリエキス単独(0.1％)の1.1倍，トコトリエノール単独(3.0μM)の1.2倍発生を抑制した(図１)。

2.2 線維芽細胞

培養線維芽細胞（Clonetics 社）に過酸化開始剤として10mM AAPH（2,2′-azobis (2-amidino-propane) hydrochloride）を添加し，さらに，パセリ抽出物とトコトリエノールを添加し，TBA 法による過酸化脂質量を評価した。AAPH30mM 添加で完全に細胞死に達したため，AAPH の添加濃度は，10mM とした。パセリ抽出物0.05％とトコトリエノール1.5μM を併用した検体の過酸化脂質量は，パセリ抽出物（0.1％）単独の1.2倍，トコトリエノール（3.0μM）単独の1.1倍発生を抑制した（図２）。

これらの結果は，パセリ抽出エキスとトコトリエノールが細胞中に共存したときに，相乗効果が認められることを表しており，次に皮膚内での移行について三次元皮膚モデルを用いて様々な添加方法による併用効果を検討した。さらに，体内での移行について，両サンプルの経口摂取と経皮適用の併用効果を検討した。

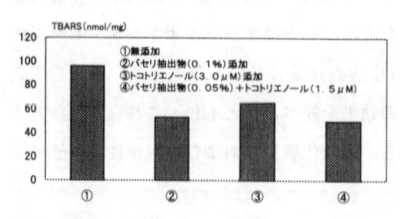

図１　表皮角化細胞における抗酸化剤の併用効果

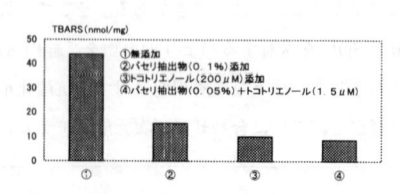

図２　線維芽細胞における抗酸化剤の併用効果

第31章 過酸化脂質活性の評価技術

3 三次元皮膚モデルによる皮膚細胞の防御活性効果

3.1 酸化ストレスの検討

　酸化ストレスとしては紫外線照射と過酸化開始剤添加を検討した。紫外線は，UVB100mJ/cm^{2}を照射し，過酸化開始剤はAAPH（2,2′-azobis (2-amidinopropane) hydrochloride）10mMを用いた。UVB照射と過酸化開始剤の酸化ストレスの同時付与は，UVB単独照射と比較して4.0倍，AAPH単独添加と比較して

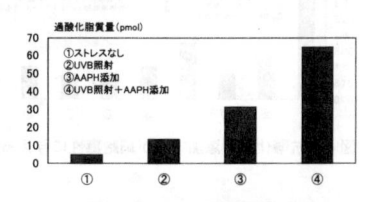

図3　酸化ストレスの過酸化脂質発生に与える影響

2.0倍，過酸化脂質の発生量が増加し，細胞障害に与える内的ストレスと外的ストレスの相乗作用を認めた。過酸化脂質による皮膚障害に対して外的要因と内的要因に対する抗酸化剤の相乗的な効果が期待される（図3）。

3.2 抗酸化剤添加部位の細胞障害に与える影響

　三次元皮膚モデルは，東洋紡社のLSE-High™を用いた。抗酸化剤の適用方法は，皮膚モデル培養液への添加を経口適用，皮膚モデル上への塗布を経皮適用としてそれぞれ想定し，LDHを指標とした細胞毒性とDPPP誘導体化法による過酸化脂質生成の抑制効果を評価した。酸化ストレスの添加方法として，プレインキュベーション後の皮膚モデルの培養液を，過酸化開始剤AAPHの濃度が10mMに調整した培養液に置換し，37℃，5％CO_2インキュベーター内で24時間保管した。抗酸化剤は，パセリ抽出物1.0％とトコトリエノール3.0μMを使用し，それぞれについて経口適用，経皮適用で組み合わせて，すなわち4種類の適用方法で評価した。

　細胞毒性は，回収した培養液を評価したが，抗酸化剤の適用方法の違いによる細胞毒性の違いは少ないとともに，各抗酸化剤を単独で培地適用した時の細胞毒性の結果と変化がなく，外用適用による皮膚表皮下への浸透により細胞毒性抑制効果が期待できない結果となった（図4）。

　過酸化脂質量は，皮膚モデル0.5cm^{2}をバイオプシーパンチで切除し，Folchらの方法で抽出した脂質を，DPPP誘導体化法による定量した。パセリ抽出物を皮膚モデル塗布，トコトリエノールを培地添加したときの過酸化脂質量が最も少なく，それぞれの単独適用と比較して，30％過酸化脂質量が減少した。反対に，最も過酸化脂質量が高かったのは，トコトリエノールを皮膚モデルに塗布，パセリ抽出物を培地添加したときであったが，両者の単独添加と比較したときには，過酸化脂質量は減少していた（図5）。

　本結果は，各抗酸化剤の浸透性の違いが反映された結果であり，親水性成分の浸透が高い皮膚モデルの特性に準ずるものであった。細胞障害を抑制するための，間接的な相乗作用，例えば，

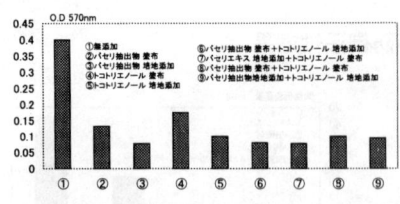

図4　抗酸化剤の添加方法が細胞毒性に与える影響 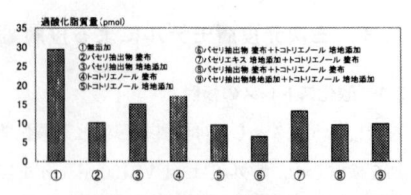　　図5　抗酸化剤の添加方法が細胞毒性に与える影響

皮膚の抗酸化力を総合的に高めることによる相乗作用を実証していくには，さらなる検討が必要と考えている。

4 ヒトによる過酸化脂質の抑制効果

4.1 過酸化脂質量の評価法

ヒトによる過酸化脂質量の評価では，皮表脂質中の過酸化脂質定量条件検討が重要である。脂質の採取は，起床30分後の額，鼻，頬の脂質を市販の油とり紙で採取し，三菱化学社製エージレスで保管後，抽出した。過酸化脂質の定量は，ヒドロキシペルオキシドとの反応性，皮表脂質の選択性，感度の点を考慮し，DPPP誘導体化法で検討した。

4.2 外用剤と経口剤の併用効果

外用剤としてパセリ抽出物0.5%化粧水，経口剤としてトコトリエノール30mg配合ソフトカプセルと各プラセボを設定した。外用適用群と経口適用群の設定と，プラセボ設定群については，まず，試験前の過酸化脂質量を考慮し，プラセボ経口適用群とトコトリエノール経口適用群を各12名設定した。さらに各群に対して，プラセボ外用剤とパセリ抽出物外用剤を半顔で使用し，併用前と併用2ヶ月後の過酸化脂質量と肌表面のレプリカ像の変化をダブルブラインド試験により実施した。結果，トコトリエノール経口適用群のパセリ抽出物外用剤使用部位にのみ，2ヶ月後の過酸化脂質量に有意な減少が認められた（図6）。また，肌表面レプリカ像の肌理（キメ）改善効果も，同群の改善率が最も高く（図7），目視による毛穴径の減少とキメの微細化を認めた（図8）。

5 まとめ

過酸化脂質の発生とそれに伴う様々な皮膚障害を抑制するためにも，抗酸化剤の役割は重要で

第31章　過酸化脂質活性の評価技術

図6　抗酸化剤の併用による過酸化脂質抑制効果

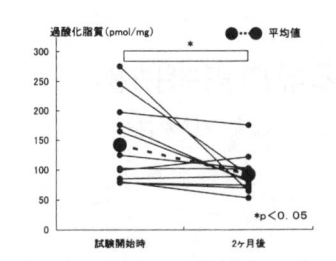

図7　抗酸化剤の併用による肌理改善効果①

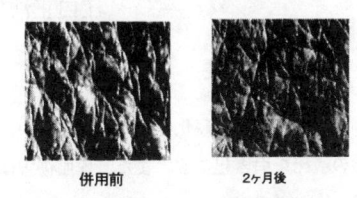

図8　抗酸化剤の併用による肌理改善効果②

あり，さらに，抗酸化剤を皮膚にいかに有効に働きかけることができるか，その方法論は，紫外線だけでなく，ストレスなどといった皮膚内外環境の多様化に伴い，重要視されるべき課題である。我々は，まず，最も消費者が受け入れやすい内からの皮膚障害の抑制，すなわち，口からの栄養補給による皮膚障害の抑制を検討し，三次元皮膚モデルを用いた外用剤との併用による効果の実証，およびヒトによる併用試験を行ってきた。前者においては，皮膚モデルの浸透特性とヒト皮膚の浸透特性の違いが大きいため，よりヒト皮膚に近い浸透特性を有する皮膚モデルによる実証が必要と考える。そのことにより，直接的相乗効果なのか，間接的（皮膚中の別々の部分で起こる）相乗作用によるものか，判別していくべきであろう。また，ヒトによる試験では，血中からの皮膚への到達度（基底膜の透過）について議論が必要と考える。

文　献

1) Nazzaro-Porro et al., *J.Invest. Dermatol.*, **89**, 21 (1986)
2) Horacek J. et al., *Arch. Klim.Exp. Dermatol.*, **88**, 699-702 (1961)
3) Meffert H. et al., *Dermatol. Manatsschr.*, **155**, 948-954 (1969)
4) Niwa Y. et al., *J. Clin. Biochem.*, **92**, 491 (1989)
5) Meffert H. et al., *Dermatol. Manatsschr.*, **157**, 793-801 (1971)
6) Eaglstein W. H. et al., *J.Invest. Dermatol.*, **72**, 59-63 (1979)

第32章 バイオ抗酸化剤による虚血傷害防御
——虚血・再灌流傷害の防御剤,および,皮膚血流の重要性——

江口正浩[*1],門田一昭[*2],藤原真弓[*3],三羽信比古[*4]

1 概　要

　虚血傷害は動脈硬化症,血栓症あるいは腫瘍による血管の圧迫など種々の病的状態において組織の壊死を引き起こす。また,虚血傷害は虚血後の再灌流によっても組織障害をさらに悪化させてしまう場合があることが報告されている。このような虚血および再灌流による障害は,手術操作に伴う圧迫による場合もあり術後の回復度に大きな影響を与えている。また,皮膚を始めとする組織の移植などの治療法の確立により,いっそう,虚血—再灌流障害の抑制が重要であると考える。本章では,肝臓,心臓の虚血—再灌流障害に焦点をしぼり組織障害を抑制する方法と,細胞レベルでのメカニズムの解析を紹介する。

　虚血—再灌流障害は古くから指摘されているが,細胞のどの部位が主な障害の標的になっているのかは明確ではない。しかし,組織に対して毒性を有する酸素由来のフリーラジカルが組織損傷に関与していることが明らかになってきた。フリーラジカルはその消去剤がいくつか存在しているが,生体内抗酸化物質の機能を考える時,まず水溶性か脂溶性かが問題となる。ビタミンC(アスコルビン酸)は低分子で水溶性の優れた抗酸化剤である。しかしながらビタミンC自身も血中などでは酸化されてしまい,このことがアスコルビン酸の脆弱な面でもあったが近年,アスコルビン酸誘導体が開発され,虚血—再灌流障害防止薬として肝臓,心臓の虚血—再灌流障害を抑制することがわかった。

　アスコルビン酸誘導体の開発により今まで見過ごされてきた生物効果の多様な面でアスコルビン酸の有用性が,細胞内レベル明らかになり,虚血—再灌流障害に対する防御効果を細胞レベル

---

* 1　Masahiro Eguchi　北里大学　北里生命科学研究所　助手;元　広島県立大学大学院
* 2　Kazuaki Monden　広島県立大学大学院　生物生産システム研究科;現　グラクソスミスクライン㈱
* 3　Mayumi Fujiwara　広島県立大学大学院　生物生産システム研究科;現　小野薬品工業㈱
* 4　Nobuhiko Miwa　広島県立大学大学院　生物生産システム研究科　教授

第32章 バイオ抗酸化剤による虚血傷害防御

で解析することにより安全性の高い抗酸化剤の開発につながると考えている。またアスコルビン酸誘導体による虚血―再灌流障害に対する防御の解析は，皮膚の虚血傷害などに応用が可能である。皮膚は再生医学の分野，組織移植の分野でもっとも盛んに行われている組織であり，皮膚の虚血傷害の減少法の確立は重要であると考えている。アスコルビン酸は，たばこの喫煙による，毛細血管の血流低下は低酸素状態が引き起こされ，その下流に位置する組織が部分破壊されるなど，症状がドラマチックに現れないが寿命を削っているような環境をいかに少なくするかを考える予防治療などの21世紀の治療法と言われている予防医学の分野の開発につながると考えられる。

2 虚血―再灌流傷害の原因

臨床の場では様々な原因で虚血が生じている。たとえば，動脈硬化や血栓症による血管内腔の狭窄化，あるいは腫瘍による血管の圧迫，手術操作に伴う圧迫，臓器移植時における血流遮断などである。虚血により組織は壊死をもたらし，その傷害には様々な臓器に同様なダメージを与える。虚血に対して再灌流は適切な治療方法は言うまでもない。しかしながら，再灌流は虚血に伴う壊死の進行を停止する反面，再灌流事態が組織に傷害をもたらすことが知られている。このような，虚血―再灌流傷害は，主に手術操作に伴う血管の圧迫や臓器移植での血流遮断などの医療行為が傷害をもたらす（図1）。

この傷害の原因として酸素由来のフリーラジカルが組織傷害に大きく関与している事が明らかになってきた。虚血状態では酸素の欠乏と代謝の基質が欠乏し，好気的なエネルギー産生が欠乏する。嫌気的に産生されたATPは需要に満たされず，ATPがキサンチンオキシダーゼの基質であるキサンチンあるいはヒポキサンチンへと分解し，組織のATP含量は急激に減少する。ATPの欠乏は連続的な細胞障害，例えば細胞膜を隔てたイオンのバランス不全を生じる。キサンチンオキシダーゼ（生体内ではキサンチン脱水素酵素）は虚血により上昇した細胞内のカルシウムイオンのカルシウム一過性のタンパク分解酵素を活性化することで，キサンチン脱水素酵素からキサンチンオキダーゼへと変換する（図2）。再灌流傷害は，臓器内でのキサンチンオキダーゼによって活性酸素が発生することが障害の原因であると

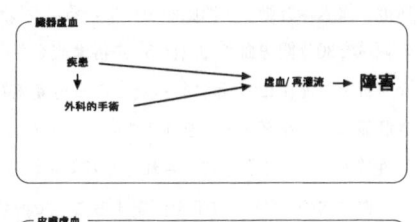

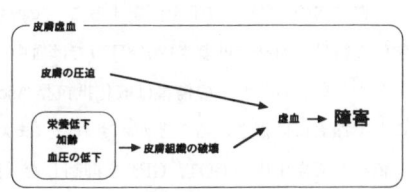

図1　虚血発生の要因

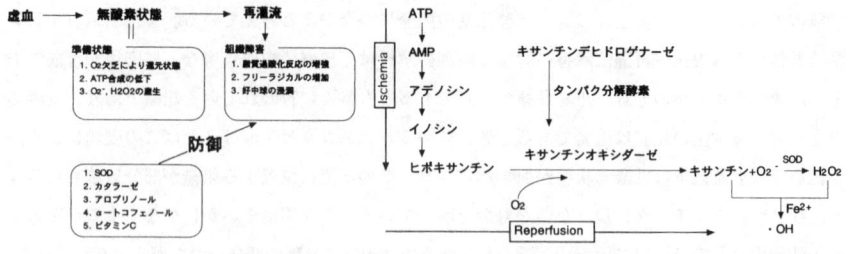

細胞死制御工学～美肌・皮膚防護バイオ素材の開発～

図2　なぜ血液再循環で組織障害が？

図3　ヒポキサンチン—キナーゼ系によるO_2^-の生成

考えられている。

　キサンチンオキシダーゼはNAD$^+$を電子受容体にしてキサンチンとヒポキサンチンを酸化する。この反応に必要な酸素は再灌流時に補給される。したがって，再灌流当初の数秒間にキサンチンオキシダーゼは大量の尿酸とスーパーオキサイド，さらには副産物として過酸化水素を産生し反応性の高く毒性の強いヒドロキシルラジカルへ変換する（図3）。このように，虚血再灌流傷害は虚血による低酸素状態が活性酸素の産生機構を準備状態に設定し再灌流による酸素の供給で活性酸素が産生される（図3）。

3　肝臓での虚血／再灌流傷害

　肝臓は全身にとって様々な代謝を司る臓器である。肝臓の構成単位は「肝小葉」と呼ばれ，肝細胞が毛細血管に接触していて，栄養素と酸素を絶えず供給されている（図4）。肝臓全体への血液の流入は肝動脈と門脈が担っている。ラットの門脈の一部をクランプ（結紮）させ肝臓の70％の領域を30分間虚血させ（図5），再灌流をさせ，その時の肝臓の障害度を検討した。病理学的な解析を再灌流120分目に行ったところ再灌流した肝臓では，肝臓組織内に大きな空胞などができ肝臓に大きなダメージを与えていることがわかった（図6）。この傷害は虚血／再灌流で生じた活性酸素によって引き起こされたと考えられる。また，このとき，ラットの血液を経時的に採取し，血中内のGOT，GPTを測定することで肝臓の障害度を生化学的に検討した。結果は，病理学的な結果と同様に再灌流120分目のでは血中内のGOT，GPTが最大値を示した（図7）。

　しかしながらこれらの傷害は酸化抵抗型Asc誘導体（Asc 2 P，Asc 2 G）を予め静脈投与することで顕著に防御されることが示された。また，同様にAscもラットに予め投与すると投与量に依存して血中内のGOT，GPTを抑制した（図7）。これらの結果よりアスコルビン酸は生体内で重要な抗酸化物質の一つとして虚血／再灌流による傷害を防御することが示された（図

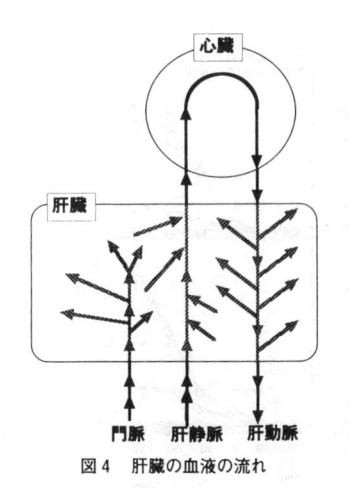

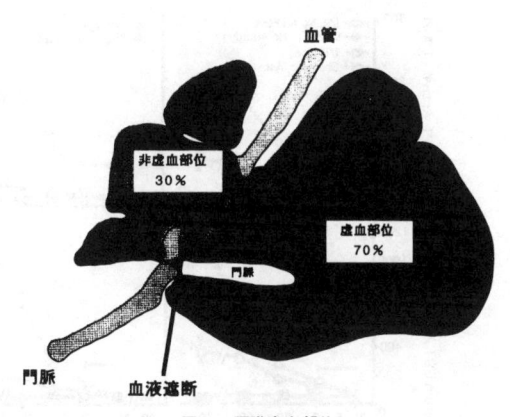

第32章 バイオ抗酸化剤による虚血傷害防御

図4 肝臓の血液の流れ

図5 肝臓虚血部位
肝臓への血流遮断によって肝臓の70％が虚血領域となる

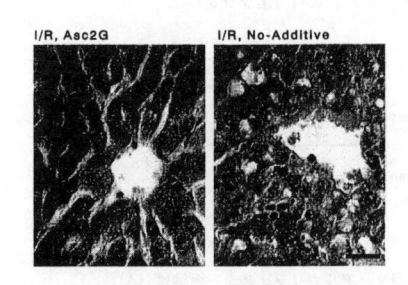

図6 肝臓虚血部位のHE染色
I/R, No-Additive（虚血のみ，右図），I/R, Asc 2 G（虚血，Asc 2 G 投与ラット，左図）スケールバー 10μm

6, 7)。酸化抵抗型Asc誘導体（Asc 2 P, Asc 2 G）はAscよりも顕著に再灌流傷害を抑制したが，これは血中内のリン酸分解酵素やα-グルコシダーゼによってAscに変換され，虚血/再灌流で発生した活性酸素を消去したと考えられる。(図8, 9)

4 心臓での虚血／再灌流傷害

　心臓が虚血状態になると心筋細胞が傷害を受け始める。この障害の指標として心筋酵素クレアチンホスホキナーゼ（CPK），クレアチンキナーゼアイソザイムMB（CK-MB），ミオグロビン及び心臓型脂肪酸結合タンパクが循環血中に漏出してくる。血中CPK量は臨床上の心筋細胞死の生化学マーカとして広く使用されている。心臓の虚血は速やかに再灌流させることが虚血心臓の生存に大きく影響する。心臓虚血のメカニズムは心筋細胞の損傷以外に，再灌流後の不整脈の発生，また心筋収縮力の抑制などが引き起こされる。これらの原因のすべて活性酸素が関わって

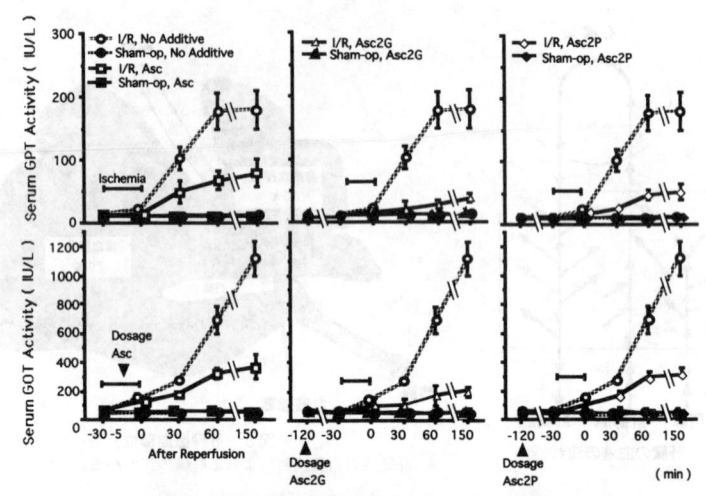

細胞死制御工学～美肌・皮膚防護バイオ素材の開発～

図7　肝細胞死による細胞内酵素 GOT（下グラフ），GPT（上グラフ）の血中内への放出とその抑制

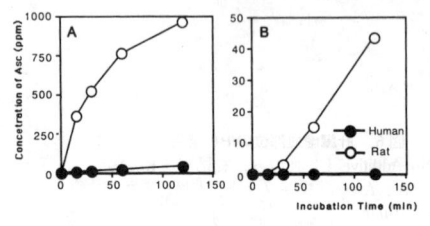

図8　アスコルビン酸への変換
A：アスコルビン酸2Pによるアスコルビン酸への変換
B：アスコルビン酸2グルコシドによるアスコルビン酸への変換

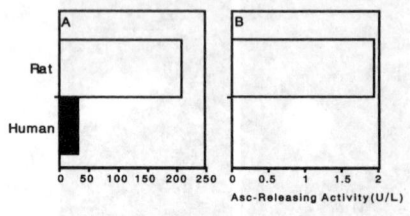

図9　アルカリフォスターゼ活性（A），
α-グルコシダーゼ活性（B）

いる事がわかっている。

　心臓虚血の実験は主にランゲンドルフ灌流法が用いられている（図10）。この方法は摘出した心臓を生きたまま拍動させ，心臓虚血の治療法の開発に用いられている（図11）。本研究室でも虚血条件を設定し，CPKの漏出をマーカとして用いて心臓の虚血／再灌流傷害の防御方法の開発をAsc 2 Gを用いて検討した。肝臓の虚血／再灌流障害をAsc 2 Gが防御する事は先に述べたが，Asc 2 Gは心臓の虚血／再灌流障害も防御することがわかった。Asc 2 Gを心臓摘出する2時間前にラットに4 mg/kg静脈内投与すると再灌流後CPKの漏出は優位に抑制された（図12）。この事はAsc 2 Gが再灌流直後の活性酸素を消去する事で虚血による障害も防御したと考えられ

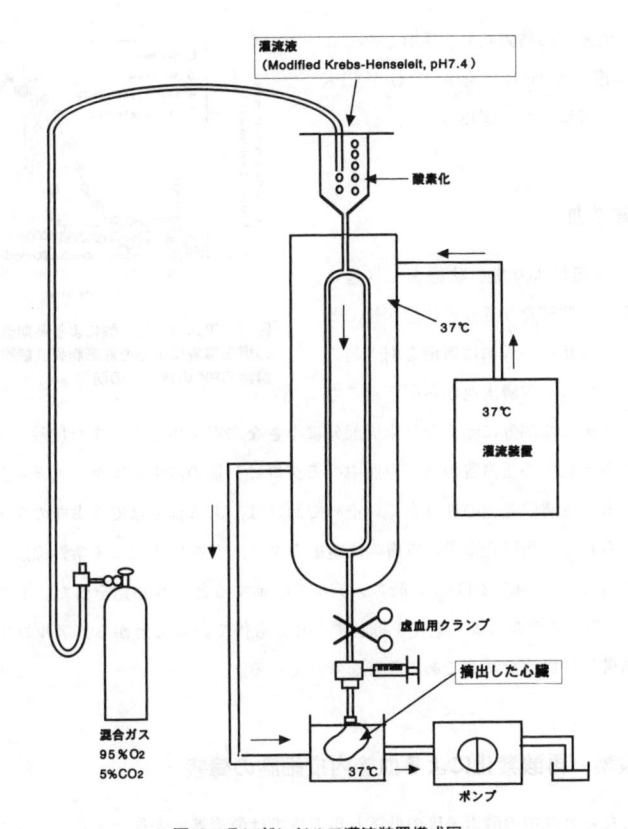

第32章 バイオ抗酸化剤による虚血傷害防御

図10 ランゲンドルフ灌流装置模式図
摘出した心臓に栄養液を灌流させて拍動を保持する虚血モデル

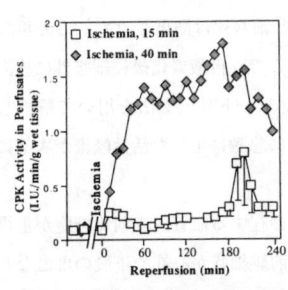

図11 心臓虚血に伴う心筋細胞死
（細胞内酵素 CPK の放出）

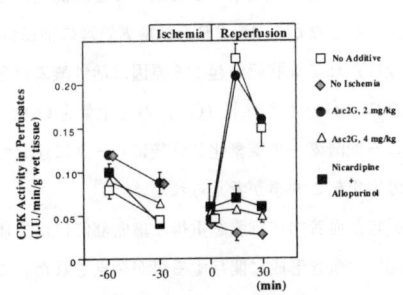

図12 アスコルビン酸による短期間の虚血障害による心筋細胞死（細胞内酵素 CPK の放出）の防御

る。次に再灌流障害の防御効果を検討したところ，同様に再灌流240分後でも Asc 2 G が CPK の漏出を優位に抑制した（図13）。

5　皮膚虚血

皮膚は主に圧迫により虚血状態を引き起こし，高齢者や長時間寝たりきりの状態が続くと寝返りが不十分な状態の人には褥瘡を引き起こす要因になっている。皮膚虚血から引き起こされた褥瘡は，圧迫した部分に赤くなり中央部分に小さな水疱を生じる。また加齢や栄養条件が悪い状態が重なると血中の蛋白質の低下や血中ヘモグロビン量の減少が回復に大きく影響することがわかっている。皮膚の老化の進行をくい止めておけば，ある程度は皮膚虚血のダメージを軽減できると考えられる。当研究室では皮膚の決定的なダメージを引き起こす紫外線照射による細胞死の抑制をアスコルビン酸-2-O-リン酸エステルで防御するという知見を得た。またアスコルビン酸-2-O-リン酸エステルにより老化を抑制する知見も得ていることから，アルコルビン酸が皮膚虚血への防御には最適な試薬であることを考えている。

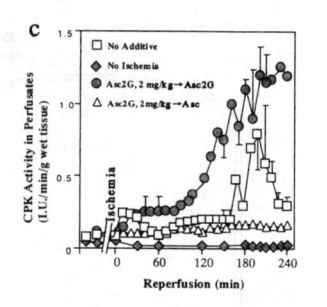

図13　アスコルビン酸による長期虚血の虚血障害による心筋細胞死（細胞内酵素 CPK の放出）の防御

6　低酸素／再酸素化による血管内皮細胞の障害

虚血状態になると血中の酸素濃度の低下し再灌流では酸素濃度が復元する。ウシ大動脈由来の血管内皮細胞を低酸素（1%O_2）で3時間処理し再酸素化（21%O_2）処理をすると細胞死を起こす。しかしながら Asc 2 P を低酸素処理の前に処理しておくと細胞死は防御された。この再酸素化後に遅れて細胞死が起こる原因は活性酸素だと考えた。そこで，再酸素化後に細胞外に放出されたスーパーオキシド（O_2^-）の発生量を Cyt.c 還元／吸光プレートリーダ法を用いて解析したところ低酸素―再酸素化2分後にピークに達した。このように急激に生じた活性酸素が次第に細胞障害を起こす事が考えられた。

近年，血管内皮細胞を重得な虚血部位には生体の血液中に存在する血管内皮前駆細胞が重得虚血部位の血管形成に関与する事が発見された。この血管内皮前駆細胞が心筋や下股の虚血などにおける血管形成に関与する事が明らかになり，現在，その臨床応用が注目されている。

血管内皮細胞は，皮膚の構成成分でもある。皮膚は現在，再生医療の分野でもっとも進んだ組織の一つである。虚血／再灌流障害の防御は今後の再生医療の分野でも大きな課題の一つになっ

第32章　バイオ抗酸化剤による虚血傷害防御

ていくと考えられる。

7　抗酸化剤が活性酸素を消去する機構

　ラットに静脈内投与した Asc 2 G は肝臓の虚血／再灌流によって生じる活性酸素を消去すると考えられている。その結果，Asc 自体はアルコルビルラジカル（AscR）に変換される。AscR はアスコルビン酸モノアニオンから1電子酸化によって生じ，比較的安定であるため，スピントラップ剤なしでも ESR（電子スピン共鳴）法で検出できる。AscR は生体内ではモノデヒドロアスコルビン酸還元酵素と作用し還元されて Asc に再生される（図14, 15）。肝臓虚血後の再灌流で活性酸素は15〜60分で急激に発生しはじめる。このとき AscR は再灌流後15〜60分にかけて実測値も小さくなる。この結果より活性酸素が Asc を AscR に変換することで，組織の障害を防御していると考えられる。

　再灌流が組織細胞中にもたらす障害はアポトーシスを有することが近年わかってきた（図16）。このアポトーシスへの機構は活性酸素が引き金になっていると考えられる。細胞が酸化ストレスを受けた時の細胞内の MAP キナーゼファミリーを心臓の虚血／再灌流実験をモデルにして検討した（図17）。Asc 2 G を投与すると核内の MAPKJNK の活性化は有意に抑制された。また，虚血／再灌流でも MAPK は有意に活性化した。この時，Asc 2 G 群核内の P-38の活性化を見ると，コントロールに比べて活性化は増加していた。以上の結果により，再灌流で生じる活性酸素をアスコルビン酸が消去する事で組織内の Asc と MAPK ファミリーが細胞を定常に近い状態に保つと考えられる（図18）。

8　まとめ

　虚血／再灌流障害の抑制は，次世代の治療法と言われている予防医学，また再生治療の場で大きく役に立つと思われる。再治療で現在もっとも開発が進んでいるのが皮膚であり，血管内皮細胞である。また，目の角膜などにも近い将来応用が可能であると言われており，活性酸素による障害を受けやすい組織が再性治療の組織として急激に開発が進んでいる。

　再灌流障害の原因が活性酸素であることは周知の事であり，その消去剤の開発が今後研究であると考えている。我々が行っているアスコルビン酸誘導体は安全でかつ速効性のある活性酸素消去剤になりうる可能性がある。また，アスコルビン酸誘導体開発により今まで見過ごされてきた生物効果の多様な面でアスコルビン酸の有用性が，細胞内レベルで明らかになるだろう。

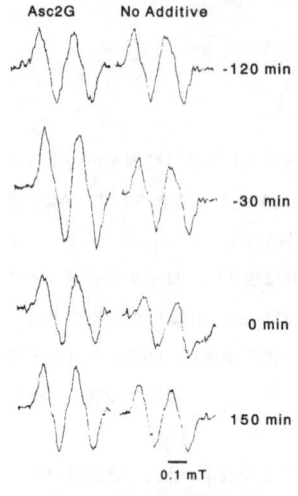

細胞死制御工学〜美肌・皮膚防護バイオ素材の開発〜

図14 アスコルビン酸ラジカル
肝臓虚血に伴う細胞死を抑制するアスコルビン酸(Asc 2 G)は虚血後の細管流によって生じた。活性酸素を消去する。その結果、自らアスコルビン酸ラジカル(AscR)に変換され、特徴的なESR(電子スピン共鳴)シグナルとして検出される。

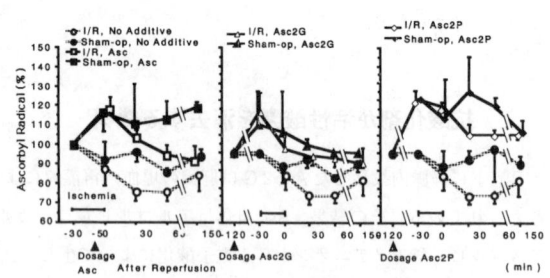

図15 アスコルビン酸ラジカル
無処置のアスコルビン酸ラジカル(AscR)を100%として虚血時のアスコルビン酸ラジカルを算出したグラフ。

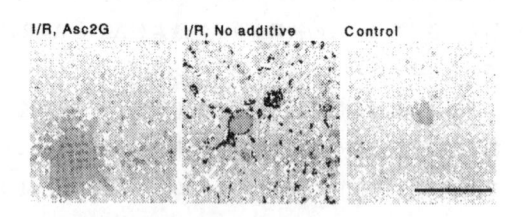

図16 肝臓虚血部位によるアポトーシスの検出
虚血部位をTUNEL法にて染色し共焦点レーザー顕微鏡にて観察した図。無処置(I/R, No additive)に顕著にアポトーシスが誘導されているのがわかる(矢印)。またAsc 2 G投与した肝臓虚血部位はアポトーシスの誘導が抑制されていた。スケールバー 100μl

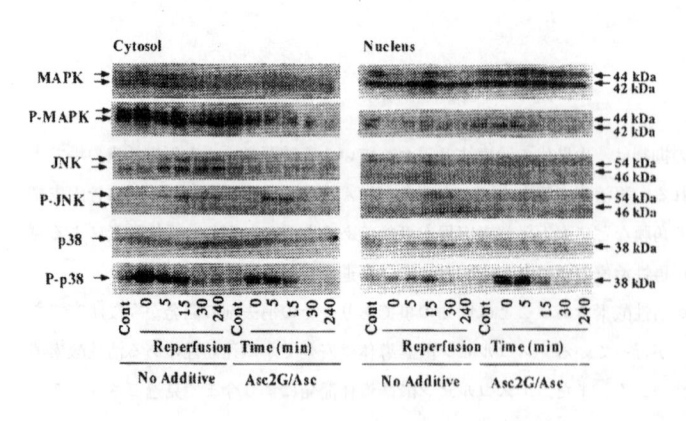

図17 心臓虚血に伴う細胞内シグナル伝達の解析
虚血/再灌流を受けたラット心臓の核の中の3種類のストレス応答性細胞内シグナル伝達因子は活性化される。

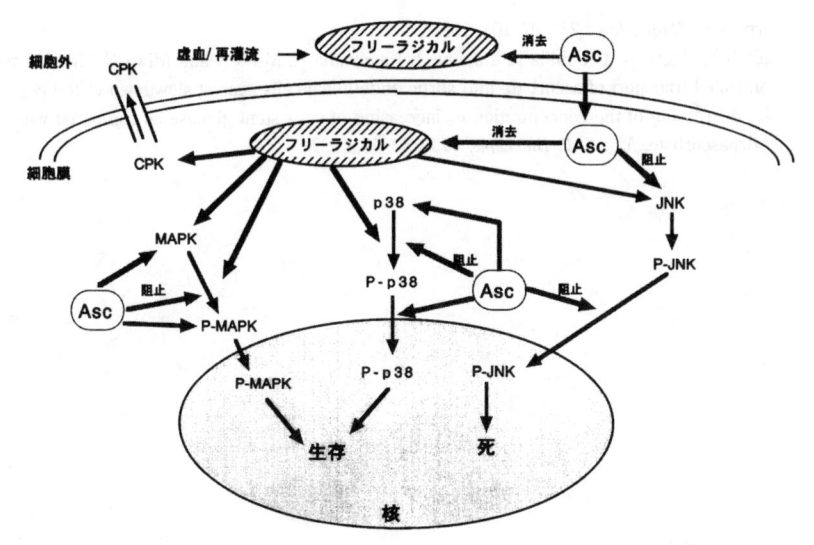

第32章　バイオ抗酸化剤による虚血傷害防御

図18　細胞内シグナル伝達因子 MAP キナーゼと心臓の虚血障害への防御機構

文　献

1) Ashara T, et Isolation of putative progenitor endothelial cells for angiogenesis, Scince **275**, 964-967, 1997
2) Kanatate T, Nagao N, Sugimoto M, Kageyama K, Fujimoto T and Miwa N : Differential susceptibility of epidermal keratinocytes and neuroblastoma cells to cytotoxicity of ultraviolet-B light irradiation prevented by the oxygen radical-scavenger ascorbate-2-phosphate but not by ascorbate. Cell. Mol. Biol. Res., **41** : 561-567, 1995
3) Mizukami Y, Kobayashi S, Uberall F, Hellbert K, Kobayashi N and Yoshida K : Nuclear mitogen-activated protein kinase activation by protein kinase czeta during reoxygenation after ischemic hypoxia. J. Bio. Chem., **275** : 19921-19927, 2000
4) Furumoto K, Inoue E, Nagao N, Hiyama E and Miwa N : Age-dependent telomere shortening is slowed down by enrichment of intracellular vitamin C via suppression of oxidative stress. Life Sci., **63** : 935-948, 1998
5) Fujiwara M, Nagao N, Monden K, Misumi M, Kageyama K, Yamamoto K and Miwa N : Enhanced protection against peroxidation-induced mortality of aortic endothelial cells by ascorbic acid-2-O-phosphate abundantly accumulated in the cell as the dephosphorylated

form. *Free Radic. Res.,* **27** : 97-104, 1997
6) Saitoh Y, Nagao N, O'Uchida R, Yamane T, Kageyama K, Muto N and Miwa N : Moderately controlled transport of ascorbate into aortic endothelial cells against slowdown of the cell cycle, decreasing of the concentration or increasing of coexistent glucose as compared withdehydroascorbate. *Mol. Cell. Biochem.,* **173** : 43-50, 1997

第33章　新世代プロビタミンCによるがん浸潤抑制
――化粧品の安全性検証としての皮膚がん浸潤促進作用の欠如要件――

新多幸恵[*1], 劉　建文[*2], 長尾則男[*3], 加藤詠子[*4], 続木　敏[*5], 三羽信比古[*6]

1　はじめに

がん細胞が浸潤転移するためには，周囲の細胞外基質を分解する酵素であるMMP（matrix metalloprotease）を自ら分泌して通り道をつくり，細胞移動する過程が必要であるが，それを誘発する情報伝達の上流過程で，がん細胞内で亢進している酸化ストレスが引き金になっていると考えられる。したがって，酸化ストレスをもたらすような化粧品や健康食品は存在してはならないといえる。

一方，微小な皮膚がんは看過されがちであり，その上に酸化ストレスを促進するような化粧品が塗布されると，皮膚がん転移を促進してしまう。そこで，化粧品として酸化ストレス負荷作用やがん転移促進作用が欠如していることが必須用件となる（図1 (a), (b)）。ただ消極的に有害作用の欠如というだけでなく，より積極的な意味で，酸化ストレス抑制作用やがん転移抑制作用を併有した化粧品であることは理想的条件である。

酸化ストレス消去作用をもつ人体成分のうち，ビタミンCは作用迅連性に優れた前線部隊（front denfender）である[1]。このことから，我々は酸化分解しにくく人体で持続的にビタミンCに変換される前駆体として，各種プロビタミンCを開発し，すでに静脈血管内皮細胞のテロメアDNA短縮化の防御と細胞寿命の延長，皮膚角化細胞の紫外線によるDNA傷害の防御，大動脈細胞の過酸化脂質による膜傷害の防御といった各種の細胞防御効果を見出してきたが，これら

---

* 1　Yukie Nitta　東和大学　工学部　工業化学科　バイオ工学分野
* 2　Liu Jian-Wen　中国上海市　華東理工大学　生命工学院　教授
* 3　Norio Nagao　広島県立大学　生物資源学部　生物資源開発学科　助手；
　　　現　オレゴン州立大学，留学中
* 4　Eiko Kato　昭和電工㈱　研究開発センター　副主席研究員
* 5　Toshi Tsuzuki　昭和電工㈱　研究開発センター　主席研究員
* 6　Nobuhiko Miwa　広島県立大学　生物資源学部　生物資源開発学科　教授

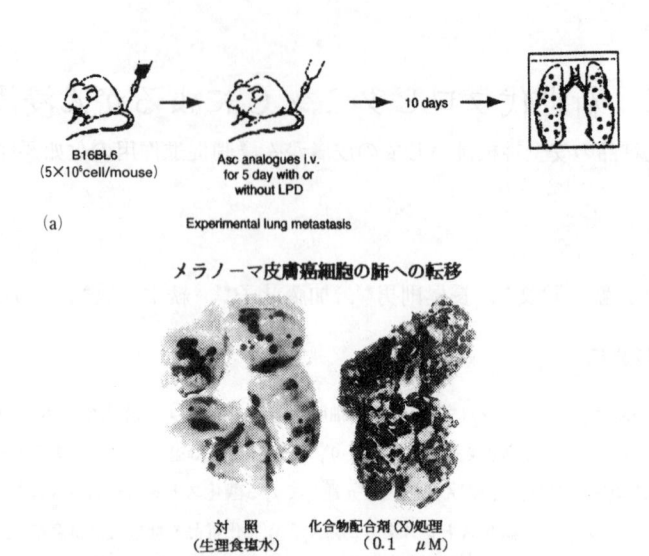

(a) B16BL6 (5×10⁶cell/mouse) → Asc analogues i.v. for 5 day with or without LPD → 10 days → Experimental lung metastasis

メラノーマ皮膚癌細胞の肺への転移

対 照　　　化合物配合剤(X)処理
(生理食塩水)　　(0.1 μM)

(b) 化粧品配合剤Xは通常使用量より少ない用量で，皮膚がんの転移を促進するという有害な作用が見つかった。プロビタミンC, Asc2Pは逆に皮膚がん転移を抑制した。

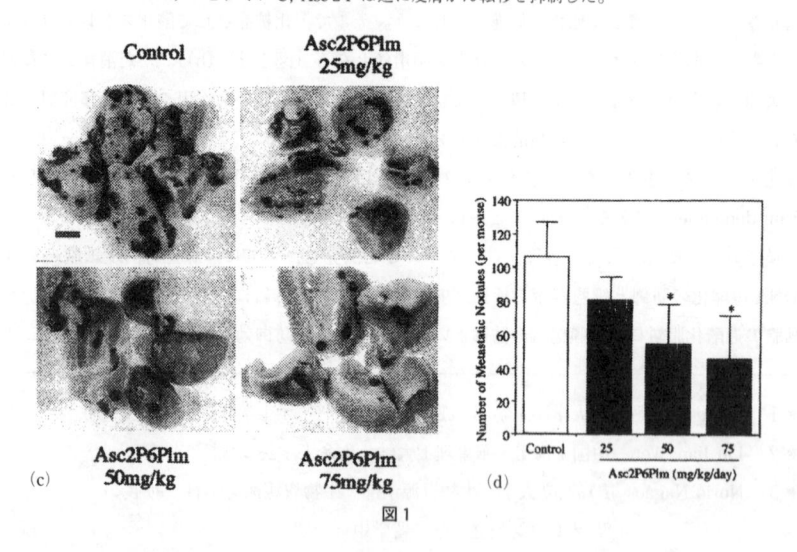

(c) Control / Asc2P6Plm 25mg/kg / Asc2P6Plm 50mg/kg / Asc2P6Plm 75mg/kg

(d) Asc2P6Plm (mg/kg/day)

図1

の場合では，未修飾のビタミンCそれ自体の単回投与は酸化分解されやすいためほぼ無効であり[6,7]，プロビタミンCによってがん転移抑制に著効が得られた（図1 (c), (d)）。

各種のがん転移抑制剤のうち，抗酸化作用を介する新規機序と低い細胞毒性の点でプロビタミ

第33章　新世代プロビタミンCによるがん浸潤抑制

図2　アスコルビン酸-2-リン酸-6-パルミチン酸（Asc2P6Plm）の化学構造

ンCは有意義である。そこで，細胞膜をより通過しやすくした親油性の新世代プロビタミンCとして，アスコルビン酸-2-リン酸-6-パルミチン酸（Asc2P6Plm）（図2）を調製し，皮膚癌の浸潤転移抑制能を検討した[3]。

2　細胞移動能における Asc2P6Plm の阻害効果

がん転移の3大要素は，①接着・離脱，②浸潤，③がん細胞の運動とされている。このうち，いずれを欠いても完全な転移は成り立たないことになるし，逆にいうといずれか一つの要因を制御することにより，転移を抑制することは可能である。そこでがん細胞の運動に注目して実験した[2]。

ヒト繊維肉腫細胞（human fibrosarcoma cells）HT-1080をシート状に培養して，帯状に細胞集団を除去し，細胞シートエッジから細胞除去部分への細胞移動を見たところ，Asc2P6Plm 処理しなかった細胞は，除去部分への高い移動能が見られた（図3 (a)，(b)）。しかし，Asc2P6Plm・300μM で1時間処理した細胞についてはその移動能が63%抑えられた（図3 (c) A)[8]。同じように Asc2P6Plm・50μM で18時間処理した細胞の移動能は，55%抑えられた。（図3 (c) B)。

このことから，Asc2P6Plm はがん浸潤やがん転移を阻害する効果が確認されている[5]が，この機序の一つとして細胞移動能への抑制作用が考えられる。

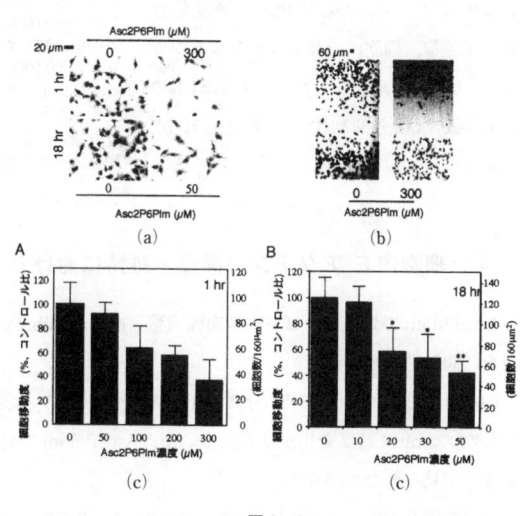

図3

343

3 Asc2P6Plm による ROS 消去

活性酸素種（reactive oxygen species：ROS）には，スーパーオキシドアニオンラジカル（O_2^-），過酸化水素（H_2O_2），ヒドロキシルラジカル（・OH），一酸化窒素（NO）などがある。生体内では絶えずいくつかの系で生理的に ROS が産出されているが，これらに対して生体は消去系を有してこれに対抗させバランスを保っている。これらの酸化ストレスを電子スピン共鳴（ESR：electron spin resonance）によって測定を行った[2]。

ヒドロキシルラジカル（・OH）はスピントラップ剤の DMPO（5,5'-dimethyl-1-pyroline-1-oxide）を添加すると，付加体（adduct）を形成して特徴的な ESR シグナルを発する。そこで，・OH の消去剤である DMSO（dimethyl-sulfoxide）を添加しておくと，DMPO と付加体を形成する・OH が減少し，この結果，ESR シグナルが弱くなる。よって DMSO によるシグナル減弱が，・OH としての同定を証明することになる[1]。

このことから，Asc2P6Plm の濃度依存的に減少し，細胞内のヒドロキシルラジカル（・OH）が減少したため，がん細胞の運動能や転移を抑制すると考えられる[5]（図4）。

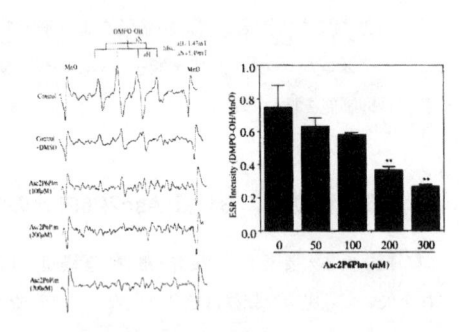

図4 Asc2P6Plm 存在下で培養したヒト繊維肉腫 HT-1080細胞の電子スピン共鳴（ERS：electron spin resonance）スペクトル

単層のシート状に増殖した肉腫細胞を105分間，図に示す濃度の，プロビタミンCである Asc2P6Plm で前処理をした。その後に培養液を洗浄し，界面活性剤 Triton X-100 で細胞溶解してホモジナイザーで細胞破砕し，スピントラップ剤 DMPO を添加して，60秒後，電子スピン共鳴スペクトルにより測定をした。

これらのデータは同じ実験を3回繰り返した。そして1点の測定に3ヶのサンプルを使用して，これらの結果の平均をデータとして示した。

4 細胞内 F-アクチンの構成・維持における Asc2P6Plm の阻害効果

Asc2P6Plm で処理したヒト繊維肉腫細胞（human fibrosarcoma cells）HT-1080のアクチン発現を時間経過で観察した。

細胞を図2と同じ方法で60分間，50μM，250μM の Asc2P6Plm で処理した後，0〜60分間観察した。control には変化が見られないが，Asc2P6Plm で処理した細胞からは，どちらの濃度でも変化が見られた（図5）[8]。

細胞を図2と同じ方法で105分間，250μM・Asc2P6Plm で処理した後，0〜60分間観察した（短

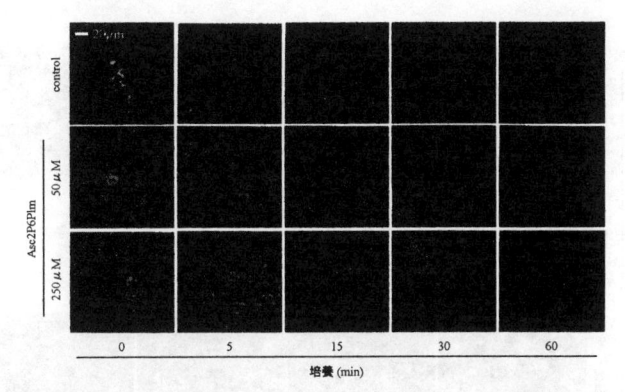

第33章 新世代プロビタミンCによるがん浸潤抑制

図5 プロビタミンCのAsc2P6Plmで処理したヒト繊維肉腫HT-1080細胞のアクチン発現の時間経過

細胞は図2と同じ方法で,60分間Asc2P6Plmで前処理をし,FITC-標識抗アクチン抗体で直接染色した。

顕微鏡写真はそれぞれの処理を3回繰り返し,細胞の違った8ヶ所のうちの典型的な写真を示した。サンプルは,蛍光顕微鏡で撮影した。蛍光写真のスケールは$20\mu m$である。

期効果)。0〜35分間で大きな変化が見られ,35〜60分間では変化はさほど観察されなかった(図6)[8]。

$50\mu M$のAsc2P6Plmで18時間処理したサンプルのHT-1080細胞を,NBA-phallacidin存在下で蛍光とビオチン化したファロトキシンの染色をしたものを観察(長期効果)。Asc2P6Plmの添加と無添加では明らかに大きな違いが見られた(図7)[8]。

これらの結果から,Asc2P6Plm処理なしの細胞表面には多くの仮足(pseudopodia)を見ることができ,人工の基底膜に付着した。Asc2P6Plm処理した細胞表面は,平滑で仮足がまったく見られなかった。このことから,細胞表面の仮足は実質的にF-アクチンによって支持・構成されていると考えられ,細胞の浸潤・転移においてAsc2P6Plmの阻害機能は,細胞でのF-アクチンの分解がAsc2P6Plm誘導に関係づけられるかもしれない[5]。

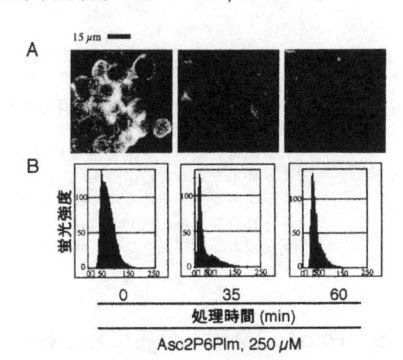

図6 ヒト繊維肉腫HT-1080細胞のアクチン発現に及ぼすAsc2P6Plmの短期(105分間)効果

A:蛍光顕微鏡写真(蛍光写真のスケール:$15\mu m$)
B:蛍光強度分析によって得たヒストグラム

アクチンに対する抗体とFITCラベルした抗免疫グロブリンG抗体で,免疫細胞学的に染色した結果である。

細胞は図2と同じ方法で105分間,図に示した濃度のプロビタミンCで前処理をした。

顕微鏡写真は,それぞれの処理をした細胞から違った8ヶ所の視野のうち典型的な例を示した。サンプルは蛍光顕微鏡を用いて調べた。

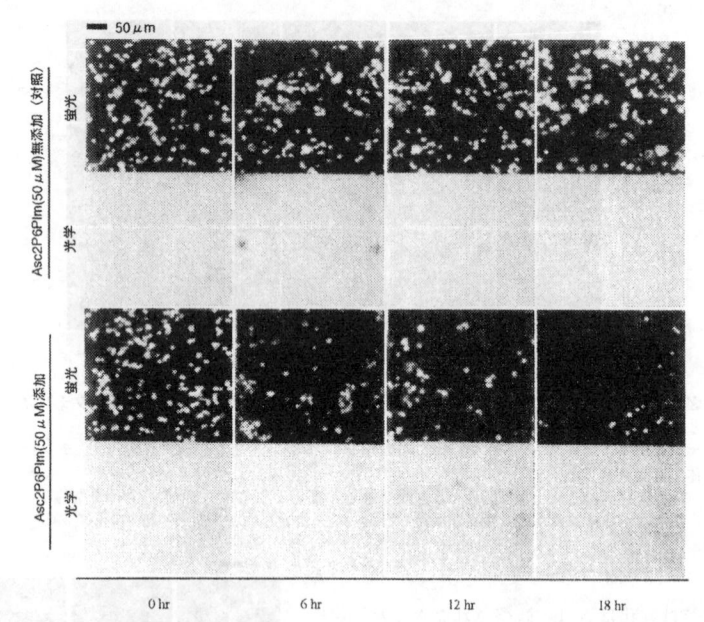

図7　蛍光顕微鏡写真（蛍光写真のスケール：50μm，上）と対照として光学顕微鏡写真（下図）

ヒト繊維肉腫 HT-1080細胞の F-アクチン発現に対する Asc2P6Plm の長期（18時間まで）効果を見るために，NBA phallacidin 存在下で，蛍光とビオチン化したファロトキシンの染色をしたものを観察した。

0～18時間，Asc2P6Plm で連続的に処理したサンプルの HT-1080細胞から F-アクチン発現の時間経過を見た。サンプルは蛍光顕微鏡で調べた。

5　RhoA の発現と分布における Asc2P6Plm の阻害効果

近年，低分子量 GTP 結合タンパク質の1つである Rho ファミリータンパク質（Rho, Rac, Cdc 42）が，細胞骨格タンパク質の構築を調節し，細胞の形態変化，接着，運動，分裂，転写調節などの多彩な細胞機能を制御していることが種々の細胞系で報告されている。そこで，Rho（Ras homologue）について調べた[2]。

ヒト繊維肉腫細胞 HT-1080の Rho A protein 発現に対する Asc2P6Plm の効果を観察した。Asc2P6Plm・50μM で継続的に処理した HT-1080細胞を，抗 RhoA 抗体と FITC 結合抗免疫グロブリン G 抗体で免疫細胞学的に染色し，Rho A protein　発現の時間経過を見た。0～18時間のうち，特に0時間の2つの矢印は細胞の両端を示し，蛍光写真から見ると，1～18時間で Rho A は，細胞膜での局在が緩和され細胞質へ転位（translocation）した。このことから，Asc2P6Plm は細

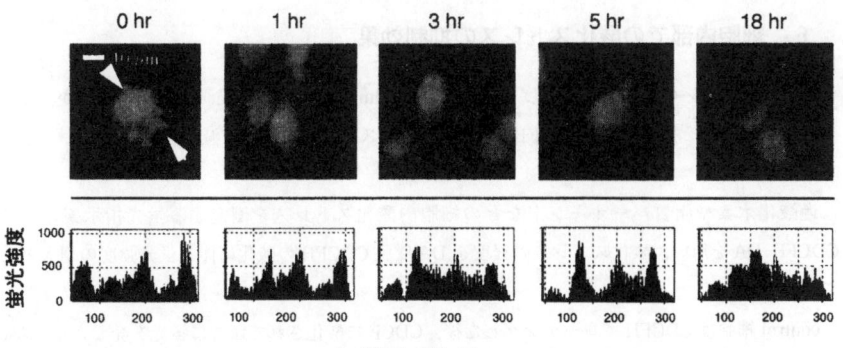

第33章 新世代プロビタミンCによるがん浸潤抑制

図8 蛍光顕微鏡写真(蛍光写真のスケール：10μm，上)感度分析によって得たヒストグラム(下)
ヒト繊維肉腫 HT-1080 の Rho A protein 発現に対する Asc2P6Plm の効果を見るために，抗 Rho A 抗体と FITC 結合抗免疫グロブリン G 抗体で免疫細胞学的に染色したものを観察した。
1～18時間のうち図に示す時間から，図に示す量の Asc2P6Plm・50μM で連続的に処理した HT-1080 細胞から Rho A protein 発現の時間経過を見た。

胞膜の周りへの Rho A の局在化を妨げることが観察できた(図8)が，この結果として細胞骨格の流動化と再構築が抑制されて細胞変形能や細胞移動能が低下したと考えられる。

Asc2P6Plm を濃度別に18時間処理した HT-1080 細胞の細胞質において，Asc2P6Plm 濃度を増やすと Rho A protein (52kDa) が増加することをウエスタンブロットで観察した(図9)[8]。

これらの結果から，細胞膜または細胞質の Rho A が核の中から移動したとき，Rho A は阻害されたことが示された。細胞膜に局在する Rho A は細胞運動を助長するが，これを Asc2P6Plm が阻害することから，がん浸潤が抑制されたと考えられる[5]。

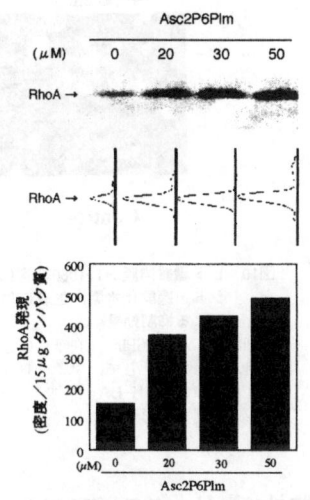

図9 抗 Rho A 抗体と HRP 結合─抗免疫グロブリン G 抗体で検出した Rho A 蛋白(上)とウエスタンブロットからのデンシトメトリー(下)
Asc2P6Plm 存在下における HT-1080 細胞の細胞質に対する Rho A 蛋白の増加発現をウエスタンブロットで調べた。
10cm の直径の培養皿において HT-1080 細胞は，MEM-10% FBS 培地の存在下で培養し50μM の Asc2P6Plm で18時間処理した。対照試験はこのプロビタミン C を添加しないで同様な処理を行った。その細胞を集め，超遠心機で脱核・溶解した。細胞から抽出したタンパク質は電気泳動 SDS-PAGE で分析した。

細胞死制御工学～美肌・皮膚防護バイオ素材の開発～

6 細胞内部での酸化ストレスの抑制効果

細胞内ビタミンCを顕著に高濃度化するAsc2P6Plmは，なぜがん浸潤を抑制するのか。これを，Asc2P6Plmを投与した細胞の内外において酸化ストレスがどう増減しているかという点から調べた。

過酸化水素や脂質パーオキシドなどの細胞内酸化ストレスを測定する蛍光指示薬としてCDCFH-DAを用い，酸化ストレスの程度をDA離脱CDCFHの酸化に伴う蛍光強度の増大として評価した[1]。

control細胞はCDCFHでローデングした後，CDCFに酸化されて顕著に蛍光を発したが，Asc2P6Plmを加えた細胞はあまり蛍光を発しなかった（図10）。

このことから，正常な好気代謝を引き起こして生じた細胞内ROSはこの抗酸化剤によって効果的に除去されたと考えられる[4]。

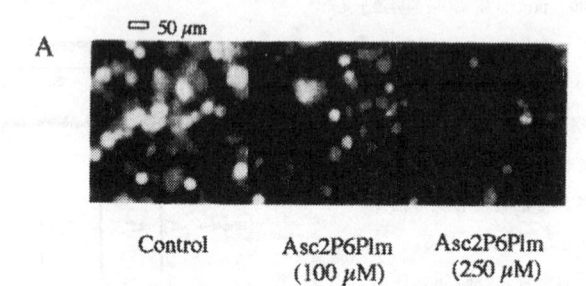

図10 ヒト繊維肉腫 HT-1080細胞における細胞内の過酸化物（主にパーオキシド・過酸化水素）生成に対するプロビタミンC，Asc2P6Plmの投与による抑制効果

細胞は，Asc2P6Plm存在下に60分間，がん浸潤試験での方法と同じ方法で前処理をした。そして，マイクロプレートに細胞を蒔き，酸化還元指示剤の蛍光色素（CDCFH-DA）を加え，その後50分間酸化還元反応させ，図のように蛍光写真を撮影した。

7 細胞外マトリックス（ECM：extracellular matrix）の分解におけるAsc2P6Plmの阻害効果

MMPの過剰発現は，がん組織で広範囲に起こっていることが知られている。それらはがん細胞自身とがん周囲の間質細胞による発現に分けられる。がん間質細胞由来のMMPはがん間質におけるECM分解により，結果的にがん浸潤・転移を容易にしている可能性がある。しかし，転移はがん細胞周辺や血管基底膜に存在するECMの分解なしには実現しないことから，がん細胞

第33章 新世代プロビタミンCによるがん浸潤抑制

による能動的な ECM 分解は不可欠と考えられる[2]。

そこで，コラーゲン分解酵素 MMP-2，MMP-9の産生に対する Asc2P6Plm の抑制効果を見るため，ヒト繊維肉腫細胞 HT-1080を Asc2P6Plm・50μM の存在下と非存在下で処理し，電気泳動とデンシメトリーで分析した。

主要なコラーゲン分解活性は電気泳動図の MMP-2と MMP-9のバンドで考えてみた。各々37%と30%に減少し，50μM・Asc2P6Plm 処理した細胞からでも少なくとも MMP 分泌はあるが少量となり，MMP 発現に長くても18時間の処理が必要なため，細胞生存率への影響は見られなかった（図11）。

pro-MMP-2または pro-MMP-9に対して直接ポリクローナル抗体を使用してウエスタンブロットで観察した。すると，Asc2P6Plm で MMP-2と MMP-9の産生は16%と30.4%に抑制された（図12）。このように，これら MMP 遺伝子それ自体の発現もこのプロビタミンCによって抑制されることが示された。

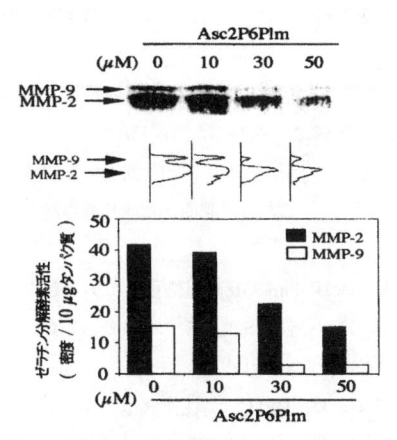

図11 コラーゲン分解酵素 MMP-2，MMP-9の産生に対するプロビタミンC，Asc2P6Plm による抑制効果

ヒト繊維肉腫 HT-1080を培養して18時間後に，血清無添加 MEM 培地中で Asc2P6Plm・50μM 存在下と非存在下で，細胞の処理を行った。その培養液を集め，限外ろ過し濃縮した。

分泌物（泳動1レーンにつき10μgタンパク質）は，変性コラーゲンであるゼラチンを基質としたポリアクリルアミドゲル電気泳動（PAGE）で分析した。電気泳動写真では，MMP-2，MMP-9の存在位置はゼラチンが分解されて白抜きになるが，白黒を反転（リバーサル）させた密度測定（デンシメトリー）として表示した。

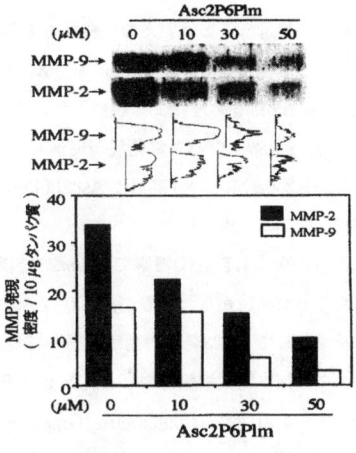

図12 HT-1080細胞における Asc2P6Plm による MMP-9と MMP-2のタンパク発現阻害

上図：抗 MMP-9抗体と抗 MMP-2抗体で検出された MMP-9と MMP-2タンパク質のバンド

中下図：ウエスタンブロットのデンシメトリー

Asc2P6Plm 存在下の HT-1080細胞で MMP-9と MMP-2をウエスタンブロットで調べた。HT-1080細胞を培養して18時間後，血清無添加 MEM 中で Asc2P6Plm・50μM 存在下と非存在下で処理を行った（前図と同様）。発現の抑制は，10μM を超える Asc2P6Plm 濃度で見られた。

このことから、ROSはMMPのいくつかのタイプの活性化を促進することが知られており、がん細胞から分泌したMMPの前駆体タイプは、ROSによって活性したタイプに変換されているが、MMPの分泌と活性化は細胞内ROSをAsc2P6Plmで処理したとき抑制されたことを示した[4]。

8 Asc2P6Plmによるヒト繊維肉腫細胞HT-1080でのnm23発現の促進

*nm23*は、がん転移抑制遺伝子としてSteeg, Liottaらによってマウスのメラノーマ高転移株から単離された。その産物であるnucleoside diphosphate kinaseがサイトカイン様に細胞外に分泌され細胞の形態形成や分化に関与しているといわれている。その機能は不明な部分も多いが、TGF-β系の情報伝達系に関与していることが報告されている。胃がん、乳がん、卵巣がん、大腸がんではその発現低下が転移能と関連し、リンパ節転移の予測因子となるとの報告が多い。しかし、ある種の皮膚腫瘍やヒトメラノーマでは逆の現象も報告されており、必ずしも普遍的ながん転移抑制遺伝子とはいえない側面もある[2]。

ヒト繊維肉腫細胞HT-1080における*nm23*タンパク質の発現増大は6〜18時間の長期での50μM・Asc2P6Plm処理により観察されたことを免疫細胞学的染色で観察した(図13A)。

一方、*nm23*タンパク質発現が促進しなかった例が見られたが、これは、60分間という短時間でしかも300μMという高濃度Asc2P6Plm処理の場合だった。これも浸潤測定と同じ処理時間に相当している(図13B)。

このようにHT-1080細胞での*nm23*発現は、50μM・Asc2P6Plmで18時間処理して引き起こされたことが図11からわかるが、これはAsc2P6Plmによる細胞外ROS消去を介すると示され、その結果として*nm23*発現の誘導を通じて浸潤が阻害されたと考えられる[4]。

さらに細胞内・細胞外のビタミンC含有量を定量するため、HPLC(高性能液体クロマトグラフィー)を用いて、Coulometric/Graphite ECD(電気化学検出器)より検出した。浸潤測定と同様の手順でAsc2P6Plmを投与したHT-1080細胞から抽出液を調製し、HPLC分析を行った。この結果、細胞内の還元型ビタミンC(Asc)蓄積が顕著に見られた(図14)。第1世代プロビタミンCであり水溶性のAsc2Pと違って、酸化型ビタミンCであるDehAscの含量が多いが、この原因はがん細胞での酸化ストレスの亢進、および、脂溶性のAsc2P6Plmがそのままの形で細胞膜を透過して細胞内に入ることに依存すると考えられる。Ascとその酸化型であるDehAscの細胞内含有量から、全てのAscはこの細胞で抗酸化力を高めることが示され、Asc2P6Plmはおそらく細胞内のエステラーゼとホスファターゼによってAscに変換されると考えられる。

第33章 新世代プロビタミンCによるがん浸潤抑制

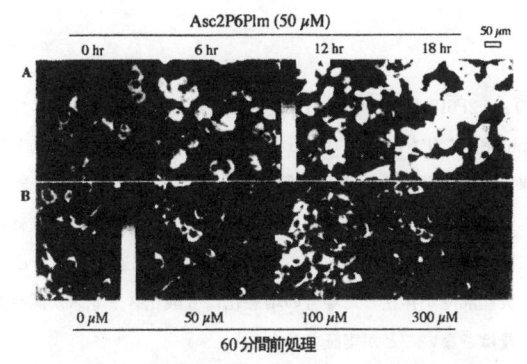

図13 HT-1080細胞のがん転移抑制遺伝子 nm23-H1のタンパク質発現に対する Asc2P6Plm の影響
抗 nm23-H1抗体，および，FITC 結合2次抗体（抗免疫グロブリン G 抗体）で，免疫細胞学的に染色した。顕微鏡写真は，それぞれの処理をした染色細胞から，違った8ヵ所の視野のうち典型的な例を示した。共焦点走査型レーザー蛍光顕微鏡を用いて調べた。
　nm23-H1タンパク質発現は，Asc2P6Plm によってより著しく活性化していて，核内部よりも細胞質で増していた。
A：0～18時間，連続的に Asc2P6Plm 処理をした HT-1080細胞の nm23-H1タンパク質発現を時間経過で示した。
B：HT-1080細胞を，異なった濃度の Asc2P6Plm 存在下で，105分間，腫瘍浸潤法と同じ方法で前処理した nm23-H1タンパク質発現の，Asc2P6Plm 濃度依存性を示した。

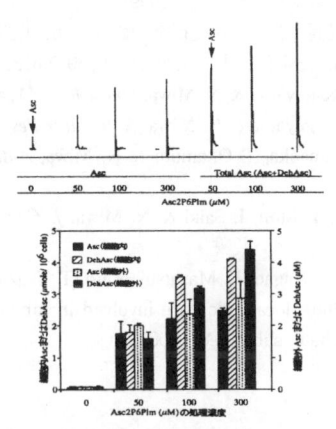

図14 高性能液体クロマトグラフィー（HPLC）で定量した Asc2P6Plm の細胞内・細胞外含有量
　Asc はポンプとインジェクターの間にセットした pulsation damper と，電気化学検出器(ECD：electrochemical detector)を使用して検出した。移動相は1.5ml/min 流量で0.1mM EDTA-2Na を含んだ0.1M KH_2PO_4-H_3PO_4緩衝液（pH2.35）を使用した。ヒト繊維肉腫 HT-1080細胞は，マトリゲルを塗布しておいた培養皿で，Asc2P6Plm 存在下に1時間，浸潤測定と同じ方法で培養した。
細胞内の還元型ビタミンC（Asc）含有量…（黒い棒グラフ）
　〃　酸化型ビタミンC（Deh Asc）含有量…（斜線棒グラフ）
細胞外の還元型ビタミンC（Asc）含有量…（点線棒グラフ）
　〃　酸化型ビタミンC（Deh Asc）含有量…（縞模様棒グラフ）

351

9 おわりに

プロビタミン C の Asc2P6Plm-Na（略称 APPS）は第1世代プロビタミン C である Asc2P（ascorbic acid-2-O-phosphate）よりも脂溶性である第2世代プロビタミン C であり皮膚組織浸透力が大きくて，この結果，メラノサイトや繊維芽細胞の位置する皮膚深部へ行き渡ってビタミン C に変換され，メラニン抑制効果や繊維芽細胞によるコラーゲン合成への促進効果が期待されているが，これに加えて，ビタミン C ならではの安全性が本章で記述されたことになる。微小な皮膚がんだけではなく炎症部位が存在した場合の増悪化にも酸化ストレスが関与しているが，これら皮膚への悪影響を及ぼさないことが実証された。

文　献

1) 三羽信比古編著，バイオ抗酸化剤　プロビタミン C～皮膚障害・ガン・老化の防御と実用化研究～, フレングランスジャーナル社（1999）
2) 北島正樹編集, ガンの浸潤・転移～基礎研究の臨床応用, 医学書院
3) 長尾則男, Liu Jian Wen, 三羽信比古, 化学と生物, **39**, No. 3, 151-153（2001）
4) J. W. Liu, N. Nagao, K. Kageyama & N. Miwa, *Oncol Res*., **11**, 479（1999）
5) J. W. Liu, N. Nagao, K. Kageyama & N. Miwa, *Anticancer Res*., **20**, 113（2000）
6) N. Nagao, T. Etoh, S. Yamaoka, T. Okamoto & N. Miwa, *Antioxidant Redox Signal*., **2**, 727（2000）
7) N. Nagao, T. Nakayama, T. Etoh, I. Saiki & N. Miwa, *J. Cancer Res. Clin. Oncol*., **126**, 511（2000）
8) J. W. Liu, A. Kayasuga, N. Nagao, E. Masatsuji-Kato, T. Tsuzuki and N. Miwa, Repressions of actin assembly and RhoA localization are involved in Inhibition of tumor cell motility by lipophilic ascorbyl phosphate, submitted（2003）

第34章　高濃度アンチオキシダントの選別技術
―― 可食植物ジュベナイル体（幼若体）に着眼した
　　　　高濃度アンチオキシダントとその選別技術 ――

近藤　悟[*1]，吉光紀久子[*2]，三羽信比古[*3]

1　はじめに

　われわれの生活における健康志向の高まりに伴い食生活の見直しが進められるとともに，植物の持つ抗酸化機能が注目されている。すなわち植物由来の抗酸化物質は，人体における癌や心臓病の誘発に関連する活性酸素を消去する[1]。果実もまた抗酸化作用を持つため，その機能性について研究されている。例えば，ポリフェノールの一種であるアントシアニンを高含有するブドウ果実は強い活性酸素消去能力を持つ[2]がこれを原料として作られる赤ワインの持つ抗酸化性については多くの研究例がある。

2　リンゴ果実の抗酸化活性と抗酸化成分

　ポリフェノールは強力な抗酸化物質であり，リンゴ果実もまた高濃度のポリフェノールを含有する。しかしながら，果実の抗酸化活性は品種，果実の部位，発育段階および環境要因によっても相違する。著者らは栽培品種である赤色品種'ふじ'，黄色品種'王林'および外観の美しさから主に観賞用として栽培されているクラブアップル'レッドフィールド'の抗酸化活性と抗酸化成分について検討した。

　図1に示したIC_{50}値を示す果皮および果肉試料値の上昇は，試料におけるラジカル消去活性の低下を示す。各品種とも，スーパーオキサイドアニオン（O_2^-）ラジカルおよび1,1-ジフェニル-2-ピクリルヒドラジル（DPPH）ラジカル消去能力は，果皮が果肉に比べ高かった。また'ふじ'と'王林'の果肉の活性酸素消去能力は，成熟に近づくとともに低下した。しかしながら，'レッドフィールド'の果肉においては，収穫までその機能が維持された。リンゴ果皮，果肉中

---

　*1　Satoru Kondo　広島県立大学　生物資源学部　生物資源開発学科　教授
　*2　Kikuko Yoshimitsu　広島県立大学　生物資源学部　三羽研究室　副主任研究員
　*3　Nobuhiko Miwa　広島県立大学大学院　生物生産システム研究科　教授

細胞死制御工学～美肌・皮膚防護バイオ素材の開発～

の主なポリフェノール成分として，クロロゲン酸，フロリジン，（+）－カテキンおよび（－）－エピカテキンが検出された（表1）。果肉中のポリフェノール濃度は，果皮に比べ明らかに低かった。'ふじ'と'王林'の果皮においては成熟期に向けてフロリジンの濃度がクロロゲン酸より高くなったが，'レッドフィールド'の果皮においては（－）－エピカテキンがフロリジンおよびクロロゲン酸に比べ高かった。果皮の総ポリフェノール濃度は収穫に向け減少したが，収

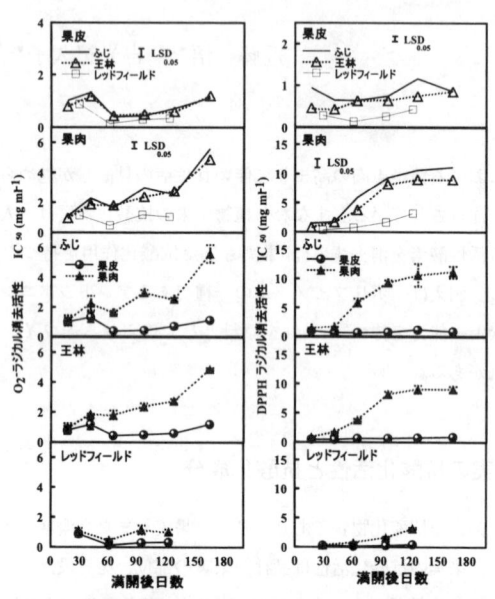

図1 リンゴ各品種の発育中の果皮および果肉における O_2^- ラジカルおよびDPPH ラジカル消去活性の推移[3]
各々の IC_{50} はジアゾダイ形成の50％抑制あるいはサンプルとDPPH溶液の反応の50％抑制値から計算された。値は平均±標準誤差。

表1 リンゴ'ふじ'，'王林'，'レッドフィールド'の果皮中ポリフェノール濃度[3]

品種	満開後日数	クロロゲン酸 (mg·kg⁻¹FW)	フロリジン (mg·kg⁻¹FW)	(+)－カテキン (mg·kg⁻¹FW)	(－)－エピカテキン (mg·kg⁻¹FW)	総フェノール (mg·kg⁻¹FW)
ふじ	17	1940	1248	316	247	13203
	97	138	477	20	348	4162
	166	248	461	7	204	3465
王林	17	1544	1552	524	119	16311
	97	220	669	91	411	6469
	166	164	324	44	159	4196
レッドフィールド	61	429	517	642	1546	23522
	95	353	826	125	1420	12138
	123	80	752	103	961	9173
LSD (0.05)		46.8	58.6	21.5	62.0	838.4

第34章 高濃度アンチオキシダントの選別技術

穫時の'レッドフィールド'では他2品種に比べその濃度は2倍以上であった。

このように果皮の活性酸素消去能力は高く，その活性は発育を通して維持された。より高い抗酸化能力は我々の健康維持に有益であり，果皮は有望な供給源として期待できる。赤色品種はアントシアニンを含有するためその抗酸化能力は高いと予想されるが，この実験で，赤色品種と黄色品種の活性酸素消去能は同程度であった。これは，両タイプの果皮とも強力な抗酸化物質であるケサチングリコサイドを多く含んでいる[4,5]ことによるものと考えられる。さらに，赤色品種'ふじ'のアントシアニン濃度が他の赤色品種に比較し，それほど高くないことも影響していると推察される。各品種の果皮に含まれる総ポリフェノール濃度は果肉に比べ3～8倍高かったが成熟期に向け減少した。しかしながら，果皮の活性酸素消去活性は発育期を通じてほぼ一定であった。このことは，抗酸化能はある一定レベルのポリフェノール濃度によって維持されることを示唆する。さらにフロリジンは抗酸化活性をほとんど持たず，（＋）－カテキンおよび（－）－エピカテキンは強い抗酸化活性を持つ[6]ことから，ポリフェノールの構成成分もまた果実の抗酸化能に大きく影響するものと考えられる。このことは，（－）－エピカテキン濃度が高かった'レッドフィールド'で抗酸化活性の高かったことからも推察される。図2および写真は，水溶性のラジカル発生剤であるAAPHにより発生するペルオキシラジカルにより引き起こされる，ヒツジ赤血球の溶血反応に及ぼす'レッドフィールド'の果皮および果肉（満開後60日）の抑制効果を見たものである。蒸留水のみの対照区に比べ，顕著に赤血球の溶血が抑制されていることがわかる。リンゴ果実に含有されるほとんどのポリフェノールは，果実が加工された際，容易に果汁中に移行する。そのためポリフェノールが高濃度に含有される発育初期の果実や，'レッドフィールド'のようなクラブアップルからのポリフェノールの利用が今後期待される。

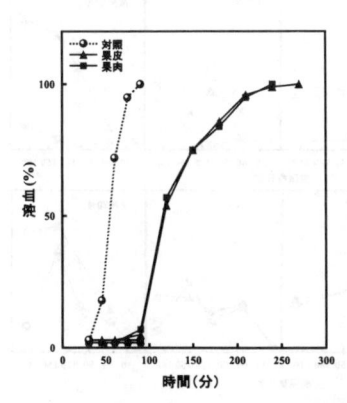

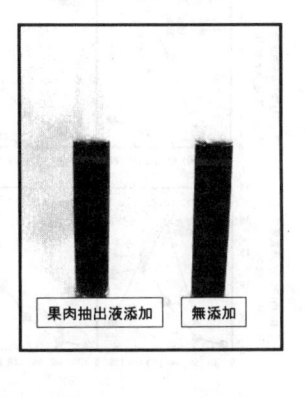

図2 AAPHにより引き起こされるヒツジ赤血球の溶血反応に対する'レッドフィールド'果皮および果肉（満開後60日，1500ppm濃度液）の抑制効果

3 カンキツ果実の抗酸化活性と抗酸化成分

抗酸化作用を持つ物質としてポリフェノール以外にカロチノイド類，フラボノイド類，ビタミンC・Eなどが上げられ，カンキツ類はこれらを多く含む果実として知られている[7]。筆者らは，ウンシュウミカン'南柑20号'および'石地ウンシュウ'，'不知火'ならびにレモン'リスボン'の4種のカンキツ果実を採取し，発育時期や果実部位と抗酸化機能との関連性を検討した。

各カンキツ果実においてO_2^-ラジカル消去活性は，全般に果皮が果肉に比べて高かった(図3)。果皮の活性は満開後191日の'リスボン'を除き，発育初期から収穫まで大きく低下せず高く保持された。一方，果肉のO_2^-ラジカル消去活性は，ウンシュウミカンでは，満開後60日には果皮と同程度にその活性は高かったが，以降急激に低下した。'不知火'でも活性は収穫に向け徐々に低下したが，ウンシュウミカン2品種に比べその減少率は小さかった。'リスボン'では満開後60日から191日まで大きな変化は観察されなかった。

果皮および果肉のDPPHラジカル消去活性の推移は，O_2^-ラジカル消去活性の推移とやや異なった。ウンシュウミカンでは果皮の活性が果肉と比べ高かったが，'不知火'および'リスボン'では果皮と果肉でその活性は同程度であった（図3）。果皮中のDPPHラジカル消去活性は果実発育初期に高かったが，満開後日数の経過とともに徐々に低下した。しかし，いずれの品種も収穫時に，その活性は再び上昇した。果肉中のDPPHラジカル消去活性について，ウンシュウミカンでは果実発育初期に高く，以降急激に低下した。しかしながら'石地ウンシュウ'ではその活性は収穫期に再び上昇した。'不知火'および'リスボン'の果肉では，満開後60日以降収穫

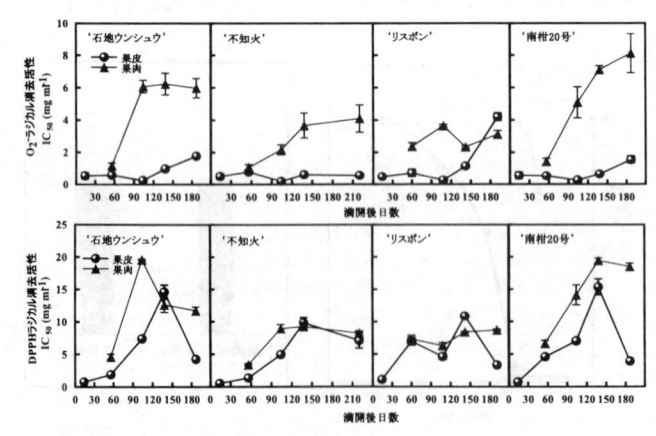

図3 各カンキツ果実の果皮および果肉におけるO_2^-ラジカルおよびDPPHラジカル消去活性の推移[8]
値は平均±標準誤差

第34章　高濃度アンチオキシダントの選別技術

表2　各カンキツ果実の果皮および果肉中の総フェノールおよび総アスコルビン酸濃度[8]

品種	満開後日数	総フェノール（g・kg⁻¹新鮮重）		総アスコルビン酸（g・kg⁻¹新鮮重）	
		果皮	果肉	果皮	果肉
石地ウンシュウ	60	0.53±0.10	0.25±0.07	1.7±0.21	1.31±0.13
	104	0.58±0.04	0.02±0.01	0.63±0.05	0.18±0.02
	187	0.46±0.07	0.09±0.07	1.62±0.03	0.16±0.01
南柑20号	60	0.88±0.14	0.46±0.23	1.15±0.03	0.99±0.01
	104	0.43±0.03	0.24±0.05	0.61±0.05	0.23±0.04
	187	0.44±0.08	0.24±0.05	0.7±0.04	0.37±0.07
不知火	60	0.30±0.06	0.18±0.02	0.89±0.11	1.86±0.53
	104	0.47±0.08	0.07±0.01	1.58±0.09	0.41±0.07
	220	0.06±0.04	0.05±0.01	2.83±0.21	0.68±0.12
リスボン	60	1.03±0.13	0.45±0.17	3.03±0.12	1.85±0.31
	108	0.29±0.02	0.04±0.03	1.81±0.24	0.5±0.13
	191	0.37±0.03	0.29±0.05	1.44±0.27	0.43±0.09

値は平均±標準誤差

まで満開後日数の経過にともない大きな活性の低下は観察されず，特に'リスボン'では満開後60日以降，その活性はほぼ同程度であった。

　各カンキツ果実で，総フェノール濃度は果皮が果肉に比べ高かったが，果皮および果肉とも，その濃度は発育初期ほど高かった（表2）。各果実の果肉におけるアスコルビン酸濃度は，発育初期に高く収穫期に向けて低下した。果皮のアスコルビン酸濃度の推移は各果実間で異なった。'リスボン'およびウンシュウミカンの2品種では，その濃度は発育初期に高く，一方'不知火'ではむしろ収穫時に高くなった。これまで果皮中に含有される抗酸化物質として，特にポリフェノール類が注目され研究が行われてきているが[2,9]，各カンキツ果実の総フェノール濃度はこれらの報告に比較して低く，総フェノール濃度の推移も O_2^- 消去活性とは一致しなかった。果皮における総フェノール濃度とDPPHラジカル消去活性との関連もまた同様であった。アスコルビン酸もまた有力な抗酸化物質であるが[10]，果皮における O_2^- およびDPPH両ラジカル消去活性とアスコルビン酸の推移は必ずしも一致しなかった。

　カンキツ類の果皮は精油成分を含むが，その中でクマリン類のオーラプテンは発癌抑制作用を持つ[7]。さらにカンキツ果実は β-カロチン，β-クリプトキサンチンなどカロチノイド色素を含有し，これらは発癌抑制作用や活性酵素を消去する作用を持つ[11]。カロチノイド色素は成熟期に蓄積してくる[12]。各カンキツ果実で果皮のDPPHラジカル消去活性は発育期に一旦減少した後，収穫期に再び増加した（図3）。これらの結果はカロチノイド色素がDPPHラジカル消去に影響を及ぼしている可能性を示唆するものである。また果皮中の両ラジカル消去活性の推移は異なったことから，それぞれ異なる成分が影響しているものと考えられた。一方，各カンキツ果実で果肉の O_2^- およびDPPHラジカル消去活性の推移はアスコルビン酸濃度の推移と類似した。さらに果肉の O_2^- およびDPPHラジカル消去活性は，発育期を通して比較的高く維持された不知火や'リ

スポン'では、ウンシュウミカンに比べアスコルビン酸濃度が高かった。したがってアスコルビン酸が果肉の活性酸素消去機能に影響を及ぼしている可能性が推定される。ただし'石地ウンシュウ'の果肉では、収穫期にDPPHラジカル消去活性が再び上昇したことから、果皮と同様、カロチノイド色素などアスコルビン酸以外の成分も影響しているものと考えられた。

4 抗酸化活性に影響する環境要因

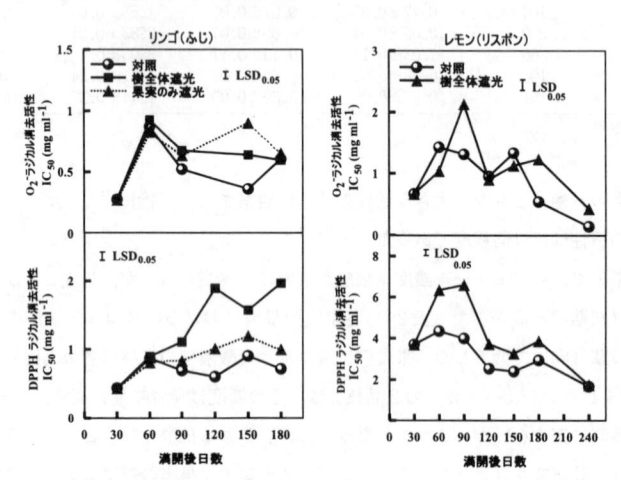

図4 果実および樹体の遮光がリンゴおよびレモン果皮のO_2^-ラジカルおよびDPPHラジカル消去活性に及ぼす影響[13]

果実の抗酸化活性は環境要因、特に光条件により大きく影響される。リンゴおよびレモン果実の抗酸化活性は、樹全体あるいは果実への50～75％遮光により大きく低下した（図4）。さらに遮光処理区では、リンゴ果皮でポリフェノール濃度が低下し（表3）、レモン果皮においてはアスコルビン酸およびβ-クリプトキサンチン濃度が低下した（表4）。光はフラボノイドやカロチノイド合成に、クロロプラストやフィトクロームのよう

表3 リンゴ'ふじ'果皮のポリフェノール含量に及ぼす遮光の影響[13]

処理	ポリフェノール (mg・g⁻¹FW)
満開後30日	
対照	8.86
満開後150日	
対照	4.03a*
樹全体遮光	2.37b
果実のみ遮光	1.15c
満開後180日	
対照	2.09a
樹全体遮光	2.12a
果実のみ遮光	1.19b

＊異なる英文字はニューマンケウルスの検定（5％レベル）で有為差あり

な光受容体を経由して影響する[14,15]。これらの結果は，光が果実中における抗酸化成分を制御し，抗酸化機構に影響することを示唆する。植物は紫外線から自分自身を防御するためにポリフェノールを生合成する[16]とされる。このような植物の防御システム上で合成される天然の抗酸化物質について，食品や化粧品を始めとして今後積極的な利用が検討されるべきであろう。

表4 レモン'リスボン'果皮のアスコルビン酸および β-クリプトキサンチン含量に及ぼす遮光の影響[13]

処理	アスコルビン酸 ($mg \cdot g^{-1}$ FW)		β-クリプトキサンチン ($ng \cdot g^{-1}$ FW)	
満開後60日				
対照	1.368	NS	45.3	NS
樹全体遮光	1.328		46.7	
満開後180日				
対照	0.594	**	380.8	**
樹全体遮光	0.458		240.1	
満開後240日				
対照	0.566	**	1476.4	*
樹全体遮光	0.487		518.1	

NS, *, **：有意差なし，5％レベルあるいは1％レベルで有意

文　　献

1) B. Ames *et al.*, *Proc. Nat. Acad. Sci. USA*, **90**, 7915 (1993)
2) M. K. Ehlenfeldt *et al.*, *J. Agr. Food Chem.*, **49**, 2222 (2001)
3) S. Kondo *et al.*, *Scientia Hortic.*, **96**, 177 (2002)
4) J. E. Lancaster, *Plant Sci.*, **10**, 487 (1992)
5) A. Van der Sluis *et al.*, *J. Agr. Food Chem.*, **48**, 4116 (2000)
6) 柳田顕郎, *Fragrance J.*, **4**, 53 (1997)
7) 小川一紀，果実日本，**52**, 30 (1997)
8) 近藤　悟ほか，園学研，**1**, 63 (2002)
9) S. Y. Wang *et al,*. *J. Agr. Food Chem.*, **48**, 140 (2000)
10) 平井俊次，果実日本，**54**, 26 (1999)
11) 矢野昌充，果実日本，**54**, 22 (1999)
12) 門屋一臣，農業技術大系，果樹編1，カンキツ，形態・生理・機能，農文協 p. 13 (1995)
13) S. Kondo *et al., J. Jpn. Soc. Hort. Sci.*, **72**, (In Press) (2003)
14) A. Mozafar, Plant vitamins. Agronomic, physiological, and nutritional aspects, Genetic variability. p. 43, CRC Press, Florida (1994)
15) E. M. Tobin *et al.*, *Ann. Rev. Plant Physiol.*, **36**, 569 (1985)
16) D. Strack *et al.*, Vol.1. Plant phenolics, Anthocyanins. p. 325, Academic Press, London (1989)

第6編　薬効を増強させる新規バイオ抗酸化剤の分子設計

第35章　ビタミンハイブリッド薬
―― ビタミンEとビタミンCを合体させた
　　　ハイブリッド薬の化粧品原料としての応用――

阪上享宏[*1]，荻野真也[*2]，家村雅仁[*3]，岩﨑尚子[*4]

　ビタミンCとビタミンEは従来から優れた抗酸化剤として医薬品，健康食品，化粧品などに使用されている。ビタミンCは単独では抗酸化作用は弱いが，ビタミンEとの共存で著しく増強される。ビタミンEは活性酸素消去時にはビタミンEからビタミンEラジカルとなるが，ビタミンCによりビタミンEは再生される。両ビタミンは生体内において効率的な作業を行っていると言える。その両ビタミンのバランスがくずれることは細胞の障害につながり，同じ場所に両ビタミンが存在するのが理想であると考えられる。

　そこでビタミンEとビタミンCのハイブリッド薬の創薬を行い，創り出されたものが，EPC-K（ビタミンEとビタミンCのリン酸ジエステル）とCME（ビタミンEとビタミンCのマレイン酸ジエステル）である。

　EPC-KはビタミンEとビタミンCのリン酸ジエステル，L-ascorbic acid 2-[3,4-dihydro-2,5,7,8-tetramethyl-2-(4,8,12-trimethyltridecyl)-2H-1-benzopyran-6-yl-hydrogen phosphate] potassium salt）（図1）であり，細胞障害性の強い活性酸素種であるヒドロキシルラジカルを消去し，脳虚血，心筋梗塞など種々の虚血性疾患モデルで効果が認められている[1〜3]。

　ヒドロキシルラジカルは，活性酸素種の中でも細胞障害性の強いものである。このヒドロキシルラジカルに対する本化合物の消去作用について検討を行った。

　H_2O_2 に紫外線を照射することにより，ヒドロキシルラジカルを発生させ，ESR（Electron Spin Resonance）という装置を用いてヒドロキシルラジカルを検出した（図2）。その系に本化合物を添加することによりヒドロキシルラジカルの減少が認められた（図3）。

　本化合物は炎症に関係するアラキドン酸カスケードにおける PLA_2（ブタ膵由来）を阻害する（図4）[4]。そこで炎症モデルで評価を行うために0.15％ジニトロフルオロベンゼン（DNFB）をマウス耳介に適用し，浮腫を作成した。本化合物2％濃度を1時間前に適用

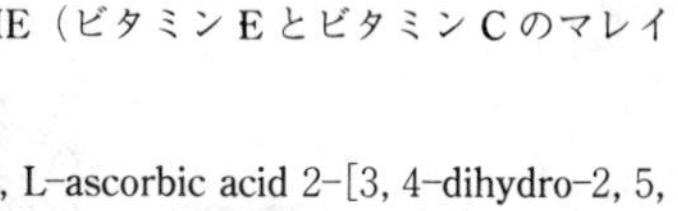

図1　EPC-Kの構造式

千寿製薬㈱　創薬研究所
　＊1　Takahiro Sakaue　＊2　Shinya Ogino　＊3　Masahito Iemura　＊4　Naoko Iwasaki

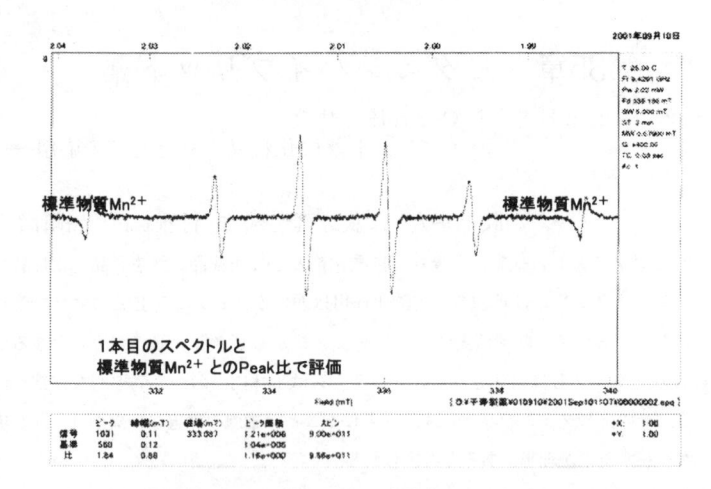

細胞死制御工学〜美肌・皮膚防護バイオ素材の開発〜

図2 DMPO の OH・ラジカル付加体の ESR スペクトル

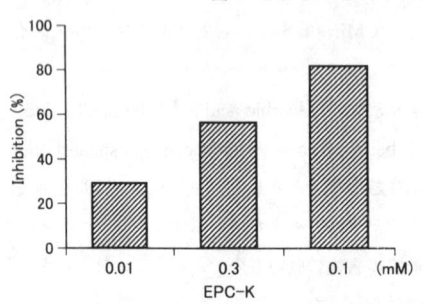

図3 EPC-K のヒドロキシルラジカル消去作用

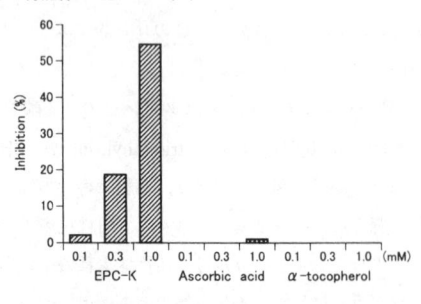

図4 EPC-K の phospholipase A_2 阻害作用

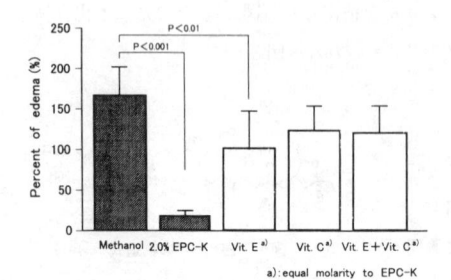

図5 EPC-K のマウス DNFB 耳介浮腫に対する効果

a):equal molarity to EPC-K

表1 EPC-K の *Propionibacterium acnes* . 発育抑制作用

Drugs	Cell count (CFU/ml)	MIC (mg/ml)
EPC-K	10^6	0.3125
Vitamin E	10^6	>5.0
Vitamin C	10^6	>5.0

第35章 ビタミンハイブリッド薬

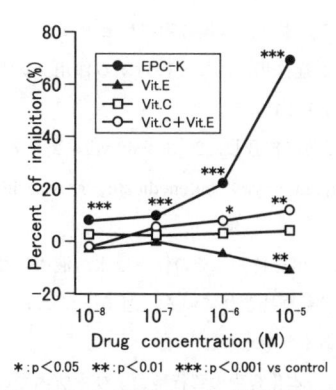

図6 EPC-Kの固定化リパーゼに対する効果

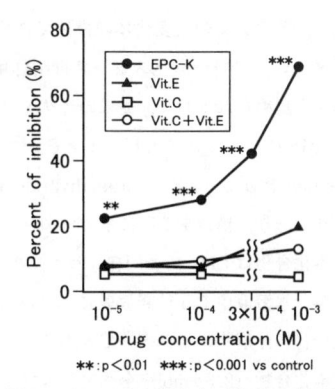

図7 EPC-Kの皮膚リパーゼに対する効果

したところ浮腫を有意に90%抑制した（図5）。これらの作用はビタミンEやビタミンCにはほとんど効果はなく、本化合物の特徴的な作用であると言えた[5]。

本化合物はニキビ菌に対して発育抑制作用（表1）が認められている。ニキビは増加した皮脂中の主成分の中性脂肪がニキビ菌の放出するリパーゼにより、遊離脂肪酸に分解される。その遊離脂肪酸が原因で毛包上皮の角化を引き起こすと言われている。本化合物は細菌（Pseudomonas由来酵素）および皮膚リパーゼ阻害作用（図6、図7）を持ち、ニキビに対する有用性についても報告されている[5]。また化粧品には必要な保湿作用において水分蒸発速度で評価したところ保湿剤として使用されているグリセリンなどと比較しても強い保湿作用が認められている（図8）[6]。本化合物はほとんど代謝さ

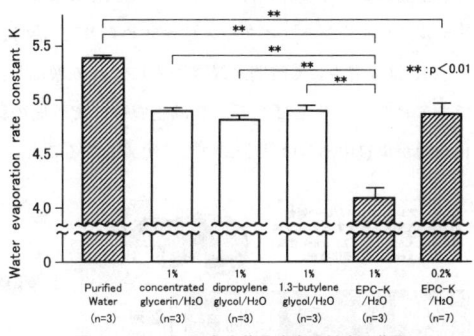

図8 EPC-Kの水分蒸発速度に対する作用

図9 CMEの構造式

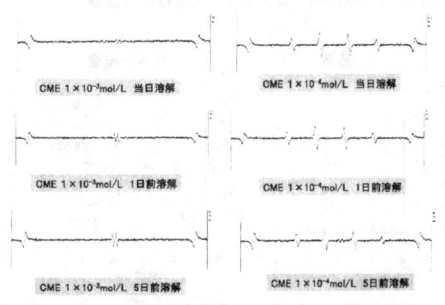

図10 ヒドロキシルラジカルに対するCMEの効果

れず，そのままの未変化体の構造で作用を示す。上記のことより，本化合物にはビタミンCやビタミンEの持つ酸化ストレス抑制作用のみならず，抗炎症作用，ニキビに対する作用，保湿作用も認められており，従来のビタミンにない作用が見出されている。

CMEはビタミンEとビタミンCがマレイン酸を介して共有結合した2-[3,4-dihydro-2,5,7,8-tetramethyl-2-(4,8,12-trimethyltridecyl)-2H-1-benzopyran-6-yl-2-butenedioate]-L-ascorbic acidであり，構造を下記に示す（図9）。

本化合物はEPC-Kと同様にヒドロキシルラジカル消去作用を持ち，その作用は水溶液中にて分解（水溶液中で5日間放置によりほとんど分解）した後も維持されている（図10）。これは本化合物の分解物のビタミンCやビタミンEによる効果であると考えられた。

本化合物（2.5μ mol）をヘアレスマウスの皮膚へ適用し，本化合物の移行性および皮膚内での代謝挙動について検討を行ったところCMEおよびその代謝物であるビタミンEのマレイン酸エステル，ビタミンE，ビタミンCが認められた（図11，12）[7]。

CMEは皮膚中にて時間が経過するにつれて増加し，適用4時間後から減少した。また代謝物であるビタミンEとビタミンCは皮膚中にて時間の経過とともに増加した（図13）[7]。これは本化合物が角質中あるいは皮膚中にて代謝されることにより増加したと考えられた。

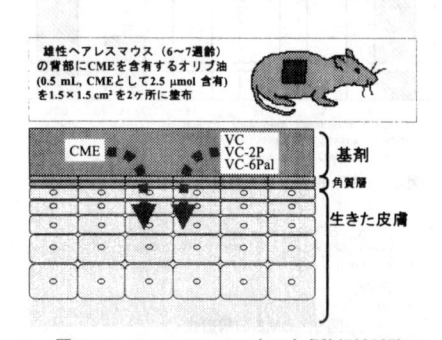

図11 *In Vivo* ヘアレスマウス皮膚移行性試験

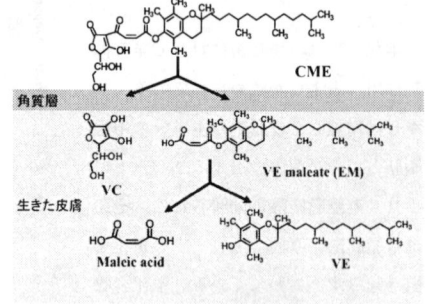

図12 CMEの皮膚での代謝

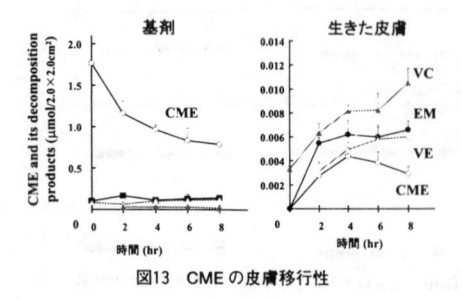

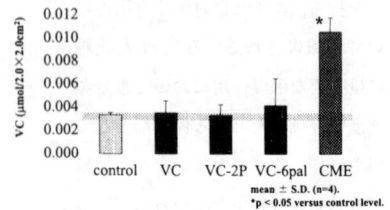

図13 CMEの皮膚移行性

図14 VCの皮膚移行性（VC誘導体との比較）

第35章　ビタミンハイブリッド薬

現在，化粧品に使用されているビタミンC誘導体であるアスコルビン酸リン酸マグネシウム，アスコルビン酸6-パルミテートと皮膚内への移行性を比較したところ本化合物は他のビタミンC誘導体に比べて皮膚内へのビタミンCの移行量が多く認められた（図14）。

エラスターゼは皮膚のシワに関係する酵素で，皮膚が紫外線に当たることにより，

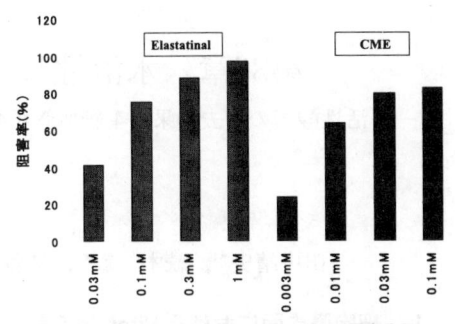

図15　CMEの白血球由来エラスターゼ阻害作用

炎症が生じ，その際，遊走される白血球からのエラスターゼが活性化される。そのエラスターゼが皮膚を構築するエラスチンを分解させシワを形成させる。そこで本化合物のエラスターゼ（白血球由来）阻害作用について検討したところ陽性対照として使用したElastatinalよりも強いエラスターゼ阻害作用が認められた（図15）。ビタミンE，ビタミンCにはエラスターゼ阻害作用は認められていないことから本化合物自身の持つ特徴的な作用だと言える。

以上のことからCMEは同時に皮膚内にビタミンCとビタミンEを到達させることができることがわかった。ビタミンCには従来よりメラニン抑制による美白作用やコラーゲン産生促進があり，ビタミンEには抗酸化作用による皮膚での老化抑制作用がわかっている。本化合物自身には抗酸化作用，エラスターゼ阻害作用があることから皮膚での抗シワ作用や美白作用において本化合物代謝後のビタミンC，ビタミンEとの相乗作用が期待できる有用な化合物であると言える。

ここで紹介した，EPC-KおよびCMEはビタミンCとビタミンEの持つ作用のみならず，化粧品に有用な作用を多岐にわたって持つ。そして皮膚刺激性や感作性もなく，安全性が高く化粧品原料として非常に有用な化合物である。

文　　献

1) Yamada S, Yashita T, Yamaguchi K, Kyuki K, Sakaue T, Ogata K. *Gen., Pharmacol.*, **31**, 165 (1998)
2) Takamatsu H, Kondo K, Ikeda Y, Umemura K. *Eur., J. Pharmacol.*, **10**, 165 (1998)
3) Hirose J, Yamaga M, Takagi K., *Acta. Orthop. Scand.*, **70**, 207 (1999)
4) Kuribayashi Y, Yoshida K, Sakaue T, Okumura A., *Arzneimittelforschung.*, **42**, 1072 (1992)
5) Matsuura S, Iemura M, Sakaue T, Morisaki M, Ogata K., *J. Soc. Cosmet. Chem. Japan*, **31**, 439 (1997)
6) 坂本哲夫, *FRAGRANCE JOURNAL*, 臨時増刊 No. 13, 118 (1994)
7) 角直行，張炳謙，森内宏志，入倉充，入江徹美（熊本大学薬学部）第123年会　日本薬学会（2003年3月）

第36章　水溶性ビタミンE誘導体
—— 活性酸素の消去効果と毛細血管細胞の延命・テロメア維持効果 ——

田中靖史[*1], 続木　敏[*2], 加藤詠子[*3], 森藤雄亮[*4], 三羽信比古[*5]

1　細胞膜界面における Vitamin E 誘導体の抗酸化効果と寿命延長

1.1　概要

　生命を形作る最も基本的な単位は細胞であり，かつ生命活動をつかさどる最小単位である。しかし細胞は自らの生命維持のために，呼吸，代謝を行う一方で，日常的にフリーラジカル（ヒドロキシルラジカルなど）による傷害を受けている。そして，老化による長年の外的ストレス，つまり油溶性細胞膜の界面付近におけるフリーラジカル傷害の蓄積が細胞への大きな損傷の一因となり，それが細胞膜の破綻を早め，そのことが細胞の老化（あるいは個体の老化）を招いている。そこで我々はフリーラジカル消去因子の1つである natural vitamin E（天然型ビタミンE）が，細胞膜界面付近で老化抑制に最も有効に作用するのではないかと考えた。この天然型 vitamin E （以下，E）同族体は主に8種類あって，その内 α-トコフェロール（α-Toc）が最も比活性が高く，天然型Eの性質・比活性を損なうことがない。このことから，細胞の老化について比較的安定な α-Toc を選択し，天然型Eを水溶化して，artificial vitamin E（誘導体E）である α-トコフェロールリン酸（α-Toc P）を合成して分析することにする。

　この誘導体Eは骨格の一部がリン酸化されたことで，天然型のものよりすぐれた安定性と持続的な抗酸化効果をもち，フリーラジカル消去に有効に作用すると推測される。次に，油溶性細胞膜の界面あるいは細胞膜内に誘導体Eが作用し，存在するのかについて述べ，さらに抗酸化効果をより顕著に示すために，脳血液関門で選択的な物質透過制御に関わる脳血管内皮細胞を用

[*1]　Yasufumi Tanaka　神戸大学大学院　医学研究科　医科学専攻　神経発生学　博士課程
[*2]　Toshi Tsuzuki　昭和電工㈱　研究開発センター　主席研究員
[*3]　Eiko Kato　昭和電工㈱　研究開発センター　副主席研究員
[*4]　Yusuke Moritoh　広島県立大学大学院　生物生産システム研究科；現　武田薬品工業㈱　創薬第一研究所
[*5]　Nobuhiko Miwa　広島県立大学大学院　生物生産システム研究科　教授

第36章　水溶性ビタミンE誘導体

いることにする。本章では，脳のくも膜下腔に存在する正常ヒト脳毛細血管内皮細胞（HBME cell）を α-Toc P を供給した条件下で，*in vitro* 培養を行った。この細胞は活性酸素種により細胞活動がいったん阻害されると，くも膜下出血や脳浮腫という致命的な打撃を受ける。以下では α-Toc P の細胞投与により，細胞内油性部域の活性酸素消去作用に伴う細胞膜の保護効果と細胞延命効果についての相関関係を中心に分析し，概説する。

1.2 Vitamin E の抗酸化活性と作用機構

E における生体作用は生体膜に局在して，生体膜リン脂質の不飽和脂肪酸の過酸化脂質反応を防止する作用があると推定されている[1]。図1に示されるのが，α-Toc の基本構造である。α-Toc はクロマン環のメチル基の数および位置が異なる4つの異性体が存在し，異性体の抗酸化活性は，メチル基による共鳴安定化と極性効果により $\alpha > \beta = \gamma > \delta$ の順になっている。また，E は長い側鎖を有しているが，これは E が脂溶性の膜内に保持されるために必要であると考えられる[2~4]。実際に，トコフェロール（Toc）の細胞内分布[5]を見ると組織によって違いはあるものの可溶性画分にはほとんど見られず，ミトコンドリアやミクロソーム，核といった細胞内オルガネラの膜中にそのほとんどが局在している。このことからも Toc の作用発現の場は生体膜にあると考えて間違いない。

E がラジカルを消去するメカニズムを図2で示す。E はラジカルの6位のヒドロキシル基の水素原子を与えられることによりラジカルを安定化し，自身はクロマノキシルラジカルとなる。こ

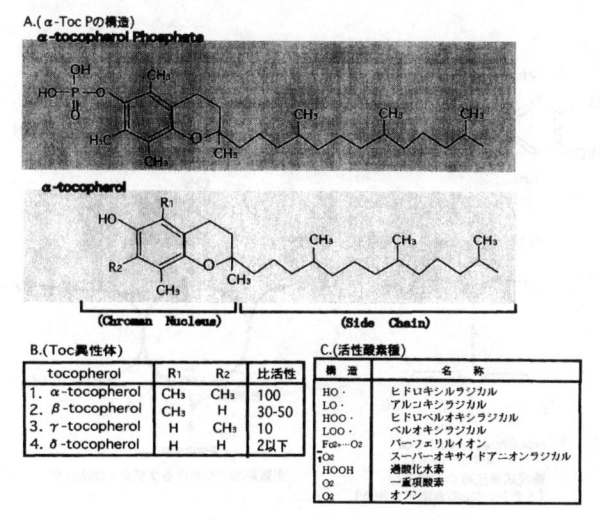

図1　α-Toc と誘導体の構造および活性酸素種

の安定したクロマノキシルラジカルは，さらにもう1分子のラジカルと反応して安定生成物となる。つまり1分子のEは2分子のラジカルを消去するというわけである[6]。クロマノキシルラジカルはクロマン環素およびクロマン環メチルが存在するために，非常に安定している。しかし，LDLの酸化において，このクロマノキシルラジカルによる基質の攻撃が見られ，Eがラジカル連鎖反応に関与しているという説（tocopherol-mediated-propagation；TMP）が提唱され，注目を集めている（図2(A)(B)）[7]。

生体膜構成の主成分として，ホスファチジルコリンがあげられる。この分子はフォスファチジン酸とコリンリン酸部位に分けられ，特に，フォスファチジン酸の脂肪鎖はアラキドン酸などの多価不飽和脂肪酸で構成されていて，このアラキドン酸を構成する脂肪鎖が，ペルオキシドラジカル（LOO・）の攻撃によって過酸化脂質（LOOH）に変化する。またいったん生成されたペルオキシドラジカルは，別の部位の脂質を攻撃して，次々と過酸化脂質を作りながら，酸化反応が連鎖的に繰り返される（図2(C)）。したがって，生体内の脂質過酸化反応は，かなり連鎖の長い反応と考えられる[8,9]。この脂質の酸化を抑えるには，まず連鎖開始反応を抑えてラジカルの発生を抑制すること，および連鎖の伝播（propagation）を抑え，早く連鎖を停止させることである。ラジカル源となりやすいものには過酸化水素（O_2H_2）やペルオキシド（LOO・）がある。図1(C)にその他の活性酸素種を示した。これまで述べてきたように，Eはペルオキシドラジカルを補足して連鎖成長反応を抑え，連鎖を停止させることにより，抗酸化作用を行っていると考えられるから，ラジカル反応の連鎖を止めることは極めて大きい意味を持つといえる。

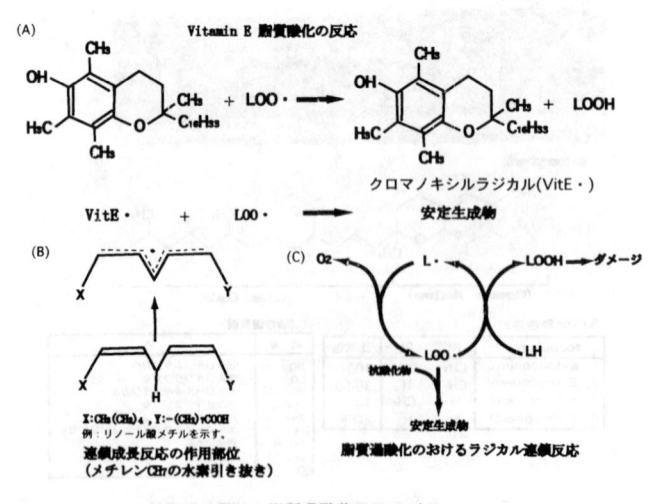

図2 脂質過酸化メカニズム

第36章 水溶性ビタミンE誘導体

生体膜のα-Toc Pの作用部位ならびに存在様態を推測したものを図3(A)(B)に示す[10〜13]。Eの膜内位置に関しては興味深い知見が得られている。Eはクロマン環部位を脂質2重層膜の水溶性部位に向け，その側鎖を膜内脂溶性部位に向けている。そのため，膜表面のラジカルに対する補足能に比べ，膜内のラジカルに対する補足能は若干劣ることが報告されている[14]。実際，α-Tocとアラキドン酸含有レシチンの分子模型を作成し，それぞれを重ね合せたところ両者は図3(B)のように，よくフィットすることから，α-Tocは同様の機構で生体膜内にあり，アラキドン酸の酸化を抑制し，膜を安定化すると考えられる[10]。また，連鎖成長反応の作用部位は，脂質ペルオキシドラジカルがアラキドン酸分子内の二重結合ではさまれたメチレン CH_2 の水素（doubly allylic H）を引き抜いてヒドロペルオキシドLOOHとなり，同時に別の新しい脂質ラジカルを生成する（図2(B)）。この攻撃位置は極めて選択的であり，それゆえ脂質の酸化反応性と生成物は，それら基質に含まれるメチレン CH_2 の水素（濃度）と二重結合の数によって決まる[9]。つまり，不飽和度の高い脂肪酸ほど酸化反応が起きやすいのである。よって6位のヒドロキシル基の代わりにリン酸基を付加したα-Toc P（α-tocopherol phosphate）に置き換えて考えることも可能である（図3(A)）。

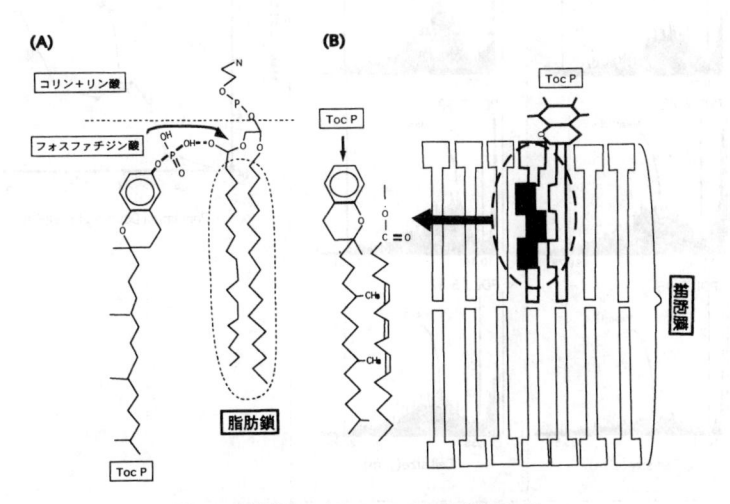

図3 生体膜におけるToc Pの存在様態模式図
Fragata,M. and Blllemare,F. *Chem. Phys. Lipids*, **27**, 93-99 (1980)
Lucy,J.A.. *Ann. N.Y. Acid. Sci.*, **203**, 4-11 (1972) より改変
(A) はリン脂質膜のフォスファチジン酸のOH基とα-Toc Pのリン酸基が水素結合していると推定したもの，(B) は生体膜中のα-Toc Pがリン脂質に入り込んでいる状態である（左）。右はその部位を拡大し，α-Toc Pがリン脂質を構成する脂肪鎖（アラキドン酸）とうまく重なった状態であることを示す。

371

1.3 Vitamin E 誘導体の寿命延長効果

油溶性フリーラジカル消去剤として，新規のE誘導体である，dl-α-tocopherol phosphate（昭和電工）の効果を調べるために実験を行った。まずコラーゲンコートしておいた100mm dishに，CSC 培地（CS-C medium kit + 10%血清）をインキュベートし（37℃, 5% CO_2, 48hr），次に，あらかじめ α-tocopherol phosphate（Toc P）を，継代のたびに，常に一定量のToc P（最終濃度150μM）を調整しておいて培地に混合した。そして，正常ヒト脳毛細血管内皮細胞（cell systems 社，code：CS-ABI-376）数が一定となるように均一に播種した。さらに無処理区（Controlとする），処理区（Toc P処理したもの）に分け，継続培養した。また，培養開始から一定の間隔で細胞集団倍化数（PDL：Population Doubling level）を指標として3点をとり，それぞれを早期（young age：Y），中期（middle age：M），後期（old age：O）として実験を行った（図5（B）の点線）。

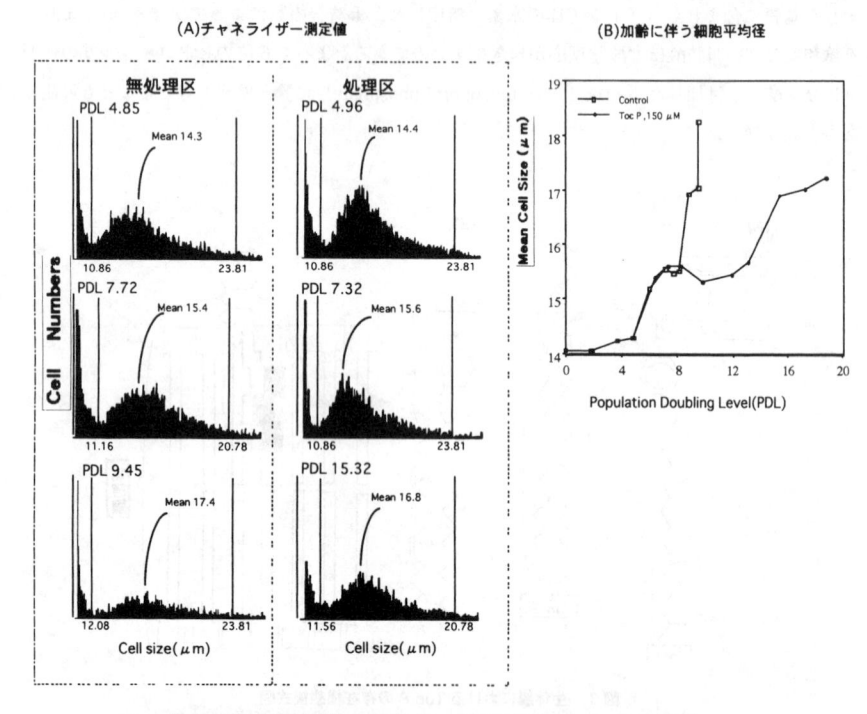

図4　HBME 粒子直径 (Tanaka Y and Miwa N: in preparation., 2003)
（A）はHBMEの細胞粒子の分布を示し，チャネライザーによって細胞直径を測定したもので，粒子サイズの分布から粒子径平均値を求めた。X軸に示される2点間の数値は最小径から最大径を表し，ピークの頂点に平均値を図示した。無処理区（左），処理区（右）で，上段から早期，中段が中期，下段が後期の順で示し，後期で最も細胞径が増大している。（B）はY軸 Cell Size 平均，X軸 PDLで継代ごとの細胞粒子径を示す。

第36章　水溶性ビタミンE誘導体

このような条件で繰り返し継代を行い，およそ80日間に及ぶ培養中に，細胞形態および粒子直径（Cell Size）の測定をしたところ（図4（A）），E誘導体が処理区では無処理区の約2.0倍の寿命延長が見られ（図5（B）），細胞の平均直径（Mean Cell Size）は，処理区1.54μm，無処理区1.83μmであり，Cell Sizeが抑制されていることがわかった（図4（B））。また細胞形態においては，

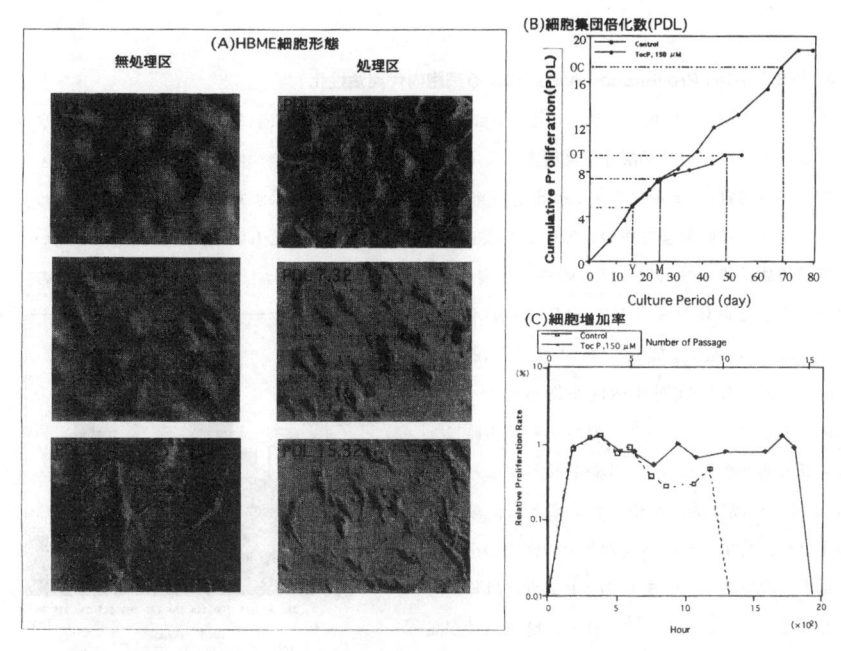

図5　HBMEの形態及び細胞増加と相対的増加率（Tanaka Y and Miwa N: in preparation., 2003）
(A) HBME細胞形態
　細胞の光学顕微鏡像が無処理区（左），処理区（右）で，上段から早期，中段が中期，下段が後期の順に示してある。無処理区後期で最も細胞形態が乱れ，肥大している（図4参照）。それに対し，Toc P処理では後期でも形態は乱れておらず，細胞の肥大がかなり抑制されている。
(B) Y軸PDL，X軸に継代培養日数を示している。相対的な老化の指標三段階（図中の点線）を今回の実験対象群とした。Y:young, M : middle, OT:old Toc P, OC:old Control
(C) 細胞増加率
　Y軸は相対細胞増加率を表し，X軸グラフ上部の目盛りは継代回数，グラフ下部の目盛りは細胞培養に要した総経過時間を示してある。このグラフは典型的な正常細胞の集団増加を表し，細胞増加率の変化から3つの時期に区切ることが可能である。第一期（初代培養期），第二期（指数関数期），第三期（増殖能減退期）がある。初代培養期では細胞を融解してから，新たな環境に適応するまでを示し，本来はもう少し緩やかな放物線になると考えられる（本実験では細胞到着時点で，培養状態のものを使用した為）。指数関数期（168hr～1752hr）では細胞増殖が早く，細胞密度が高い（細胞数が多い）。集団倍加時間は比較的一定しており，細胞の状態は一般に，健全である。増殖能減退期は老化に伴う細胞増殖低下に加え，ミトコンドリアの異常，不整形の分葉核，遊離ポリソームおよび粗面小胞体の減少，二次リソソームの増加，細胞の肥大なども様々な変化が現れる。さらに，細胞表面の変化は極めて重要で，全般的に他の細胞との協調関係が崩れると，細胞の接着，移動や細胞外からのシグナル伝達が阻害される。

無処理区の培養後期(図5(B)のOC, OT)で著しく細胞肥大と形態異常が示され、その直後に分裂停止した(図5(A))。これらのことから、Toc Pの継続投与によって、細胞寿命が延び、細胞径は、約50日間一定であることが明らかとなった(処理区の全細胞経平均値1.51±3μm、図4(A)、図5(A)参照)。また無処理区と処理区PDLから細胞増加率[18]を比較すると顕著な違いが見られた。

1.4 WST-1Cell Proliferation Assayによる細胞内代謝活性化

WST-1法[15,16]は、テトラゾリウム塩(Wst-1)を使う場合、細胞内に取り込まれたテトラゾリウム塩がミトコンドリア酸化還元酵素(ミトコンドリア脱水素酵素)作用により還元されて、水溶性の黄色物質(フォルマザン:吸光度450nm)に変化することを示す方法である。WST-1法は、一般に、多くの研究室で使われている方法でCell Viability Assayともいう。この測定法を用いて細胞の代謝活性を示した。図6の最も左端のControlに注目してほしい(図6の矢印)。その隣から順に、Toc Pの投与量25μM～300μMの範囲で、CS-C培地に添加し、オーバナイト(24hr;6 hr, 12hrでもほぼ同様活性が得られた:deta none)させた。その結果、125μMの投与の時に、最も高い活性が得られた。Toc P投与によって、Controlより高い活性が得られたことは、細胞へのToc Pに対する高い感受性とその作用の迅速性を示すものである。つまりToc P処理区は無処理のものよりミトコンドリア酸化還元酵素活性が高くなっていることがこの測定で示された。また、その活性は培地中にToc Pが十分量あると持続することが明らかとなった。

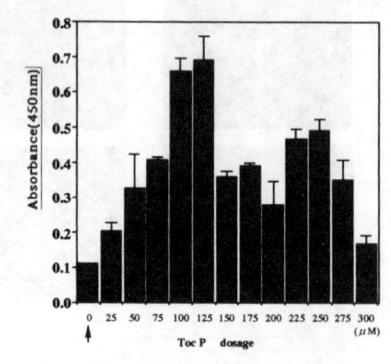

図6　Toc P投与による細胞内代謝活性
(Tanaka Y and Miwa N: in preparation., 2003)

1.5 High performance liquid chromatography (HPLC) analysisによる細胞内Toc変化

Toc Pの6位OH基のリン酸化部位が、生体内でTocにどの程度変換されるのか。またToc Pが生体膜に直接作用しているのかを調べるためにHPLC測定法(昭和電工より提供)による、加齢に伴う細胞内のToc濃度変化を示した。図7は、早期(150nmol)、中期(143nmol)まで、一定量のTocが細胞内に見られ、Toc P(VEP : vitamin E phosphate)がToc(VE : E phosphate)に変換されていることを示している。後期(図7(A)右端の old age)のToc値はdramaticに減少していることがわかる。この実験では細胞数(5.0×10^5個)を一定に保ち、同様に、指標の3

第36章 水溶性ビタミンE誘導体

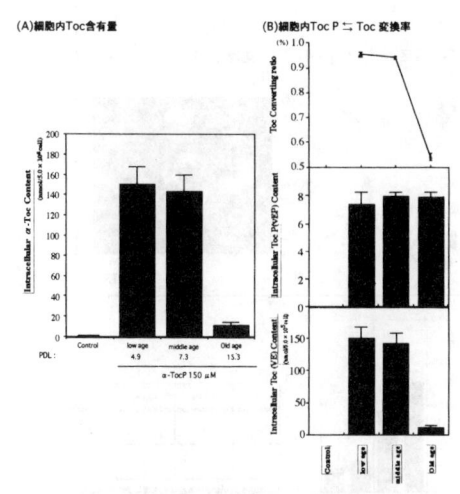

図7 加齢に伴う細胞内 Toc の濃度変化
(Tanaka Y and Miwa N: in preparation., 2003)
このグラフはHPLCのODSカラム（昭和電工：F-411）を用いた。細胞内 α-Toc量を測定したものである。蛍光波長325nm，励起290nmで測定した結果である。(A)のグラフ内左から無処理区，早期，中期，後期の順で配置されており，その下に PDL 値を示した。(B)は上段から細胞内の Toc 含有量変化率（細胞内Toc/細胞外Toc P×100)，中段は細胞外 Toc P（培地中の Toc P)，下段が細胞内 Toc の順で示されており，いずれも細胞数を$5.0×10^5$個/Wellに統一し，いずれも Toc P 投与濃度は150μMである(X軸はAに同じ)。

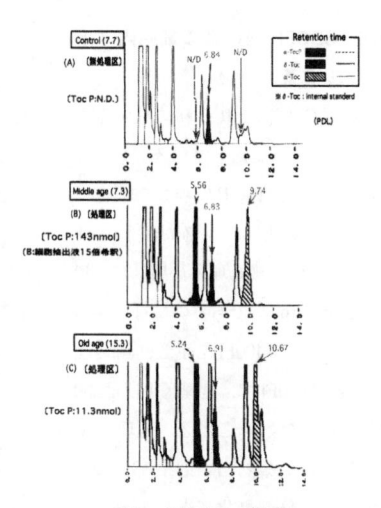

図8 細胞内 Toc 濃度
(Tanaka Y and Miwa N: in preparation., 2003)
実際の HPLC 分析をチャートで示した。図7と同じデータで細胞内 α-Toc 量を測定したものである。(A)は無処理区，(B)は処理区中期，(B)は処理区後期であり，いずれも細胞数をWellあたり$5.0×10^5$個に統一し，Toc P投与濃度は150μMである。

点で，数回の分析を繰り返したが，やはりほぼ同じ値を示した。また図8(A)は，図7のToc値を，実際にHPLCチャートで示したもので，処理区後期のToc値（11.7nmol）はHPLC検出限界近くまで下がり，処理区早期の値や中期の値と比べると無処理区値（N.D.）に匹敵する低い値であった。図7，図8から，処理区後期で，Toc P変換が減少することが示された。以上これまでのデータが示すように，Toc Pは細胞膜界面に局在しており，膜の安定保持と同時にフリーラジカル消去効果を示し，細胞寿命を延長する重大な作用を示した。これまで述べてきたように，ペルオキシドラジカル（LOO・）連鎖反応の崩壊から細胞膜が保護され，膜リン脂質と Toc P の側鎖が疎水―疎水性相互作用によって，膜内に組み込まれ，膜を安定化させることを示唆している。次項では，細胞内の酸化ストレスがどの程度か，CDCFH法[16,17]や抗アクロレイン抗体を用いた免疫蛍光染色法によって測定し，脂質過酸化による細胞内酸化ストレスの局在性を示す。

1.6 CDCFH法による細胞内ストレス量

図9(C)は,それぞれに対する中期,後期の細胞内全酸化ストレスを表しており,Toc P処理した細胞ではかなり酸化ストレスが抑制された。実際に,無処理区後期は1350Fl(Fluor unit)であるのに対し,処理区後期では400Flを示し,無処理区中期は920Flで,処理区中期は250Flであった。無処理区／処理区でのストレス減少比は後期で3.4倍,中期で3.7倍の酸化ストレス量が抑えられていた(図9(C)(D))。図9(A)(B)は,実際に酸化ストレス量が最も抑制されていた処理区後期と

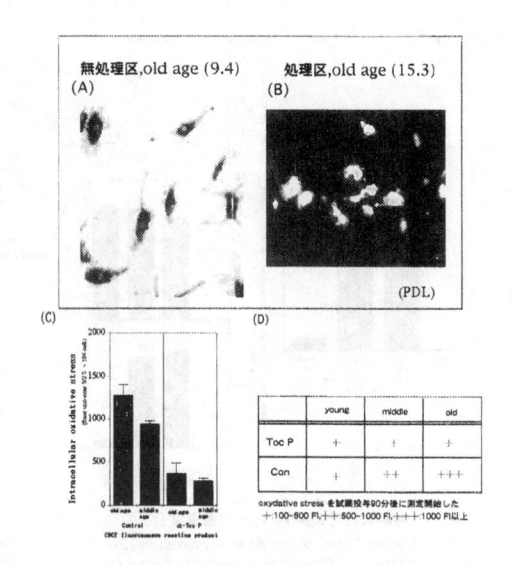

図9 CDCFH法による細胞内酸化ストレス (Tanaka Y and Miwa N: in preparation., 2003)

無処理区後期での細胞内酸化ストレス量を蛍光顕微鏡写真で示したものである。さらに酸化ストレスは核周辺部で生じ,おそらく誘導体Eは細胞膜界面で作用し,細胞外からの酸化ストレスに対して防御効果を有し,cytoplasmを保護していると考えることができる。したがって,酸化ストレスは細胞膜の脂質の過酸化に関与している可能性があると思われる。次に,アルデヒド類に属するアクロレイン(微量だが反応性が高く,ヒドロペルオキシド類と共に生成する)を測定することにする。

1.7 アクロレイン抗体による細胞内脂質酸化ストレスの測定

アクロレイン(ACR : Acrolein)は非常に反応性の高いアルデヒドで,強い細胞毒性,変異原性がある。また,この物質は,従来食用油の加熱,タバコの燃焼,シクロフォスファミドの生体内代謝などにより生成されると考えられていた。しかし,最近, *in vitro* における脂質の過酸化反応によってアクロレインの生成が証明され,さらにヒトの動脈硬化症病巣においてもその存在が確認された。抗アクロレイン抗体は脂質過酸化物質に対するモノクローナル抗体で,アクロレインと蛋白質のリジン残基との反応物〔ACR-lys付加体;例えば,FDP-lys : Nε-(3-formyl-3,4-dehydropiperidino)-lysine〕に特異的に反応する。生体膜においてラジカル類(OH・, H_2O_2 など)が生じると,次々とりん脂質二重層のトリグリセリドや脂肪鎖を攻撃する。特に脂肪鎖(主にア

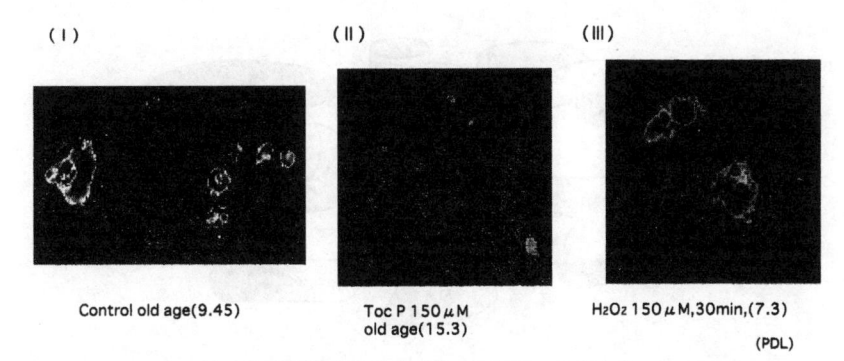

第36章 水溶性ビタミンE誘導体

図10 抗アクロレイン抗体による脂質過酸化ストレス (Tanaka Y and Miwa N: in preparation., 2003)

(Ⅰ) Control old age(9.45)
(Ⅱ) Toc P 150μM old age(15.3)
(Ⅲ) H_2O_2 150μM, 30min, (7.3) (PDL)

ラキドン酸)から脂質ラジカル類であるペルオキシドラジカルが生成され,脂質過酸化反応が起きる。脂質過酸化反応の過程で,はじめに初期生成物であるヒドロペルオキシド類(FDP-リジンなど,生成量は多い),次に最終生成物であるアルデヒド類(アクロレイン,低分子,生成量は微量)の2種の物質ができる。アルデヒド類の生成量は少ないが,反応性に富む物質であり不安定であるため,多くのタンパク質と反応し異常タンパク質を形成する。FDP-リジンを含むヒドロペルオキシド類の生成量は多いが,反応性は低く,ペルオキシド付加体となってアルデヒド類と結合する。この結合した物質を測定することにより,脂質ラジカルの生成量および脂質過酸化物質量を間接的に示すことが可能である[19~23]。抗アクロレイン-FITC抗体標識による細胞の蛍光顕微鏡像を図10に示した。それによると,処理区では過酸化反応が圧倒的に抑制されている(他の後期以外では検出されなかった;data none)。しかし無処理区ではこの反応が観察された(後期以外では検出できなかった;data none)。この結果より抗アクロレイン抗体の反応量に比例して,脂質過酸化ストレス量が増大するので,Toc P処理によって,細胞膜の傷害が激減したことが示された。無処理区後期では,肥大した細胞の核を除く細胞質全体にアクロレインが検出されたのに対し(図10(Ⅰ)),処理区後期ではほとんど検出されず,初期,中期と共に脂質過酸化反応は起きていなかった(図10(Ⅱ))。H_2O_2を処理した細胞(positive control)は短時間で急速なACR抗体の沈着が見られ,脂質過酸化反応を起こし,ネクローシスに至った(図10(Ⅲ))。アクロレインは核にあるのではなく,細胞膜に接した細胞質内に検出できた。以上から,Toc Pは細胞膜界面で作用し,りん脂質膜に結合することにより,・OHラジカルの連鎖反応によるりん脂質過酸化物生成を防いでいる。そして老化に伴う老廃物の蓄積を防ぎ,結果として,細胞寿命を延長したと考えられる。今後は,誘導体Eについての作用をより明確に示す為,脂質過酸化ストレスに関連する因子を詳細に測定し,細胞膜界面における酵素活性,受容体の分布状態などを解析する必要があるだろう。

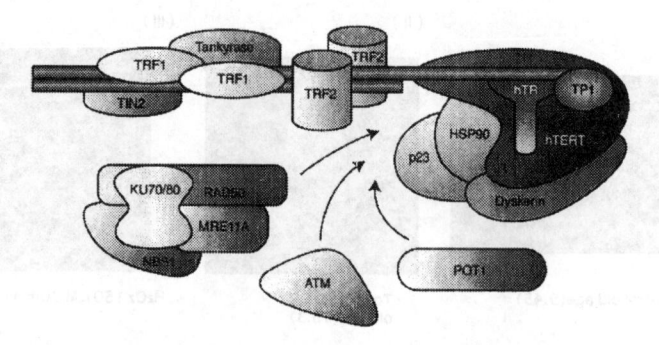

細胞死制御工学～美肌・皮膚防護バイオ素材の開発～

図11 テロメア結合タンパクとテロメラーゼ関連タンパク
Expert Reviews in Molecular Medicine Cambridge University Press 2001より改変

テロメア結合タンパク質やテロメラーゼ関連タンパク複合体を模式的に示す。テロメラーゼ転写活性制御に関係するhTERT+hTRはホロエンザイム, hTERTは逆転写酵素触媒部位を形成し, HSP90, p23, Dyskerinと共に多数のサブユニットからなる。TRF1, TRF2はテロメア結合タンパク質でループ構造を形成。Tankyrase, TIN2はTRF1結合タンパク質である。KU70, RAD50, MAE11A, NBSはCapタンパク質複合体を形成。ataxia telangiectasia-mutated (ATM) kinase活性化によりp53依存性経路を活性化する。テロメア末端結合タンパクのα subunitを形成する。

2 テロメア長短縮化に依存したVitamin E誘導体の効果

前節に引き続き, テロメア短縮化とテロメラーゼ活性の側面から見たHBME細胞の寿命延長効果を示す。これまでヒトなど真核生物の染色体末端にはテロメアといわれる1本鎖塩基配列がある。このテロメア配列[24]はRNA逆転写酵素であるテロメラーゼ活性 (Kim et al., 1994) によって維持あるいは伸長されることを示す研究が進められてきた (第1編第6章参照)[24~29]。その結果, テロメア長の短縮に依存して細胞老化が進んでいるという分裂時計説 (mitotic clock theory) が提唱された[30,31]。しかしヒトの高齢者の繊維芽細胞と若年者の繊維芽細胞では, 年齢に依存してテロメアの短縮は起きず, 実際に高齢者の繊維芽細胞でのテロメア長は保持されていた[32~34]。最近, 細胞老化の要因として, テロメアキャップ形成仮説(telomere capped state theory)が示された[35]。この説はテロメラーゼ活性が無い状態を'uncapped state'と呼び[36,37], 活性化状態を'capped state'[37,38]と呼んでいる (図12(A))。テロメア伸長にはテロメラーゼ活性が必要となる。この活性を保持するためにテロメアDNA配列に結合するhTERTなどのテロメラーゼ関連タンパク複合体 (telomerse associate complex protein) やテロメア結合転写因子 (総称してTEBP) などが明らかにされた (図11)[39~51]。したがって細胞外の酸化ストレスを受けるとテロメア関連タンパクが崩壊してuncapされる。この末端のcap状態とuncap状態の割合で細胞の寿命が決

378

第36章 水溶性ビタミンE誘導体

定するのではないかと思われる[35,49]。老化した細胞ではテロメラーゼ活性が低下してテロメアのuncap状態の比率が高くなると推定される（図12(B)）。しかしながら細胞老化とテロメア領域の関係については複雑で，依然として多くの謎がある。従来から多くの正常細胞や正常ヒト細胞ではテロメラーゼ活性はないと考えられてきたが[32]，我々は今回，テロメラーゼ活性測定法（TRAP法）によって高感度活性検出を試みた。

この節では，サザンブロット法（テロメア長測定），TRAP法（テロメラーゼ活性測定）のデータを用いる。誘導体E投与によりHBME細胞寿命が延長したことから，誘導体Eの抗酸化効果により細胞膜が保護される。結果的に'capped state'が維持されテロメラーゼ活性を保ち，テロメア配列の短縮化が抑制されるのではないかと推測した。

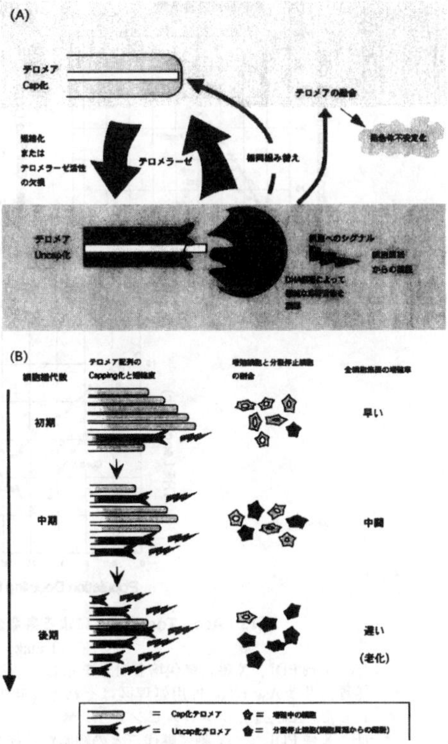

2.1 ビタミン誘導体投与による細胞寿命延長効果

図12 老化依存的な染色体末端配列テロメアのcapping化機構
(Elizabeth H. Blackburn, *Nature*, 408, 53-56, 2000より改変)

HBHEの細胞培養試験は前項と同じ条件で行った。ただしアスコルビン酸2リン酸（Asc 2 P）とTocとの併用効果も示した。その結果，図13(A)より，無処理区に比べて，Asc+Toc併用処理区（PDL：30.5）とToc処理区（PDL：30.7）はほぼ同等の細胞寿命延長効果を示した。Bより細胞平均径はどの処理区でもPDLが進むに従い，細胞サイズが増大していることが観察される。若いときにはすべての処理区でcell sizeが小さく維持され，細胞増殖が進むに従って細胞は肥大化する。無処理区ではPDLが13.2で細胞分裂が停止し，Asc処理区（13.5）と同程度であったのに対し，Toc処理区及びAsc+Toc併用処理区はそれぞれPDLが24付近で分裂が停止したことがわかる。以上よりToc単独投与で，細胞サイズ抑制と寿命延長効果が最もよいことが示された。

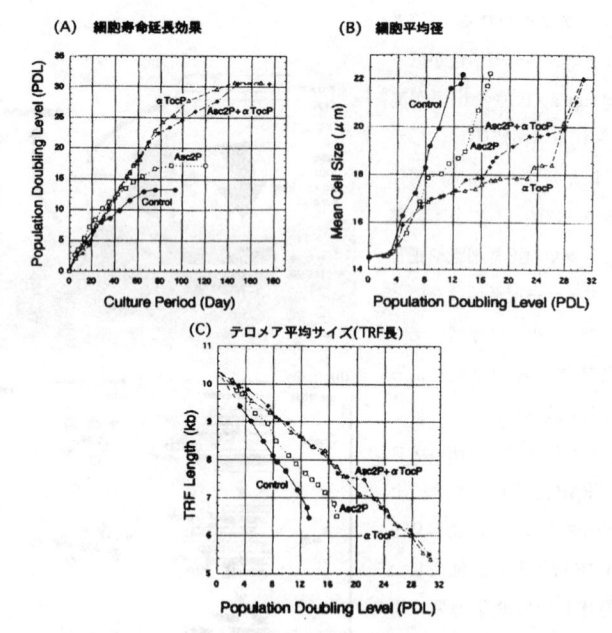

図13 Asc, Toc P 投与による寿命延命効果及びテロメア長
(Tanaka Y and Miwa N: in preparation., 2003)

(A) Y軸 PDL, X軸に継代培養日数を示している。Toc P ＋Asc 2 P は併用投与。Toc 処理区及び Asc＋Toc 併用処理区はそれぞれ無処理区と比較して 2.0-2.5倍寿命が延長した。Asc 2 P：アスコルビン 2 リン酸
(B) X軸 PDL で，Y軸に継代ごとの細胞粒子径を示す。どの処理区でも PDL が進むに従い，細胞サイズが増大していることが観察される。
(C) X軸 PDL を表し，テロメア配列断片化によるサザンブロット法をもちいて，相対的な Y軸にテロメア DNA 含有断片（TRF）サイズ示している（図14をグラフ化したもの）。すべての処理区で，TRF 長が PDL 進行に伴いほぼ比例して短縮している。

2.2 細胞老化に伴うテロメア長

図13（C）縦軸は，テロメア配列断片化によるサザンブロット法[25]をもちいて，相対的なテロメア DNA 含有断片（TRF）サイズ示している（図14をグラフ化したもの）。結果よりすべての処理区で，TRF 長が PDL 進行に伴いほぼ比例して短縮していることが示された。結果は，無処理区では 1 PDL あたり 291b（base）短縮し，Asc 処理区，Toc 処理区，Asc+Toc 処理区では，TRF 短縮率がそれぞれ 1 PDL あたりに 227b, 165b, 158b であった。TRF 短縮率は細胞寿命に比例することが示された。

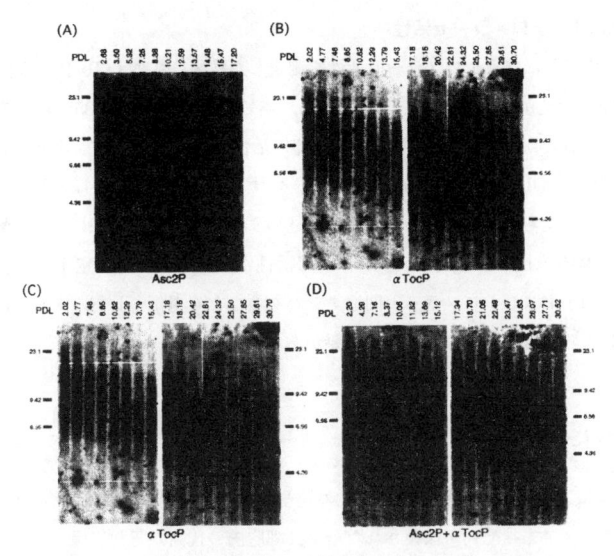

第36章 水溶性ビタミンE誘導体

図14 サザンブロット法によるテロメア長

(Tanaka Y and Miwa N: in preparation., 2003)

(A)-(D)の各データの上部にPDLを示し、縦方向にDNA Markerの断片サイズ(kb)を表記した。すべての処理区で、TRF長がPDL進行に伴いほぼ比例して短縮していることが示された。

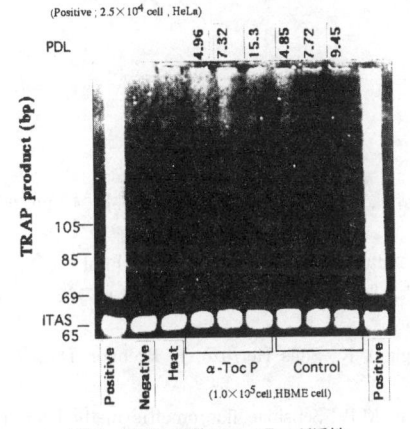

図15 HBME細胞テロメラーゼ活性

(Tanaka Y and Miwa N: in preparation., 2003)

TRAP法によるテロメラーゼ活性測定を行った結果。データの上部にPDLを示し、positive, negative control と heat (60℃, 5分間) したものを測定し、HBME活性と比較した。無処理区ではPDL4.85においてはテロメラーゼ活性が確認されたが、細胞増殖回数 (PDL) に伴い活性が減少した。TocP処理区では中期まで活性が維持された。

2.3 細胞老化に伴うテロメラーゼ活性

図15より，細胞老化に伴うテロメラーゼ活性を測定した結果，処理区(TocP：150μm)ではPDL 4.96および7.32で活性が確認された。これに対し，無処理区ではPDL4.85においてはテロメラーゼ活性が確認されたが，細胞増殖回数(PDL)に伴い活性が減少した。また，TocP処理区(PDL：15.3)と無処理区（PDL：7.72と9.45）において，いずれも活性がないのは分裂停止細胞が増加したためであると考えられる。しかしながら，前述のようにテロメア領域に様々な転写因子が関わる。今後，誘導体E投与によってテロメラーゼ活性が維持されたと仮定するなら，これらテロメア結合転写因子およびテロメラーゼ関連タンパク質などを遺伝子レベルあるいはタンパクレベルでの発現による影響を詳細に解析する必要があるだろう。

3 おわりに

誘導体E投与によって，どの程度まで細胞の健全な機能を維持することが可能なのか，あるいは細胞膜やテロメア末端配列が保護された結果，細胞内の代謝が正常に保たれ，細胞寿命が延長したということが結論づけることができるのか。この謎を解くためには，包括的に細胞老化についての様々な仮説を検証しながら，徐々に明らかにする以外にないと考えられる。将来，誘導体Eは老化予防薬としてだけではなく癌などの予防薬としても用いられることになるだろう。

文　献

1) 三羽信比古，斉藤靖和，村田友次：抗酸化剤の活性増強，pp.269-318,フレグランスジャーナル社，(1999).
2) エーザイ（株）HP：http：www. eisai. co. jp/vita_e. html.
3) 井上正康：活性酸素と医食同源—分子論的背景と医食の接点を求めて—,5章 pp.161-178,共立出版（株），(1996).
4) Chojkier, M., Houglum, K., Solis-Herruzo, J., Brenner, D.A., *J. Biol. Chem.*, **264**, 16957-16962 (1989).
5) Taylor, S.L., Lamden, M.P.：Sensitive fluorometric method for tissue tocopherol analysis. *Lipids,* **11**, 530-538 (1976).
6) 重岡成：活性酸素・フリーラジカル，**2**, pp.148-155 (1991).
7) Bekyer, R.E.：*J. Bioenerg. Biomembr.,* **26**, 349-358 (1994).
8) 二木鋭雄，福場博保（監修）：ビタミンE，ビタミンEと酵素，ラジカルとの関連，pp.59

第36章 水溶性ビタミンE誘導体

-76,医歯薬出版（株), (1985).
9) Yamamoto, Y., Niki, E., Kamiya, Y., *et al*. : Oxidation of Phosphatidylcholines in Homogeneous Solution and Water Dispersion. *Biochem. Biophys. Acta.*, **795**, 332-340 (1984).
10) 福沢健治, 福場博保（監修）: ビタミンE, ビタミンEと脂質モデル膜, pp.84-100, 医歯薬出版（株), (1985).
11) Fukuzawa, K., Chida, H. & Suzuki, A. : Fluorescence depolarization studies of phase transition and fluidity in lecithin liposomes containing α-tocopherol. *J. Nutr. Sci. Vitaminol.*, **26**, 427-434 (1980).
12) Lucy, J.A. : Functional and structural aspects of biological membranes : A suggested structural role for Vitamin E in the control of membrane permeability and stability. *Ann. N. Y. Acad. Sci.*, **203**, 4-11 (1972).
13) Diplock, A.T., & Lucy, J.A. : The biochemical mode of action of vitamin E and selenium : A hypothesis. *FEBS Lett.*, **29**, 205-210 (1973).
14) Minetti, M., Forte, T., Soriani, M., Quaresima, V., Menditto, A., Ferrari, M., *Biochem. J.*, **282**, 459-465 (1992).
15) Miwa N., Nakamura S., Nagao N., Naruse S., Sato Y., Kageyama K., : Cytotoxicity to tumors by α, β-dihydric long-chain fatty alcohols isolate from esterolysate of uncytotoxic sheep cutaneous wax : the dependence on the molecular hydrophobicity balance of n-or iso-alkyl moiety bulkiness and two hydroxyl group. *Cancer Biochem. Biophys.*, **15**, 221-233 (1999).
16) Hayashi S., Takeshita H., Nagao N., Nikaido O., Miwa N. The relationship between UVB screening and cytoprotection by microcorpuscular ZnO or ascorbate against DNA photodamage and membrane injuries in keratinocytes by oxidative stress. *J. Photochem. Photobiol. B.*, **64** (1), 27-35 (2001).
17) 古本佳代, 横尾誠一, 井上英二, 三羽信比古, : 蛍光色素CDCFを用いた細胞内の酸化ストレス測定法, 1章 pp.11-33,. フレグランスジャーナル社, (1999).
18) 石川冬樹（監訳）: 細胞内の老化プロセス, 11章 pp.415-443, 老化のバイオロジー (Biology of Ageing), (2001).
19) 内田浩二 : 脂質過酸化反応によるアクロレインの生成と蛋白質修飾, 日本油化学会誌, **47**, 1207 (1998).
20) koji Utida, Acrolein is a product of lipid peroxidation : formation of free acrolein and its conjugate with lysine residues in oxidative low density lipoproteins. *J. Biol. Chem.*, **203**, 16058 (1998).
21) koji Utida, Protein-bound acrolein : Potential markers for oxidative stress. *Proc. Natl. Acad. Sci. USA*, **95**, 4882 (1998).
22) Noel Y. Calingaser, Protein-bound acrolein : Potential markers for oxidative stress in Alzheimer's disease. *J. Neurochemistry*, **72**, 751 (1999).
23) K. Satoh, : A1-hour enzyme-linked immunosorbent assay for quantittion of acrolein-&hydroxynonenal-modified proteins by epitope-bound casein matrix method. *Analytical Biochem.*, **270**, 323-328 (1999).
24) Yu G. L., Bradley J. D., Attardi L. D. & Blackburn E. H. : In vivo alteration of telomere se-

quences and senescence caused by mutated Tetrahymena telomerase RNAs. *Nature,* **344**, 126-132 (1990).
25) 古本佳代, 横尾誠一, 井上英二, 三羽信比古, : テロメア (染色体の両端 DNA) ―老化とフリーラジカルの関わり―, 1章 pp.1-36. フレグランスジャーナル社, (1999).
26) Furumoto K., Inoue E., Nagao N., Hiyama E., Miwa N. : Age-dependent telomere-shortening is slowed down by enrichment of intracellular vitamin C via suppression of oxidative stress. *Life Sci.,* **63**, 935-948 (1998).
27) 石川冬樹 (監訳) : 細胞内の老化プロセス―テロメアと老化, 老化のバイオロジー (Biology of Ageing), 11章 pp.430-443 (2001).
28) Prowse, K. R. & Greider, C. W. Developmental and tissue specific regulation of mouse telomerase and telomere length. *Proc. Natl Acad. Sci. USA,* **92**, 4818-4822 (1995).
29) Harley, C. B. Human ageing and telomeres. *Ciba Foundation Symp.,* **211**, 129-139 (1997).
30) Harley, C. B., Futcher, A. B. & Greider, C. W. Telomeres shorten during ageing of human fibroblasts. *Nature,* **345**, 458-460 (1990).
31) Counter, C. M. *et al.,* Telomere shortening associated with chromosome instability is arrested in immortal cells which express telomerase activity. *EMBO J.,* **11**, 1921-1929 (1992).
32) Cristofalo, V. J., Allen, R. G., Pignolo, R. J., Martin, B. G. & Beck, J. C. Relationship between donor age and the replicative lifespan of human cells in culture : a reevaluation. *Proc. Natl Acad. Sci. USA,* **95**, 10614-10619 (1998).
33) Ducray, C., Pommier, J. P., Martins, L., Boussin, F. D. & Sabatier, L. Telomere dynamics, end-to-end fusions and telomerase activation during the human fibroblast immortalization process. *Oncogene,* **18**, 4211-4223 (1999).
34) Allsopp, R. C. *et al.,* Telomere length predicts replicative capacity of human fibroblasts. *Proc. Natl Acad. Sci. USA,* **89**, 10114-10118 (1992).
35) Elizabeth H. Blackburn : Telomere states and cell fates, *Nature,* **408**, 53-56 (2000).
36) McEachern, M. J. & Blackburn, E. H. Runaway telomere elongation caused by telomerase RNA gene mutations. *Nature,* **376**, 403-409 (1995).
37) Blackburn, E. H. The telomere and telomerase : how do they interact? *Mt Sinai J. Med.,* **66**, 292-300 (1999).
38) Zhu, J., Wang, H., Bishop, J. M. & Blackburn, E. H. Telomerase extends the lifespan of virus-transformed human cells without net telomere lengthening. *Proc. Natl Acad. Sci. USA,* **96**, 3723-3728 (1999).
39) Evans, S. K. & Lundblad, V. Est 1 and Cdc13as comediators of telomerase access. *Science,* **286**, 117-120 (1999).
40) Krauskopf, A. & Blackburn, E. H. Rap 1 protein regulates telomere turnover in yeast. *Proc. Natl Acad. Sci. USA,* **95**, 12486-12491 (1998)
41) Smith, C. D. & Blackburn, E. H. Uncapping and deregulation of telomeres lead to detrimental cellular consequences in yeast. *J. Cell Biol.,* **145**, 203-214 (1999).
42) Krauskopf, A. & Blackburn, E. H. Control of telomere growth by interactions of RAP 1 with the most distal telomeric repeats. *Nature,* **383**, 354-357 (1996).

第36章 水溶性ビタミンE誘導体

43) Karlseder, J., Broccoli, D., Dai, Y., Hardy, S. & de Lange, T. p53-and ATM-dependent apoptosis induced by telomeres lacking TRF2. *Science,* **283**, 1321-1325 (1999).
44) Matthes, E. and Lehmann, C. Telomerase protein rather than its RNA is the target of phosphorothioate-modified oligonucleotides. *Nucleic Acids Res,* **27**, 1152-1158 (1999).
45) Kondo, S. *et al.*, Antisense telomerase treatment : induction of two distinct pathways, apoptosis and differentiation. *Faseb J.,* **12**, 801-811 (1998).
46) Xu, D. *et al.*, Downregulation of telomerase reverse transcriptase mRNA expression by wild type p53 in human tumor cells. *Oncogene,* **19**, 5123-5133 (2000).
47) Takakura, M. *et al.*, Cloning of human telomerase catalytic subunit (hTERT) gene promoter and identification of proximal core promoter sequences essential for transcriptional activation in immortalized and cancer cells. *Cancer Res,* **59**, 551-557 (1999).
48) Kanaya, T. *et al.*, Adenoviral expression of p53 represses telomerase activity through downregulation of human telomerase reverse transcriptase transcription. *Clin Cancer Res,* **6**, 1239-1247 (2000).
49) Kanazawa, Y. *et al.*, Hammerhead ribozyme-mediated inhibition of telomerase activity in extracts of human hepatocellular carcinoma cells. *Biochem Biophys Res Commun,* **225**, 570-576 (1996).
50) Ludwig, A. *et al.*, Ribozyme cleavage of telomerase mRNA sensitizes breast epithelial cells to inhibitors of topoisomerase. *Cancer Res,* **61**, 3053-3061 (2001)
51) Gravel, S., Larrivee, M., Labrecque, P. & Wellinger, R. J. Yeast Ku as a regulator of chromosomal DNA end structure. *Science,* **280**, 741-744 (1998).

第37章　油性化プロビタミンC
――皮膚深部への浸透力の増強効果と皮膚防護特性――

寺島洋一[*1], 大森喜太郎[*2], 兼安健太郎[*3], 前田健太郎[*4], 金子久美[*5],
三羽信比古[*6]

1　はじめに

従来より，ビタミンCを油性化して，抗がん増強[1~4]，温熱がん治療[5~7]，がん転移抑制[8,9]を向上させる効果が報告されてきたが，皮膚防護効果は余り報告されていない。私達は現在まで脂溶性ビタミンC（VC-IP）の活性酸素除去作用を利用し主に尋常性ざ瘡の治療にVC-IP配合ゲル（5％）を利用してきた。尋常性ざ瘡の成因については諸説あるが，毛嚢内及び毛孔漏斗部の皮脂の酸化がその増悪因子であることはまず間違いないであろう。また，皮膚の角質の乾燥に伴う角質のターンオーバーの遅延，皮脂の分泌の増加も尋常性ざ瘡の発生に影響を与えるであろうと考えられる。

一般に，紫外線は直接的あるいは活性酸素の発生を介するなどして皮膚の細胞を害することが明らかとなっている。また，皮脂の酸化を介し，尋常性ざ瘡を初めとした皮膚疾患の原因ともなっている。ここでは油性化したビタミンC誘導体（VC-IP）がこれらの紫外線による皮膚の細胞障害をどのように防護するか，あるいは皮脂の酸化を防ぐかについて述べるとともに，尋常性ざ瘡に対して実際臨床で用いた場合の経験についても述べたいと思う。

---

* 1　Yoichi Terashima　東京警察病院　形成外科
* 2　Kitaro Ohmori　東京警察病院　形成外科　部長
* 3　Kentaro Kaneyasu　京都大学大学院　医学系研究科
* 4　Kentaro Maeda　広島県立大学大学院　生物生産システム研究科
* 5　Kumi Kaneko　広島県立大学大学院　生物生産システム研究科；現　杏林製薬㈱
* 6　Nobuhiko Miwa　広島県立大学大学院　生物生産システム研究科　教授

2 UVAによるDNA障害と細胞死へのビタミンC誘導体防御効果

　UVA（320〜400nm）はその50%が皮膚の表皮成分を透過し、真皮にまで到達する。そして皮膚内の細胞に対して、DNA切断、DNA塩基傷害、細胞膜内リン脂質転移等のアポトーシス様変性を惹き起こす。これらの傷害に対して油性化したビタミンC誘導体、テトライソパルミチン酸L-アスコルビル（VC-IP）がどのように作用するか実験を行った。

　まずVC-IPについて説明する。VC-IPはアスコルビン酸の水酸基を全てイソパルミチン酸でマスキングしたビタミンC誘導体である。イソパルミチン酸は分枝鎖脂肪酸であり、皮脂との親和性が高い。ケラチンと脂質がブロックモルタル構造をしており、油性と考えられている皮膚に対しては吸収に難があると考えられていたアスコルビン酸に比べはるかに経皮吸収に優れている。経皮吸収されたVC-IPは皮膚内に豊富に存在するエステラーゼにより順次加水分解されアスコルビン酸へと代謝され、皮膚内外でラジカルスカベンジャーとして働く。VC-IPは分子構造がアスコルビン酸に対して、その脂肪鎖がかなり大きいためエステラーゼに対しては脂肪鎖が物理障壁となりアスコルビン酸への代謝には分子ごとにタイムラグが発生する。そのこと自体が長時間にわたって細胞内外に一定量のアスコルビン酸を供給することとなり、ビタミンC誘導体としては珍しく長時間にわたりラジカルスカベンジャーとして働くことが可能となっている。また常温では液状であり、ジェルやクリームなどといったスキンケアアイテムにも配合しやすい。そのため、私達の施設でもVC-IPを5〜10%含有したゲルなどを尋常性ざ瘡や乾燥肌、色素沈着等の患者に処方している。

　我々は以下の方法でUVAによる皮膚障害とVC-IPによる防護効果を基礎的に検討した。

① WST-1法による細胞生存率の測定
② TUNEL法によるDNA切断の検出
③ 免疫細胞染色による8-OHdGの検出
④ Flow-Cytometryを用いてUVによる細胞死、アポトーシスに伴う細胞表面の変化の解析

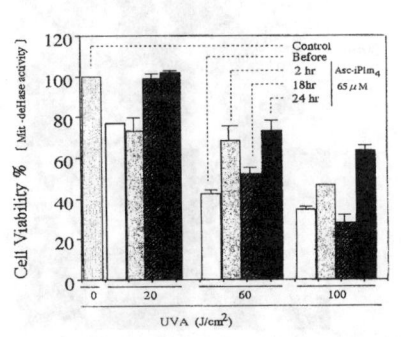

図1　Asc-iPlm$_4$（VC-IP）の取り込み時間による細胞死防御効果

細胞死制御工学～美肌・皮膚防護バイオ素材の開発～

3 WST-1法による細胞生存率の測定

UVAに対するVC-IPのヒト皮膚角化細胞HaCaTの細胞死防御効果はWST-1法（Mit-deHase活性）から投与濃度80μM、24hrの取り込みが細胞死を顕著に抑制した。

4 TUNEL法によるDNA鎖切断の検出

TdT（terminal deoxynucleotidyl transferase）により、断片化したDNAの3′-OH末端に蛍光色素FITC標識dUTPを付加し、DNA切断を検出する。酸化ストレスによってDNA切断が起き

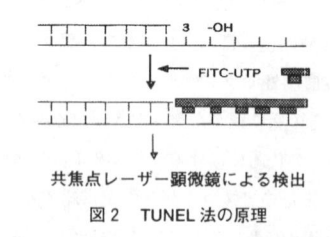

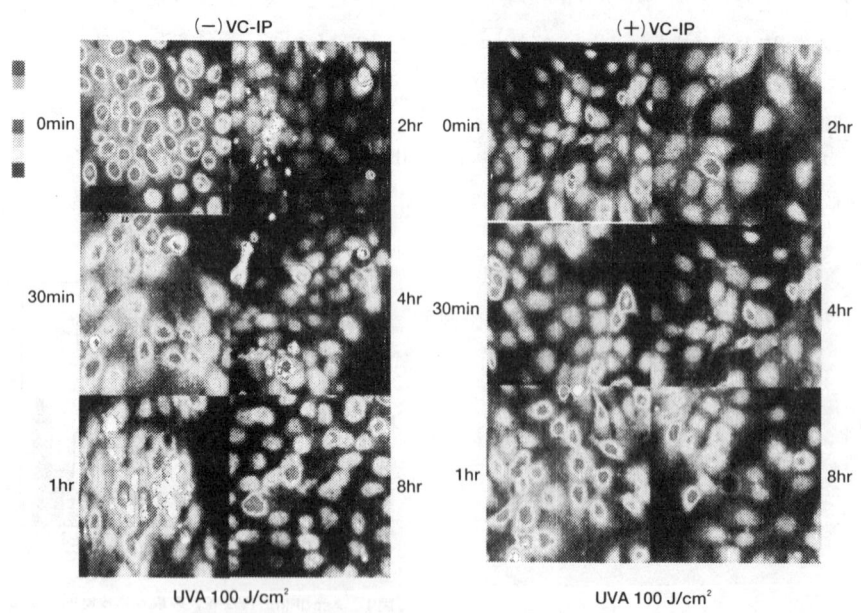

図2 TUNEL法の原理

図3 UVAによるヒト皮膚角化細胞HaCaTのDNA鎖切断、および、油性プロビタミンCのVC-IPによる防御
（巻頭カラー参照）

第37章　油性化プロビタミンC

るかどうか検討した。

結果UVA照射1時間後においてDNA切断がみられたが，VC-IPによって抑制された。

5　免疫細胞染色による8-OHdGの検出

細胞内酸化ストレスによって起こるDNA傷害の指標とし8-OHdGを用いた。8-OHdGの生成によってDNA複製時に突然変異を起こしやすくなる。UVA照射によって酸化ストレスが上昇し8-OHdGが生成された。そのDNA傷害もVC-IP（Asc-iPlm$_4$）の投与により抑制された。

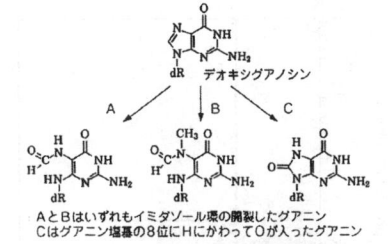

図5　グアニン塩基の8位の酸化（8-OHdGの生成）とグアニン塩基のイミダゾール環の開裂

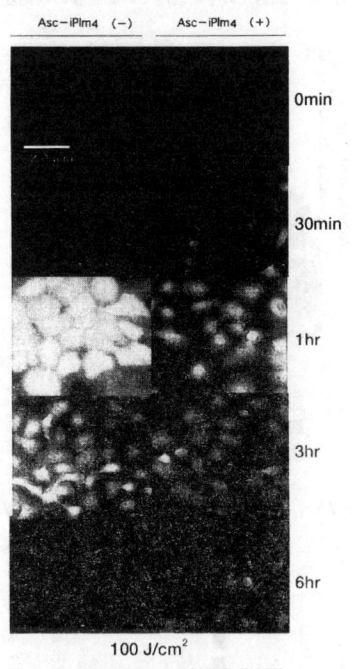

図4　UVAによるヒト皮膚角化細胞HaCaTのDNA塩基損傷（8-OHdG），および，VC-IPによる防御

6　FlowCytometryを用いたUVによる細胞死，アポトーシスに伴う細胞表面の変化の解析

apoptosis（細胞自殺）の特徴の1つに細胞膜の構造変化があり，phosphatidylserineをannexinV, DNA を propidium iodide で結合を見て apoptosis 早期と apoptosis 後期の細胞の区別をした。

UVA によって誘導される細胞死の解析に FlowCytometry を用いた。解析の結果, 細胞死のほとんどがネクローシスではなくアポトーシスであり, VC-IP によって細胞死を抑制したのはアポトーシスであるということがわかった。

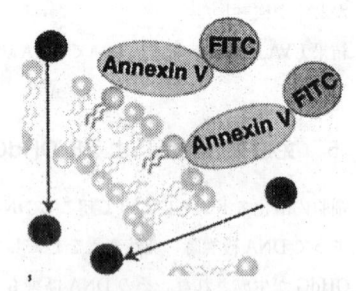

図6　細胞死の早期段階での細胞膜の構造変化

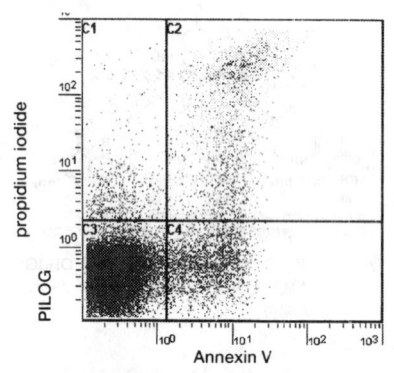

図7　UVA 照射によるヒト皮膚角化細胞 HaCaT のフローサイトメトリー解析

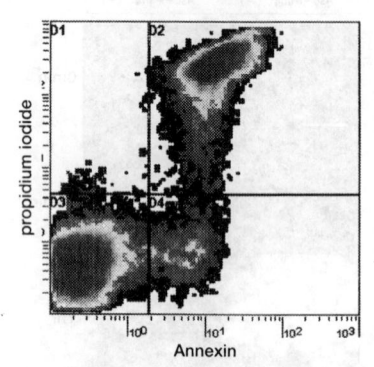

図8　図7の疑似カラー化, D3：生きた細胞, D4：アポトーシス初期の細胞, D2：アポトーシス進行の細胞

7　UV 照射に伴うスクワレン/スクワレンハイドロパーオキシド生成と VC-IP 投与による抑制効果

尋常性ざ瘡の発生においてまず一番初めに起こる変化として, 毛孔漏斗部の異常角化が挙げられる。この原因としては漏斗部付近の皮脂の酸化が考えられている。そして皮脂の酸化の原因として最も有力なのが UV 照射により皮膚表面に発生する ROS (reactive oxygen species) である。

実際に被験者の皮膚に UV を照射し, 皮膚の皮脂中のスクワレンハイドロパーオキシド生成と VC-IP 投与による抑制効果を検討してみた。

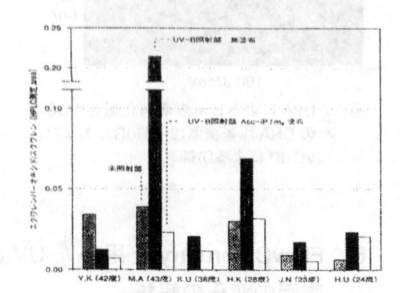

図9　ヒト皮膚への UV 照射による皮脂スクワレンの過酸化, および, VC-IP 塗布による防御

第37章　油性化プロビタミンC

UVはヒト皮膚の皮脂の過酸化を惹起すること，VC-IPはヒト皮膚中のスクワレンのUVによる過酸化を防御した。

8　VC-IPの臨床応用

尋常性ざ瘡の患者に対しVC-IP含有ゲル（10％）を使用することにより，その治療成績がどのように変化したか述べる。

我々の施設では尋常性ざ瘡の患者に対してはこれまでリン酸アスコルビン酸Na 5％配合ローションの自宅での外用，及び2～3週間に一度のグリコール酸ピーリングを行ってきた。これらの治療により一定の成果をあげてきたが，平成13年よりこれらの治療に加え，自宅でリン酸アスコルビン酸Na 5％配合ローションとともにVC-IP 5％含有ゲルを外用させるように変化してきた。

グリコール酸ピーリング＋リン酸アスコルビン酸Naローションによる治療群と，前者にVCIP配合ゲル外用を加えて治療した群での尋常性ざ瘡の治癒率を比較検討してみた。

① 方法

10ヶ月以上外来にてフォローできた16歳から45歳の238名の女性の尋常性ざ瘡の患者を対象とした。121人は2～3週間間隔のグリコール酸ピーリングとリン酸アスコルビン酸Naローションの自宅での外用を行わせた。117人の患者には加えてVC-IP 5％配合ゲルを外用させた。外来受診時撮影した写真を基に，赤色丘疹や膿疱等の顔面病変が75％以上改善したものをExcellent，50％以上改善したものをgood，改善が50％未満のものをpoor，として評価した。なおグリコール酸は30％，pH1.5のものを，リン酸アスコルビン酸Naローションは5％の濃度のものを，VC-IPゲルも5％のものを使用した。

② 結果

グリコール酸ピーリングとリン酸アスコルビン酸ローション併用群では121人中excellentが29名で24％，goodが67人で55％，poorは25人で21％だった。一方，グリコール酸ピーリングとリン酸アスコルビン酸ローション，VC-IPゲルの3者併用群では117人中，excellentが42人で36％，goodが64人で55％，poorが11人で9％となった。Good+excellentを有効率とみなすと2者併用群は79.3％，3者併用群は90.5％となった。

これらの結果からも，VC-IPが尋常性ざ瘡に対し有効に作用していると推察できる。また，VC-IP配合ゲルの外用により尋常性ざ瘡の患者によく見られるドライスキンも同時に改善されることが多い。そこで，我々はVC-IPの外用が皮膚の保湿能に対してどのような影響を与えているかについても調べてみた。

細胞死制御工学〜美肌・皮膚防護バイオ素材の開発〜

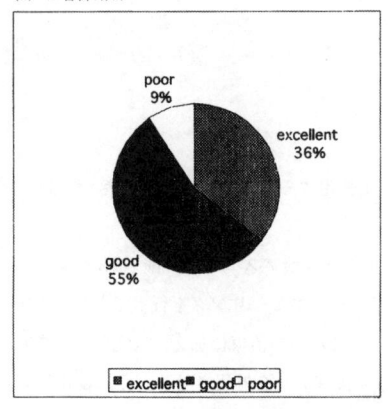

(a) 2者併用群　　　　　　　　　(b) 3者併用群

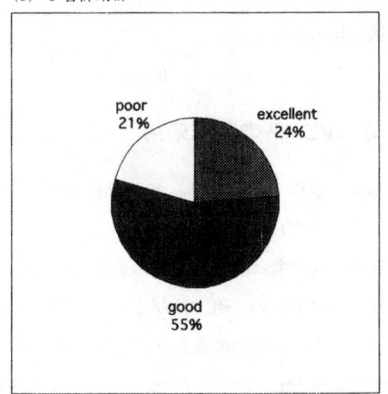

図10　尋常性ざ瘡患者へのVC-IP塗布による治療効果

ヒト摘出皮膚片を用いた実験，及び実際の患者の角質水分量の計測の両方を行ってみた。

8.1 ヒト摘出皮膚片を用いた実験

① 方法

51歳女性，耳前部の皮膚を用いた。ヒト摘出皮膚片を3分割し，一つにはVC-IP10％配合ゲルを，もう一つには先ほどのゲルのVC-IPを除いた成分のみを0.1mmの厚さで均一に塗布した。さらに残りの皮膚片には何も塗布しないこととした。これらを改変ブロノフディフュージョンチェンバーにかけ培養した。環境は室温は37度，湿度は95％とした。実験開始時，24時間後および48時間経過した時点で，トリプシン処理で真皮と表皮に分離しそれぞれの湿重量と乾燥重量を電子天秤にて計測し，この差から双方の含水量を計測した。

② 結果

表皮においても真皮においても24時間後までは基材のみ塗布した皮膚片が最も含水量が多かったが，48時間経つとVC-IP配合ゲルの群が最も多くの水を含んでいることがわかった。おそらく皮膚の保湿因子が細胞内のビタミンCが富化されるに従いその生成量が増え，一定時間経過すると皮膚片の保水能を向上させるためではないかと考えられた。

8.2 被験者を用いた実験

① 方法

のべ7人の患者でVC-IP配合ゲル使用前と2週間使用後の角質水分量を計測した。顔面4箇

第37章　油性化プロビタミンC

(a) 表皮の含水率の変化

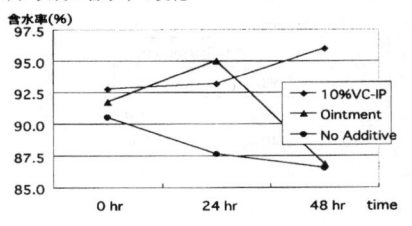

(b) 真皮の含水率の変化

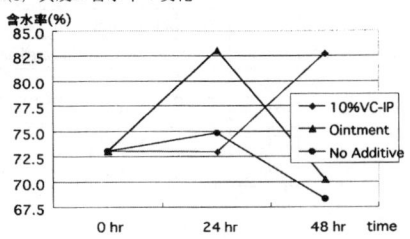

図11　VC-IPの皮膚保湿効果

所（前額，下眼瞼，頬部，鼻翼外側）を石鹸での洗顔後15分経った時点で計測した。計測には㈱アミックグループ社製，スキコス301を用いた。

② 結果

　各部位の角質水分量は平均するとどの部位でも増加していた。この結果をt検定すると，t-distributionは最大の部位1においても5.2％であり，VC-IP 5％配合ゲルは十分角質水分量を増加させると示唆される。

　以上の実験から，VC-IPは皮膚の保水能を向上させる働きがあると考えられる。これはすなわち皮膚のバリア能を高めることと表裏一体である。なぜなら，いわゆるドライスキンはセンシティブスキンとほぼ同義であり，これらは角質のセラミドなどの保水成分の欠乏が原因と考えられるためである。VC-IPはROSの除去による皮膚の防護作用，皮脂の過酸化の防護作用に加え，細胞外マトリクスの生成を賦活する働きにより皮膚自体の乾燥等に対する防御能も高めていると考えられる。

表1　VC-IP使用による角質水分量の変化

Sample		1	2	3	4	5	6	7
初期	部位1	5.04	6.30	6.51	5.46	5.74	5.46	6.44
	部位2	6.02	6.09	6.30	6.72	7.28	5.46	6.51
	部位3	5.32	5.74	5.81	4.90	4.13	5.04	5.32
	部位4	3.08	5.88	5.74	4.48	3.64	3.78	3.29
2週後	部位1	6.44	6.72	6.37	6.58	5.18	6.30	6.86
	部位2	7.21	7.14	6.65	7.28	6.86	6.09	7.28
	部位3	5.67	5.67	7.70	5.60	5.88	5.74	6.44
	部位4	2.80	6.37	5.60	5.11	4.69	5.88	5.18
変化量	部位1	1.40	0.42	-0.14	1.12	-0.56	0.84	0.42
	部位2	1.19	1.05	0.35	0.56	-0.42	0.63	0.77
	部位3	0.35	-0.07	1.89	0.70	1.75	0.70	1.12
	部位4	-0.28	0.49	-0.14	0.63	1.05	2.10	1.89

（数値の単位は mgH_2O/cm^2）

表2 各部位ごとの検定

	Number of sample	7	Degree of freedom	6
	Average	Unbiased variance	t	t-distribution
部位1	0.500	0.476	1.92	0.052
部位2	0.590	0.281	2.95	0.013
部位3	0.920	0.512	3.40	0.007
部位4	0.820	0.852	2.35	0.029

文　献

1) Kageyama K, Yamada R, Otani S, Hasuma T, Yoshimata T, Seto C, Takada Y, Yamaguchi Y, Kogawa H, Miwa N.：Abnormal cell morphology and cytotoxic effect are induced by 6-0-palmitol-ascorbate-2-0-phosphate, but not by ascorbic acid or hyperthermia alone. *Anticancer Res*. 1999 Sep-Oct；**19**(5 B)：4321-5.
2) Matsui-Yuasa I, Otani S, Morisawa S, Kageyama K, Onoyama Y, Yamazaki H, Miwa N.：Effect of acylated derivatives of ascorbate on ornithine decarboxylase induction in Ehrlich ascites tumor cells. *Biochem Int*. 1989 Mar；**18**(3)：623-9.
3) Miwa N, Yamazaki H, Nagaoka Y, Kageyama K, Onoyama Y, Matsui-Yuasa I, Otani S, Morisawa S.：Altered production of the active oxygen species is involved in enhanced cytotoxic action of acylated derivatives of ascorbate to tumor cells. *Biochim Biophys Acta*. 1988 Nov 18；**972**(2)：144-51.
4) Miwa N, Yamazaki H.：Potentiated susceptibility of ascites tumor to acyl derivatives of ascorbate caused by balanced hydrophobicity in the molecule. *Exp Cell Biol*. 1986；**54**(5-6)：245-9.
5) Kageyama K, Onoyama Y, Otani S, Kimura M, Matsui-Yuasa I, Nagao N, Miwa N. Promotive action of acylated ascorbate on cellular DNA synthesis and growth at low doses in contrast to inhibitory action at high doses or upon combination with hyperthermia. *J Cancer Res Clin Oncol*. 1996；**122**(1)：41-4.
6) Kageyama K, Onoyama Y, Otani S, Matsui-Yuasa I, Nagao N, Miwa N.：Enhanced inhibitory effects of hyperthermia combined with ascorbic acid on DNA synthesis in Ehrlich ascites tumor cells grown at a low cell density. *Cancer Biochem Biophys*. 1995 Jan；**14**(4)：273-80.
7) Kageyama K, Onoyama Y, Kimura M, Yamazaki H, Miwa N.：Enhanced inhibition of DNA synthesis and release of membrane phospholipids in tumour cells treated with a combination of acylated ascorbate and hyperthermia. *Int J Hyperthermia*. 1991 Jan-Feb；**7**(1)：85-91.

第37章 油性化プロビタミンC

8) Liu JW, Nagao N, Kageyama K, Miwa N. : Antimetastatic and anti-invasive ability of phospho-ascorbyl palmitate through intracellular ascorbate enrichment and the resultant antioxidant action. *Oncol Res*. 1999 ; 11(10) : 479-87.
9) Liu JW, Nagao N, Kageyama K, Miwa N. : Anti-metastatic effect of an autooxidation-resistant and lipophilic ascorbic acid derivative through inhibition of tumor invasion. *Anticancer Res*. 2000 Jan-Feb ; 20(1 A) : 113-8.

第38章　第二世代プロビタミンC

――第二世代プロビタミンC；アスコルビン酸-2-リン酸-6-
　パルミチン酸ナトリウムの皮膚防護効果と真皮線維組織構築効果――

加藤詠子[*1], 続木　敏[*2], 劉　建文[*3], 江藤哲也[*4], 三羽信比古[*5]

1　はじめに

　ビタミンC（L-アスコルビン酸）は，幾多のバイオ化粧品原料の中でも，最も重要なもののひとつである。ビタミンC活性発見のきっかけであるコラーゲン合成の促進効果に加え，アスコルビン酸の有する強力なアンチオキシダントとしての効果は，医薬・食品領域のみならず香粧品科学領域においても非常に魅力的であり，事実多くの皮膚障害防止効果が認められている[1~4]。

　筆者らはこの領域の基礎的研究を通じ，高機能性化粧品原料としてプロビタミンC，アスコルビン酸-2-リン酸塩を市場に提案してきた[5]。近年，同化合物を母骨格として，更なる高機能を追求した，いわば第二世代のプロビタミンCの開発を進めている。本章ではプロビタミンCの生理活性を高めた新化粧品原料アスコルビン酸-2-リン酸-6-パルミチン酸塩の種々の皮膚生理学的効果について述べる。

2　第二世代プロビタミンC，アスコルビン酸-2-リン酸-6-パルミチン酸ナトリウム

2.1　第二世代プロビタミンCのデザイン

　近年，化粧品の一般消費者にも紫外線の皮膚に対する悪影響に大きな関心が集まり，香粧品科学の基礎研究の進歩を背景として，原料に対する高度な紫外線障害防止効果や抗シワなどアンチエイジング効果の要求が急速に高まってきた。筆者らはこれらを満足させるために，APS/Mの優れた特性をそのまま生かし，表皮内のさらなるAsA富化とより深部の真皮へのAsAデリバリ

---

*1　Eiko Kato　昭和電工㈱　研究開発センター　副主席研究員
*2　Toshi Tsuzuki　昭和電工㈱　研究開発センター　主席研究員
*3　Liu Jian-Wen　中国上海市華東理工大学　生命工学院　教授
*4　Tetsuya Etoh　富士製薬工業㈱　研究開発課　研究員
*5　Nobuhiko Miwa　広島県立大学　生物資源学部　生物資源開発学科　教授

第38章　第二世代プロビタミンC

を実現させるべく新しい誘導体をデザインした。

通常，化合物の皮膚浸透性は疎水性に強く依存する。幸いAsAは多数の水酸基を有しており，疎水性を上げる炭化水素鎖を用いた化学修飾の足場には事欠かない。種々の化合物を合成してスクリーニングを実施した結果，2位にモノリン酸，6位にパルミチン酸を結合させた化合物が最終候補に残った（図1, APP）。疎水性を上げるためには更に長鎖の脂肪酸が効果的であるが，化粧品処方上の難点がいくつか指摘され，またより短鎖の修飾剤は皮膚刺激性の点から排除された。修飾位置は化合物の安定性と合成の容易さの観点から選択された。アスコルビン酸-2-リン酸-6-パルミチン酸三ナトリウム（trisodium L-ascorbyl2-phosphate6-palmitate, APPS）は，分子量560, AsAを出発原料とする多段の化学合成によって得られる白色の粉末である。水に対する溶解度は常温で3％以上，熱と酸素に対する耐性を有する。6位のエステル結合はヒト皮膚内に存在する非特異的エステラーゼによって解離し，その反応速度は皮内では2位のリン酸解離速度よりも大きいようである。以下にAPPSの皮膚生理学的性質と化粧品原料としての効果を詳述する。

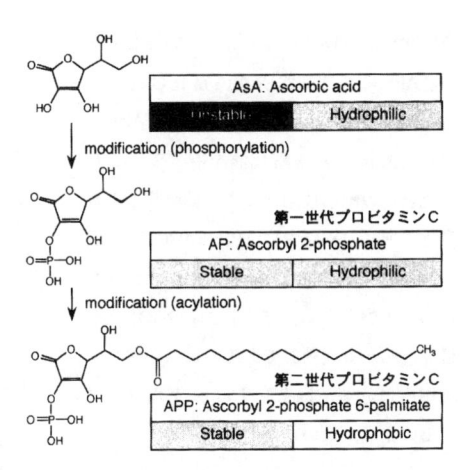

図1　プロビタミンCの構造

2.2　APPSによるヒト細胞内AsA富化

正常ヒト角化細胞HaCaTを用いた細胞内AsA富化の実験結果を図2に示す。通常AsA誘導体の経皮投与によって得られる皮内濃度，100μM のAPPS, APSまたはAGを含む培地で細胞を培養し，培養開始後3, 6, 18時間で細胞をサンプリングして洗浄し，嫌気性条件下でホモジナイズして細胞内のAsA濃度を測定した。添加して培養した細胞は，APS添加培養細胞に比べ，いずれの測定時間でも2〜3倍のAsAを含んでいた。このようにAPPSによるAsA富化は極めて即効的であ

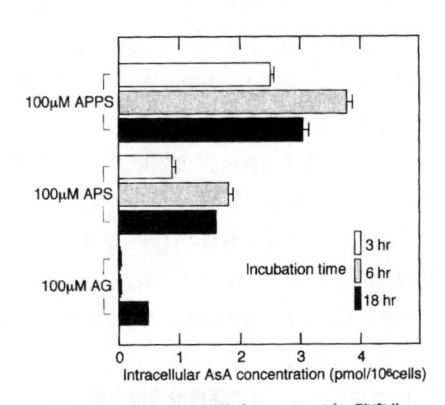

図2　APPSによる細胞内アスコルビン酸富化

り，化粧品原料にとって好ましい性質である。APS による細胞内 AsA 富化は既に定評のあるところだが，APPS はその APS に比べても高い AsA 富化能を有する。これは化合物の疎水性向上により細胞膜との親和性が増し，細胞内に APPS が効果的に取り込まれ，その結果 AsA 濃度があがったためと推察される。また，AG の富化能が低く，しかも遅効的であるのは，正常ヒト細胞内に分解活性を有する α-グルコシダーゼの発現が低いためと思われる。

2.3 APPS によるヒト皮膚内 AsA デリバリ

次に，ボランティアから提供を受けたヒト皮膚バイオプシー小片を用いた器官培養系で，皮内への AsA 富化能を調べた。径 1～2 mm の微少切片へのアスコルビン酸デリバリを観察すべく，特別な改変型のブロナフ型拡散セルを作成した（図3上）。

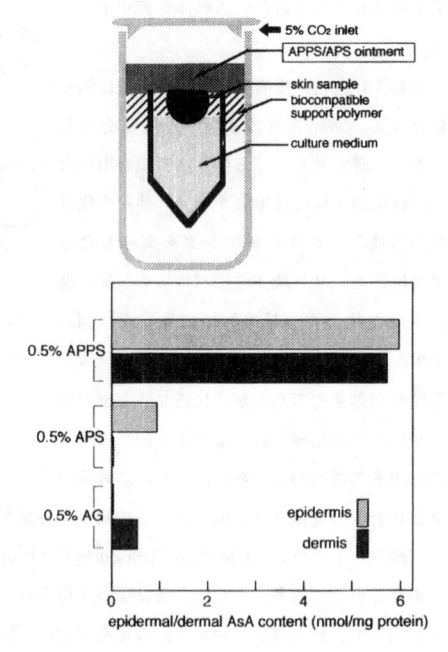

図3 APPS による皮内アスコルビン酸富化と測定装置

特に，間隙からの試料溶液の流下を防止するため，サンプル皮膚の固定には特殊なポリマーを使用している。また，微量分析のために分析系にも大幅な改良が加えられた。

この装置を用い，各々0.5%の APS，APPS，または AG を含む軟膏を同一皮膚より分割した試験片に投与し，表皮および真皮中の AsA 濃度を測定した。その結果，用いた試験皮膚片によって皮膚透過量にはかなりの差異が見られたが，いずれの試験片においても APPS は他誘導体に比べ顕著に高い皮膚内 AsA 富化を示した。特に APS が真皮内の AsA 濃度をほとんど増加させないのに対し，APPS は表皮とほとんど同等にまで真皮の AsA 富化を可能にし，真皮へのデリバリという誘導体デザインの当初の目的を達成した。図3下に代表的な試験結果を示す。培養細胞系の実験に比して APS と APPS の差異が大きいのは，細胞膜に至るまでに角質層という強力なバリアが存在し，ここの透過効率が大きく異なっているためと推察される。

2.4 プロビタミンCの活性酸素除去能

AP や APP は空気中の分子状酸素とは反応しないが，反応性に富む活性酸素群とはよく反応

第38章　第二世代プロビタミンC

し、これらを無害化する[6]。活性型に変換されずとも投与された誘導体のままで活性酸素をスカベンジできるということは、皮内のみならず塗布された皮膚表面で紫外線由来の活性酸素をスカベンジできるということであり、化粧品原料にとってたいへん好ましい性質である。

図4は強力な紫外線により水溶液中にヒドロキシラジカルを発生させ、これをESRにより検出し、アスコルビン酸誘導体のラジカル消去能を比較した実験の結果である。精製度の低い水にUV-Bを照射すると、ヒドロキシラジカルによる4本の強いピーク（黒矢印）が認められるが、20mMAPSの添加によりピークは著しく減衰する。同濃度のAsAもラジカル消去効果を示すが、新たに多量のアスコルビン酸ラジカル（白矢印）の発生が認められる。投与された皮膚表面での高濃度のフリーラジカルの存在は有害である可能性がある。

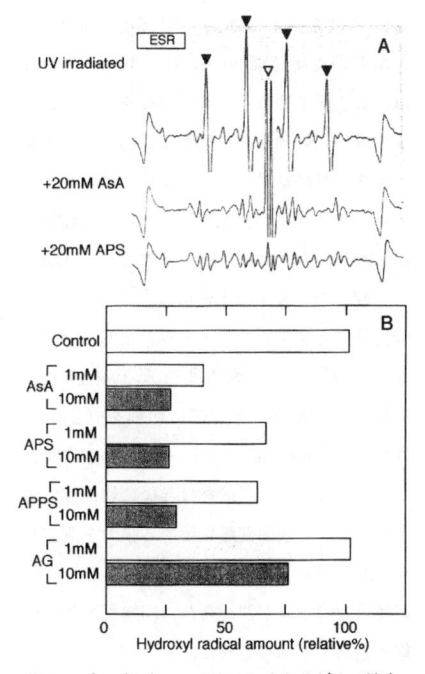

図4　プロビタミンCのヒドロキシラジカル消去

この方法により各種アスコルビン酸誘導体のラジカル消去能を比較する（B）とAPS、APPSの消去能はAsAとほぼ同等であり、AGは低濃度域ではほとんどヒドロキシラジカルの消去効果を持たないことが判った。

2.5　APPSによる皮内のラジカルスカベンジ

溶液系で得られた知見を基に、ヘアレスマウス皮膚に代えて三次元再構築培養細胞皮膚モデル（TESTSKIN, TOYOBO）を使用し、前述の試験と同様な方法にて、UVBの照射により表皮内に発生するヒドロキシラジカルをESRで観察した。100mMのAPPS, AsA, APMまたはAPSを含むバッファ（pH7.5）をTESTSKINの角層側に投与し、室温で2時間保持した。この前処理の後、表面にスピントラップ剤DMPOを加え、すぐに表面を洗浄して水分を拭き取り、ティッシュセルに装着して紫外線（AB波）照射下でESR測定を行った。その結果は溶液系の結果をほぼ再現し（図5）、AsA, APM, APS, APPSに高いラジカルスカベンジ能が認められた。AG前処理によってもわずかにスカベンジ能が見られたが、これは皮内で少量AGから遊離したAsAの寄与によると思われる。

2.6 APPSによるコラーゲン合成の促進

APPの皮膚深部への浸透とAsAデリバリは，真皮層でのコラーゲン合成を促進する。図6は，この効果を評価する目的で行った切創治癒試験の結果である。試験にはモルモットモデル系を用い，APPSの効果を，APM，AG及びアスコルビン酸ナトリウム（AsA）と比較した。各々の化合物等をアスコルビン酸当量にて20％のエタノールと3％のプロピレングリコールを含有する水（vehicle）に溶解し，モルモット背部に切創を（2 cm）作成後，0.2ml/siteずつを一日二回4日間にわたって投与した。最終投与後に切創部皮を切除し，切創面剥離に要する張力を測定した（A）。その結果，5.5％APPS投与群に高い剥離張力の上昇が認められ，同物質の強い切創治癒効果が示唆された。

さらにこの皮膚から切創部位を切り出し，ホモジナイズ後脱脂してトリプシン処理し，塩酸加水分解後にヒドロキシプロリン量を測定した（B）。その結果，APPS投与部位で有意なヒドロキシプロリン量の上昇が認められた。

これらの結果は，真皮内に富化されたアスコルビン酸によりコラーゲン合成が促進され，同時に創傷部位における内因性の活性酸素をAPPSとAsAが効果的にスカベンジしたためと推察される。

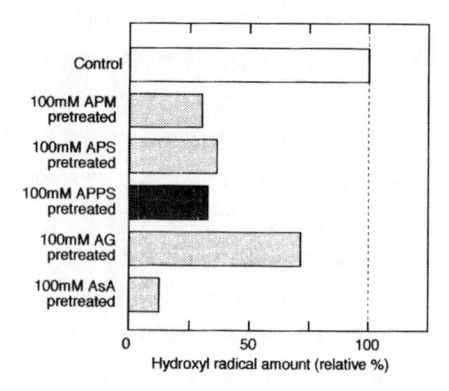

図5 皮膚モデルで見る表皮内ラジカル消去

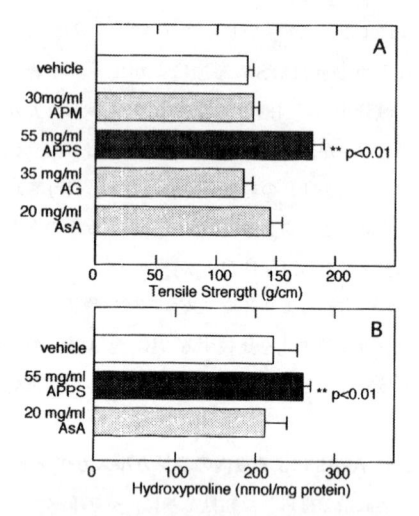

図6 APPSによる切創治癒効果とコラーゲン合成促進

2.7 APPSによるコラゲナーゼの発現抑制

コラーゲンの合成促進と分解の抑制は車の両輪の関係にある。コラーゲン分解酵素は紫外線によっても誘導され，一般に生体中でコラーゲンの分解と再構成の役割を担っており，皮膚老化に悪影響を及ぼすといわれる。図7はコラゲナーゼ（gelatinase A, matrix metalloprotease, MMP

-2及び gelatinase B, MMP-9) を強度に発現するヒト繊維芽腫 (fibrosarcoma) HT-1080培養細胞を用いた実験の結果である。培地中に10〜50μMのAPPSを添加して培養し、取得した細胞のホモジネートをゼラチンザイモグラフィにかけ、MMP-2およびMMP-9の活性発現を調べた。低用量のAPPSの培地への添加により、両酵素の活性は強く抑制されることが示された。

なお、APPSには強いガン転移の抑制作用が報告されている[7]。この効果はガン細胞から発生する活性酸素の消去と共に、転移時に大きな役割を果たすMMP群の発現をAPPSが抑制するためとされている。

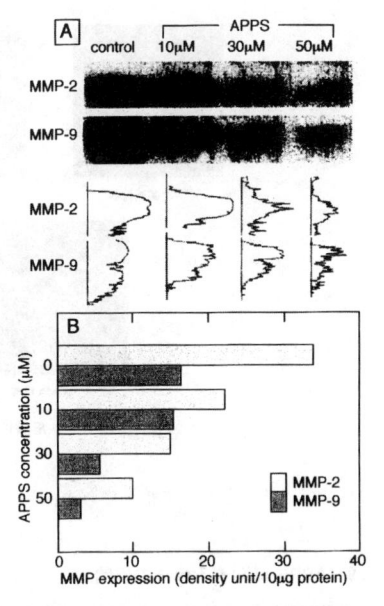

図7 APPSによるコラゲナーゼ発現阻害

2.8 APPSによる真皮線維組織構築効果

APPSの皮膚深部への浸透とAsAデリバリは、コラーゲンの合成促進と分解抑制をなし得る。この結果として真皮の細胞外マトリックス；コラーゲンの構造維持・回復に寄与するものと考えられる。APPSの線維組織構築効果を確認する為、2.6で行った切創治癒試験の切創部位の免疫染色を行い、Ⅳ型コラーゲンの分布・局在について観察を行った。

切創部を凍結用包埋剤で包埋し、クライオスタットで切創部に平行となるよう薄切して、モルモットⅣ型コラーゲンを特異的に認識する抗体を一次抗体として用い、二次抗体はローダミンで蛍光標識したものを用いた。染色したものは蛍光顕微鏡で観察し、画像取り込みは露光時間と感度を統一して行った。取り込んだ画像のコントラストとバックグラウンドは統一して処理した。一連の観察はAPPS、APM、AG、およびAsAを投与した切創部についても同様に行って比較した。

Ⅳ型コラーゲンの存在量と局在性はAPPS投与により優位となっていた（図8b）。モルモット皮膚であるため毛包が多数存在しているが、この毛包の上皮細胞直下においてⅣ型コラーゲンの分布が増加していることが確認された。毛包の構造強度向上に寄与しているものと考えられる。

Ⅳ型コラーゲンの分布は、基剤投与（図8a）のものでは明らかに低かったが、APPSほどではないものの、APM（図8c）、AsA（図8d）、AG（図8e）においても増加が認められた。

これまでのアスコルビン酸誘導体には成し得なかった真皮での繊維組織構築効果が、APPSで

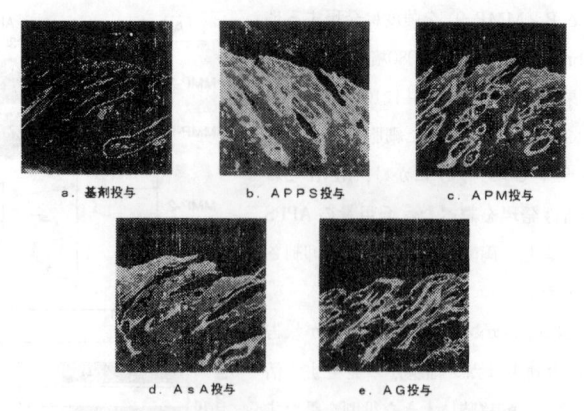

細胞死制御工学～美肌・皮膚防護バイオ素材の開発～

a. 基剤投与　　b. APPS投与　　c. APM投与

d. AsA投与　　e. AG投与

図8　モルモット皮膚におけるⅣ型コラーゲンの免疫染色像

は期待できることを示す結果である。

2.9 APPSに関する今後の展開

APPSは既存美白主剤APS/MやAGを凌駕する表皮内AsA富化能を有していることから，まず第一に高い紫外線障害防止効果と美白効果が期待される。同時に第一世代のプロビタミンCが果たし得なかった真皮へのAsAデリバリが飛躍的に向上しており，コラーゲン合成の促進を主機能とした抗シワ化粧品原料として有用である可能性が高い。現在，後者については筆者らの研究室にて動物を用いた効能試験が進行中であるが，この期待に応える結果が得られつつある。

これらの効能評価の推進とは別に，APPSの今後の課題となるのは実際の化粧品への処方であろう。APPS粉末は40℃における六ヶ月保存で約90%が残存し，化粧品原料として許容される安定性の範囲にあるが，特にローション系での処方安定性になお解決すべき問題がありそうである。安定化処方の検討とともに，化合物デザインのマイナーチェンジも今後の検討課題となるかもしれない。また近い将来には，APPSを母体として，さらなる新機能を併せ有する第三世代のプロビタミンCも必ずや世に出てくるに違いない。

3　おわりに

香粧品科学の分野において，とくに機能性化粧品原料を開発する立場からみると，生体内生理活性物質の誘導体化は極めて魅力的な研究テーマである。すなわち化合物の基本効能と安全性を担保しつつ，化学修飾等の改変により安定性，親水性，親油性，臭気，ローカリゼーション，

第38章　第二世代プロビタミンC

デリバリ等をコントロールすることが可能である。

　現在，筆者らの研究室を含め，次世代のプロビタミンCの開発は無論のこと，プロビタミンE，プロビタミンA，プロビタミンKをはじめとする多種多機能の化粧品原料の創生が盛んに試みられている。今後ますます機能の要求が高く，そして広くなるスキンケア化粧品トレンドの中にあって，このような生理活性成分を擁するバイオ化粧品がその主流になっていくことであろう。

文　　献

1) 市橋正光, *Fragrance J.*, **3**, 29（1997）
2) D. Darr, *et al.*, *Br. J. Dermatol.*, **127**, 247（1997）
3) 三羽信比古，ビタミンCの知られざる働き　丸善（1992）
4) 三羽信比古，バイオ抗酸化剤プロビタミンC　フレグランスジャーナル社（1999）
5) 小林静子他，化粧品技術者会誌, **31**, 304（1997）
6) E. Kato, *et al.*, in preparation
7) J. Liu, *et al.*, *Anticancer Res.*, **20**, 113（2000）

《CMCテクニカルライブラリー》発行にあたって

　弊社は、1961年創立以来、多くの技術レポートを発行してまいりました。これらの多くは、その時代の最先端情報を企業や研究機関などの法人に提供することを目的としたもので、価格も一般の理工書に比べて遙かに高価なものでした。
　一方、ある時代に最先端であった技術も、実用化され、応用展開されるにあたって普及期、成熟期を迎えていきます。ところが、最先端の時代に一流の研究者によって書かれたレポートの内容は、時代を経ても当該技術を学ぶ技術書、理工書としていささかも遜色のないことを、多くの方々が指摘されています。
　弊社では過去に発行した技術レポートを個人向けの廉価な普及版《CMCテクニカルライブラリー》として発行することとしました。このシリーズが、21世紀の科学技術の発展にいささかでも貢献できれば幸いです。
　2000年12月

　　　　　　　　　　　　　　　　　　　　　　　株式会社　シーエムシー出版

細胞死制御工学
～美肌・皮膚防護バイオ素材の開発～　　　　　(B0880)

2003年 8月31日　初　版　第1刷発行
2009年 7月23日　普及版　第1刷発行

　　編　著　三羽 信比古　　　　　　Printed in Japan
　　発行者　辻　　賢司
　　発行所　株式会社　シーエムシー出版
　　　　　　東京都千代田区内神田1-13-1　豊島屋ビル
　　　　　　電話 03 (3293) 2061
　　　　　　http://www.cmcbooks.co.jp

〔印刷　倉敷印刷株式会社〕　　　　　　　　© N. Miwa, 2009

定価はカバーに表示してあります。
落丁・乱丁本はお取替えいたします。

ISBN978-4-7813-0100-6 C3047 ¥5200E

本書の内容の一部あるいは全部を無断で複写（コピー）することは，法律で認められた場合を除き，著作者および出版社の権利の侵害になります。

CMCテクニカルライブラリーのご案内

バイオエネルギーの技術と応用
監修／柳下立夫
ISBN978-4-7813-0079-5　　B873
A5判・285頁　本体4,000円＋税（〒380円）
初版2003年10月　普及版2009年4月

構成および内容：【熱化学的変換技術】ガス化技術／バイオディーゼル【生物化学的変換技術】メタン発酵／エタノール発酵【応用】石炭・木質バイオマス混焼技術／廃材を使った熱電供給の発電所／コージェネレーションシステム／木質バイオマスペレット製造／焼酎副産物リサイクル設備／自動車用燃料製造装置／バイオマス発電の海外展開
執筆者：田中忠良／松村幸彦／美濃輪智朗　他35名

キチン・キトサン開発技術
監修／平野茂博
ISBN978-4-7813-0065-8　　B872
A5判・284頁　本体4,200円＋税（〒380円）
初版2004年3月　普及版2009年4月

構成および内容：分子構造（βキチンの成層化合物形成）／溶媒／分解／化学修飾／酵素（キトサナーゼ／アロサミジン）／遺伝子（海洋細菌のキチン分解機構）／バイオ農林業（人工樹皮：キチンによる樹木皮組織の創傷治癒）／医薬・医療／食（ガン細胞障害活性テスト）／化粧品／工業（無電解めっき用前処理剤／生分解性高分子複合材料）　他
執筆者：金成正和／奥山健二／斎藤幸恵　他36名

次世代光記録材料
監修／奥田昌宏
ISBN978-4-7813-0064-1　　B871
A5判・277頁　本体3,800円＋税（〒380円）
初版2004年1月　普及版2009年4月

構成および内容：【相変化記録とブルーレーザー光ディスク】相変化電子メモリー／相変化チャンネルトランジスタ／Blu-ray Disc技術／青紫色半導体レーザ／ブルーレーザー対応酸化物系追記型光記録膜／【超高密度光記録技術と材料】近接場光記録／3次元多層光メモリ／ホログラム光記録と材料／フォトンモード分子光メモリと材料　他
執筆者：寺尾元康／影山喜之／柚須圭一郎　他23名

機能性ナノガラス技術と応用
監修／平尾一之／田中修平／西井準治
ISBN978-4-7813-0063-4　　B870
A5判・214頁　本体3,400円＋税（〒380円）
初版2003年12月　普及版2009年3月

構成および内容：【ナノ粒子分散・析出技術】アサーマル・ナノガラス／【ナノ構造形成技術】高次構造化／有機-無機ハイブリッド（気水配向膜／ゾルゲル法）／外部場操作【光回路用技術】三次元ナノガラス光回路【光メモリ用技術】集光機能（光ディスクの市場／コバルト酸化物薄膜）／光メモリヘッド用ナノガラス（埋め込み回折格子）　他
執筆者：永金知浩／中澤達洋／山下　勝　他15名

ユビキタスネットワークとエレクトロニクス材料
監修／宮代文夫／若林信一
ISBN978-4-7813-0062-7　　B869
A5判・315頁　本体4,400円＋税（〒380円）
初版2003年12月　普及版2009年3月

構成および内容：【テクノロジードライバ】携帯電話／ウェアラブル機器／RFIDタグチップ／マイクロコンピュータ／センシング・システム【高分子エレクトロニクス材料】エポキシ樹脂の高性能化／ポリイミドフィルム／有機発光デバイス用材料【新技術・新材料】超高速ディジタル信号伝送／MEMS技術／ポータブル燃料電池／電子ペーパー　他
執筆者：福岡義孝／八甫谷明彦／朝桐　智　他23名

アイオノマー・イオン性高分子材料の開発
監修／矢野紳一／平沢栄作
ISBN978-4-7813-0048-1　　B866
A5判・352頁　本体5,000円＋税（〒380円）
初版2003年9月　普及版2009年2月

構成および内容：定義，分類と化学構造／イオン会合体（形成と構造／転移）／物性・機能（スチレンアイオノマー／ESR分光法／多重共鳴法／イオンホッピング／溶液物性／圧力センサー機能／永久帯電　他）／応用（エチレン系アイオノマー／ポリマー改質剤／燃料電池用高分子電解質膜／スルホン化EPDM／歯科材料（アイオノマーセメント）他
執筆者：池田裕子／杳水祥一／箭野　均　他18名

マイクロ／ナノ系カプセル・微粒子の応用展開
監修／小石眞純
ISBN978-4-7813-0047-4　　B865
A5判・332頁　本体4,600円＋税（〒380円）
初版2003年8月　普及版2009年2月

構成および内容：【基礎と設計】ナノ医療：ナノロボット　他【応用】記録・表示材料（重合法トナー　他）／ナノパーティクルによる薬物送達／化粧品・香料／食品（ビール酵母／バイオカプセル　他）／農薬／土木・建築（球状セメント　他）【微粒子技術】コア-シェル構造球状シリカ系粒子／金・半導体ナノ粒子／Pbフリーはんだボール　他
執筆者：山下　俊／三島健司／松山　清　他39名

感光性樹脂の応用技術
監修／赤松　清
ISBN978-4-7813-0046-7　　B864
A5判・248頁　本体3,400円＋税（〒380円）
初版2003年8月　普及版2009年1月

構成および内容：医療用（歯科領域／生体接着・創傷被覆剤／光硬化性キトサンゲル／光硬化，熱硬化併用樹脂（接着剤のシート化）／印刷（フレキソ印刷／スクリーン印刷）／エレクトロニクス（層間絶縁膜材料／可視光硬化型シール剤／半導体ウェハ加工用粘・接着テープ）／塗料，インキ（無機・有機ハイブリッド塗料／デュアルキュア塗料）他
執筆者：小出　武／石原雅之／岸本芳男　他16名

※書籍をご購入の際は，最寄りの書店にご注文いただくか，㈱シーエムシー出版のホームページ（http://www.cmcbooks.co.jp/）にてお申し込み下さい。

CMCテクニカルライブラリーのご案内

電子ペーパーの開発技術
監修／面谷 信
ISBN978-4-7813-0045-0　B863
A5判・212頁　本体3,000円+税　(〒380円)
初版2001年11月　普及版2009年1月

構成および内容:【各種方式(要素技術)】非水系電気泳動型電子ペーパー／サーマルリライタブル／カイラルネマチック液晶／フォトンモードでのフルカラー書き換え記録方式／エレクトロクロミック方式／消去再生可能な乾式トナー作像方式 他【応用開発技術】理想的ヒューマンインターフェース条件／ブックオンデマンド／電子黒板 他
執筆者:堀田吉彦／関根啓子／植田秀昭 他11名

ナノカーボンの材料開発と応用
監修／篠原久典
ISBN978-4-7813-0036-8　B862
A5判・300頁　本体4,200円+税　(〒380円)
初版2003年8月　普及版2008年12月

構成および内容:【現状と展望】カーボンナノチューブ 他【基礎科学】ピーポッド 他【合成技術】アーク放電法によるナノカーボン／金属内包フラーレンの量産技術／2層ナノチューブ【実際技術】燃料電池／フラーレン誘導体を用いた有機太陽電池／水素吸着現象／LSI配線ビア／単一電子トランジスター／電気二重層キャパシタ／導電性樹脂
執筆者:宍戸 潔／加藤 誠／加藤立久 他29名

プラスチックハードコート応用技術
監修／井手文雄
ISBN978-4-7813-0035-1　B861
A5判・177頁　本体2,600円+税　(〒380円)
初版2004年3月　普及版2008年12月

構成および内容:【材料と特性】有機系(アクリレート系／シリコーン系 他)／無機系／ハイブリッド系(光カチオン硬化型 他)【応用技術】自動車用部品／携帯電話向けUV硬化型ハードコート剤／眼鏡レンズ(ハイインパクト加工 他)／建築材料(建材化粧シート／環境問題 他)／光ディスク【市場動向】PVC床コーティング／樹脂ハードコート 他
執筆者:栢木 實／佐々木裕／山谷正明 他8名

ナノメタルの応用開発
編集／井上明久
ISBN978-4-7813-0033-7　B860
A5判・300頁　本体4,200円+税　(〒380円)
初版2003年8月　普及版2008年11月

構成および内容:【機能材料(ナノ結晶軟磁性合金／バルク合金／水素吸蔵 他)／構造用材料(高強度軽合金／原子力材料／蒸着ナノAl合金 他)／分析・解析技術(高分解能電子顕微鏡／放射光回折・分光法 他)／製造技術(粉末固化成形／放電焼結法／微細精密加工／電解析出法 他)／応用(時効析出アルミニウム合金／ピーニング用高硬度投射材 他)
執筆者:牧野彰宏／沈 宝龍／福永博俊 他49名

ディスプレイ用光学フィルムの開発動向
監修／井手文雄
ISBN978-4-7813-0032-0　B859
A5判・217頁　本体3,200円+税　(〒380円)
初版2004年2月　普及版2008年11月

構成および内容:【光学高分子フィルム】設計／製膜技術 他【偏光フィルム】高機能性／染料系 他【位相差フィルム】λ/4波長板 他【輝度向上フィルム】集光フィルム・プリズムシート 他【バックライト用】導光板／反射シート 他【プラスチックLCD用フィルム基板】ポリカーボネート／プラスチックTFT 他【反射防止】ウェットコート 他
執筆者:綱島研二／斎藤 拓／善如寺芳弘 他19名

ナノファイバーテクノロジー －新産業発掘戦略と応用－
監修／本宮達也
ISBN978-4-7813-0031-3　B858
A5判・457頁　本体6,400円+税　(〒380円)
初版2004年2月　普及版2008年10月

構成および内容:【総論】現状と展望／ファイバーにみるナノサイエンス 他／海外の現状【基礎】ナノ紡糸(カーボンナノチューブ 他)／ナノ加工(ポリマークレイナノコンポジット／ナノボイド 他)／ナノ計測(走査プローブ顕微鏡 他)【応用】ナノバイオニック産業(バイオチップ 他)／環境調和エネルギー産業(バッテリーセパレータ 他)他
執筆者:梶 慶輔／梶原莞爾／赤池敏宏 他60名

有機半導体の展開
監修／谷口彬雄
ISBN978-4-7813-0030-6　B857
A5判・283頁　本体4,000円+税　(〒380円)
初版2003年10月　普及版2008年10月

構成および内容:【有機半導体素子】有機トランジスタ／電子写真用感光体／有機LED(リン光材料 他)／色素増感太陽電池／二次電池／コンデンサ／圧電・焦電／インテリジェント材料(カーボンナノチューブ／薄膜から単一分子デバイスへ 他)【プロセス】分子配列・配向制御／有機エピタキシャル成長／超薄膜作製／インクジェット製膜【索引】
執筆者:小林俊介／堀田 收／柳 久雄 他23名

イオン液体の開発と展望
監修／大野弘幸
ISBN978-4-7813-0023-8　B856
A5判・255頁　本体3,600円+税　(〒380円)
初版2003年2月　普及版2008年9月

構成および内容:合成(アニオン交換法／酸エステル法 他)／物理化学(極性評価／イオン拡散係数 他)／機能性溶媒(反応場への適用／分離・抽出溶媒／光化学反応 他)／機能設計(イオン伝導／液晶型／非ハロゲン系 他)／高分子化(イオンゲル／両性電解質型／DNA 他)／イオニクスデバイス(リチウムイオン電池／太陽電池／キャパシタ 他)
執筆者:萩原理加／宇恵 誠／菅 孝剛 他25名

※書籍をご購入の際は、最寄りの書店にご注文いただくか、
㈱シーエムシー出版のホームページ(http://www.cmcbooks.co.jp/)にてお申し込み下さい。

CMCテクニカルライブラリーのご案内

マイクロリアクターの開発と応用
監修／吉田潤一
ISBN978-4-7813-0022-1　　　　B855
A5判・233頁　本体3,200円＋税（〒380円）
初版2003年1月　普及版2008年9月

構成および内容：【マイクロリアクターとは】特長／構造体・製作技術／流体の制御と計測技術 他【世界の最先端の研究動向】化学合成・エネルギー変換・バイオプロセス／化学工業のための新生技術 他【マイクロ合成化学】有機合成反応／触媒反応と重合反応【マイクロ化学工学】マイクロ単位操作研究／マイクロ化学プラントの設計と制御
執筆者：菅原 徹／細川和生／藤井輝夫 他22名

帯電防止材料の応用と評価技術
監修／村田雄司
ISBN978-4-7813-0015-3　　　　B854
A5判・211頁　本体3,200円＋税（〒380円）
初版2003年7月　普及版2008年8月

構成および内容：処理剤（界面活性剤系／シリコン系／有機ホウ素系 他）／ポリマー材料（金属薄膜形成帯電防止フィルム 他）／繊維（導電材料混入型／金属化合物型 他）／用途別（静電気対策包装材料／グラスライニング／衣料 他）／評価技術（エレクトロメータ／電荷減衰測定／空間電荷分布の計測 他）／評価基準（床、作業表面、保管棚 他）
執筆者：村田雄司／後藤伸也／細川泰徳 他19名

強誘電体材料の応用技術
監修／塩﨑 忠
ISBN978-4-7813-0014-6　　　　B853
A5判・286頁　本体4,000円＋税（〒380円）
初版2001年12月　普及版2008年8月

構成および内容：【材料の製法、特性および評価】酸化物単結晶／強誘電体セラミックス／高分子材料／薄膜（化学溶液堆積法 他）／強誘電性液晶／コンポジット【応用とデバイス】誘電（キャパシタ 他）／圧電（弾性表面波デバイス／フィルタ／アクチュエータ 他）／焦電・光学／記憶・記録・表示デバイス【新しい現象および評価法】材料、製法
執筆者：小松隆一／竹中 正／田實佳郎 他17名

自動車用大容量二次電池の開発
監修／佐藤 登／境 哲男
ISBN978-4-7813-0009-2　　　　B852
A5判・275頁　本体3,800円＋税（〒380円）
初版2003年12月　普及版2008年7月

構成および内容：【総論】電動車両システム／市場展望【ニッケル水素電池】材料技術／ライフサイクルデザイン【リチウムイオン電池】電解液と電極の最適化による長寿命化／劣化機構の解析／安全性【鉛電池】42Vシステムの展望【キャパシタ】ハイブリッドトラック・バス【電気自動車とその周辺技術】電動コミュータ／急速充電器 他
執筆者：堀江英明／竹下秀夫／押谷政彦 他19名

ゾル-ゲル法応用の展開
監修／作花済夫
ISBN978-4-7813-0007-8　　　　B850
A5判・208頁　本体3,000円＋税（〒380円）
初版2000年5月　普及版2008年7月

構成および内容：【総論】ゾル-ゲル法の概要【プロセス】ゾルの調製／ゲル化と無機バルク体の形成／有機・無機ナノコンポジット／セラミックス繊維／乾燥／焼結【応用】ゾル-ゲル法バルク材料の応用／薄膜材料／粒子・粉末材料／ゾル-ゲル法応用の新展開（微細パターニング／太陽電池／蛍光体／高活性触媒 他）／木材改質／その他の応用 他
執筆者：平野眞一／余語利信／坂本 渉 他28名

白色LED照明システム技術と応用
監修／田口常正
ISBN978-4-7813-0008-5　　　　B851
A5判・262頁　本体3,600円＋税（〒380円）
初版2003年6月　普及版2008年6月

構成および内容：白色LED研究開発の状況：歴史的背景／光源の基礎特性／発光メカニズム／青色LED、近紫外LEDの作製（結晶成長／デバイス作製 他）／高効率近紫外LEDと白色LED（ZnSe系白色LED 他）／実装化技術（蛍光体とパッケージング 他）／応用と実用化／一般照明装置の製品化 他／海外の動向、研究開発予測および市場性他
執筆者：内田裕士／森 哲／山田陽一 他24名

炭素繊維の応用と市場
編著／前田 豊
ISBN978-4-7813-0006-1　　　　B849
A5判・226頁　本体3,000円＋税（〒380円）
初版2000年11月　普及版2008年6月

構成および内容：炭素繊維の特性（分類／形態／市販炭素繊維製品／性質／周辺繊維 他）／複合材料の設計・成形・後加工・試験検査／最新応用技術／炭素繊維・複合材料の用途分野別の最新動向（航空宇宙分野／スポーツ・レジャー分野／産業・工業分野 他）／メーカー・加工業者の現状と動向（炭素繊維メーカー／特許からみたCFメーカー／FRP成形加工業者／CFRPを取り扱う大手ユーザー 他）他

超小型燃料電池の開発動向
編著／神谷信行／梅田 実
ISBN978-4-88231-994-8　　　　B848
A5判・235頁　本体3,400円＋税（〒380円）
初版2003年6月　普及版2008年5月

構成および内容：直接形メタノール燃料電池／マイクロ燃料電池・マイクロ改質器／二次電池との比較／固体高分子電解質膜／電極材料／MEA（膜電極接合体）／平面積層方式／燃料の多様化（アルコール、アセタール系／ジメチルエーテル／水素化ホウ素燃料／アスコルビン酸／グルコース 他）／計測評価法（セルインピーダンス／パルス負荷 他）
執筆者：内田 勇／田中秀治／畑中達也 他10名

※ 書籍をご購入の際は、最寄りの書店にご注文いただくか、
㈱シーエムシー出版のホームページ(http://www.cmcbooks.co.jp/)にてお申し込み下さい。

CMCテクニカルライブラリーのご案内

エレクトロニクス薄膜技術
監修／白木靖寛
ISBN978-4-88231-993-1　　　　B847
A5判・253頁　本体3,600円＋税（〒380円）
初版2003年5月　普及版2008年5月

構成および内容：計算化学による結晶成長制御手法／常圧プラズマCVD技術／ラダー電極を用いたVHFプラズマ応用薄膜形成技術／触媒化学気相堆積法／コンビナトリアルテクノロジー／パルスパワー技術／半導体薄膜の作製（高誘電体ゲート絶縁膜）他／ナノ構造磁性薄膜の作製とスピントロニクスへの応用（強磁性トンネル接合(MTJ)）他 他
執筆者：久保百司／髙見誠一／宮本 明 他23名

高分子添加剤と環境対策
監修／大勝靖一
ISBN978-4-88231-975-7　　　　B846
A5判・370頁　本体5,400円＋税（〒380円）
初版2003年5月　普及版2008年4月

構成および内容：総論（劣化の本質と防止／添加剤の相乗・拮抗作用 他）／機能維持剤（紫外線吸収剤／アミン系／イオウ系・リン系／金属捕捉剤 他）／機能付与剤（加工性／光化学性／電気性／表面性／バルク性 他）／添加剤の分析と環境対策（高温ガスクロによる分析／変色トラブルの解析例／内分泌かく乱化学物質／添加剤と法規制 他）
執筆者：飛田悦男／児島史利／石井玉樹 他30名

農薬開発の動向 -生物制御科学への展開-
監修／山本 出
ISBN978-4-88231-974-0　　　　B845
A5判・337頁　本体5,200円＋税（〒380円）
初版2003年5月　普及版2008年4月

構成および内容：殺菌剤（細胞膜機能の阻害剤 他）／殺虫剤（ネオニコチノイド系剤 他）／殺ダニ剤（神経作用性 他）／除草剤・植物成長調節剤（カロチノイド生合成阻害剤 他）／製剤／生物農薬（ウイルス剤 他）／天然物／遺伝子組換え作物／昆虫ゲノム研究の害虫防除への展開／創薬研究へのコンピュータ利用／世界の農薬市場／米国の農薬規制
執筆者：三浦一郎／上原正浩／織田雅次 他17名

耐熱性高分子電子材料の展開
監修／柿本雅明／江坂 明
ISBN978-4-88231-973-3　　　　B844
A5判・231頁　本体3,200円＋税（〒380円）
初版2003年5月　普及版2008年3月

構成および内容：【基礎】耐熱性高分子の分子設計／耐熱性高分子の物性／低誘電率材料の分子設計／光反応性耐熱性材料の分子設計【応用】耐熱注型材料／ポリイミドフィルム／アラミド繊維紙／アラミドフィルム／耐熱性粘着テープ／半導体封止用成形材料／その他注目材料（ベンゾシクロブテン樹脂／液晶ポリマー／BTレジン 他）
執筆者：今井淑夫／竹市 力／後藤幸平 他16名

二次電池材料の開発
監修／吉野 彰
ISBN978-4-88231-972-6　　　　B843
A5判・266頁　本体3,800円＋税（〒380円）
初版2003年5月　普及版2008年3月

構成および内容：【総論】リチウム系二次電池の技術と材料・原理と基本材料構成【リチウム系二次電池材料】コバルト系・ニッケル系・マンガン系・有機系正極材料／炭素系・合金系・その他非炭素系負極材料／イオン電池用電解液／ポリマー・無機固体電解質 他【新しい蓄電素子とその材料編】プロトン・ラジカル電池【海外の状況】
執筆者：山﨑信幸／荒井 創／櫻井庸司 他27名

水分解光触媒技術 -太陽光と水で水素を造る-
監修／荒川裕則
ISBN978-4-88231-963-4　　　　B842
A5判・260頁　本体3,600円＋税（〒380円）
初版2003年4月　普及版2008年2月

構成および内容：酸化チタン電極による水の光分解の発見／紫外光応答性二段光触媒による水分解の達成（炭酸塩添加法／Ta系酸化物へのドーパント効果 他）／紫外光応答性二段光触媒による水分解／可視光応答性光触媒による水分解の達成（レドックス媒体／色素増感光触媒 他）／太陽電池材料を利用した水の光電気化学的分解／海外での取り組み
執筆者：藤嶋 昭／佐藤真理／山下弘巳 他20名

機能性色素の技術
監修／中澄博行
ISBN978-4-88231-962-7　　　　B841
A5判・266頁　本体3,800円＋税（〒380円）
初版2003年3月　普及版2008年2月

構成および内容：【総論】計算化学による色素の分子設計 他【エレクトロニクス機能】新規フタロシアニン化合物 他【情報表示機能】有機EL材料 他【情報記録機能】インクジェットプリンタ用色素／フォトクロミズム 他【染色・捺染の最新技術】超臨界二酸化炭素流体を用いる合成繊維の染色 他【機能性フィルム】近赤外線吸収色素 他
執筆者：蛭田公広／谷口彬雄／雀部博之 他22名

電波吸収体の技術と応用Ⅱ
監修／橋本 修
ISBN978-4-88231-961-0　　　　B840
A5判・387頁　本体5,400円＋税（〒380円）
初版2003年3月　普及版2008年1月

構成および内容：【材料・設計編】狭帯域・広帯域・ミリ波電波吸収体【測定法編】材料定数／電波吸収量【材料編】ITS（弾性エポキシ／ITS用吸音電波吸収体 他）／電子部品（ノイズ抑制・高周波シート 他）／ビル・建材・電波暗室（透明電波吸収体 他）【応用編】インテリジェントビル／携帯電話など小型デジタル機器／ETC【市場編】市場動向
執筆者：宗 哲／栗原 弘／戸髙嘉彦 他32名

※ 書籍をご購入の際は、最寄りの書店にご注文いただくか、㈱シーエムシー出版のホームページ（http://www.cmcbooks.co.jp/）にてお申し込み下さい。

CMCテクニカルライブラリー のご案内

光材料・デバイスの技術開発
編集／八百隆文
ISBN978-4-88231-960-3　　　　　　B839
A5判・240頁　本体3,400円＋税（〒380円）
初版2003年4月　普及版2008年1月

構成および内容：【ディスプレイ】プラズマディスプレイ 他【有機光・電子デバイス】有機EL素子／キャリア輸送材料 他【発光ダイオード（LED）】高効率発光メカニズム／白色LED 他【半導体レーザ】赤外半導体レーザ 他【新機能光デバイス】太陽光発電／光記録技術 他【環境調和型光・電子半導体】シリコン基板上の化合物半導体 他
執筆者：別井圭一／三上明義／金丸正剛 他10名

プロセスケミストリーの展開
監修／日本プロセス化学会
ISBN978-4-88231-945-0　　　　　　B838
A5判・290頁　本体4,000円＋税（〒380円）
初版2003年1月　普及版2007年12月

構成および内容：【総論】有名反応のプロセス化学的評価 他【基礎的反応】触媒的不斉炭素-炭素結合形成反応／進化するBINAP化学 他【合成の自動化】ロボット合成／マイクロリアクター 他【工業的製造プロセス】7-ニトロインドール類の工業的製造法の開発／抗高血圧薬塩酸エホニジピン原薬の製造研究／ノスカール錠用固体分散体の工業化 他
執筆者：塩入孝之／富岡清／左右田茂 他28名

UV・EB硬化技術 IV
監修／市村國宏　編集／ラドテック研究会
ISBN978-4-88231-944-3　　　　　　B837
A5判・320頁　本体4,400円＋税（〒380円）
初版2002年12月　普及版2007年12月

構成および内容：【材料開発の動向】アクリル系モノマー・オリゴマー／光開始剤 他【硬化装置及び加工技術の動向】UV硬化装置の動向と加工技術／レーザーと加工技術 他【応用技術の動向】缶コーティング／粘接着剤／印刷関連材料／フラットパネルディスプレイ／ホログラム／半導体用レジスト／光ディスク／光学材料／フィルムの表面加工 他
執筆者：川上直彦／岡崎栄一／岡英隆 他32名

電気化学キャパシタの開発と応用 II
監修／西野敦／直井勝彦
ISBN978-4-88231-943-6　　　　　　B836
A5判・345頁　本体4,800円＋税（〒380円）
初版2003年1月　普及版2007年11月

構成および内容：【技術編】世界の主なEDLCメーカー【構成材料編】活性炭／電解液／電気二重層キャパシタ（EDLC）用半製品，各種部材／装置・安全対策ハウジング，ガス透過弁【応用技術編】ハイパワーキャパシタの自動車への応用例／UPS 他【新技術動向編】ハイブリッドキャパシタ／無機有機ナノコンポジット／イオン性液体 他
執筆者：尾崎潤二／齋藤貴之／松井啓真 他40名

RFタグの開発技術
監修／寺浦信之
ISBN978-4-88231-942-9　　　　　　B835
A5判・295頁　本体4,200円＋税（〒380円）
初版2003年2月　普及版2007年11月

構成および内容：【社会的位置付け編】RFID活用の条件 他【技術的位置付け編】バーチャルリアリティーへの応用 他【標準化・法規制編】電波防護 他【チップ・実装・材料編】粘着タグ 他【読み取り書きこみ機編】携帯式リーダーと応用事例 他【社会システムへの適用編】電子機器管理 他【個別システムの構築編】コイル・オン・チップRFID 他
執筆者：大見孝吉／椎野潤／吉本隆一 他24名

燃料電池自動車の材料技術
監修／太田健一郎／佐藤登
ISBN978-4-88231-940-5　　　　　　B833
A5判・275頁　本体3,800円＋税（〒380円）
初版2002年12月　普及版2007年10月

構成および内容：【環境エネルギー問題と燃料電池】自動車を取り巻く環境問題とエネルギー動向／燃料電池の電気化学 他【燃料電池自動車と水素自動車の開発】燃料電池自動車の将来展望 他【燃料電池と材料技術】固体高分子型燃料電池用改質触媒／直接メタノール形燃料電池 他【水素製造と貯蔵材料】水素製造技術／高圧ガス容器 他
執筆者：坂本良悟／野崎健／柏木孝夫 他17名

透明導電膜 II
監修／澤田豊
ISBN978-4-88231-939-9　　　　　　B832
A5判・242頁　本体3,400円＋税（〒380円）
初版2002年10月　普及版2007年10月

構成および内容：【材料編】透明導電膜の導電性と赤外遮蔽特性／コランダム型結晶構造 ITOの合成と物性 他【製造・加工編】スパッタ法によるプラスチック基板への製膜／塗布光分解法による透明導電膜の作製 他【分析・評価編】FE-SEMによる透明導電膜の評価 他【応用編】有機EL用透明導電膜／色素増感太陽電池用透明導電膜 他
執筆者：水橋衛／南内嗣／太田裕道 他24名

接着剤と接着技術
監修／永田宏二
ISBN978-4-88231-938-2　　　　　　B831
A5判・364頁　本体5,400円＋税（〒380円）
初版2002年8月　普及版2007年10月

構成および内容：【接着剤の設計】ホットメルト／エポキシ／ゴム系接着剤 他【接着層の機能－硬化接着物を中心に－】力学的機能／熱的特性／生体適合性／接着の複合機能 他【表面処理技術】光オゾン法／プラズマ処理／プライマー 他【塗布技術】スクリーン技術／ディスペンサー 他【評価技術】塗布性の評価／放散VOC／接着試験法
執筆者：駒峯郁夫／越智光一／山口幸一 他20名

※書籍をご購入の際は、最寄りの書店にご注文いただくか、㈱シーエムシー出版のホームページ（http://www.cmcbooks.co.jp/）にてお申し込み下さい。

CMCテクニカルライブラリー のご案内

再生医療工学の技術
監修／筏 義人
ISBN978-4-88231-937-5　　B830
A5判・251頁　本体3,800円+税（〒380円）
初版2002年6月　普及版2007年9月

構成および内容：再生医療工学序論／【再生用工学技術】再生用材料（有機系材料／無機系材料 他）／再生支援法（細胞分離法／免疫拒絶回避法 他）【再生組織】全身（血球／末梢神経）／頭・頸部（頭蓋骨／網膜 他）／胸・腹部（心臓弁／小腸 他）／四肢部（関節軟骨／半月板 他）／【これからの再生用細胞】幹細胞（ES細胞／毛幹細胞 他）
執筆者：森田真一郎／伊藤敦夫／菊地正紀 他58名

難燃性高分子の高性能化
監修／西原 一
ISBN978-4-88231-936-8　　B829
A5判・446頁　本体6,000円+税（〒380円）
初版2002年6月　普及版2007年9月

構成および内容：【総論編】難燃性高分子材料の特性向上の理論と実際／リサイクル性【規制・評価編】難燃規制・規格および難燃性評価方法／実用評価【高性能化事例編】各種難燃剤／各種難燃性高分子材料／成形加工技術による高性能化事例／各産業分野での高性能化（エラストマー／PBT）【安全性編】難燃剤の安全性と環境問題
執筆者：酒井賢郎／西澤 仁／山崎秀夫 他28名

洗浄技術の展開
監修／角田光雄
ISBN978-4-88231-935-1　　B828
A5判・338頁　本体4,600円+税（〒380円）
初版2002年5月　普及版2007年9月

構成および内容：洗浄技術の新展開／洗浄技術に係わる地球環境問題／新しい洗浄剤／高機能化水の利用／物理洗浄技術／ドライ洗浄技術／超臨界流体技術の洗浄分野への応用／光励起反応を用いた漏れ制御材料によるセルフクリーニング／密閉型洗浄プロセス／周辺付帯技術／磁気ディスクへの応用／汚れの剥離の機構／評価技術
執筆者：小田切力／太田至彦／信夫雄二 他20名

老化防止・美白・保湿化粧品の開発技術
監修／鈴木正人
ISBN978-4-88231-934-4　　B827
A5判・196頁　本体3,400円+税（〒380円）
初版2001年6月　普及版2007年8月

構成および内容：【メカニズム】光老化とサンケアの科学／色素沈着／保湿／老化・シミ保温の相互関係 他【制御】老化の制御方法／保湿に対する制御方法／総合的な制御方法 他【評価法】老化防止／美白／保湿 他【化粧品への応用】剤形の剤形設計／老化防止（抗シワ）機能性化粧品／美白剤とその応用／総合的な老化防止化粧料の提案 他
執筆者：市橋正光／井福欧二／正木仁 他14名

色素増感太陽電池
企画監修／荒川裕則
ISBN978-4-88231-933-7　　B826
A5判・340頁　本体4,800円+税（〒380円）
初版2001年5月　普及版2007年8月

構成および内容：【グレッツェル・セルの基礎と実際】作製の実際／電解質溶液／レドックスの影響 他【グレッツェル・セルの材料開発】有機増感色素／キサンテン系色素／非チタニア型／多色多層パターン化 他【固体化】擬固体色素増感太陽電池 他【光電池の新展開及び特許】ルテニウム錯体 自己組織化分子層修飾電極を用いた光電池 他
執筆者：藤嶋昭／松村道雄／石沢均 他37名

食品機能素材の開発 II
監修／太田明一
ISBN978-4-88231-932-0　　B825
A5判・386頁　本体5,400円+税（〒380円）
初版2001年4月　普及版2007年8月

構成および内容：【総論】食品の機能因子／フリーラジカルによる各種疾病の発症と抗酸化成分による予防／フリーラジカルスカベンジャー／血液の流動性（ヘモレオロジー）／ヒト遺伝子と機能性成分 他【素材】ビタミン／ミネラル／脂質／植物由来素材／動物由来素材／微生物由来素材／お茶（健康茶）／乳製品を中心とした発酵食品 他
執筆者：大澤俊彦／大野尚仁／島崎弘幸 他66名

ナノマテリアルの技術
編集／小泉光惠／目義雄／中條澄／新原晧一
ISBN978-4-88231-929-0　　B822
A5判・321頁　本体4,600円+税（〒380円）
初版2001年4月　普及版2007年7月

構成および内容：【ナノ粒子】製造・物性・機能／応用展開【ナノコンポジット】材料の構造・機能／ポリマー系／半導体系／セラミックス系【ナノマテリアルの応用】カーボンナノチューブ／新しい有機－無機センサー材料／次世代太陽光発電材料／スピンエレクトロニクス／バイオマグネット／デンドリマー／フォトニクス材料 他
執筆者：佐々木正／北條純一／奥山喜久夫 他68名

機能性エマルションの技術と評価
監修／角田光雄
ISBN978-4-88231-927-6　　B820
A5判・266頁　本体3,600円+税（〒380円）
初版2002年4月　普及版2007年7月

構成および内容：【基礎・評価編】乳化技術／マイクロエマルション／マルチプルエマルション／ミクロ構造制御／生体エマルション／乳化剤の最適選定／乳化装置／エマルションの粒径／レオロジー特性 他【応用編】化粧品／食品／医療／農業／生分解性エマルジョンの繊維・紙への応用／塗料／土木・建築／感光材料／接着剤／洗浄 他
執筆者：阿部正彦／酒井俊郎／中島英夫 他17名

※ 書籍をご購入の際は、最寄りの書店にご注文いただくか、㈱シーエムシー出版のホームページ（http://www.cmcbooks.co.jp/）にてお申し込み下さい。

CMCテクニカルライブラリー のご案内

フォトニック結晶技術の応用
監修／川上彰二郎
ISBN978-4-88231-925-2　　　　B818
A5判・284頁　本体4,000円＋税（〒380円）
初版2002年3月　普及版2007年7月

構成および内容：【フォトニック結晶中の光伝搬，導波，光閉じ込め現象】電磁界解析法／数値解析技術ファイバー 他【バンドギャップ工学】半導体完全3次元フォトニック結晶／テラヘルツ帯フォトニック結晶 他【発光デバイス】Smith-Purcel放射 他【バンド工学】シリコンマイクロフォトニクス／陽極酸化ポーラスアルミナ 多光子吸収 他
執筆者：納富雅也／大寺康夫／小柴正則 他26名

コーティング用添加剤の技術
監修／桐生春雄
ISBN978-4-88231-930-6　　　　B823
A5判・227頁　本体3,400円＋税（〒380円）
初版2001年2月　普及版2007年6月

構成および内容：塗料の流動性と塗膜形成／溶液性状改善用添加剤（皮張り防止剤／揺変剤／消泡剤 他）／塗膜性能改善用添加剤（防錆剤／スリップ剤・スリ傷防止剤／つや消し剤 他）／機能性付与を目的とした添加剤（防汚剤／難燃剤 他）／環境対応型コーティングに求められる機能と課題（水性・粉体・ハイソリッド塗料）
執筆者：飯塚義雄／坪田 実／柳澤秀好 他12名

ウッドケミカルスの技術
監修／飯塚堯介
ISBN978-4-88231-928-3　　　　B821
A5判・309頁　本体4,400円＋税（〒380円）
初版2000年10月　普及版2007年6月

構成および内容：バイオマスの成分分離技術／セルロケミカルスの新展開（セルラーゼ／セルロース 他）／ヘミセルロースの利用技術（オリゴ糖 他）／リグニンの利用技術／抽出成分の利用技術（精油／タンニン 他）／木材のプラスチック化／ウッドセラミックス／エネルギー資源としての木材（燃焼／熱分解／ガス化 他）
執筆者：佐野嘉拓／渡辺隆司／志水一允 他16名

機能性化粧品の開発III
監修／鈴木正人
ISBN978-4-88231-926-9　　　　B819
A5判・367頁　本体5,400円＋税（〒380円）
初版2000年1月　普及版2007年6月

構成および内容：機能と生体メカニズム（保湿・美白・老化防止・ニキビ・低刺激・低アレルギー・ボディケア／育毛剤／サンスクリーン／評価技術（スリミング／クレンジング・洗浄／制汗・デオドラント／くすみ／抗菌性 他）／機能を高める新しい製剤技術（リポソーム／マイクロカプセル／シート状パック／シワ・シミ隠蔽 他）
執筆者：佐々木一郎／足立佳津良／河合江理子 他45名

インクジェット技術と材料
監修／髙橋恭介
ISBN978-4-88231-924-5　　　　B817
A5判・197頁　本体3,000円＋税（〒380円）
初版2002年9月　普及版2007年5月

構成および内容：【総論編】デジタルプリンティングテクノロジー【応用編】オフセット印刷／請求書プリントシステム／産業用マーキング／マイクロマシン／オンデマンド捺染 他【インク・用紙・記録材料編】UVインク／コート紙／光沢紙／アルミナ微粒子／合成紙を用いたインクジェット用紙／印刷用紙用シリカ／紙用薬品 他
執筆者：毛利匡孝／村形哲伸／斎藤正夫 他19名

食品加工技術の展開
監修／藤田 哲／小林登史夫／亀和田光男
ISBN978-4-88231-923-8　　　　B816
A5判・264頁　本体3,800円＋税（〒380円）
初版2002年8月　普及版2007年5月

構成および内容：資源エネルギー関連技術（バイオマス利用／ゼロエミッション 他）／貯蔵流通技術（自然冷熱エネルギー／低温殺菌と加熱殺菌 他）／新規食品加工技術（乾燥（造粒）技術／膜分離技術／冷凍技術／鮮度保持 他）／食品計測・分析技術（食品の非破壊計測技術／BSEに関して）／第二世代遺伝子組換え技術
執筆者：髙木健次／柳本正勝／神力達夫 他22人

グリーンプラスチック技術
監修／井上義夫
ISBN978-4-88231-922-1　　　　B815
A5判・304頁　本体4,200円＋税（〒380円）
初版2002年6月　普及版2007年5月

構成および内容：【総論編】環境調和型高分子材料開発／生分解性プラスチック 他【基礎編】新規ラクチド共重合体／微生物，天然物，植物資源，活性汚泥を用いた生分解性プラスチック 他【応用編】ポリ乳酸／カプロラクトン系ポリエステル"セルグリーン"／コハク酸系ポリエステル"ビオノーレ"／含芳香環ポリエステル
執筆者：大島一史／木村良晴／白浜博幸 他29名

ナノテクノロジーとレジスト材料
監修／山岡亞夫
ISBN978-4-88231-921-4　　　　B814
A5判・253頁　本体3,600円＋税（〒380円）
初版2002年9月　普及版2007年4月

構成および内容：トップダウンテクノロジー（ナノリソグラフィ／X線リソグラフィ／超微細加工／広がりゆく微細化技術／プリント配線技術と感光性樹脂／スクリーン印刷／ヘテロ系記録材料 他）／新しいレジスト材料（ナノパターニング／走査プローブ顕微鏡の応用／近接場光／自己組織化／光プロセス／ナノインプリント 他）他
執筆者：玉村敏昭／後河内透／田口孝雄 他17名

※ 書籍をご購入の際は、最寄りの書店にご注文いただくか、㈱シーエムシー出版のホームページ（http://www.cmcbooks.co.jp/）にてお申し込み下さい。